Understanding Basic Statistics

Seventh Edition

기초 통계학의 이해 제7판

Charles Henry Brase, Corrinne Pellillo Brase 지음

이승수 · 이병학 · 서의훈 · 이경준 옮김

Cengage

KYOWOO

SEVENTH EDITION

UNDERSTANDING BASIC STATISTICS

Charles Henry Brase

Corrinne Pellillo Brase

Cengage

Australia • Brazil • Canada • Mexico • Singapore • United Kingdom • United States

Cengage

Understanding Basic Statistics,
International Metric Edition,
7th Edition

Charles Henry Brase
Corrinne Pellillo Brase

Original edition © 2017 Brooks Cole, a part of Cengage Learning.
Understanding Basic Statistics, International Metric Edition, 7th Edition by Henry Brase and Corrinne Pellillo Brase
ISBN: 9781305954908

This edition is translated by license from Brooks Cole, a part of Cengage Learning, for sale in Korea only.

ISBN-13: 979-11-251-0251-9

Cengage Learning Korea Ltd.
14F YTN Newsquare 76 Sangamsan-ro
Mapo-gu Seoul 03926 Korea
Tel: (82) 2 1533 7053
Fax: (82) 2 330 7001

Printed in Korea
Print Number: 03 Print Year: 2023

PREFACE 역자서문

통계학의 중요성이 하루가 다르게 부각되는 시기에 대학 교재로 적합하고 필요에 따라서는 독자 스스로 통계학을 공부하는데 도움이 될 만한 서적을 찾던 중 Charles Henry Brase와 Corrinne Pellillo Brase 공저 *Understanding Basic Statistics* 7판을 접하게 되어 번역을 하게 되었다. 책의 편재, 내용과 전체적인 양을 고려하여 연습문제는 홀 수번 위주로 편집하여 대학 1, 2학년 학생들을 위한 기초 통계학 과정의 한 학기용으로 사용할 수 있도록 하였다. 저자들이 의도한 여러 부분을 우리 실정에 맞게 편집한 점이 누가 되지 않았으면 한다. 전반적인 흐름은 저자들의 뜻을 충실하게 따르려고 노력하였다.

원저자들의 서문을 요약하면 다음과 같다.

흥미로운 통계학의 세계에 온 것을 환영한다. 우리는 제한된 수학 배경을 가진 사람들을 포함한 모든 이들이 통계학에 접근할 수 있도록 본 교재를 집필하였다. 통계학은 우리 삶의 모든 부분과 관계가 있다. 새로운 용도를 찾는 우리의 상상력에 한계가 있을 뿐 새로운 의학도구의 검증부터 시작해서 통계학의 응용 범위는 무궁무진하다.

Understanding Basic Statistics 7판은 통계학의 개념을 강조한다. 통계적 방법을 방법의 적절성과 결과의 의미를 이해하는데 초점을 맞추어 설명하였다. 통계적 방법과 측정들은 바로 응용할 수 있는 범위 안에서 개발되었다.

"비판적 사고"와 "해석"은 정보를 이해하고 평가하는데 필수적이다. 통계적 지식은 통계적 결과를 적용하고 이해하는데 기본이 된다. 7판에서 "통계적 지식, 비판적 사고와 해석"을 확장하고 부각시켰다.

처음부터 6판까지의 매우 읽기 쉬운 교재의 특징을 유지하고 확장하였다. 중요 용어들을 강조하였고, 자료분석의 단계를 "절차"로 요약하였다. 예제, 연습문제와 문제들은 넓은 관심분야에 적합한 응용을 언급한다.

본 교재는 공학계열, 농학계열, 사회과학계열, 의생명공학계열, 자연과학계열 등 모든 전공분야의 기초 통계학 교재로서 적당하다. 통계학의 이론이나 수리적인 부분에 대한 설명을 최소화하면서도 기초 통계학의 전반적인 내용에 쉽게 접근하여 이해할 수 있도록 구성되었다고 생각한다. 원서에 대한 세부적인 추가내용은 Cengage사 홈페이지를 이용하길 바란다.

역자서문 P·R·E·F·A·C·E

원서에서는 Excel, Minitab, SPSS와 TI-84Plus/TI-83Plus/TI-*n*spire등의 통계 프로그램을 이용한 계산 등을 설명하고 있지만 본서에서는 포함시키지 않았다. 필요에 따라 원서를 참조하길 바란다.

번역과정에서 부드럽지 못하고 어색한 부분이 있을 수 있습니다. 많은 격려와 관심을 부탁드립니다.

출판에 관련된 제반문제에 도움을 주신 교우사 사장님과 편집부 여러분께도 지면을 빌어 감사를 드립니다.

역자 일동

CONTENTS
목차

목 차 C·O·N·T·E·N·T·S

CHAPTER

01 서론

루이스 파스퇴르(1822-1895)는 현대 세균학의 창설자이다. 57세 때, 파스퇴르는 콜레라를 연구하고 있었다. 여름동안 그는 우연히 몇 개의 세균 배양기를 방치해 놓았다가 가을에 이 세균을 실험동물에게 주사하였다. 놀랍게도 동물들은 죽지 않았고 사실 성장하였고 콜레라에 저항력이 있었다.

최종결과가 검토된 후에 파스퇴르는 잠시 조용히 있다가 환상을 본 것처럼 "백신을 맞았다는 것을 모르겠는가?"라고 외쳤다고 한다. 파스퇴르의 연구는 궁극적으로 많은 사람들의 생명을 구하였다.

일상에서 대부분의 중요한 의사결정은 불완전한 정보를 포함한다. 그와 같은 의사결정은 많은 복잡한 인자들을 포함하고 있어서 완전한 분석이 실용적이 아니거나 불가능하다. 많은 경우 제한된 정보에 기초하여 추측을 하여야 한다.

첫 번째 인용문이 우리를 상기시키듯이 만약 "준비가 되어 있다면" 성공기회는 크게 개선된다. 이 책에서 배울 통계적 방법들은 많은 응용분야의 연구에서 여러분이 준비가 되도록 도울 것이다. 두 번째 인용문은 통계학은 주요한 도구이지만 응용분야의 면밀한 지식을 대체하는 것은 아니라는 것을 상기시킨다.

저자들은 여러분들이 통계학을 이해하고 즐기기를 바란다. 그러나 이해를 하려면 집중하여야 한다. 통계학에 대한 이해가 증가하였을 때 여러분은 흥미 있는 응용으로 가득한 과목의 공부를 즐길 것이라고 믿는다.

사전질문

- 통계학이 중요한 이유는? (1.1절)
- 자료의 특성은 무엇인가? (1.1절)
- 어떻게 랜덤표본을 뽑을 수 있는가? (1.2절)
- 다른 표본추출기법은 무엇인가? (1.2절)
- 자료수집방법을 어떻게 계획할 수 있는가? (1.3절)

초점문제 모든 반딧불은 어디로 가버렸는가?

월 스트리트 저널의 특집기사는 반딧불의 소멸을 다룬다. 기사에서 터프츠 대학의 사라 루이스(Sara Lewis) 교수와 다른 학자들은 전 세계적인 반딧불 모집단의 감소에 관심을 표현한다.

감소에 대한 많은 가능한 해석이 있는데 산림, 습지와 노지의 서식지 감소, 농약과 오염을 포함한다. 인공야간 조명은 모수부호 같은 반딧불의 짝짓기 의식을 방해한다. 몇몇 화학회사들은 곤충들이 의학연구에서 사용되는 희귀한 두 가지 화학물질과 우주선에서 사용되는 전자탐지 시스템을 가지고 있어서 반딧불에 대하여 보조금을 지불한다.

이것 중 무엇이 통계학과 관계가 있는가?

이 시점에서 진실은 (a) 세상의 반딧불 모집단이 얼마나 감소하는지 혹은 감소를 어떻게 설명하는지 아무도 모른다는 것이다. 모든 반딧불 모집단은 너무 커서 온전히 연구할 수 없다.

반딧불에 대한 모든 연구에서 표본으로부터의 불완전한 정보에 의존하여야만 한다. 또한 이들 표본으로부터 통계적 완전성을 갖는 현실적인 결론을 이끌어내야만 한다. 이것은 통계적 방법을 사용하여 자료를 수집하고, 분석하고 조사하는 방법을 결정하는 연구이다.

연속으로 빛(하루 24시간)에 노출된 반딧불 모집단과 정상적인 일광/어둠에 노출된 반딧불 모집단을 비교하는 연구를 수행하고 있다고 가정하라. 실험실 환경에 두 개의 반딧불 군생을 만들었다. 두 군생은 동일하지만 한 군생은 정상적인 일광/어둠에 노출되고 다른 군생은 연속으로 빛에 노출된다. 각 군생은 같은 수의 반딧불 성충이 살게 한다. 72시간 후에 각 군생에서 살아있는 반딧불 숫자를 센다.

이 장을 끝낸 후 다음 질문에 답할 수 있을 것이다.

(a) 이것은 실험연구인가 관측연구인가?
(b) 대조집단이 있는가? 처리집단이 있는가?
(c) 이 연구에서 변수는 무엇인가?
(d) 변수의 측정수준(명목, 구간, 순서, 비율)은 무엇인가?

1.1 통계학이란 무엇인가?

초점

- 통계적 연구에서 변수를 식별하시오.
- 모집단과 표본을 식별하시오.
- 측정의 수준을 결정하시오.
- 양적변수와 질적변수를 구분하시오.
- 모수와 통계량을 구분하시오.
- 기술 통계학과 추측 통계학을 비교하시오.

서론

의사결정은 우리 일상의 중요한 한 면이다. 우리는 가지고 있는 정보, 자세와 가치관을 가지고 결정을 한다. 통계적 방법은 정보를 다루는데 도움이 된다. 또한 통계학은 불확실성에 직면하여 의사결정을 하는데 이용될 수 있다. 예를 들면, 모든 사람들에게 독감주사를 맞기 전에 심각한 부작용을 일으킬 사람들의 비율을 추정하고 싶다면 통계학이 적절한 방법을 제시해준다. 통계적 방법은 사람이나 사물의 일부분에 대한 정보를 가지고 전체에 대한 추론을 할 수 있게 해준다.

추론의 규칙과 함께 자료를 분석하는 절차가 통계학 연구의 중심과제이다.

통계학(statistics)은 자료를 수집하고, 정리하고, 분석하고 수치적 정보를 해석하는 방법에 대한 연구를 하는 학문이다.

통계학의 대상은 다면적이다. 다음 정의는 Miodrag Lovric에 의하여 편집된 *International Encyclopedia of Statistical Science*에 실린 것이다.

통계학(statistics)은 불확실성의 과학이고 자료로부터 정보를 이끌어내는 기술이다.

여러분이 이 책에서 배울 통계적 절차는 붙박이 추론 체계를 보완하여야 한다. 즉, 통계적 절차로 얻은 결과와 좋은 감각이 꼭 들어맞아야한다. 물론 통계적 방법 자체가 기적을 행할 힘을 갖지는 않는다. 이 방법들은 생각할 수 있는 모든 결정은 아니지만 몇 가지 결정을 하는데 도움이 될 수 있다. 기초로 한 자료나 사실보다 적절하게 응용된 통계적 절차가 더 정확하지 않다는 점을 기억하라. 결과적으로 통계적 결과는 적용된 방법만이 아니라 해당주제를 이해하는 사람에 의하여 해석되어야만 한다.

통계적 의사결정의 일반적인 선행조건은 자료를 수집하는 것이다. 먼저 연구에 포함되는 개체나 대상을 식별하고, 개체에 대하여 관심이 있는 특성이나 특징을 정의하여야 한다.

개체(individual)는 연구에 포함된 사람이나 대상이다.
변수(variable)는 측정되거나 관측되는 개체의 특성이다.

예를 들면, 에베레스트 산을 정복한 사람들에 대한 연구를 한다면 개체는 에베레스트 정상을 정복한 모든 사람들이다. 변수의 한 예는 개체들의 신장일 수 있다. 다른 변수로는 나이, 체중, 성별, 국적과 수입 등등일 수 있다. 사용하는 변수에 관계없이 등산을 한 적이 없는 사람으로부터의 측정이나 관측은 포함하지 않을 것이다.

연구에서 변수는 현실적으로 **양적**(quatitative) 또는 **질적**(qualitative)일 것이다.

양적 변수(qualitative variable)는 덧셈이나 평균 같은 연산이 의미가 있는 값이나 수치적 측정을 갖는다. **질적 변수**(qualitative variable)는 남자나 여자와 같이 어떤 범주나 그룹으로 개체를 분류하여 설명한다.

에베레스트 정복자에 대하여 신장, 체중, 나이나 수입과 같은 변수는 양적 변수이다. 질적 변수는 성별이나 국적 같은 비수치적 관측을 포함한다. 질적 변수를 **범주형 변수**(categorical variable)라고도 한다.

자료에 관한 중요한 다른 주제는 자료의 출처이다. 자료가 관심 있는 모든 개체로부터의 정보를 포함하는가 혹은 몇 개의 개체로부터의 정보를 포함하는가?

모집단 자료(population data)는 관심있는 모든 개체들로 구성된다.
표본 자료(sample data)는 관심있는 개체들의 일부분으로 구성된다.

자료가 모집단 자료인지 표본 자료인지를 알아야만 한다. 정해진 모집단으로부터의 자료는 고정되어있고 완전하다. 표본 자료는 표본에 따라 변하고 완전하지 않다.

모수(parameter)는 모집단의 양상을 설명하는 수치적 측도이다.
통계량(statistic)은 표본의 양상을 설명하는 수치적 측도이다.

예를 들어 만약 에베레스트를 정복한 모든 개체들의 자료를 가지고 있다면 모집단 자료를 가지고 있는 것이다. 에베레스트를 정복한 모든 사람 중 남자의 비율이 모수의 예이다.

반면에 에베레스트를 정복한 몇 사람들의 자료는 표본 자료이다. 표본에서 남자의 비율이 통계량에 해당된다. 표본 통계량의 중요한 특징 중의 하나는 특정 모집단에서 모수는 변하지 않는데 통계량은 표본에 따라 변한다는 것이다.

기대

우리는 표본에 기초한 정보와 표본 통계량을 사용하여 모수를 추정하거나(8장) 혹은 모수값에 대한 의사결정(9, 10장)을 할 것이다.

예제 1 기본 전문용어 사용

하와이 열대농업학과에서는 실험농장에서 수확기 파인애플 연구를 하고 있다.

(a) 파인애플이 연구의 *대상(개체)*이다. 연구자가 파인애플의 무게에 관심이 있다면 무게가 *변수*가 된다. 이 시점에서 측정의 단위나 측정의 정도가 중요하게 된다. 무게는 가장 가까운 그램으로 측정될 것이다. 무게는 수치측도이므로 *양적 변수*이다. 실험농장에 있는 모든 파인애플의 무게가 자료에 포함되었다면 *모집단*이다. 실험농장에 있는 모든 파인애플이 평균무게가 *모수*이다.

(b) 연구자가 맛에 대한 자료를 원한다고 하자. 심사위원들은 일부 파인애플의 맛을 보고 범주 “상”, “중”, “하” 에 따라 등급을 매긴다. 이 경우에 *변수*는 맛으로 *질적 혹은 범주형 변수*이다. 일부 파인애플의 맛이므로 *표본*이다. “상”등급인 파인애플의 비율이 *통계량*이다. ■

유도된 연습문제 1 기본 전문용어 사용

텔레비전 방송국 QUE는 자국의 새 프로그램을 적어도 일주일에 한번은 시청하는 버지니아에 거주하는 TV소유자 비율을 알고 싶다. 방송국은 버지니아에 거주하는 1000명의 TV소유자를 뽑아 적어도 일주일에 한번은 해당 프로그램을 보는지를 조사하였다.

(a) 개체와 변수를 식별하시오. ⇒ 개체는 조사에 선정된 1,000명의 TV 소유자이다. 변수는 프로그램시청여부에 대한 반응이다.

(b) 표본자료인가? 그렇다면 모집단은 무엇인가? ⇒ 자료는 버지니아에 거주하는 모든 TV 소유자들의 반응인 모집단에서의 표본을 구성한다.

(c) 양적 변수인가 질적 변수인가? ⇒ 두 가지 범주를 갖는 질적 변수이다.

(d) 관심을 가질 수 있는 양적 변수를 식별하시오. ⇒ 나이나 소득에 관심을 가질 수 있다.

(e) 표본에서 얻은 시청률은 통계량인가 모수인가? ⇒ 표본에서 계산되었으므로 통계량이다.

측정의 수준 : 명목, 순서, 구간, 비율

자료를 분류하는 다른 방법은 **측정의 수준**(levels of measurement)에 따르는 것이다. 이 수준은 자료에 대하여 순서화하고, 차를 구하고, 비율을 구하는 것 같은 적당한 산술의 형태를 나타낸다.

➲ 측정의 수준

- **명목수준**(nominal level)은 이름, 상표나 범주로 구성된 자료에 적용된다. 자료를 순서화할 수 있는 기준이 없다.
- **순서수준**(ordinal level)은 순서화할 수 있는 자료에 적용되지만 자료값 사이의 차이를 결정할 수 없거나 의미가 없다.
- **구간수준**(interval level)은 순서화할 수 있는 자료에 적용되고 자료 사이의 차이가 의미가 있다.
- **비율수준**(ratio level)은 순서화할 수 있는 자료에 적용되고, 차이나 비율도 의미가 있다. 절대원점이 있다.

예제 2 측정의 수준

자료의 형태를 식별하시오.

(a) 타오스, 아코마, 주니, 코치티는 애리조나와 뉴멕시코에 있는 모든 인디언 원주민 부락 이름의 모집단에서 얻은 4가지 이름이다.

풀이 이 자료는 명목수준이다. 이들 자료값은 단순히 이름이다. 이름만 보고 어떤 이름이 더 크거나 작다고 할 수 없다. 이름의 어떤 순서화도 수치적으로 의미가 없다.

(b) 319명이 졸업하는 어느 고등학교에서 짐은 25등, 준은 19등, 월터는 10등, 줄리아는 4등을 하였다.

풀이 이 자료는 순서수준이다. 순서는 의미가 있지만 등수의 차이는 의미가 없다. 즉 짐과 준의 등수 차와 월터와 줄리아의 등수 차가 같이 6이지만 이 차이는 아무 의미가 없다. 실제 평균점수를 보면 월터와 줄리아는 평균의 차이가 크고 짐과 준은 차이가 작을 수 있다.

(c) 옐로스톤 강에 있는 송어의 체온(섭씨)

풀이 이 자료는 구간수준이다. 자료를 순서화할 수도 있고 차이도 의미가 있다. 그러나 섭씨온도는 일정한 시작점이 없다. 0℃를 시작점으로 볼지도 모르지만 이 값은 아무 열이 없는 상태를 나타내지 않는다. 또한 20℃가 10℃의 두 배라고 이야기하는 것은 정확하지 않다.

(d) 옐로스톤 강에 있는 송어의 크기

풀이 이 자료는 비율수준이다. 45㎝송어는 15㎝송어의 세 배이다. 송어 크기의 의미 있는 비를 구하기 위하여 45를 15로 나눌 수 있다. ■

요약을 하면 4가지 측정수준이 있다. 명목수준이 가장 낮고, 그 다음이 순서수준, 구간수준, 비율수준 순서이다. 일반적으로 특정 관측수준에 기초한 계산은 낮은 수준에 적합하지 않을 수 있다.

절차 측정의 수준을 결정하는 방법

측정수준은 가장 낮은 것부터 가장 높은 것까지 열거하면 명목, 순서, 구간과 비율이다. 자료의 측정수준을 결정하려면 전체 자료에 대하여 정당화할 수 있는 가장 높은 수준을 정하시오. 자료에 대하여 어떤 계산이 적합한지를 고려하시오.

➲ 측정수준은 우리에게 무엇을 말해주는가?

측정수준은 어떤 산술과정이 자료에 적당한지를 말해준다. 다른 통계적 과정은 다양한 산술을 요구하므로 이것은 중요하다. 몇몇 경우에 우리가 필요로 하는 것은 특정조건을 충족하는 숫자를 세는 것이다. 그와 같은 경우에는 명목자료수준이 적합하다. 자료를 순서화할 필요가 있는 경우에 명목자료는 적당하지 않다. 많은 통계적 과정에서는 나눗셈이 필요하므로 비율수준의 자료가 필요하다. 통계적 계산을 시작하기 전에 자료의 특성을 명심하시오.

유도된 연습문제 2 측정의 수준

다음은 어느 국회의원에 대한 여러 자료의 설명이다. 각각에 대하여 대응하는 측정 수준을 나타내시오.

(a) 의원의 이름은 샘 월슨이다. ⇒ 명목수준

(b) 의원의 나이는 58세이다. ⇒ 비율수준. 나이는 0이 의미가 있다.

(c) 의원으로 당선해가 2000년, 2006년과 2012년이다. ⇒ 구간수준. 자료는 순서화할 수 있고 차이가 의미가 있다.

(d) 의원의 년 세비는 878,314달러이다. ⇒ 비율수준. 의원의 세비가 어떤 사람의 소득 87,831.40달러의 10배라 할 수 있다.

(e) 정책에 관하여 선거구민을 대상으로 수질보호 법안에 대한 의견을 물었다. 반응은 강력지지, 지지, 중립, 반대, 강력반대였다. ⇒ 순서수준. 선택은 순서화할 수 있지만 두 선택 사이의 수치적 차이는 의미가 없다.

(f) 의원은 결혼을 하였다. ⇒ 명목수준.

(g) 공교육에 관한 법안제출순위가 7위였다. ⇒ 순서수준. 순위는 순서화할 수 있지만 순위의 차이는 의미가 다를 수 있다.

비판적 사고

"자료! 자료! 자료!" 라고 조급하게 외쳤다. "나는 진흙 없이는 벽돌을 만들 수 없다." 셜록 홈스는 아서 코난 도일(Arthur Conan Doyle)에 의한 "너도밤나무 집의 비밀(*The Adventure of the Copper Beeches*)"에서 이렇게 말하였다.

신뢰할 수 있는 통계적 결론은 신뢰할 수 있는 자료를 요구한다. 이 절은 자료를 다루는 데 사용된 몇 가지 용어를 제시하였다. 통계적 연구를 읽거나 수행할 때 자료의 특성과 수집된 방법에 주의하시오.

측정할 변수를 선택할 때, 측정과정과 요구사항을 정하시오. 예를 들어, 변수가 수확시기가 된 파인애플의 무게라면 무게의 단위, 측정의 정도와 사용될 특정 척도를 정하시오. 만약 몇 개의 무게는 온스이고 다른 것은 그램이라면 자료는 쓸모가 없다.

다른 사항은 측정도구가 변수를 정확하게 측정하는지 하는 것이다. 사람들에게 피지라는 섬나라 국가의 정확한 지리적 위치를 질문하면 정확한 결과를 얻을 수 없을 것이다. 대답은 응답자가 박식하다고 생각하길 원하는 사실을 반영할 것이다. 지도상에서 피지의 위치를 질문하는 것이 더 신뢰할 수 있는 결과를 줄 것이다.

측정의 수준이 또한 문제이다. 여러분은 계산기나 컴퓨터에 숫자를 입력하여 여러 계산을 한다. 그러나 연산이 의미가 있는지를 판단할 필요가 있다. 식당의 순위 같은 순서자료에 대하여 비록 4가 2의 2배이지만 별4개인 식당이 별 2개인 식당보다 "두 배 더 좋다" 라고 할 수는 없다.

자료가 표본인가 혹은 전체 모집단을 구성하는가? 표본자료는 표본마다 다르다! 이 사실은 같은 크기의 다른 두 자료로부터 같은 통계량을 고려한다면 자료값이 다를 것이라는 것을 의미한다. 사실, 표본통계량이 같은 크기의 다른 표본들 사이에서 어떻게 변하는지는 7.4절에서 다룬다.

해석 표본자료를 다룰 때 자료가 수집된 모집단을 고려하시오. 표본의 관측과 분석은 표본이 추출된 모집단에 대하여만 적용할 수 있다.

기대

자료를 수집하고 분석하는 목적은 정보를 얻기 위한 것이다. 통계적 방법은 자료로부터 정보를 얻는 수단을 제공해준다. 이 방법은 두 부류로 나눌 수 있다.

기술통계학(descriptive statistics)은 표본이나 모집단의 정보를 정리하고, 도표로 만들고 요약하는 방법을 다룬다.

추측통계학(inferential statistics)은 표본으로 부터의 정보를 가지고 모집단에 관한 결론을 이끌어 내는 방법을 다룬다.

제2, 3, 4장에서 기술통계학의 방법을 살펴 볼 것이다. 이 방법은 표본과 모집단에 적용될 수 있다.

전체 모집단에 접근할 수 없을 수도 있다. 또한 모집단 전체를 다루기가 어렵거나 비용이 많이 드는 경우도 있다. 이와 같은 경우에 확률을 이용하여 추측통계학을 사용한다. 제5장부터 11장까지의 주제이다.

▶▶ 1.1 연습문제

1. **통계적 지식**. 개체와 변수의 차이는 무엇인가?

2. **통계적 지식**. 명목수준의 자료는 양적인가 질적인가?

3. **통계적 지식**. 모수와 통계량의 차이는 무엇인가?

4. **통계적 지식**. 주어진 모집단에 대하여 모수는 변하는가? 주어진 모집단으로부터 같은 크기의 서로 다른 세 표본이 있다면 같은 통계량에 대하여 세 가지 다른 값을 가질 수 있을까?

5. **비판적 사고**. 숫자를 특성에서 범주화된 자료에 할당한다.
   (a) 개인의 의견을 표현하는 전자적인 방법을 설명하는 범주에 숫자를 할당한다:

   1=트위터; 2=이메일; 3=문자; 4=페이스북; 5=블로그

   이 숫자할당은 순서자료 수준인가 더 상위인가? 설명을 하시오.
   (b) 고객 서비스의 유용성을 설명하는 범주에 숫자를 할당한다:

   1=도움이 안됨; 2=조금 도움이 됨; 3=매우 도움이 됨; 4=지극히 도움이 됨.

   이들 수치할당은 순서자료수준인가? 설명을 하시오. 구간수준 혹은 더 상위인가? 설명을 하시오.

6. **마케팅**: **패스트푸드**. 한 전국적인 조사에서 1,261명의 패스트푸드 성인고객에게 어떤 것(아침, 점심, 저녁, 간식)을 주문하였는지 질문하였다.
   (a) 변수를 식별하시오. (b) 양적변수인가 질적변수인가?
   (c) 암시적인 모집단은 무엇인가?

7. **생태학**: **습지**. 정부기관들이 수질과 습지에 대한 효과를 감시하고 있다. 특별한 관심은 비옥한 토지에서 배수되는 질소농도이다. 과량의 질소는 물고기와 야생생물을 죽인다. 한 호수에서 28개의 물 표본을 임의로 수집하였다. 각 표본에 대하여 질소농도(mg/ℓ)를 측정하였다.
   (a) 변수를 식별하시오.
   (b) 양적변수인가 질적변수인가?
   (c) 암시적인 모집단은 무엇인가?

8. **학생생활**: **측정수준**. 학생생활과 관련된 다음 측정을 수준에 따라 구별하시오.
   (a) 시험 시간
   (b) 1교시 시작 시간
   (c) 전공분야
   (d) 과목평가 측도 : poor, accetable, good
   (e) 100점 만점의 기말고사 점수
   (f) 학생의 나이

9. **낚시**: **측정수준**. 낚시와 관련된 다음 측정을 수준에 따라 구별하시오.
   (a) 잡힌 고기의 종류: 농어, 배스, 강꼬치고기, 송어
   (b) 낚시장비 비용
   (c) 귀가시간
   (d) 낚시터의 안내서 등급: poor, fair, good
   (e) 잡힌 고기 마릿수
   (f) 물의 온도

10. **비판적 사고.** 학생들이 수업시간에 가지고 오는 배낭의 무게에 관심이 있어 30명의 학생들이 가지고 온 배낭을 이용하여 연구하기로 결정한다.
   (a) 배낭무게를 재는 지침을 제시하시오. 측정단위, 측정의 정도와 척도의 종류를 포함시키시오.
   (b) 질문을 받은 학생은 자신의 배낭무게를 재는데 동의할 것이라고 생각하는가?
   (c) 배낭무게를 잴 것이라고 미리 이야기를 하면 무게에 차이가 있을 것이라고 생각하는가?

1.2 랜덤표본

초점

- 랜덤표본의 중요성을 설명하시오.
- 난수를 사용하여 단순랜덤표본을 구성하시오.
- 확률과정을 모의실험하시오.
- 층화표집, 집락표집, 계통표집, 다단계표집과 편의표집을 설명하시오.

단순랜덤표본

양고기를 먹어라 – 20,000마리의 코요테가 잘못일 리 없다!
(Eat lamb- 20,000 coyotes can't be wrong!)

이 슬로건은 미국서부에서 범퍼 스티커에서 자주 목격된다. 슬로건은 목축업자들이 포식자로부터 양을 보호하면서 경험한 문제를 나타낸다. 코요테 모집단의 표본과의 경험에 기초하여 목축업자들은 모든 코요테는 양한테 위험하여 제거되어야 한다고 결론을 내렸다. 목축업자들은 코요테를 제거하기 위하여 독약미끼를 사용하였다. 이 독을 목장지역에 살포하였을 뿐만 아니라 정부협조로 국유지에도 넓게 살포하였다.

목축업자들은 광범위한 독 살포결과가 매우 도움이 되지 않는다는 것을 알았다. 일반적인 코요테 모집단과 다른 포식자들은 감소한 반면 양을 잡아먹는 코요테는 계속 번성하였다. 무엇이 문제인가? 목축업자들이 관찰한 양을 먹는 코요테들은 모든 코요테의 대표적인 표본이 아니었다. 그러나 포식자 통제의 현대적 방법은 양을 잡아먹는 코요테를 목표로 한다. 사용된 표집방법의 세밀한 검토를 통하여 어느 정도 새로운 방법이 만들어졌다.

이 절에서 일반적으로 널리 사용되는 표집(표본추출)기법을 소개한다. 가장 중요한 표집기법 중의 하나가 **단순랜덤표본**(simple random sample)이다.

> 모집단으로부터 n개 측정의 **단순랜덤표본**(simple random sample)은 모집단으로부터 크기 n인 모든표본이 표본으로 선택될 확률이 같도록 하는 방법으로 선택된 모집단의 부분집합이다.

단순랜덤표본에서 정해진 크기의 모든 표본이 선택될 확률이 같을 뿐만 아니라 모집단의 모든 개체가 선택될 확률도 모두 같다. 그러나 각 개체가 선택될 확률이 같다는 사실은 반드시 단순랜덤표본을 의미하지는 않는다. 단순랜덤표본에 대하여 주어진 크기의 모든 표본이 선택될 확률이 같아야 한다는 것을 기억하시오.

➲ 단순랜덤표본의 중요한 특징

단순랜덤표본에 대하여

- 모집단으로부터 정해진 크기 n의 모든 표본이 선택될 확률이 같다.
- 표본에서 선택된 문항에 연구자 편향이 발생하지 않는다.
- 랜덤표본은 모집단의 다양성을 항상 반영하지는 않는다. 예를 들면, 10마리 고양이와 10마리 개의 모집단에서 크기 6의 랜덤표본은 모두 고양이로 이루어질 수 있다.

유도된 연습문제 3 단순랜덤표본

지역개발자금조달을 위하여 복권을 판매한다고 하자. 한 장에 1달러를 지불하고 1부터 42까지의 숫자 중에서 임의로 서로 다른 6개의 숫자를 고른다. 고른 숫자가 단순랜덤추출에 의하여 선택된 6개 숫자와 일치하면 당첨금으로 적어도 150만 달러를 받게 된다.

(a) 숫자 25와 5는 당첨번호로 선택될 가능성이 같은가? ⇒ 같다. 왜냐하면 당첨번호는 단순랜덤표본이므로 1부터 42까지의 각 숫자가 뽑힐 가능성이 같기 때문이다.

(b) 당첨번호가 모두 짝수일 수 있는가? ⇒ 있다. 6개의 짝수도 가능한 6개 숫자 집단의 중의 하나이다.

(c) 당신의 친구는 언제나 1, 2, 3, 4, 5, 6을 선택한다. 당첨될 가능성이 있는가?	⇒	있다. 단순랜덤표본에서 열거된 6개 숫자 집단은 5,245,786개의 6개 숫자집단 중의 하나이다.

어떻게 랜덤표본을 뽑을까? 수출용으로 만든 자동차가 오염조절기준을 만족하는지를 알고 싶어 500대 중에서 30대를 임의로 뽑아 검사하려고 한다. 랜덤표본을 뽑는 방법은 차에 1부터 500까지 번호를 붙이고, 카드에 1부터 500까지 숫자를 쓴 다음에 잘 섞어서 30장의 카드를 뽑는 것이다. 선택된 번호의 차가 표본이 된다. 카드를 충분히 잘 섞는다면 이 절차는 단순랜덤표본을 만든다.

번호를 선택하는 더 쉬운 방법은 **난수표**(random number table)를 이용하는 것이다. 부록의 표 1이 난수표 중의 하나이다. 난수표를 사용하여 30개의 랜덤표본을 어떻게 뽑는지를 살펴본다.

예제 3 난수표

난수표를 사용하여 차 500대 모집단으로부터 30대의 랜덤표본을 추출하시오.

풀이 차에 1부터 500까지 번호를 부여한다. 부록의 표 1은 50개의 열과 5개 숫자로 된 10개의 블록을 갖는다. 표의 아무 곳에서나 시작해서 숫자를 읽는다. 예를 들어 표에 핀을 떨어뜨려 핀의 머리가 15열 5번째 블록에 떨어졌다면 그곳을 시작으로 열에 있는 숫자를 읽으면

99281 59640 15221 96079 09961 05371

이다. 가장 큰 번호가 500이므로 숫자를 세 자리수로 다음과 같이 나눈다.

992 815 964 015 221 960 790 996 105 371

랜덤표본을 위하여 500보다 큰 수는 버린다. 즉 992, 815, 964는 버리고 그 다음이 015이므로 번호 15에 해당하는 차를 추출한다. 이와 같은 방법을 반복하여 221, 105, 371에 해당하는 차를 추출한다. 다음 열로 옮겨 숫자를 읽어 나머지 표본도 추출하면 된다. 같은 번호가 나오면 버리면 된다. ■

기대

저자들의 저서 *Understandable Statistics* 11판에서 다룬 임의성에 대한 런 검정은 정렬된 기호목록에서 두 기호가 임의로 섞였는지를 결정하는 방법을 보여준다.

절차 랜덤표본을 뽑는 방법

1. 모집단의 모든 개체에 연속으로 숫자를 부여한다.
2. 표, 계산기 혹은 컴퓨터를 사용하여 모집단 개체에 부여한 숫자로부터 난수를 선택하시오.
3. 임의로 선택된 숫자에 대응하는 모집단 개체를 표본으로 한다.

난수표의 중요한 용도 중의 하나는 **모의실험**(simulation)이다. 모의실험이란 실제현상을 수치적으로 모방하는 과정이다. 모의실험 방법은 핵반응, 구름 형성, 심장학, 고속도로설계, 생산조절, 선박설계, 항공기 설계, 경제학, 전자공학 등 여러 분야의 연구에서 도움이 되어왔다. 유도된 연습문제 4에서 간단한 모의실험을 한다.

유도된 연습문제 4 모의실험

난수표를 사용하여 정상적인 동전을 10번 던진 결과를 모의실험한다.

(a) 동전을 한번 던지면 몇 가지 결과가 가능한가? ⇒ 두 가지- 앞면 혹은 뒷면

(b) 두 결과에 숫자를 배정하는 여러 방법이 있다. 정상적인 동전을 가정하였으므로 앞면에 짝수, 뒷면에 홀수를 할당할 수 있다. 그러면 부록 표 1에서 2열의 블록3에서 시작하여 10개의 숫자를 열거하시오. ⇒ 7 1 5 4 9 4 4 8 4 3

(c) 10개의 숫자와 관련된 결과는 무엇인가? ⇒ T T T H T H H H H T

(d) 만약 다른 블록과 열에서 시작한다면 같은 결과를 얻을 수 있을까? ⇒ 가능은 하지만 매우 어렵다. 5.3절에서 1024개의 가능한 결과가 있다는 것을 결정하는 방법을 배울 것이다.

다른 표집기법

이 책에서는 단순랜덤표본을 가정하지만 다른 표집기법도 널리 사용된다. 이런 표집방법에 대한 적절한 통계적 기법이 있지만 책의 범위를 넘으므로 간단히 소개한다.

층화표집(stratified sampling)이 그 방법 중의 하나이다. 공통적인 특성을 갖는 모집단 내부의 집단이나 계급을 **층**(strata)이라 한다. 예를 들어 대학생들로 된 모집단에서 층은 1학년, 2학년, 3학년, 4학년이 될 수 있다. 다른 층은 남학생 혹은 여학생, 문과학생 혹은

이과학생 등등이다. 층화추출에서 모집단을 적어도 두 개의 뚜렷한 층으로 나눈다. 그런 다음 각 층에서 주어진 크기의 랜덤표본을 뽑고, 얻어진 정보는 모든 결과계산에서 주의하여 조정되거나 가중치가 부여된다.

전체 모집단에서 각 집단이나 층이 차지하는 비율에 따라 표본을 추출한다. 그러나 각 층에 최적의 표본크기를 할당하는 더 정교한 방법이 더 좋은 결과를 줄 수도 있다. 일반적으로 층화표본으로부터 얻어진 자료에 의거한 통계적 분석이나 검정은 기초 통계학 과정에서 다루는 기법과는 조금 다르다. 층화표본에 대한 통계적 방법은 교재에서는 다루지 않을 것이다.

많이 사용되는 다른 표집방법은 **계통표집**(systematic sampling)이다. 이 방법은 모집단 요소가 자연스러운 순서로 정렬되어 있다고 가정한다. 임의로 출발점을 뽑아 매 k번째를 표본으로 뽑는 것이다. 예를 들면, 음악회 입장권을 구매하려고 줄을 서 있는 사람들은 정렬이 되어있는 것이다. 계통표본을 생성하기 위하여 줄을 서 있는 매 5번째 사람을 뽑는 것이다. 첫 번째는 처음 5명 중에서 임의로 뽑으면 된다.

계통표본의 장점은 뽑기가 쉽다는 것이다. 그러나 계통표집에는 위험도 있다. 모집단이 반복적이거나 주기적이라면 계통표집은 사용하지 않아야 한다. 예를 들면, 옷감을 생산하는 섬유공장을 고려하자. 방직기가 17야드마다 결함을 만드는데 자동전자 스캐너로 매 16야드 마다 검사를 한다고 하자. 이 경우에 임의 출발점은 상당량의 섬유가 생산이 되기 전에 섬유의 결함을 검출 할 수도 있고 검출하지 못할 수도 있다.

집락표집(cluster sampling)은 정부기관이나 사설 연구조직에서 포괄적으로 사용하는 방법이다. 집락표집에서는 인구학적 지역을 구획으로 나눈다. 그런 다음 임의로 구획이나 집락을 선택하여 집락의 모든 구성원을 표본으로 삼는다. 예를 들면, 대도시에서 초등학생에 대한 조사를 할 때 우선 임의로 5개 학교를 뽑은 다음 선택된 학교의 모든 학생을 표본으로 하는 것이다.

모집단이 매우 크거나 지리적으로 흩어져 있는 경우도 흔하다. 이런 경우에 표본은 최종 단계가 집락인 여러 단계의 **다단표본설계**(multistage sample design)를 통하여 구성된다. 예를 들면, 미국의 **현재인구조사**(current population survey)는 다단표본설계방법으로 매달 전 미국에 걸쳐 60,000세대를 조사한다. 첫 단계는 주경계선을 넘지 않는 대단위 지리학적 지역의 표본을 선택한다. 이 지역은 인종이나 다른 요인에 의하여 층화된 더 작은 블록으로 나눈다. 그런 다음 블록의 층화표본을 뽑는다. 최종적으로 선택된 블록 안에 있는 주택단위를 가까운 주택단위의 집락으로 나눈다. 주택단위의 집락의 랜덤표본을 추출하여 최종집락 안에 있는 각 세대를 조사한다.

편의표집(convenience sampling)은 단순하게 편리하거나 쉽게 얻을 수 있는 결과나 자료를 사용한다. 어떤 경우에는 이 자료가 이용할 수 있는 모든 것일 수 도 있고, 정보가 전혀 없는 것보다는 낫다. 그러나 편의표집은 심각하게 편향될 위험을 가지고 있다. 예를 들면, 모든 스포츠 행사 입장권에 부과될 제안된 자리세에 관한 여론을 알고 싶어 하는 기자를 고려하자. 자리세 수입은 지역 교향악단 후원에 사용될 것이다. 기자가 오후에 고전 음악상점 앞에 서서 상점에서 나온 처음 5명을 조사한다. 이런 방법으로 표본을 추출하면 어떤 여론도 만들 수 있지만 확실하게 편향을 갖는다. 시 위원회는 제안된 세에 관한 결정을 하기 위한 유일한 근거로 이 자료를 사용하지 않기를 바란다. 자료가 편의표집으로 얻어졌을 때는 정말로 매우 조심하여야 한다.

➲ 표집기법

- **임의표집**: 전체 모집단으로부터 단순랜덤표본을 사용한다.
- **층화표집**: 전체 모집단을 층이라 부르는 명확한 부차집단으로 분할한다. 층은 나이, 소득, 교육수준 같은 특정한 특성에 기초한다. 층의 모든 구성원은 특정 특성을 공유한다. 각 층에서 랜덤표본을 뽑는다.
- **계통표집**: 모집단의 모든 구성원에게 연속으로 번호를 부여한다. 임의로 선택한 출발점에서부터 매 k번째 모집단 구성원을 표본에 포함시킨다.
- **집락표집**: 전체 모집단을 이전부터 존재하는 영역 혹은 집락으로 분할한다. 집락은 흔히 지리적이다. 집락을 임의로 선택한다. 선택된 집락의 모든 구성원을 표본에 포함한다.
- **다단계표집**: 각 단계에서 연속으로 더 작은 집단을 만들기 위하여 다양한 표집방법을 사용한다. 최종 표본은 집락으로 구성한다.
- **편의표집**: 이용하기 쉬운 모집단 구성원으로부터의 자료를 이용하여 표본을 만든다.

비판적 사고

표본이 실제로 선택되는 개체의 목록을 **표집틀**(sampling frame)이라 부른다. 이론적으로 표집틀은 전체 모집단이다. 그러나 실제로는 모집단의 모든 구성원을 접근할 수 없을 수도 있다. 예를 들어 주택용 전화 계약에 대한 표집틀로 전화번호부를 사용하면 목록에 없는 번호를 포함하지 않을 것이다.

표집틀이 모집단과 일치하지 않을 때 **과소포함**(undercoverage)이라 한다. 인구통계학

연구에서 집이 없거나 도망자 등이 연구에 포함되지 않으면 과소포함이 생긴다.

표집틀(sampling frame)은 표본이 실제로 선택되는 개체의 목록이다.
과소포함(undercoverage)은 모집단 구성원이 표집틀에서 제외되었을 때 생긴다.

일반적으로 표집틀과 모집단이 일치하더라도 표본은 모집단에 대한 완전한 대표가 아니다. 그러므로 표본에서 얻은 정보는 대응하는 모집단 정보와 정확히 일치 하지는 않을 것이다. 표본정보가 모집단 정보와 일치하지 않는 정도를 **표집오차**(sampling error)라 한다.

표집오차(sampling error)는 표본 측정값과 대응하는 모집단 측정값과의 차이이다. 표본이 모집단을 완전하게 대표하지 못한다는 사실에 기인한다.
비표집오차(nonsampling error)는 잘못된 표본설계, 허술한 자료수집, 결함 있는 측정도구나 편향된 설문지 등의 결과로 생기는 오차이다.

표집오차가 실수를 나타내는 것은 아니다. 단순히 모집단 대신에 표본을 사용한 결과이다. 그러나 무심코 발생할 수 있는 비표집오차에 주의를 기울여야 한다.

▶▶ 1.2 연습문제

1. **통계적 지식**. 층화표본과 집락표본의 차이를 설명하시오.

2. **통계적 지식**. 단순랜덤표본과 계통표본의 차이를 설명하시오.

3. **통계적 지식**. 마시는 아침 시리얼의 비용에 대한 연구를 하였다. 그녀는 여러 상자의 시리얼 값을 기록하였다. 그러나 각 상자에서 인분수를 고려하지 못하였다. 누군가 표집오차이므로 걱정하지 말라고 하였다. 충고에 대하여 설명하시오.

4. **해석**. 한 대학의 학생 50명의 랜덤표본에서 모든 학생들은 18세에서 20세 사이였다. 그 대학의 학생 전체 모집단이 18세에서 20세 사이에 있다고 할 수 있는가? 설명을 하시오.

5. **비판적 사고**. 그레그는 주 대학 남자농구게임 시즌입장권을 가지고 있는 사람들의 모집

단에서 크기 100명의 랜덤표본을 뽑았다. 그리고 주 대학 여자농구게임 시즌입장권을 가지고 있는 사람들의 모집단에서 크기 100명의 랜덤표본을 뽑았다.

(a) 주 대학 농구게임 시즌입장권을 가지고 있는 사람들의 모집단에서 표집하기 위하여 어떤 표집방법을 사용하였는가?

(b) 표본을 합하여 남자 혹은 여자 주 대학 남자농구게임 시즌입장권을 가지고 있는 사람들의 모집단에서의 크기 200명의 랜덤표본이라고 주장하는 것은 적절한가? 설명하시오.

6. **비판적 사고**. 통계학을 수강하고 있는 학생들에게 1번부터 차례로 번호를 부여하였다. 이 반에서 4명의 랜덤표본을 뽑는 방법을 설명하시오.
   (a) 교실에 들어오는 처음 4명이 반드시 랜덤표본은 아니라는 것을 설명하시오.
   (b) 늦게 오는 4명이 반드시 랜덤표본은 아니라는 것을 설명하시오.
   (c) 뒷 열에 앉아있는 4명이 반드시 랜덤표본은 아니라는 것을 설명하시오.
   (d) 키가 큰 순서로 4명이 반드시 랜덤표본은 아니라는 것을 설명하시오.

7. **표집: 난수**. 난수표를 사용하여 1에서 99사이에서 10개의 난수를 생성하시오. 과정을 설명하시오.

8. **표집: 난수**. 난수표를 사용하여 1에서 8615사이에서 6개의 난수를 생성하시오. 과정을 설명하시오.

9. **컴퓨터 모의실험: 주사위의 역할**. 주사위는 각 면에 점이 있는 정육면체이다. 면에는 1, 2, 3, 4, 5, 6개의 점이 있다. 다음은 정상적인 주사위를 20번 던진 컴퓨터 모의실험 결과이다.

열	C1	C2	C3	C4	C5	C6	C7	C8	C9	C10
1	5	2	2	2	5	3	2	3	1	4
2	3	2	4	5	4	5	3	5	3	4

   (a) 표의 각 숫자는 주사위 윗면에 나타난 점의 수에 대응한다고 가정한다. 같은 숫자가 한번 이상 나타나는 것은 적절한가?

(b) 만약 주사위를 더 많이 던지는 모의실험을 한다면 같은 수열 결과를 얻을 것이라 기대할 수 있는가? 이유는?

10. **교육: 시험구성**. 길교수는 5지선다형 10문제를 출제하고 있다. 선택 안을 *a, b, c, d, e* 라 할 때 정답을 임의배치하려고 한다. 난수표를 사용하여 10문항에 대한 정답배치를 하시오. 과정을 설명하시오.

11. **표집방법: 복지혜택**. 고용계약의 중요한 사항은 건강보험, 생명보험, 보육, 휴가, 퇴직금, 상조, 보너스 등을 포함해야하는 복지혜택이다. 하와이에 있는 민간 기업체에서 시행하고 있는 복지혜택에 대하여 조사하기 위하여 100개의 표본을 추출하기로 하였다. 몇 가지 표집기법을 아래에 설명하였다. 각 기법을 단순랜덤표본, 층화표본, 계통표본, 집락표본 혹은 편의표본으로 분류하시오.

(a) 시의 사업체 명부에 있는 각 기업에 번호를 부여한 다음 난수표를 이용하여 기업체를 선정한다.

(b) 우편번호를 기준으로 지역을 나눈다. 임의로 10개 지역을 뽑아 그 지역에 있는 모든 기업체를 선정한다.

(c) 5명으로 구성된 연구 보조팀을 호놀룰루 시 중심가에 있는 비즙가로 보내 각 연구보조원이 지역이나 블록이나 빌딩을 선택하여 찾은 기업체의 고용주를 인터뷰한다. 1인당 20개 업체를 조사한다.

(d) 시의 사업체 명부에 있는 각 기업에 번호를 부여한다. 임의로 출발점을 고른 다음 100개 업체가 선정될 때까지 매 50번째 업체를 선정한다.

(e) 업체를 병원, 해운, 소매, 제조업, 금융, 건설, 요식업, 호텔, 여행, 기타의 형태에 따라 나눈 다음 각 분야에서 10개 업체를 임의로 선정한다.

1.3 실험계획

초점

- 전수조사가 의미하는 것은 무엇인가?
- 모의실험, 관측연구와 실험을 설명하시오.
- 대조군, 플라시보 효과, 완전임의화실험과 임의화블록실험을 식별하시오.
- 자료를 신뢰할 수 없게 만드는 잠재적인 함정을 논의하시오.

통계적 연구 계획

통계적 연구를 계획하고 자료를 수집하는 것이 신뢰할 수 있는 정보를 얻는데 필수적 요소이다. 통계적 연구의 특성에 따라 많은 전문가나 자원이 계획단계에서 요구될 수도 있다. 통계적 연구계획의 기본사항을 살펴본다.

절차 통계적 연구계획의 기본 지침

1. 개체 혹은 관심의 대상을 식별하시오.
2. 변수뿐만 아니라 측정이나 관측절차를 상술하시오.
3. 전체 모집단을 사용할지 대표표본을 사용할지를 결정하시오. 표본을 사용한다면 실행가능한 표집방법을 결정하시오.
4 자료수집계획에서 윤리, 비밀유지와 사생활에 대하여 설명하시오. 만약 기업, 상점, 대학 혹은 다른 기관에서 자료를 수집한다면 예의를 준수하고 필요하면 허가를 받는다.
5. 자료를 수집한다.
6. 적절한 기술 통계방법(2, 3, 4장)을 사용하고, 적절한 추측 통계 방법(8-11장)을 사용하여 결정을 한다.
7. 마지막으로 자료수집방법에 관하여 관심사를 기록하고 다음 연구를 위하여 추천목록을 만든다.

고려할 하나의 문제는 연구에서 전체 모집단을 사용하는지 대표 표본을 사용하는지 여부이다. 전체 모집단으로 부터의 자료를 사용한다면 **전수조사**(census)라 한다.

전수조사(census)에서는 전체 모집단으로부터의 관측이나 측정이 사용된다.

모집단이 작거나 쉽게 접근할 수 있다면 모집단에 관한 완전한 정보를 얻으므로 전수조사가 매우 유용하다. 그러나 전수조사는 비용이 많이 들고 어렵다. 또한 모집단의 몇몇 구성원은 접촉하기가 불가능할 수 있다. 때로는 모집단 구성원이 응답을 하지 않는다. 그와 같은 경우에 누락된 반응에 대한 통계적 추정값이 제공된다.

만약 관심 모집단의 일부분 자료를 사용한다면 표본을 갖고 있는 것이다.

표본(sample)에서는 모집단의 일부분의 측정 혹은 관측이 사용된다.

교재에서는 단순랜덤표본에 기초한 추측 통계학 방법을 공부할 것이다. 1.2절에서 다룬 것 같이 모의실험은 실제현상의 수치적 모사이다. 모의실험은 실제상황의 수학적 모방이라는 의미에서 "dry lab"이라고도 부른다. 모의실험의 이점은 수치적이고 통계적인 모의실험은 실제 문제에 매우 잘 적합될 수 있다는 것이다.

실험과 관측

통계적 연구를 위하여 자료를 수집할 때 관측연구인지 실험인지를 구별한다.

관측연구(observational study)에서는 개체의 관측이나 측정은 측정될 반응 또는 변수를 변화시키지 않는 방법으로 수행된다.
실험(experiment)에서는 측정될 반응 또는 변수에서 가능한 변화를 관측하기 위하여 개체에 대하여 정교한 **처리**(treatment)를 한다.

예제 4 실험

1778년 쿡(James Cook)선장이 현재의 하와이에 상륙하였다. 섬 주민들에게 선물로 여러 마리의 양을 주었다. 수년에 걸쳐 이 동물은 전체 수천마리에 이르는 야생 무리로 불어났다. 은검풀(silver sword plant)을 포함하여 모든 것을 먹었다. 한때 마우이 섬에 은검풀은 많이 자라고 있었으나 매년 점점 줄어들게 되었다. 생물학자들은 염소 때문이라 생각하고 이를 입증하기 위하여 통계적 연구를 하였다.

(a) 이론을 입증하기 위하여 공원 생물학자들은 할레아칼라(Haleakala)에서 먼 지역에 관측소를 세웠다. 각 관측소에 토양, 기후, 식물 개체수가 비슷한 두 구획을 택하였다. 한 구획에는 염소가

들어가지 못하게 울타리를 하고 다른 구획은 하지 않았다. 정기적으로 각 구획에서 식물 개체수를 세었다. 이 연구는 처리(울타리)를 하였으므로 실험에 해당한다.

(b) 실험은 각 관측소에 두 구획을 정했다. 울타리를 하지 않은 구획이 **대조**(control)구획이다. 즉 특별한 처리를 하지 않은 구획이다. ■

통계적 실험은 흔히 처리의 효과를 결정하기 위하여 사용된다. 그러나 실험계획은 다른 가능한 효과의 원인을 통제할 필요가 있다. 예를 들면, 의학 실험에서 **위약효과**(placebo effect)란 치료 자체의 효과 여부에 관계없이 환자가 치료받고 있다는 믿음의 결과로 개선이나 변화를 말한다.

> **위약효과**(placebo effect)란 개체가 치료를 받고 있지 않지만 치료를 받고 있다고 믿음으로서 긍정적으로 반응할 때 생긴다.

위약효과를 설명하기 위하여 환자를 두 집단으로 나눈다. 한 집단은 처방받은 처리를 하고 **대조군**(control group)이라 부르는 다른 집단은 실제 처리와 똑 같도록 위약 처리를 한다. 치료주기 후에 **처리군**(treatment group)에 있는 환자의 의학적 조건을 대조군에 있는 환자의 조건과 비교를 한다.

환자를 처리군과 대조군으로 할당하는 일반적인 방법은 임의과정을 사용하는 것이다. 이것이 **완전임의화실험**(completely randomized experiment)의 본질이다.

> **완전임의화실험**(completely randomized experiment)은 각 개체에 처리 중의 하나를 부과하기 위하여 임의과정을 사용하는 실험이다.

예제 5 완전임의화실험

가슴통증은 심장에 구멍을 내면 완화될 수 있을까? 10년 이상 외과의사들은 심장에 구멍을 내기 위하여 레이저 시술을 해오고 있다. 많은 한자들이 협심증 증상에서 영구적이거나 극적인 통증감소를 보였다. 시술의 도움인가 아니면 위약효과인가? 뉴욕의 레녹스힐 병원의 최근 연구과제가 완전임의화실험을 사용하여 이 주제에 관한 정보를 제공해 주었다. 레이저 수술은 카테터 레이저를 적용하였다. 심각하고 치료할 수 없는 가슴 통증을 가지고 있는 환자 298명(자발참여)을 레이저 시술집단과 시술하지 않는 집단으로 임의 할당하였다. 환자는 진정제는 투여하였지만 깨어 있으므로 의사들이 수술과정에 대하여 상의하는 이야기를 들을 수 있다. 각 환자는 자신이 처리(시술)를 받고 있다고 생각한다. 실험계획은 다음과 같이 그릴 수 있다.

가슴통증환자 → 임의할당 ↗ 집단1 149명 → 처리1 심장에 레이저 구멍 ↘ 고통경감 비교
가슴통증환자 → 임의할당 ↘ 집단2 149명 → 처리2 시술하지 않는다 ↗ 고통경감 비교

레이저 환자는 경과가 좋았다. 놀랍게도 위약 집단도 통증완화에 더 많은 개선을 보였다. 이 연구의 의학적 충격은 아직도 연구 중이다. ■

처리의 반응에 영향을 미칠 수 있는 모든 변수를 통제하기는 어렵다. 몇몇 변수를 통제하는 한 가지 방법이 **블록화**(blocking)하는 것이다.

블록(block)은 처리에 영향을 줄 수 있는 공통적인 특징을 공유하는 개체들의 집단이다. **임의화 블록실험**(randomized block experiment)에서는 우선 개체를 블록으로 분류하고, 임의과정을 사용하여 블록에 있는 각 개체에 처리 중의 하나를 할당한다.

다음은 심장수술실험에서 블록으로 성별을 이용하는 임의화블록설계를 나타낸 것이다.

환자 ↗ 남자 → 임의할당 ↗ 집단1 → 처리1 심장에 레이저 구멍 ↘ 고통경감 비교
환자 ↗ 남자 → 임의할당 ↘ 집단2 → 처리2 시술하지 않는다 ↗ 고통경감 비교
환자 ↘ 여자 → 임의할당 ↗ 집단1 → 처리1 심장에 레이저 구멍 ↘ 고통경감 비교
환자 ↘ 여자 → 임의할당 ↘ 집단2 → 처리2 시술하지 않는다 ↗ 고통경감 비교

예제 5에서 언급된 연구는 좋은 실험계획의 많은 특징을 갖고 있다.

대조집단이 있다. 이 집단은 연구자가 위약효과를 통제할 수 있도록 가짜 처리를 받는다. 일반적으로 대조집단은 실험집단의 반응에서 변화의 근원적인 원인일 수 있는 기지 혹은 미

지 변수의 영향을 고려하기 위하여 사용된다. 그와 같은 변수를 **잠복**(lurking) 혹은 **중첩변수**(confounding variable)라 한다.
임의화는 개체를 두 처리집단으로 할당하기 위하여 사용된다. 이것은 편향을 막을 수 있다.
많은 환자들을 대상으로 실험의 **반복**은 두 집단의 고통경감의 차이가 우연에 의하여 발생할 수 있는 가능성을 줄여준다.

많은 실험은 **이중눈가림**(double-blind)으로 한다. 이것은 연구에서 개체와 관찰자가 모두 어느 개체가 처리를 받고 있는지를 모르게 하는 것이다. 이중눈가림 실험은 의사가 한 환자에게 줄 수 있는 미묘한 편향을 통제할 수 있다.

기대

일원과 이원 ANOVA는 여러 처리 혹은 다중 처리를 동반한 여러 블록이 있는 완전임의화 실험에서 얻은 연구결과에 사용되는 분석기술이다.

유도된 연습문제 5 자료수집

다음 연구에 가장 적당한 자료수집방법(표본추출, 실험, 모의실험, 전수조사)은 어느 것인가?

(a) 핵반응의 냉각과정 정지 효과에 대한 연구 ⇒ 모의실험. 원자로 용해 위험을 원하지는 않을 것이다.

(b) 정해진 학점을 이수하는 대학생들의 TV시청시간에 대한 연구 ⇒ 표본추출과 관찰 연구

(c) 여학생들의 칼슘공급과 골밀도에 대한 효과 연구 ⇒ 실험

(d) 어느 대학 수강신청기간 마지막 날에 각 학생의 신청학점 수에 대한 연구 ⇒ 전수조사. 학적담당자는 모든 학생들의 기록을 알 수 있다.

조사

표집, 전수조사, 관찰 또는 실험을 하기로 결정했을 때 사람들에 관한 자료를 수집하는 공통 방법은 질문을 하는 것이다. 이 과정이 **조사**(survey)의 본질이다. 가능한 반응은 단순하게 '네' 혹은 '아니오' 일 수 도 있다. 또한 응답자가 자신이 느끼는 정도에 따라 숫

자를 선택하기도 한다. 그와 같은 척도를 **리커트 척도**(Likert scale)라 한다. 개방형 토론식 반응인 경우에는 연구자가 반응을 범주나 숫자로 변환시키는 방법을 결정하여야한다. 조사를 할 때, 많은 문제가 발생할 수 있다.

➲ 조사의 잠재적 함정

- **무응답**(nonresponse) : 개체를 접촉할 수 없거나 참여를 거부한다. 무응답은 모집단에 대한 과소포함이 될 수 있다.
- **반응의 진실성**(truthfulness) : 응답자들이 의도적이거나 무심코 거짓말을 할 수 있다.
- **부적절한 기억**(faulty recall) : 응답자들이 언제 혹은 어떤 사건들이 일어났었는지를 정확하게 기억하지 못할 수 있다.
- **숨겨진 편향**(hidden bias) : 문항이 특별한 반응을 유도하는 식으로 되어 있을 수 있다. 문항의 순서가 편향된 반응을 가져올 수 있다. 또한 리커트 척도의 숫자가 응답자의 감정이나 경험을 반영하지 못할 수도 있다.
- **모호한 단어**(vague wording) : '흔히', '거의', '때때로' 와 같은 어휘는 사람에 따라 다르게 생각한다.
- **면접자의 영향**(interviewer influence) : 면접자의 목소리 높이, 몸짓, 복장, 성별, 권위 와 성격이 반응에 영향을 미칠 수 있다.
- **자발적 반응**(voluntary response) : 주제에 대하여 강한 의견을 갖고 있는 개체는 다른 사람들보다 더 많은 반응을 할 것이다. 그런 조사도 흥미는 있지만 모집단을 반영하지는 않는다.

둘 이상의 변수사이의 인과 관계를 알고 싶은 연구도 있다. 그와 같은 연구는 **잠복변수**(lurking variable)나 **중첩변수**(confounding variable)에 의하여 복잡해진다.

잠복변수(lurking variable)는 연구 중인 다른 변수에 영향을 주는데도 불구하고 어떤 자료도 수집되지 않는 변수이다.
서로의 효과를 구별할 수 없을 때 두 변수는 **중첩되었다**(confounded)고 한다. 중첩변수는 연구 일부분일 수도 있고 외부 잠복변수일 수도 있다.

예를 들어, 출근에 사용되는 가솔린 양과 출근에 걸리는 시간을 연구한다고 하자. 교통체증수준이 두 연구변수를 증가시키는 잠복변수일 것이다. 평균성적, 과정난이도, IQ와 공부시간과 같은 여러 변수를 포함하는 연구에서 변수의 일부는 서로 중첩되어 있다. 예를 들어 공부시간이 적은 학생은 쉬운 과정을 선택했을지 모른다.

많은 연구자들은 연구결과를 실제자료설정범위보다 더 넓은 범위의 상황으로 일반화하려고 한다. 새로운 발견의 참 범위는 여러 현실 세계 설정으로 반복된 연구에 의하여 결정되어야만 한다. 어떤 약이 실험용 쥐 집단에게 효과가 있음을 보이는 통계적 실험은 그 약이 야생말 무리에게도 효과가 있다는 것을 보장하지는 않는다.

연구 지원금도 관심영역으로 미묘한 편향을 가져올 수 있다. 예를 들어, 한 제약회사가 자유계약 연구원에게 연구를 시키고 있다면 연구자는 약이나 처리에 관한 드문 부작용은 생각도 하지 않을지 모른다.

유도된 연습문제 6 자료에 관한 주의

설명대로 수집된 자료의 유용성에 대하여 이야기하시오.

(a) 제복을 입은 경찰관이 20명의 대학 신입생을 조사한다. 학생의 이름과 지난 달에 불법마약을 했는지를 묻는다. ⇒ 응답자들은 사실대로 대답하지 않을 것이다. 몇몇은 참가를 거절할 것이다.

(b) 제시카는 저소득자용 주택이 많은 도시일수록 노숙자들이 많다는 자료를 보았다. 저소득자용 주택건설이 노숙자의 원인이 되는가? ⇒ 도시 크기 같은 중첩변수나 잠재변수가 있을 것이다. 대 도시에 더 많은 저소득 주택과 더 많은 노숙자가 있을 것이다.

(c) 소비자가 설문지를 식권판매기 옆에서 뽑아서 사용하는 방식으로 학생식당의 음식의 질에 대한 조사를 하였다. ⇒ 자발적 반응은 더 많은 부정적 의견을 가져올 것이다.

(d) 관상동맥에 관한 포괄적 연구가 50세 이상의 남자에 대하여 이루어졌다. ⇒ 50세 이상의 남자들에게서 얻은 결론은 다른 나이대나 여자들로 일반화할 수도 있고 할 수 없을 수도 있다. 이 결과는 여자나 젊은이에게 유용할지도 모르지만 이 집단에 대한 연구를 별도로 수행할 필요가 있다.

자료수집기법의 선택

자료를 수집하는 방법 중에서 어느 방법이 최선일까? 정답은 관심 있는 변수의 수 와 변수간의 관계를 설명하는데 필요한 신뢰수준에 의존한다.

- 많은 변수에 대하여 폭 넓은 범위에 걸쳐 정보를 수집하는 가장 좋은 선택은 조사이다. 많은 질문을 조사에 포함시킬 수 있다. 그러나 조사 도구 설정과 조사 관리에 많은 주의를 하여야 한다. 무응답과 앞서 이야기한 다른 문제가 편향을 가져올 수 있다.
- 관측연구는 많은 변수에 관하여 정보를 수집하는데 다음으로 편리한 기법이다. 측정을 하고 기록하는 절차에 주의를 하여야한다.
- 실험은 가장 엄격하고 제한된 자료 수집기법이다. 시간과 비용이 들고, 관리에 어려움도 있다. 실험에서 일반적으로 목표는 주어진 시점에서 하나의 변수의 효과를 연구하는 것이다. 필요요건 때문에 변수의 수는 더 제한이 된다. 실험은 얻어지는 결과가 연구주제에 적절함을 보증하도록 주의 깊게 설계되어야 한다.

주석: 실험은 타당한 결론에 도달하는 가장 좋은 기법이다. 다른 변수들을 주의 깊게 통제하여 처리집단에 대하여 하나의 변수의 변화 효과와 통제집단과 비교하여 높은 신뢰도를 가져오는 결과를 얻는다.

높은 신뢰도를 가져오는 결과를 얻는 다음으로 효과적인 기법은 관측연구이다. 관측행동은 측정되거나 관측되는 행동을 변화시키지 않아야 한다는 점에 주의하여야 한다.

결론을 이끌어 내는데 가장 효율이 낮은 기법이 조사이다. 조사에는 많은 함정이 있고, 특성 때문에 정확한 결과를 얻을 수 없다. 특별한 약을 복용한 후에 좋아졌냐고 환자에게 질문하는 의학조사는 약간의 정보는 주지만 약의 효과에 관하여 정확한 정보는 아니다. 그러나 조사는 태도를 측정하거나, 인구통계학적 정보, 사회정치적 경향의 연구 등등에 폭 넓게 사용되고 있다.

➲ 자료수집계획의 중요한 특징

자료수집계획은 다음을 식별한다.

- 모집단과 표집틀
- 변수
- 관측자료인지 실험자료인지 여부
- 대조집단, 위약사용, 이중눈가림 처리여부
- 자료수집방법: 조사, 측정방법과 정도수준, 합계 등

▸▸ 1.3 연습문제

1. **통계적 지식**. 어떤 연구가 세 변수, 소득수준, 주당 TV 시청시간과 가정에서의 인터넷 사용시간을 포함하고 있다. 변수들이 중첩되어 있을 수 있는 상황을 열거하시오.

2. **비판적 사고**. 재활용에 관한 간단한 여론조사가 질문문장이 응답에 영향이 가지 않도록 잘 설계되었다. 제인은 농부시장에서 조사를 하였다. 그녀는 성인들에게 접근하여 결과는 시에서 쓰레기 수집과 재활용정책을 세우는데 이용될 것이라고 설명하면서 설문에 응해 달라고 하였다. 양식이 채워지는 동안에 조용히 서있었다. 제인은 "fight global warming"라는 슬로건이 새겨있는 녹색 티셔츠를 입고 있었다. 응답자는 해당 지역사회 사람들의 랜덤표본인가? 제인이 응답자들에게 영향을 줄 수 있다는 우려가 있는가?

3. **해석**. 제인은 다른 세대들이 특정 품목을 사치품 혹은 필수품으로 어떻게 분류하는지를 포함하는 두 연구를 검토하고 있다. 첫 번째 연구에서 에코세대를 18-29세 사람들로 정의하였다. 두 번째 연구에서 에코세대를 20-31세 사람들로 정의하였다. 제인은 첫 번째 연구가 2006년에 수행되었고, 반면에 두 번째는 2008년에 수행되었다는 것을 알았다.
   (a) 두 연구는 에코세대의 설명에서 일치하지 않는가?
   (b) 에코세대의 출생년도는 무엇인가?

4. **생태학: 자료수집**. 다음에 설명하는 연구에서는 어떠한 자료수집기법(관측, 실험)을 사용하였는가?
   (a) 콜로라도 야생국은 퀸시저수지에서 774마리의 물고기를 그물로 잡은 다음 놓아 주었다. 219마리의 농어류, 315마리 블루길, 83마리의 창꼬치 와 157마리의 송어가 있었다.
   (b) 콜로라도 야생국은 에반스산에서 41마리의 큰 뿔 양을 잡아서 사상충 예방주사를 놓았다. 1년 후, 주사를 맞은 양 중 38마리는 사상충을 갖고 있지 않았고 3마리는 갖고 있었다.
   (c) 콜로라도 야생국은 사우스플랫강의 데커스 지역에 특별한 낚시규정을 부과하였다. 37.5㎝ 이하의 송어는 놓아 주어야 한다. 규정 전후의 송어연구는 송어의 평균 길이가 새 규정 후 10.5㎝ 증가하였다는 것을 보였다.

(d) 생태학 수업에서 쌍안경으로 로웰스 못에서 23마리의 거북이를 관찰하였다. 18마리는 상자 거북이였고 5마리는 무는 거북이었다.

5. **일반: 완전임의화실험**. 다음 설정 각각에 대하여 완전임의화실험을 어떻게 사용하겠는가? 위약을 사용하겠는가? 자세히 설명하시오.
   (a) 한 수의사가 일반적인 감염에 대한 저항력을 결정하기 위하여 송아지에 대한 항생제를 시험하려고 한다. 목장에 22마리의 새로 태어난 송아지가 있다. 백신은 10마리에게 할 수 있다. 그러나 감염에 대한 저항력을 결정하기 위하여 혈액검사는 모든 송아지에 대하여 할 수 있다.
   (b) 덴버 경찰서에서는 10대들과의 이미지를 개선하려고 한다. 정복을 입은 경찰관을 10주 동안 일주일에 하루 학교에 보낸다. 경찰관은 학생들을 방문해 점심도 같이 먹고, 단합대회도 참가하는 등의 활동을 한다. 관내 18개 학교가 있지만 이번학기에는 9개 학교만 방문할 수 있다. 10대들이 경찰관을 어떻게 보는가에 대한 조사를 18개 모든 학교를 대상으로 실시한다.
   (c) 새로운 금연 패치제품을 개발 중이다. 75명의 애연가들이 새로운 패치의 검사에 참여하였다. 참여자 중 40명은 새로운 패치를 받았고, 나머지 참여자들은 약성분이 없는 패치를 받았다. 두 달 뒤에 흡연습관에 대하여 조사를 한다.

6. **비판적 사고**. 한 농업연구에서 두 종류의 귀리의 수확량을 비교하고자 한다. 실험지역은 강에 의하여 경계가 정해진다. 땅을 같은 크기의 8개 필지로 나눈다. 실험은 각 블록에 4개 구획을 설정한다. 각 블록의 두 개 구획에 귀리 품종 중 하나를 임의로 할당한다. 다음 그림의 블록화 계획을 보고 어느 쪽이 더 좋은 지를 설명하시오.

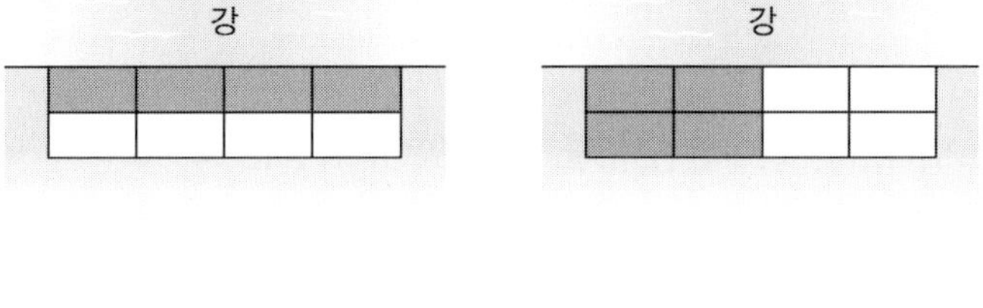

복습

요약

이 장에서 여러분은 통계학은 모집단 혹은 표본으로부터 수치적 정보를 수집, 정리, 분석 및 해석을 하는 방법이라는 것을 살펴보았다. 이 장은 다음과 같은 자료의 특징 몇 가지와 자료를 수집하는 방법을 다루었다.

- 연구의 개체 혹은 대상과 개체와 관련된 변수
- 질적 혹은 양적자료 분류와 자료의 측정수준
- 표본과 모집단 자료. 표본자료로부터 요약측도를 통계량이라 하고 모집단으로부터의 요약측도를 모수라 한다.
- 단순임의, 층화, 계통, 다단계와 편의를 포함하는 표집전략. 교재에서 추론은 단순랜덤표본에 기초한다.
- 자료수집방법: 전수조사, 모의실험, 관측연구, 실험과 조사
- 관심사항: 모집단의 과소포함, 무응답, 편향과 다른 요소, 중첩 혹은 잠재변수의 효과, 연구결과의 일반화와 연구기금.

복습문제

1. **비판적 사고**. 수도쿠(Sudoku)는 9행 9열로 정렬된 정사각형으로 구성된 퍼즐이다. 81개의 사각형은 9개의 3×3 사각형으로 나누어진다. 목적은 각 열과 행의 사각형이 1부터 9까지의 숫자를 포함하도록 채우는 것이다. 그러나 각 숫자는 어떤 열이나 행의 사각형에 한번만 나타나야한다. 빈칸에 숫자를 선택하기 위하여 난수표를 사용하는 것이 적절할까?

2. **통계적 지식**. 취학생들에 대한 연구를 하고 있다. 다음은 조사도구에 있는 질문들이다.
   A. 일주일에 몇 시간 일을 하는가? 가장 가까운 시간으로 대답하시오.
   B. 이 직업경험은 장래 취업목표에 도움이 되는가? 다음 척도를 사용하여 대답하시오:

   1=전혀, 2=조금, 3=매우

(a) 1학년, 2학년, 3학년과 4학년에서 랜덤표본을 뽑는다고 가정하시오. 어떤 표집방법을 사용하고 있는가?

(b) 연구의 개체를 설명하시오.

(c) 질문 A에 대한 변수는 무엇인가? 질적인가 양적인가? 측정수준은 무엇인가?

(d) 질문 B에 대한 변수는 무엇인가? 질적인가 양적인가? 측정수준은 무엇인가?

(e) 질문 B에 대한 반응 "3=매우" 의 비율은 통계량인가 모수인가?

(f) 표본으로 선택한 학생의 오직 40%만이 응답한다고 가정하시오. 무응답률은 얼마인가? 무응답률이 연구에 편향을 가져올 수 있다고 생각하는가? 설명하시오.

(g) 연구결과를 국가의 모든 취학생들에게로 일반화 하는 것이 적당한가? 설명하시오.

3. **모의실험**: TV**습관**. 한 케이블 방송국은 시청자의 약 30%가 TIVO를 갖고 있어 광고를 쉽게 건너 뛸 수 있다는 것을 안다. 여러분은 7개 방송국의 시청자들의 랜덤표본이 "TIVO를 갖고 있는가?"라는 질문에 어떻게 반응하는 지에 대한 모의실험을 계획하고 있다. TIVO질문에 "예"와 " 아니오" 반응에 0부터 9까지 숫자를 어떻게 할당하겠는가? 임의숫자 할당과 난수표를 사용하여 7개 방송국 시청자들의 랜덤표본으로부터의 반응을 생성하시오.

4. **일반**: **자료수집**. 다음 연구에서는 어떤 자료수집기술(관측, 실험)이 사용되었다고 생각하는가?

   (a) 미국 인구통계국은 모집단 나이를 추적한다. 1900년에 19세 이하 모집단 비율은 44.4%였다. 1930년에 비율은 38.8%였다; 1970년에 비율은 37.9%였다; 2000년에 비율은 28.5%로 내려갔다.

   (b) 같은 강의를 받은 후에 100명의 학생을 임의로 50명씩 두 집단으로 나누었다. 한 집단에게는 강의내용에 관하여 객관식 시험을 치르게 하였다. 다른 집단은 논술시험으로 치르게 하였다. 두 집단에 대한 평균 점수를 비교하였다.

5. **학생생활**: **자료수집과제**. 수업을 같이 듣는 학생들의 통계적 분석표를 작성하시오. 관심문항은 다음과 같다.

   (a) 키, 나이, 성별, 맥박, 형제 수, 결혼여부

   (b) 이수학점, 평점

(c) 전공; 이번 학기 신청한 학점

(d) 주당 수업시간

(e) 주거지에서 강의실까지 거리(통학에 걸리는 시간)

(f) 갖고 있는 차의 연식, 제조사, 색

이 질문에 대답하는 사람들에게 어떤 지도를 하겠는가? 예를 들어, 측정은 어느 정도 정확하여야 할까? 나이는 생일을 기준으로 하여야 하는가?

6. **초점문제: 반딧불**. 연속으로 빛(하루 24시간)에 노출된 반딧불 모집단과 정상적인 일광/어둠에 노출된 반딧불 모집단을 비교하는 연구를 수행하고 있다고 가정하시오. 실험실 환경에 두 개의 반딧불 군생을 만들었다. 두 군생은 동일하지만 한 군생은 정상적인 일광/어둠에 노출되고 다른 군생은 연속으로 빛에 노출된다. 각 군생은 같은 수의 반딧불 성충이 살게 한다. 72시간 후에 각 군생에서 살아있는 반딧불 숫자를 센다.

(a) 이것은 실험연구인가 관측연구인가?

(b) 대조집단이 있는가? 처리집단이 있는가?

(c) 이 연구에서 변수는 무엇인가?

(d) 변수의 측정수준(명목, 구간, 순서, 비율)은 무엇인가?

CHAPTER

02 자료의 정리

플로렌스 나이팅게일(1820-1910)은 "열정적인 통계학자"와 "적절한 통계학자"로 서술된다. 그녀는 통계학을 좁은 개인적인 경험과 열망을 더 넓은 인류의 봉사로 초월하게 해주는 과학으로 보았다. 그녀는 그래프를 사용하여 통계를 표현한 첫 번째 간호사 중의 한 명으로 개선된 공중위생이 사망률을 얼마나 감소시켰는지를 표와 그래프로 설명하였다. 스쿠타리(크림전쟁 기간 동안 중심 영국병원)에서 지독한 공중위생조건에 관한 통계적 보고서는 상원의원 시드니 허버트에 의하여 매우 심각하게 받아들여졌다. 나이팅게일이 추천한 공중위생개선이 군병원에 적용되자 사망률이 놀랍게도 42.7%에서 2.2%로 떨어졌다.

사전질문

- 히스토그램이 무엇인가? 언제 사용되는가? (2.1절)
- 일반적인 분포의 모양은? (2.1절)
- 주어진 자료집합에 적합한 그래프를 어떻게 선택할 수 있는가? (2.2절)
- 자료를 빠르게 정렬하고 동시에 분포모양을 나타내는 방법은? (2.3절)

초점문제 **그림으로 말하시오.**

에드워드 터프트(Edward R. Tufte)는 저서 "양적정보의 시각적 표현(*The Visual Display of Quantitative Information*)"에서 좋은 그래프를 만드는 많은 지침을 제시한다. 판단기준에 따라 그래프 표현은

- 자료를 보여주어야 한다;
- 보는 사람이 방법, 모양, 기술 혹은 작성도구보다는 그래프의 본질에 관하여 생각하도록 하여야 한다;
- 자료가 말하려는 것을 왜곡하지 않도록 하여야 한다.

몇 가지 판단기준을 어기는 그래프의 예제로 터프트는 유명한 신문에 실린 그래프를 든다. 그림 2-1(a)는 문제 그래프와 유사한 숫자를 보여준다. 반면에 (b)는 자료의 더 좋은 표현을 보여준다.

이 장을 끝낸 후 여러분은 다음 질문에 대답할 수 있을 것이다.

[그림 2-1]

(a) 자동차의 표준 연비

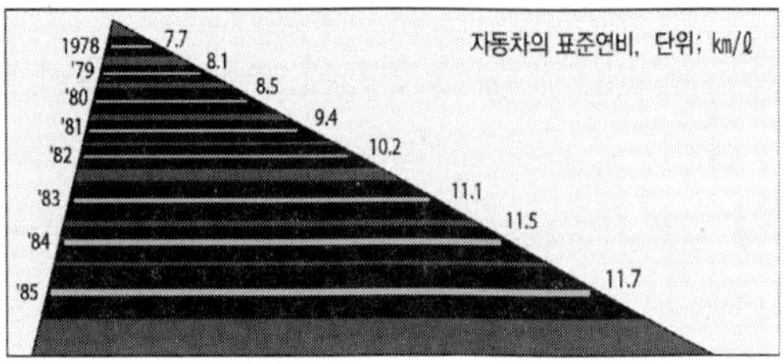

(b) 필수 표준연비

;1978에서 1985년까지 제조된 자동차

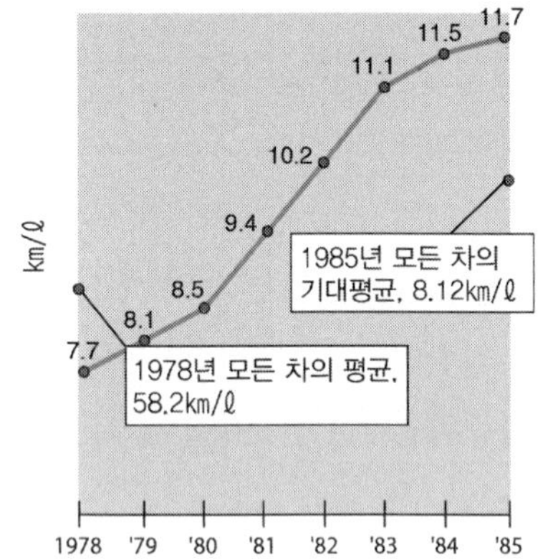

(a) 그림 2-1(a)를 보시오. 근본적으로 막대그래프인가? 막대그래프로서 그림 2-1(a)의 결점은 무엇인가?

(b) 같은 정보를 보여주는 그림 2-1(b)를 검토하시오. 근본적으로 시계열 그래프인가? 어떤 면에서 두 번째 그래프가 더 분명하게 정보를 나타내는 것 같은가?

2.1 도수분포와 히스토그램

초점

- 도수표를 사용하여 원자료를 정리하시오.
- 히스토그램, 상대도수히스토그램과 누적도수곡선을 만드시오.
- 기본 분포모양을 인지하시오; 균등, 대칭, 기운 분포와 이봉.
- 자료설정의 배경에서 그래프를 설명하시오.

도수표

많은 양적자료를 다룰 때 작은 구간이나 **계급**(class)으로 정리하여 각 계급에 얼마나 많은 자료값이 속하는지를 세는 방법이 유용하다.

도수표(frequency table)는 자료를 구간이나 계급으로 나누어 각 계급에 얼마나 많은 자료가 속하는지를 보여준다. 계급이나 구간은 각 자료가 정확하게 하나의 계급에 속하도록 정한다.

예제 1에서 도수표를 만드는 단계를 설명한다.

예제 1 도수표

승용차 함께 타기를 장려하기 위하여 달라스 중심가 근로자들의 편도 통근거리에 대한 연구를 하였다. 60명을 임의로 추출하여 그 결과를 표 2-1에 정리하였다. 도수표를 작성하시오.

[표 2-1] 사원 60명의 편도 통근거리(단위; ㎞)

21	68	16	5	26	32	27	64	6	3
11	40	13	34	30	24	5	27	22	10
19	72	1	13	6	26	18	29	37	19
10	3	22	21	11	24	75	19	14	29
54	21	66	45	58	27	38	43	46	14
22	42	16	38	59	50	13	26	19	26

풀이

(a) 먼저 계급의 수를 결정한다. 일반적으로 5~15 사이의 계급을 사용한다. 계급의 수가 너무 작으면 많은 정보를 잃어버린다. 너무 많은 계급의 수를 사용하면 자료가 충분하게 요약되지 못한다. 자료의 산포와 도수표의 목적이 계급의 수를 정하는 기준이 된다. 통근거리 자료에 대하여 6개의 계급을 사용한다.

(b) 다음으로 **계급 폭**(class width)을 구한다.

절차 계급 폭을 구하는 방법

1. $\frac{\text{자료의 최대값} - \text{자료의 최소값}}{\text{계급의 수}}$ 을 계산한다.
2. 계산된 값보다 바로 큰 정수로 올림을 한다.

통근거리 자료에서 최댓값은 75이고 최솟값은 1이므로 계급 폭은

$$\text{계급 폭} = \frac{75-1}{6} \approx 12.3 \approx 13$$

으로 정한다.

(c) 각 계급에 대한 자료 범위를 결정한다.

> **계급하한**(lower class limit)은 한 계급에 들어가는 가장 작은 자료값이다. **계급상한**(upper class limit)은 한 계급에 들어가는 가장 큰 자료값이다. 계급 폭은 계급상한과 계급하한과의 차이이다.

가장 작은 통근 거리가 1이므로 첫 번째 계급의 하한은 1로 하고 계급 폭 13을 고려하여 첫 번째 계급의 상한을 13으로 정한다. 유사한 방법으로 6개 계급의 하한과 상한을 구한 결과를 표 2-2에 나타내었다.

(d) 각 계급에 속하는 자료값을 세어 각 계급의 도수를 구한다.

[표 2-2] 사원 60명의 편도 통근거리의 도수표

계급한계	계급경계			
하한-상한	하한-상한	계수	도수	계급 중간점
1-13	0.5-13.5	卌 卌 ||||	14	6.5
14-26	13.5-26.5	卌 卌 卌 卌 |	21	19.5
27-39	26.5-39.5	卌 卌 |	11	32.5
40-52	39.5-52.5	卌 |	6	45.5
53-65	52.5-65.5	||||	4	58.5
66-78	65.5-78.5	||||	4	71.5

(e) 계급의 중심을 **중간점**(midpoint)이라 한다. 중간점은 해당 계급의 대표값으로 다음과 같이 구한다.

$$\text{중간점} = \frac{\text{계급하한} + \text{계급상한}}{2}$$

(f) 한 계급의 상한과 다음 계급의 하한 사이에 간격이 있다. 이 구간의 중간점을 **계급경계**(class boundary)라 부른다.

절차 계급 경계(정수 자료)를 구하는 방법

계급 상경계(upper class boundary)를 구하려면 계급 상한에 0.5 단위를 더한다. **계급 하경계**(lower class boundary)를 구하려면 계급 하한에서 0.5단위를 뺀다.

■

기본적인 도수표는 얼마나 많은 자료가 각 계급에 속하는지를 보여준다. 계급의 **상대도수**(relative frequency)를 아는 것도 도움이 된다. 상대도수는 전체자료에 대하여 해당 계급에 속하는 자료 수의 비율을 말한다.

$$\text{상대도수} = \frac{f}{n} = \frac{\text{계급도수}}{\text{모든 도수의 합}}.$$

표 2-3이 표 2-1의 통근자료에 대한 상대도수를 나타낸다.

[표 2-3] 편도 통근거리의 상대도수

계급	도수 f	상대도수 f/n
1-13	14	$14/60 \approx 0.23$
14-26	21	$21/60 \approx 0.35$
27-39	11	$11/60 \approx 0.18$
40-52	6	$6/60 = 0.10$
53-65	4	$4/60 \approx 0.07$
65-78	4	$4/60 \approx 0.07$

기대

자료를 계급으로 나누는 것은 지루하다. 자료가 크기순으로 정렬되었다면 쉬운 일이다. 2.3절에서 소개되는 줄기-잎 그림은 자료를 손으로 정리하는데 편리함을 제공해준다.

절차 **도수표를 만드는 방법**

1. 계급의 수와 대응하는 계급 폭을 결정한다.
2. 구별된 구간을 만든다. 첫째 계급의 계급하한은 자료의 최솟값을 이용하는 것이 편리하다. 다음 계급의 계급 하한에 계급 폭을 더한다.
3. 모든 자료값이 들어가도록 계급상한을 채워 구별된 계급을 만든다.
4. 계급에 속하는 자료를 센다. 각 자료값은 정확히 하나의 계급에 들어간다. 계급도수를 구한다.
5. 각 계급의 중간값을 계산한다.
6. 계급경계를 결정한다.

절차 **상대도수표를 만드는 방법**

먼저 도수표를 만든다. 그리고 각 계급에서 상대도수 f/n를 계산한다.

히스토그램과 상대도수 히스토그램

히스토그램과 상대도수 히스토그램이 도수표로 정리된 자료의 가장 효율적인 시각적 표현 방법이다. 그림에서 막대의 폭이 계급 폭을 나타내고 높이가 도수나 상대도수를 나타낸다.

절차 상대도수 히스토그램을 만드는 방법

1. 설계된 계급의 수를 갖는 도수표(상대도수포함)를 만든다.
2. 수평축에 계급경계를 놓고 수직축에 도수 혹은 상대도수를 놓는다.
3. 도수표의 각 계급에 대하여 폭이 계급경계까지인 막대를 그린다. 각 막대의 높이는 대응하는 계급도수이다. 상대도수 히스토그램에 대하여는 막대의 높이는 대응하는 계급상대도수이다.

예제 2 히스토그램과 상대도수 히스토그램

표 2-1의 편도통근거리 자료에 대하여 6개 막대를 갖는 히스토그램과 상대도수 히스토그램을 작성하시오.

풀이 표 2-2와 표 2-3을 그림 2-2와 그림 2-3에 표현하였다. 두 그림의 기본적인 모양은 같고 수직축만 다르다는 것을 알 수 있다.

[그림 2-2] 편도 통근거리의 히스토그램

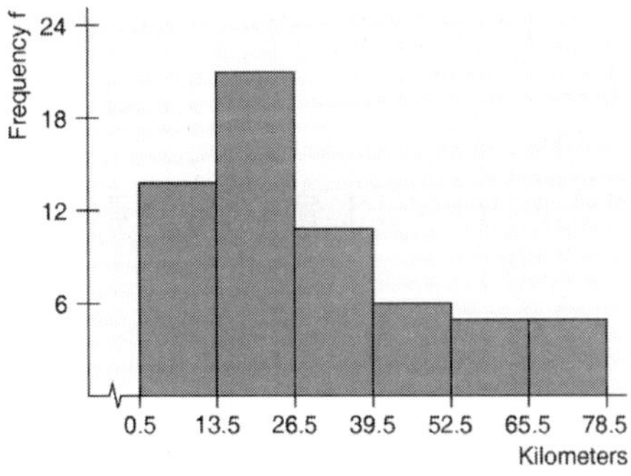

[그림 2-3] 편도 통근거리의 상대도수 히스토그램

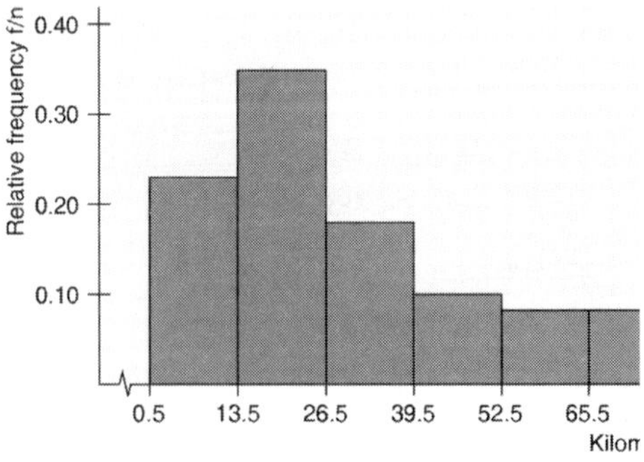

■

유도된 연습문제 1 히스토그램과 상대도수 히스토그램

화가 난 고객이 주문이 왜 도착하지 않는지를 알아보기 위하여 지난 2주 동안 관련회사에 40번의 통화를 하였다. 고객상담부서와 통화를 하기까지 통화대기한 시간을 정리한 것이 표 2-4이다.

[표 2-4] 통화대기시간(분)

1	5	5	6	7	4	8	7	6	5
5	6	7	6	6	5	8	9	9	10
7	8	11	2	4	6	5	12	13	6
3	7	8	8	9	9	10	9	8	9

(a) 최댓값과 최솟값은 얼마인가? 5개의 계급을 사용하는 경우 계급 폭을 얼마로 하여야 하는가?

⇒ 최댓값은 13이고, 최솟값은 1이다. 따라서 계급 폭은 $\frac{13-1}{5} \approx 2.4 \approx 3$이다.

(b) 다음 도수표를 완성하시오.

[표 2-5] 대기시간

계급한계 하한-상한	계수	도수	계급 중간점
1- 3			
4-			
- 9			
-			
-			

⇒ [표 2-6] 표 2.5의 완성

계급한계 하한-상한	계수	도수	계급 중간점
1- 3	⊩	3	2
4- 6	⊯ ⊯ ⊯	15	5
7- 9	⊯ ⊯ ⊯ ⊦	17	8
10-12	⊪	4	11
13-15	|	1	14

(c) 표 2.7의 계급경계를 구하고 부분적인 히스토그램을 완성하시오.

[표 2-7] 계급경계

계급한계	계급경계
1- 3	0.5-3.5
4- 6	3.5-6.5
7- 9	6.5-
10-12	-
13-15	-

⇒ [표 2-8] 표 2.7의 완성

계급한계	계급경계
1- 3	0.5- 3.5
4- 6	3.5- 6.5
7- 9	6.5- 9.5
10-12	9.5-12.5
13-15	12.5-15.5

[그림 2-4]

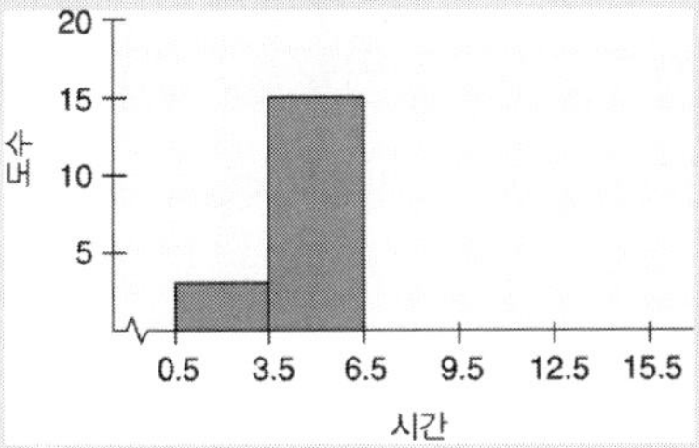

[그림 2-5]

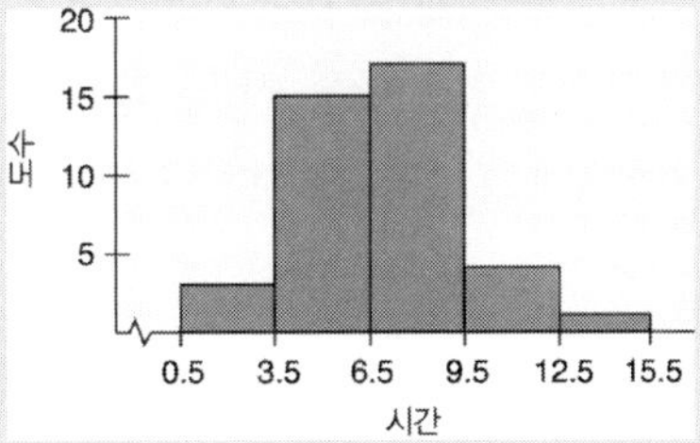

(d) 표 2-9의 상대도수를 계산하고 그림 2-6의 상대도수히스토그램을 완성시키시오.

[표 2-9] 상대계급도수 ⇒ [표 2-10] 표 2.9의 완성

계급한계	상대도수
1- 3	3/40=0.075
4- 6	15/40=0.375
7- 9	
10-12	
13-15	

계급한계	상대도수
1- 3	0.075
4- 6	0.375
7- 9	0.425
10-12	0.100
13-15	0.025

[그림 2-6]

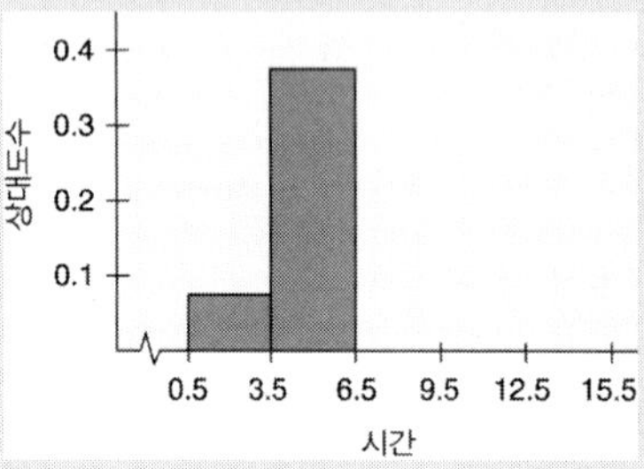

[그림 2-7] 그림 2-6의 완성

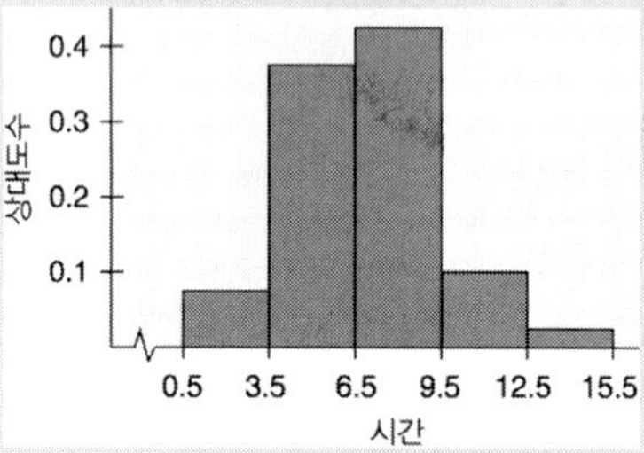

기대

5장에서 확률을 공부할 때 다시 상대도수분포를 볼 것이다. 그곳에서 만약 랜덤표본이 충분히 크다면 사건의 상대도수로 사건의 확률을 추정할 수 있다는 것을 볼 것이다. 상대도수분포는 **확률분포**(probability distribution)로 해석될 수 있다. 이와 같은 분포는 추측통계학의 기본을 형성할 것이다.

분포 모양

히스토그램은 가치가 있고 유용한 도구이다. 만약 원자료가 모집단으로부터의 랜덤표본이라면 표본값으로 만든 히스토그램은 당연히 모집단과 유사한 분포모양을 가져야만 한다.

히스토그램과 관련된 모집단 분포를 설명하기 위하여 여러 용어들이 일반적으로 사용된다.

[그림 2-8] 히스토그램의 형태

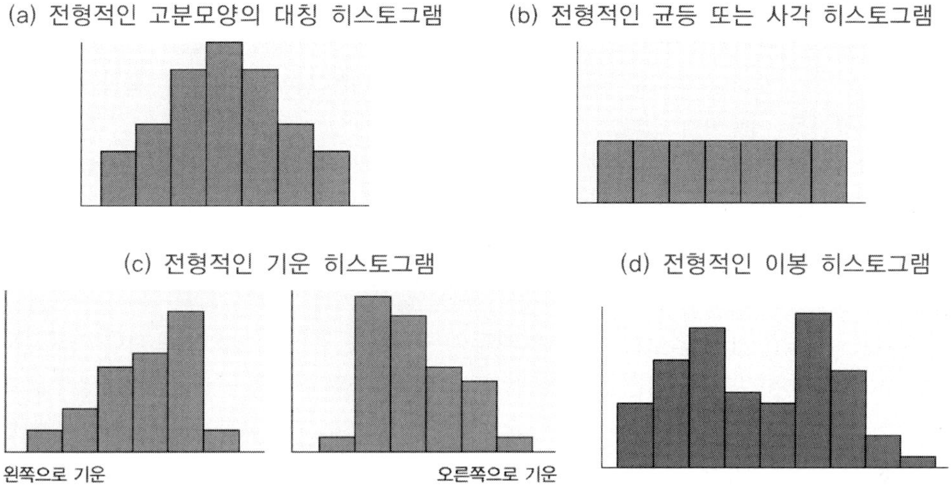

(a) **고분모양의 대칭**(mound-shaped symmetrical): 이 용어는 가운데에서 수직축으로 접었을 때 양쪽이 같은 고분모양의 히스토그램을 말한다. 그림 2-8(a)가 전형적인 고분모양인 대칭 히스토그램을 보여준다.

(b) **균등 혹은 사각**(uniform or rectangular): 이 용어는 모든 계급이 같은 도수를 갖는 히스토그램을 말한다. 하나의 관점에서 균등분포는 대칭이다. 그림 2-8(b)는 전형적인 균등모양의 히스토그램을 보여준다.

(c) **왼쪽으로 기운 혹은 오른쪽으로 기운**(skewed left or skewed right): 이 용어는 한쪽 꼬리가 다른 쪽보다 더 길게 뻗은 히스토그램을 말한다. 기움의 방향은 더 긴 꼬리쪽이다. 그래서 만약 더 긴 꼬리가 왼쪽이라면 히스토그램은 왼쪽으로 기울었다고 한다. 그림 2-8(c)는 왼쪽으로 기운 전형적인 히스토그램과 오른쪽으로 기운 히스토그램을 보여준다.

(d) **이봉**(bimodal): 이 용어는 가장 큰 도수를 갖는 두 개의 계급이 적어도 하나의 계급에 의하여 분리되어 있는 히스토그램을 말한다. 이들 계급의 상위 두 개의 도수는 조금 다른 값을 가질 것이다. 이러한 상황은 두 개의 다른 모집단에서 표집을 하였다는 것을 나타낸다. 그림 2-8(d)가 이봉모양을 갖는 전형적인 히스토그램을 보여준다.

기대

정규분포와 t 분포는 추측통계학(7-10장)에서 포괄적으로 사용되는 중요한 두 분포이다. 이들 분포 둘 다 고분모양의 대칭이다. 다른 유용한 확률분포는 오른쪽으로 기운 카이제곱분포(11장)이다.

⊙ 비판적 사고

이봉분포모양은 자료가 두 개의 서로 다른 모집단에서 얻어졌다는 것을 나타낸다. 예를 들면, 성인의 랜덤표본에서 신장을 나타내는 히스토그램은 남자와 여자 두 모집단이 결합되어 있으므로 이봉이기 쉽다.
만약 히스토그램에서 그림의 양쪽 끝에 있는 막대사이에 공백이 있다면 해당 자료는 **이상점**(outlier)을 포함하고 있을 것이다.

자료에서 **이상점**(outlier)은 자료에 있는 다른 측정값과 매우 다른 자료값을 말한다.

이상점은 자료의 기록 오류일 수 있다. 타당한 이상점은 흔하지 않으므로 다른 자료들과 별도로 검토하여야 한다. 예를 들어, 어떤 회사 고용인들의 급여연구에서 최고경영자 급여는 높을 것이므로 다른 급여와 별도로 고려되어야만 한다. 기록오류가 아닌 이상점에 관한 결정은 연구분야와 목적에 적합한 사람들이 하여야 한다.

➲ 히스토그램과 상대도수 히스토그램은 무엇을 말해주는가?

히스토그램과 상대도수 히스토그램은 자료의 분포상태를 보여준다. 그래프로부터

- 자료분포가 대칭, 기운 혹은 이봉인지;
- 이상점이 있는지;
- 어느 자료구간이 가장 많은 자료를 포함하고 있는지;
- 자료가 어떻게 퍼져있는지;

를 알 수 있다.
다음 장에서 자료의 중심과 퍼짐의 측도를 다룰 것이다. 히스토그램은 그와 같은 측도를 시각화할 수 있다.

누적 도수표와 누적도수곡선

도수대신에 누적합을 연구하는 경우도 있다. 누적도수는 얼마나 많은 자료값이 계급경계상한보다 작은 지를 보여준다. 도수표가 있다면 누적도수칸을 추가하는 것은 간단하다.

계급에 대한 **누적도수**(cumulative frequence)는 해당 계급과 전의 모든 계급도수의 합이다.

누적도수곡선(ogive)은 누적도수를 나타내는 그래프이다.

절차 **누적도수곡선을 만드는 법**

1. 계급경계와 누적도수를 만든다.
2. 각 계급에 대하여 누적계급도수의 높이에 있는 계급경계상한 위에 점을 찍는다. 점의 좌표는 (계급경계상한, 누적계급도수)이다. 점을 직선으로 연결한다.
3. 편의상 첫째 계급의 계급경계하한이 있는 수평축에서 누적도수곡선을 시작한다.

예제 3 누적도수표와 누적도수곡선

콜로라도의 아스펜은 세계적으로 유명한 스키지구이다. 만약 일일 최고기온이 3℃ 이상이면 눈의 표면이 녹는다. 그러면 밤에 다시 언다. 이것은 눈 표면이 얼음으로 덮일 수 있다. 또한 눈사태 위험이 증가할 수 있다.

표 2-11은 151일의 스키시즌 동안 아스펜의 일일 최고기온을 요약한 것이다.

[표 2-11] 아스펜 스키시즌동안 고온(℃)

계급경계			
하한	상한	도수	누적도수
-11.5	-6.5	23	23
-6.5	-1.5	43	66
-1.5	3.5	51	117
3.5	8.5	27	144
8.5	13.5	7	151

(a) 한 계급에 대한 누적도수는 전 계급의 도수에 해당 계급의 도수를 더하여 계산한다. 표 2-11은 누적도수를 나타낸다.

(b) 대응하는 누적도수곡선을 그리기 위하여 첫 번째 계급의 계급경계하한에 있는 도수 0에 점을 찍는다. 그리고 대응하는 계급의 계급경계상한에 점을 찍는다. 마지막으로 점을 연결한다. 그림 2-9가 대응하는 누적도수곡선을 나타낸다.

[그림 2-9] 스키시즌 동안 아스펜의 일일 최고기온에 대한 누적도수곡선

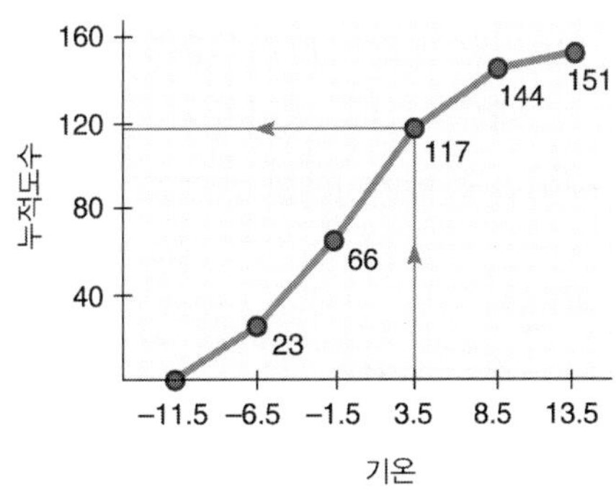

(c) 누적도수곡선을 보고 최고기온이 3℃이하인 전체 일수를 추정하시오.

풀이 그림 2-9의 선을 따라가면 최고기온이 3℃이하인 날은 117일이다. ■

➲ 누적도수곡선은 무엇을 말해주는가?

누적도수곡선은 우리에게

- 얼마나 많은 자료가 수평축에 지정된 값보다 작은지;
- 자료값이 자료의 범위에서 얼마나 느리게 혹은 빠르게 축적되는지;

를 알려준다.

추가로 수직축은 누적도수를 전체 자료수로 나누어 누적 백분율로 바꿀 수 있다. 그러면 수평축에 지정된 값보다 작은 자료의 비율을 알 수 있다.

▶▶ 2.1 연습문제

1. **통계적 지식**. 계급경계와 계급한계와의 차이를 설명하시오.

2. **통계적 지식**. 자료가 10~50 사이의 값을 갖고 있다. 도수표 작성을 위하여 계급한계를 10-20, 20-30, 30-40, 40-50으로 사용하는 경우 잘못된 사항은 무엇인가?

3. **기초계산: 계급한계**. 전체자료가 20~82 사이의 값을 갖고 있다. 7개의 계급을 갖는 도수표에 필요한 계급 폭과 계급한계를 구하시오.

4. **해석**. 여러분은 커피숍의 관리자로 하루 동안 고객이 가게에 들어온 시간부터 주문한 것을 받을 때까지의 대기시간에 관한 자료를 수집한다.
   (a) 어떤 종류의 분포(오른쪽으로 기운, 왼쪽으로 기운, 고분모양의 대칭)가 대기시간에 대하여 가장 적절하다고 생각하는가? 설명을 하시오.
   (b) 만약 대기시간의 분포가 이봉이라면 어떤가? 어떤 설명을 할 수 있는가?

5. **비판적 사고**. 임의로 선택한 54대의 승용차의 연비(㎞/ℓ)를 나타낸 그림 2-10(a)의 히스토그램을 보시오.

[그림 2-10(a)] 연비 히스토그램

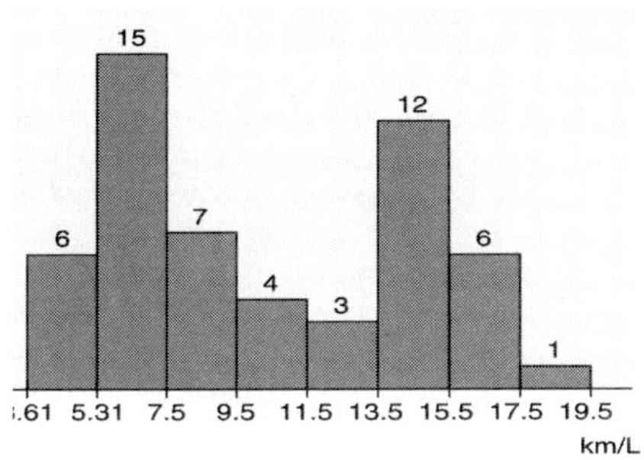

[그림 2-10(b)] 시내연비 히스토그램

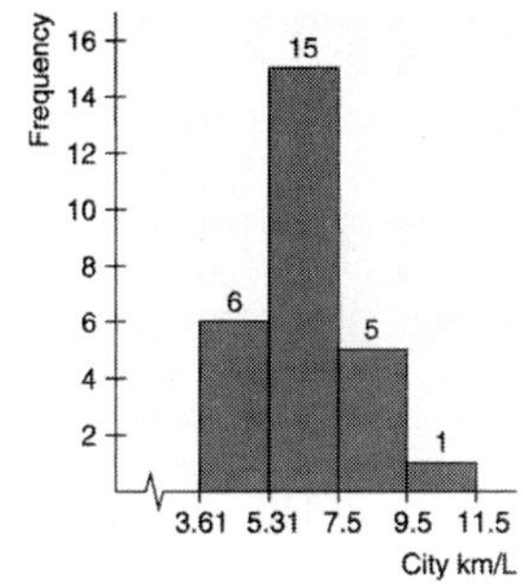

(a) 히스토그램의 모양이 이봉을 나타내는가?

(b) 원자료를 살펴보았더니 54개의 자료값은 27대의 시내와 고속도로 연비 자료였다. 시내 연비로만 작성한 히스토그램이 그림 2-10(b)이다. 그림 2-10의 정보를 이용하여 고속도로 연비에 대한 히스토그램을 작성하시오. 계급 상경계로 7.5, 9.5, 11.5, 13.5, 15.5, 17.5와 19.5를 사용하시오.

6. **해석**. 랜덤표본자료의 히스토그램은 종종 기저가 되는 모집단분포의 지표로 이용된다. 다음은 같은 모집단에서 크기 30, 50, 100의 랜덤표본에 기초한 히스토그램이다.

(i) 표본크기 30

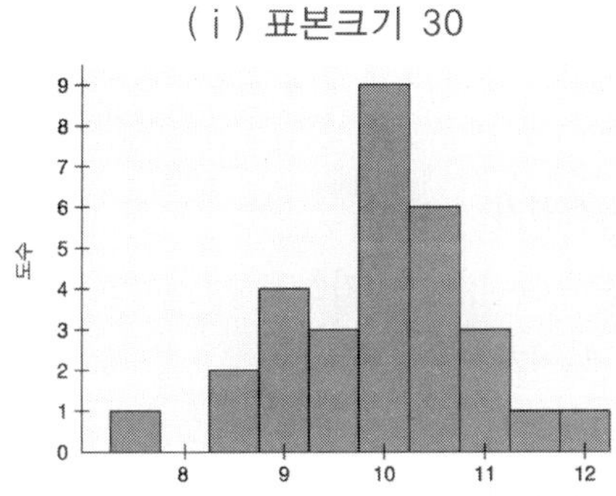

(ii) 표본크기 50

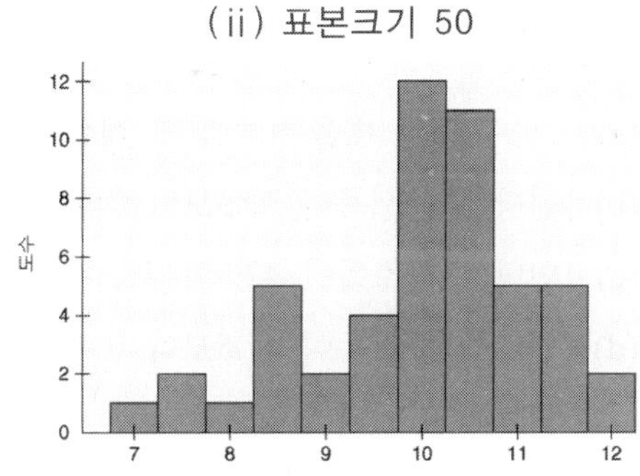

(iii) 표본크기 100

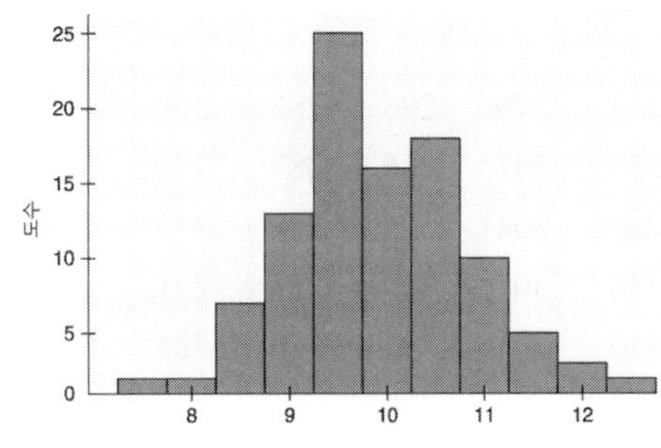

(a) 세 히스토그램의 중간점을 사용한다면 모집단의 추정된 범위는 얼마라 하겠는가? 많은 자료가 세 히스토그램 모두에서 8에서 12사이에 있는가?

(b) 표본이 추출된 모집단 분포는 대칭이고 고분모양으로 정상이 10이고, 자료의 95%가 8과 12사이에 있고, 자료의 99.7%가 7과 13사이에 있다. 각 히스토그램은 이들 특성을 잘 반영하는가?

7. **해석**. 다음 누적도수곡선은 미국 총 조사 자료로 50개 주에 대한 일인당 평균개인소득을 보여준다. 자료는 천 달러에서 반올림되었다.

(ⅰ) 누적도수곡선

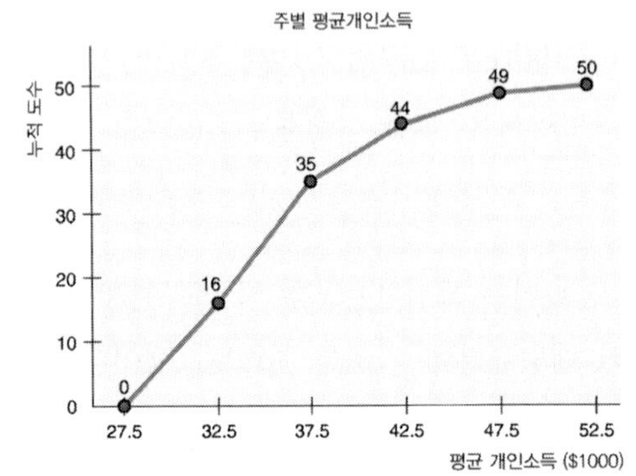

(ⅱ) 자료의 누적비율을 보여주는 누적도수곡선

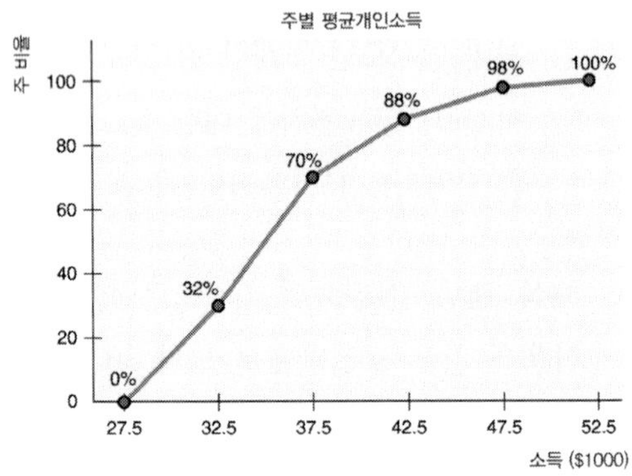

(a) 그림 (ⅱ)의 비율은 어떻게 계산되었는가?

(b) 1인당 평균소득이 37.5보다 적은 주는 몇 개인가?

(c) 1인당 평균소득이 42.5와 52.5사이에 있는 주는 몇 개인가?

(d) 1인당 평균소득이 47.5보다 많은 주는 몇 %인가?

8. **스포츠: 개 썰매 경주**. 앵커리지에서 놈까지 1868㎞의 아이디타로드 개 썰매 경주를 완주하는데 얼마나 걸리는가? 다음은 57개 개썰매 팀의 완주시간이다.

261	271	236	244	279	296	284	299	288	288	247	256
338	360	341	333	261	266	287	296	313	311	307	307
299	303	277	283	304	305	288	290	288	289	297	299
332	330	309	328	307	328	285	291	295	298	306	315
310	318	318	320	333	321	323	324	327			

(a) 5개 계급을 사용한다고 할 때, 계급 폭을 구하시오.

(b) 계급한계, 계급경계, 계급중간점, 도수와 상대도수를 포함하는 도수표를 작성하시오.

(c) 히스토그램을 그리시오.

(d) 상대도수 히스토그램을 그리시오.

(e) 기본적인 분포모양을 설명하시오.

(f) 누적도수곡선을 그리시오.

9. **의학: 종양재발**. 어떤 종류의 종양은 재발한다. 다음 자료는 한 종양이 화학 요법 후에 재발할 때까지의 시간(월)을 나타낸다.

19	18	17	1	21	22	54	46	25	49
50	1	59	39	43	39	5	9	38	18
14	45	54	59	46	50	29	12	19	36
38	40	43	41	10	50	41	25	19	39
27	20								

(a) 5개 계급을 사용한다고 할 때, 계급 폭을 구하시오.

(b) 계급한계, 계급경계, 계급중간점, 도수와 상대도수를 포함하는 도수표를 작성하시오.

(c) 히스토그램을 그리시오.

(d) 상대도수 히스토그램을 그리시오.

(e) 기본적인 분포모양을 설명하시오.

(f) 누적도수곡선을 그리시오.

10. **환경: 가솔린 소비**. 다음 자료는 승용차 55개 모델의 랜덤표본에 대한 고속도로 연비(㎞/ℓ)를 나타낸다.

13	11	9	11	10	11	10	6
15	15	14	22	21	4	11	8
9	10	10	11	13	10	10	10
8	9	11	11	10	14	12	11
10	11	11	11	10	12	14	13
6	6	9	12	16	15	14	14
12	13	12	12	11	12	13	

(a) 5개 계급을 사용한다고 할 때, 계급 폭을 구하시오.

(b) 계급한계, 계급경계, 계급중간점, 도수와 상대도수를 포함하는 도수표를 작성하시오.

(c) 히스토그램을 그리시오.

(d) 상대도수 히스토그램을 그리시오.

(e) 기본적인 분포모양을 설명하시오.

(f) 누적도수곡선을 그리시오.

11. **지식확장: 소수자료**. 다음 자료는 영국의 한 농업실험장에서 1894년부터 1925까지 생산한 밀의 무게(단위; 톤)를 나타낸다.

2.71	1.62	2.60	1.64	2.20	2.02	1.67	1.99	2.34	1.26	1.31
1.80	2.82	2.15	2.07	1.62	1.47	2.19	0.59	1.48	0.77	2.04
1.32	0.89	1.35	0.95	0.94	1.39	1.19	1.18	0.46	0.70	

(a) 소수점을 없애기 위하여 각 자료값에 100을 곱하시오.

(b) 정수로 된 자료를 가지고 6개 계급의 도수표와 히스토그램을 작성하시오.

(c) 원자료 단위로 변환하기 위하여 계급한계, 계급경계와 계급 중간점을 100으로 나누시오.

12. **지식의 확장: 점도표**. 히스토그램과 유사한 다른 표현기술은 **점도표**(dotplot)이다. 점도표에서 자료값은 수평축을 따라 나타난다. 각 자료값 위에 점을 찍는다.

절차 점도표 작성법

수평축을 따라 자료를 표현한다. 그리고 각 자료값을 수평축위에 대응하는 값위에 점으로 찍는다. 자료값이 반복되면 점위에 쌓는다.

다음 그림은 컬럼비아 특별구를 포함한 미국 각 주의 인구 천 명당 운전면허 소지자수의 점도표이다.

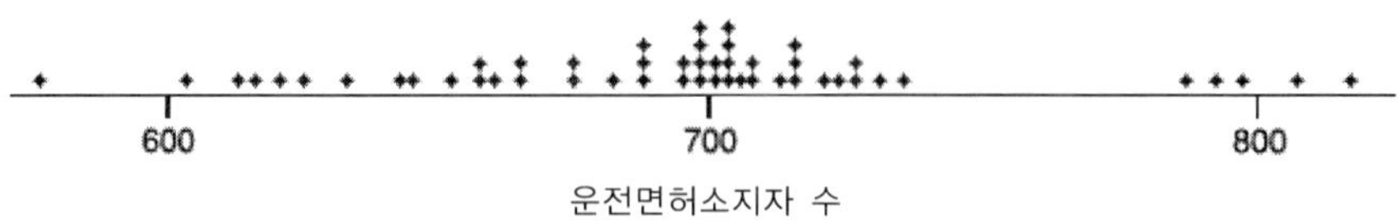

(a) 점도표로부터 천 명당 운전면허소지자가 600보다 적은 주는 몇 개인가?

(b) 천 명당 운전면허소지자가 800에 가까운 주의 비율은 얼마인가?

(c) 천 명당 운전면허소지자의 구간 550~650, 650~750, 750~850을 고려한다. 어느 구간에 가장 많은 주가 놓이는가?

13. **점도표: 종양재발**. 문제 9의 자료에 대하여 점도표를 작성하시오. 문제 9의 히스토그램과 비교하시오.

2.2 막대그래프, 원그래프와 시계열 그래프

초점

- 정해진 자료에 적합한 그래프의 형태를 결정하시오.
- 막대그래프, 파레토도표, 원그래프와 시계열 그래프
- 그래프에 나타난 정보를 해석하시오.

히스토그램은 자료의 분포에 대한 유용한 시각적 표현법이지만 양적자료에만 사용된다. 이 절에서는 양적자료와 질적자료 모두에 사용할 수 있는 도표 몇 가지를 소개한다.

우선 **막대그래프**(bar graph)부터 설명한다.

➲ 막대그래프의 특징

1. 막대는 수직이거나 수평이다.
2. 막대의 폭과 간격은 일정하다.
3. 막대의 길이는 나타낼 변수의 값, 발생도수 또는 발생비율을 나타낸다. 막대의 길이는 같은 측정척도를 사용한다.
4. 그래프에는 제목, 각 막대의 라벨, 수직축 눈금 혹은 각 막대의 길이에 대한 실제 값 등의 주석을 단다.

예제 4 막대그래프

그림 2-11은 해당 년도에 태어난 남자와 여자의 기대수명을 설명하는 두 개의 막대그래프이다. 그래프의 특징을 설명하시오.

[그림 2-11(a)] 기대수명

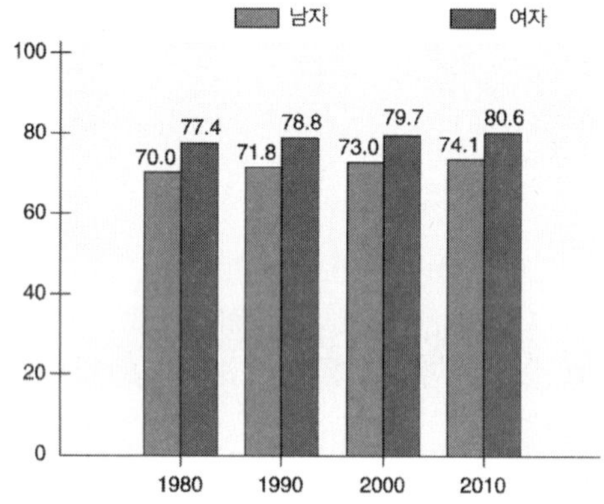

[그림 2-11(b)] 기대수명

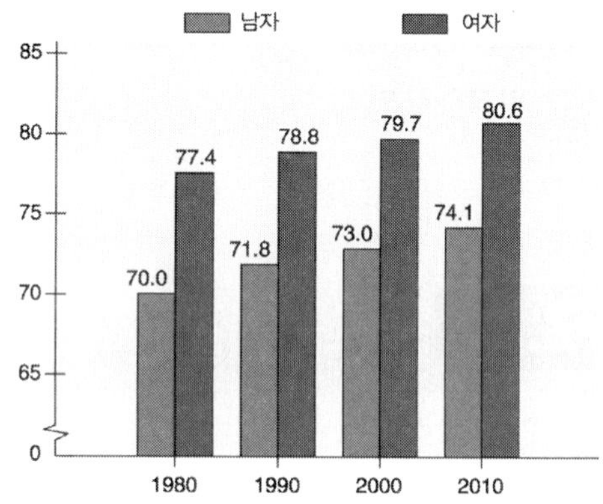

풀이 각 출생년도에 두 개의 막대가 있으므로 **집락막대그래프**(clustered bar graph)라 부른다. 막대 중 하나는 남자의 기대수명을 나타내고 다른 하나는 여자의 기대수명을 나타낸다. 각 막대의 높이는 년도 별 기대수명을 나타낸다. ■

그림 2-11(b)의 중요한 특징은 눈금변환이다. 최솟값을 0이 아니고 60에서 시작하였다. 눈금 변환은 남자와 여자의 수명차이를 더욱 분명하게 할 뿐만 아니라 전체적으로 기대수명이 증가한다는 것을 보여준다.

기대

백분율을 나타내는 집락막대그래프는 모집단이 다른 범주에서 얼마나 다른 지를 보여주는데 특히 유용하다. 예를 들어, 11장 예제2에서 강아지, 고양이, 기타, 싫어함에 대한 남학생과 여학생의 선호도를 보여주는 집락막대그래프가 있다. 이 그래프는 동질성 검정이라 하는 추측 통계학을 위한 표본자료를 나타낸다.

파레토 도표(Pareto chart)는 막대의 높이가 사건의 도수를 나타내는 막대그래프이다. 추가적으로 막대는 크기 순서로 정렬된다.

유도된 연습문제 2 파레토 도표

표 2.12는 지난 두 달 동안 한 학생이 지각한 원인을 정리한 것이다. 어떤 날은 하나 이상의 원인이 있었다.

[표 2.12] 지각 원인

원인	도수
알람을 끄고 선잠	15
차 문제	5
긴 아침식사	13
늦게 까지 공부	20
옷 고르기	8
친구와 대화	9
기타	3

(a) 파레토 도표를 작성하시오. ⇒

[그림 2-12] 파레토 도표

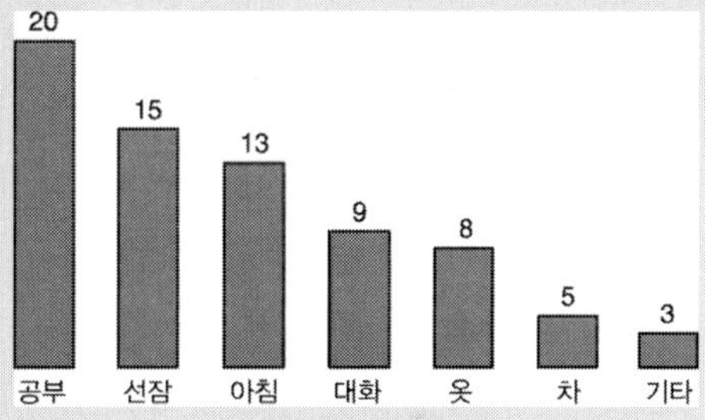

(b) 그림을 보고 학생에게 어떤 권고를 하겠는가? ⇒ 공부 시간을 조정하거나 더 빨리 일어나는 것이 지각을 줄일 것이다. 차 수리도 중요하지만 학교에 빨리 오는데 공부시간 만큼 효과적이지는 않다.

많이 사용하는 자료의 그래프 표현으로 **원그래프**(circle graph, pie chart)가 있다. 원그래프는 잘못 해석할 위험이 적고, 전체를 성분별로 나누어 보이는데 유용하다.

원그래프(circle graph, pie chart)에서 원의 **쐐기**(wedge)는 공통 특징을 갖는 전체 모집단의 비례부분을 나타낸다.

유도된 연습문제 3 원그래프

표 2-13은 500명에 대하여 오후 5시 이후 가정에서 전화 통화시간을 조사한 결과이다. 원그래프로 표현하시오.

[표 2-13] 오후 5시 이후 가정에서 전화 통화시간

시간	명수	비율	백분율	각도
30분 미만	296	296/500	59.2	59.2×360°≈213°
30분에서 1 시간	83	83/500	16.6	16.6×360°≈60°
1시간 이상	121			
합계				

(a) 표 2-13에서 "1시간 이상" 행에서 비어 있는 부분을 완성하시오. ⇒ 비율은 121/500이고, 백분율은 24.2%이다. 각도는 360×24.2% ≈ 87°이다.

(b) 합계 부분을 채우시오. 전체 반응의 수는 얼마인가? 백분율의 합은 100%인가? 각도의 합은 360°인가? ⇒ 전체 반응수는 500이고 백분율의 합은 100%이다. 각도의 합도 360°이다.

(c) 원그래프를 그리시오. ⇒

[그림 2-13] 전화 통화시간

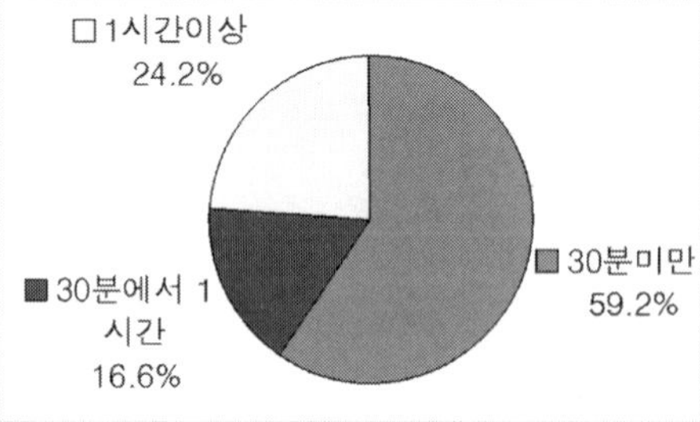

시계열 그래프(time-series graph)는 연대순으로 측정값을 표현하는 도표이다. 시계열 그래프를 작성하려면 수평축을 시간으로 잡고 측정되는 변수를 수직축에 놓는다. 기본 시계열 그래프에서는 자료점을 선분으로 연결한다.

시계열 그래프(time-series graph)에서 자료는 시간 구간의 정해진 순서로 점으로 나타낸다.

예제 5 시계열 그래프

20주간의 걷기 운동 프로그램에 참여하여 일주일 간격으로 30분 동안에 걸은 거리를 기록한 자료가 표 2-14이다.

[표 2-14] 30분간 걸은 거리(단위;㎞)

주	1	2	3	4	5	6	7	8	9	10
거리	1.5	1.4	1.7	1.6	1.9	2.0	1.8	2.0	1.9	2.0
주	11	12	13	14	15	16	17	18	19	20
거리	2.1	2.1	2.3	2.3	2.2	2.4	2.5	2.6	2.4	2.7

(a) 시계열 그래프를 작성하시오.

풀이 수평축에 주를 표시하고 수직축을 걸은 거리로 잡고 자료점을 표시한다. 그런 다음 자료점을 그림 2-14와 같이 연결한다.

[그림 2-14] 30분간 걸은 거리의 시계열 그래프

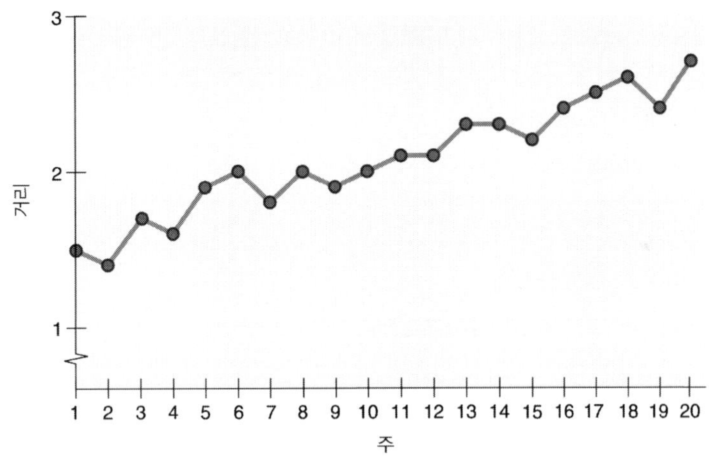

(b) 그림 2-14로부터 어떤 경향을 찾아낼 수 있을까?

풀이 걸은 거리가 향상되는 경향이 보인다. 마지막 몇 주는 처음 몇 주 거리보다 1㎞ 정도 더 길다. 그러나 이 경향이 계속될 것이라고 결론지을 수는 없다. 아마 운동목표를 달성하였다면 30분에 2.5㎞를 유지하길 원할 것이다. ■

정기적으로 측정된 관측값으로 구성된 자료집합을 **시계열**(time series)이라한다. 시계열은 경제학, 재무, 사회학, 의학 등에서 많이 사용한다. 시계열 그래프는 시계열의 주요특징을 나타낼 수 있다.

시계열 자료(time-series data)는 규칙적인 시간주기로 같은 대상에 대한 같은 변수의 측정으로 구성된다.

⊙ 비판적 사고

여러 종류의 그래프를 살펴보았다. 어떤 종류가 정해진 자료에 적당한가?

절차 사용할 그래프의 결정방법

- **막대그래프**는 양적 혹은 질적자료에 유용하다. 질적자료인 경우 발생도수나 비율을 나타낼 수 있다. 양적자료인 경우 측정값 자체를 나타낼 수 있다. 측정척도가 일치하는지를 살펴보시오.
- **파레토 도표**는 사건이나 범주의 도수를 내림차순의 발생크기순서로 나타낸다.
- **원그래프**는 전체가 여러 범주로 어떻게 분산되는 지를 보여준다. 원그래프는 질적자료 혹은 발생비율이 의미가 있는 자료에 매우 적당하다. 원그래프는 범주나 쐐기의 수가 10미만일 때 효율적이다.
- **시계열 그래프**는 자료가 시간에 따라 어떻게 변하는지를 나타낸다. 시간단위가 주어진 그래프에서 일치하여야 최선이다. 예를 들면, 매일 측정된 자료와 매주 측정된 자료를 같은 그래프에 나타내지 말아야한다.
- **모든 그래프에 대하여**: 제목, 축 표시와 측정단위를 제공한다.

➲ 그래프는 무엇을 말해주는가?

적절한 그래프는 자료의 시각적 요약으로
- 자료가 여러 범주 혹은 자료구간에서 어떻게 분포하는지;
- 두 개 이상의 자료를 어떻게 비교할지;
- 자료가 시간에 따라 어떻게 변하는지

를 말해준다.

▶▶ 2.2 연습문제

1. **해석**. 다음 그림은 1,000명의 성인에 대한 여론조사로 휴대폰의 문자를 좋아하는 이유에 대한 그래프이다.

휴대폰의 문자를 좋아하는 이유

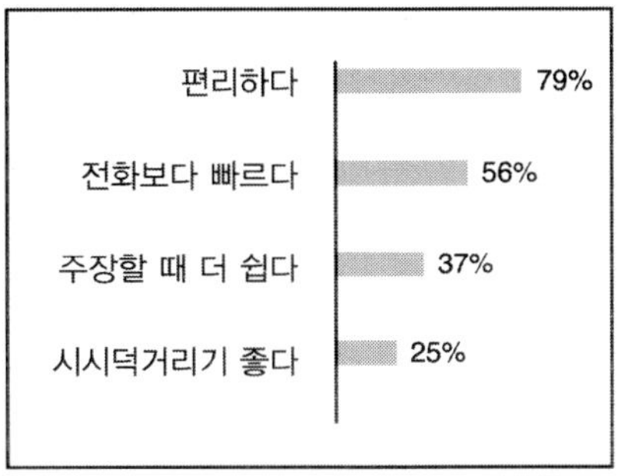

(a) 응답자들이 하나 이상에 응답하였다고 생각하는가? 설명하시오.

(b) 같은 정보를 원그래프로 표현할 수 있을까? 설명하시오.

(c) 그래프는 파레토 도표인가?

2. **비판적 사고**. 개인 회사에서 근무조건에 관한 자료를 수집하고 있다. 고용인들에게 개선되기를 바라는 5개 항목을 주고 그 중 제일 중요하다고 생각하는 하나의 항목을 선택하도록 하였다. 이 조사 결과를 어떤 도표로 표현하는 것이 제일 유용할지를 이유를 들어 설명하시오.

3. **교육: 대학은 성과를 올리는가**? 대학에 진학하는 것은 시간과 돈이 든다. 지불할 만한가? 인구조사국에 따르면 대답은 "그렇다"이다. 가장의 교육수준에 따른 연평균 소득(단위; 천 달러)이 다음과 같다고 가정한다. 중졸 21.6, 고졸 39.6, 전문대졸 56.8, 대졸 75.6, 석사 91.7과 박사 120.9이다. 막대그래프를 사용하여 이 결과를 나타내시오.

4. **생활양식: 쓰레기를 숨겨라**! 성인 1,000명의 조사에서 "예고 없이 동료가 방문했을 때 지저분한 것을 어디다 치우는가?" 라는 질문을 하였다. 조사결과 68%가 옷장, 23%가 침대 아래, 6%가 목욕탕, 3%는 냉장고에 넣는다고 대답하였다. 이 정보를 원그래프로 나타내시오.

5. FBI**보고: 하와이**. 다음 숫자는 하와이의 인구 100,000명당 범죄발생비율을 나타낸다. 살인 2.6, 강간 33.4, 강도 93.3, 주거침입절도 911.6, 자동차 절도 550.7, 폭행 125.3이다.
(a) 각 범주의 범죄율을 보이기 위하여 파레토도표로 이 정보를 나타내시오.

(b) 보고된 정보를 원그래프로 표현할 수 있는가? 설명하시오. 힌트: 다른 형태의 범죄는 이 정보에 포함되지 않았고 어떤 범죄는 중복될 수도 있다.

6. **생태환경: 호수**. 다음은 미국 지질조사에서 발표된 피라미드 호수의 수면 높이(단위; 미터)에 관한 자료이다.

연도	높이	연도	높이	연도	높이
1986	1164	1992	1158	1998	1161
1987	1163	1993	1157	1999	1163
1988	1161	1994	1156	2000	1164
1989	1162	1995	1157		
1990	1160	1996	1159		
1991	1159	1997	1160		

자료를 시계열 그래프로 나타내시오.

7. **지식의 확장: 도넛형 도표**. 도넛형 도표는 중심이 제거된 원그래프이다. 다음은 최근 해리스 여론조사는 성인을 대상으로 "완전히 금지하여야하는 책이 있다고 생각하는가?" 라는 질문에 대한 반응을 교육수준에 따라 다음의 도넛 도표로 나타내었다.

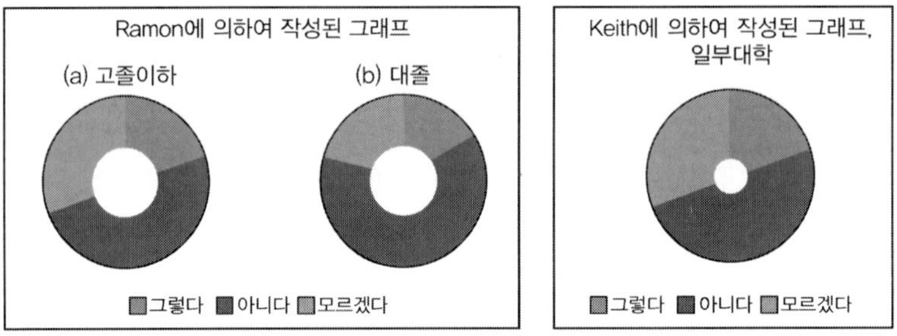

(a) 케이스의 그래프가 다른 그래프의 대졸자들의 반응과 비교하기 어려운 특징은 무엇인가? 쉽게 비교하기 위하여 케이스의 그래프를 어떻게 바꾸겠는가?

(b) 해석. 라몬이 작성한 두 그래프를 비교하시오. 두 교육 수준 중 "아니다"라는 반응의 도수가 높은 것은 어느 것인가?

2.3 줄기-잎 그림

초점

- 원자료를 가지고 줄기-잎 그림을 만드시오.
- 자료분포를 시각화하기 위하여 줄기-잎 그림을 사용하시오.
- 줄기-잎 그림과 히스토그램을 비교하시오.

탐색적 자료분석

히스토그램과 다른 도표기법과 함께 **줄기-잎 그림**(stem-and-leaf display)은 **탐색적 자료분석**(exploratory data analysis ; EDA)분야에서 자료를 연구하는 많은 유용한 방법 중의 하나이다.

EDA 기술은 탐험가가 하는 일과 유사하다. 탐험가는 목적지에 대한 일반적인 생각을 갖고 있지만 예기치 않은 일에 항상 주의하여야 한다. 탐험가는 상황을 빠르게 판단하고 단순화하고 명확하게 할 필요가 있다. 탐험가는 그림 즉, 풍물들의 관계를 보여주는 지도를 만든다. 빠른 실행, 그래프나 표 같은 시각적 표현, 자료의 단순화와 로버스트성(robustness) 같은 양상이 EDA 기법의 주요 요소이다. 또한 이 기법은 자료에 관한 사전 가정을 거의 요구하지 않으므로 탐색에 적합하다.

EDA 기술은 특히 자료가 개체에 대한 일반적 관심과 관찰에 의하여 수집되었을 때 유용하다. 예를 들어, 대학원 과정에 지원한 사람들의 나이에 관한 자료를 가지고 있다. 마음속에 아무런 의문도 가지고 있지 않고 자료가 무엇을 나타내는지를 알고 싶다. 나이가 거의 일정한가 아니면 퍼져있는가? 특이하게 젊거나 나이가 든 사람이 있는가? 그렇다면 이 지원자들의 다른 특징, 연구 분야와 같은 것을 살펴 볼 것이다. EDA 방법은 자료의 특징을 빠르게 파악하여 전통적인 통계적 방법을 적용할 수 있는 특별한 질문을 할 수 있도록 해준다.

대조적으로 특별한 질문에 대답할 목적으로 자료를 만들기 위하여 실험계획을 할 때에는 자신에게 유용한 자료의 특별한 양상에 초점을 맞춘다. 특정 차의 고속도로 상의 연비를 결정하고자 한다면 잘 설계된 시험에서 해당 차를 사용한다. 예상하지 못한 도로 조건,

서투른 운전사, 연료 등급, 급출발과 급정지 등에 관하여는 걱정할 필요가 없다. 실험은 외부 요소를 통제하도록 설계된다. 결과적으로 자료를 많이 탐색할 필요가 없다. 또한 자료에 대하여 타당한 가정도 할 수 있으므로 전통적 통계학의 여러 방법이 그런 자료를 분석하고 특정 질문에 답을 찾는데 매우 유용할 것이다.

줄기-잎 그림

교재에서는 두 가지 EDA 기법: 줄기-잎 그림과 3.3절에서 상자그림을 소개할 것이다.

줄기-잎 그림(stem-and-leaf display)은 자료를 순서대로 정리하거나 집단으로 정리하는데 사용하는 탐색적 자료분석법의 하나이다.

자료를 정리하고 요약하는 도수분포와 히스토그램에 관하여 배웠다. 그러나 히스토그램에서는 자료 값을 모르게 된다. 줄기-잎 그림은 자료를 정리하고 집단으로 나누는 장치이지만 원한다면 원자료 값을 바로 알 수 있다.

예제 6 줄기-잎 그림

많은 항공기 승객들은 기내반입 짐에 짓눌리고 있는 듯하다. 얼마나 짐을 가지고 있을까? 휴가에서 돌아오는 40명의 승객을 임의로 추출하여 짐 무게(단위; kg)를 측정하였다.

[표 2-15] 기내반입 짐 무게

30	27	12	42	35	47	38	36	27	35
22	17	29	3	21	0	38	32	41	33
26	45	18	43	18	32	31	32	19	21
33	31	28	29	51	12	32	18	21	26

줄기-잎 그림을 그리시오.

풀이 줄기-잎 그림을 그리려면 우선 자료의 숫자를 두 부분으로 나눈다. 숫자의 왼쪽 그룹을 **줄기**(stem)라 하고 오른쪽 부분을 **잎**(leaf)이라 부른다. 줄기에 포함되는 숫자의 수는 마음대로 선택한다.

예제의 짐 무게 자료는 두 자리 수이다. 따라서 10의 자리수를 줄기로 하고 1의 자리수를 잎으로 정한다. 그림 2-15가 결과이다.

[그림 2-15] 항공기 기내반입 짐 무게의 줄기-잎 그림

(a) 정렬하지 않은 잎

줄기	잎
0	3 0
1	2 7 8 8 9 2 8
2	7 7 2 9 1 6 1 8 9 1 6
3	0 5 8 6 5 8 2 3 2 1 2 3 1 2
4	2 7 1 5 3
5	1

(b) 정렬한 잎

줄기	잎
0	0 3
1	2 2 7 8 8 8 9
2	1 1 1 2 6 6 7 7 8 9 9
3	0 1 1 2 2 2 2 3 3 5 5 6 8 8
4	1 2 3 5 7
5	1

그림 2-15로부터 짐 무게의 대부분은 30kg 대이고 10kg 이하가 2건, 40kg 이상이 6건이라는 것 등을 알 수 있다. 또한 잎을 표현하는 줄의 길이는 수평 히스토그램이 주는 시각적 효과를 준다는 것을 알 수 있다.

줄기의 개수를 정하는 일정한 기준이 없지만 선택을 하였다면 최솟값에서 최댓값까지 모든 가능한 줄기를 열거하여야만 한다. ■

절차 줄기-잎 그림을 작성하는 방법

1. 각 자료값의 숫자를 두 부분으로 나눈다. 가장 왼편을 줄기(stem)라 하고 오른편을 잎(leaf)이라 한다.
2. 최솟값에서 최댓값까지 수직으로 모든 줄기를 열거한다. 줄기 오른편에 수직선을 그린다.
3. 같은 줄기를 갖는 잎을 줄기와 같은 열에 위치시켜 증가하는 순서로 정렬한다.

기대

자료를 순서화하거나 정리하는 것은 자료분포의 중앙값이나 중심값을 찾는 첫 번째 단계이다. 3.1절에서 중앙값을 다룰 것이다. 자료를 먼저 순서화하여야 상자그림을 만들 수 있다(3.3절). 실습을 해보면 줄기-잎 그림이 손으로 자료를 순서화하는데 매우 효율적인 방법이라는 것을 알 것이다.

유도된 연습문제 4 줄기-잎 그림

한 스포츠 기자가 농구연맹주최 챔피언 결정전에서 지난 35년간의 우승 점수를 기록하였다. 점수는 다음과 같다.

132	118	124	109	104	101	125	83	99
131	98	125	97	106	112	92	120	103
111	117	135	143	112	112	116	106	117
119	110	105	128	112	126	105	102	

줄기-잎 그림을 작성하기 위하여 처음 두 자리를 줄기로 사용한다. 점수의 분포가 대략 대칭인지를 알아보시오.

(1) 처음 두 자리를 줄기로 사용하고 잎을 순서대로 정렬하시오. ⇒

[그림 2-16] 우승 점수

줄기	잎
08	3
09	2 7 8 9
10	1 2 3 4 5 5 6 6 9
11	0 1 2 2 2 2 6 7 7 8 9
12	0 4 5 5 6 8
13	1 2 5
14	3

(2) 분포를 보고 대칭이라 할 수 있는가? ⇒ 대칭이다. 줄기 11이 가장 많은 자료를 갖고 있다.

➲ 줄기-잎 그림은 무엇을 말해주는가?

줄기 -잎 그림은
- 최솟값에서 최댓값까지 순서대로 모든 자료를 보여주고;
- 극단자료값이나 자료값의 집락을 찾게 해주고;
- 자료분포의 모양을 나타내주는

시각적 표현을 해준다.

⊙ 비판적 사고

줄기-잎 그림은 원자료 혹은 절단된 자료값 각각을 보여준다. 그림을 옆으로 보면 자료의 분포모양을 알 수 있다. 만약 잎을 포함하고 있는 줄기 사이, 특히 그림 양끝에 큰 차이가 있다면 첫 번째 혹은 마지막 줄에 있는 자료는 이상점일 수 있다. 이상점은 자료 오류인지 단순히 흔하지 않은 자료값인지 세심하게 살펴야한다. 연구의 목적뿐만 아니라 연구분야를 매우 잘 알고 있는 사람이 어떻게 다룰지를 결정하여야한다.

▶▶ 2.3 연습문제

1. **카우보이: 수명**. 카우보이들은 실제로 오래 사는가? 다음은 1890년 경 미국 서부 텍사스와 남동부 뉴-멕시코 지역에서 추출한 32명의 카우보이의 수명을 나타낸다.

58	53	68	86	72	66	97	89	84	91	91
92	66	68	87	86	73	61	70	75	72	73
85	84	90	57	77	76	84	93	58	47	

줄기-잎 그림을 그리시오.

2. **건강관리: 병원**. 다음은 미국의학협회에 등록된 지역병원수와 지역 평균입원일수를 나타낸 자료이다. 평균입원일수의 줄기-잎 그림을 그리고 자료의 분포에 대하여 설명하시오.

주	병원	입원	주	병원	입원	주	병원	입원
Alabama	119	7.0	Kentucky	107	6.9	N.Dakota	47	11.1
Alaska	16	5.7	Louisiana	136	6.7	Ohio	193	6.6
Arizona	61	5.5	Maine	38	7.2	Oklahoma	113	6.7
Arkansas	88	7.0	Maryland	51	6.8	Oregon	66	5.3
Califonia	440	6.0	Massachusetts	101	7.0	Pennsylvania	236	7.5
Colorado	71	6.8	Michigan	175	7.3	Rhode Island	12	6.9
Connecticut	35	7.4	Minnesota	148	8.7	S. Carolina	68	7.1
Delaware	8	6.8	Mississippi	102	7.2	S. Dakota	52	10.3
Dist. of Columbia	11	7.5	Missouri	133	7.4	Tennessee	122	6.8
Florida	227	7.0	Montana	53	10.0	Texas	421	6.2
Georgia	162	7.2	Nebraska	90	9.6	Utah	42	5.2
Hawaii	19	9.4	Nevada	21	6.4	Vermont	15	7.6
Idaho	41	7.1	New Hampshire	27	7.0	Virginia	98	7.0
Illinois	209	7.3	New Jersey	96	7.6	Washington	92	5.6
Indiana	113	6.6	New Mexico	37	5.5	W. Virginia	59	7.1
Lowa	123	8.4	New York	231	9.9	Wisconsin	129	7.3
Kansas	133	7.8	N. Carolina	117	7.3	Wyoming	27	8.5

3. **지식확장: 줄기를 나눈다**. 보스톤 마라톤은 가장 오래되고 잘 알려져 있는 대회이다. 다음 자료는 남자 우승자들의 기록을 나타낸 것이다. 자료값은 우승기록에서 2시간을 초과한 시간을 분으로 정리한 것이다.

1961–1980

23	23	18	19	16	17	15	22	13	10
18	15	16	13	9	20	14	10	9	12

1981–2000

9	8	9	10	14	7	11	8	9	8
11	8	9	7	9	9	10	7	9	9

(a) 1961-1980년도 자료에 대하여 줄기-잎 그림을 그리시오. 줄기의 간격을 5로 하시오.

(b) 1981-2000년도 자료에 대하여 줄기-잎 그림을 그리시오. 줄기의 간격을 5로 하시오.

(c) **해석**. 두 분포를 비교하시오. 각 분포에서 15분미만의 기록은 몇 번씩인가?

4. **건강: 흡연**. 표 2-16 자료를 사용하여 타르에 대한 줄기-잎 그림을 만드시오. 이상점이 있는가?

5. **건강: 흡연**. 표 2-16 자료를 사용하여 니코틴에 대한 줄기-잎 그림을 만드시오. 소수 첫째자리에서 측정을 절단하여 줄기 당 두 줄을 사용하시오.

[표 2-16] 담배 한 개피당 타르, 니코틴과 일산화탄소 함량(㎎)

상표	타르	니코틴	일산화탄소	상표	타르	니코틴	일산화탄소
Alpine	14.1	0.86	13.6	MultiFilter	11.4	0.78	10.2
Benson & hedges	16.0	1.06	16.6	Newport Lights	9.0	0.74	9.5
Bull Durham	29.8	2.03	23.5	Now	1.0	0.13	1.5
Camel Lights	8.0	0.67	10.2	Old Gold	17.0	1.26	18.5
Carlton	4.1	0.40	5.4	Pall Mall Lights	12.8	1.08	12.6
Chesterfield	15.0	1.04	15.0	Raleigh	15.8	0.96	17.5
Golden Lights	8.8	0.76	9.0	Salem Ultra	4.5	0.42	4.9
Kent	12.4	0.95	12.3	Tareyton	14.5	1.01	15.9
Kool	16.6	1.12	16.3	True	7.3	0.61	8.5
L&M	14.9	1.02	15.4	Viceroy Rich Light	8.6	0.69	10.6
Lark Lights	13.7	1.01	13.0	Virginia Slims	15.2	1.02	13.9
Marlboro	15.1	0.90	14.4	Winston Lights	12.0	0.82	14.9
Merit	7.8	0.57	10.0				

복 습

요 약

자료를 정리하고 표현하는 것이 기술통계학의 주요 목적이다. 그래프는 자료가 어떻게 분포하는가를 보여주는 중요한 방법이다.

- 도수표는 자료가 각 계급 내에 어떻게 분포하는가를 보여준다. 모든 자료를 다 포함하고 각 자료값은 오직 한 계급에 들어가도록 계급을 선택한다. 계급의 수와 계급 폭은 계급한계와 계급경계를 결정한다. 하나의 계급에 들어가는 자료의 수가 계급도수이다.
- 히스토그램은 도수표에 포함된 정보의 그래프 표현이다. 계급은 수평축에 나타내고 대응하는 도수는 수직축에 나타낸다. 상대도수히스토그램은 수직축을 상대도수로 잡는다. 누적도수곡선은 수직축에 누적도수를 나타낸다. 점도표는 계급이 개별 자료값이라는 것을 제외하면 히스토그램과 비슷하다.
- 막대그래프, 파레토 도표와 원그래프는 양적 혹은 질적자료가 선택된 범주에서 어떻게 분포하는가를 보여주는데 유용하다.
- 시계열그래프는 자료가 시간에 따라 어떻게 변하는지를 보여준다.
- 줄기-잎 그림은 자료를 순서화하고 분포의 특징을 보여주는데 효과적인 방법이다.

그래프는 멋진 그림 이상이다. 그래프는 모양이나 이상점 여부를 포함하여 자료분포의 중요한 성질을 나타낸다.

복습문제

1. **비판적 사고**. 다음 그래프를 고려한다: 히스토그램, 막대그래프, 파레토도표, 원그래프, 줄기-잎 그림
   (a) 질적자료에 적합한 것은 어느 것인가?
   (b) 양적자료에 적합한 것은 어느 것인가?

2. **비판적 사고**. 이상점은 히스토그램과 줄기 -잎 그림에서 어떻게 표현될 수 있는지를 설명하시오.

3. **초점문제: 연비**. 2장 서두의 초점문제를 푸시오.

4. **국세청(IRS): 납세신고**. 거의 모든 사람들은 연방 소득세신고를 한다. 터보 택스에 대한 한 여론조사는 사람들이 소득신고에서 가장 어렵다고 생각하는 면은 무엇인가를 질문하였다. 응답자의 43%는 전문용어의 이해, 28%는 차감액을 아는 것, 10%는 바른 양식 얻기, 8%는 숫자계산 그리고 10%는 모르겠다는 결과를 얻었다. 이 정보를 원그래프로 나타내시오. 반올림 때문에 비율은 전체가 100%가 아니다.

5. **농업: 사과나무**. 다음 자료는 영국 이스트 말링 농업 연구소에 있는 4년생 사과나무 60그루의 랜덤표본에 대한 줄기둘레를 나타낸다.

108	99	106	102	115	120	120	117	122	142
106	111	119	109	125	108	116	105	117	123
103	114	101	99	112	120	108	91	115	109
114	105	99	122	106	113	114	75	96	124
91	102	108	110	83	90	69	117	84	142
122	113	105	112	117	122	129	100	138	117

(a) 7개의 계급을 사용하여 계급한계, 계급경계, 중간점, 도수와 상대도수를 나타내는 도수표를 만드시오.
(b) 히스토그램을 그리시오.
(c) 상대도수히스토그램을 그리시오.
(d) 분포의 모양을 확인하시오.
(e) 누적도수곡선을 그리시오.

6. **고고학: 나이테**. 그림 2-19는 샌드 캐년 푸에블로에 있는 건축단위서 발견된 목재표본의 단면의 나이테 나이를 나타내는 줄기-잎 그림이다. 왼편 3자리 숫자는 세기와 10년을 나타내고 오른편 숫자는 년도를 나타낸다.

[그림 2-19] 샌드 캐년 푸에블로의 건축단위 목재표본의 나이테 나이

```
119 | 56
120 | 0012333333333333333333333333
120 |
121 | 2
121 | 55
122 | 0011112234444444
122 | 589
123 | 012334
123 | 5555555555555556889
124 | 122222222222222222222222344
124 | 5689999999999
125 | 0000000000000001111111222
125 |
126 | 000122222222222224444444
126 | 555667
127 | 0111144
```

(a) 가장 많은 표본이 포함된 것은 몇 십 년대인가?

(b) 1200년과 1239년 사이에는 얼마나 많은 표본이 포함되었는가?

(c) 표본이 발견되지 않은 가장 긴 구간은 언제인가? 이것은 이 시기동안 푸에블로 건물의 새로운 건설이나 혁신에 관하여 무엇을 나타내는가?

CHAPTER

03 평균과 변동

셜록 홈즈는 두 사람이 미스터리를 풀고 있을 때 동료인 왓슨 박사에게 탐정은 만약 모집단에서 임의로 한 사람이 뽑혔다면 그 사람이 어떻게 생겼는지 정확하게 예측할 수 없다는 것을 넌지시 전하고 있었다. 그러나 한 개인이 가질 가능성이 있는 전체 모집단의 "평균" 특징이 있다. 우리가 한 개인에게서 그와 같은 평균특징을 관측할 것이라고 기대할 확실성의 측도는 모집단에 포함된 개체사이의 변동에 대한 지식에 의존한다. 셜록 홈즈는 가장 중요한 두 가지 통계적 개념: 평균과 분산을 이끌어 내었다.

사전질문

- 중심경향의 측도로 일반적으로 무엇이 사용되는가? 무엇을 말해주는가? (3.1절)
- 분산과 표준편차는 자료의 흩어짐을 어떻게 측정하는가? (3.2절)
- 상자수염도를 어떻게 그리는가? 자료의 산포에 관하여 무엇을 말해주는가? (3.3절)

초점문제 교육혜택

학사학위를 취득하려는 노력은 가치가 있는가? 철학적 관점에서 배움에 대한 열정은 학위를 받으려는 충분한 이유이다. 그러나 미국 인구조사국은 다른 점을 지적한다. 연간 대졸(학사학위)은 고졸보다 평균 23,788달러를 더 번다. 이것은 대졸이 고졸보다 고졸의 78.5%를 더 번다는 것을 의미하는 것으로, 다음에 나오는 "교육비"에 따르면 소득격차는 증가하고 있다. 대학위원회가 지적하듯이 대부분의 미국인에 대하여 대학은 상대적으로 저렴하다고 한다.

이 장을 마친 후 여러분은 다음 질문에 대답할 수 있을 것이다.

(a) 학사학위는 누구나 고졸에 비하여 소득에서 78.5% 증가하는가? 전수조사 자료로부터 평균을 사용한다는 것을 기억하시오.

(b) 전수조사 자료를 사용한다면 대졸소득의 표준편차는 약 8,500달러로 평가된다. 학사학위 소득의 평균(54,091달러)을 중심으로 75% 체비셰프 신뢰구간을 구하시오.

(c) 대학 등록금은 얼마인가? 물론 어느 대학에 가는가에 의존한다. "교육비" 다음에 공립 4년제 대학과 비영리 사립 4년제 대학의 연간 등록금에 대한 10백분위수, 25백분위수, 중앙값, 75백분위수와 90백분위수가 제시된다. 이 정보는 국립 교육통계센터에서 얻은 것이다. 이 자료를 이용하면 각 기관에 대하여 25백분위수와 75백분위수 사이의 집단에 대한등록금 범위는 얼마인가? 비영리 사립 4년제 대학에 대하여 등록금이

34,417달러에서 40,082달러 사이에 몇 %나 속하는가? 공립 4년제 대학에 대하여 등록금의 몇 %가 6,780달러 이하인가?

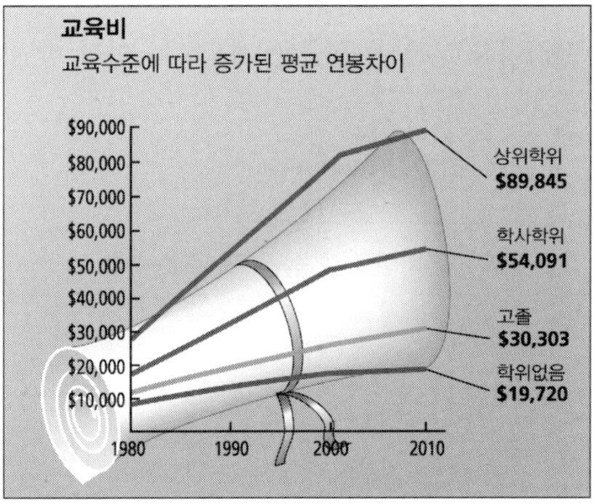

공립 4년제 대학의 연간대학 등록금(2010–2011)백분위수(단위; 달러)

10	25	50	75	90
4,336	5,105	6,780	8,689	11,029

사립 비영리 4년제 대학의 백분위수(단위; 달러)

10	25	50	75	90
12,220	19,854	27,100	34,417	40,082

3.1 중심경향의 측도 : 최빈값, 중앙값과 평균

초점

- 원자료로부터 평균, 중앙값과 최빈값을 계산하시오.
- 평균, 중앙값과 최빈값이 무엇인지 설명하시오.
- 평균, 중앙값과 최빈값이 극단값에 어떻게 영향을 받을 수 있는지를 설명하시오.
- 절사평균이 무엇인가? 어떻게 계산하는가?
- 가중평균을 계산하시오.

금 한 돈의 평균판매가격은 47.62달러이다. 특정 승용차의 연비는 고속도로에서 평균 17㎞/ℓ이다. 한 조사에서 성인 여성들의 평균 신발크기는 사이즈 9이다.

이 문장에서 보면 하나의 숫자가 전체 표본이나 모집단을 설명하기 위하여 사용된다. 그런 숫자를 **평균**(average)이라 부른다. 평균을 계산하는 여러 방법이 있지만 대표적인 3개만 공부할 것이다.

계산하기 가장 쉬운 평균은 **최빈값**(mode)이다.

> **최빈값**(mode)은 자료집합에서 가장 빈도가 높은 자료값이다.

예제 1 **최빈값**

다음 자료에서 최빈값을 구하시오.

5 3 7 2 4 4 2 4 8 3 4 3 4

풀이 자료를 보면 4가 다른 값보다 빈도가 높으므로 최빈값이다. 자료가 많을 때는 자료를 크기순으로 정렬하는 것이 도움이 된다. ■

모든 자료집합이 최빈값을 갖는 것은 아니다. 예를 들면 한 교수가 같은 수의 학생들에게 A, B, C, D, F학점을 부여하였다면 최빈 등급은 존재하지 않는다. 또한 최빈값은 안정되어 있지 않다. 자료에서 하나의 숫자만 바꾸어도 최빈값은 바로 변할 수 있다. 그러나 최빈값은 가장 판매가 많이 되는 신발 크기와 같은 가장 빈도가 높은 자료값을 알고 싶을 때는 유용한 평균이다.

유용한 다른 평균으로 순서화된 분포의 **중앙값**(median)이 있다. 중앙값이 주어지면 순서화된 분포에서 이 값보다 작은 자료값과 큰 자료값의 수가 같다는 것을 알 수 있다.

절차 중앙값을 구하는 방법

중앙값은 순서화된 분포의 가운데 값이다.

1. 자료를 작은 값부터 큰 값으로 정렬한다.
2. 자료의 개수가 홀수라면

   중앙값 = 가운데 오는 값

3. 자료의 개수가 짝수라면

$$중앙값 = \frac{가운데\ 두\ 개의\ 값의\ 합}{2}.$$

예제 2 **중앙값**

바비큐 맛의 감자칩은 얼마인가? 소비자 보고서에 따르면 표준량 당 가격(센트)이 다음과 같다.

19 19 27 28 18 35

(a) 중앙값을 구하기 위하여 먼저 자료를 재정렬한다.

풀이 자료의 수가 짝수이므로 가운데 오는 두 개 값을 사용하면

18 19 19 27 28 35

↘ ↙

가운데 값

$중앙값 = \frac{19+27}{2} = 23$ 이다.

(b) 보고서에 따르면 표준량 당 35센트인 상표가 맛도 최하위라 제외하였다. 나머지 브랜드 가격의 중앙값을 구하시오.

풀이 자료의 수가 홀수이므로 가운데 오는 값이 중앙값이다.

18 19 19 27 28

↑

가운데 값

중앙값 = 가운데 값 = 19.

(c) 감자칩 표준량은 적은 양이라 한다. 55인 분에 10.45달러의 예산은 합리적인가?

풀이 합리적이다. 칩의 중앙값이 19센트이므로 합리적이다. 칩에 대한 예산은 다른 음식이 많다는 것을 가정한다. ■

중앙값은 각 자료의 정해진 값보다는 오히려 **위치**(position)를 사용한다. 자료의 극단값이 변해도 중앙값은 일반적으로 변하지 않는다. 이것이 중앙값이 평균으로 사용되는 이유이다.

유도된 연습문제 1 중앙값과 최빈값

한 대학에서 예산 심의위원회의에 재학생들의 평균 신청학점수를 보고하여야만 한다. 40명의 학생을 임의로 추출하여 다음 정보를 얻었다.

17	12	14	17	13	16	18	20	13	12
12	17	16	15	14	12	12	13	17	14
15	12	15	16	12	18	20	19	12	15
18	14	16	17	15	19	12	13	12	15

(1) 자료를 크기순으로 정렬하시오. ⇒

12	12	12	12	12	12	12	12	12	12
13	13	13	13	14	14	14	14	15	15
15	15	15	15	16	16	16	16	17	17
17	17	17	18	18	18	19	19	20	20

(2) 중앙값을 구하시오. ⇒ 자료가 짝수 개 이다. 중앙값은 $\frac{15+15}{2} = 15$ 이다.

(3) 최빈값을 구하시오. 중앙값과 다른가? 만약 평균 학점수에 따라 등록금 수준을 결정한다면 대학은 어느 것을 사용하겠는가? ⇒ 최빈값은 12로 중앙값과 다르다. 중앙값이 높으므로 대학은 아마 평균으로 중앙값을 사용할 것이다.

크기 n 인 자료에 대하여 중앙값의 위치를 찾는 편리한 공식을 소개한다.

크기 n 의 순서화된 자료에 대하여

$$\text{중앙값의 위치} = \frac{n+1}{2}$$

이다.

예를 들면, $n = 99$ 라면 순서화된 자료에서 중앙값은 (99+1)/2 혹은 50번째 값이다. $n = 100$ 이라면 (100+1)=50.5번째 값으로 50번째와 51번째 자료값의 가운데 값이 중앙값이 된다.

자료값을 그대로 사용하는 평균이 **산술평균**(arithmetic mean)이라고도 불리는 **평균**(mean)이다. 평균을 계산하려면 모든 자료값을 더하여 그 개수로 나눈다.

$$평균 = \frac{모든\ 자료의\ 합}{자료의\ 개수} = \frac{1}{n}\sum_{i=1}^{n} x_i$$

예제 3 **평균**

졸업을 하려면 린다는 생물학에서 적어도 B가 필요하다. 처음 세 번은 좋지 않았지만 나머지 4번은 좋았다. 평균을 계산하여 린다의 학점이 B(평균80-89)일지 혹은 C(평균 70-79)일지를 결정하시오.

58　　67　　60　　84　　93　　98　　100

풀이 $$평균 = \frac{모든\ 자료의\ 합}{자료의\ 개수} = \frac{58+67+60+84+93+98+100}{7}$$

$$= \frac{560}{7} = 80.$$

평균이 80이므로 린다는 필요한 B를 받을 것이다. ■

자료를 x라 하는 경우, 표본인 경우에는 평균을 기호 $\overline{x}$로 표기하고, 모집단 자료인 경우에는 μ로 표기한다.

절차 **평균을 구하는 방법**

1. $\sum x$를 계산한다. 즉 모든 자료의 합을 구한다.
2. 합을 자료의 개수로 나눈다.

• 표본인 경우 : $\overline{x} = \frac{1}{n}\sum_{i=1}^{n} x_i$,

• 모집단인 경우 : $\mu = \frac{1}{N}\sum_{i=1}^{N} x_i$,

n은 표본수이고 N은 모집단 개체수이다.

기대

추측통계학에서 랜덤표본으로부터 구한 $\overline{x}$는 모수 μ를 추정(8장)하거나 μ의 값을 결정(9장)하기 위하여 사용된다.

➲ 평균은 무엇을 말해주는가?

평균은 하나의 숫자로 자료를 요약한다.

- **최빈값**은 자료에서 가장 많이 발생한 하나의 자료값을 말한다. 최빈값은 가장 많이 발생한 자료값에 의하여 완전히 결정된다. 다른 자료값보다 더 많이 발생한 자료값이 없다면 최빈값은 존재하지 않는다. 적게 발생하는 자료의 특정 값은 최빈값을 바꾸지 않는다.
- **중앙값**은 자료를 오름차순으로 정렬하였을 때 가운데 값이다. 중앙값은 자료값의 상대적 위치에 영향을 받는다. 예를 들면, 중앙값보다 큰 자료값이 중앙값(자료가 짝수 개인 경우에는 가운데 두 개값)보다 큰 값으로 바뀌어도 중앙값은 변하지 않는다.
- **평균**은 모든 자료값을 더하여 그 개수로 나누어 얻은 값이다. 따라서 평균은 하나의 자료값이 변하여도 변할 수 있다. 반면에 자료값이 변하지만 합이 같다면 평균은 변하지 않을 것이다.

세 가지 평균, 최빈값, 중앙값, 평균을 살펴보았다. 일반적으로 평균이 중요하다. 그러나 평균의 단점은 예외적인 값 또는 이상점의 영향을 받을 수 있다는 점이다.

저항성 측도(resistant measure)는 극단적인 값에 영향을 받지 않는 척도를 말한다. 평균은 저항성 척도가 아니다 왜냐하면 자료값 하나의 크기를 변화시켜 원하는 만큼 크게 만들 수 있기 때문이다. 반면에 중앙값은 저항성이 있다. 그러나 중앙값의 단점 중 하나는 자료값의 크기에 둔감하다는 것이다.

평균보다 저항성이 있으면서도 특정한 자료값에 민감한 중심의 척도가 **절사평균**(trimmed mean)이다. 절사평균은 자료에서 정해진 비율만큼 작은 값과 큰 값을 제거하고 남은 자료값들의 평균을 말한다. 일반적으로 5% 절사평균이 사용된다. 이것은 자료 중에서 작은 값 5%와 큰 값 5%를 제거했다는 것을 의미한다.

절차 5% 절사평균을 계산하는 방법

1. 자료를 작은 값부터 순서대로 정렬한다.
2. 자료의 아래쪽 5%와 위쪽 5%를 제거한다.
3. 나머지 90%자료의 평균을 계산한다.

유도된 연습문제 2 평균과 절사평균

다음 자료는 어느 대학에서 개설된 교과목 중에서 임의로 추출한 20개 과목의 수강인원이다.

14	20	20	20	20	23	25	30	30	30
35	35	35	40	40	42	50	50	80	80

(a) 표본평균을 계산하시오. ⇒ $\bar{x} = \frac{1}{n}\sum x = \frac{719}{20} = 35.95$.

(b) 5% 절사평균을 계산하시오. ⇒ 자료가 크기 순서로 정렬되어 있다. 20개의 5%는 1이므로 가장 작은 값과 가장 큰 값하나 씩 제외하고 평균을 구한다.

5%절사평균 $= \frac{625}{18} \approx 34.72$.

(c) 중앙값을 구하시오. ⇒ 중앙값 $= \frac{30+35}{2} = 32.5$.

(d) 5%절사된 자료의 중앙값을 구하고 원 자료의 중앙값과 비교하시오. ⇒ 중앙값은 그대로 32.5로 변하지 않는다.

(e) 중앙값에 더 가까운 값은 절사평균인가 평균인가? ⇒ 절사평균이 더 가깝다.

비판적 사고

제1장에서 자료의 4수준, 명목, 순서, 구간과 비율수준을 다루었다. 최빈값은 4수준 모두에서 사용할 수 있다. 예를 들면, 지난해 판매된 모든 승용차 색의 최빈값에 해당되는 색을 구할 수 있다. 중앙값은 순서수준 이상의 자료에 사용된다. 만약 고객의 만족도에 따라 승용차를 순서화하면 만족도의 중앙값을 구할 수 있다. 평균은 구간이나 비율수준에서 사용된다. 예외적으로 순서수준자료에 대하여 평균을 구하기도 한다. 판매된 중고차의 평균 출시년도 혹은 신형 승용차의 평균 가격을 구할 수 있다.

다른 관심사항은 평균의 평균을 구하는 것이다. 예를 들어, 52만원, 64만원, 89만원, 92만원이 서로 다른 아파트 단지의 평균월세라고 한다면 5개 값의 평균인 74만원이 5개 아파트 단지의 평균 월세라고 할 수 없다. 평균을 구하기에 앞서 각 아파트단지의 아파트 수를 먼저 알아야만 한다.

일반적으로 자료분포가 고분모양대칭이라면 평균, 중앙값과 최빈값은 같거나 거의 비슷하다. 왼쪽으로 기울어진 분포에서는 평균은 중앙값보다 작고, 중앙값은 최빈값보다 작다. 오른쪽으로 기울어진 분포에서는 최빈값은 중앙값보다 작고, 중앙값은 평균보다 작다. 그림 3.1에 서로 다른 분포에서 평균, 중앙값과 최빈값의 관계를 설명한다.

[그림 3-1] 분포 형태와 평균

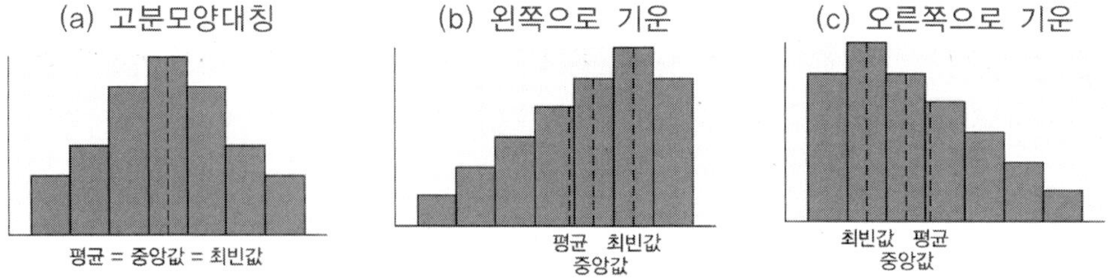

가중평균

평균을 구할 때 다른 자료값보다 중요함 또는 가중치를 부여하고 싶은 경우도 있다. 예를 들면, 중간고사와 기말고사 성적을 가지고 성적평가를 한다고 하자. 그러나 기말고사를 60% 반영하고 중간고사를 40% 반영한다면 어떻게 평균을 결정할 수 있을까? 이 때 필요한 것이 **가중평균**(weighted average)이다.

가중평균(weighted mean)은 x_i가 자료값이고, w_i가 가중치라면

$$\text{가중평균} = \frac{\sum_{i=1}^{n} x_i w_i}{\sum_{i=1}^{n} w_i}$$

이다.

예제 4 가중평균

중간고사 성적이 83점이고, 기말고사가 95점이라 한다. 중간고사에 40%, 기말고사에 60% 가중치를 부여하여 가중평균을 구하시오. A 학점을 받으려면 평균이 최소 90점을 넘어야한다면 A학점을 받을 수 있을까?

풀이 공식을 사용하여 구하면

$$\text{가중평균} = \frac{\sum_{i=1}^{n} x_i w_i}{\sum_{i=1}^{n} w_i} = \frac{83 \times 0.4 + 95 \times 0.6}{0.4 + 0.6} = 90.2$$

이므로 A학점을 받을 수 있다. ■

▶▶ 3.1 연습문제

1. **통계적 지식**. 최빈값, 중앙값과 평균을 고려하시오. 무엇이 자료분포의 가운데 값을 나타내는가? 어느 것이 가장 많은 빈도값을 나타내는가? 어느 것이 모든 자료값을 고려하는가?

2. **통계적 지식**. 평균공식을 살펴보시오. 평균을 계산하기 위하여 사용된 두 절차를 열거하시오.

3. **기본 계산: 평균, 중앙값, 최빈값**. 다음 자료에 대하여 평균, 중앙값과 최빈값을 구하시오.

   8 2 7 2 6

4. **기본 계산: 평균, 중앙값, 최빈값**. 다음 자료에 대하여 평균, 중앙값과 최빈값을 구하시오.

   8 2 7 2 6 5

5. **비판적 사고**. 적어도 3개의 자료값이 있는 자료를 고려한다. 가장 큰 값은 10이 증가하고, 가장 작은 값은 10이 감소되었다고 가정한다.
   (a) 평균은 변하는가? 설명하시오.
   (b) 중앙값은 변하는가? 설명하시오.
   (c) 최빈값이 변할 수 있을까? 설명하시오.

6. **비판적 사고**. 분포가 고분모양대칭일 때 평균, 중앙값과 최빈값사이의 일반적인 관계는 무엇인가?

7. **비판적 사고**. 다음 자료를 고려한다.

   2 3 4 5 5

   (a) 최빈값, 중앙값과 평균을 계산하시오.
   (b) 만약 숫자들이 한 목록에서 순서화한 T셔츠의 색을 나타낸다면 어느 평균이 의미가 있을까?

(c) 만약 숫자들이 서로 다른 호수까지의 편도 거리를 나타낸다면 어느 평균이 의미가 있을까?

(d) 만약 숫자들이 5점 척도로 조사된 반응이라면 즉, 1은 적극 반대, 2는 반대, 3은 중립, 4는 찬성, 5는 적극 찬성이라면 어느 평균이 의미가 있을까?

8. **해석**. 직업수행평가서는 다음 범주를 갖는다.

1=매우 우수; 2=우수; 3=만족; 4=부족; 5=채택불가

15명의 의뢰인에 기초하여 직원은 중앙값 4와 최빈값 1을 얻었다. 직원은 대 부분의 의뢰인이 자신을 매우 우수하다고 평가하였다고 기뻐하였다. 감독자는 적어도 의뢰인의 절반은 직원을 부족하거나 채택불가로 평가하였기 때문에 개선이 필요하다고 하였다. 다른 관점에서 설명하시오.

9. **비판적 사고: 자료변환**. 이 문제에서 같은 자료값에 같은 수를 곱하면 평균, 중앙값과 최빈값이 어떻게 변하는지를 살펴본다. 자료집합 2, 2, 3, 6, 10을 고려한다.

(a) 최빈값, 중앙값과 평균을 계산하시오.

(b) 각 자료값에 5를 곱하여 최빈값, 중앙값과 평균을 계산하시오.

(c) (a)와 (b)의 결과를 비교하시오. 일반적으로 같은 자료값에 같은 수를 곱하면 평균, 중앙값과 최빈값이 영향을 받는다고 생각하는가?

(d) 비행기 승객의 랜덤표본의 평균 신장에 관한 정보를 갖고 있다고 가정한다. 최빈값이 70인치이고, 중앙값이 68인치이고 평균이 71인치이다. 자료를 센티미터로 변환하기 위하여 각 자료값에 2.54를 곱하시오. 센티미터로 최빈값, 중앙값과 평균은 얼마인가?

10. **환경연구: 죽음의 계곡**. 죽음의 계곡은 얼마나 뜨거울까? 다음 자료는 죽음의 계곡에서 측정된 지표온도(화씨)이다.

146	152	168	174	180	178	179
180	178	178	168	165	152	144

평균, 중앙값과 최빈값을 구하시오.

11. **의학: 부상**. 그랜드캐년과 콜로라도강은 아름답기도 하지만 위험하기도 하다. 다음 자료는 상업용 배여행의 서로 다른 하선지점에서 지난 5년간 발생한 여행객 부상자 수를 나타낸다.

상류지역 부상자 수 :	2	3	1	1	3	4	6	9	3	1	3
하류지역 부상자 수 :	8	1	1	0	6	7	2	14	3	0	1

(a) 상류지역에서 발생한 부상자 수의 평균, 중앙값과 최빈값을 구하시오.

(b) 하류지역에서 발생한 부상자 수의 평균, 중앙값과 최빈값을 구하시오.

(c) (a)와 (b)의 결과를 비교하시오.

(d) 하류지역 자료의 경우 극단적인 값들이 있다. 5% 절사평균을 구하여 (a)의 결과와 비교하시오.

12. **휴양: 마우이 휴가**. 마우이는 얼마나 비싼가? 다음 자료는 마우이섬 전역에 있는 콘도 일일 사용료(단위:달러)의 랜덤표본을 나타낸다.

89	50	68	60	375	55	500	71	40	350
60	50	250	45	45	125	235	65	60	130

(a) 평균, 중앙값과 최빈값을 구하시오.

(b) 5% 절사평균을 구하여 (a)에서 구한 평균과 비교하시오. 절사평균이 일일 사용료의 일반적인 수준을 더 정확하게 반영하는가?

(c) **해석**. 만약 여러분이 여행사 직원이고 고객이 사용료를 묻는다면 어느 평균을 사용하겠는가? 그 이유는? 비용의 산포와 같은 다른 정보가 필요하다고 생각하는가?

13. **기본계산: 가중평균**. 10은 가중치5; 20은 가중치 3; 30은 가중치 2를 갖는 경우 가중평균을 구하시오.

14. **실적급여 척도: 가중평균**. 어느 병원에서 간호사들의 공로 급여 인상 자격을 결정하기 위하여 수행평가를 실시한다. 감독관은 여러 항목, 민첩성, 기록정리, 외모와 환자를 대하는 태도에 대하여 1에서 10까지의 측도로 간호사들에게 등급을 부여한다. 민첩성에 2, 기록정리에 3, 외모에 1, 태도에 4 의 가중치를 준다. 한 간호사가 민첩성에 9, 기록정리에 7, 외모에 6, 태도에 10을 받았다면 평균 등급은 얼마인가?

15. **지식확장: 조화평균**. 자료가 속도같은 변화율로 구성되었을 때 **조화평균**(harmonic mean)이 중심경향의 적절한 측도이다. 0인 자료값이 없는 경우 n개의 자료값에 대하여,

$$\text{조화평균} = n\Big/\left(\sum \frac{1}{x}\right)$$

이다.

160㎞를 시속 96㎞로 운전하고 갔다가 시속 120㎞로 돌아왔다. 조화평균을 사용하여 평균속도를 구하시오.

16. **지식확장: 기하평균**. 자료가 백분율, 성장률 혹은 다른 변화율일 때 **기하평균**(geometric mean)이 중심경향의 측도로 유용하다. 모든 자료값이 양수라는 가정 하에 n개의 자료값에 대하여,

$$\text{기하평균} = \sqrt[n]{n\text{개 자료값의 곱}}$$

이다.

첫해 10%, 둘 째해 12%, 셋 째해 14.8%, 넷 째해 3.8%, 다섯 째해 6%성장률을 갖는 뮤츄얼 펀드에 대하여 5년간 투자의 평균성장률을 구하기 위하여 1.10, 1.12, 1.148, 1.038, 1.06의 기하평균을 구하시오.

3.2 변동의 측도

초점

- 범위, 분산과 표준편차를 구하시오.
- 원자료로부터 변동계수를 구하시오. 왜 변동계수가 중요한가?
- 원자료에 체비셰프의 정리를 적용하시오. 체비셰프구간은 무엇을 말해주는가?

평균은 자료를 하나의 숫자로 요약하는 것이다. 예에서 보았듯이 구한 평균이 항상 의미가 있는 것은 아니다. 자료의 산포를 측정하는 통계적 참조방안이 필요하다.

범위가 변동의 측도 중의 하나이다.

> **범위**(range)는 자료 분포의 최댓값과 최솟값의 차이이다.

예제 5 범위

대형 제과점에서 정기적으로 블루베리를 상자로 주문한다. 상자의 평균 무게는 660그램을 가정한다. 두 공급자로부터 임의로 표본을 뽑아 무게를 재었다.

공급자 1 :	510	660	660	660	810
공급자 2 :	510	570	600	810	810

(a) 각 공급자 별로 범위를 구하시오.

풀이

범위= 최댓값 − 최솟값

공급자 1 범위= 810 − 510 = 300,

공급자 2 범위= 810 − 510 = 300.

(b) 각 공급자 별로 평균을 구하시오.

풀이 두 경우 모두 평균은 660이다.

(c) 각 표본을 다시 보시오. 표본들은 평균과 범위가 같다. 어떻게 다른가? 제과점에서는 블루베리 머핀 제조법대로 블루베리 한 상자를 사용한다. 머핀이 제대로 구어지려면 블루베리의 양이 일정하여야 한다면 어느 공급자로부터 구입하겠는가?

풀이 공급자 1이 평균에 가까운 무게를 갖는 상자를 제공한다. 즉 평균 주위에 더 모여 있다. 따라서 공급자 1을 더 만족스러워 할 것이다. ■

예제 5에서 보았듯이 범위는 최댓값과 최솟값의 차이를 보여주지만 각 자료값이 서로 얼마나 다른지, 평균과 얼마나 다른지를 보여주지 못한다.

분산과 표준편차

기댓값($\overline{x}$ 혹은 μ)주위에서의 분포 또는 자료의 산포에 대한 측도가 필요하다. **분산**(variance)과 **표준편차**(standard deviation)가 그러한 측도이다. 이들 측도에 대한 공식과 근거를 다음의 절차에서 설명한다. 그리고 예제와 유도된 연습문제를 통하여 계산방법을 설명한다.

분산과 표준편차의 공식은 자료가 표본인가 모집단인가에 따라 조금 다르다.

절차 표본분산과 표본표준편차의 계산방법

양	설명
x	변수 x는 자료값이나 결과를 나타낸다.
$\bar{x}=\frac{1}{n}\sum x$	이것은 자료값의 **평균** 혹은 통계적 실험을 할 때 다음에 일어날 것이라고 기대하는 것이다.
$x-\bar{x}$	이것은 발생한 것과 발생할 것이라고 기대하는 값과의 **차이**이다. 이것은 기대하는 것과의 **편차**(deviation)를 나타내고 위험의 측도이다.
$\sum(x-\bar{x})^2$	식 $\sum(x-\bar{x})^2$는 제곱의 합이라 한다. $x-\bar{x}$가 음수가 되지 않도록 제곱을 한 것이다. $x-\bar{x}$를 제곱하지 않으면 $\sum(x-\bar{x})$는 0이 된다.
$\sum(x-\bar{x})^2$ 혹은 $\sum x^2-\frac{1}{n}(\sum x)^2$	이것은 계산하기 쉬운 제곱합의 대수적 단순화이다. 윗 식은 정의식이고, 아래 식은 계산공식이다. 결과는 같다.
표본분산 $s^2=\frac{1}{n-1}\sum(x-\bar{x})^2$ 혹은 $s^2=\frac{1}{n-1}\left[\sum x^2-\frac{1}{n}(\sum x)^2\right]$	표본분산은 s^2이다. 분산은 $(x-\bar{x})^2$값의 평균의 일종으로 생각할 수 있다. 그러나 기술적인 이유로 n 대신에 $n-1$로 나눈다. 이것은 표본분산에 대한 가장 좋은 수학적 평가이다.
표본표준편차 $s=\sqrt{\frac{1}{n-1}\sum(x-\bar{x})^2}$ 혹은 $s=\sqrt{\frac{1}{n-1}\left[\sum x^2-\frac{1}{n}(\sum x)^2\right]}$	이것은 표본표준편차이다. 왜 제곱근을 취하는가? 원래의 x 단위가 날자나 달러라면 s^2은 날자나 달러의 제곱일 것이다. 제곱근을 취하여 자료의 원단위로 돌려놓는 것이다. 표준편차는 변동이나 위험의 측도로 생각할 수 있다. s 값이 크면 클수록 자료의 변동이 더 크다는 것을 의미한다.

통계학에서 표본표준편차와 표본분산은 표본평균 $\overline{x}$에 관한 자료의 산포를 설명하기 위하여 사용된다. 다음 예제는 정의식을 사용하여 이들 양을 계산하는 방법을 보여준다. 유도된 연습문제 3은 계산공식을 이용하는 방법을 보여준다.

손으로 계산할 때 s^2과 s에 대한 계산공식이 사용하기 쉬울 것이다. 그러나 s^2과 s에 대한 정의식은 분산과 표준편차가 자료값과 평균과의 차이에 기초한다는 사실을 강조한다.

표본인 경우의 정의식

- 표본분산: $s^2 = \dfrac{1}{n-1}\sum_{i=1}^{n}(x_i - \overline{x})^2$ (1)
- 표본표준편차 : $s = \sqrt{\dfrac{1}{n-1}\sum_{i=1}^{n}(x_i - \overline{x})^2}$ (2)

표본인 경우의 계산공식

- 표본분산: $s^2 = \dfrac{1}{n-1}[\sum x_i^2 - (\sum x_i)^2/n]$ (3)
- 표본표준편차 : $s = \sqrt{\dfrac{1}{n-1}[\sum x_i^2 - (\sum x_i)^2/n]}$ (4)

예제 6 표본표준편차(정의식)

다음은 하이브리드 A라는 장미 품종의 랜덤표본을 뽑아 절정기의 꽃의 직경(단위:㎝)을 측정한 자료이다.

5 7.5 7.5 20 25 25

정의식을 사용하여 표본분산과 표본표준편차를 구하시오.

풀이 필요한 여러 단계를 표 3.1에 정리하였다. 표로부터 우선 $n=6$이고 자료의 합 $\sum x = 90$이므로

$$\overline{x} = \frac{\sum x}{n} = \frac{90}{6} = 15.0$$

이다.

[표 3-1] 꽃의 직경

x	$x-\bar{x}$	$(x-\bar{x})^2$
5	$5-15=-10$	$(-10)^2=100$
7.5	$7.5-15=-7.5$	$(-7.5)^2=56.25$
7.5	$7.5-15=-7.5$	$(-7.5)^2=56.25$
20	$20-15=5$	$5^2=25$
25	$25-15=10$	$10^2=100$
25	$25-15=10$	$10^2=100$
$\sum x=90$		$\sum(x-\bar{x})^2=437.5$

표 3-1의 결과를 이용하면

$$s^2=\frac{1}{n-1}\sum_{i=1}^{n}(x_i-\bar{x})^2=\frac{437.5}{5}=87.5$$

이고,

$$s=\sqrt{s^2}=\sqrt{87.5}\approx 9.35$$

이다. ■

유도된 연습문제 3 표본표준편차(계산공식)

다음은 하이브리드 B라는 장미 품종의 랜덤표본을 뽑아 절정기의 꽃의 직경(단위:㎝)을 측정한 자료이다.

12.5 12.5 12.5 15 17.5 20

(a) 평균, 분산과 표준편차를 쉽게 구하기 위하여 표를 만든다. n, $\sum x$와 $\bar{x}$를 구하시오.

$n=6$, $\sum x=90$이므로

$$\bar{x}=\frac{90}{6}=15$$

이다.

표 3-2 다음을 완성하시오.

I	II
x	x^2
12.5	
12.5	
12.5	

⇒

[표 3-3] 표 3.2의 완성

I	II
x	x^2
12.5	156.25
12.5	156.25
12.5	156.25

15		15	225
17.5		17.5	306.25
20		20	400
$\sum x=$	$\sum x^2=$	$\sum x=90$	$\sum x^2=1400$

(b) 계산공식을 사용하여 s^2 을 구하시오. $\Rightarrow$ $s^2 = \frac{1}{n-1}[\sum x_i^2 - (\sum x_i)^2/n]$

$= \frac{1}{5}[1400-90^2/6] = 10.$

(c) 표준편차를 구하시오. $\Rightarrow$ $s = \sqrt{s^2} = \sqrt{10} \approx 3.16$

유도된 연습문제 3과 예제 6의 결과를 요약하고 비교해본다. 다음과 같은 결과를 얻었다:

하이브리드 A : 평균 15, 표준편차 9.35

하이브리드 B : 평균 15, 표준편차 3.16

두 경우 모두 평균은 15로 같다. 그러나 하이브리드 A가 더 큰 표준편차를 갖고 있다. 이 사실은 하이브리드 A의 꽃이 하이브리드 B의 꽃보다 일치성이 적다는 것을 의미한다. 만약 25㎝짜리와 5㎝짜리 꽃이 섞여있는 장미덤불을 원한다면 품종 A를 선택하면 된다. 그러나 전반적으로 15㎝에 가까운 장미덤불을 원한다면 품종 B를 선택해야한다.

➲ 변동의 측도는 무엇을 말해주는가?

변동의 측도는 자료의 산포에 관한 정보를 준다.

- **범위**는 최댓값과 최솟값과의 차이를 말한다. 범위는 자료의 산포에 관하여 말해주지만 자료의 대부분이 평균에 가까운지 아닌지는 말해주지 않는다.
- **표본표준편차**는 각 자료값과 평균사이의 차이에 기초한다. 각 자료값의 크기가 계산에 들어간다. 공식은 각 자료값과 평균과의 차이를 계산하여, 제곱하고, 전부 더하여 $n-1$ 로 나누고 제곱근을 취한다. 표준편차는 평균주위에 산포된 자료의 평균이다. 표준편차가 클수록 평균주위에서 자료의 산포가 더 크다. 작은 표준편차는 자료가 평균에 더 가까이 있다는 것을 나타낸다.
- **분산**은 표준편차의 제곱이다. 분산 또한 자료의 평균주위의 산포에 대한 측도이다.

통계학을 응용하는 많은 분야에서는 모집단 자료보다는 표본자료를 다룬다. 전체 모집단 자료를 가지고 있다면 모평균 μ, 모분산 σ^2 과 모표준편차 σ 를 다음 공식을 사용하여 계산할 수 있다.

➲ 모집단 모수

• 모평균 : $\mu = \frac{1}{N}\sum_{i=1}^{N} x_i$

• 모분산 : $\sigma^2 = \frac{1}{N}\sum_{i=1}^{N}(x_i - \mu)^2$

• 모표준편차 : $\sigma = \sqrt{\frac{1}{N}\sum_{i=1}^{N}(x_i - \mu)^2}$

s 와 σ 공식에서 s 를 계산할 때는 $n-1$ 을 사용하고 σ 을 계산할 때는 N을 사용한다. 이유는 무엇인가? 이유는 N은 **모집단 크기**(population size)를 나타내고, n 은 **표본크기**(sample size)를 나타내기 때문이다. 랜덤표본은 일반적으로 극단값을 포함하지 않으므로 s 를 n 으로 나눈 것 보다 조금 더 크게 하기 위하여 $n-1$ 로 나눈다. 이론적으로 이 과정이 σ^2 에 관하여 더 좋은 추정값을 준다는 것을 보일 수 있다. 사실 s^2 을 σ^2 의 **비편향 추정량**(unbiased estimator)이라 부른다. 모집단 자료를 가지고 있다면 극단값도 포함되어 있으므로 $N-1$ 대신 N 으로 나눈다.

표준편차의 직접적 응용 두 가지를 살펴본다. 하나는 변동계수이고 다른 하나는 체비셰프 정리이다.

변동계수

변동을 비교하는 측도로 표준편차의 단점은 측정 단위에 의존한다는 점이다. 이는 서로 다른 모집단으로 부터의 관측값을 비교하기 위하여 표준편차를 사용하기 힘들다는 것을 의미한다. 이런 이유로 통계학자들은 표본평균이나 모평균의 비율로 표준편차를 표현하는 **변동계수**(CV: coefficient of variation)를 정의하였다.

$\overline{x}$ 와 s 가 표본평균과 표본표준편차를 나타낸다면

• **표본 변동계수** : $CV = \frac{s}{\overline{x}} \cdot 100$.

μ 와 σ 가 모평균과 모표준편차를 나타낸다면

• **모집단변동계수** : $CV = \frac{\sigma}{\mu} \cdot 100$.

변동계수 CV의 정의식에서 분모와 분자가 같은 단위를 가지므로 CV자체는 단위를 갖지 않는다. 따라서 변동계수를 사용하여 두 개의 서로 다른 모집단의 변동을 비교할 수 있다.

예제 7 변동계수

다음은 시골 낚시점에서 판매하고 있는 8종의 스피너 가격(단위; 달러)이다.

2.10 1.95 2.60 2.00 1.85 2.25 2.15 2.25

이 가게에서는 이 8종의 스피너만 판매하므로 모집단자료라 가정한다.

(a) 자료의 설명에 필요한 평균과 표준편차를 구하시오.

풀이 $\sum x = 17.15$ 이므로 $\mu \approx 2.14$ 이고, $\sigma \approx 0.22$ 이다.

(b) 변동계수를 구하시오.

풀이 $CV = \frac{\sigma}{\mu} \cdot 100 = \frac{0.22}{2.14} \times 100 = 10.28\%$. ■

유도된 연습문제 4 변동계수

다음은 전국적인 판매를 하는 카벨라 카탈로그에서 임의로 추출한 10개 스피너의 가격(단위: 달러)이다.

1.69 1.49 3.09 1.79 1.39 2.89 1.49 1.39 1.79 1.99

(a) 표본평균과 표본표준편차를 구하시오. ⇒ $\bar{x} = 1.87,\ s \approx 0.62$.

(b) 변동계수를 구하시오. ⇒ $CV = \frac{s}{\bar{x}} \cdot 100 = \frac{0.62}{1.87} \times 100 = 33.16\%$

(c) 평균, 표준편차와 CV를 예제7의 결과와 비교 설명하시오. ⇒ 변동계수는 카벨라가 시골 낚시점의 3배이다. 이유는 시골이므로 평균 가격이 비싸다. 또한 제한된 종류만 판매하므로 가격 변동이 적어 표준편차가 작다.

체비셰프의 정리

표준편차가 작다면 평균에 대한 자료의 퍼짐이나 산포가 작고, 표준편차가 크다면 산포가 크다. 대칭형이고 종모양의 분포인 경우에는 평균 양쪽으로 주어진 표준편차 안에 자료가 속할 비율을 정확하게 구할 수 있다. 7장에서 정규분포에 관하여 논할 때 자세히 다룰 것이다.

그러나 평균에 관한 자료산포의 개념은 유명한 체비셰프 정리를 사용하여 모든 자료 분포에 일반적으로 적용할 수 있다.

➲ 체비셰프 정리

임의의 자료집합에 대하여 $k > 1$ 인 경우 평균의 양편으로 k 표준편차 안에 자료가 놓일 비율은 적어도

$$1 - \frac{1}{k^2}$$

이다.

➲ 체비셰프 정리의 결과

임의의 자료집합에 대하여

- 자료의 적어도 75.0%가 구간 $(\mu - 2\sigma,\ \mu + 2\sigma)$ 에 놓인다.
- 자료의 적어도 88.9%가 구간 $(\mu - 3\sigma,\ \mu + 3\sigma)$ 에 놓인다.
- 자료의 적어도 93.8%가 구간 $(\mu - 4\sigma,\ \mu + 4\sigma)$ 에 놓인다.

체비셰프 정리는 자료가 평균을 중심으로 주어진 표준편차 안에 놓일 자료의 최소비율을 언급한다는 점에 주목한다. 만약 분포가 고분모양이라면 자료의 더 많은 비율이 주어진 구간에 놓일 것이다.(7.1절의 경험법칙 참조)

➲ 체비셰프의 정리는 무엇을 말해주는가?

체비셰프의 정리는 모든 분포에 적용된다.

- 평균 양편으로 평균과 정해진 표준편차 사이에 놓일 자료의 최소비율.
- 평균에서 3표준편차 사이에 자료의 최소 88.9%가 놓인다. 이것은 자료의 최대 11.1%가

평균에서 3표준편차를 벗어난다는 것을 의미한다. 그와 같은 값은 고분모양의 대칭분포에서 이상점으로 의심될 수 있다.

예제 8 체비셰프 정리

봉사활동 프로그램에 참여한 학생을 임의로 뽑아 봉사시간에 대하여 평균과 표준편차를 구하였더니 각각 $\bar{x}=29.1$, $s=1.7$ 이었다. 이 프로그램에 참여한 학생들의 적어도 75%가 놓일 봉사시간에 대한 구간을 구하시오.

풀이 체비셰프 정리에 따라 자료의 적어도 75%가 평균에 대한 2 표준편차 안에 놓여야 한다. 따라서 구간은

$$(\bar{x}-2s,\ \bar{x}+2s) \Rightarrow (29.1-2\cdot 1.7,\ 29.1+2\cdot 1.7)$$
$$\Rightarrow (25.7,\ 32.5)$$

이다. ■

유도된 연습문제 5 체비셰프 구간

한 신문사에서 각 광고에 대하여 반응한 사람 수에 대하여 분석한 결과, 평균 $\bar{x}=525$, 표준편차 $s=30$ 이었다.

자료의 적어도 88.9%가 놓일 평균에 관한 체비셰프 구간을 구하시오.

$$\Rightarrow (\bar{x}-3s,\ \bar{x}+3s)$$
$$\Rightarrow (525-3\cdot 30,\ 525+3\cdot 30)$$
$$\Rightarrow (435,\ 615)$$

기대

7장에서 정규분포를 공부할 것이다. 정규분포에 대하여 평균에서 1, 2와 3표준편차 안에 놓이는 자료의 비율에 관하여 더 정확한 설명을 할 수 있다. 사실, 경험법칙은 정규분포에 대하여 자료의 약 65%가 평균에서 1표준편차 사이에 놓이고, 약 95%가 2표준편차 사이에 놓이고 거의 모든 자료(99.7%)가 3표준편차 안에 놓인다.

비판적 사고

산술평균 같은 평균은 매체에서 자주 언급된다. 그러나 평균 그 자체는 자료가 어떻게 분포하는지에 관하여는 그다지 말해주지 않는다. 평균과 함께 표준편차 혹은 분산에 관한

지식은 자료분포를 더 잘 묘사한다.

체비셰프의 정리는 자료분포가 무슨 분포라 해도 자료의 적어도 75%는 평균에서 2표준편차 안에 놓인다는 것을 말한다. 7장에서 보겠지만 분포가 고분모양이고 대칭일 때 약 95%가 평균에서 2표준편차 내에 있다. 평균에서 2표준편차를 벗어나는 자료값은 흔하지 않다.

사실, 평균에서 2표준편차보다 멀리 있는 자료값은 이상점일 수 있다는 것을 나타낸다.

▶▶ 3.2 연습문제

1. **통계적 지식**. 무슨 평균이 표준편차와 관계가 있는가?

2. **통계적 지식**. 표준편차를 계산할 때 표본자료인지 모집단 자료인지가 문제가 되는가?

3. **기본계산: 범위, 표준편차**. 다음 자료를 고려한다.

   2 3 4 5 6

   (a) 범위를 구하시오.
   (b) 정의식을 사용하여 표본표준편차 s를 계산하시오.
   (c) 정의식을 사용하여 모표준편차 σ를 구하시오.

4. **비판적 사고**. 모든 자료값이 같지는 않은 자료집합에 대하여 s 혹은 σ 중에서 어느 값이 더 작은가? 설명하시오.

5. **비판적 사고**. 다음 자료집합은 각각 평균 $\bar{x} = 10$을 갖는다.

   (i) 8 9 10 11 12 (ii) 7 9 10 11 13 (iii) 7 8 10 12 13

   (a) 계산에 의하지 말고 표준편차의 크기순으로 자료를 정렬하시오.
   (b) (i)와 (ii)의 표준편차의 차이가 (ii)와(iii)의 차이보다 크다고 생각하는가?

6. **비판적 사고: 자료 변환**. 이 문제에서 자료에 같은 상수를 곱하였을 때 표준편차의 변화에 대하여 살펴본다. 자료 5, 9, 10, 11, 15를 고려한다.

(a) s를 계산하시오.

(b) 자료에 5를 곱하여 s를 계산하시오.

(c) (a)와 (b)의 결과를 비교하시오. 일반적으로 상수 c를 곱하였다면 표준편차는 어떻게 변하겠는가?

(d) 일주일 동안 자전거를 탄 거리를 마일로 기록하여 표준편차를 계산하였더니 $s = 3.1$ 마일이었다. 표준편차를 킬로미터로 알고 싶다면 모든 계산을 다시 하여야 하는가? 1마일은 약 1.6킬로미터이다. 표준편차는 몇 킬로미터인가?

7. **기본계산: 분산 표준편차.** 표본자료 x가 다음과 같이 주어졌다.

23 17 15 30 25

(a) 범위를 구하시오.

(b) $\sum x = 110$과 $\sum x^2 = 2568$임을 보이시오.

(c) (b)의 결과를 사용하여 표본분산 s^2과 표준편차 s를 구하시오.

(d) 정의식을 사용하여 표본분산 s^2과 표준편차 s를 계산하시오.

(e) 주어진 자료가 전체 모집단이라고 가정하고 모분산 σ^2과 모표준편차 σ를 구하시오.

8. **기본계산: 변동계수, 체비셰프 구간.** $\mu = 20$과 $\sigma = 2$인 모집단 자료를 고려한다.

(a) 변동계수를 계산하시오.

(b) 88.9%체비셰프 구간을 계산하시오.

9. **우주왕복선: 에폭시.** 케블라 에폭시는 나사 우주왕복선에 사용되는 재료이다. 다음은 50개의 에폭시 가닥을 임의로 추출하여 90%파괴강도의 실험에서 끊어질 때까지 경과된 시간을 관측한 자료이다.

0.54	1.80	1.52	2.05	1.03	1.18	0.80	1.33	1.29	1.11
3.34	1.54	0.08	0.12	0.60	0.72	0.92	1.05	1.43	3.03
1.81	2.17	0.63	0.56	0.03	0.09	0.18	0.34	1.51	1.45
1.52	0.19	1.55	0.02	0.07	0.65	0.40	0.24	1.51	1.45
1.60	1.80	4.69	0.08	7.89	1.58	1.64	0.03	0.23	0.72

(a) 범위를 구하시오.

(b) $\sum x = 62.11$ 과 $\sum x^2 = 164.23$ 임을 보이시오.

(c) 표본평균, 표본분산과 표본표준편차를 구하시오.

(d) **해석**. 변동계수를 구하고 그 값이 무엇을 의미하는지 설명하시오.

10. **야생: 천둥오리와 기러기**. 다음 자료는 미국의 5개 주에서 천둥오리와 기러기들이 적어도 한 마리의 새끼를 키워낸 둥지 비율을 관측한 자료이다.

x : **천둥오리**

56 85 52 13 39

y : **기러기**

24 53 60 69 18

(a) x 에 대하여 표본 평균, 분산과 표준편차를 구하시오.

(b) y 에 대하여 표본 평균, 분산과 표준편차를 구하시오.

(c) x 와 y 의 변동계수를 구하시오.

(d) **해석**. 변동계수가 의미하는 상황을 간단히 설명하시오.

➲ 집단화 자료

자료가 도수표나 히스토그램으로 집단화되었을 때 다음 공식을 사용하여 평균과 표준편차를 추정할 수 있다. x 를 계급의 중간점, f 를 계급 도수, k 를 계급의 수, n 을 전체 자료수라 하면,

• **표본평균** : $\overline{x} = \dfrac{1}{n}\sum_{i=1}^{k} x_i f_i$

• **표본표준편차** : $s = \sqrt{\dfrac{1}{n-1}\sum_{i=1}^{k}(x_i - \overline{x})^2 f_i}$

11. **집단화 자료: 절도사건**. 다음은 소매점에서 발생한 895건의 절도사건의 랜덤표본에 대한 절도범의 나이분포이다.

나이 집단	21-30	31-40	41 이상
절도범 수	260	348	287

나이에 대한 평균, 분산과 표준편차를 추정하시오. 41세 이상 집단에 대하여는 계급 중간점으로 45.5를 사용하시오.

12. **집단화 자료: 경영**. 대형 회사의 재산이 얼마나 될까? 이 질문에 대답하기 위하여 500대 회사 중에서 임의로 50개 회사를 추출하여 자산비율을 수익으로 조사한 자료이다.

수익	8.6-12.5	12.6-16.5	16.6-20.5	20.6-24.5	24.6-28.5
회사 수	15	20	5	7	3

수익의 표본평균, 분산과 표준편차를 추정하시오.

3.3 백분위수와 상자수염도

초점

- 백분위수의 의미를 설명하시오.
- 원자료로부터 중앙값, 사분위수와 다섯숫자요약을 계산하시오.
- 상자수염도를 그리고 결과를 설명하시오.
- 상자수염도가 중앙값 주위에서 자료의 산포를 어떻게 나타내는지를 설명하시오.

자료집합에 대하여 중심경향과 산포의 측도를 살펴보았다. 산술평균 $\bar{x}$ 와 표준편차 s 가 유용하게 사용될 것이다. 그러나 이것들은 각 자료값을 이용하므로 한 두 개의 극단값에 크게 영향을 받을 것이다. 자료분포가 심하게 기울어져 있거나 이봉일 경우 정확한 값보다는 자료의 상대적 위치를 이용하여 자료를 더 잘 요약할 수 있다.

중앙값이 바로 상대적 위치를 사용하여 계산된 평균이다. 만약 81점이 통계학 성적의 중앙값이라면 자료의 50%가 81점 이하라는 것을 안다. 중앙값이 **백분위수**(percentile)의 예이다. 즉 제50백분위수이다. 일반적으로 다음과 같이 정의한다.

> $1 \le P \le 99$ 에 대하여 주어진 분포의 **제 P백분위수**(Pth percentile)는 자료의 P%가 이 값보다 작거나 같고, $(100-P)\%$ 가 이 값보다 크거나 같은 값이다.

그림 3-2에서 제60백분위수를 히스토그램에 표시하였다. 자료의 60%가 이 값보다 아래에 있고, 40%가 이 값보다 위에 있다.

[그림 3-2] 제60백분위수

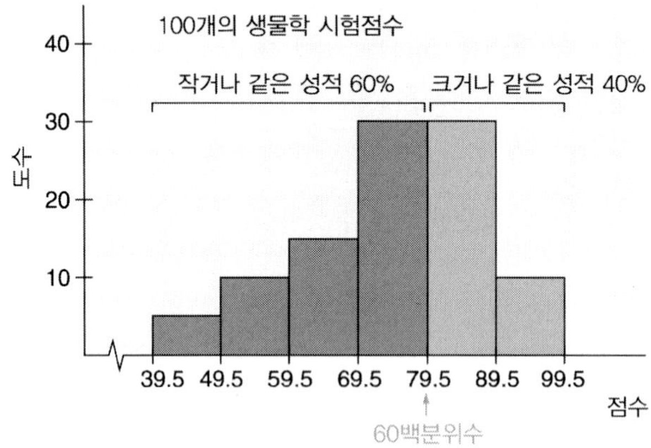

유도된 연습문제 6 백분위수

교양영어 학점을 인정받기 위하여 영어 성취도 시험을 보았다.

(1) 자신의 성적이 제89백분위수에 해당된다면 이 성적 이하가 몇 %인가?
⇒ 89%가 이 점수보다 작거나 같다.

(2) 성적이 1에서 100점에 걸쳐 있고 여러분 성적이 95점이라면 이 성적은 반드시 제95백분위수에 해당되는가?
⇒ 아니다. 백분위수는 성적의 상대적 위치를 나타낸다. 만약 모든 학생들의 성적이 좋아 95점 이하의 학생이 전체의 80%라면 여러분 성적은 제80백분위수가 된다.

99개의 백분위수가 있고 이것들은 그림 3.3과 같이 자료를 100등분한다. 그러나 자료의 수가 정확하게 100으로 나누어지지 않는다면 백분위수는 자료를 등분할 수 없을 것이다.

[그림 3-4] 백분위수

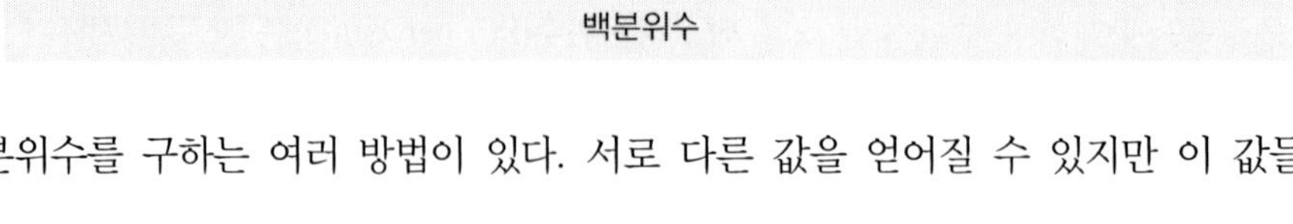

백분위수를 구하는 여러 방법이 있다. 서로 다른 값을 얻어질 수 있지만 이 값들은 서

로 비슷하다. 자료를 우선 크기순으로 정렬한다. 제P백분위수를 구하는 자연스러운 방법은 자료의 P%가 이 값보다 작거나 같은 값을 찾는 것이다. 이 방법이 항상 가능하지는 않으므로 기준을 만족하는 가장 가까운 값을 사용한다. 여기서 정확한 백분위수의 값을 결정하는 다양한 과정이 있다.

일반적으로 백분위수를 평가하는 정확한 절차에 많은 관심이 있는 것은 아니다. 그러나 **사분위수**(quartile)는 자주 사용되므로 이에 대하여 알아본다.

사분위수는 자료를 4등분하는 백분위수들이다. **제1사분위수**(Q_1 : first quartile)는 제25백분위수이고, **제2사분위수**(Q_2 : second quartile)는 중앙값, **제3사분위수**(Q_3 : third quartile)는 제75백분위수이다. 그림 3-5를 참조하시오.

[그림 3-5] 사분위수

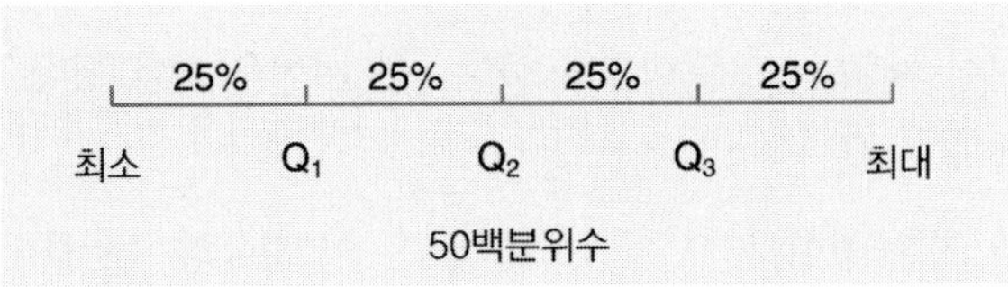

절차 사분위수를 계산하는 방법

1. 자료를 작은 값부터 큰 값 순으로 정렬한다.
2. 중앙값을 구한다. 이 값이 제2사분위수이다.
3. 제1사분위수 Q_1은 Q_2보다 작은 자료(Q_2를 포함하지 않는다)의 중앙값이다.
4. 제3사분위수 Q_3은 Q_2보다 큰 자료(Q_2를 포함하지 않는다)의 중앙값이다.

중앙값 또는 제2사분위수는 상대적 위치를 이용하는 중심의 일반적인 측도이다. 상대적 위치를 이용하는 산포의 측도는 **사분위수 범위**(interquartile range; IQR)이다.

사분위수 범위(interquartile range) : $IQR = Q_3 - Q_1$.

예제 9 **사분위수**

시중에서 판매되고 있는 막대 아이스크림 중에서 맛있다고 평가된 27종류를 골라 막대당 비용(단위: 달러)을 조사한 자료이다.

[표 3-4] 아이스크림 가격(단위; 달러)

1.29	1.37	1.30	0.80	0.67	1.33	1.37	1.37
1.27	0.93	0.63	0.80	0.27	1.38	0.77	1.14
1.53	0.55	0.80	0.70	0.36	0.65	0.47	0.68
0.50	0.48	0.46					

[표 3.5] 정렬된 아이스크림 가격(단위; 달러)

0.46	0.47	0.48	0.50	0.55	0.63	0.63	0.65
0.67	0.68	0.70	0.77	0.80	0.80	0.80	0.93
1.14	1.27	1.27	1.29	1.30	1.33	1.37	1.37
1.37	1.38	1.53					

(a) 사분위수를 구하시오.

풀이 표 3-5로부터 자료가 27개 이므로 중앙값은 14번째 값이 된다. 따라서

중앙값 : $Q_2 = 0.80$.

중앙값보다 작은 값이 13개 있으므로 Q_1은 이 값들의 중앙값이다. 따라서

제1사분위수 : $Q_1 = 0.63$.

중앙값보다 큰 값이 13개 있으므로 Q_3은 이 값들의 중앙값이다. 따라서

제3사분위수 : $Q_3 = 1.30$.

(b) 사분위수 범위를 구하시오.

풀이

$$IQR = Q_3 - Q_1 = 1.30 - 0.63 = 0.67.$$

■

유도된 연습문제 7 사분위수

많은 사람들이 가격만큼 아이스크림의 열량도 중요시한다. 다음은 판매되고 있는 22종의 바닐라 맛 아이스크림의 열량을 조사한 자료이다.

[표 3-6] 바닐라 맛 아이스크림의 열량

342	377	319	353	295
234	294	286	377	182
310	439	111	201	182
197	209	147	190	151
131	151			

(a) 자료를 크기순으로 정렬하시오. ⇒

[표 3-7] 정렬된 자료

111	131	147	151	151	182
182	190	197	201	**209**	**234**
286	294	295	310	319	342
353	377	377	439		

(b) 22개의 자료값이 있다. 중앙값을 구하시오. ⇒ 11번째 자료값과 12번째 자료값의 평균을 구하면 된다.

$$\text{중앙값} = \frac{209+234}{2} = 221.5$$

(c) 중앙값 위치보다 작은 값이 몇 개 있는가? Q_1을 구하시오. ⇒ 중앙값 위치보다 작은 값이 11개 있으므로 이 11개 값의 중앙값이 Q_1이다.

$Q_1 = 182$.

(d) Q_3를 구하시오. ⇒ Q_3는 위쪽 반의 중앙값이므로

$Q_3 = 319$.

(e) 사분위수 범위의 의미를 설명하시오. ⇒ $IQR = Q_3 - Q_1$

$= 319 - 182 = 137$

자료의 중심부분은 137의 산포를 갖는다.

상자수염도(Box-and-Whisker Plot)

최댓값과 최솟값과 함께 사분위수는 자료와 자료의 산포에 대한 매우 유용한 **다섯숫자 요약**(five-number summary)을 제공해준다.

> **다섯숫자요약**(five-number summary)
> 최솟값, Q_1, 중앙값, Q_3, 최댓값

상자수염도를 그리기 위하여 다섯숫자요약을 사용할 것이다. 상자수염도는 자료를 설명하기 위한 **탐색적 자료분석**(EDA: exploratory data analysis)의 유용한 기술이다.

절차 상자수염도 작성방법

1. 최솟값과 최댓값을 포함하는 수직눈금을 그린다.
2. 눈금 오른쪽에 Q_1 부터 Q_3 까지 상자를 그린다.
3. 중앙값에서 선을 긋는다.
4. Q_1 에서 최솟값, Q_3 에서 최댓값까지 **수염**(whisker)이라 부르는 수선을 그린다.

[그림 3-6] 상자수염도

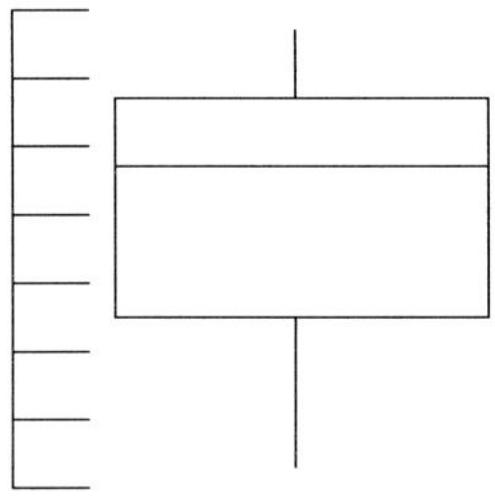

예제 10 상자수염도

유도된 연습문제 7의 자료에 대하여 상자수염도를 그리시오.

풀이

(a) 자료로부터 다섯숫자요약을 구하면 다음과 같다.

$$\text{최솟값} = 110,\ Q_1 = 182,\ Q_2 = 221.5,\ Q_3 = 319,\ \text{최댓값} = 439.$$

(b) 적절한 수직눈금을 선택하여 그림을 그린다.(그림 3.7)

(c) 상자수염도는 다음 사항을 나타낸다.

- 상자는 자료의 가운데 절반이 속하는 위치를 알려준다. 따라서 아이스크림의 절반은 열량이 182에서 319로 사분위수 범위가 137이다.
- 중앙값이 상자의 아래 부분과 가깝다. 이는 낮은 열량 쪽에 많은 수가 모여 있다는 것을 의미한다. 중앙값보다 위쪽으로 더 많이 퍼져있으므로 큰 값 쪽으로 기울어진 분포를 나타낸다.
- 위쪽 수염이 아래쪽보다 더 길므로 큰 값 쪽으로의 **왜도**(skewness)를 강조한다.

■

[그림 3-7] 아이스크림 열량의 상자-수염도표

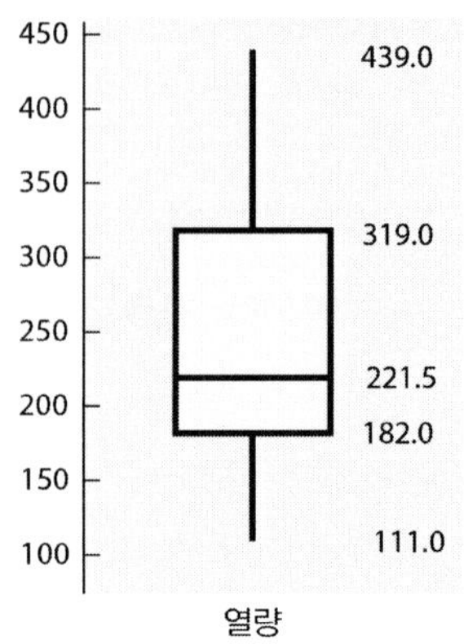

유도된 연습문제 8 상자수염도

어느 대학 기획실에서 졸업한지 2년과 5년된 동문들을 대상으로 급여(단위: 천 달러)를 조사하였다. 자발적 참여자들로 부터 얻은 정보를 가지고 그림 3-8의 상자수염도를 작성하였다.

[그림 3-8] 동문 급여의 상자수염도

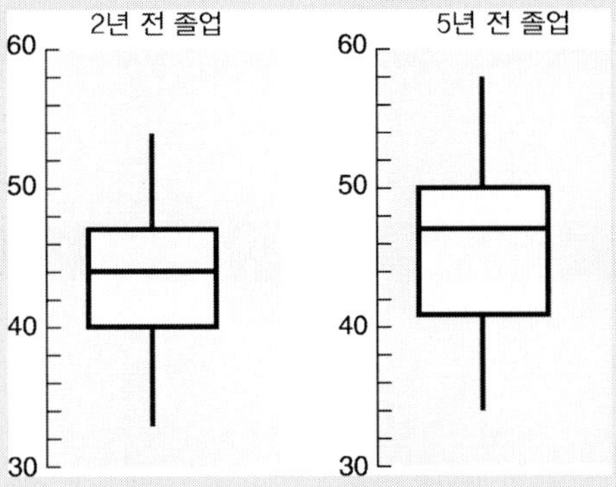

(a) 그림 3-8로부터 2년 전 졸업한 동문의 급여의 중앙값과 극단값을 추정하시오. 가운데 절반은 어느 범위에 있는가?

⇒ 중앙값은 약 44이다. 극단값은 33과 54이다. 가운데 절반은 40과 47사이에 놓인다.

(b) 그림 3-8로부터 5년 전 졸업한 동문의 급여의 중앙값과 극단값을 추정하시오. 가운데 절반은 어느 범위에 있는가?

⇒ 중앙값은 약 47이다. 극단값은 34과 58이다. 가운데 절반은 41과 50사이에 놓인다.

(c) 두 상자수염도를 비교하여 설명하시오.

⇒ 5년 전 졸업한 동문의 급여가 범위가 더 크다. 중앙값도 4 정도 2년 전 졸업한 동문들보다 더 높다. 가운데 절반도 더 많이 산포되어있다.

비판적 사고

상자수염도는 중앙값 주위에서 자료의 산포에 대한 그래프 표현이다. 상자는 자료의 한 가운데 위치를 보여준다. 자료의 1/4은 각 수염을 따라 위치한다.

중앙값이 상자의 중심에 있고 수염이 같은 길이라면 자료분포는 중앙값 주위에서 대칭이다. 만약 중앙값 선이 상자의 한 끝에 가깝다면 자료는 상자의 다른 끝으로 기울어진 것이다.

여기서는 골격적인 상자수염도를 개발하였다. 다른 상자그림은 자료의 여러 위치를 나타내기 위하여 상자의 양 끝에 표시를 하는 울타리를 포함한다. 울타리를 벗어난 값들은 이상점들이다. 이절의 문제 6은 울타리와 이상점을 확인하는 판단기준을 다룬다.

➲ 상자수염도는 무엇을 말해주는가?

상자수염도는 중앙값 주위에서 자료의 산포에 대한 그래프 표현이다.

- 높은 값, 낮은 값, 제1사분위수, 중앙값, 제3사분위수
- 자료가 중앙값 주위에서 어떻게 산포되어 있는지
- 이상점이 있는지

▸▸ 3.3 연습문제

1. **통계적 지식**. 안젤라는 회계학 적성검사에서 제 82백분위수에 해당하는 점수를 받았다. 이 점수 이하는 몇%인가? 이상은 몇%인가?

2. **비판적 사고**. 버틀러의 고향인 네브래스카 주는 교원능력시험을 실시하여 70백분위수 이상인 사람을 합격시키기로 하였다. 원점수는 0에서 100이다. 원점수 82점은 반드시 합격인가? 설명하시오.

3. **기본계산: 다섯숫자요약, 사분위수 범위**. 다음의 정렬된 자료를 고려하시오.

   2 5 5 6 7 7 8 9 10

   (a) 최솟값, Q_1, 중앙값, Q_3와 최댓값을 구하시오.
   (b) 사분위수 범위를 구하시오.
   (c) 상자수염도를 작성하시오.

4. **건강관리: 간호사**. 간호사들이 현 부서에 근무한지 얼마나 오래 되었는지에 대한 조사가 이루어졌다. 20명의 간호사들에 대한 조사 결과가 다음과 같다.

23	2	5	14	25	36	27	42	12	8
7	23	29	26	28	11	20	31	8	36

   상자수염도를 작성하고 사분위수 범위를 구하시오.

5. **사회학: 대학졸업**. 다음은 미국 50개 주의 학사학위를 갖고 있는 인구비율을 크기 순서로 정리한 자료이다.

17	18	18	18	19	20	20	20	21	21
21	21	22	22	22	22	22	22	23	23
24	24	24	24	24	24	24	24	25	26
26	26	26	26	26	27	27	27	27	27
28	28	29	31	31	32	32	34	35	38

(a) 상자수염도를 작성하고 사분위수 범위를 구하시오.

(b) 학사학위 비율이 26%라면 어느 정도의 백분위수에 들어가는가?

6. **지식확장: 이상점**. 어떤 자료집합은 다른 자료값에 비하여 상당히 크거나 작은 자료값을 포함하고 있다. 그러한 자료를 **이상점**(outlier)이라 한다. 이상점은 수정오류, 입력 오류와 타당하지만 특수한 자료값을 나타낼 수 있다. 이상점을 찾아내어 오류에 의한 것인지를 결정하는 것이 중요하다. 이상점을 찾는 하나의 방법이 상자수염도를 이용하는 것이다. 자료값이

하한 : $Q_1 - 1.5 \times IQR$

상한 : $Q_3 + 1.5 \times IQR$

을 벗어나면 이상점이라고 생각한다.

다음은 통계학을 수강하는 학생들의 키(단위:㎝)를 조사한 자료이다.

162.5	180	170	160	150	137.5	182.5	177.5	130	157.5	152.5	185
172.5	167.5	185	125	10	187.5	167.5	155	165	200	160	162.5

(a) 상자수염도를 작성하시오.

(b) 사분위수범위(IQR)를 구하시오.

(c) IQR에 1.5를 곱하여 상한과 하한을 구하시오.

(d) 상한과 하한을 벗어나는 자료값이 있는가? 의심이 가는 이상점을 열거하고 설명을 하시오.

복습

요약

수치적 자료의 특징을 나타내기 위하여 중심과 산포의 측도를 이용한다.

- 주로 사용되는 중심의 측도는 산술평균, 중앙값과 최빈값이다. 가중평균과 절사평균도 적절하게 사용된다.
- 주로 사용되는 산포의 측도는 분산, 표준편차와 범위이다. 분산과 표준편차는 평균 주위의 산포의 측도이다.
- 체비셰프의 정리는 평균주위에 산포되어 있는 자료를 추정할 수 있다.
- 변동계수는 다른 자료집합의 상대적 산포를 비교할 수 있다.
- 자료산포의 다른 측도는 정해진 값 이하에 놓이는 자료의 비율을 나타내는 백분위수이다.
- 상자수염도는 자료가 중앙값 주위에서 어떻게 분포하는지와 자료분포의 가운데 절반의 위치를 보여준다.

앞으로 중심경향의 측도는 평균, 변동의 측도는 표준편차를 자주 사용할 것이다.

복습문제

1. **통계적 지식**.
   (a) 평균 주위의 산포를 나타내는 변동의 측도는 무엇인가?
   (b) 어떤 도표가 중앙값과 중앙값 주위의 산포를 나타내는가?

2. **비판적 사고**. 다음은 두 자료를 처리한 결과이다.

변수	N	평균	표준편차	최솟값	Q_1	Q_2	Q_3	최댓값
C1	20	20.0	7.26	7.0	15.0	20.0	25.0	31.0
C2	20	20.0	5.79	7.0	20.0	22.0	22.0	31.0

   (a) 각각의 평균은 얼마인가? 범위는?
   (b) 어느 자료가 더 대칭으로 보이는가? 이유는?
   (c) 두 자료의 사분위수 범위를 비교하시오. 자료의 가운데 절반을 어떻게 비교하는가?

3. **정치과학: 조지아 민주당원**. 조지아 주는 민주당을 얼마나 지지하는가? 다음은 최근선거에서 얻은 구별 결과이다. 편의상 오름차순으로 정리하였다.

[조지아 주의 구별 민주당 지지비율]

31	33	34	34	35	35	35	36	38	38	38	39	40	40	40	40
41	41	41	41	41	41	41	42	42	43	44	44	44	45	45	46
46	46	46	47	48	49	49	49	49	50	51	52	52	53	53	53
53	53	55	56	56	57	57	59	62	66	66	68				

(a) 상자수염도를 작성하시오. 사분위수 범위를 구하시오.

(b) **그룹화 자료**. 5개의 계급을 사용하여 도수표를 작성하시오. 도수표를 이용하여 평균과 표준편차를 추정하시오. 75% 체비셰프 구간을 계산하시오.

(c) $\sum x = 2,769$ 와 $\sum x^2 = 132,179$ 임을 이용하여 표본평균과 표본표준편차를 계산하시오.

4. **일반: 평균체중**. 한 엘리베이터는 16인용으로 한계 하중은 1,136kg이다. 평균 체중은 얼마인가?

5. **초점문제: 교육의 장점**. 장 서두의 초점문제를 푸시오.

CHAPTER

04 상관과 회귀

통계학과 확률은 확실성의 영역에서는 다루지 않는다는 것을 이해해야만 한다. 만약 진정한 확실성이 존재하는 인간의 지식영역이 존재한다면 통계적 방법들은 그곳에서는 필요 없다고 확신할 수 있을 것이다. 대부분의 인류의 시도와 거의 모든 자연 세계에서 우연에 의한 요소를 피할 수 없다. 확실하게 무엇을 예측할 수 없을 때 우리는 확률에 의존해야만 한다. 이 장에서는 회귀, 상관과 예측을 배울 것이다. 사용할 도구 중의 하나가 산점도이다. 데카르트(Rene Decartes, 1596-1650)가 직교좌표 그림을 체계적으로 사용한 첫 번째 수학자였다. 이런 이유로 좌표축을 데카르트(Cartesian) 축이라 한다.

사전질문

- 두 확률변수의 선형 상관의 정도를 시각적으로 추정하기 위하여 산점도를 어떻게 사용할 수 있는가? (4.1절)
- 상관계수를 어떻게 계산하고, 상관계수는 두 확률변수 사이의 선형상관의 강도에 관하여 무엇을 말해주는가? (4.1절)
- 최소제곱기준은 무엇인가? 최소제곱직선의 방정식을 어떻게 찾는가? (4.2절)
- 결정계수는 무엇이고 짝자료$(x,\ y)$의 랜덤표본에서 y의 설명된 변동에 관하여 무엇을 말해주는가? (4.2절)

초점문제 **변하는 인구와 범죄율**

사람들이 서로 잘 모르는 동네에서 범죄율이 더 높은가? 범죄율과 인구변동 사이에 관계가 있는가? 만약 그렇다면 그와 같은 관계에 기초하여 예측을 할 수 있을까? 관계가 통계적으로 유의한가?

덴버는 많은 성장을 해왔고 결과적으로 최근에 많은 인구 변동이 있는 도시이다. 인구변동과 범죄율을 연구하는 사회학자들은 덴버 통계에서 많은 정보를 찾을 수 있었다. x를 과거 수년간에 인구변화율을 나타내고 y는 범죄율(범죄건수/1000명)을 나타낸다. 6개의 덴버에 있는 동네의 확률표본에서 다음 정보를 얻었다.

x	29	2	11	17	7	6
y	173	35	132	127	69	53

이 장에서 제시된 정보를 사용하면 여러분은 다음 도구를 사용하여 x와 y사이의 관계를 분석할 수 있을 것이다. (복습문제 6번)

- 산점도
- 표본 상관계수와 결정계수
- 최소제곱 직선식
- 최소제곱직선을 이용한 y의 예측

4.1 산점도와 선형상관

초점

- 산점도를 작성하시오.
- 산점도에서 "최량-적합" 직선의 위치를 시각적으로 추정하시오.
- 표본자료를 사용하여 표본 상관계수 r을 계산하시오.
- 상관계수 r의 의미를 조사하시오.

두 변수의 **상관**(correlation)과 **회귀**(regression)에 대한 연구는 짝자료값 $(x,\ y)$의 도표를 가지고 시작한다. 이 도표를 **산점도**(scatter diagram)라 한다.

산점도(scatter diagram)는 짝자료$(x,\ y)$를 좌표평면위에 점으로 나타낸 도표를 말한다. x를 **설명변수**(explanatory variable), y를 **반응변수**(response variable)라 부른다.

산점도를 통하여 x와 y값 사이에 선형관계가 있는지를 알 수 있다.

예제 1 산점도

캘리포니아 습지연구에서 8개 지역의 랜덤표본으로부터 배수로에서의 인 감소에 관하여 다음의 정보를 얻었다. 연구에서 x는 입구의 인의 농도(100mg/L)를 나타내고, y는 출구의 인의 농도(100mg/L)를 나타낸다.

x	5.2	7.3	6.7	5.9	6.1	8.3	5.5
y	3.3	5.9	4.8	4.5	4.0	7.1	3.6

(a) 산점도를 작성하시오.

풀이

[그림 4-1] 인의 감소 (100mg/L)

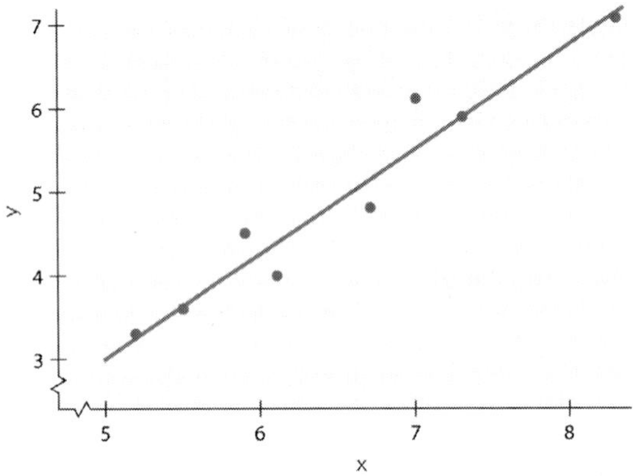

(b) 그림 4-1을 보고 x와 y의 관계에 대하여 설명하시오.

풀이 그림을 보면 x값이 작을 때는 y값도 작고, x값이 클 때는 y값도 크다. 일반적인 경향은 그림에서와 같이 증가하는 기울기의 직선으로 나타내는 것이 합리적일 것이다. ■

물론 그림 4-1에서 각점에 가까운 많은 곡선을 그릴 수도 있지만 직선이 짝자료의 기초적 연구를 위하여 가장 간단하면서도 많이 사용된다. 그림 4-1에서 많은 직선을 그을 수 있지만 **최량**(best)직선은 산점도의 모든 점들에 가장 가까운 직선이어야만 한다. **최량 적합 직선**(best-fitting line)하나를 고르기 위하여 수학적 판단기준과 직선을 나타내는 공식을 찾아야만 한다. 이것은 **최소제곱법**(method of least squares)을 사용하여 4.2절에서 다룰 것이다.

최량적합직선을 찾는 것보다 선행되는 문제가 있다. 즉, 산점도의 점들이 어떤 직선을 적합시키기에 적당한지를 결정하는 문제이다. 점들이 직선에 잘 적합되지 않는다면 최량직선을 찾으려고 노력하는 것이 의미가 없다.

만약 산점도 상의 점들을 실질적으로 직선으로 잘 적합시킬 수 없다면 그 점들은 **선형상관**(linear correlation)을 갖지 않는다고 말한다. 그림 4-2가 선형상관이 없는 산점도의 예이다.

[그림 4-2] 선형상관이 없는 산점도

(a) (b)

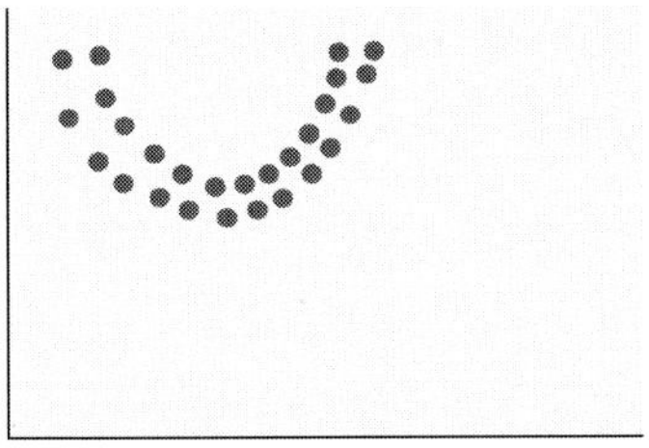

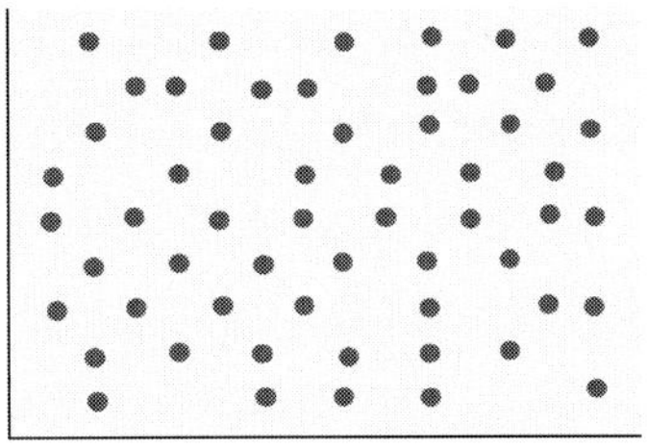

유도된 연습문제 1 산점도

한 대형 발전소에 유사한 업무를 하는 7개 부서가 있다. 안전 검사관이 분기마다 20명으로 된 각 부서를 방문한다. 안전훈련에 소요된 시간 x와 산업재해로 손해를 본 시간 y를 각 부서별로 정리한 결과가 표 4.1이다.

[표 4.1] 안전 보고서

부서	x	y
1	10.0	80
2	19.5	65
3	30.0	68
4	45.0	55
5	50.0	35
6	65.0	10
7	80.0	12

(a) 산점도를 작성하시오. ⇒

[그림 4.3] 안전 보고서의 산점도

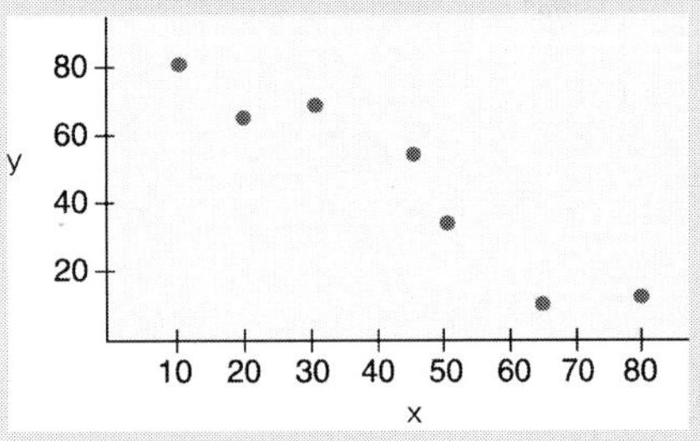

(b) 안전훈련에 소요된 시간 x가 증가할 때 산업재해로 손해를 본 시간 y는 어떻게 되는가? ⇒ 일반적으로 안전훈련에 소요된 시간 x가 증가할 때 사업재해로 손해를 본 시간 y는 감소한다.

(c) 직선이 자료에 잘 적합하는가? ⇒ 직선이 잘 적합한다.

(d) 여러분이 생각하는 잘 적합하는 직선을 그리시오. ⇒ 음의 기울기를 갖는 직선을 사용한다. 뒷부분에서 최량적합인 직선의 방정식을 다룰 것이다.

만약 점들이 직선에 가까이 있다면, 점들이 직선에 얼마나 가까이 놓이는가에 의존하는 선형상관이 높다고 한다. 만약 모든 점들이 한 직선상에 놓인다면 **완전선형상관**(perfect linear correlation)을 갖는다고 한다. 그림 4-4에서 완전선형상관을 갖는 몇 개의 그림을 본다. 통계적 응용에서 완전선형상관은 결코 발생하지 않는다.

변수 x와 y는 x의 작은 값이 y의 작은 값과 관련되고, x의 큰 값이 y의 큰 값과 관련된다면 **양의 상관**(positive correlation)을 갖는다고 한다. 그림 4-4의 (a)와 (c)가 양의 상관을 갖는 산점도이다. 반면에 x의 작은 값이 y의 큰 값과 관련되고, x의 큰 값이 y의 작은 값과 관련된다면 **음의 상관**(negative correlation)을 갖는다고 한다. 그림 4-4의 (b)와 (d)가 음의 상관을 보여준다.

[그림 4-4] 적당한 선형상관과 완전선형상관을 갖는 산점도

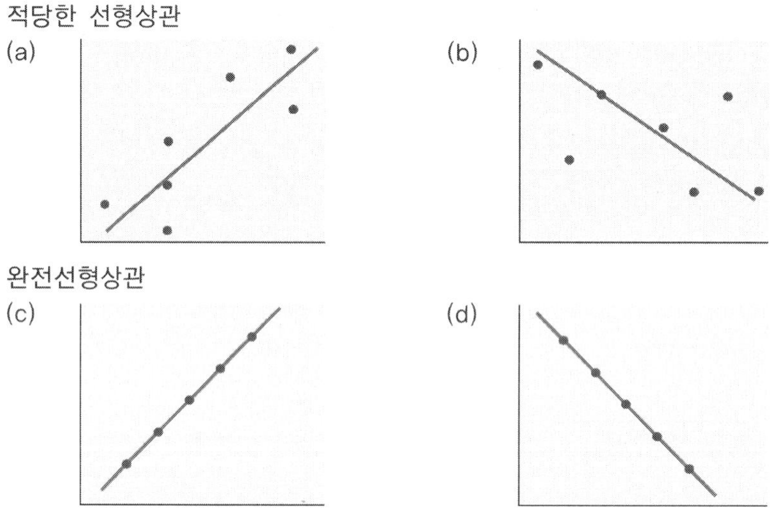

유도된 연습문제 2 산점도와 선형상관

그림 4-5의 산점도를 살펴보고 다음 질문에 답하시오.

[그림 4-5] 산점도

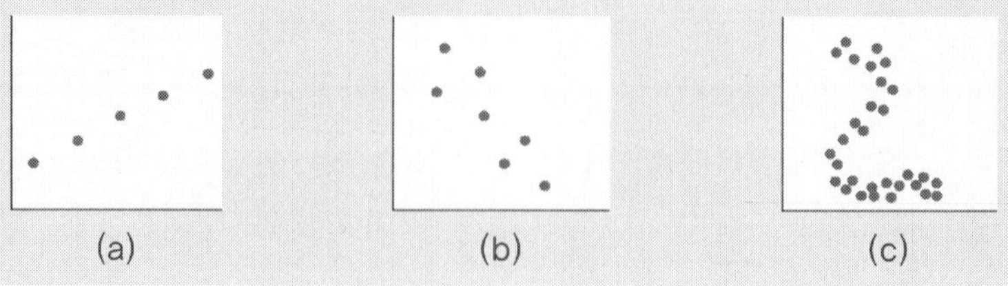

(a) 어느 도표가 선형상관을 갖지 않는가?	⇒	그림 4-5(c)가 선형상관을 갖지 않는다. 어떤 직선 적합도 시도해 볼 수 없다.
(b) 어느 것이 완전선형상관을 갖는가?	⇒	그림 4-5(a)가 완전선형상관을 갖고 정확하게 하나의 직선에 적합될 수 있다.
(c) 어느 것이 직선으로 적당히 적합될 수 있는가?	⇒	그림 4-5(b)가 직선으로 적당히 적합될 수 있다.

➲ 산점도는 무엇을 말해주는가?

산점도는 두 변수 x와 y의 관계를 보여준다. 자료의 각 짝 (x, y)에 대하여 수평축을 x로 하고 수직축을 y로 하는 눈금에 점을 찍는 것이다.

- 도표에서 자료점이 직선에 가까이 놓이는 정도에 따라 x와 y 사이의 관계가 더 선형이라고 말할 수 있다.
- 자료점이 그래프 상에 흩어진 정도에 따라 x와 y 사이의 선형관계가 분명하지 않다고 말할 수 있다.

표본상관계수 r

짝자료값 사이의 관계를 가장 잘 설명하는 직선을 찾으려면 산점도를 살펴보는 것이 가장 좋다. 사실, 두 변수 사이의 관계를 알아보려면 산점도를 그려보는 것이 첫 번째 단계이다.

두 변수 사이의 선형관계의 강도를 설명하는 측도가 있다. 바로 **표본상관계수**(sample correlation coefficient) r이다. r의 원 명칭은 **피어슨 곱적률상관계수**(Pearson product-moment correlation coefficient)이다. r의 창시자인 영국의 통계학자 칼 피어슨(1857-1936)의 이름을 딴 것이다.

상관계수(correlation coefficient) r은 두 변수 x와 y의 선형관계의 강도를 평가하는 수치적 측도이다.

1. r은 -1과 1사이의 단위에 의존하지 않는 값을 갖는다. 즉, $-1 \le r \le 1$. 만약 $r = 1$이라면 완전 양의 선형상관, $r = -1$이라면 완전 음의 선형상관이 있다. $r = 0$라면 선형관계가 없는 것이다. r이 -1이나 1에 가까울수록 직선은 두 변수 x와 y의 관계를 더 잘 설명한다.

2. $r > 0$은 x가 증가할 때 y도 증가하는 경향이 있다는 것을 의미하고 양의 상관을 나타낸다. $r < 0$는 x가 증가할 때 y는 감소하는 경향이 있다는 것을 의미하고 음의 상관을 나타낸다.
3. r의 값은 어느 변수가 설명변수이고 반응변수이던지 간에 관계없이 같다.
4. r의 값은 각 변수의 단위가 바뀌어도 변하지 않는다.

r의 공식유도

만약 변수 x와 y사이에 양의 상관이 있다면 x의 큰 값과 y의 큰 값, x의 작은 값과 y의 작은 값이 짝을 이룬다.[그림 4-6 (a) 참조]. 음의 상관이 있다면 x의 큰 값과 y의 작은 값, x의 작은 값과 y의 큰 값이 짝을 이룬다.[그림 4-6 (b) 참조]. 만약 x와 y사이에 선형상관이 없다면 그림 4-6의 (c)와 같은 관계를 나타낸다.

이런 관찰로부터 상관계수 r의 공식을 유도할 수 있다. '크다"라는 것을 평균 이상으로 생각하면 그림 4-6에 나타난 관계를 편차의 곱,

$$(x - \bar{x})(y - \bar{y})$$

로 표현 할 수 있다. x와 y가 둘 다 평균보다 큰 경우 각 요소가 양수가 되어 곱은 양수가 될 것이다. 이 곱의 부호는 각각의 평균과 비교된 x와 y의 상대적 값에 의존한다.

$$(x - \bar{x})(y - \bar{y}) = \begin{cases} > 0, & x\text{와 } y\text{가 둘 다 평균보다 크다} \\ > 0, & x\text{와 } y\text{가 둘 다 평균보다 작다} \\ < 0, & x\text{가 평균보다 작지만 } y\text{는 크다} \\ < 0, & x\text{가 평균보다 크다면 } y\text{는 작다.} \end{cases}$$

양의 선형상관이라면 곱, $(x - \bar{x})(y - \bar{y})$의 대부분이 양수일 것이므로 모든 자료의 합

$$\sum_{i=1}^{n}(x_i - \bar{x})(y_i - \bar{y})$$

도 양수일 것이다. 음의 선형상관이라면 곱의 대부분이 음수일 것이므로 모든 자료의 합도 음수일 것이다. 그 반면에 선형상관이 거의 없다면 합은 0에 가까울 것이다.

합을 구하는 데 하나의 문제라면 자료의 단위에 의존한다는 것이다. r은 단위에 의존하

지 않기를 바라므로 x와 y를 표준화한다. 즉, $(x-\overline{x})$와 $(y-\overline{y})$를 각각의 표준편차 s_x와 s_y로 나눠준다. 마지막으로 모든 곱의 평균을 구한다. 기술적 이유로 n 대신에 $n-1$로 나눈다. 유도된 측정값 r은

$$r = \frac{1}{n-1}\sum_{i=1}^{n}\left(\frac{x_i-\overline{x}}{s_x}\right)\left(\frac{y_i-\overline{y}}{s_y}\right) \tag{1}$$

이다.

[그림 4-6] 선형상관의 패턴

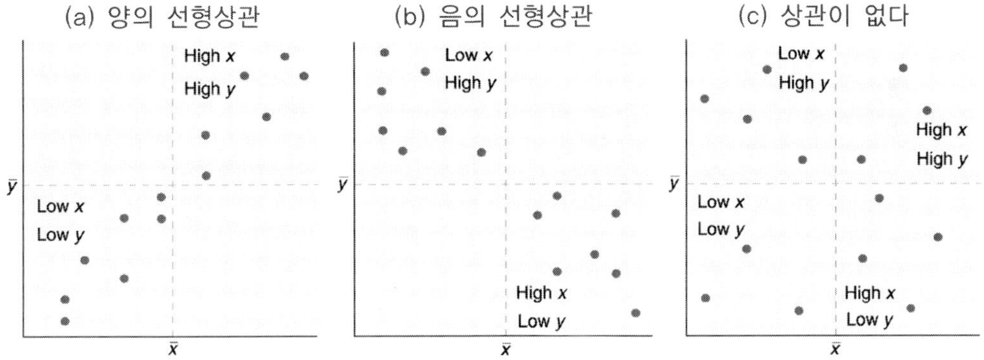

r의 계산 공식

공식 (1)을 사용하여 r을 구하는 것은 어려우므로 원자료를 사용하여 계산하는 방법을 설명한다.

절차 표본상관계수 r의 계산법

n개의 짝자료$(x,\ y)$의 랜덤표본을 구한다.

1. 자료로부터 $\sum x,\ \sum y,\ \sum x^2,\ \sum y^2,\ \sum xy$를 계산한다.
2. $$r = \frac{n\sum xy - \sum x \sum y}{\sqrt{n\sum x^2-(\sum x)^2}\ \sqrt{n\sum y^2 - (\sum y)^2}} \tag{2}$$

를 사용하여 계산한다.

수학적으로 $-1 \le r \le 1$이라는 사실을 보일 수 있다. 표 4-2에 r에 관한 기본적인 성질을 요약한다.

[표 4-2] 상관계수에 관한 기본적인 성질

r의 값	성질	산점도 모양
0	산점도의 점들 사이에 선형관계가 없다.	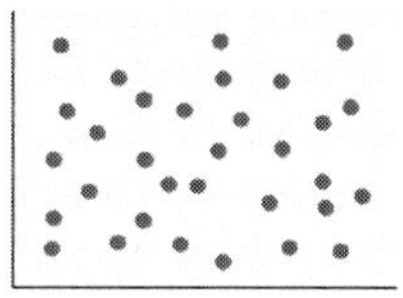
-1, 1	x와 y 사이에 완전 선형관계가 있다 ; 모든 점들이 최소제곱직선상에 놓인다.	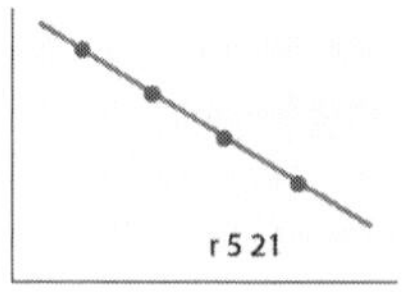 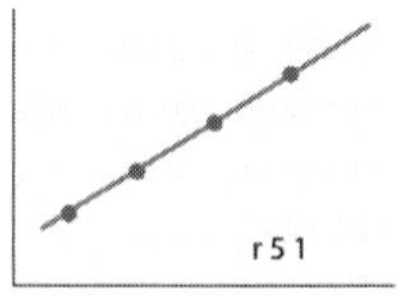
$0 < r < 1$	x와 y값들이 양의 상관을 갖는다.	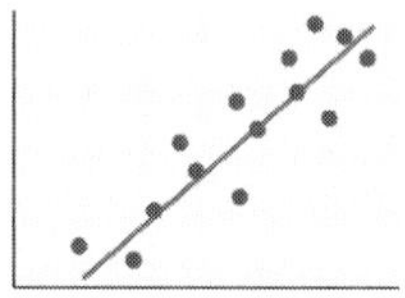
$-1 < r < 0$	x와 y값들이 음의 상관을 갖는다.	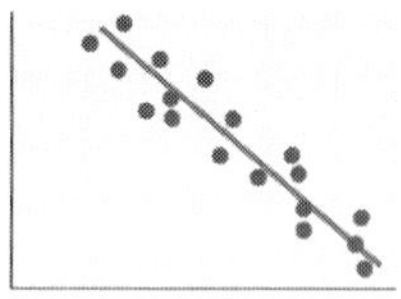

예제 2 r의 계산

바람에 의하여 옮겨진 모래가 그레이트 듄 국립공원에서 크고 아름다운 언덕을 형성한다. 다음은 그곳에서 측정한 풍속(10㎝/sec) x와 모래의 이동률(100g/㎝/sec) y에 관한 자료이다.

x	70	115	105	82	93	125	88
y	3	45	21	7	16	62	12

(a) 산점도를 작성하시오. r이 양수라고 생각하는가?

풀이 그림 4-7에 산점도를 작성하였다. 산점도로부터 x값이 증가할 때 y값이 증가하는 경향이 있으므로 r은 양수이다.

[그림 4-7] 풍속과 이동률

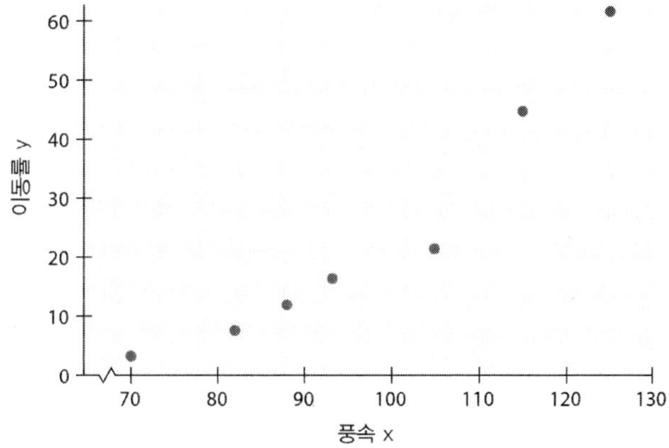

(b) 계산 공식 (2)를 사용하여 r을 계산하시오.

풀이 r을 구하기 위하여 $\sum x$, $\sum y$, $\sum x^2$, $\sum y^2$, $\sum xy$를 계산하여야한다. 표 4-3과 같이 정리하면 편리하다. 따라서

$$r = \frac{n\sum xy - \sum x \sum y}{\sqrt{n\sum x^2 - (\sum x)^2}\sqrt{n\sum y^2 - (\sum y)^2}}$$

$$= \frac{7(18{,}458) - (678)(166)}{\sqrt{7(67{,}892) - (678)^2}\sqrt{7(6{,}768) - (166)^2}} \approx \frac{16{,}658}{(124.74)(140.78)} \approx 0.949$$

[표 4-3] 계산표

x	y	x^2	y^2	xy
70	3	4900	9	210
115	45	13225	2025	5175
105	21	11025	441	2205
82	7	6724	49	574
93	16	8649	256	1488
125	62	15625	3844	7750
88	12	7744	144	1056
$\sum x = 678$	$\sum y = 678$	$\sum x^2 = 67{,}892$	$\sum y^2 = 6{,}768$	$\sum xy = 18{,}458$

(c) r값이 무엇을 의미하는가?

풀이 r의 값이 1에 가까우므로 풍속과 모래의 이동률 사이에는 강한 양의 선형상관을 갖는다.

다시 말하면 풍속이 빨라질수록 이동률도 증가한다는 것을 의미한다. 두 변수 사이의 관계는 직선으로 나타난다. ■

유도된 연습문제 3 r의 계산

다음 자료는 보스톤 시의 한 공원에서 여름철 3달 중에서 임의로 10일을 뽑아서 조사된 자료로 x는 조사일에 순찰을 한 횟수이고, y는 노상강도 건수이다.

x	10	15	16	1	4	6	18	12	14	7
y	5	2	1	9	7	8	1	5	3	6

(a) 산점도를 작성하시오. ⇒ [그림 4-8] 순찰횟수와 강도건수의 산점도

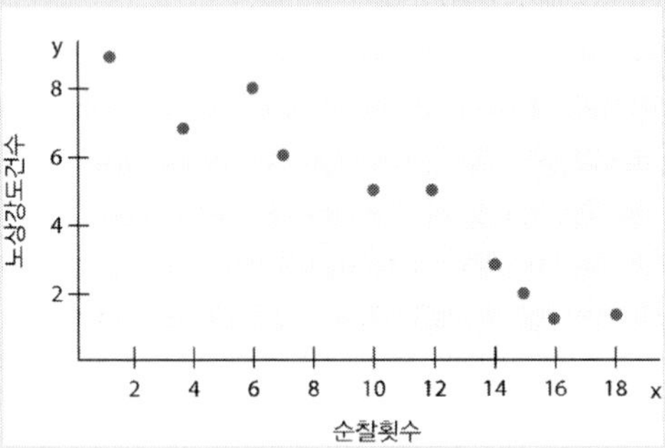

(b) 산점도로부터 r의 값이 양수, 음수 0 중에서 어느 것이라 생각하는가? ⇒ 산점도로부터 r의 값은 음수일 것이다.

(c) $\sum x$, $\sum y$, $\sum x^2$, $\sum y^2$, $\sum xy$를 계산하시오. ⇒ $\sum x = 103$, $\sum y = 47$, $\sum x^2 = 1347$, $\sum y^2 = 295$, $\sum xy = 343$.

(d) r을 구하시오. ⇒

$$r = \frac{n\sum xy - \sum x \sum y}{\sqrt{n\sum x^2 - (\sum x)^2}\sqrt{n\sum y^2 - (\sum y)^2}}$$

$$= \frac{10(343) - (103)(47)}{\sqrt{10(1347) - (103)^2}\sqrt{10(295) - (47)^2}}$$

$$\approx \frac{-1411}{(53.49)(27.22)} \approx -0.969$$

(e) 순찰횟수와 노상강도 건수사이의 관계에 대하여 r은 무엇을 말해주는가? ⇒ 순찰횟수와 노상강도 건수사이에는 강한 음의 상관이 있다. 순찰횟수가 증가하면 강도건수는 적어질 것이다.

➲ 상관계수 r은 무엇을 말해주는가?

상관계수r은 짝자료 $(x,\ y)$로부터 구한 표본 통계량이다. 이것은 x와 y사이의 선형관계의 강도를 재는 측정이다.

- r은 -1과 1사이에 걸쳐 있는 단위가 없는 측정이다.
- r이 1에 가깝다는 것은 x와 y사이에 양의 선형상관이 존재한다는 것이다. 이것은 x가 증가할 때 y가 선형으로 증가한다는 것이다.
- r이 -1에 가깝다는 것은 x와 y사이에 음의 선형상관이 존재한다는 것이다. 이것은 x가 증가할 때 y가 선형으로 감소한다는 것이다.
- r이 0에 가깝다는 것은 x와 y사이의 관계가 선형이 아니라는 것이다.

비판적 사고 상관에 관한 주의

상관계수는 산점도에서 선형모형이 얼마나 잘 적합하는지에 대한 측도로 생각될 수 있다. r이 +1이나 -1에 가까울수록 직선은 자료를 잘 적합시킨다. 0에 가까운 r값은 직선이 잘 적합되지 않는다는 것이다.

일반적으로 산점도는 모을 수 있는 모든 가능한 자료점을 포함하지는 않는다. 대부분의 산점도는 큰 모집단으로부터의 랜덤표본을 나타낸다. r은 짝자료$(x,\ y)$의 랜덤표본을 가지고 계산되므로 r의 값은 표본에 따라 변한다. 이러한 사실은 r의 **유의성**(significance)에 대하여 생각하게 한다. 즉, 모집단 x와 y의 값은 상관이 강하지 않지만 랜덤표본은 높은 상관을 나타낼 수 있을까? 유의성 문제는 11.4절의 **모상관계수의 검정**(test of population correlation coefficient ρ)에서 자세히 다룰 것이다.

> r : $(x,\ y)$의 랜덤표본을 가지고 계산된 표본상관계수
> ρ : 모든 모집단 자료 $(x,\ y)$를 가지고 계산된 모상관계수

상관계수는 두 변수 사이의 선형관계의 강도를 재는 수학적 도구이다. 원인이나 효과에 대한 의미를 갖지 않는다. 두 변수가 함께 증가하거나 감소하는 것이 한 변수의 변화가 다른 변수의 변화의 원인이 되는 것은 아니다. x와 y사이의 강한 상관이 다른 변수에 기인하기도 한다. 그러한 변수를 **잠복변수**(lurking variable)라 한다.

> 순서화된 짝자료 $(x,\ y)$에서 x는 **설명변수**(explanatory variable), y는 **반응변수**(response variable)라 부른다. r이 x와 y의 상관계수라면 y값의 변화는 선형모형에 따라 x값의 변화에 반응한다. **잠복변수**(lurking variable)는 설명변수도 아니고 반응변수도 아닌 변수이다. 그렇지만 잠복변수는 x와 y의 변화의 원인이 된다.

예제 3 인과 관계와 잠복변수

여러 해에 걸쳐 어느 시의 인구가 증가하였다. 이 기간 동안 교회에 나가는 사람 수 x와 시 교도소 재소자의 수 y사이의 상관이 $r = 0.90$이었다. 교회에 가는 것이 교도소에 가게 되는 원인이 되는가? 두 변수 x와 y를 증가시키는 잠복변수가 존재하는가?

풀이 교회 참석이 교도소를 가게 하는 원인이 되지 않기를 바란다. 이 기간 동안 인구의 증가가 있었다. 그러므로 교인과 재소자 수가 증가했다는 것이 놀라운 일은 아니다. x와 y의 높은 상관은 인구 증가의 잠복변수에 기인할 것이다. ■

평균으로 구성된 두 변수 사이의 상관은 원자료에 대응하는 두 변수의 상관보다 일반적으로 더 높다. 한 가지 이유는 평균이 개별 측정 사이에 존재하는 변동을 감소시킨다는 것이다(7.5절과 중심극한정리 참조). 평균으로 구성된 두 변수 사이의 높은 상관은 개별 측정으로 구성된 두 변수사이의 높은 상관을 반드시 의미하지는 않는다.

▶▶ 4.1 연습문제

1. **통계적 지식**. 산점도를 그릴 때 설명변수를 어느 축에 놓는가? 반응변수는 어느 축에 놓는가?

2. **통계적 지식**. 두 변수가 음의 상관을 갖는다고 한다. 설명변수가 증가하면 반응변수는 증가 혹은 감소하는가?

3. **비판적 사고: 선형상관**. 다음 도표를 보시오. 각 도표는 높은 상관, 적당하거나 혹은 낮은 상관 혹은 선형상관이 없다는 것을 나타내는가?

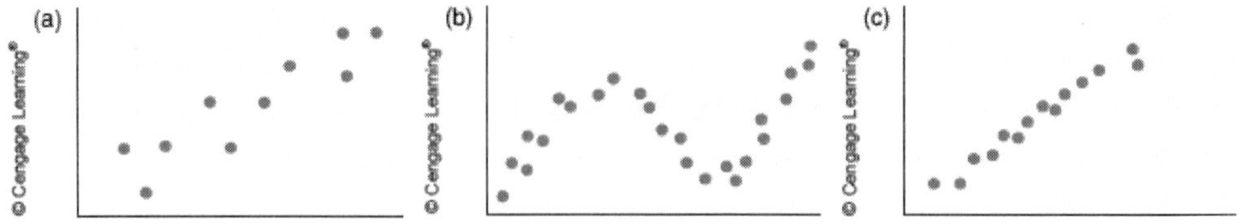

4. **비판적 사고: 잠복변수**. 과거 몇 년에 걸쳐 다이어트 탄산 음료수 연간소비량과 교통사고건수사이에 강한 양의 상관이 있어왔다.
   (a) 다이어트 탄산 음료수 소비가 증가하면 교통사고의 원인이 된다고 생각하는가?
   (b) 하나 혹은 두 변수에서 증가의 원인이 될 수 있는 잠복변수는 무엇이라 생각하는가?

5. **비판적 사고: 잠복변수**. 과거 50년에 걸쳐 평균 연소득과 1000m 달리기 기록사이에 강한 음의 상관이 있었다. 다시 이야기하면 연소득은 증가해온 반면에 달리기 기록은 단축되어 왔다.
   (a) 소득 증가가 달리기 기록을 단축시키는 원인이라 생각하는가?
   (b) 어떤 잠복변수가 있을 것이라 생각할 수 있는가?

6. **해석**. 트레버는 한 연구에서 리터당 휘발유 가격과 휘발유 소비사이에 −0.7의 선형상관이 있다는 것을 알았다. 이 결과는 휘발유 가격과 소비사이의 선형관계에 대하여 무엇을 말하는가? 연구에서 휘발유 가격은 리터당 0.71달러에서 1.39달러사이였다. 연구결과를 리터당 1.39달러 보다 비싼 휘발유 가격에 적용할 수 있는가? 설명하시오.

7. **수의학: 조랑말**. 다음은 조랑말의 나이(개월) x와 조랑말의 평균 무게(kg) y에 관한 자료이다.

x	3	6	12	18	24
y	60	95	140	170	185

   (a) 산점도를 작성하고 여러분이 생각하는 최량직선을 그리시오.
   (b) 상관관계가 어떠할 것이라 생각하는가?
   (c) 상관계수를 구하시오.

8. **기상학: 사이클론**. 열대 저기압의 랜덤표본에서 x를 열대 저기압이 접근할 때 최저 기압(mb)이라 하고, y를 최대 풍속(m/h)이라 한다.

x	1004	975	992	935	985	932
y	40	100	65	145	80	150

   (a) 산점도를 작성하고 여러분이 생각하는 최량직선을 그리시오.

(b) 상관관계가 어떠할 것이라 생각하는가?

(c) 상관계수를 구하시오.

9. **야구: 타율과 홈런**. 야구에서 타율과 홈런비율사이에 선형상관이 있는가? x를 프로 야구선수들의 타율이라 하고, y를 홈런비율(100타석 당 홈런 수)이라 하자. 7명의 야구선수들로부터 다음 정보를 얻었다.

x	0.243	0.259	0.286	0.263	0.268	0.339	0.299
y	1.4	3.6	5.5	3.8	3.5	7.3	5.0

(a) 산점도를 작성하고 여러분이 생각하는 최량직선을 그리시오.

(b) 상관관계가 어떠할 것이라 생각하는가?

(c) 상관계수를 구하시오.

10. **지식확장: 산점도에서 척도의 효과**. 산점도의 시각적 효과는 각 축의 눈금에 의존한다. 다음 자료를 고려하자.

x	1	2	3	4	5	6
y	1	4	6	3	6	7

(a) x축과 y축에 같은 눈금을 사용하여 산점도를 작성하시오.

(b) x축의 눈금보다 두 배로 길게 y축 눈금을 잡아 산점도를 작성하시오.

(c) x축의 눈금의 반으로 y축 눈금을 잡아 산점도를 작성하시오.

(d) 세 가지 산점도에 최량직선을 그리시오. 세 직선의 기울기가 어떻게 변하는가?

11. **지식확장: 표를 이용한 ρ의 검정**. 상관계수 r은 표본 통계량이다. r은 모상관계수 ρ의 값에 관하여 무엇을 말하는가? 11.4절에서 ρ의 가설검정의 형식적 구조를 설명한다. 그러나 r에 기초한 표본증거가 변수사이에 약간의 모상관이 있다고 결론내리기에 충분히 강한지를 결정하는 빠른 방법이 있다. 다시 말하면, $\rho \neq 0$인지를 결정하기 위하여 r값을 이용할 수 있다. $|r|$값을 표 4-4에 있는 값과 비교하여 검정한다. 표에 있는 α값은 $\rho = 0$일 때 $\rho \neq 0$라고 결론을 내릴 확률이다.

절차 표 4-4을 사용하여 ρ를 검정하는 방법

1. 짝자료$(x,\ y)$의 랜덤표본으로부터 r을 계산하시오.
2. 표에서 행에서 n을 찾고, 열에서 α를 선택한다. α 값은 $\rho=0$일 때 $\rho \neq 0$라고 잘못 된 결론을 내릴 확률이다.
3. 표 항목과 $|r|$을 비교하시오.
   (a) 만약 "$|r|>$표 항목"이라면 $\rho \neq 0$라고 할 충분한 증거가 있는 것이고, r은 **유의하다**(significant)고 말한다. 두 변수 x와 y사이에 모상관이 있다고 결론을 내린다.
   (b) 만약 "$|r|<$표 항목"이라면 $\rho \neq 0$라고 결론을 내리기에 증거가 충분하지 않고, r은 **유의하지 않다**고 한다. 두 변수 x와 y사이에 상관이 있다고 결론을 내리기에 충분한 증거가 없다고 한다.

[표 4-4] 상관계수 r에 대한 임계값

n	$\alpha=0.05$	$\alpha=0.01$	n	$\alpha=0.05$	$\alpha=0.01$	n	$\alpha=0.05$	$\alpha=0.01$
3	1.00	1.00	13	0.53	0.68	23	0.41	0.53
4	0.95	0.99	14	0.53	0.66	24	0.40	0.52
5	0.88	0.96	15	0.51	0.64	25	0.40	0.51
6	0.81	0.92	16	0.50	0.61	26	0.39	0.50
7	0.75	0.87	17	0.48	0.61	27	0.38	0.49
8	0.71	0.83	18	0.47	0.59	28	0.37	0.48
9	0.67	0.80	19	0.46	0.58	29	0.37	0.47
10	0.63	0.76	20	0.44	0.56	30	0.36	0.46
11	0.60	0.73	21	0.43	0.55			
12	0.58	0.71	22	0.42	0.54			

(a) 문제 7을 참고하시오. $|r|$의 값이 충분히 커거 조랑말의 나이 x와 조랑말의 무게 y사이에 상관이 있다고 할 수 있는가? $\alpha=0.05$를 사용하시오.
(b) 문제 8을 참고하시오. $|r|$의 값이 충분히 커서 최저기압 x와 최대풍속 y사이에 상관이 있다고 할 수 있는가?

12. **지식확장: 평균의 상관**. 교통체증은 낭비되는 시간과 버려지는 연료에 있어서 비용이 드는 항목이다. 교통체증에서 보내는 개인당 연평균 시간을 x, 개인당 버려지는 연평균 연료(리터)를 y라 한다. 8개 도시의 랜덤표본에서 다음 자료를 얻었다.

x (hr)	28	5	20	35	20	23	28	5
y (L)	182	11	129	208	129	144	106	34

(a) 산점도를 작성하고 r을 계산하시오.

평균자료를 이용하는 대신에 각 도시에서 임의로 한 사람을 선택하여 써버린 시간 x와 버려진 연간 연료량 y를 측정하였다.

x (hr)	20	4	18	42	15	25	2	35
y (L)	227	30	45	190	80	114	15	265

(b) 두 자료에서 $\bar{x}$와 $\bar{y}$를 계산하고 비교하시오. 두 자료 대하여 표준편차 s_x와 s_y를 계산하고 비교하시오. 어느 자료가 표준편차가 더 큰가? 표준편차가 작을수록 r의 값이 커지는 이유는 무엇인가?

(c) 두 번째 자료에 대하여 산점도를 작성하고 r을 계산하시오.

(d) (a)와 (c)에서 구한 r을 비교하시오. 평균 자료가 개별측정보다 더 높은 상관계수를 갖는가? 개인별 써버린 시간과 연료가 도시 전체사람들에 대한 평균보다 변동이 클 것이라고 생각하는 이유를 열거하시오.

4.2 선형회귀와 결정계수

초점

- 최소제곱기준을 말하시오.
- 표본자료를 사용하여 최소제곱직선을 구하시오. 최소제곱직선을 그리시오.
- 최소제곱직선을 사용하여 설명변수 x의 정해진 값에 대한 반응변수 y값을 예측하시오.
- 내삽과 외삽의 차이를 설명하시오.
- 표본자료의 범위를 벗어나는 외삽은 잘못되거나 의미가 없을 수 있는 이유를 설명하시오.
- 결정계수를 사용하여 반응변수 y의 설명된 변동과 설명되지 않는 변동을 결정하시오.

알래스카의 데날리 국립공원에 있는 늑대 집단은 대규모의 강한 산림순록집단에 의존한다. 야생에서 산림순록은 매우 큰 무리로 발견된다. 전체 순록 무리의 안전은 늑대에 의

하여 위협받지 않는다. 사실 늑대들이 과밀을 막아 순록 무리가 강하게 유지된다고 생각된다. 늑대 집단의 크기를 예측하기 위하여 순록 집단을 이용할 수 있을까?

x를 국립공원에 있는 가을의 순록집단(단위; 100마리)을 나타내는 확률변수라 하고, y를 늦은 겨울에 공원에 있는 늑대집단을 나타내는 확률변수라 하자. 최근 몇 년간의 랜덤 표본으로부터 다음 정보를 얻었다.

x	30	34	27	25	17	23	20
y	66	79	70	60	48	55	60

[그림 4-9] 순록과 늑대 집단

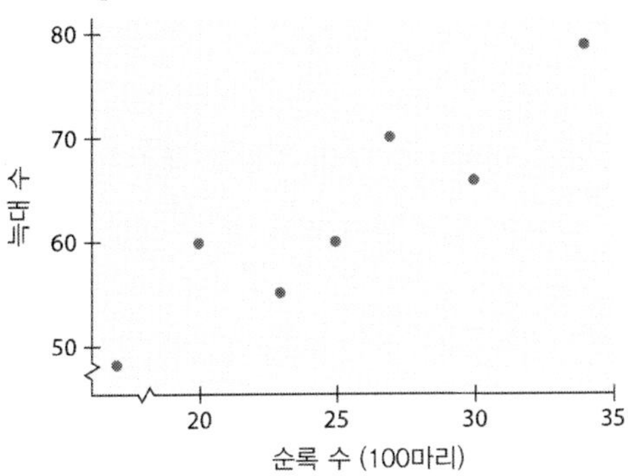

[그림 4-10] 최소제곱기준

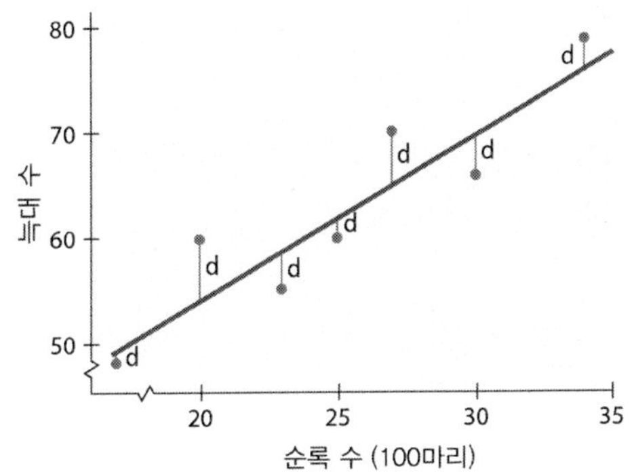

그림 4-9의 산점도를 통하여 다음 질문을 할 수 있다.

1. 자료는 x와 y 사이에 선형관계를 나타내는가?
2. x와 y를 연결하는 최량적합직선의 방정식을 구할 수 있을까? 순록집단의 크기를 알 때 이 식을 사용하여 늑대집단의 크기를 예측할 수 있을까?
3. y의 변동의 어느 정도가 x의 변동과 관계가 있는가? y의 변동의 어느 정도가 x의 변동과 관계가 없는가?

이러한 질문에 답하려면 첫째 단계가 수학적 방정식으로 관계를 표현하려고 노력하는 것이다. 많은 방정식이 가능하지만 가장 간단하고 많이 사용되는 것이 선형 방정식 혹은 직선의 방정식이다. x값을 가지고 y값을 예측하는데 이 식을 이용할 것이므로 x를 **설명변수**(explanatory variable), y를 **반응변수**(reponse variable)라 한다.

해야 할 일은 산점도 상의 점들을 나타내는 "**최량**(best)"직선의 방정식을 구하는 것이다. 최량적합직선의 기준으로 **최소제곱기준**(least-squares criterion)을 사용한다. 최소제곱기준이란 각 점에서 직선까지의 수직거리의 제곱의 합이 최소가 되도록 한다는 기준이다. 그림 4-10에 설명하였다.

> **➲ 최소제곱기준(least-squares criterion)**
>
> 자료점 $(x,\ y)$로부터 직선까지의 수직거리의 제곱의 합을 가능한 한 작게 만든다.

그림 4-10에서 d는 자료의 y값의 좌표와 직선상의 대응하는 y좌표의 차이이다. 자료점이 직선 위에 놓인다면 d는 양수가 되고 아래에 놓인다면 음수가 된다. 단순하게 합을 구하면 양수와 음수가 상쇄되므로 d^2의 합이 최소가 되도록 한다. 이것이 최소제곱기준이다.

최소제곱직선을 $\hat{y} = a + bx$로 쓴다. $\hat{y}$는 주어진 설명변수 x값과 최소제곱직선을 이용하여 예측한 반응변수 y값을 나타낸다. 다음 절차를 사용하여 a와 b를 계산한다.

절차　최소제곱직선 $\hat{y} = a + bx$를 구하는 법

n개의 짝자료$(x,\ y)$의 랜덤표본을 구한다.

1. 자료로부터 $\sum x$, $\sum y$, $\sum x^2$, $\sum y^2$, $\sum xy$와 $\bar{x}$, $\bar{y}$를 계산한다.
2. 다음 공식을 사용하여 b와 a를 계산한다.

$$\text{기울기 : } b = \frac{n\sum xy - \sum x \sum y}{n\sum x^2 - (\sum x)^2} \tag{3}$$

$$\text{절편 : } a = \bar{y} - b\bar{x} \tag{4}$$

3. 최소제곱방정식은

$$\hat{y} = a + bx \tag{5}$$

이다.

참고로 상관계수 r과 x와 y의 표준편차 s_x와 s_y를 이용하면 기울기는

$$b = r\left(\frac{s_y}{s_x}\right) \tag{6}$$

가 된다.

예제 4 **최소제곱직선**

국립공원에 있는 순록집단의 크기(단위; 100마리) x 와 공원에 있는 늑대집단의 수 y 를 연결하는 최소제곱직선을 구하시오. 단 x 를 설명변수, y 를 반응변수로 사용하시오.

(a) 공식을 사용하여 기울기 b 와 절편 a 를 구하시오.

풀이 표 4-5로부터

$$\bar{x} = \sum \frac{x}{n} = \frac{176}{7} \approx 25.14, \ \bar{y} = \sum \frac{y}{n} = \frac{438}{7} \approx 62.57,$$

$$b = \frac{n\sum xy - \sum x \sum y}{n\sum x^2 - (\sum x)^2} = \frac{7(11{,}337) - (176)(438)}{7(4628) - (176)^2} = \frac{2271}{1420} \approx 1.60,$$

$$a = \bar{y} - b\bar{x} = 62.57 - 1.60(25.14) = 22.35.$$

[표 4-5] b, $\bar{x}$ 와 $\bar{y}$ 계산에 필요한 합

x	y	x^2	y^2	xy
30	66	900	4356	1980
34	79	1156	6241	2686
27	70	729	4900	1890
25	60	625	3600	1500
17	48	289	2304	816
23	55	529	3025	1265
20	60	400	3600	1200
$\sum x = 176$	$\sum y = 438$	$\sum x^2 = 4628$	$\sum y^2 = 28{,}026$	$\sum xy = 11{,}337$

(b) 기울기 b 와 절편 a 값을 이용하여 최소제곱직선을 구하시오.

풀이 $\hat{y} = a + bx$

$\hat{y} = 22.35 + 1.60\,x.$

(c) 산점도에 직선을 그리시오.

풀이 점 $(\bar{x},\ \bar{y})$ 는 식(4)로부터 알 수 있듯이 항상 직선상에 존재한다. 예제에서 $(\bar{x},\ \bar{y}) = (25.14,\ 62.75)$ 이다. $x = 34$ 일 때 대응하는 $\hat{y}$ 는

$$\hat{y} = 22.35 + 1.60\,(34) = 76.75$$

이다. 따라서 산점도에서 점$(25.14,\ 62.57)$ 과 점$(34,\ 76.75)$ 를 연결하면 원하는 직선을 그릴 수 있다. 그림 4-11을 참조하면 된다. ■

[그림 4-11] 순록과 늑대 집단

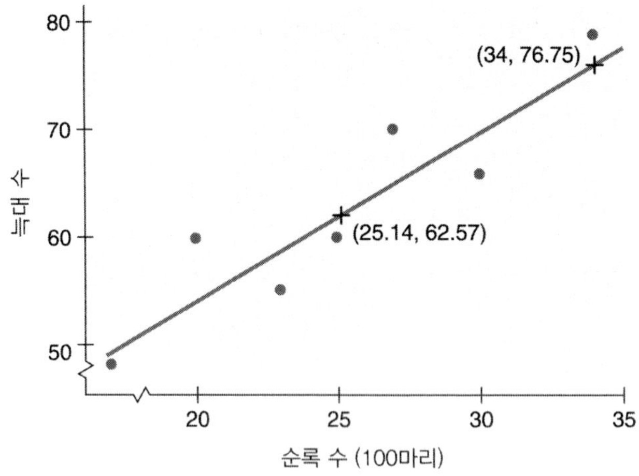

방정식 $\hat{y} = a + bx$ 에서 기울기 b는 x가 한 단위 변할 때 y가 얼마나 변하는지를 나타낸다. 예제 4의 결과에서는 순록이 수가 1단위(100마리)변하면 늑대의 수가 1.6만큼 변할 것이라고 기대할 수 있다.

> 최소제곱직선의 기울기는 설명변수의 한 단위 변화에 반응변수가 얼마나 변하는지를 이야기해준다. 설명변수의 단위 변화에 대한 반응변수의 단위 변환 수를 반응변수의 **한계변화**(marginal change)라 한다.

자료에서 어떤 점은 최소제곱직선의 방정식에 강한 영향을 갖는다.

> 어떤 자료짝을 제거하면 최소제곱직선의 방정식과 선형회귀에 관련된 다른 계산이 변한다면 그 점은 **영향력이 있는**(influential) 점이다. 영향력이 있는 점은 자료의 매우 높거나 낮은 값 주위의 x 값을 갖는다.

그림 4-12(a)는 영향력이 있는 점이 있다. 그림 4-12(b)는 영향력이 있는 점을 제거한 산점도이다. 최소제곱직선의 방정식이 매우 다르다는 점을 확인하시오.

[그림 4-12]

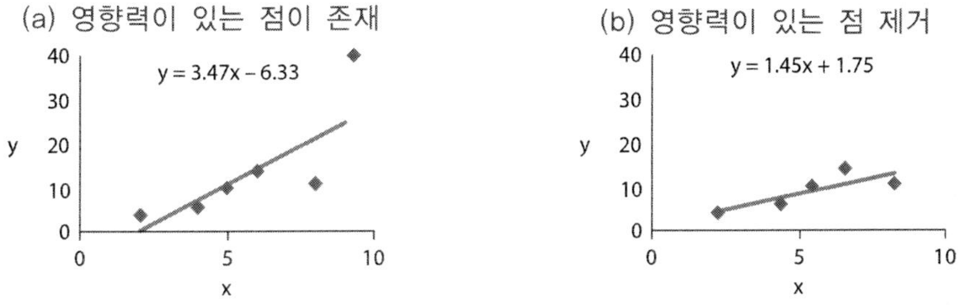

자료에 영향력이 있는 점이 있다면 자료수집오류인지 기록오류인지 확인을 하시오. 타당한 영향력점은 최소제곱직선의 방정식에 영향을 준다.

비판적 사고 **최소제곱직선을 이용한 예측**

예측은 선형회귀의 주요 응용의 하나이다. 다시 말하면 정해진 x값에 대하여 $\hat{y}$값을 예측하기 위하여 최소제곱직선을 사용한다. 예측의 정확도는 여러 요인에 의존한다.

[최소제곱직선이 원자료에 얼마나 잘 적합하는가?]

예측의 정확도는 최소제곱직선이 원자료에 얼마나 잘 적합하는가에 의존한다. 직선의 적합을 평가하는 몇 가지 도구가 있다.

- 각 축의 눈금을 고려하여 산점도를 살펴보시오.
- 영향력 점이 있는지 보시오.
- 표본상관계수 r값을 고려하시오. r이 1혹은 -1에 가까울수록 최소제곱직선은 자료에 더 잘 적합한다.
- 결정계수 r^2값을 고려하시오(뒤에서 다룬다).
- 잔차와 잔차도를 살펴보시오(문제 9참조).

> **잔차**(residual)는 같은 x에 대한 자료의 y값과 최소제곱직선 $\hat{y}=a+bx$에 의하여 예측된 값과의 차이이다. 잔차는 $y-\hat{y}$이다.

만약 잔차가 0을 중심으로 임의로 보인다면 최소제곱직선은 자료에 대한 합리적인 모형이 된다. 이 절 후반에서 선형회귀와 관련된 중요한 측도인 결정계수의 개발에서 사용된 잔차를 볼 것이다.

[예측은 내삽과 외삽을 포함하는가?]

예측의 타당성에 영향을 주는 다른 주제는 **내삽법**(interpolation)을 하는지 혹은 **외삽법**

(extrapolation)을 하는지 하는 점이다.

관측된 x값 범위 안에서 y를 예측하는 것을 **내삽법**(interpolation)이라 한다.

관측된 x값 범위 밖에서 y를 예측하는 것을 **외삽법**(extrapolation)이라 한다. 외삽은 비현실적인 예측을 할 수도 있다.

[자료는 표본자료이다.]

예측을 할 때 또 다른 고려사항은 최소제곱직선은 표본자료에 의존한다는 사실이다. 표본이 달라지면 최소제곱직선도 달라질 것이다.

[최소제곱직선은 설명변수로 x, 반응변수로 y를 사용한다.]

하나 더 중요한 사실은 최소제곱직선은 설명변수 x를 갖고 반응변수 y를 예측하는 것이다. 설명변수 y를 갖고 반응변수 x를 예측하려면 전부 다 새로 계산하여야만 한다.

설명변수로 x, 반응변수로 y를 가지고 만든 최소제곱직선은 정해진 x값에 y를 예측하는 경우만 사용될 수 있다.

예제 5 예측

예제 4에 이어 순록 집단의 크기가 21일 때 늑대집단의 크기를 예측하려고 한다.

(a) 예제 4에서 구한 최소제곱모형을 사용하여 순록집단의 주어진 크기에 대하여 늑대집단의 크기를 예측할 수 있는가?

풀이 모형에서 순록집단의 크기가 설명변수이고 늑대집단의 크기가 반응변수이므로 예측할 수 있다.

(b) 표본자료에서 x값은 17에서 34에 걸쳐있다. 순록의 크기가 21일 때 늑대집단을 예측하는 것은 내삽인가 외삽인가?

풀이 x값 범위 안에 있으므로 내삽이다.

(c) 순록 집단의 크기가 21일 때 늑대집단의 크기를 예측하시오

풀이 $\hat{y} = 22.35 + 1.60\,x = 22.35 + 1.60(21) = 55.95$ 이므로 반올림하여 56이라 예측한다.

■

유도된 연습문제 4 최소제곱직선

한 자동차 대리점이 지방 TV방송에 1분 특별광고를 해오고 있다. 10주간 판매원은 주당 광고횟수 x 와 판매된 자동차 대수 y 에 관하여 조사를 하였다.

[표 4-6]

x	6	20	0	14	25	16	28	18	10	8
y	15	31	10	16	28	20	40	25	12	15

최근 대리점장은 주당 12회만 광고하기로 결정하였다. 이 광고수준에서 얼마나 많은 차를 판매할 것이라 예측할 수 있는가?

(a) 산점도를 작성하시오. $\Rightarrow$ 그림 4.13에 산점도를 작성하였다.

[그림 4-13] 표 4-6에 대한 산점도와 최소제곱직선

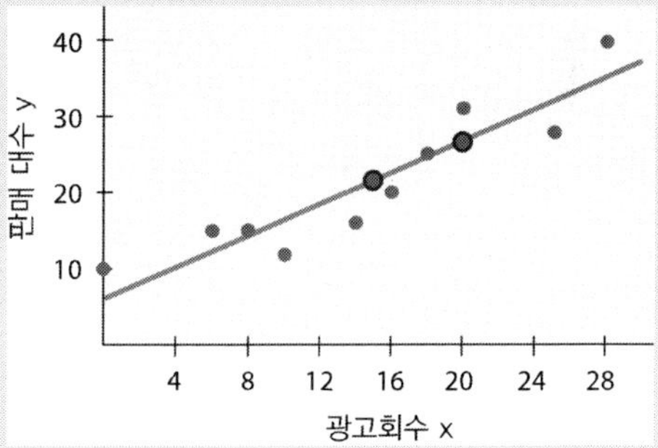

(b) $\sum x,\ \sum y,\ \sum x^2,\ \sum xy$ 를 구하시오. $\Rightarrow$ $\sum x = 145,\ \sum y = 212,\ \sum x^2 = 2785,$ $\sum xy = 3764$

(c) $\bar{x}$ 와 $\bar{y}$ 를 구하시오. $\Rightarrow$ $\bar{x} = \frac{\sum x}{n} = \frac{145}{10} = 14.5,$

$$\bar{y} = \frac{\sum y}{n} = \frac{212}{10} = 21.2$$

(d) 최소제곱직선 $\hat{y} = a + bx$ 의 a 와 b 를 구하시오. $\Rightarrow$ $b = \frac{n\sum xy - \sum x \sum y}{n\sum x^2 - (\sum x)^2}$

$$= \frac{10(3764) - (145)(212)}{10(2785) - (145)^2} = \frac{6900}{6825} \approx 1.01$$

$$a = \bar{y} - b\bar{x} = 21.2 - 1.01(14.5) = 6.56$$

(e) 최소제곱직선 $\hat{y} = a + bx$ 를 구하시오. $\Rightarrow$ $\hat{y} = a + bx = 6.56 + 1.01x$

(f) $x = 12$ 일때 최소제곱직선의 방정식을 사용하여 y를 예측하시오.	⇒	$\hat{y} = 6.56 + 1.01(12) = 18.68$ 주당 12회 광고를 하면 19대를 판매할 것이라고 기대할 수 있다.
(g) 예측이 얼마나 믿을 만하다고 생각하는가? 설명하시오. 유도된 연습문제 5에서 $r \approx 0.919$이다.	⇒	예측은 신뢰가 간다. 예측은 내삽이고 산점도는 자료점이 최소제곱직선 주위에 있다는 것을 보여준다. r도 1에 가깝다.

➲ 최소제곱직선은 무엇을 말해주는가?

최소제곱직선의 방정식은 짝자료 $(x,\ y)$와 최소제곱기준에 근거한다. 최소제곱기준은 자료점과 직선 사이의 수직거리의 제곱의 합을 최소로 한다. 최소제곱직선은 x와 y 사이의 선형상관을 표현한다.

- 최소제곱직선을 사용하여 자료의 x값 범위 내에서 예측 $\hat{y}$를 계산한다. 예측의 정확도는 최소제곱직선이 자료점을 얼마나 잘 적합시키는지에 의존한다.
- 많은 경우에 자료가 범위를 벗어나더라도 범위에 가까운 x값에 대하여 $\hat{y}$을 계산하는 것이 적당하다.
- 최소제곱직선의 기울기는 x이 한 단위 변화에 대하여 $\hat{y}$이 몇 단위나 변하는지를 말해준다.

결정계수(coefficient of determination)

회귀의 도구로 최소제곱직선이 얼마나 좋은가 라는 질문에 대답하는 다른 방법이 있다. **결정계수** r^2(coefficient of determination)는 표본상관계수 r의 제곱이다.

➲ 결정계수 r^2

1. 4.1절의 절차를 따라 표본상관계수 r을 계산한다. 간단히 r^2을 계산한다.
2. **해석**. r^2은 전체 변동에 대한 설명된 변동의 비이다. 즉, y의 전체 변동에 대한 선형모형 $\hat{y} = a + bx$을 사용하여 **설명될 수 있는 변동**의 비이다.
3. **해석**. 또한 $1 - r^2$은 전체변동에 대한 우연 혹은 y에 영향을 주는 잠복변수의 가능성에 기인하는 **설명되지 않는 변동**의 비이다.

만약 $r^2 = 0.81$이라면 최소제곱직선을 사용하여 y변수의 변동의 약 81%를 x변수의 변동을 가지고 설명할 수 있다는 것이다. y변수의 변동의 나머지 19%는 우연이나 잠복변수의 가능성에 기인한다.

유도된 연습문제 5 결정계수 r^2

유도된 연습문제 4 자료에서 주당 광고횟수를 x, 판매된 자동차 대수를 y라 하였다.

(a) 상관계수를 구하시오. $\Rightarrow$ $r = \dfrac{n\sum xy - \sum x \sum y}{\sqrt{n\sum x^2 - (\sum x)^2}\sqrt{n\sum y^2 - (\sum y)^2}}$

$$= \frac{10(3764) - (145)(212)}{\sqrt{10(2785) - (145)^2}\sqrt{10(5320) - (212)^2}}$$

$$\approx \frac{6900}{(82.61)(90.86)} \approx 0.919$$

(b) 결정계수를 구하시오. $\Rightarrow$ $r^2 = 0.919^2 = 0.845$

(c) 판매대수의 변동 중 몇 %가 광고횟수와 최소제곱직선에 의하여 설명될 수 있는가? $\Rightarrow$ 84.5%

(d) 판매대수의 변동 중 몇 %가 광고횟수와 최소제곱직선에 의하여 설명될 수 없는가? $\Rightarrow$ 15.5%

▶▶ 4.2 연습문제

1. **통계적 지식**. 최소제곱직선 $\hat{y} = 5 - 2x$ 에서 기울기는 얼마인가? x가 한 단위 변할 때 $\hat{y}$은 얼마나 변하는가?

2. **비판적 사고**. 자료의 x값 범위를 벗어난 x에 대하여 y값을 예측하기 위하여 최소제곱선을 사용할 때, 외삽인가 내삽인가? 그와 같은 예측에 관하여 어떤 걱정거리가 있는가?

※ 3번부터 8번까지의 공통질문이다.

(a) 산점도를 작성하시오.

(b) $\sum x$, $\sum y$, $\sum x^2$, $\sum y^2$, $\sum xy$를 구하여 표본상관계수 r을 계산하시오.

(c) $\bar{x}$, $\bar{y}$, a, b를 구하시오. 최소제곱직선의 방정식 $\hat{y} = a + bx$을 구하시오.

(d) 산점도에 최소제곱직선을 그리시오.

(e) 결정계수를 구하시오. y의 변동 중 몇 %가 x와 최소제곱직선에 의하여 설명될 수 있는가? 몇 %가 설명되지 않는가?

3. **경제학: 비숙련직**. 경제학자가 어느 도시의 지역 직업시장을 연구하고 있다. x를 그 지역의 구인수라 하고, y를 같은 지역의 비숙련직수라 한다. 6개 지역의 표본에서 다음 정보를 얻었다(단위; 100).

x	16	33	50	28	50	25
y	2	3	6	5	9	3

(f) $x = 40$인 지역에 대하여 비숙련직수가 얼마라고 예측되는가?

4. **차체중량: km/L**. 차체가 무거우면 연료 소비가 많은가? 임의로 차를 골라 차의 중량(단위: 100kg) x와 주행거리(km/L) y를 측정하였다.

x	12.3	20	14.5	21.4	10.5	18.2	15.5	24
y	12.8	8.1	10.2	5.5	12.3	7.2	8.9	6.0

(f) $x = 38$인 경우에 주행거리를 예측하시오.

5. **자동차 사고: 나이**. x를 면허증을 소지한 운전자의 나이, y를 과속에 기인한 주어진 나이의 치명적 사고비율이라 한다.

x	17	27	37	47	57	67	77
y	36	25	20	12	10	7	5

(f) 나이가 $x = 25$인 경우에 치명적 사고비율을 예측하시오.

6. **소득: 건강관리**. x를 1인당 소득(천 달러)이라 한다. y를 거주자 10,000명당 의사수라 한다. 오리건 주 6개 도시에서 다음 정보를 얻었다.

x	8.6	9.3	10.1	8.0	8.3	8.7
y	9.6	18.5	20.9	10.2	11.4	13.1

(f) 소득이 $x = 10$ 인 경우에 거주자 10,000명당 의사수를 예측하시오.

7. **교육: 폭력**. x를 학교에 가지 않거나 고등학교를 졸업하지 않은 16세에서 19세의 비율이라 한다. y를 1,000명의 거주자 당 보고된 폭력범죄건수라 한다. 6개 소도시에서 다음 정보를 얻었다.

x	24.2	19.0	18.2	14.9	19.0	17.5
y	13.0	4.4	9.3	1.3	0.8	3.6

(f) 비율이 $x = 24$ 인 경우에 거주자 1,000명당 폭력범죄건수를 예측하시오.

8. **고고학: 유물**. x를 남부 미국의 고고학적 유적의 고도(1,000미터)라 하고 y를 주어진 고도에서 확인되지 않은 유물의 비율이라 한다.

x	1.60	1.75	1.91	2.06	2.21
y	19	13	33	37	62

(f) 고도$x = 1.98$ 인 유적지에서 문화적으로 확인되지 않은 유물의 비율 y의 예측방정식은 무엇인가?

9. **지식확장: 잔차도**. 일반적으로 최소제곱직선은 모든 표본 자료점을 통과하지는 않는다. 사실 특정 x값에 대하여 관측된 값과 예측된 값과는 차이가 있다. 이 차이를 **잔차**(residual)라 한다.

> **잔차**(residual)는 특정 짝자료 $(x,\ y)$의 y값과 최소제곱직선에 의하여 예측된 $\hat{y} = a + bx$ 값과의 차이이다. 잔차는 $y - \hat{y}$이다.

최소제곱직선을 평가하는 방법으로 **잔차도**(residual plot)가 있다. 잔차도는 수평축을 x로 잡고 수직축을 잔차로 잡는다. 잔차의 평균은 최소제곱모형에 대하여 항상 0이므로 점 0에 수평선을 그린다. 다음 그림은 유도된 연습문제 4의 잔차도이다. 잔차도를 작성하기 위하여 우선 모든 잔차를 구한다.

잔차

x	y	$\hat{y}$	$y-\hat{y}$
6	15	12.6	2.4
20	31	26.8	4.2
0	10	6.6	3.4
14	16	20.7	-4.7
25	28	31.8	-3.8

잔차

x	y	$\hat{y}$	$y-\hat{y}$
16	20	22.7	-2.7
28	40	34.8	5.2
18	25	24.7	0.3
10	12	16.7	-4.7
8	15	14.6	0.4

(a) 만약 최소제곱직선이 합리적인 모형이라면 그림에서 점의 패턴은 점 0의 수평선에 대하여 임의이고 체계가 없을 것이다. 이 경우에는 어떠한가?

(b) 잔차도 상의 한 점이 다른 점들의 양상에서 벗어나면 그 점은 **이상점**(outlier)일 것이다. 그와 같은 점들은 최소제곱모형에 영향을 많이 줄 것이다. 이상점이 있는가?

잔차도

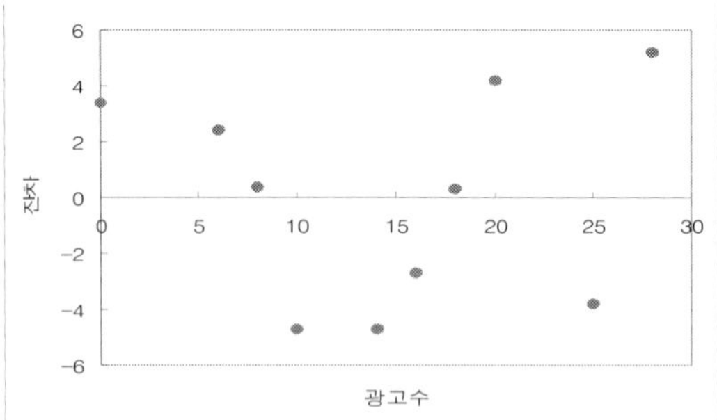

10. **비판적 사고**: 최소제곱방정식에서 x와 y를 바꾸기.

(a) 다음과 같은 (x, y)자료가 얻어졌다고 가정한다.

x	1	3	4
y	2	1	6

최소제곱 방정식이 $y = 0.066 + 1.393x$ 임을 보이시오.

(b) 다음과 같은 (x, y)자료가 얻어졌다고 가정한다.

x	2	1	6
y	1	3	4

최소제곱 방정식이 $y = 0.971 + 0.494x$ 임을 보이시오.

(c) (a)와 (b)에서 단순히 x 와 y 를 바꾸었는가?

(d) $y = 0.066 + 1.393x$ 를 x 에 관하여 풀면 x 와 y 를 바꿔 사용한 (b)의 최소제곱방정식이 되는가?

(e) 일반적으로 최소제곱 방정식 $y = a + bx$ 를 가정하시오. 만약 이식을 x 에 관하여 풀면 반드시 x 와 y 를 바꿔 사용한 최소제곱방정식을 얻는가?

11. **지식확장: 로그변환, 지수성장모형.** 북아프리카의 한 지역에서 메뚜기 떼 습격시기에 x 를 관찰일수라 하고 y 를 $1m^2$ 당 메뚜기 수라 한다.

x	2	3	5	8	10
y	2	3	12	125	630

(a) 산점도를 그리시오. 직선이 자료에 잘 적합할 것 같은가? 시간이 경과함에 따라 y 값은 거의 폭발적으로 증가하는 것으로 보이는가?

(b) 상용로그를 사용하여 $y' = \log y$ 로 변환한다. 자료$(x,\ y')$ 의 산점도를 그려 (a)의 산점도와 비교하시오. 어느 그림이 직선에 더 잘 적합되는가?

(c) 자료$(x,\ y')$ 에 대하여 선형회귀방정식을 계산하시오. 상관계수는 얼마인가?

(d) 지수성장모형은 $y = \alpha\beta^x$ 이다. α 와 β 를 추정하시오.

12. **지식확장: 로그변환, 멱함수모형.** x 에서 보일러 스팀압력($100kPa$)이라 하고 y 를 보일러 판 강접합체의 임계힘(MPa)이라 한다. 일련의 공장보일러에서 다음 자료를 얻었다.

x	4	5	6	8	10
y	3.4	4.2	6.3	10.9	13.3

(a) $x' = \log x$ 와 $y' = \log y$ 로 로그변환을 하시오. 자료$(x',\ y')$ 의 산점도를 그리시오. 선형방정식이 잘 적합되겠는가?

(b) 자료$(x',\ y')$ 에 대하여 선형회귀방정식 $y' = a + bx'$ 을 계산하시오. 표본상관계수는 얼마인가?

(c) (b)의 결과를 사용하여 α 와 β 를 추정하고 멱함수 $y = \alpha x^\beta$ 를 구하시오. α 와 β 를 추정하시오.

복습

요약

이 장은 선형회귀모형과 모형과 관련된 추론을 다루었다.

- 짝자료$(x,\ y)$의 산점도는 x와 y사이의 관계를 나타내는 그림이다. 선형관계를 찾고 있다.
- 짝자료$(x,\ y)$에 대하여 x는 설명변수라 하고 수평축에 그린다. 반응변수 y는 수직축에 그린다.
- 피어슨 곱적률상관계수는 x와 y사이의 선형관계의 강도를 결정하는 수치적 측도이다. 짝자료$(x,\ y)$의 확률표본에 기초한다.
- r은 -1과 1사이의 값을 갖고 $r=1$이라면 완전 양의 선형상관, $r=-1$이라면 완전 음의 선형상관을 나타내고 $r=0$라면 선형관계가 없는 것이다.
- 산점도와 표본상관계수 r이 x와 y사이의 선형관계를 나타낸다면 최소제곱직선의 방정식

$$\hat{y}=a+bx$$

  을 만들기 위하여 최소제곱기준을 사용한다.
- 결정계수 r^2은 최소제곱직선, 선형회귀모형과 설명변수 x에 의하여 설명되는 y의 변동비율이다.
- $(x,\ y)$의 y값과 같은 x에 대한 대응하는 예측값 $\hat{y}$값과의 차이 $y-\hat{y}$을 잔차라 한다.

복습문제

1. **통계적 지식**. 짝자료$(x,\ y)$의 산점도가 x와 y사이의 선형관계를 나타내지 않는다고 가정하시오. 표본상관계수 값이 얼마에 가까울 것이라 기대하는가?

2. **통계적 지식**. 최소제곱직선을 사용하여 예측할 때, 일반적으로 외삽 혹은 내삽 중 어느 것이 더 믿을만 한가?

※ 문제 3에서 문제 5까지의 공통질문이다.

(a) 산점도를 작성하시오.

(b) $\bar{x}$, $\bar{y}$, b 와 최소제곱직선의 방정식을 구하시오. 산점도에 직선을 그리시오.

(c) 표본상관계수와 결정계수를 구하시오. 최소제곱모형에 의하여 설명되는 y의 변동 비율은 얼마인가?

3. **사막 생태학: 야생.** x가 큰뿔양의 나이이고 y가 이 연령집단의 사망률이라 한다. 애리조나 큰뿔양의 랜덤표본에서 다음 정보를 얻었다.

x	1	2	3	4	5
y	14	18.9	14.4	19.6	20.0

4. **의학: 비만 아기.** 1살때 체중 x (kg)와 성인(30살)의 체중 y 사이에 양의 상관이 있는가? 14명의 여성에 대하여 다음 정보를 얻었다.

x	9.5	11.4	10.5	10.9	9.1	6.8	11.4	9.5	7.7	10.9	11.8	10	8.2	8.6
y	56.8	56.8	54.5	56.8	9.1	4.5	5.9	59.1	9.1	9.1	59.1	3.6	50	2.3

(d) 여자 아기가 1살 때 9.1kg이었다면 30살 때의 체중을 예측하시오.

5. **마케팅: 쿠폰.** x를 들어오는 우편물의 무게라 하고 y를 하루에 우편물을 배달하는데 필요한 근로자 수라 하자. 8일간의 랜덤표본에서 다음 자료를 얻었다.

x	11	20	16	6	12	18	23	25
y	6	10	9	5	8	14	13	16

(d) 15kg의 우편물을 받았다면 몇 명의 근로자를 배정하여야 하는가?

CHAPTER

05 확률

> 확률론은 근본적으로 계산으로 축소된 일반 감각이라는 것을 안다; 확률론은 일종의 본능에 의하여 합리적인 사람이 느끼는 것을 정확성을 갖고 평가할 수 있게 해준다.

이 인용문은 위대한 수학자 라플라스(1749-1827)가 수학적 확률론을 기술하는 방법을 설명한다. 수학적 확률론의 발견은 두 프랑스 인: 파스칼과 페르마에 의해 이루어졌다. 이들 17세기 학자들은 도박꾼인 슈발리에 드 메르의 호기심에 의한 주제에 매료되었다.

비록 첫 번째 확률의 응용은 확률게임과 도박이었지만 오늘날 확률은 현대생활의 거의 모든 면에 널리 퍼져있다. 우주선의 궤도부터 우드척 다람쥐의 사회적 행동까지의 모든 것이 확률로 설명된다.

사전질문

- 왜 누구나 확률을 배울까? (5.1절)
- 확률의 기본 정의와 법칙은 무엇인가? (5.2절)
- 계수방법, 수형도, 순열과 조합은 무엇인가? (5.3절)

초점문제 거짓말 탐지기는 얼마나 거짓말을 하는가?

제임스 버크는 BBC에서 방송된 재미있는 과학 라디오와 TV쇼로 알려진 교육가이다. 그의 저서 Chances: Risk and Odds in Everyday Life(Virginia Books, London)는 확률에 관한 많은 양의 매력적인 정보를 담고 있다. 다음 인용문은 버크의 저서에서 가져온 것이다.

만약 내가 거짓말 탐지기 검사를 하고 거짓말을 한다면 탐지될 위험은 얼마인가? 몇몇 연구에 의하면 기계에 의하여 탐지될 가능성이 약 72%이다.

내가 거짓말 탐지기 검사를 한다면 거짓말을 한다고 잘못할 위험은 얼마인가? 적어도 1/15은 근거도 없이 기소될 것이다.

이 두 문장은 5.2절에서 다룰 조건부 확률을 포함한다. 5.2절의 정보는 다음에 대하여 대답할 수 있도록 해줄 것이다:

질문의 10%를 거짓으로 답한다고 가정하시오. 나머지 90%는 진솔하게 답하였다고 한다.

1. 거짓말 탐지기가 거짓이라고 잘못 지적할 비율을 평가하시오.
2. 거짓말 탐지기가 거짓이라고 정확하게 지적할 비율을 평가하시오.(5.2절의 문제 14참조)

5.1 확률이란?

초점문제

- 사건에 확률을 할당하시오.
- 대수의 법칙과 상대도수와의 관계를 설명하시오.
- 일상생활에 확률의 기본법칙을 응용하시오.
- 통계학과 확률과의 관계를 설명하시오.

우리는 일상에서 확률로 표현된 문장에 자주 접한다. 스포츠 중계에서 어떤 선수가 신기록을 작성할 확률이 90%라고 주장한다. 누구나 OX 문제에서 무작위로 선택해도 정답을 맞출 확률은 1/2이라고 생각한다.

어떤 문장에서 확률을 사용할 때 어떤 사건에 대한 가능성을 표현하기 위하여 0과 1 사이의 숫자를 사용하고 있다.

확률(probability)은 어떤 사건이 일어날 가능성을 설명하는 0과 1사이의 수치적 측도이다. 확률은 1에 가까울수록 사건이 발생할 가능성이 높아진다. 0에 가까울수록 발생할 가능성은 낮아진다.

$P(A)$가 사건 A의 확률을 나타낸다.
$P(A)=1$이라면 사건 A는 확실히 발생한다.
$P(A)=0$이라면 사건 A는 결코 발생하지 않는다.

확률이 추측통계학의 언어이므로 확률 표현이 무엇을 의미하는지와 사건의 확률을 어떻게 결정하는가를 알아야만 한다.

➲ 확률 할당

1. **직관**(intuition)에 근거한 확률 할당은 한 사건이 일어날 가능성을 평가하기 위하여 과거 경험, 판단 혹은 의견을 통합한다.
2. **상대도수**(relative frequency)에 근거한 확률 할당은 n이 표본수, f가 사건의 발생도수라면 공식

$$\text{사건의 확률} = \text{상대도수} = \frac{f}{n} \tag{1}$$

를 사용한다.

3. **등확률결과**(equally likely outcomes)에 근거한 확률 할당은 공식

$$\text{사건의 확률} = \frac{\text{사건에 속해있는 결과 수}}{\text{전체 결과 수}} \tag{2}$$

를 사용한다.

예제 1 확률 할당

다음 각 사건을 고려하여 확률을 어떻게 할당할지를 결정하시오.

(a) 스포츠 아나운서가 세일라가 100미터 달리기에서 세계기록을 세울 확률이 90%라고 주장한다.

풀이 스포츠 아나운서가 세일라의 과거 성적에 근거한 직관을 사용한 듯하다.

(b) 헨리는 OX문제에서 임의로 답을 써도 정답이 될 확률은 0.5라고 생각한다.

풀이 이 경우에는 두 가지 가능한 결과가 있다. 헨리의 대답은 정답이거나 오답이다. 임의이므로 결과들은 등확률을 가정한다. $n = 2$ 이고 정답은 하나이므로 공식 (2)에 의하여

$$P(\text{정답}) = \frac{1}{2} = 0.50\,.$$

(c) 한 단체에서는 실험 보고서 표본 200건 중 80건이 잘못되었다는 것을 근거로 오류가 있는 의학실험 보고서를 얻을 확률이 0.40이라고 주장한다.

풀이 상대도수 공식(1)에 의하여

$$P(\text{오류}) = \text{상대도수} = \frac{f}{n} = \frac{80}{200} = 0.40\,.$$

■

확률을 할당하는 세 가지 방법을 다루었다. 어느 방법을 사용하는가? 방법은 대부분 가까이 있거나 쉽게 실행할 수 있는 정보에 의존한다. 또한 방법의 선택은 특별한 문제에 의존한다.

유도된 연습문제 1 확률 결정

제공된 정보에 근거하여 설명된 사건의 확률을 할당하시오. 사용한 방법을 나타내시오.

(a) 어느 대학에서 500명의 학생을 표본으로 조사하였다. 그 중 375명이 안경이나 렌즈를 착용하였다. 그 대학에서 임의로 뽑힌 한 학생이 안경이나 렌즈를 착용하였을 확률을 평가하시오.

⇒ 표본크기가 500명이고 375명이 교정 렌즈를 착용하였다. 상대도수를 사용하는 것이 적당하다. 따라서 확률은

$$P(\text{교정 랜즈착용}) = \frac{f}{n} = \frac{375}{500} = 0.75.$$

(b) 조지를 포함하여 4명으로 구성된 한 위원회에서 기금 모금을 위한 바비큐 파티에서 석쇠 청소를 할 사람을 한명 뽑으려 한다. 각각이 뽑힐 확률이 같다고 가정한다면 조지가 뽑힐 확률은 얼마인가?

⇒ 등확률사건을 사용하는 것이 적당하다. 따라서 조지가 뽑힐 확률은

$$P(\text{조지}) = \frac{\text{사건에 속해있는 결과 수}}{\text{전체 결과 수}} = \frac{1}{4} = 0.25$$

(c) 고래사진작가인 조안나는 다음 여행에서 청고래를 찍으려 하고 있다. 청고래 습성에 대한 지식에 근거하여 그녀는 성공할 것이라고 거의 확신한다. 조안나가 자신이 성공할 확률이 얼마라고 평가할지를 생각해 보시오.

⇒ 조안나는 성공을 확신하므로 확률이 1에 가깝다고 평가할 것이다. 성공할 확률이 0.90에서 1사이일 것이라고 말할 수 있다. 이 확률 할당은 직관에 의존한다.

사건의 확률로 상대도수를 이용하는 기술은 확률 할당의 가장 일반적인 방법으로 앞으로도 많이 사용될 것이다. 근본적인 가정은 사건이 과거에 특정 비율로 발생하였다면 앞으로도 같은 비율로 발생할 것이라는 것이다. 이 가정은 **대수의 법칙**(law of large number)이라는 매우 일반적인 문장으로 강화될 수 있다.

➲ 대수의 법칙(law of large number)

결국은 표본 크기가 증가하면 할수록 결과의 상대도수는 이론적인 확률값에 점점 더 가까워진다.

대수의 법칙은 건강보험, 자동차 보험과 카지노 같은 기업이 존속되고 이익을 낼 수 있는 이유이다.

확률을 어떻게 계산하던지간에 주어진 설정에서 어떤 결과가 가능한지를 알아야만 한

다. 가능한 결과를 결정하기 위하여 **통계적 실험**(statistical experiment)을 정의할 필요가 있다.

- **통계적 실험**(statistical experiment) 또는 **통계적 관찰**(statistical observation)은 명확한 결과로 이어지는 어떤 확률활동이다.
- **사건**(event)은 통계적 실험의 하나 이상의 결과의 집합이다.
- **단순사건**(simple event)은 통계적 실험의 하나의 결과이다.
- 모든 단순사건의 집합은 실험의 **표본공간**(sample space)을 형성한다.

예제 2 표본공간의 사용

사람의 눈의 색은 유전자형(genotype)이라 부르는 한 쌍의 유전자에 의하여 조절된다. 갈색 눈 B는 푸른 눈 b에 대하여 우성이다. 따라서 유전자형 Bb라면 갈색눈이다. 만약 부모 모두 갈색 눈이고 유전자형 Bb를 가졌다면 자녀가 푸른 눈일 확률은 얼마인가? 자녀가 갈색 눈일 확률은 얼마인가?

풀이 문제에 답하려면 자녀가 가질 수 있는 모든 유전자형의 표본공간을 살펴보아야 한다. 표 5.1이 결과이다.

[표 5.1] 자녀의 눈 색 유전자

	어머니	
아버지	B	b
B	BB	Bb
b	bB	bb

유전이론에 따라 자녀에 대하여 4가지 가능한 유전자형은 등확률이다. 따라서 공식 (2)를 사용할 수 있다. 푸른 눈은 유전자형이 bb인 경우뿐이므로

$$P(\text{푸른눈}) = 1/4$$

이다. 갈색 눈은 유전자형이 BB, Bb, bB인 경우이므로

$$P(\text{갈색눈}) = 3/4$$

이다. ■

유도된 연습문제 2 표본공간의 사용

한 교수가 주관식 문제 다음에 OX 형 3문제를 출제하였다. 정답이 정해진 패턴을 따르지 않도록 하기 위하여 종이 조각에 가능한 OX 의 조합을 모두 써서 모자 안에 넣고 임의로 하나를 뽑기로 하였다.

(a) 표본 공간을 완성하시오. ⇒ 나머지 결과는 XXO 와 XXX 이다.

OOO　XOO　OXO　____

OOX　XOX　OXX　____

(b) 세 문제 모두 X 일 확률은 얼마인가? ⇒ 오직 하나의 결과 XXX 인 경우이므로

$$P(\text{XXX}) = 1/8$$

이다.

(c) 정확히 두 문제가 O 일 확률은 얼마인가? ⇒ 세 가지 결과 XOO , OXO , OOX 가 있으므로 3/8 이다.

단순사건의 확률할당에 관한 중요한 점이 또 있다.

> 표본공간에 있는 모든 단순사건의 확률의 합은 1이다.

한 사건 A 의 **여사건**(complement event)은 A 가 발생하지 않을 사건이다. A 의 여사건을 기호로 A^c 로 표기한다. 그림 5-1에 A 와 A^c 을 나타내었다.

> 한 사건 A 의 **여사건**(complement)은 A 가 발생하지 않을 사건이다.
> 1. $P(A) + P(A^c) = 1$
> 2. $P(A^c) = 1 - P(A)$ (3)

[그림 5-1] 사건 A 와 여사건 A^c

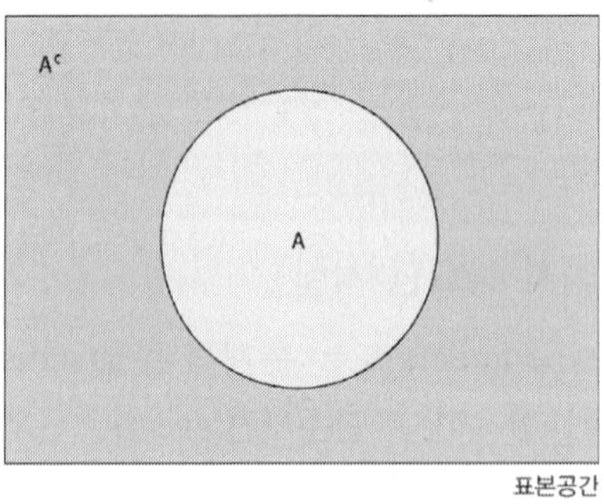

예제 3 여사건

독감예방주사를 접종하지 않은 대학생이 독감에 걸릴 확률이 0.45이다. 한 학생이 예방주사를 접종하지 않았다면 독감에 걸리지 않을 확률은 얼마인가?

풀이 A를 독감에 걸릴 사건이라 하면 $P(A) = 0.45$ 이므로

$$P(A^c) = 1 - P(A) = 1 - 0.45 = 0.55.$$

■

유도된 연습문제 3 여사건

한 수의사는 두 마리의 크림색 모르모트를 키운다면 자손이 순수 흰색일 확률은 0.25라고 한다. 자손이 순수 흰색이 아닐 확률은 얼마인가?

(a) A를 순수 흰색일 사건이라면 $\Rightarrow$ 1.
$P(A) + P(A^c) =$ ______

(b) $P(A^c) =$ ______ $\Rightarrow$ $1 - 0.25 = 0.75$.

기대

여사건은 6장에서 특별히 응용된다. 6장에서는 이항실험과 관련된 확률을 배운다. 두 가지 결과 "성공"과 "실패"를 갖는 실험이 있다. 이 실험의 특징 중 하나는 결과가 n번의 독립시행 중에서 "성공"의 횟수로 분류될 수 있다는 것이다.

이항실험의 표본공간의 단순사건
0 성공, 1 성공, 2 성공, 3 성공, ..., n 성공

"적어도 한번" 성공할 확률을 계산하는 편리한 방법은 "적어도 한번"의 여사건 "0 성공"을 관찰하는 것이다. 그러면 여사건 법칙은

$$P(\text{적어도 한번 성공}) = 1 - P(0 \text{ 성공})$$

이다.

요약 확률에 관한 몇 가지 중요한 사실

1. **통계적 실험**(statistical experiment) 또는 **통계적 관찰**(statistical observation)은 명확한 결과로 이어지는 어떤 확률활동이다. **단순사건**(event)은 오직 하나의 실험결과로 구성된

다. **표본공간**(sample space)은 모든 단순사건의 집합이다. **사건** A **는** 표본공간의 부분 집합이다.

2. 사건 A의 확률은 $P(A)$로 나타낸다.
3. 사건의 확률은 0과 1 사이이다. 확률이 1에 가까울수록 사건은 발생할 가능성이 더 커진다. 확률이 0에 가까울수록 사건은 발생할 가능성이 적어진다.
4. 표본공간에 속하는 모든 단순사건의 확률의 합은 1이다.
5. 확률은 직관, 상대도수 혹은 등확률결과로 할당될 수 있다. 확률을 할당하는 다른 방법은 뒷장에서 소개될 것이다.
6. 어떤 사건A 의 여사건은 A^c로 표기한다. 따라서 A^c은 A가 발생하지 않을 사건이다.

확률해석

확률에 관한 요약의 3항에서 강조하였듯이 확률이 1에 가까울수록 사건은 발생할 가능성이 더 커진다. 확률이 0에 가까울수록 사건은 발생할 가능성이 적어진다. 그러나 어떤 사건의 확률이 매우 높아도 사건이 발생할 것이라는 확신은 아니다. 마찬가지로 어떤 사건의 확률이 매우 낮아도 그 사건은 발생할 수 있다.

➲ 한 사건의 확률은 무엇을 말해주는가?

- 사건 A의 확률은 사건 A가 발생할 가능성을 말해준다. 만약 확률이 1이라면 사건 A는 확실히 발생할 것이다. 만약 확률이 0이라면 사건 A는 발생하지 않을 것이다. 확률이 1에 가까울수록 사건은 발생할 가능성이 더 커지지만 발생하지 않을 수 있다. 확률이 0에 가까울수록 사건은 발생할 가능성이 적어지지만 발생할 수 있다.
- 사건 A의 확률은 사건 A를 포함하고 있는 표본공간을 둘러싼 조건의 배경에서만 응용한다. 예를 들어 신입생이 4년 이내에 대학을 졸업할 사건을 고려하자. 표본공간에 속하는 사건을 미국 내의 모든 대학 신입생에게 적용하는가? 전공이 정해지는가? 최소 SAT 혹은 ACT점수가 정해지는가? 표본공간에 속하는 사건의 이 모든 조건이 사건의 확률에 영향을 줄 수 있다. 표본공간에서 설명된 조건 밖의 학생들에게 사건 A의 확률을 적용하는 것은 부적당할 것이다.
- 만약 사건 A의 확률을 안다면 같은 표본공간의 배경에서 A의 여사건을 쉽게 계산 할 수 있다.

$$P(A^c) = 1 - P(A)$$

통계학에 관련된 확률

통계학과 확률은 서로 밀접한 수학분야이지만 별개의 분야이다. 확률은 통계적 업무의 도구이다. 사실 확률론이 없다면 추측통계학은 가능하지 않다.

확률은 표본이 **기지인 모집단**(known population)에서 추출되었을 때 무엇이 발생할지를 연구하는 분야이다. 통계학은 표본을 뽑는 방법과 **미지의 모집단**(unknown population)에 관한 추론을 어떻게 할지를 설명하는 연구 분야이다.

➲ 확률응용 예제

조건 : 전체 모집단의 정확한 구조를 안다.

예제 : 3개의 초록구슬, 5개의 빨간 구슬과 4개의 흰색 구슬이 들어있는 주머니에서 임의로 6개의 구슬을 꺼낸다. 빨간 구슬이 하나도 뽑히지 않을 확률은 얼마인가?

➲ 통계응용 예제

조건 : 미지의 모집단으로 부터의 표본을 가지고 있다.

예제 : 구슬이 들어있는 주머니에서 6개를 임의로 꺼내어 색을 관찰한다. 표본 결과를 가지고 주머니 안에 들어있는 구슬의 색과 수에 관하여 추측을 한다.

다른 면에서 확률과 통계학은 같은 동전의 이면과 같다. 확률 면에서는 모집단 관하여 모든 것을 안다. 중심문제는 특정 결과가 발생할 가능성을 계산하는 것이다. 통계학 면에서는 오직 모집단에서 추출된 표본결과만 안다. 중심문제는 표본을 기술하고(기술 통계학) 표본결과를 기반으로 모집단에 관하여 결론을 이끌어 내는 것이다(추측 통계학).

통계적 연구에서 미지의 모집단에 관한 추론은 절대적으로 옳다고 주장하는 것이 아니다. 모집단은 미지인 상태로 결론에 대하여 "최선의 추측"을 채택해야하고 절대적인 확신보다는 가장 그럴듯한 대답을 사용하여 행동하여야 한다.

이 장의 주제가 확률이다. 그러나 확률 자체를 배우지는 않을 것이다. 확률은 신비한 수학분야이지만 통계학의 이해에 필요한 확률부분만 배울 것이다.

▶▶ 5.1 연습문제

1. **통계적 지식**. 확률을 할당하는 세 가지 방법을 열거하시오.

2. **통계적 지식**.
   (a) 사건 A가 확실히 발생할 확률은 무엇인가?
   (b) 사건 B가 발생하지 않을 확률은 무엇인가?

3. **해석**. 해리스 여론조사는 운전을 하고 휴대전화를 소지하고 있는 성인들 중 18세에서 24세사이의 운전자가 문자를 보내거나 읽을 확률이 0.51이라 한다. 이 확률을 휴대전화를 소지한 모든 운전자들에게 적용할 수 있는가?

4. **기본계산: 상대도수로 확률**. 임의로 미국 성인 1,010명을 선택하여 조사한 최근 해리스 여론조사에서 627명이 매우 인기가 있는 직업으로 소방관을 고려한다는 것을 보였다. 임의로 선택한 한 미국성인이 매우 인기가 있는 직업으로 소방관을 고려할 확률을 구하시오.

5. **해석**. 3년 안에 돈이 두 배가 될 확률이 0.95인 투자 기회가 있다. 그러나 투자에 관하여 자세히 연구하여 전체 투자금을 잃을 가능성이 3%있다고 평가하였다. 이 정보에 근거하여 돈을 벌 수 있다고 확신하는가? 이 투자 기회에 위험이 있는가?

6. **비판적 사고**. 3명의 자녀가 있는 가족을 고려한다. 남자아이일 확률이 0.5이고 여자아이일 확률이 0.5라 가정한다. 사건 "남자아이"와 "여자아이"는 서로 독립이다.
   (a) 나이순으로 세 아이들의 성별에 관한 등확률사건을 열거하시오.
   (b) 세 아이 모두 남자일 확률은 얼마인가? 여사건을 이용하여 적어도 한명은 여자아이일 확률을 구하시오.

7. **비판적 사고**. 정상적인 동전을 한번 던지면 앞면이 나올 확률이 0.5이고 뒷면이 나올 확률도 0.5이다. 만약 같은 동전을 두 번 던진다면 첫 번째 앞면이 나왔다면 두 번째에는 뒷면이 반드시 나온다고 할 수 있을까?

8. Myers-Briggs: **성격유형**. 이사벨 브릭스 마이어는 성격유형연구의 개척자이다. 성격유형은 크게 4가지 기준으로 정의된다고 한다. 다음은 375쌍의 부부를 임의로 추출하여 배우자와 유사하거나 다른 성격 기준을 조사한 자료이다.

375쌍의 부부의 랜덤표본에서의 유사성

유사 기준의 수	부부 수
4	34
3	131
2	124
1	71
0	15

(a) 자료를 이용하여 유사기준의 수가 0, 1, 2, 3, 4일 확률을 구하시오.

(b) 확률을 더하면 1이 되는가? 이 문제에서 표본 공간은 무엇인가?

9. **심리학**: **창조성**. 창조적인 사람들은 가장 좋은 착상을 언제 하는가? 966명의 발명가를 조사하여 다음 정보를 얻었다.

가장 좋은 착상이 떠오르는 시간

시간	발명가 수
오전 6시 -낮 12시	290
낮12시 - 오후 6시	135
오후 6시 -밤 12시	319
밤12시 - 오전 6시	222

(a) 시간 구간이 왼쪽 한계를 포함하고 오른쪽 한계를 포함하지 않는다고 가정하고 발명가들이 각 시간구간에서 가장 좋은 착상을 할 확률을 구하시오.

(b) 확률을 더하면 1이 되는가? 이 문제에서 표본 공간은 무엇인가?

10. **지식확장**: **승산**. 확률표현이 승산

$$\text{사건 } A\text{의 승산비} = \frac{P(A)}{P(A^c)}$$

으로 표현되는 경우도 있다. 예를 들면, $P(A) = 0.60$ 이라면 $P(A^c) = 0.40$ 이고 A 의 승산비는

$$\frac{0.60}{0.40}=\frac{6}{4}=\frac{3}{2}$$

로 3 : 2 로 쓴다.

(a) 사건 A의 승산비 $n:m$ 이 주어진다면 사건 A의 확률은 $P(A)=\frac{n}{n+m}$ 임을 보이시오.

(b) 마케팅 관리자가 새 근로자에게 전화 한통화로 판매를 할 승산비는 2 : 15 라고 말하였다. 성공적인 통화를 할 확률은 얼마인가?

(c) 스포츠 아나운서가 한 농구선수가 자유투의 승산비가 3 : 5 라고 말한다. 선수가 자유투를 성공할 확률은 얼마인가?

11. **경영**: **고객**. 존은 컴퓨터 소프트웨어 상점을 하고 있다. 어제 127명이 상점 앞을 지나갔는데 그 중 58명이 상점으로 들어왔다. 58명중 25명이 상점에서 무엇인가를 구입하였다.

(a) 상점 앞을 지나는 사람이 상점에 들어올 확률을 구하시오.

(b) 상점 안에 들어온 사람이 무엇인가를 구입할 확률을 구하시오.

(c) 상점 앞을 지나는 사람이 상점에 들어와 무엇인가를 구입할 확률을 구하시오.

(d) 상점 안에 들어온 사람이 아무 것도 구입하지 않을 확률을 구하시오.

5.2 확률 법칙 – 복합사건

초점

- 일반복합사건의 확률을 계산하시오.
- 독립사건 혹은 상호 배반사건을 포함하는 확률을 계산하시오.
- 여론조사 결과를 사용하여 조건부 확률을 계산하시오.

조건부 확률과 곱셈법칙

두 개의 주사위를 던질 때 각각 5의 눈이 나올 확률은 얼마인가? 색을 제외하고는 모든 면에서 동일한 6개의 공이 있다. 3개는 녹색이고, 2개는 청색이고 1개는 빨간색이다. 비복원으로 2개의 공을 꺼낸다. 두 공 모두 녹색일 확률은 얼마인가?

이 두 문제는 거의 유사하게 보인다. 각 경우 두 사건이 동시에 발생할 확률을 구한다는 면에서 유사하다. 첫 번째 문제에서는

$$P(\text{첫 번째 주사위 눈이 5이고 두 번째 주사위 눈도 5})$$

을 구하는 것이다. 두 번째 문제에서는

$$P(\text{첫 번째 공이 녹색이고 두 번째 공도 녹색})$$

을 구하는 것이다.

그러나 두 문제는 중요한 면에서 서로 다르다. 주사위 문제에서 첫 번째 주사위의 눈이 5라는 결과는 두 번째 주사위의 눈이 5가 될 확률에 어떤 영향도 없다. 따라서 두 사건은 **독립**(independent)이다.

> 한 사건이 발생하고 발생하지 않음이 다른 사건의 발생확률을 변화시키지 않으면 두 사건은 **독립**(independent)이다.

공 문제에서 첫 번째 공이 녹색일 확률은 3/6이다. 만약 첫 번째에서 녹색공이 나왔다면 두 번째 공이 녹색일 확률은 2/5이다. 따라서 두 사건은 독립이 아니다. 사실 **종속**(dependent)이다. 왜냐하면 첫 번째 결과에 따라 두 번째에 녹색을 얻을 확률이 달라지기 때문이다.

두 사건이 독립인지 종속인지가 왜 중요할까? 사건의 형태는 두 사건이 동시에 발생할 확률을 계산하는 방법을 결정한다. 만약 두 사건 A와 B가 독립이라면 다음 공식(4)를 사용하여 두 사건이 동시에 발생할 사건($A \cap B$, $A\ and B$, 곱사건)의 확률을 계산한다.

> **독립사건의 곱셈법칙**(multiplication rule)
>
> $$P(A \cap B) = P(A) \cdot P(B) \qquad (4)$$

만약 두 사건이 종속이라면 다른 사건의 발생에 따른 사건의 발생확률의 변화를 고려하

여야만 한다. 기호 $P(A|B)$는 사건 B가 발생했다는 조건하에서 사건 A가 발생할 확률을 나타낸다. 이를 **조건부 확률**(conditional probability)이라 한다. 두 사건 A와 B가 종속이라면 $P(A) \neq P(A|B)$이다. 왜냐하면 사건 B의 발생이 사건 A가 발생할 확률을 바꾸었기 때문이다.

임의의 사건의 곱셈법칙

$$P(A \cap B) = P(A) \cdot P(B|A) \tag{5}$$

$$P(A \cap B) = P(B) \cdot P(A|B) \tag{6}$$

이용할 수 있는 정보에 따라 식(5)나 (6)을 사용할 것이다.

공식 (4), (5)과 (6)은 확률의 곱셈법칙을 구성한다. 식들을 사용하여 표본공간이 너무 크거나 완전히 모를 때 사건들이 동시에 발생할 확률을 계산할 수 있다.

➲ $P(B) \neq 0$**일 때, 조건부 확률**

$$P(A \mid B) = \frac{P(A \cap B)}{P(B)}$$

예제 4 곱셈법칙, 독립사건

두 개의 공정한 주사위를 던질 때 각각 5의 눈이 나올 확률은 얼마인가?

풀이 **[곱셈법칙 사용]** 두 사건은 독립이므로 공식(4)를 이용한다.

$$\begin{aligned} &P(\text{첫 번째주사위 눈이 5이고 두 번째 주사위눈도 5}) \\ &= P(\text{첫 번째5}) \cdot P(\text{두 번째 5}) \\ &= \frac{1}{6} \cdot \frac{1}{6} = \frac{1}{36}. \end{aligned}$$

[표본공간 사용] 먼저 표본 공간을 열거한다. 각 주사위는 6개의 등확률결과를 가지고 있으므로 표본공간은 그림 5-2와 같다. 전체 결과가 36개이고 두 주사위의 눈이 모두 5일 결과는 1개이므로

$$P(\text{첫 번째주사위 눈이 5이고 두 번째 주사위눈도 5}) = \frac{1}{36}.$$

[그림 5-2] 두 개의 주사위에 대한 표본공간

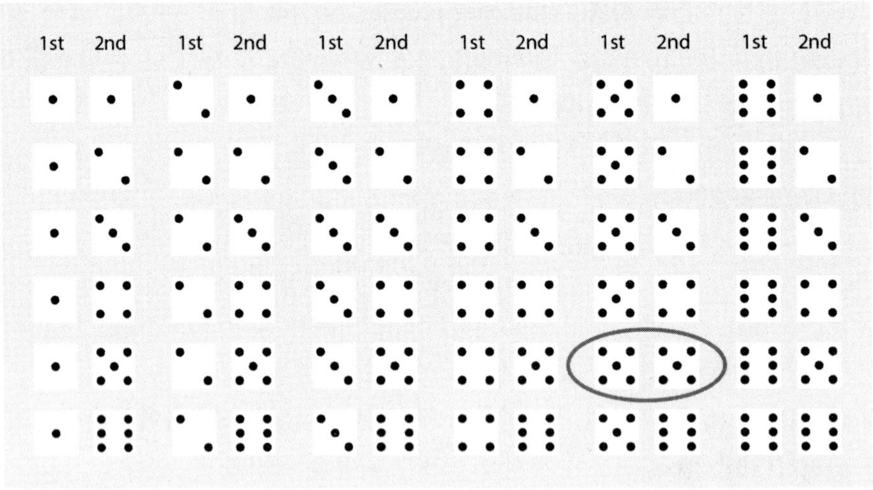

■

예제 5 곱셈법칙, 종속사건

색을 제외하고는 모든 면에서 동일한 6개의 공이 있다. 3개는 녹색(G)이고, 2개는 청색(B)이고 1개는 빨간색(R)이다. 비복원으로 2개의 공을 꺼낸다. 두 공 모두 녹색일 확률은 얼마인가?

풀이 **[곱셈법칙 사용]** 이 사건들은 종속이다. 첫 번째 공이 녹색일 확률은 3/6이지만 두 번째 공이 녹색일 확률은 첫 번째가 녹색이었다면 2/5이다. 따라서 종속사건의 곱셈법칙을 사용하면

$$P(\text{첫 번째공이 녹색이고 두 번째 공도 녹색})$$
$$= P(\text{첫 번째 녹색}) \cdot P(\text{두 번째녹색}|\text{첫 번째 녹색})$$
$$= \frac{3}{6} \cdot \frac{2}{5} = \frac{1}{5} = 0.2$$

이다.

[표본공간 사용] 첫 번째 뽑힌 6개의 결과 각각에 대하여 두 번째 뽑힌 5개의 결과가 대응한다. 전체 가능한 결과가 30개 있다. 그림 5-3이 모든 가능한 결과를 보여준다.

$$P(\text{첫 번째공이 녹색이고 두 번째 공도 녹색}) = \frac{6}{30} = 0.2$$

이다.

[그림 5-3] 두 공 모두 녹색일 결과

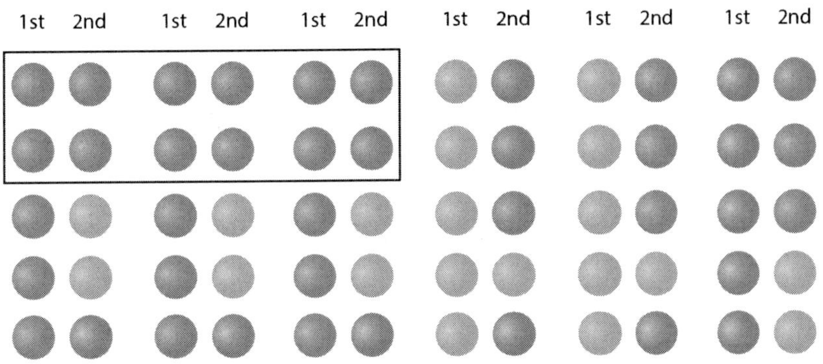

■

절차 곱셈법칙을 사용하는 법

1. A와 B가 독립사건인지를 결정하시오. 만약 $P(A)=P(A\mid B)$라면 사건은 독립이다.
2. 만약 A와 B가 독립이라면

$$P(A\cap B) = P(A)\cdot P(B). \tag{4}$$

3. 만약 A와 B가 임의의 사건이라면

$$P(A\cap B) = P(A)\cdot P(B\mid A) \tag{5}$$

혹은

$$P(A\cap B) = P(B)\cdot P(A\mid B) \tag{6}$$

유도된 연습문제 4 곱셈법칙

앤드류는 55살이고 앞으로 10년 동안 생존할 확률이 0.72이다. 엘렌은 35이고 앞으로 10년 동안 생존할 확률이 0.92이다. 사람의 수명은 다른 사람의 수명에 영향을 받지 않는다고 가정할 때 둘 다 앞으로 10년 동안 생존할 확률은 얼마인가?

(a) 이 사건들은 종속인가 독립인가? ⇒ 한 사람의 수명이 다른 사람의 수명에 영향을 끼치지 않으므로 독립이다.

(b) 적절한 곱셈법칙을 사용하여 확률을 구하시오. ⇒ A를 앤드류가 생존할 사건, B를 엘렌이 생존할 사건이라 하면

$$P(A\cap B) = P(A)\cdot P(B)$$
$$= 0.72\cdot 0.92 = 0.66$$

유도된 연습문제 5 종속사건

디지털 카메라를 검수하는 품질관리 절차는 100개 단위의 상자에서 차례로 두 대를 비복원으로 뽑는다. 만약 둘 다 결함이 있으면 해당 상자는 출하하지 않는다. 상자 안에 10대의 불량품이 들어 있다면 두 대 모두 불량품일 확률을 구하시오. 임의로 추출하므로 각 카메라가 뽑힐 확률은 같다고 가정한다.

(a) 첫 번째가 불량품일 확률은 얼마인가? ⇒ A을 첫 번째 카메라가 불량품일 사건이라 하면 전체가 100대 이므로

$$P(A) = \frac{10}{100} = \frac{1}{10}.$$

(b) 첫 번째가 불량품이라면 두 번째도 불량품일 확률은 얼마인가? ⇒ B를 두 번째가 불량품일 사건이라 하면

$$P(B \mid A) = \frac{9}{99} = \frac{1}{11}.$$

(c) (a)과 (b)에서 구한 확률은 서로 다른가? 두 번째 결과가 첫 번째 결과의 영향을 받는가? 종속사건인가? ⇒ 그렇다.

(4) 종속사건의 공식을 사용하여 $P(A \cap B)$를 구하시오. ⇒

$$P(A \cap B) = P(A) \cdot P(B|A) = \frac{1}{10} \cdot \frac{1}{11} = \frac{1}{110}.$$

독립사건의 곱셈법칙은 두 개 이상의 독립사건으로 확장할 수 있다. 예를 들어, 씨앗 하나가 발아할 확률은 0.85이고 3개를 심었다면 모두 발아할 확률(씨앗 발아는 독립이라 가정)은

$$P(\text{첫 번째 발아} \cap \text{두 번째 발아} \cap \text{세 번째 발아}) = 0.85 \cdot 0.85 \cdot 0.85 \approx 0.614$$

이다.

➲ 조건부 확률은 무엇을 말해주는가?

사건 A와 B의 조건부 확률은 다음을 말해준다.

- 사건 B가 발생했다는 가정 하에 사건 A가 발생할 확률, $P(A \mid B)$.
- 사건 A가 발생했다는 가정 하에 사건 B가 발생할 확률, $P(B \mid A)$.
- $P(A \mid B) = P(A)$혹은 $P(B \mid A) = P(B)$이라면 사건 A와 B는 독립이다.
- 두 사건이 동시에 발생할 확률,

$$P(A \cap B) = P(A) \cdot P(B|A),$$
$$P(A \cap B) = P(B) \cdot P(A|B).$$

만약 독립이라면

$$P(A \cap B) = P(A) \cdot P(B).$$

• 만약 $P(A \cap B)$와 $P(B)$를 안다면

$$P(A \mid B) = \frac{P(A \cap B)}{P(B)}, \quad P(B) \neq 0.$$

덧셈법칙

곱셈법칙은 두 사건이 동시에 일어날 확률을 구할 때 사용할 수 있다. 그림 5-4(a)의 칠해진 영역의 확률을 구하는 것이다.

사건을 결합하는 다른 방법은 한 사건 혹은 다른 사건이 발생할 확률을 고려하는 것이다. 예를 들어, 만약 스포츠용 자동차 판매원이 지붕을 접을 수 있거나 가죽 커버가 있는 차를 판매한다면 추가 수당을 받는다면 판매원은 여러분이 지붕을 접을 수 있거나 가죽 커버가 있는 차를 구입할 확률에 관심이 있을 것이다. 물론 여러분이 가죽 커버에 지붕을 접을 수 있는 차를 구입을 해도 된다. 그림 5-4(b)가 이 사건을 나타낸다. A *or* $B(A \cup B$; 합사건)는 다음 조건의 하나를 만족한다.

[그림 5-4]

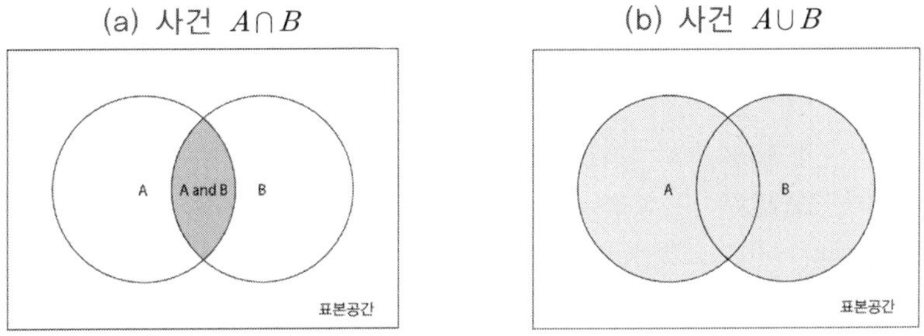

1. A가 발생한다.
2. B가 발생한다.
3. A와 B가 둘 다 발생한다.

확률을 계산할 때 다른 법칙을 사용하므로 *or* (∪)와 *and*(∩)를 구별하여야 한다.

유도된 연습문제 6 결합사건

다음 사건들이 어떻게 서로 결합되었는지를 설명하시오.

(a) 역사 영역에서 한 과목을 이수하거나 고전 문학에서 한 과목을 이수하여야 한다. ⇒ *or* (∪)

(b) 새 타이어를 구입하여 앞 바퀴조정을 한다. ⇒ *and* (∩)

(c) 심리학 뿐만 아니라 생물학에서도 A 를 받는다. ⇒ *and* (∩)

(d) 고양이, 강아지, 새, 토끼 중의 적어도 한 마리를 애완용으로 기른다. ⇒ *or* (∪)

합사건의 확률을 구하려면 어떤 공식을 사용하는가? 답은 상황에 따라 다르다.

예제 6 합사건의 확률

31명이 수강하고 있는 기초통계학 강좌를 고려한다. 학생들은 1학년에서 4학년까지 있다. 몇 명은 남학생이고 몇 명은 여학생이다. 그림 5-5는 이 반의 표본공간을 나타낸다.

[그림 5-5] 통계학 강좌의 표본공간

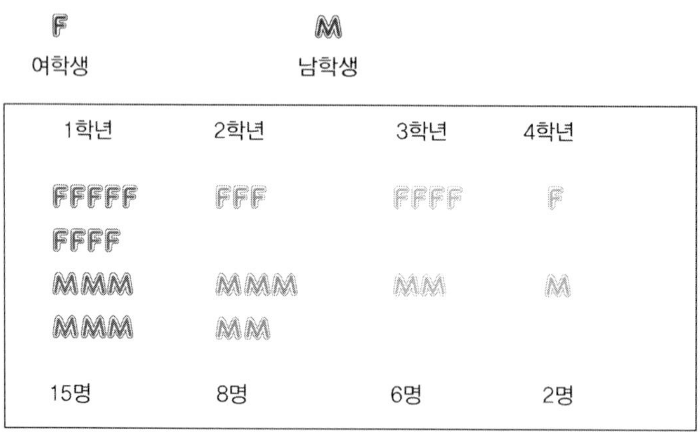

(a) 반에서 한명을 임의로 선택한다. 그 학생이 1학년 혹은 2학년일 확률을 구하시오.

풀이 1학년이 15명, 2학년이 8명 있으므로 $P(1\text{학년}) = \frac{15}{31}$ 이고 $P(2\text{학년}) = \frac{8}{31}$ 이다. 따라서

$$P(1\text{학년 or }2\text{학년}) = \frac{15}{31} + \frac{8}{31} = \frac{23}{31} \approx 0.742.$$

(b) 반에서 한명을 임의로 선택한다. 그 학생이 남학생이거나 2학년일 확률을 구하시오.

풀이 $P(2\text{학년}) = \frac{8}{31}$, $P(\text{남학생}) = \frac{14}{31}$, $P(2\text{학년} \cap \text{남학생}) = \frac{5}{31}$ 이다. 그러므로

$$\begin{aligned} P(2\text{학년 or 남학생}) &= P(2\text{학년}) + P(\text{남학생}) - P(2\text{학년} \cap \text{남학생}) \\ &= \frac{8}{31} + \frac{14}{31} - \frac{5}{31} = \frac{17}{31} \approx 0.548. \end{aligned}$$

■

사건 A와 B가 동시에 발생할 수 없다면 **상호 배반**(mutually exclusive, disjoint)사건이라 한다. 이것은 A와 B가 공통적인 결과를 갖지 않는다는 것을 의미하므로 $P(A \cap B) = 0$ 이다.

두 사건이 동시에 발생할 수 없다면 **상호 배반**(mutually exclusive, disjoint)사건이다. $P(A \cap B) = 0$ 이라면 두 사건은 서로 배반이다.

배반사건의 덧셈법칙 : $P(A \cup B) = P(A) + P(B)$ (7)

일반사건의 덧셈법칙 : $P(A \cup B) = P(A) + P(B) - P(A \cap B)$ (8)

절차 덧셈법칙의 사용법

1. A와 B가 상호배반사건인지를 결정하시오. 만약 $P(A \cap B) = 0$ 라면 사건은 상호배반이다.
2. 만약 A와 B가 배반사건이라면
$$P(A \cup B) = P(A) + P(B) \quad (7)$$
3. 만약 A와 B가 임의의 사건이라면
$$P(A \cup B) = P(A) + P(B) - P(A \cap B) \quad (8)$$

유도된 연습문제 7 상호 배반사건

옷 가게에서 옷 한 벌을 입어 보지 않고 구입한다면 허리 사이즈가 너무 꼭 낄 확률이 0.30이고 너무 헐렁할 확률이 0.10이라 한다.

(a) 사건 : "T; 너무 꽉 끼다" 와 " L; 너무 헐렁하다"는 서로 배반인가?	⇒ 동시에 발생할 수 없으므로 배반사건이다.
(b) 허리 사이즈가 너무 꽉 끼거나 헐렁할 확률을 구하시오.	⇒ 배반사건이므로 $P(T \cup L) = P(T) + P(L) = 0.30 + 0.10 = 0.40.$

유도된 연습문제 8 일반 덧셈법칙

성적을 보았을 때 학생들의 80%는 수학을 공부해야하고, 70%는 영어를 공부해야하고, 55%는 둘 다 공부를 하여야 한다.

(1) 사건 "M; 수학 공부" 와 "E; 영어 공부"는 서로 배반인가?	⇒ 몇 학생은 둘 다 필요하므로 이 사건들은 배반이 아니다. 사실 $P(M \cap E) = 0.55$.
(2) 임의로 선택된 학생이 수학 공부를 해야 하거나 영어 공부를 해야 할 확률을 구하시오.	⇒ 공식 (8)을 사용하여 $P(M \cup E) = P(M) + P(E) - P(M \cap E) = 0.80 + 0.70 - 0.55 = 0.95.$

상호 배반사건의 덧셈법칙은 모두 서로 배반인 두 개 이상의 사건으로 확장할 수 있다.

➲ 두 사건이 상호배반이라는 사실은 무엇을 말해주는가?

만약 두 사건 A와 B가 상호배반이라면 한 사건이 발생은 다른 사건이 발생하지 않는다는 것을 의미한다. 계산에서 다음을 말해준다.

- $P(A \cap B) = 0$.
- $P(A \cup B) = P(A) + P(B)$.
- $P(A|B) = 0$과 $P(B|A) = 0$.

예제 7 상호 배반사건

로라는 모노폴리 게임을 하고 있다. 다음 수에서 자신의 영토에서 앞으로 가기 위하여 두 주사위의 눈의 합이 8보다 커야만 한다. 합이 8보다 클 확률은 얼마인가?

풀이 두 개의 주사위를 던질 때 나타날 수 있는 가장 큰 합은 12이다. 결과적으로 8보다 큰 합은 9, 10, 11 과 12이다. 이 결과들은 상호 배반이다. 따라서 8보다 클 확률은 $P(9 \cup 10 \cup 11 \cup 12)$ 이다. 상호 배반사건이므로

$$P(9 \cup 10 \cup 11 \cup 12) = P(9)+P(10)+P(11)+P(12)$$
$$= \frac{4}{36}+\frac{3}{36}+\frac{2}{36}+\frac{1}{36} = \frac{10}{36}$$

이다. ■

분할표를 이용한 추가 예제

단순항목조사(simple tally survey)는 반응을 행과 열로 정리한 **분할표**(contingency table)로 기록할 수 있는 문항으로 구성된다. 조사가 대단위 랜덤표본으로 부터의 반응이라면 결과는 모집단을 대표할 수 있을 것이다. 이 경우에 조사 결과로부터 단순 확률, 조건부 확률과 결합확률을 평가할 수 있다.

예제 8 조사

한 전기회사에서 140명의 모든 종업원을 대상으로 지지 정당을 조사하였다. 종업원들은 근무형태에 따라 관리직과 생산직으로 나누었다. 그 결과가 표 5-2 이다.

[표 5-2] 고용형태와 지지정당

	지지 정당			
고용형태	민주당(D)	공화당(R)	무소속(I)	열 합계
관리직(E)	5	34	9	48
생산직(PW)	63	21	8	92
행 합계	68	55	17	140

한명의 종업원을 임의로 추출한다고 가정할 때 다음 확률을 구하시오.

(a) $P(D)$와 $P(E)$를 계산하시오.

풀이 확률을 구하기 위하여 전체 표본공간 표 5-2를 살펴본다.

$$P(D) = \frac{68}{140},\ P(E) = \frac{48}{140}.$$

(b) $P(D|E)$를 계산하시오.

풀이 조건부 확률이므로 관리직 조건만 만족하는 표본공간의 일부분만 고려한다.

$$P(D|E) = \frac{5}{48}.$$

(c) 사건 D와 E는 독립인가?

풀이 사건 D와 E가 독립인지를 결정하는 한 가지 방법은 $P(D) = P(D|E)$ 또는 $P(E) = P(E|D)$ 인지를 확인하는 것이다. (a)과 (b)에서 $P(D) \neq P(D|E)$ 이므로 두 사건은 독립이 아니다.

(d) $P(D \cap E)$를 계산하시오.

풀이 조건부 확률이 아니므로 전체 표본공간을 살펴 보아야한다.

$$P(D \cap E) = \frac{\text{민주당이면서 관리직인 사람 수}}{\text{전체 종업원수}} = \frac{5}{140}.$$

종속사건의 확률법칙을 사용하면

$$\begin{aligned} P(D \cap E) &= P(E) \cdot P(D|E) \\ &= \frac{48}{140} \cdot \frac{5}{48} = \frac{5}{140} \end{aligned}$$

으로 두 값은 일치한다.

(e) $P(D \cup E)$를 계산하시오.

풀이 $P(D \cap E) \neq 0$ 이므로 (4)로부터 사건 D와 E는 상호배반이 아니라는 것을 알 수 있다. 그러므로

$$\begin{aligned} P(D \cup E) &= P(D) + P(E) - P(D \cap E) \\ &= \frac{68}{140} + \frac{48}{140} - \frac{5}{140} = \frac{111}{140}. \end{aligned}$$

■

유도된 연습문제 9 조사

표 5-2를 사용하여 고용형태와 지지정당에 관한 확률을 고려한다. 생산직과 무소속 지지만 고려한다. 140명 중에서 임의로 한명을 추출한다고 가정한다.

(a) $P(I)$와 $P(PW)$를 계산하시오. ⇒ $P(I) = \frac{17}{140}$, $P(PW) = \frac{92}{140}$.

(b) $P(I|PW)$를 계산하시오. ⇒ $P(I|PW) = \frac{8}{92}$.

(c) 전체 표본공간을 고려하여 $P(I \cap PW)$를 계산하시오. ⇒ $P(I \cap PW) = \frac{8}{140}$.

(d) 종속사건의 곱셈법칙을 사용하여 $P(I \cap PW)$를 계산하시오.
⇒ $P(I \cap PW) = P(PW) \cdot P(I|PW) = \frac{92}{140} \cdot \frac{8}{92} = \frac{8}{140}$

(e) $P(I \cup PW)$을 계산하시오. 두 사건은 상호배반인가?
⇒ 상호배반이 아니므로
$P(I \cup PW) = P(I) + P(PW) - P(I \cap PW) = \frac{17}{140} + \frac{92}{140} - \frac{8}{140} = \frac{101}{140}.$

요약

기본확률법칙의 요약

1. P(전체 표본공간) $= 0$.
2. 임의의 사건 A에 대하여 $0 \le P(A) \le 1$.
3. $P(A^c) = 1 - P(A)$.
4. $P(A \mid B) = P(A)$이라면 사건 A와 B는 독립이다.
5. 곱셈법칙
   - 일반사건: $P(A \cap B) = P(A) \cdot P(B|A)$, $P(A \cap B) = P(B) \cdot P(A|B)$.
   - 독립사건: $P(A \cap B) = P(A) \cdot P(B)$.
6. 조건부 확률: $P(A \mid B) = \dfrac{P(A \cap B)}{P(B)}$, $P(B) \neq 0$.
7. $P(A \cap B) = 0$ 라면 사건 A와 B는 상호배반이다.
8. 덧셈법칙
   - 일반사건: $P(A \cup B) = P(A) + P(B) - P(A \cap B)$
   - 상호배반: $P(A \cup B) = P(A) + P(B)$.

비판적 사고

다음 문장을 기호로 나타내시오.

[표 5-3] 문장과 대응하는 기호

모집단에서 임의로 추출된 한 사람에 대하여 다음 사건을 고려한다.

A: 그 사람이 대학생이다.

B: 그 사람이 30세 미만이다.

문장	기호표현
1. 그 사람이 대학생이고 30세 미만일 확률이 40%이다.	$P(A \cap B) = 0.40$.
2. 30세 미만인 사람이 대학생일 확률이 45%이다.	$P(A \mid B) = 0.45$
3. 그 사람이 30세 미만이었다면 대학생일 확률은 45%이다.	$P(A \mid B) = 0.45$

4.	대학생이 30세 미만일 확률은 0.60이다.	$P(B \mid A) = 0.60$
5.	대학생이 아니거나 30세 미만일 확률은 0.75이다.	$P(A^c \cap B) = 0.75$

▶▶ 5.2 연습문제

1. **통계적 지식**. 두 사건이 상호배반이라면 동시에 발생할 수 있는가?

2. **기본계산: 덧셈법칙**. $P(A) = 0.3$, $P(B) = 0.4$이다.
   (a) A와 B가 상호배반사건이라면 $P(A \cup B)$를 계산하시오.
   (b) $P(A \cap B) = 0.1$이라면 $P(A \cup B)$를 계산하시오.

3. **기본계산: 곱셈법칙**. $P(A) = 0.2$, $P(B) = 0.4$이다.
   (a) A와 B가 독립사건이라면 $P(A \cap B)$를 계산하시오.
   (b) $P(A \mid B) = 0.1$이라면 $P(A \cap B)$를 계산하시오.

4. **기본계산: 확률의 법칙**. $P(A) = 0.2$, $P(B) = 0.5$, $P(A \mid B) = 0.3$이다.
   (a) $P(A \cap B)$를 계산하시오.
   (b) $P(A \cup B)$를 계산하시오.

5. **비판적 사고**. 다음과 같은 확률문제를 만들었다:

   $$P(A) = 0.3,\ P(B) = 0.3,\ P(A \cap B) = 0.4.$$

   확률할당에 무엇이 잘못되었는가?

6. **비판적 사고**. 두 사건 A와 B가 상호배반으로 $P(A) \neq 0$, $P(B) \neq 0$이다. 다음 단계를 통하여 두 상호배반사건이 독립이 아닌 이유를 알게 될 것이다.
   (a) 상호배반사건에 대하여 사건 B가 발생했다면 사건 A가 발생할 수 있는가? $P(A \mid B)$는 얼마인가?

(b) (a)의 정보를 이용하여 사건 A와 B가 상호배반이라면 독립이 아니라고 할 수 있는가?

7. **비판적 사고**. 일반 모집단으로부터 임의로 추출한 한 운전사에 대한 다음 사건을 고려한다.

A : 운전사가 25살 미만이다.

B : 운전사가 과속 스티커를 받았다.

다음 각 문장을 기호로 나타내시오.

(a) 운전사가 25살 미만이고 과속 스티커를 받았을 확률

(b) 25살 미만인 운전사가 과속 스티커를 받았을 확률

(c) 과속 스티커를 받은 운전사가 25살 이상일 확률

(d) 운전사가 25살 미만이거나 과속 스티커를 받았을 확률

(e) 운전사가 과속 스티커를 받지 않았거나 25살 미만일 확률

8. **일반: 사탕색**. 다음은 한 제과회사에서 만드는 사탕색의 분포이다.

색	보라색	노란색	빨간색	오렌지색	초록색	청색	갈색
비율	20%	20%	20%	10%	10%	10%	10%

이 회사에서 만든 사탕더미에서 임의로 하나를 뽑는다고 가정한다.

(a) 초록색이거나 청색일 확률을 구하시오. 이 결과는 상호배반인가? 이유는?

(b) 노란색이거나 빨간색일 확률을 구하시오. 이 결과는 상호배반인가? 이유는?

(c) 보라색이 아닐 확률을 구하시오.

9. **일반: 주사위 던지기**. 두 개의 공정한 초록색 주사위와 빨간색 주사위를 던진다.

(a) 각 주사위의 나타난 결과는 독립인가?

(b) 초록색 주사위가 5이고 빨간색 주사위가 3일 확률을 구하시오.

(c) 초록색 주사위가 3이고 빨간색 주사위가 5일 확률을 구하시오.

(d) 초록색 주사위가 5이고 빨간색 주사위가 3이거나 초록색 주사위가 3이고 빨간색 주사위가 5일 확률을 구하시오.

10. **일반: 주사위 던지기**. 두 개의 공정한 초록색 주사위와 빨간색 주사위를 던진다.
    (a) 합이 6일 확률은 얼마인가?
    (b) 합이 4일 확률은 얼마인가?
    (c) 합이 6이거나 4일 확률은 얼마인가? 두 결과는 상호배반인가?

11. **일반: 카드**. 52장의 카드 한 벌에서 비복원으로 차례로 두 장의 카드를 뽑는다.
    (a) 두 카드의 결과는 독립인가? 이유는?
    (b) 첫 번째가 에이스 카드이고 두 번째가 킹 카드일 확률을 구하시오.
    (c) 첫 번째가 킹 카드이고 두 번째가 에이스 카드일 확률을 구하시오.
    (d) 에이스 카드 한 장과 킹 카드 한 장이 뽑힐 확률을 구하시오.

12. **일반: 카드**. 52장의 카드 한 벌에서 복원으로 차례로 두 장의 카드를 뽑는다.
    (a) 두 카드의 결과는 독립인가? 이유는?
    (b) 첫 번째가 에이스 카드이고 두 번째가 킹 카드일 확률을 구하시오.
    (c) 첫 번째가 킹 카드이고 두 번째가 에이스 카드일 확률을 구하시오.
    (d) 에이스 카드 한 장과 킹 카드 한 장이 뽑힐 확률을 구하시오.

13. **마케팅: 장난감**. 다음 표는 아이들 나이에 따라 판매된 장난감 비율을 나타낸 자료이다. 한 장남감이 해당되는 나이의 아이들에게 팔릴 확률을 구하시오.

나이	장난감 비율
3세 미만	15%
3세 이상 ~ 6세 미만	22%
6세 이상 ~ 10세 미만	27%
10세 이상 ~ 13세 미만	14%
13세 이상	22%

    (a) 6세 이상
    (b) 12세 이하
    (c) 6세 이상 13세 미만
    (d) 3세 이상 10세 미만

14. **초점문제: 거짓말탐지기**. 거짓말 탐지기에 의한 검사가 거짓말을 하고 있는 사람을 거짓말을 한다고 판정할 가능성이 72%이고, 거짓말을 하고 있지 않은데 거짓말을 한다고 할 가능성이 7%라고 한다.
   (a) 한 사람이 문항의 90%를 진실하게 대답한다고 가정한다. 거짓말 탐지기가 거짓말을 한다고 잘못 판정할 비율은 얼마인가?
   (b) 한 사람이 문항의 10%를 거짓으로 대답한다고 가정한다. 거짓말 탐지기가 정확하게 거짓말을 한다고 판정할 비율은 얼마인가?
   (c) 한 사람이 문항의 50%를 진실하게, 50%를 거짓으로 대답한다고 가정하고 (a)와 (b)에 답하시오.
   (d) 한 사람이 문항의 15%를 진실하게, 85%를 거짓으로 대답한다고 가정하고 (a)와 (b)에 답하시오.

15. **조사: 폐/심장**. 수술 후 폐확장부전의 진단법으로 38℃ 이상의 열을 기준으로 사용하기도 한다. 이 진단법으로 수술 후 환자들에 대하여 조사한 결과가 다음 표이다.

	폐확장부전	정상	열의 합
진단결과 양성(+)	72	37	109
진단결과 음성(-)	82	79	161
행의 합	154	116	270

전체 모집단이라 가정하고 다음 확률을 구하시오.

(a) $P(+\mid 폐확장부전)$; 검사의 **민감도**(sensitivity)라 한다.
(b) $P(-\mid 폐확장부전)$; 검사의 **위음성률**(false-negative rate)이라 한다.
(c) $P(-\mid 정상)$; 검사의 **특이도**(specificity)라 한다.
(d) $P(+\mid 정상)$; 검사의 **위양성률**(false-positive rate)이라 한다.
(e) $P(폐확장부전\cap +)$; 검사의 **예측값**(predictive value)이라 한다.
(f) $P(폐확장부전\cap -)$

16. **조사: 판매접근**. 판매부서에서 자동차 판매 접근법으로 공격적 접근과 소극적 접근법을 시도하였다. 1,160명의 고객을 대상으로 시도를 하여 결과를 정리하였다.

	판매함(S)	판매못함(N)	열의 합
공격적(A)	270	310	580
소극적(Pa)	416	164	580
행의 합	686	474	1160

1,160명의 참가고객 중에서 임의로 한 명을 추출한다고 가정한다.

(a) $P(S)$, $P(S|A)$, $P(S|Pa)$를 구하시오.

(b) 사건 S와 Pa는 독립인가? 이유를 설명하시오.

(c) $P(A \cap S)$, $P(Pa \cap S)$를 구하시오.

(d) $P(N)$, $P(N|A)$를 구하시오.

(e) 사건 N과 A는 독립인가? 이유를 설명하시오.

(f) $P(A \cup S)$를 구하시오.

5.3 수형도와 계수 방법

초점

- 수형도를 사용하여 표본공간에 속하는 결과를 정리하시오.
- 순열을 사용하여 결과를 순서대로 배열하는 수를 계산하시오.
- 조합을 사용하여 결과 집단의 수를 계산하시오.
- 일상생활에서 확률과 관련된 계수방법을 설명하시오.

결과가 등확률일 때 한 사건의 확률은 공식

$$P(A) = \frac{\text{사건}A\text{에 속한 결과의 수}}{\text{표본공간의 결과의 수}}$$

로 구한다. 확률 공식은 표본공간에 속하는 결과의 수를 필요로 한다. 이 절에서는 표본공간이 크거나 복잡한 사건에 관하여 가능한 결과를 세는 방법을 다룬다.

실험의 결과가 일련의 사건으로 구성되어 있다면 결과의 전체 수는 곱셈법칙을 사용한다.

➲ 계수의 곱셈법칙

실험 E_1이 n_1가지, 실험 E_2이 n_2가지, $\cdots$, 실험 E_m이 n_m가지라면 실험 $E_1E_2\cdots E_m$은 $n_1\times n_2\times\cdots\times n_m$가지의 결과를 갖는다.

예제 9 곱셈법칙

재클린은 간호학을 전공하는데 다음 학기에 심리학, 생리학을 수강하여야하고 스페인어 Ⅱ도 수강하려고 한다. 심리학 두 강좌, 생리학 두 강좌와 스페인어 세 강좌가 개설된다. 얼마나 많은 수강계획을 선택할 수 있는가? 단, 각 강좌는 중복되지 않는다고 가정한다.

풀이 수강계획을 세우는 것을 세 사건의 연속으로 볼 수 있다. 심리학 두 강좌, 생리학 두 강좌이고 스페인어가 세 강좌이므로 가능한 전체 시간표 수는 $2\times2\times3=12$이다. ■

수형도(tree diagram)는 일련의 사건으로 구성된 실험결과의 전체 수에 대한 시각적 표현이다. 수형도로부터 전체 결과 수 뿐 만 아니라 개별 결과도 결정할 수 있다.

예제 10 수형도

예제 9의 정보를 사용하여 재클린을 위한 수형도를 작성하시오.

풀이 그림 5-6에 그 결과를 나타내었다. 심리학이 두 강좌이므로 출발에 두 개의 가지를 그린다. 심리학 각 강좌에 대하여 생리학 두 강좌를 선택할 수 있으므로 다시 두 개의 가지를 그린다. 같은 원리로 생리학 각 강좌에 대하여 스페인어 세 강좌가 대응하므로 세 개의 가지를 그린다.

[그림 5-6] 수업 시간표의 수형도

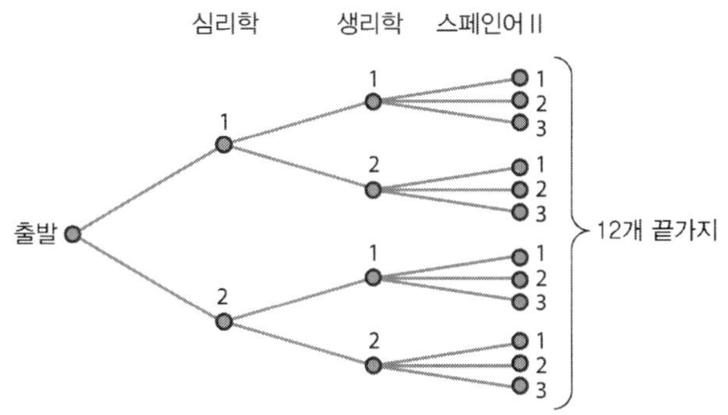

[표 5-4] 심리학 1강좌를 수강하는 경우의 수강계획

심리학 강좌	생리학 강좌	스페인어 II
1	1	1
1	1	2
1	1	3
1	2	1
1	2	2
1	2	3

유도된 연습문제 10 수형도와 곱셈법칙

루이스는 테니스 세 게임을 한다. 가능한 승패 결과를 정리하기 위하여 수형도를 사용하시오.

(a) 첫 번째 게임에서 루이스는 승리하거나 패할 수 있다. 출발에서 두 개의 가지를 그린다. ⇒

[그림 5-7] W=승, L=패

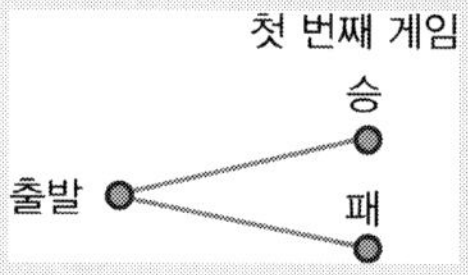

(b) 1세트의 승패와 관계없이 2세트에서 이기거나 질 수 있다. 1세트 각 결과에 대하여 두 개의 가지를 그린다. ⇒

[그림 5-8]

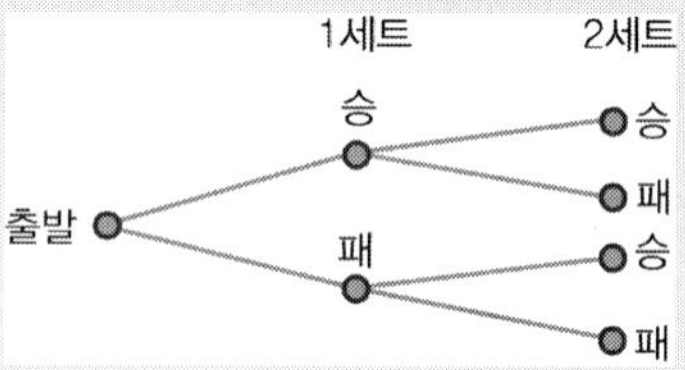

(c) 3세트에서도 이기거나 질 수 있다. 두 번째 각 결과에 승패를 나타내는 가지를 그린다. ⇒

[그림 5-9]

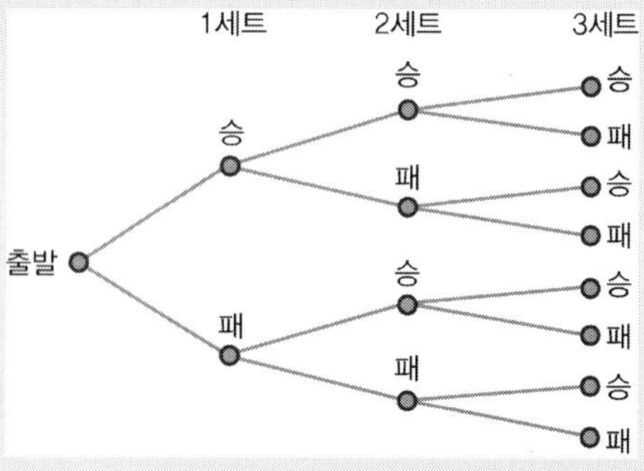

(d) 얼마나 많은 승-패 결과가 있는가? ⇒ 마지막에 가지가 8개 있으므로 8가지 결과가 있다.

(e) 승-패 결과 목록을 완성하시오. ⇒

1세트	2세트	3세트
W	W	W
W	W	L
W	L	W
W	L	L
___	___	___
___	___	___
___	___	___
___	___	___

1세트	2세트	3세트
L	W	W
L	W	L
L	L	W
L	L	L

(f) 곱셈법칙을 사용하여 전체 결과의 수를 구하시오. ⇒ 각 사건의 결과가 두 가지이므로 $2 \times 2 \times 2 = 8$ 이다.

수형도는 여러 단계를 포함하는 실험 결과를 나타내는데 도움이 된다. 만약 나무 가지에 맞는 확률을 붙여주면 수형도를 이용하여 나무에 나타난 각 결과의 확률을 계산할 수 있다.

예제 11 수형도와 확률

주머니 안에 색만 다른 5개의 공이 들어 있다. 그 중 세 개는 빨간색(R)이고 두 개는 청색(B)이다. 주머니에서 하나의 공을 꺼내 색을 기록하고 옆에 놓고, 다음 공을 꺼내 색을 기록하는 실험을 한다. 실험의 결과와 각 결과의 확률을 구하시오.

풀이 그림 5-10의 수형도가 결과이다. 비복원추출이므로 실험의 두 단계는 종속이다.

[그림 5-10] 주머니 실험의 수형도

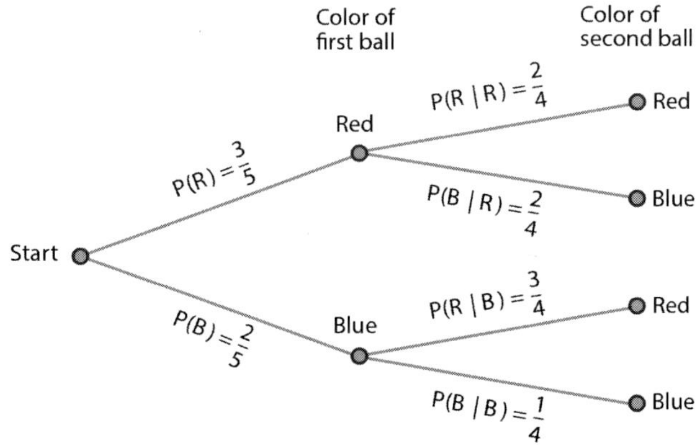

수형도로부터 4가지 가능한 결과가 있다는 것을 안다. 각 결과는 RR, RB, BR, BB이다. 확률 계산을 위하여 종속사건의 곱셈법칙을 사용한다.

$$P(R\cap R) = P(R) \cdot P(R|R) = \frac{3}{5} \cdot \frac{2}{4} = \frac{3}{10},$$

$$P(R\cap B) = P(R) \cdot P(B|R) = \frac{3}{5} \cdot \frac{2}{4} = \frac{3}{10},$$

$$P(B\cap R) = P(B) \cdot P(R|B) = \frac{2}{5} \cdot \frac{3}{4} = \frac{3}{10},$$

$$P(B\cap B) = P(B) \cdot P(B|B) = \frac{2}{5} \cdot \frac{1}{4} = \frac{1}{10}.$$

■

n개의 항목이 있을 때 순서를 고려하여 배열하는 방법의 수는 $n!$가지이다. 즉, $n \cdot (n-1) \cdot (n-2) \cdot \cdots \cdot 2 \cdot 1$가지이다.

➲ 계승(factorial)기호

자연수 n에 대하여

$$0! = 1$$
$$1! = 1$$
$$n! = n(n-1)(n-2)\cdots 1$$

유도된 연습문제 11 계승

(a) 3!을 계산하시오. ⇒ $3! = 3 \cdot 2 \cdot 1 = 6$

(b) 3개의 개체를 순서대로 배열하는 방법은 몇 가지인가? ⇒ 첫 번째에 3가지, 두 번째에 두 가지, 세 번째에 한 가지가 있으므로 $3! = 3 \cdot 2 \cdot 1 = 6$가지이다.

n개 대상 전체를 순서대로 배열하는 수를 고려하였다. 그렇다면 전체를 배열하는 것이 아니라면 어떨까? 이 경우에 사용하는 공식이 **순열**(permutation)공식이다.

➲ 순열(permutation)

n개 대상에서 r개를 선택하여 순서대로 배열하는 방법의 수인 순열은

$$P_{n,r} = \frac{n!}{(n-r)!}, \quad n \geq r \tag{9}$$

이다. ${}_nP_r$로도 표기한다.

예제 12 순열

8명이 5개의 의자에 순서대로 앉는 배열의 수를 계산하시오.

풀이 $n=8,\ r=5$ 이므로 (9)식을 이용하면

$$P_{n,r} = \frac{n!}{(n-r)!} = \frac{8!}{(8-5)!} = \frac{8!}{3!} = 6{,}720$$

이다. ■

앞서 설명한 계수공식은 개체의 순서를 고려하였다. 그러나 어느 전공에서 한 학기에 읽어야할 10권 중 4권을 읽어야한다면 읽는 순서는 중요하지 않다. 10권 중에서 4권을 뽑는 **조합**(combination)에 관심이 있게 된다.

> **➲ 조합의 계수 법칙**
>
> n개 대상에서 r개를 고르는 **조합**(combination)의 수는
>
> $$C_{n,r} = \frac{n!}{r!(n-r)!},\ n \geq r \qquad (10)$$
>
> 이다. ${}_nC_r$ 또는 $\binom{n}{r}$로도 표기한다.

예제 13 조합

어느 전공에서 한 학기에 읽어야 할 10권 중 4권을 읽어야 한다. 가능한 조합의 수를 구하시오.

풀이 공식 (10)을 이용하면 $n=10,\ r=4$ 이므로

$$C_{n,r} = \frac{n!}{r!(n-r)!} = \frac{10!}{4!(10-4)!} = 210$$

이다. ■

절차 실험결과의 수를 결정하는 방법

1. 만약 실험이 여러 결과를 갖는 일련의 단계로 구성되었다면 곱셈법칙 혹은 수형도를 사용하시오.

2. 만약 n개 집단에서 뽑은 r개의 순서 부집단을 구성한다면 순열

$$P_{n,r} = \frac{n!}{(n-r)!} \tag{9}$$

을 사용하시오.

3. 만약 n개 집단에서 뽑은 r개의 부집단을 구성한다면 조합

$$C_{n,r} = \frac{n!}{r!(n-r)!} \tag{10}$$

을 사용하시오.

유도된 연습문제 12 순열과 조합

(i) 12명으로 구성된 위원회가 있다. 회장, 부회장과 회계를 선출하여야 한다. 얼마나 많은 서로 다른 경우의 수가 있을까?

(a) 순열과 조합 중 어느 것을 사용하여야 하는가? n과 r은 얼마인가? ⇒ 순서가 중요하므로 순열을 사용하여야 한다. $n=12$, $r=3$이다.

(b) $n=12$, $r=3$을 가지고 순열을 계산하시오. ⇒ $P_{n,r} = \frac{n!}{(n-r)!} = \frac{12!}{(12-3)!} = 1{,}320$.

(ii) 12명의 위원 중 3명을 연합회의에 대표로 보내야 한다. 얼마나 많은 서로 다른 경우의 수가 있을까?

(c) 순열과 조합 중 어느 것을 사용하여야 하는가? n과 r은 얼마인가? ⇒ 순서는 중요하지 않으므로 조합을 사용하여 야 한다. $n=12$, $r=3$이다.

(d) $n=12$, $r=3$을 가지고 조합을 계산하시오. ⇒ $C_{n,r} = \frac{n!}{r!(n-r)!} = \frac{12!}{3!(12-3)!} = 220$.

➲ 계수법칙은 무엇을 알려주는가?

계수법칙은 정해진 방법으로 일련의 사건을 결합하여 만들어지는 전체 결과수를 알려준다.

- **곱셈법칙**은 일련의 사건에 대하여 가능한 전체 결과수를 알려준다. **수형도**는 모든 결과의 시각적 표현이다.
- **순열**은 n개 대상을 크기 r의 집단으로 **순서대로 정렬**할 수 있는 전체 방법의 수를 알려준다.
- **조합**은 n개 대상을 크기 r의 집단으로 만들 수 있는 방법이 몇 가지인지를 알려준다.

▶▶ 5.3 연습문제

1. **통계적 지식**. 순열을 사용하는 것이 적당한 상황과 조합을 사용하는 것이 적당한 상황의 차이는 무엇인가?

2. **비판적 사고**. 다음 각 상황에 대하여 조합을 사용해야 하는지 순열을 사용해야하는지를 설명하시오.
   (a) 12개에서 선택할 수 있는 서로 다른 5개로 된 그룹의 수를 결정한다.
   (b) 12개에서 선택할 수 있는 서로 다른 5개로 된 배열의 수를 결정한다.

3. **수형도**. 다음 각 문항에 답하시오.
   (a) 동전을 세 번 던질 때 나타날 수 있는 모든 결과를 수형도로 나타내시오.
   (b) 앞면이 두 번인 결과는 몇 개인가?
   (c) 각 결과가 등확률이라면 정확하게 두 번 앞면이 나올 확률은 얼마인가?

4. **수형도**. 주머니 안에 색만 다른 6개의 공이 들어 있다. 두 개는 빨간색, 세 개는 청색이고 하나는 노란색이다. 비복원으로 두 개의 공을 차례로 꺼낸다.
   (a) 수형도를 사용하여 모든 결과를 나타내시오. 또한 각 가지 위에 적절한 확률을 기록하시오.
   (b) 실험결과의 확률을 구하시오.

5. **곱셈법칙**. 4개의 선(빨간색, 초록색, 청색, 노란색)을 회로도에 부착하여야 한다. 로봇 장치가 선을 부착한다. 어떤 순서로 부착해도 된다. 생산과장은 어떤 순서가 로봇이 사용하기에 가장 빠른지를 알고 싶다. 시험해보아야 할 조립순서의 수를 구하시오.

6. **계수: 농업**. 한 농학자가 잔디에 대하여 비료의 종류, 재배온도와 재배 후 수분처리에 관한 연구를 하고 있다. 비료가 4종류, 온도가 3수준이고 3가지 수분처리법이 있다. 비료의 종류, 재배온도와 재배 후 수분처리 각각을 실험하기 위하여 필요한 잔디 실험구획의 수를 구하시오.

7. $P_{5,2}$를 계산하시오.

8. $P_{7,7}$를 계산하시오.

9. $C_{5,2}$를 계산하시오.

10. $C_{7,7}$를 계산하시오.

11. **계수: 고용**. 어떤 회사 특정 부서에서 세 명의 직원을 채용하려고 한다. 근무처 1은 주간근무, 근무처 2는 야간근무이고 근무처 3은 순환근무이다. 15명이 지원하였다. 세 명의 직원을 채용하는 방법의 수를 결정하시오.

12. **계수: 스포츠**. 몬태나 대학의 스키 팀은 남자 활강스키시합에 5명이 참가하였다. 코치는 팀원들이 1, 2, 3위를 차지하길 바란다. 5명의 참가자들이 1, 2, 3위를 차지할 수 있는 방법은 얼마나 되는가?

13. **계수: 고용**. 패스트 후드 경영프로그램에 5명의 훈련생모집에 15명이 응시하였다. 훈련생을 뽑을 수 있는 전체 경우의 수를 구하시오.

14. **계수: 고용**. 6명의 인턴 사원모집에 남자 5명과 여자 7명이 지원하였다.
   (a) 선발할 수 있는 지원자 그룹의 수를 구하시오.
   (b) 전부 여자로 구성된 지원자 그룹의 수를 구하시오.
   (c) 지원자 중에서 임의로 추출한다면 전부 여자가 뽑힐 확률은 얼마인가?

복습

요약

이 장에서 확률의 기본특징을 살펴보았다.

- 사건 A의 확률은 0과 1사이에 속하는 숫자이다. 사건이 발생할 가능성이 높을수록 사건의 확률은 1에 더 가깝다.
- 사건의 확률을 결정하는 중요한 세 가지 방법은 상대도수방법, 등확률결과방법과 직관이다.
- 대수의 법칙은 통계적 실험 혹은 관찰횟수가 증가함에 따라 계획된 사건의 상대도수가 그 사건의 이론적 확률에 가까워진다는 것을 나타낸다.
- 동시에 발생할 수 없는 사건들은 상호배반이다. 한 사건의 발생이 다른 사건의 발생확률을 변화시키지 않는다면 독립이다.
- 조건부 확률은 다른 사건이 발생했다는 조건하에 한 사건이 발생할 확률이다.
- 여사건 법칙은 사건이 발생하지 않을 확률을 제공한다. 덧셈법칙은 적어도 두 사건 중 하나가 발생할 확률을 제공한다. 곱셈법칙은 두 사건이 동시에 발생할 확률을 제공한다.
- 등확률사건의 확률을 결정하려면 얼마나 많은 결과가 가능한 지를 알아야한다. 수형도와 곱셈법칙, 순열과 조합같은 계수법칙이 통계적 실험이나 관찰의 전체 결과의 수를 결정하는데 도움이 된다.

대부분의 통계적 응용에서 상호배반사건의 덧셈법칙과 독립사건의 곱셈법칙을 사용한다.

복습문제

1. **통계적 지식**. 한 개인에 대하여 다음 두 사건을 고려한다:

A: 스마트폰을 소유하고 있다, B: 휴대용 컴퓨터를 소유하고 있다

각 사건을 문장으로 설명하시오.

(a) A^c (b) $A \cap B$ (c) $A \cup B$

(d) $B|A$ (e) $A|B$

2. **통계적 지식**. 두 사건 A와 B가 독립이라면 $P(A)$와 $P(A|B)$를 비교하면 어떤가?

3. **해석**. 두 직장에 지원을 하였는데 첫째직장에서 입사요청을 받을 확률은 0.70이고 둘째 직장에서 입사요청을 받을 확률은 0.80으로 평가하였다. 입사요청은 독립이라고 가정한다.
   (a) 두 직장에서 입사요청을 받을 확률을 계산하시오. 이 확률은 각 직장에서 입사요청을 받을 확률과 비교하면 어떤가?
   (b) 첫째 혹은 둘째 직장에서 입사요청을 발을 확률을 계산하시오. 이 확률은 각 직장에서 입사요청을 받을 확률과 비교하면 어떤가? 두 직장에 지원할 가치가 있는가?

4. **비판적 사고**. $P(A) = 0.30$이고 $P(B) = 0.40$라 한다.
   (a) $P(A \cap B)$를 계산하기에 충분한 정보인가?
   (b) 만약 사건 A와 B가 독립이라면 $P(A \cap B)$를 계산하기에 충분한 정보인가?

5. **급여인상: 여성**. 한 조사에 의하면 조사된 여성들 중에서 24%가 급여인상을 요구하였고, 인상을 요구한 여성 중 45%가 인상이 되었다. 만약 한 여성을 조사된 모집단에서 임의로 추출하였다면 다음 확률을 구하시오.
   (a) 여성이 급여인상을 요구하였을 확률
   (b) 급여인상을 요구하였다는 조건하에 인상되었을 확률
   (c) 급여인상을 요구하고 인상되었을 확률

6. **일반: 압정**. 압정을 떨어드려 어떻게 떨어지는지를 관찰하시오.
   (a) 압정이 바닥에 바로 설 확률을 평가하기 위하여 어떻게 상대도수를 사용하지를 설명하시오.
   (b) 표본공간은 무엇인가?
   (c) 만약 500번 떨어뜨려 340번이 바로 섰다면 표본공간의 결과에 어떻게 확률할당을 하겠는가?

7. **일반: 주사위.** X를 두 주사위의 윗면에 나타난 수의 합을 나타내는 확률변수라 한다.
   (a) X는 어떤 값을 가질 수 있는가?
   (b) X가 가질 수 있는 값의 확률분포를 구하시오.

8. **조합: 시의회.** 8명의 시의회 의원 중에서 2명을 호놀룰루 회의에 보내려 한다. 모두 가길 원하여 임의로 갈 의원을 뽑기로 하였다. 얼마나 많은 의원들의 조합이 있는가?

9. **계수: 시험답안.** 4지선다형 5문제로 구성된 시험지가 있다. 5문제에 대한 가능한 전체 답안 배열의 수를 결정하시오. 배열의 집합 중 오직 하나가 5개 모두 정답을 포함한다. 추측하여 답을 선택한다면 5문제 모두 정답일 확률은 얼마인가?

10. **일반: 다이얼 자물쇠.** 다이얼 자물쇠를 열기 위하여 다이얼을 오른쪽으로 돌려 첫 번째 숫자에서 멈추고, 다시 왼쪽으로 돌려 두 번째 숫자에서 멈춘다. 마지막으로 다시 오른쪽으로 돌려 세 번째 숫자에서 멈춘다. 만약 정확한 숫자열을 사용하면 자물쇠는 열린다. 자물쇠의 다이얼이 0부터 9까지 10개의 숫자가 있다면 가능한 전체 숫자조합의 수를 결정하시오. 단, 같은 번호가 사용될 수 있다.

CHAPTER

06 이항확률분포

조지 워싱턴 카버(George Washington Carver, 1859-1943)는 농업연구에서 국제적인 명성을 얻었다. 아이오와 주립대학을 졸업 후 식물학과 교수로 임용되었다. 카버는 온실관리를 맡아 균류 수집을 시작하여 후에 수집한 균류가 20,000종 이상이 되었다. 이 수집이 식물학 분야에서 전문적인 호평을 받게 되었다.

친구인 부커 T. 워싱턴의 초청으로 카버는 터스키기 연구소의 교수가 되어 그곳에서 오랜 외길 경력의 나머지를 보냈다. 카버가 만든 균류는 땅콩에서 300개 이상이고, 단 토마토에서 118개, 피칸에서 75개였다.

자료를 수집하고 분석하는 일이 카버의 연구에서 중요한 요소였다. 여러분들이 통계학에서 배울 방법들은 농업을 포함한 모든 분야의 연구에 널리 사용될 수 있다.

사전질문

- 확률변수가 무엇인가? 이산 확률변수의 μ와 σ를 어떻게 구하는가? 독립확률변수의 선형결합의 μ와 σ를 어떻게 구하는가? (6.1절)
- 일상 경험의 많은 부분이 성공과 실패로 이루어진다. 어떤 프로젝트에서 성공하기 위하여 n번 시도한다고 가정하시오. r번 성공할 확률을 계산하기 위하여 이항확률분포를 어떻게 사용할 수 있는가? (6.2절)
- 이항분포의 μ와 σ를 어떻게 계산하는가? (6.3절)

초점문제 성격유형: 내향적 혹은 외향적?

이사벨 브릭스 마이어는 성격유형연구의 선구자이다. 그녀의 업적은 상담, 교육과 산업분야에서 성공적으로 사용되었다. *A Guide to the Development and Use of the Myers-Briggs Type Indicator*(Myers & McCaully)라는 책에 2,282명의 교수표본에 기초하여 대학교수의 약 45%가 외향적이라고 보고하였다.

이 장을 마친 후 여러분은 다음 질문에 대답할 수 있을 것이다. 6명의 교수들이 하는 수업을 듣는다고 가정한다.

(a) 6명 모두 외향적일 확률은 얼마인가?

(b) 외향적인 교수가 한명도 없을 확률은 얼마인가?

(c) 적어도 두 명이 외향적일 확률은 얼마인가?

(d) 임의로 뽑힌 6명의 교수집단에서 외향적인 교수의 기댓값은 얼마인가? 분포의 표준편차는 얼마인가?

6.1 확률변수와 확률분포

초 점

- 이산과 연속 확률변수를 구별하시오.
- 이산 확률분포를 그리시오.
- 이산 확률분포의 μ와 σ를 계산하시오.
- 확률변수 X의 선형함수에 대하여 μ와 σ를 계산하시오.
- 두 독립확률변수의 선형결합에 대하여 μ와 σ를 계산하시오.

확률변수

통계적 실험(statistical experiment) 또는 **관찰**(observation)은 측정값들이 얻어지는 과정이라고 말한다. 예를 들면, 새 둥지안의 알 수를 세거나 일일 강수량을 측정하는 것이다. 실험 혹은 관찰의 결과를 일반적으로 X로 나타낸다. 이 경우 X를 변수라 부른다.

- 주어진 실험 혹은 관찰에서 X가 갖는 값이 우연이나 확률적 결과라면 양적변수 X는 **확률변수**(random variable)이다.
- **이산 확률변수**(discrete random variable)는 유한개의 값을 갖거나 가질 수 있는 값의 수를 셀 수 있다.
- **연속 확률변수**(continuous random variable)는 구간에 속하는 셀 수 없는 수의 값을 갖는다.

이산과 연속 확률변수의 구분은 다른 수학적 기법이 관계되므로 중요하다.

일반적으로 이산 확률변수는 **계수**(counting)의 결과이다. 통계학을 수강하는 학생의 수는 이산 확률변수이다. 15, 25, 50 과 250 같은 값을 가질 수 있지만 25.5와 같은 값은 가질 수 없다.

연속 확률변수의 대부분은 연속척도인 측정의 결과이다. 예를 들면 자동차 타이어의 공기압은 연속 확률변수이다. 이론적으로 0이상부터 터질 때까지 모든 값을 가질 수 있다.

유도된 연습문제 1 이산 혹은 연속확률변수

다음 확률변수 중 어느 것이 이산이고 어느 것이 연속인가?

(a) 임의로 뽑은 한 학생이 겨울 학기 등록을 하는데 걸리는 시간 ⇒ 시간은 어떤 값도 가질 수 있으므로 연속이다.

(b) 어느 날 한 은행에서 출금된 부도 수표 수 ⇒ 부도 수표 수는 0, 1, 2, 3 등의 값을 가지므로 이산이다.

(c) 자신의 자동차로 300Km를 달리는데 필요한 가솔린의 양 ⇒ 양을 측정하므로 연속이다.

(d) 한 동에 등록된 50명의 랜덤표본 중 지난 선거에서 투표한 사람의 수 ⇒ 셀 수 있으므로 이산이다.

이산 확률변수의 확률분포

확률변수는 이산이나 연속 모두 확률분포를 갖는다.

확률분포(probability distribution)는 이산 확률변수의 각각의 값이나 연속 확률변수의 각 구간값에 확률을 할당하는 것이다.

➲ 이산 확률변수의 확률분포의 특징

1. 확률분포는 확률변수의 각각의 값에 확률을 할당한다.
2. 할당된 모든 확률의 합은 1이다.

예제 1 이산 확률분포

멘도사 박사는 인내력을 측정하는 검사법을 개발하였다. 그는 25살에서 35살 사이의 20,000명을 대상으로 검사법을 실시하였다. 가능한 점수는 0, 1, 2, 3, 4, 5, 6점으로 6점이 가장 높은 인내력을 나타낸다. 검사 결과가 표 6-1이다.

[표 6-1] 인내력 검사점수

점수	개체 수
0	1,400
1	2,600

[표 6-2] 인내력 검사점수의 확률분포

점수 x	확률 $P(x)$
0	0.07
1	0.13

2	3,600	2	0.18
3	6,000	3	0.30
4	4,400	4	0.22
5	1,600	5	0.08
6	400	6	0.02
계	20,000		$\sum P(x)=1$

(a) 이 집단에서 임의로 한명을 추출하면 그 사람의 점수가 3일 확률은 $\dfrac{6,000}{20,000}$ 또는 0.3일 것이다. 같은 방법으로 다른 값에 대하여도 확률을 계산할 수 있다. 따라서 표 6-2와 같이 확률분포를 만들 수 있다.

(b) 이 분포의 그림은 그림 6-1과 같이 단순하게 상대도수 히스토그램이다. 막대의 높이가 해당되는 점수의 확률을 나타낸다. 각 막대의 폭이 1이므로 넓이는 높이와 같고 따라서 확률을 나타낸다.

[그림 6-1] 검사 성적의 확률분포의 그림

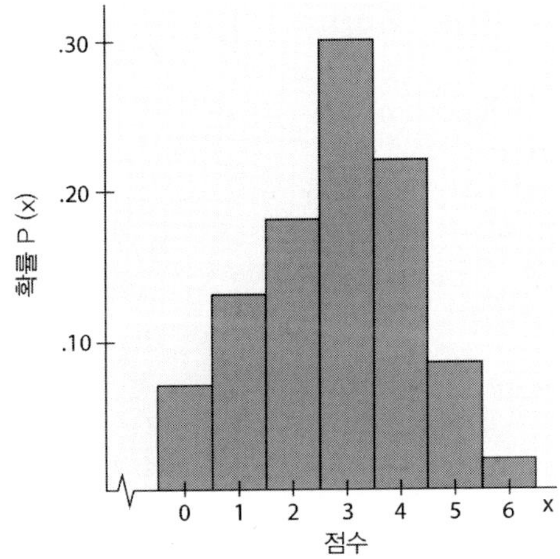

(c) 한 방직회사에서 섬유 기계를 다루기 위하여 인내력 점수가 5 나 6인 사람을 고용할 필요가 있다고 한다. 이 그룹에 있는 누군가가 5나 6점일 확률은

$$\begin{aligned} P(5 \cup 6) &= P(5)+P(6) \\ &= 0.08+0.02 = 0.10 \end{aligned}$$

이다. ■

유도된 연습문제 2 이산 확률분포

암호해독 기초도구의 하나가 영어 알파벳 암호를 풀기 위하여 알파벳의 다른 문자 발생의 상대도수를 사용하는 것이다. 신문기사와 같은 평범한 내용들은 문자에 대한 상대도수가 비슷하다. 1,000개 문자로 된 표본으로부터 다음 표 6-3의 정보를 얻었다.

[표 6-3] 1,000개 문자 표본의 문자도수

문자	도수	확률	문자	도수	확률
A	85	____	N	66	0.066
B	21	0.021	O	72	____
C	45	0.045	P	32	0.032
D	34	0.034	Q	2	0.002
E	112	____	R	76	0.076
F	18	0.018	S	57	0.057
G	25	0.025	T	69	0.069
H	30	0.030	U	36	____
I	75	____	V	10	0.010
J	2	0.002	W	13	0.013
K	11	0.011	X	3	0.003
L	55	0.055	Y	18	0.018
M	30	0.030	Z	3	0.003

(a) 표 6-3에서 생략된 확률을 계산하기 위하여 상대도수를 사용하시오. ⇒

[표 6.4]

문자	상대도수	확률
A	85/1,000	0.085
E	112/1,000	0.112
I	75/1,000	0.075
O	72/1,000	0.072
U	36/1,000	0.036

(b) 개별 문자의 확률을 더하면 1이 되는가? ⇒ 1이 된다.

(c) 신문기사에서 임의로 하나의 문자를 뽑았을 때 모음이 될 확률은 얼마인가? ⇒ $P(A \cup E \cup I \cup O \cup U)$

$= P(A) + P(E) + P(I) + P(O) + P(U)$

$= 0.085 + 0.112 + 0.075 + 0.072 + 0.036$

$= 0.380$

확률분포는 매우 큰 n에 대한 상대도수분포로 생각될 수 있다. 따라서 평균과 표준편차를 갖는다. 만약 모집단의 확률분포라면 평균을 μ, 표준편차를 σ로 사용한다.

이산 확률분포의 평균과 표준편차의 공식은 다음과 같다.

- $\mu = \sum xP(x)$; X의 **기댓값**(expected value),
- $\sigma = \sqrt{\sum (x-\mu)^2 P(x)}$; X의 **표준편차**(standard deviation)

확률분포의 평균은 일반적으로 분포의 **기댓값**(expected value)이라 한다. 이 용어는 평균이 분포의 중심점을 나타낸다는 생각을 반영한 것이다. 물론 평균 또는 기댓값은 표본공간상의 점일 필요는 없다.

표준편차는 **위험**(risk)의 측도이다. 표준편차가 크다는 것은 확률변수 X가 기댓값 μ와 다를 가능성이 크다는 것을 나타낸다.

예제 2 기댓값, 표준편차

생산품 구매가 TV 광고의 영향을 받는가? 다음 표는 정보광고협회가 생산품을 구매하기 전에 구매자가 TV 정보광고를 몇 번이나 보았는지를 조사한 자료이다.

구매자들이 정보광고를 본 횟수	1	2	3	4	5*
구매자 비율	27%	31%	18%	9%	15%

*; 5나 5 이상을 의미하지만 5로 처리한다.

이 정보를 확률분포라 생각하고 평균과 표준편차를 계산하시오.

풀이 필요한 계산을 위하여 표 6-5를 작성한다.

[표 6-5] 구매자들이 생산품 구입 전에 정보광고를 본 횟수

x	$P(x)$	$xP(x)$	$x-\mu$	$(x-\mu)^2$	$(x-\mu)^2 P(x)$
1	0.27	0.27	-1.54	2.372	0.640
2	0.31	0.62	-0.54	0.292	0.091
3	0.18	0.54	0.46	0.212	0.038
4	0.09	0.36	1.46	2.132	0.192
5	0.15	0.75	2.46	6.052	0.908
	1.00	$\mu = 2.54$			$\sigma^2 = 1.869$

평균은

$$\mu = \sum xP(x) = 2.54$$

이다. 표준편차는

$$\sigma = \sqrt{\sum(x-\mu)^2 P(x)} = \sqrt{1.869} = 1.37$$

이다. ■

유도된 연습문제 3 기댓값

세 개의 공정한 동전을 가지고 동전던지기 게임을 하는데 이천원을 지불해야 한다. 각 동전의 한 면에는 숫자 0, 다른 면에는 숫자 1이 써져있다. 한 번에 세 개의 동전을 던져서 나온 1 하나마다 천원을 받는다. 기대소득과 지불비용이 같은가?

(a) 이 게임에서 관심 있는 확률변수는 나타난 1의 횟수이다. 이 확률변수의 표본공간은 무엇인가? ⇒ {0, 1, 2, 3}

(b) 세 개의 동전을 던지는 실험은 8개의 등확률 결과가 있다. 각각 000, 001, 010, 001, 011, 101, ______, ______이다. ⇒ 110, 111

(c) 표 6-6을 완성하시오.

[표 6-6]

1의 개수 x	도수	$P(x)$	$xP(x)$
0	1	0.125	0
1	3	0.375	____
2	3	____	____
3	____	____	____

⇒ [표 6-7] 표 6.6의 완성

1의 개수 x	도수	$P(x)$	$xP(x)$
0	1	0.125	0
1	3	0.375	0.375
2	3	0.375	0.750
3	1	0.125	0.375

(d) 기댓값 $\mu = \sum xP(x)$을 구하시오. ⇒ 표 6-7의 마지막 행을 더하면 1.5이다. 따라서 기대소득은 1,500원이다.

➲ 이산 확률분포는 무엇을 말해주는가?

이산 확률분포는 다음을 말해준다.

- 분포가 기초로 한 완전한 표본공간
- 표본공간의 각 사건에 대응하는 확률

추가로 공식은 분포의 기댓값 μ와 표준편차 σ를 구할 수 있는 방법을 알려준다.

다음 절에서 가장 중요한 이산확률분포인 이항분포를 다룰 것이고 연속확률분포 중 가장 중요한 분포인 정규분포는 7장에서 다룰 것이다.

▶▶ 6.1 연습문제

1. **통계적 지식**. 다음 중 어느 것이 연속변수이고 어느 것이 이산변수인가?
   (a) 어느 도의 연간 교통사고 건수
   (b) 드라이버로 타구한 골프공의 비거리
   (c) 어느 날 집에서 학교까지 통학에 걸린 시간
   (d) 어느 날 한 항구에 정박해 있는 배의 수
   (e) 매일 아침 식사 전 체중

2. **통계적 지식**. 다음의 표가 확률분포인지 아닌지를 설명하시오.

(a)

x	0	1	2
$P(x)$	0.25	0.60	0.15

(b)

x	0	1	2
$P(x)$	0.25	0.60	0.20

3. **통계적 지식**. 같은 표본공간과 같은 기댓값을 갖는 두 이산 확률분포를 고려하시오. 두 분포의 표준편차가 반드시 같은가?

4. **기본 계산: 기댓값과 표준편차**. 문제 2(a)에 주어진 확률분포를 고려하시오. 분포의 기댓값과 표준편차를 계산하시오.

5. **비판적 사고: 모의실험**. 주어진 이산 확률분포를 따르는 결과를 생성하기 위하여 난수표를 이용할 수 있다. 호세는 농구를 하는데 자유투 성공확률이 0.7이다. X를 10번의 자유투를 시도해서 성공한 수를 나타내는 확률변수라 하자. 난수표의 0에서 9까지의 숫자를 고려하시오. 호세는 성공할 확률이 70%이므로 0에서 6까지 숫자를 자유투 성공이라 하고, 7에서 9까지 숫자를 실패라 한다.
   (a) 0에서 9까지 가능한 숫자의 70%가 성공을 나타내는가?
   (b) 난수표의 1열 2선에서 시작하시오. 행을 따라 10번의 시행결과를 결정하시오. 모의실험에서 몇 번을 성공하는가?
   (c) 당신의 친구는 0에서 2까지 숫자에 실패를 할당하고 3에서 9까지의 숫자에 성공을 할당하기로 하였다. 할당이 타당한가? 이 할당을 사용하여 (b)를 반복하시오.

6. **마케팅: 소득**. 다음 표는 어느 백화점 쇼핑객의 소득분포를 나타낸다. 단위는 천 달러이고 구간은 상한을 포함하지 않는다.

소득범위	5-15	15-25	25-35	35-45	45-55	55 이상
중간값 X	10	20	30	40	50	60
쇼핑객의 비율	21%	14%	22%	15%	20%	8%

(a) 중간값 X와 쇼핑객 비율을 고려하면 타당한 확률분포인가?

(b) (a)의 확률분포를 히스토그램으로 나타내시오.

(c) 쇼핑객의 기대소득 μ를 계산하시오.

(d) 쇼핑객의 소득의 표준편차 σ를 계산하시오.

7. **낚시: 송어**. 다음 표에서 X는 6시간 동안 잡은 물고기 마리수이고 비율은 그 지역에서 같은 시간동안 X마리를 잡은 낚시꾼의 비율이다.

x	0	1	2	3	4 이상
비율(%)	44%	36%	15%	4%	1%

(a) 비율을 확률로 바꿔 확률분포의 히스토그램을 작성하시오.

(b) 그 지역에서 낚시를 하는 한 사람을 임의로 뽑았을 때 6시간 동안 1마리 이상 잡을 확률을 구하시오.

(c) 그 지역에서 낚시를 하는 한 사람을 임의로 뽑았을 때 6시간 동안 2마리 이상 잡을 확률을 구하시오.

(d) X의 기댓값 μ를 구하시오.

(e) X의 표준편차 σ를 구하시오.

8. **기금조성: 도보모임**. 어느 대학의 도보여행모임에서는 기금 조성을 위하여 과자 하나를 1달러에 판매하고 있다. 과자 안에는 서로 다른 번호가 적힌 카드가 한 장씩 들어있다. 판매 종료 후 임의로 번호를 추첨하여 35달러에 상당하는 2인용 식사권을 준다고 한다. 단 과자의 원가는 고려하지 않는다. 전체 719개의 과자가 팔렸다.

(a) 리사가 15개를 샀다. 식사권을 탈 확률은 얼마인가? 식사권을 받지 못할 확률은 얼마인가?

(b) 리사의 기대이익은 얼마인가? 도보여행클럽에 얼마나 기부한 것일까?

9. **기댓값: 생명보험**. 짐은 60세의 비교적 건강한 남자이다. 65세까지 사망 시 50,000달러를 주는 보험에 가입하려고 한다. 보험기간은 65세 생일에 만기가 된다. 주어진 해에 사망할 확률은 다음 표와 같다고 한다.

x : 나이	60	61	62	63	64
사망할 확률	0.01191	0.01292	0.01396	0.01503	0.01613

(a) 짐이 60세에 사망할 확률은 얼마인가? 보험사 입장에서 기대비용은 얼마인가?

(b) 61, 62, 63, 64세에 대하여 사망확률과 기대비용을 구하시오. 60세에서 64세까지 보험회사의 총 기대비용은 얼마인가?

(c) 만약 보험회사가 짐의 사망 시 지불해야할 총 기대비용에서 700달러의 이익을 내려면 보험료를 얼마로 하여야 할까?

(d) 보험료를 5,000달러로 한다면 회사는 얼마의 이익을 낼 수 있다고 기대하는가?

10. **지식확장: 선형함수와 독립확률변수의 결합**. 한 확률변수의 선형함수에 의하여 만들어진 새 확률변수 혹은 두 독립확률변수의 선형결합의 평균과 표준편차를 어떻게 계산할 수 있는가?

➲ 확률변수의 선형함수

a와 b가 상수이고 X를 확률변수라 할 때, $L = a + bX$를 X의 선형함수라 한다.

X를 평균 μ와 표준편차 σ를 갖는 확률변수라 한다. 선형함수 $L = a + bX$는 다음과 같은 평균, 분산과 표준편차를 갖는다:

$$\mu_L = a + b\mu, \quad \sigma_L^2 = b^2\sigma^2, \quad \sigma_L = \sqrt{b^2\sigma^2} = |b|\sigma$$

➲ 독립확률변수의 선형결합

서로 독립인 두 확률변수 X_1과 X_2를 고려하시오. a와 b가 상수일 때 새 확률변수 $W = aX_1 + bX_2$를 X_1과 X_2의 선형결합이라 한다.

X_1과 X_2를 각각 평균 μ_1과 μ_2, 분산 σ_1^2과 σ_2^2를 갖는 확률변수라 한다. 선형결합 $W = aX_1 + bX_2$는 다음과 같은 평균, 분산과 표준편차를 갖는다:

$$\mu_W = a\mu_1 + b\mu_2, \quad \sigma_W^2 = a^2\sigma_1^2 + b^2\sigma_2^2, \quad \sigma_W = \sqrt{a^2\sigma_1^2 + b^2\sigma_2^2}$$

노브와 개리는 지역 골프시합에 참가하였다. 두 사람은 그 코스에서 여러 번 골프를 하였다. 그들의 성적은 다음과 같은 평균과 표준편차를 갖는 확률변수이다.

노브, $X_1 : \mu_1 = 115;\ \sigma_1 = 12$ 　개리, $X_2 :\ \mu_2 = 100;\ \sigma_2 = 8$

시합에서 노브와 개리는 같이 시합하지 않아서 그들의 성적은 서로 독립이라고 가정할 것이다.

(a) 점수의 차이 $W = X_1 - X_2$ 의 평균, 분산과 표준편차를 계산하시오.

(b) 점수의 평균 $W = 0.5X_1 + 0.5X_2$ 의 평균, 분산과 표준편차를 계산하시오.

(c) 노브의 핸디캡은 $L = 0.8X_1 - 2$ 이다. L의 평균, 분산과 표준편차를 계산하시오.

(d) 개리의 핸디캡은 $L = 0.95X_2 - 5$ 이다. L의 평균, 분산과 표준편차를 계산하시오.

11. **지식확장: 선형함수와 독립확률변수의 결합: 보험 위험**. 보험회사는 회사가 한 사람이 아니라 많은 사람을 보장하면 보험의 위험이 감소한다는 것을 안다. X를 25세 남성의 남은 수명이라 하자. X의 평균과 표준편차는 $\mu = 50.2$ 년과 $\sigma = 11.5$ 년이다.
빅 락 보험회사는 25살이고, 친척이 아니고, 다른 주에 살고 건강상태가 같은 조엘과 데이비드에게 보험을 판매하였다. X_1과 X_2를 두 사람의 남은 수명을 나타내는 확률변수라 하자. X_1과 X_2를 독립이라고 가정하는 것이 합리적이다.

조엘, $X_1 :\ \mu_1 = 50.2;\ \sigma_1 = 11.5$, 　데이비드, $X_2 :\ \mu_2 = 50.2;\ \sigma_2 = 11.5$

만약 남은 수명을 더 정확하게 예측한다면 빅 락은 보험업에서 위험이 적어질 것이다. 위험은 σ로 측정된다.

(a) 조엘과 데이비드의 남은 수명의 평균은 $W = 0.5X_1 + 0.5X_2$ 이다. W의 평균, 분산과 표준편차를 계산하시오.

(b) X_1과 W의 평균을 비교하시오.

(c) X_1과 W의 표준편차를 비교하시오.

(d) 보험증서를 n으로 증가시켜 $W = (\sum X_i)/n$ 라면 W의 평균, 분산과 표준편차를 계산하시오.

6.2 이항 확률

초점

- 이항분포의 특징을 열거하시오.
- $P(r) = {}_nC_r\, p^r\, q^{n-r}$을 사용하여 이항확률을 계산하시오.
- 이항분포표를 사용하여 $P(r)$을 계산하시오.
- 이항확률분포를 이용하여 실제 문제를 해결하시오.

이항실험

TV 퀴즈 방송에서 각 참가자들은 룰렛을 돌린다. 36개의 홈이 있는데 그 중 하나는 금으로 되어있다. 공이 금으로 된 홈에 떨어지면 50,000달러를 상금으로 받는다. 다른 홈에는 상금이 없다. 퀴즈 방송에서 100명의 참가자 중에서 3명에게 상금을 줄 확률은 얼마인가?

이 문제에서 참가자와 퀴즈 방송 후원사는 오직 두 가지 결과, 공이 금으로 된 홈에 떨어지는지 아닌지에만 관심이 있다. 두 가지 결과를 갖는 전형적인 문제이다. 이러한 문제를 **이항실험**(binomial experiments) 또는 스위스 수학자 야코프 베르누이(Jacob Bernoulli)의 이름을 따 **베르누이 실험**(Bernoulli experiments)이라 한다.

➲ 이항실험의 특징

1. **정해진 시행횟수** n이 있다.
2. n번의 시행은 서로 **독립**이고 같은 조건에서 반복할 수 있다.
3. 매 시행은 **두 가지 결과**, 성공(S)과 실패(F)를 갖는다.
4. 매 시행에서의 **성공확률은 같다**. 성공확률을 p, 실패 확률을 q라 한다. 따라서 $p+q=1$, $q=1-p$이다.
5. 이항실험의 중심문제는 n**번의 시행에서** R**번 성공할 확률**을 구하는 것이다.

예제 3 이항실험

룰렛문제가 이항실험의 판단기준을 충족하는지를 살펴본다.

풀이

1. 100명의 참가자들이 시행횟수이다. 따라서 $n=100$ 이다.
2. 룰렛이 공정하다고 가정하면 시행은 서로 독립이다.
3. 오직 두 가지 결과, 공이 금으로 된 홈에 떨어지는지 아닌지에만 관심이 있다. 공이 금으로 된 홈에 떨어지면 성공(S), 아니면 실패(F)라 한다.
4. 매 시행에서 성공확률 p는 $1/36$ 이다. 실패확률은 $q=1-p=1-\frac{1}{36}=\frac{35}{36}$ 이다.
5. 100번의 시행에서 3번 성공할 확률을 알고 싶다. 이 확률은 약 0.23이다. 어떻게 계산하는지에 후에 설명한다. ■

모집단에서 **비복원**(without replacement)으로 뽑는다면 **독립시행**(independent trial)이 아닌 것이다. 그러나 **복원**(replacement)은 현실적은 아니다. 만약 시행횟수가 모집단에 비교하여 매우 작다면 비복원이라도 이항실험으로 간주한다. 예를 들면, 10,000개의 제품 중에서 20개를 뽑아 불량 여부를 조사한다. 만약 10,000개 중에 600개가 불량품이라면 첫 번째가 불량품일 확률은 600/10,000 혹은 0.0600이다. 첫 번째가 불량품이었다면 두 번째가 불량품일 확률은 599/9,999 혹은 0.0599이다. 만약 처음 19개가 불량품이라면 20번째 불량품이 뽑힐 확률은 581/9,981 혹은 0.0582 이다. 모든 확률이 0.06에 가깝다. 따라서 독립조건이 근사적으로 만족된다고 할 수 있다.

유도된 연습문제 4 이항실험

어떤 모집단의 9%가 혈액형이 B형이라 한다. 이 모집단에서 임의로 18명을 추출하여 혈액형 검사를 한다. 3명이 B형일 확률을 구하시오.

(a) 실험에서는 혈액형이 B형인지 아닌지를 관찰한다. B형을 성공이라 하면 실패는 무엇인가? ⇒ 실패는 B형이 아닌 경우가 된다.

(b) 성공할 확률은 0.09이다. 실패할 확률은 얼마인가? ⇒ 실패확률은 $q=1-p=1-0.09=0.91$ 이다.

(c) 실험에서 $n=$ ________이다. ⇒ $n=18$

(d) 18번 시행에서 3번 성공할 확률을 구하려 한다. 이 경우 $r=$ ________이다. ⇒ $r=3$.

이항분포(binomial distribution)의 확률계산

이항실험의 중심문제는 n번 시행에서 R번 성공할 확률을 구하는 것이다.

기말고사를 치르고 있다고 가정하자. 객관식 3문제가 남았다. 각 문제는 4개의 선택 안이 있고 정답은 그 중 오직 하나이다. 시간이 없어서 문제를 읽지 않고 답을 쓰기로 하였다. 답을 임의로 썼다면 정답 수가 0, 1, 2, 3일 확률은 각각 얼마인가?

이것은 이항실험으로 각 문제를 시행으로 생각할 수 있으므로 $n=3$ 시행이다. 각 시행의 가능한 결과는 정답인 경우 성공 S와 오답인 경우 실패 F이다. 각 시행은 서로 영향을 받지 않으므로 독립이다.

성공확률은 얼마인가? 4개 중에서 정답은 하나이므로 성공확률은 0.25이다. 따라서 오답일 확률은 0.75이다. 간단히 정리하면 $n=3$, $p=0.25$, $q=0.75$ 인 이항실험이다.

3번 시행의 가능한 결과는 다음의 8가지이다.

$$SSS \quad SSF \;\; SFS \quad FSS \;\; SFF \quad FSF \;\; FFS \quad FFF$$

각 결과의 확률을 구하기 위하여 독립사건의 곱셈법칙을 사용한다. 예를 들면,

$$P(SSF) = P(S) \cdot P(S) \cdot P(F) = p \cdot p \cdot q = p^2 q = 0.25^2 0.75 = 0.047.$$

같은 방법으로 나머지 결과에 대하여도 확률을 구할 수 있다. 표 6-8이 결과이다.

[표 6-8] $n=3$ 인 이항실험의 결과

결과	결과의 확률	r (성공횟수)
SSS	$P(SSS) = P(S)P(S)P(S) = p^3 = 0.25^3 \approx 0.016$	3
SSF	$P(SSF) = P(S)P(S)P(F) = p^2q = 0.25^2(0.75) \approx 0.047$	2
SFS	$P(SFS) = P(S)P(F)P(S) = p^2q = 0.25^2(0.75) \approx 0.047$	2
FSS	$P(FSS) = P(F)P(S)P(S) = p^2q = 0.25^2(0.75) \approx 0.047$	2
SFF	$P(SFF) = P(S)P(F)P(F) = pq^2 = (0.25)0.75^2 \approx 0.141$	1
FSF	$P(FSF) = P(F)P(S)P(F) = pq^2 = (0.25)0.75^2 \approx 0.141$	1
FFS	$P(FFS) = P(F)P(F)P(S) = pq^2 = (0.25)0.75^2 \approx 0.141$	1
FFF	$P(FFF) = P(F)P(F)P(F) = p^3 = 0.75^3 \approx 0.422$	0

이제 3번의 시행에서 $r=0,\ 1,\ 2,\ 3$ 번 성공할 확률 $P(r)$을 구할 수 있다. 즉

$$\begin{aligned} P(1) = P(SFF \cup FSF \cup FFS) &= P(SFF) + P(FSF) + P(FFS) \\ &= pq^2 + pq^2 + pq^2 \\ &= 3pq^2 \\ &= 3 \times 0.25 \times 0.75^2 = 0.422. \end{aligned}$$

같은 방법으로 표 6-9의 결과를 얻는다.

[표 6-9] $n=3,\ p=0.25$ 일 때 $P(r)$

r (성공횟수)	$P(r)$; 3번 시행에서 r번 성공할 확률	$p=0.25$ 일 때 $P(r)$
0	$P(0) = P(FFF) = q^3$	0.422
1	$P(1) = P(SFF) + P(FSF) + P(FFS) = 3pq^2$	0.422
2	$P(2) = P(SSF) + P(SFS) + P(FSS) = 3pq^2$	0.141
3	$P(3) = P(SSS) = p^3$	0.016

일반화하여 다음의 이항확률분포 식을 얻을 수 있다.

➲ 이항확률분포(binomial probability distribution)

$$P(r) = \frac{n!}{r!(n-r)!} p^r q^{n-r}, \quad r = 0,\ 1, 2,\ 3,\ \cdots,\ n.$$

예제 4 이항분포 공식을 사용한 $P(r)$ 계산

사생활침해는 많은 인터넷 사용자들의 관심사이다. 한 조사결과 인터넷 사용자의 59%가 이메일의 비밀유지에 관하여 염려를 한다고 한다. 이 정보에 의하면 10명의 인터넷 사용자를 임의로 추출할 때 6명이 이메일의 사생활 침해에 관하여 염려할 확률은 얼마인가?

풀이 $n=10,\ p=0.59,\ q=0.41,\ r=6$ 인 이항실험이다. 따라서

$$\begin{aligned} P(6) &= C_{10,6}(0.59)^6(0.41)^{10-6} \\ &= 210(0.59)^6(0.41)^4 = 0.25 \end{aligned}$$

이다. ■

이항분포표 사용

많은 경우에 성공범위의 확률에 관심이 있을 것이다. 그 경우에는 상호배반사건의 덧셈 법칙을 사용한다. 예를 들어, $n=6$, $p=0.50$ 일 때,

$$P(R \leqq 4) = P(4)+P(3)+P(2)+P(1)+P(0).$$

확률을 구하기 위하여 이항분포 공식을 사용한다는 것은 따분한 일이다. 부록의 표 2는 몇 개의 p 값과 2~20 사이의 n 에 대하여 $P(r)$ 값을 계산한 것이다.

표 6-10은 부록 표 2의 일부분으로 $n=6$ 에 해당하는 부분이다. $n=6$, $p=0.50$ 에 대하여 $r=4$ 에 대응하는 열과 $p=0.50$ 에 대응하는 행이 만나는 곳의 값이 $P(4)$ 의 값으로 0.234이다.

[표 6-10] $n=6$ 에 대한 부록 표 2의 인용

		P													
n	r	.01	.05	.10	⋯	.30	⋯	.50	⋯	.70	⋯	.85	.90	.95
⋮														
6	0	.941	.735	.531	⋯	.118	⋯	.016	⋯	.001	⋯	.000	.000	.000
	1	.057	.232	.354	⋯	.303	⋯	.094	⋯	.010	⋯	.000	.000	.000
	2	.001	.031	.098	⋯	.324	⋯	.234	⋯	.060	⋯	.006	.001	.000
	3	.000	.002	.015	⋯	.185	⋯	.312	⋯	.185	⋯	.042	.015	.002
	4	.000	.000	.001	⋯	.060	⋯	.234	⋯	.324		.176	.098	.031
	5	.000	.000	.000	⋯	.010	⋯	.094	⋯	.303	⋯	.399	.354	.232
	6	.000	.000	.000	⋯	.001	⋯	.016	⋯	.118	⋯	.377	.531	.735

표로부터

$$\begin{aligned} P(R \leq 4) &= P(4)+P(3)+P(2)+P(1)+P(0) \\ &= 0.234 + 0.312 + 0.234 + 0.094 + 0.016 = 0.890 \end{aligned}$$

이다. 다른 방법으로는 0에서 6까지 $P(r)$ 의 합은 1이므로

$$\begin{aligned} P(R \leq 4) &= 1 - P(5) - P(6) \\ &= 1 - 0.094 - 0.016 = 0.890 \end{aligned}$$

과 같이 구할 수도 있다.

> **비판적 사고**
>
> 5장에서 확률의 여사건 법칙을 다루었다. 이 법칙은 이항확률계산에도 유용한 전략을 제공해준다. 예를 들면, $n=7$이 이항실험에서 성공횟수 R의 표본공간은
>
> $$0 \quad 1 \quad 2 \quad 3 \quad 4 \quad 5 \quad 6 \quad 7$$
>
> 이다. $R=0$성공은 $R \geq 1$성공의 여사건이다. 여사건 법칙에 의하여
>
> $$P(R \geq 1) = 1 - P(R=0).$$
>
> 유사하게 $R \leq 2$는 결과 $R \geq 3$(혹은 $R > 2$)의 여사건이다. 따라서
>
> $$P(R \geq 3) = 1 - P(R \leq 2) = 1 - P(R=2) - P(R=1) - P(R=0).$$

예제 5 이항분포표를 사용한 $P(r)$ 계산

생물학자가 새 품종의 토마토를 연구하고 있다. 새 품종의 씨앗은 발아할 확률이 0.70이라 알려졌다. 생물학자가 씨앗 여섯 개를 심는다.

(a) 정확하게 4개가 발아할 확률은 얼마인가?

풀이 $n=6$, $p=0.70$, $q=0.30$, $r=4$인 이항실험이다. 표 6-10 또는 부록 표 2로부터 $n=6$에 대하여 $r=4$와 $p=0.70$이 만나는 곳의 값을 읽으면 $P(4)=0.324$이다.

(b) 적어도 4개의 씨앗이 발아할 확률은 얼마인가?

풀이 $P(R \geq 4) = P(4) + P(5) + P(6)$이다. 표 6-10에서 $r=5$와 $p=0.70$, $r=6$와 $p=0.70$이 만나는 곳의 값을 읽으면 $P(5)=0.303$, $P(6)=0.118$이므로

$$\begin{aligned} P(R \geq 4) &= P(4) + P(5) + P(6) \\ &= 0.324 + 0.303 + 0.118 \\ &= 0.745 \end{aligned}$$

이다. ■

유도된 연습문제 5 $P(r)$ 구하기

드물게 시술되고 위험한 눈 수술 방법이 수술 받은 환자의 30%가 시력을 회복하는데 성공적이었다고 알려졌다. 외과 팀에서 새로운 수술법을 고안하여 6번 수술에서 4번 성공하였다. 새로운 기술이 기존 기술보다 더 좋다고 할 수 있는가?

(a) 각 수술은 이항 시행이다. 이 경우, $\Rightarrow$ $n=6$, $p=0.30$, $q=0.70$, $r=4$.

$n=$ ___, $p=$ ___, $q=$ ___, $r=$ ___.

(b) 공식을 사용하여 $P(4)$를 구하시오. ⇒ $P(4) = C_{6,4}(0.30)^4(0.70)^2 = 15(0.0081)(0.490) = 0.060$

(c) 적어도 4번 성공할 확률을 구하시오. ⇒ $P(R \geq 4) = P(4) + P(5) + P(6) = 0.060 + 0.010 + 0.001 = 0.071$

(d) 기존수술기술로 6번 중 적어도 4번 성공할 확률은 _____이다. 새로운 기술이 더 좋아 보이는가? 외과 팀에 새로운 기술로 더 많은 시술을 하라고 격려하겠는가? ⇒ 기존수술기술로 6번 중 적어도 4번 성공할 확률은 0.071이므로 새로운 기술이 더 좋아 보인다. 다음 두 가지 중 하나를 의미한다.

1. 새로운 방법이 기존 방법보다 좋지는 않다. 외과 의사들이 희귀한 사건에 마주친 것이다.
2. 새로운 방법이 사실 더 좋다. 외과팀에 새로운 기술로 더 많은 시술을 하라고 격려할 가치가 있다고 생각한다.

➲ 이항확률분포는 무엇을 말해주는가?

이항확률분포가 이용될 때 다음을 안다:

- 사건의 표본공간은 n번의 이항시행을 구성된다. 시행은 서로 독립이고 같은 조건하에서 수행된다. 매 시행에는 두 가지 결과 성공과 실패가 있다. 매 시행의 성공확률은 같고 p로 표기한다. 매 시행의 실패확률은 q로 $q = 1 - p$이다.
- 이항학률분포는 n번 시행에서 r번 성공할 확률 $P(r)$의 값을 준다.
- $P(r)$의 계산은 매 시행의 성공확률 p, r값과 n에 의존한다.

비복원추출: 초기하 확률분포의 사용

만약 모집단이 상대적으로 작고 비복원으로 표본을 뽑는다면 독립성의 가정이 타당하지 않게 되고 이항분포를 사용하지 않아야 한다.

초기하분포(hypergeometric distribution)가 표집이 비복원으로 이루어졌을 때 두 가지 결과를 갖는 확률변수의 확률분포이다. 이것은 표본크기가 작아 비복원 표집이 근사적으로도 독립이 아닐 경우에 적당한 분포이다. 초기하분포에 대한 자세한 설명은 다른 통계학 교재를 참고하시오.

▶▶ 6.2 연습문제

1. **통계적 지식**. n번 시행의 이항실험에서는 무엇을 측정하는가?

2. **통계적 지식**. 이항실험에 대하여 각 시행에서 몇 가지 결과가 가능한가? 가능한 결과는 무엇인가?

3. **해석**. 여러분이 고장 날 확률이 0.01인 인공호흡장치를 20대 가지고 있는 병원의 관리자라고 하시오. 장치는 독립적으로 작동한다면 20대 중 정확히 한 대가 고장 날 확률과 적어도 한 대가 고장 날 확률 중 어디에 더 관심을 두어야만 하는가?

4. **비판적 사고**. 결과가 A, B와 C인 독립시행을 10번 시행하였다. 매 시행에서 A가 발생할 확률이 0.40, B가 발생할 확률이 0.50이고 C가 발생할 확률이 0.10이라 한다.
   (a) A가 4번, B가 5번, C가 1번 나올 확률을 구하기 위하여 이항실험모형을 사용할 수 있는지를 설명하시오.
   (b) A가 4번, A가 아닌 결과가 6번 발생할 확률을 구하기 위하여 이항실험모형을 사용할 수 있는지를 설명하시오.

5. **비판적 사고**. 대학 교무처에 따르면 이번학기 기초 통계학강좌에 등록한 학생 중 40%가 1학년, 25%가 2학년, 15%가 3학년이고 20%가 4학년이라 한다. 이번 학기 기초 통계학을 신청한 5명의 랜덤표본에 정확히 1학년이 2명일 확률을 구하려한다.
   (a) 시행을 설명하시오. 오직 두 가지 결과를 갖는 시행이라 할 수 있는가? 만약 그렇다면 성공은 무엇이고 실패는 무엇인가? 성공확률은 얼마인가?
   (b) 비복원 표집을 하였다. 만약 30명이 등록하였다면 5번의 시행을 매 시행 성공확률이 같은 독립이라 하는 것이 적당한가? 이 설정에서는 어떤 다른 확률분포가 더 적절할 수 있는가?

6. **기본계산: 이항분포**. 성공확률 $p=0.30$인 $n=7$의 이항실험에서
   (a) $P(R=0)$을 구하시오.
   (b) $P(R \geq 1)$을 구하시오.

7. **기본계산: 이항분포**. 성공확률 $p=0.85$인 $n=6$의 이항실험에서
   (a) $P(R \leq 1)$을 구하시오.
   (b) **해석**. 실험을 시행하여 2번보다 적게 성공하였다면 놀라워야만 하는가?

8. **이항확률: 동전던지기**. 정상적인 동전을 세 번 던지는 실험을 하였다. 이항분포를 사용하여 다음 확률을 구하시오.
   (a) 정확하게 앞면이 세 번 나올 확률을 구하시오.
   (b) 정확하게 앞면이 두 번 나올 확률을 구하시오.
   (c) 앞면이 두 번 이상 나올 확률을 구하시오.
   (d) 정확하게 뒷면이 세 번 나올 확률을 구하시오.

9. **생태학: 늑대**. 1918년 이전에 뉴멕시코와 아리조나에 있는 늑대의 약 55%가 수컷이고 45%가 암컷이었다. 그러나 이 지역의 소 목장주인들이 늑대를 몰살시키기로 결연한 노력을 하였다. 1918년부터 현재까지 이 지역 늑대의 약 70%가 수컷이고 30%가 암컷이다. 생물학자들은 늑대수가 크게 감소한 지역에 암컷보다 수컷들이 돌아올 가능성이 높은 것이라고 생각한다.
   (a) 1918년 이전에 이 지역에서 12마리의 랜덤표본에서 수컷이 6마리 이상일 확률은 얼마였는가? 암컷이 6마리 이상일 확률은 얼마였는가? 암컷이 4마리 미만일 확률은 얼마였는가?
   (b) 1918년부터 현재까지에 대하여 (a)의 질문에 답하시오.

10. **사회학: 시어머니**. 사회학자들은 기혼 여성의 90%가 결혼생활에 있어서 가장 큰 분쟁거리가 시어머니라고 주장한다고 한다. 6명의 기혼여성이 한 날 아침커피를 마시고 있다고 하자. 다음 확률을 구하시오.
    (a) 모두 시어머니를 싫어한다.
    (b) 아무도 시어머니를 싫어하지 않는다.
    (c) 적어도 4명이 시어머니를 싫어한다.
    (d) 3명 이하가 시어머니를 싫어한다.

11. **심리학: 속임**. 훈련받은 사람의 85%는 유죄일 때도 거짓말 탐지기 검사를 통과할 수 있다고 한다. 9명의 학생을 임의로 뽑아 비밀을 이야기해주고 비밀을 누설하지 않고 거짓말탐지기 검사를 통과하는 법에 관하여 교육을 시켰다.
   (a) 모든 학생들이 통과할 확률은 얼마인가?
   (b) 학생들의 절반 이상이 통과할 확률은 얼마인가?
   (c) 4명이하가 통과할 확률은 얼마인가?
   (d) 모두 통과하지 못할 확률은 얼마인가?

12. **심리학**: Myers-Briggs. 모든 판매직원의 75%는 외향적이고 컴퓨터 프로그래머의 60%는 내성적이라 한다.
   (a) 15명의 판매직원을 만났을 때, 10명 이상이 외향적일 확률은 얼마인가? 5명 이상이 외향적일 확률은 얼마인가? 모두가 외향적일 확률은 얼마인가?
   (b) 5명의 컴퓨터 프로그래머 집단에서 누구도 내성적이 아닐 확률은 얼마인가? 3명이상이 내성적일 확률은 얼마인가? 모두 내성적일 확률은 얼마인가?

13. **이항분포표: 대칭**. $n = 5$ 일 때, 부록 표 2의 이항분포표를 사용하여 다음 확률을 고려하시오.
   (a) $p = 0.30$일 때 P(3번 성공)과 $p = 0.70$일 때 P(2번 성공)을 비교하시오.
   (b) $p = 0.30$일 때 P(3번이상 성공)과 $p = 0.70$일 때 P(2번이하 성공)을 비교하시오.
   (c) $p = 0.30$일 때 P(4번 성공)을 구하시오.
   $p = 0.70$일 때 P(r번 성공)=P(4번 성공)인 r은 얼마인가?
   (d) 어떤 열이 $p = 0.2$로 시작되는 열과 대칭인가?

6.3 이항분포의 추가성질

초점

- 이항분포의 히스토그램을 작성하시오.
- 이항분포의 μ와 σ를 계산하시오.

이항분포 그림

어떤 확률분포도 그림으로 나타낼 수 있을 것이다. 이항분포는 어떻게 그려야할까? 이항분포는 n번의 시행에서 R번 성공할 확률을 나타낸다. 따라서 수평축에 R을 놓고 수직축에 $P(r)$을 놓는다. 또한 이항분포는 이산형이므로 히스토그램이 적당하다.

절차 이항분포 그리는 방법

1. 수평축에 R값을 놓는다.
2. 수직축에 $P(r)$을 놓는다.
3. $r-0.5$에서 $r+0.5$에 걸쳐 막대를 그린다. 대응하는 막대의 높이는 $P(r)$값이다.

예제 6 이항분포의 그림

어느 양식당의 웨이터는 오랜 경험으로 혼자 식사를 하는 손님이 팁을 놓고 갈 확률이 0.7이라는 것을 터득하였다. 점심시간에 혼자 식사를 하는 6명에게 봉사를 하였다. 팁을 놓고 간 손님의 수에 대한 확률을 나타내는 이항확률분포의 그림을 그리시오.

풀이 이것은 $n=6$, $p=0.7$, $q=0.3$인 이항분포이다. 성공횟수 R에 대한 확률을 표 6.11에 구하였다. 이 표를 이용하여 그림 6-2과 같이 히스토그램을 그릴 수 있다.

[그림 6-2] $n=6$, $p=0.7$인 이항분포의 그림

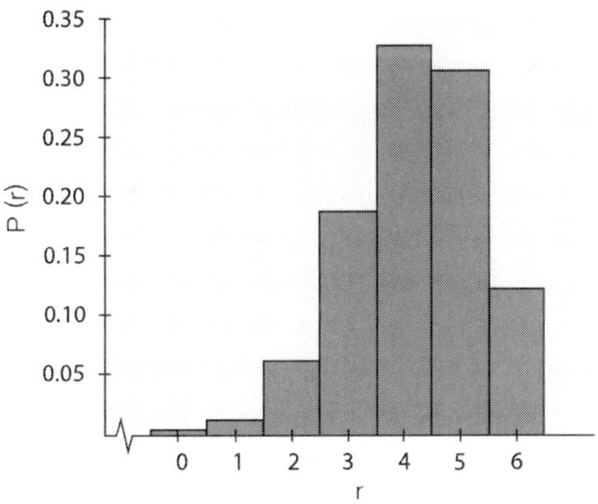

[표 6-11] 이항분포

r	$P(r)$
0	0.001
1	0.010
2	0.060
3	0.185
4	0.324
5	0.303
6	0.118

■

유도된 연습문제 6 이항분포의 그림

짐은 농구를 즐긴다. 그는 한 게임에서 시도하는 필드 골 성공률이 50%라고 한다. 6번 시도하는 경우 성공횟수에 대한 성공확률을 나타내는 히스토그램을 그리시오.

(a) 이것은 $n =$ ____, $p =$ ____인 이항분포이다. ⇒ $n=6,\ p=0.50$.

(b) 다음의 표 6-12을 완성하시오.

[표 6-12]

r	$P(r)$
0	0.016
1	0.094
2	0.234
3	____
4	____
5	____
6	____

⇒ [표 6-13] 표 6-12의 완성

r	$P(r)$
0	0.016
1	0.094
2	0.234
3	0.312
4	0.234
5	0.094
6	0.016

(c) 다음의 그림 6-3을 완성하시오.

[그림 6-3]

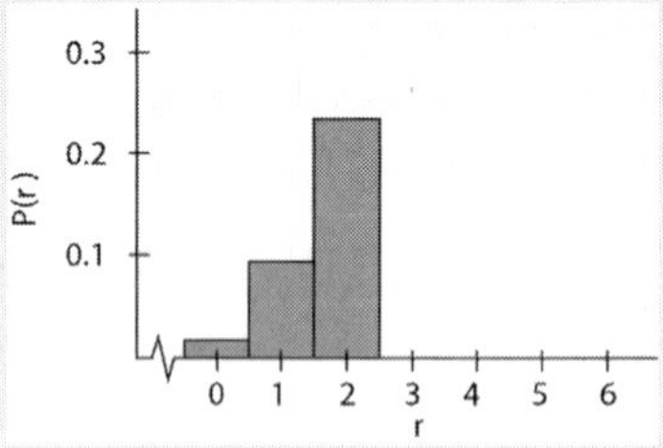

⇒ [그림 6-4] 그림 6-3의 완성

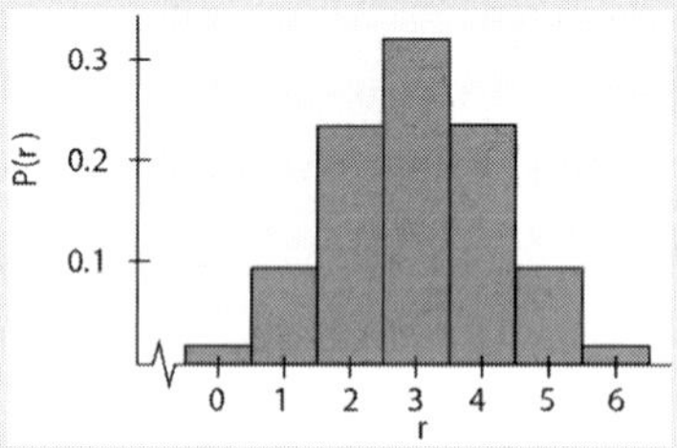

(d) $r = 2$ 위의 막대의 면적은 0.234이다. $r = 4$ 위의 막대의 면적은 얼마인가? 두 번 성공할 확률과 네 번 성공할 확률이 어떠한가? ⇒ $r=4$ 위의 막대의 면적은 0.234이다. 두 확률은 서로 같다. 성공확률이 0.5이기 때문이다.

예제 6과 유도된 연습문제 6에서 $n=6$ 인 두 개의 이항분포 그림을 살펴보았다. 성공확률이 서로 다르므로 두 그림은 다르다. $p=0.7$ 인 그림은 왼쪽으로 기울어진 분포이고, $p=0.5$ 인 그림은 대칭이다. $p=0.5$ 일 때는 시행횟수에 관계없이 이항분포는 대칭이다. 제7장에서 시행횟수 n 이 커지면 이항분포는 p 가 0.5가 아니더라도 대칭에 가깝다는 것을 보인다.

➲ 이항확률분포의 그림은 무엇을 말해주는가?

시행횟수가 n 이고 성공확률이 p 인 이항확률분포를 고려한다. 분포의 그림은 다음을 말해준다.

- $0 \le r \le n$에 대하여 r번 성공할 확률
- 그림이 고분모양이고 대칭이라면 성공확률 p는 0.5이다.
- 그림이 오른쪽으로 기운다면 성공확률 p가 0.5보다 작다. 오른쪽으로 더 기운다면 p는 0에 더 가까워진다.
- 그림이 왼쪽으로 기운다면 성공확률 p가 0.5보다 크다. 왼쪽으로 더 기운다면 p는 1에 더 가까워진다.

이항분포의 평균과 표준편차

임의의 분포의 그림을 설명하는데 도움이 되는 두 가지는 분포의 균형점과 균형점에 관한 분포의 산포이다. **균형점**(balance point)은 분포의 평균 μ 이고, 가장 많이 사용되는 산포의 측도는 표준편차 σ 이다. 평균 μ 는 성공횟수의 **기댓값**(expected value)이다.

이항분포의 평균 μ 와 표준편차 σ 를 구하기 위하여 간단한 공식을 소개한다. 6.1절의 이산형 분포의 평균과 표준편차에 대한 일반 공식을 사용하는 것 보다 훨씬 쉽다.

절차 이항분포의 μ와 σ 계산법

R 을 이항분포의 성공횟수를 나타내는 확률변수라 하면

$$\mu = np, \quad \sigma = \sqrt{npq}.$$

예제 7 μ와 σ 계산

예제 6의 이항분포의 평균과 표준편차를 구하시오.

풀이 예제 6에서 $n = 6,\ p = 0.7,\ q = 0.3$ 이다. 따라서

$$\mu = np = 6 \times 0.7 = 4.2$$

이다. 표준편차는

$$\sigma = \sqrt{npq} = \sqrt{6(0.7)(0.3)} = \sqrt{1.26} = 1.12$$

이다. ■

유도된 연습문제 7 기댓값과 표준편차

짐은 농구를 즐긴다. 그는 한 게임에서 시도하는 필드 골 성공률이 50%이다.

(a) 이항분포의 평균은 n번 시행에서 R번 성공의 기댓값이다. 6번의 슛을 할 때 짐의 골 기댓값을 구하시오. ⇒ $n=6,\ p=0.50$이므로 $\mu = np = 6(0.5) = 3$.

(b) 6번 시행에 대하여 표준편차를 구하시오. ⇒ $\sigma = \sqrt{npq} = \sqrt{6(0.5)(0.5)} = \sqrt{1.5} = 1.22$

비판적 사고 특이한 값

체비셰프 정리는 자료의 분포가 어떤 모양을 하든지 자료의 적어도 75%는 평균에서 2표준편차 내에 놓인다는 것이다. 7장에서 살펴보겠지만 분포가 고분모양이고 대칭일 때, 자료의 약 95%가 평균에서 2표준편차 내에 놓인다. 평균에서 2표준편차를 벗어나는 자료값은 평균에 가까운 것 보다는 일반적이 아니다.
사실 하나의 자료값이 이상점인지를 알려주는 지표는 평균으로부터 2.5 표준편차 보다 더 떨어져 있는 값이다.

> 이항분포에서 성공횟수 R이 $\mu - 2.5\sigma$ 보다 작거나 $\mu + 2.5\sigma$ 보다 큰 경우는 매우 특이한 일이다.

이항분포에서 특정 성공 횟수가 특이한지를 결정하는 지표로 이것을 사용한다.
예를 들어, $n=20,\ p=0.7$인 이항분포라면 $\mu=14,\ \sigma=2$이다. 이 경우 성공횟수가 19보다 크거나 9보다 작은 경우는 매우 특이하다고 생각할 것이다. 그러나 그와 같은 성공 횟수가 가능하다.

▶▶ 6.3 연습문제

1. **통계적 지식**. 시행횟수 n인 이항분포에서 기댓값은 무엇을 말해주는가?

2. **기본계산: 기댓값과 표준편차**. $n=8,\ p=0.20$인 이항실험을 고려하시오.
   (a) 이 분포의 기댓값과 표준편차를 구하시오.
   (b) **해석**. 5번 이상 성공하는 것은 특이한가?

3. **비판적 사고**. $n = 200$, $\mu = 80$, $\sigma^2 = 48$ 인 이항분포를 고려하자. $\mu - 2.5\sigma$ 보다 작거나 $\mu + 2.5\sigma$ 보다 큰 경우는 매우 특이한 일이다. 다음 질문에 답하시오.
   (a) 200번 시행 중 120번 이상 성공한다는 것은 특이한 일인가?
   (b) 200번 시행 중 40번 미만 성공한다는 것은 특이한 일인가?
   (c) 200번 시행 중 70번에서 90번 사이로 성공한다는 것은 특이한 일인가?

4. **이항분포: 히스토그램**. $n = 5$ 인 이항분포를 고려한다. 다음 각 문제에 대하여 히스토그램을 그리고 분포의 모양에 관하여 설명하시오.
   (a) $p = 0.5$　　(b) $p = 0.25$　　(c) $p = 0.75$
   (d) (b)와 (c)에서 보인 분포의 관계에 대하여 설명하시오.
   (e) 만약 성공확률이 0.73이라면 어느 쪽으로 기울어진 분포라고 생각하는가?

5. **비판적 사고**. $n = 10$, $p = 0.85$ 인 이항실험을 고려하시오.
   (a) 분포의 모양을 설명하시오.
   (b) 기댓값을 계산하시오.
   (c) $P(R \leq 3)$은 매우 클까 혹은 매우 작을까?
   (d) $P(R \geq 8)$은 매우 클까 혹은 매우 작을까?

6. **마케팅: 사진**. 다음 표는 American Demographics(Vol. 19, No. 7)에서 얻은 것이다.

가구의 아이나이	2세 이하	21세 이하가 없다
삼각대 구입 가구비율	80%	50%

   10가구의 랜덤표본을 고려하시오.

   (a) 2세 이하의 자녀가 있는 10가구를 인터뷰하였다. R을 삼각대를 구입한 가구의 수를 나타낸다고 가정한다. 히스토그램을 작성하고 확률분포의 평균과 표준편차를 구하시오.
   (b) 21세 이하의 자녀가 없는 10가구를 인터뷰하였다. R을 삼각대를 구입한 가구의 수를 나타낸다고 가정한다. 히스토그램을 작성하고 확률분포의 평균과 표준편차를 구하시오.

(c) 해석. (a)와 (b)의 분포를 비교하시오. 아기사진을 찍는 부모가 나오는 광고가 효과가 있을까?

7. **민간조사: 사람 찾기**. Old Friends Information service는 장기간 행방불명된 친구의 주소를 찾아주는 기업이다. Old Friends는 성공률이 70%라 주장한다. 주소를 모르는 6명의 친구가 있어 Old Friends사에 의뢰하기로 결정한다고 가정한다.
   (a) 주소가 밝혀질 친구의 수에 대한 히스토그램을 작성하시오.
   (b) 확률분포의 평균과 표준편차를 구하시오. 주소를 찾을 친구의 수는 몇 명이라고 기대하는가?

8. **교육: 문맹**. *USA Today*에 따르면 미국인의 20%가 문맹이라고 한다. 한 도시의 거리에서 7명을 임의로 뽑았다고 가정한다.
   (1) 표본에서 문맹인 수의 확률분포를 나타내는 히스토그램을 그리시오.
   (2) 이 확률분포의 평균과 표준편차를 구하시오. 이 표본에서 문맹인 사람은 몇 명이라 기대하는가?

9. **사법제도: 가석방**. *USA Today*에 따르면 가석방자의 약 25%는 다시 범죄자가 된다고 한다. 앨리스는 가석방자를 상담하는 사회사업가로 4명의 가석방자 집단을 상담하고 있다. 다시 범죄자가 되지 않는 것을 성공이라 한다.
   (a) R을 성공횟수라 할 때, $P(r)$을 구하시오.
   (b) 히스토그램을 작성하시오.
   (c) 다시 범죄자가 되지 않을 사람은 몇 명이라 기대되는가?

10. **법 집행: 재산범죄**. *FBI Standard Survey of Crimes*는 재산범죄의 약 80%는 발견되지 않고 미해결된다고 한다. 대도시의 한 지역이 같은 범죄자는 아니지만 반복된 재산범죄로 고통을 받는다고 한다. 경찰이 이 지역에서 6건의 재산범죄를 조사하고 있다.
    (a) 모든 범죄가 미해결될 확률은 얼마인가?
    (b) 적어도 한 건의 범죄가 해결될 확률은 얼마인가?
    (c) 몇 건이 해결될 것이라고 기대하는가? 표준편차는 얼마인가?

11. **법 집행: 유죄**. 일본의 범죄재판에서 기소자의 약 95%가 유죄판결을 받는다. 미국에서는 기소자의 약 60%가 유죄판결을 받는다. 7건의 범죄 재판을 고려하자.
    (a) 만약 재판이 일본에서 있었다면 모든 기소자가 유죄가 될 확률은 얼마인가? 미국에서라면 얼마인가?
    (b) 7건의 재판에서 일본에서의 유죄판결의 기댓값은 얼마인가? 미국에서라면 얼마인가? 각각의 표준편차는 얼마인가?

12. **지식확장: 기하확률분포; 사회학**.

※ **기하분포**(geometric distribution)

첫 번째로 성공을 하면 멈추는 이항시행을 반복하는 시험을 고려한다. n을 첫 번째 성공할 때까지의 시행횟수라 한다. n번째에 첫 번째로 성공할 확률은 얼마인가? 답은 기하분포이다.

> **➲ 기하확률분포**
>
> p가 성공확률이고 n이 첫 번째로 성공한 횟수라면
>
> $$P(n) = p(1-p)^{n-1}.$$
>
> 무한급수의 관한 수학을 이용하면 기하분포의 평균과 표준편차는 각각
>
> $$\mu = \frac{1}{p}, \ \sigma = \frac{\sqrt{1-p}}{p}$$
>
> 이다.

오아후 섬의 바람이 가려지는 쪽의 나나쿠리의 작은 마을에서 주민의 약 80%는 하와이언 선조이다. $n = 1,\ 2,\ 3,\ \cdots$ 을 이 마을에서 첫 번째로 하와이언 선조를 만날 때까지 만나야 하는 사람의 수를 나타낸다고 한다.

(a) 확률변수 n의 확률분포공식을 쓰시오.
(b) $n = 1,\ 2,\ 3$에 대하여 확률을 계산하시오.
(c) $n \geq 4$일 확률을 계산하시오.
(d) 첫 번째로 하와이언 선조를 만날 때까지 몇 명을 만나야 한다고 기대하는가?

13. **지식확장: 기하분포; 낚시.** 북 캐나다에 있는 애서배스카 호수의 Fontaine Lake Camp에서 손님들의 약 30%는 4일 낚시여행 동안 9kg이상의 송어를 잡는다고 한다. n을 캠프에서 한 손님이 첫 번째로 9kg이상의 송어를 잡는 여행을 나타낸다고 하시오.
(a) 확률변수 n의 확률분포공식을 쓰시오.
(b) $n=3$일 확률을 계산하시오.
(c) $n>3$일 확률을 계산하시오.
(d) 첫 번째로 9kg이상의 송어를 잡으려면 낚시 여행을 몇 번을 와야 한다고 기대하는가?

복습

요약

이 장은 확률변수와 이산 확률변수와 관련된 중요한 확률분포를 다룬다.

- 한 확률변수의 값은 우연에 의하여 결정된다. 독립확률변수의 선형함수와 선형결합의 평균, 분산과 표준편차 공식이 지식확장문제에 주어졌다.
- 확률변수는 이산이거나 연속이다.
- 이산확률변수 X의 확률분포는 X가 갖는 모든 값 x와 확률 $P(x)$로 구성된다. 각 x에 대하여 $0 \le P(x) \le 1$이고 $\sum P(x) = 1$이다.
- 이산확률분포는 히스토그램으로 나타낼 수 있다.
- 이산확률분포에 대하여

$$\mu = \sum xP(x), \quad \sigma = \sqrt{\sum (x-\mu)^2 P(x)}$$

  이다.
- 평균 μ를 확률분포의 기댓값이라 한다.
- 이항실험은 같은 조건에서 반복되는 n번의 독립시행으로 구성된다. 각 시행에는 성공과 실패라는 두 가지 결과가 있다. 성공확률은 매 시행에 대하여 p로 같다.
- 이항실험에서 성공횟수 R은 이항확률분포를 갖는 확률변수이다.
- 이항분포에 대하여 $\mu = np$, $\sigma = \sqrt{npq}$ 이다.

- 이항실험에 대하여 성공횟수는 일반적으로 $\mu-2.5\sigma$에서 $\mu+2.5\sigma$사이에 놓인다.
- 기하확률분포는 이항실험에서 첫 번째 성공이 n번째일 확률을 찾는데 사용된다.

이항확률분포에 대한 조건을 확인하는 것이 중요하다.

복습문제

1. **통계적 지식**. 확률분포에 대한 필요사항은 무엇인가?

2. **비판적 사고**. 이항확률분포에 대하여 $\mu-2.5\sigma$보다 작거나 $\mu+2.5\sigma$보다 큰 성공횟수는 특이하다.
   (a) $n=10,\ p=0.2$인 이항실험에 대하여 5번보다 많이 성공하는 것은 특이한가?
   (b) 5지선다형 10문제를 찍는다면 반보다 더 많이 맞출 수 있을 것 같은가?

3. **확률분포: 자동차 리스**. 소비자 은행협회에 의하면 새 자동차에 대한 리스기간이 다음과 같다고 한다.

리스기간(개월)	리스비율
13-24	12.7%
25-36	37.1%
37-48	28.5%
49-60	21.5%
60보다 길다	0.2%

   (a) 각 계급의 중간값을 사용하여 평균과 표준편차를 구하시오. 마지막 계급의 중간값은 66.5로 한다.
   (b) 확률분포를 그리시오.

4. **보험: 자동차**. 콜로라도에서 자동차 물적피해 청구서의 55%는 25세 미만 남자에 의하여 제출된다고 한다. 자동차를 포함한 10건의 물적피해청구서를 임의로 추출하였다.
   (a) R을 25세 미만 남자에 의하여 제출된 청구서 수라 한다. 히스토그램을 작성하시오.
   (b) 6건 이상이 25세 미만 남자에 의하여 제출되었을 확률을 구하시오.
   (c) 기댓값과 표준편차를 구하시오.

5. **법 집행: 입소자**. 연방입소자의 50%는 마약거래로 수감 중이다. 16명의 입소자를 임의로 뽑았다.
   (a) 12명 이상이 마약거래로 수감 중일 확률을 구하시오.
   (b) 7명 이하가 마약거래로 수감 중일 확률을 구하시오.
   (c) 마약거래로 수감 중인 사람의 기댓값을 구하시오.

6. **농업: 포도**. 포도 수확물의 75%는 양품이고 25%는 가운데가 씩있다고 평가되었다. 포도는 10송이 한 자루씩 판매된다. R을 자루안의 양품인 포도송이 수라 한다.
   (a) R의 확률분포에 대하여 히스토그램을 작성하시오.
   (b) 자루에 불량 포도가 두 개 이상 들어있지 않을 확률을 구하시오. 자루에 적어도 하나의 양품 포도가 들어있을 확률을 구하시오.
   (c) 자루에 담긴 양품 포도수의 기댓값을 구하시오.
   (d) 자루에 담긴 양품 포도수의 표준편차를 구하시오.

7. **대학생활: 학생자치**. 학생회는 모든 학생의 85%가 강의실에 놓을 화분을 구입하기 위하여 학생회비를 올리는데 찬성한다고 주장한다. 12명의 랜덤표본에서 2명이 제안에 찬성하였다. 학생회의 주장이 사실이라는 가정아래 2명 이하가 제안에 찬성할 확률은 얼마인가? 자료는 학생회의 주장을 지지하는가 혹은 찬성률이 85%보다 적은 것으로 보이는가?

CHAPTER

07 정규곡선과 표집분포

하인리히 허츠(Heinrich Hertz, 1857-1894)는 전파의 연구에서 선구자였다. 그와 맥스웰, 마르코니와의 후기 작업은 현대 라디오, TV 및 레이더였다. 알버트 아인슈타인은 상대성 이론과 양자 역학에 대한 위대한 발견으로 세계적으로 유명하다. 수학과 실제응용 둘 다 다루어 온 모든 사람들은 수리 과학의 '순수한 생각'이 다른 영역의 이벤트를 예측하고 설명하는 방법에 경탄하지 않을 수 없다.

이 장에서는 모든 수리 통계에서 가장 중요한 확률분포인 정규분포를 공부한다. 왜 정규분포가 그렇게 중요한가? 두 가지 이유는 그것이 다양한 상황에 적용된다는 것과 다른 분포가 특정 조건 하에서 정규화되는 경향이 있다는 것이다.

사전질문 정규분포의 특성은 무엇인가?

- 정규분포의 특성은 무엇인가? 경험법칙이 무엇인가? (7.1절)
- 사과와 오렌지, 혹은 코끼리와 나비를 비교할 수 있는가? 대부분의 경우, 측정값을 표준화하지 않는 한 대답은 아니오 이다. 표준정규분포와 z값은 무엇인가? (7.2절)
- 임의의 정규분포를 표준정규분포로 어떻게 변환하는가? "표준화 된 사건"의 확률을 어떻게 구하는가? (7.3절)
- 인간으로서 우리의 경험은 유한하고 제한적이다. 따라서 삶의 중요한 의사결정의 대부분은 표본(불완전한)정보에 의존한다. 확률표집분포란 무엇인가? 표집분포는 불완전한 정보에 기초하여 올바른 결정을 내리는데 어떻게 도움이 되는가? (7.4절)
- "모든 길은 로마로 통한다"는 속담이 있다. 통계학에서 이 속담을 "모든 확률분포는 (표본크기가 증가하면) 평균이 정규분포를 한다"라고 고칠 수 있다. 표집분포의 공부에서 이 점을 어떻게 이용할 수 있을까? (7.5절)
- 이항분포와 정규분포는 통계학에서 가장 중요한 확률분포이다. 제한된 조건하에서 이항분포는 정규분포로 진화한다고 생각할 수 있다. 현실에서 이 개념을 어떻게 적용할 수 있는가? (7.6절)
- 삶에서 많은 문제들은 성공 혹은 실패로 이어진다. 대부분의 경우, 항상 성공적일 수는 없으므로 성공 비율은 매우 중요하다. 비율의 확률표집분포는 무엇인가? (7.6절)

초점문제 충동구매

식품 마케팅 연구소, 프로그래시브 식료품점, 신제품 뉴스, 구매 담당자 광고 협회는 슈퍼마켓 판매를 분석하는 조직이다. 흥미 있는 발견 중 하나는 식료품점에서의 충동구매량의 평균은 바로 시간에 의존한다는 것이다. 덴버 포스트(The Denver Post)에 보고 된 바에 따르면, "소비자가 상점에 10분 머무르면 20달러 이상을 소비한다." 이런 이유로 슈퍼마켓에 오래 있을 수 있도록 하는 것이 중요하다. 긴 계산대열, 무료 시음회, 잡지와 서적 매장 등등이 매장의 고객을 더 오래 머무르게 할 수 있다고 지적했다. 식료품 매장에서 벗어난 한 명의 고객은 슈퍼마켓을 돌아다니며 평균적으로 10분마다 20달러의 충동지출을 할 수 있다. X는 10분 간격으로 슈퍼마켓에서 충동구매에 소비된 금액이며, X의 분포는 평균 20달러, 표준편차는 약 7달러이다.

(a) 슈퍼마켓에서 계획하지 않은 10분의 쇼핑시간을 갖는 소비자 100명의 랜덤표본을 고려하시오. 중심극한정리로부터 충동구매로 고객이 소비한 평균금액 $\overline{X}$의 확률분포는 무엇인가? $\overline{X}$의 분포는 근사적으로 정규분포를 하는가? $\overline{X}$의 분포의 평균과 표준편차는 무엇인가? $\overline{X}$의 분포에 대해 어떤 가정이 필요한가?

(b) $\overline{X}$가 18달러와 22달러 사이에 있을 확률은 얼마인가?

(c) X가 근사적으로 정규분포를 한다고 가정하시오. X가 18달러와 22 달러 사이에 놓일 확률은 얼마인가?

(d) (b)에서 100명의 고객에 대해 계산된 평균금액 $\overline{X}$를 이용하였다. (c)에서 한 고객이 소비한 금액 X를 사용했다. 그 만큼 (b)와 (c)에 대한 결과는 매우 다르다. 왜 이런 일이 일어났는가? 예를 들어, $\overline{X}$는 X보다 훨씬 더 예측 가능하거나 신뢰할 수 있는 통계량이다. 거의 모든 마케팅 전략과 판매 전략은 개인고객이 아닌 평균고객을 대상으로 한다. 평균고객이 개인보다 훨씬 예측 가능하다고 중심극한정리는 어떻게 설명하는가?

7.1 정규확률분포의 그래프

초점

- 정규곡선을 그래프로 나타내고 중요한 특성을 요약하시오.
- 경험적 법칙을 적용하여 실제문제를 해결하시오.

연속확률분포의 가장 중요한 예제 중의 하나가 **정규분포**(normal distribution)이다. 이 분포는 프랑스 수학자 아브라함 드 모르브르(Abraham de Moivre, 1667-1754)와 독일의 수학자 칼 프리드리히 가우스(Carl Friedrich Gauss, 1777-1855)에 의해 연구되었다. 특히 가우스의 이름을 따 **가우스 분포**(Gaussian distribution)라고도 부른다. 이들은 통계적 추정이론의 기초를 제공해 주었다.

정규확률분포의 응용은 셀 수 없이 많아 일부 수학자들은 '통계학의 실제 보이스카우트 칼'이라고도 한다. 그러나 응용하기 전에 정규분포의 성질을 알아야만 한다.

조금 복잡한 공식이지만 모집단 분포의 평균 μ와 표준편차 σ로 정규분포를 정의한다. 이 공식을 가지고 어떤 분포가 정규분포인지를 증명할 수 있다. 그러나 정규분포의 그래프를 통하여 정규분포의 근본적인 특징에 대한 그림을 떠올릴 수 있다.

정규분포의 그래프를 **정규곡선**(normal curve)이라 한다. 정규분포는 마른 모래더미의 횡단면과 매우 닮은 모양을 한다. 즉 정규곡선은 그림 7.1과 같이 **종형곡선**(bell-shaped curve)이다.

[그림 7.1] 정규곡선

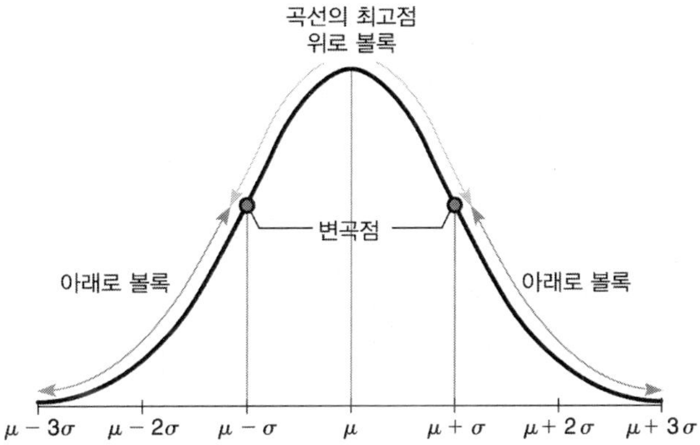

일반적인 정규곡선은 매끄럽고 평균 μ를 중심으로 좌우 대칭이다. μ에서 분포의 최댓값을 갖는다. 곡선은 착륙하는 글라이더처럼 x축에 가까워지지만 결코 닿지는 않는다.

모수 σ는 곡선의 산포를 조절한다. 곡선은 점 $\mu-3\sigma$와 $\mu+3\sigma$에서는 수평축에 정말 가깝다. 만약 표준편차 σ가 크다면 곡선은 더 퍼져있을 것이고 작다면 봉우리가 더 높을 것이다. 또한 정규곡선은 $\mu-\sigma$와 $\mu+\sigma$에서 변곡점을 갖는다.

➲ 정규곡선의 주요 성질

1. 곡선은 종형으로 평균 μ에서 최댓값을 갖는다.
2. 곡선은 평균 μ에 관하여 대칭이다.

3. 곡선은 수평축에 접근하지만 결코 닿거나 교차하지 않는다.
4. $\mu-\sigma$ 와 $\mu+\sigma$ 에서 변곡점을 갖는다.
5. 곡선아래의 전체면적은 1이다.

정규곡선의 모양을 결정하는 모수는 평균 μ 와 표준편차 σ 이다. μ 와 σ 를 알면 정규분포가 결정된다. 간단히 말하면 평균 μ 는 균형점을 결정하고, 표준편차 σ 는 산포의 정도를 결정한다.

유도된 연습문제 1 정규곡선에서 μ 와 σ 의 식별

그림 7.2의 정규곡선을 보시오.

[그림 7.2]

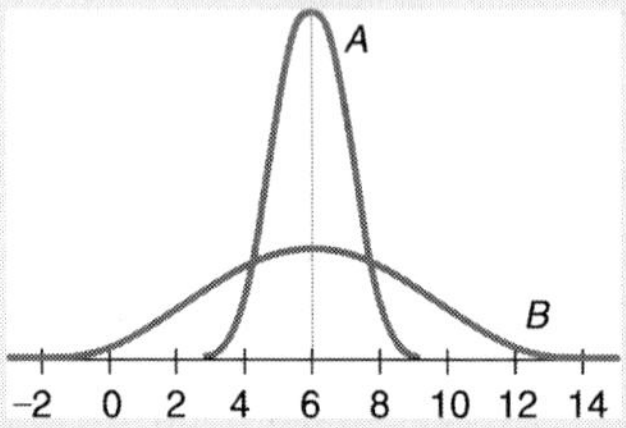

(a) 두 분포는 같은 평균을 갖고 있는가? 그렇다면 얼마인가? ⇒ 평균은 같다. 두 그래프 모두 6에서 최댓값을 갖고 있다. $\mu=6$.

(b) 곡선 중의 하나는 $\sigma=3$ 이고 다른 하나는 $\sigma=1$ 이다. 각 곡선의 σ 를 구하시오. ⇒ 곡선 A 가 $\sigma=1$ 이고, 곡선 B 가 $\sigma=3$ 이다.

정규분포곡선은 항상 수평축 위에 존재한다. 곡선과 수평축 사이의 면적은 정확하게 1이다. 따라서 정규분포곡선은 **밀도곡선**(density curve)이다. 정규분포곡선의 모양을 생성하기 위하여 사용되는 공식을 **정규밀도함수**(normal density function)라 한다. 만약 X가 평균 μ, 표준편차 σ 인 정규확률변수라면 정규밀도함수의 공식은

$$f(x)=\frac{1}{\sigma\sqrt{2\pi}}e^{-\frac{1}{2}(x-\mu)^2/\sigma^2},\quad -\infty<x<\infty$$

이다.

이 책에서는 이 수식을 명시적으로 사용하지 않을 것이다. 그러나 우리는 정규밀도함수에 근거한 면적을 이용할 것이다. 어떤 정규곡선이라도 전체면적은 항상 1이다. 정규분포

의 그래프는 중요하다. 왜냐하면 주어진 구간 위의 곡선 아래의 면적의 비율이 관측값이 그 구간 안에 놓일 확률을 나타내기 때문이다.

3.2절에서 체비셰프의 정리를 배웠다. 이 정리는 자료의 최소비율이 평균의 2, 3 혹은 k 표준편차 안에 놓인다는 정보를 제공해 준다. 이 결과는 임의의 분포에 적용된다. 그러나 정규분포에 대하여는 **경험법칙**(empirical rule)에 의하여 더 정확한 결과를 얻을 수 있다.

➲ 경험법칙(empirical rule)

대칭이고 종형분포에 대하여

- 자료값의 약 68%가 평균으로부터 1 표준편차 안에 놓인다.
- 자료값의 약 95%가 평균으로부터 2 표준편차 안에 놓인다.
- 자료값의 약 99.7%가 평균으로부터 3 표준편차 안에 놓인다.

대칭이고 종형분포에 대하여 실제로 주어진 비율이 관찰되므로 경험법칙이라 부른다. 특히 정규분포인 경우에는 경험법칙은 그림 7.3과 같이 분포의 특성의 직접적인 결과이다. 물론 경험법칙은 정규분포나 대칭이고 종형분포에만 적용할 수 있는 반면에 체비세프의 정리는 모든 분포에 적용한다.

[그림 7.3] 정규 곡선의 면적

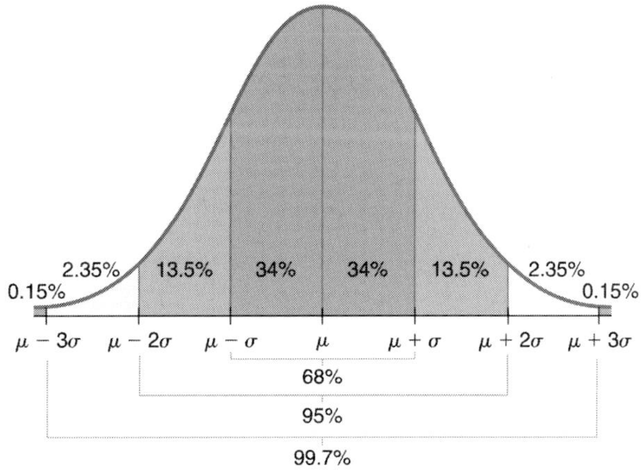

예제 1 경험법칙

선샤인 라디오의 작동 수명은 평균 $\mu = 600$ 시간, 표준편차 $\sigma = 100$ 시간의 정규분포를 한다. 임의로 뽑힌 라디오의 수명이 600시간에서 700시간 사이에 속할 확률은 얼마인가?

풀이 작동수명이 600시간에서 700시간 사이에 놓일 확률은 그림 7.4에서 색칠된 부분의 면적에 해당한다. $\mu = 600$ 이고 $\mu + \sigma = 600 + 100 = 700$ 이므로 색칠된 면적은 μ와 $\mu + \sigma$ 사이의 면적이다. 그 면적은 34%이다. 따라서 작동수명이 600시간에서 700시간 사이에 놓일 확률은 0.34이다. ■

[그림 7.4] 작동시간의 분포

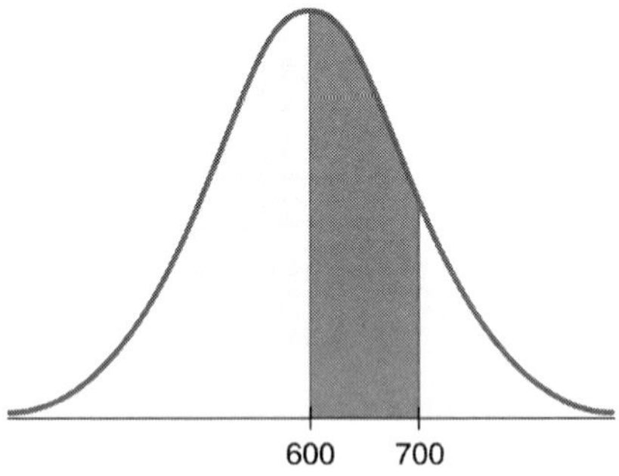

유도된 연습문제 2 경험법칙

어느 농장의 에이커 당 연간 밀 생산량이 평균 $\mu = 35$ 부셸, 표준편차 $\sigma = 8$ 부셸인 정규분포를 한다.

(a) 그림 7.5에서 에이커 당 생산량이 19에서 35부셸 사이일 확률을 나타내는 면적에 색칠을 하시오. ⇒ 그림 7.6을 참조하시오.

(b) 그 면적은 $\mu - 2\sigma$와 μ 사이의 면적과 같은가? ⇒ $\mu = 35$, $\mu - 2\sigma = 35 - 2(8) = 19$ 이므로 같다.

[그림 7.5]

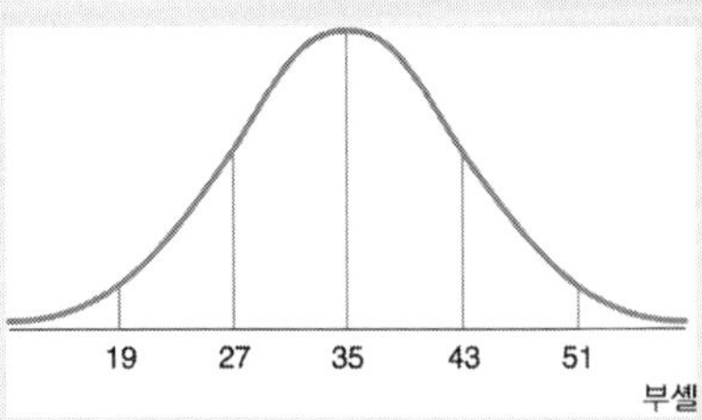

[그림 7.6] 그림 7.5의 완성

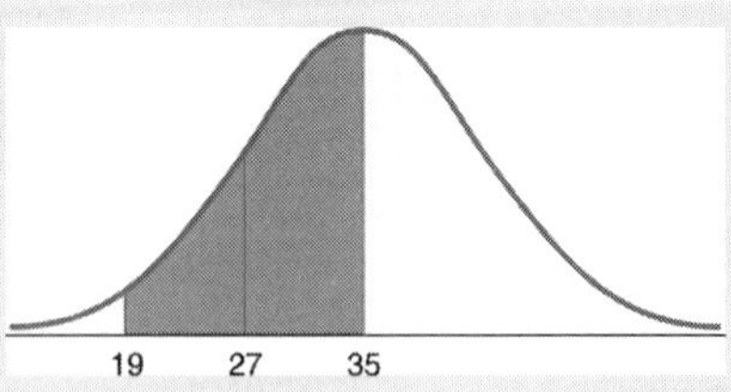

(c) 그림 7.3을 사용하여 19와 35사이의 구간 위의 면적의 비율을 구하시오. ⇒ $\mu - 2\sigma$와 μ 사이의 면적은 전체 면적의 47.5%이다.

(d) 생산량이 19와 35사이에 있을 확률은 얼마인가? ⇒ 전체면적 1의 47.5%이다. 따라서 확률은 0.475이다.

➲ 정규분포는 우리에게 무엇을 말해주는가?

연속확률변수가 정규분포를 한다면,

- 분포 아래의 전체면적은 1이다.
- a에서 b까지의 특정 간격의 면적은 확률이며, 임의로 선택된 값이 a와 b사이에 있음을 나타낸다.
- 분포가 대칭이고 종모양이며 중앙에 평균(μ)이 있다.
- 대부분의 자료(99.7%)는 $\mu-3\sigma$와 $\mu+3\sigma$ 범위 안에 있다.

기대

정규확률분포는 이후 작업에서 광범위하게 사용된다. 예를 들어 반복적으로 분포에서 같은 크기의 샘플을 가져와서 각 샘플에 대해 동일한 평균을 계산하면 찾을 수 있다. 표본 평균은 정규분포 또는 정규분포에 근사한다.(7.5절) 또한, 시행 횟수가 충분히 많으면, 이항분포는 정규분포로 근사한다.(7.6절) 일정한 수의 이항 실험에서 표본비율의 분포 또한 정규분포에 근사될 수 있다.(7.6절)

▸▸ 7.1 연습문제

1. **통계적 지식**. 그림 7.7의 곡선 중 정규곡선과 정규곡선이 아닌 것은?

[그림 7.7]

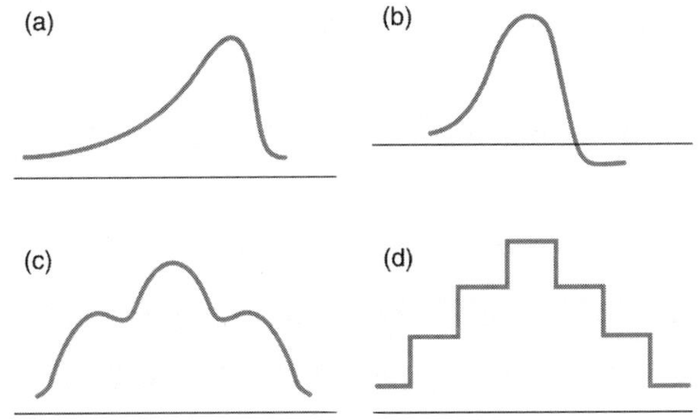

2. **통계적 지식**. 그림 7.8을 보고 μ, $\mu+\sigma$, σ를 찾으시오.

[그림 7.8]

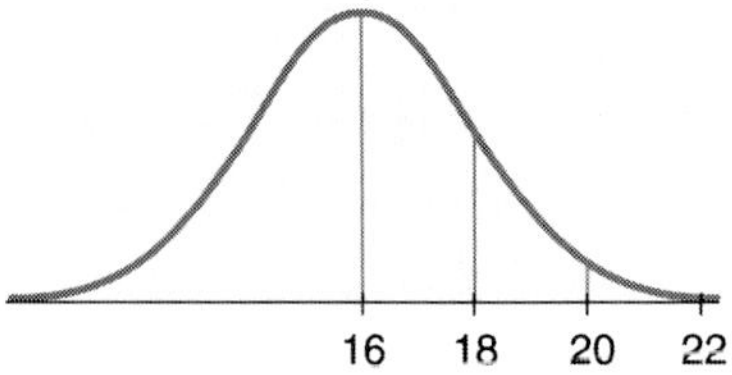

3. **비판적 사고**. 그림 7.9와 7.10을 보고 어떤 것이 표준편차가 더 큰가? 그림 7.9와 그림 7.10의 평균은 얼마인가?

[그림 7.9]

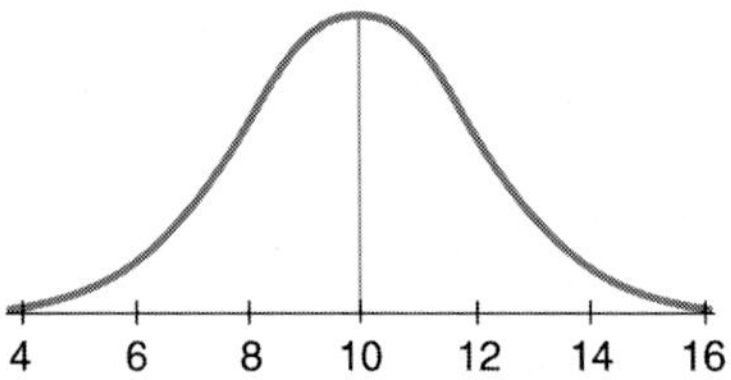

[그림 7.10]

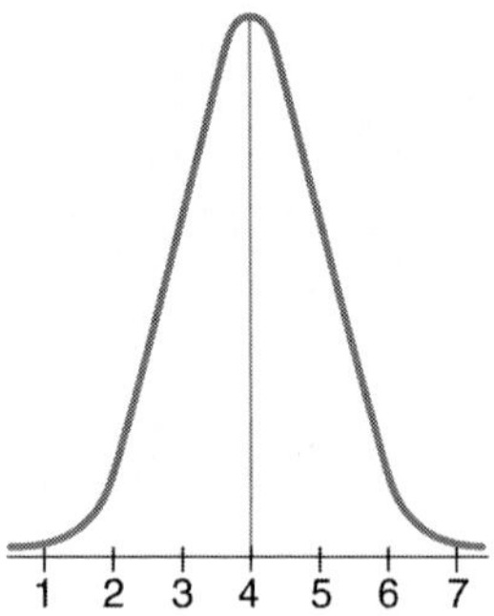

4. **기본 계산: 경험법칙**. 정규곡선에서 다음 구간에 속할 확률은 얼마인가?
   (a) μ의 왼쪽 (b) $\mu-\sigma$와 $\mu+\sigma$ 사이 (c) $\mu-3\sigma$와 $\mu+3\sigma$ 사이

5. **분포: 여학생의 키**. 대학교 여학생들의 키가 평균이 162.5㎝ 표준편차가 6.2㎝인 정규분포를 따른다고 한다. 다음 질문에 답하시오.
   (a) 162.5㎝ 보다 큰 여학생의 비율은 얼마인가?
   (b) 162.5㎝ 보다 작은 여학생의 비율은 얼마인가?
   (c) 156.3㎝ 에서 168.7㎝ 사이일 여학생의 비율은 얼마인가?
   (d) 150㎝에서 175㎝ 사이일 여학생의 비율은 얼마인가?

6. **고고학: 나이테**. 여러 인디언 유적지에서 발굴된 목재들이 평균 1,243년, 표준편차 36년

이다. 시대의 분포가 개략적으로 고분모양으로 평균에 관하여 대칭이었다. 경험법칙을 사용하여 다음 질문에 답하시오.

(a) 자료의 약 68%가 속할 평균을 중심으로 한 구간의 범위를 구하시오.

(b) 자료의 약 95%가 속할 평균을 중심으로 한 구간의 범위를 구하시오.

(c) 자료의 거의 모두가 속할 평균을 중심으로 한 구간의 범위를 구하시오.

7. **통증 관리: 레이저 요법**. 연구 중의 실험집단이 평균 $\mu = 3.15\,mA$, 표준편차 $\sigma = 1.45\,mA$에서 처음 고통을 느낀다고 한다. 고통 발단의 분포가 대칭이고 고분모양이라 가정한다면 경험법칙을 사용하여 다음을 구하시오.

(a) 실험군의 약 68%가 고통 발단을 가질 구간을 추정하시오.

(b) 실험군의 약 95%가 고통 발단을 가질 구간을 추정하시오.

8. **지식 확장: 균등분포**. $\alpha < \beta$인 α와 β를 임의의 두 상수라고 하자. α에서 β까지 구간에서 무작위로 x를 선택한다고 가정하면, 사각형을 고려한다.

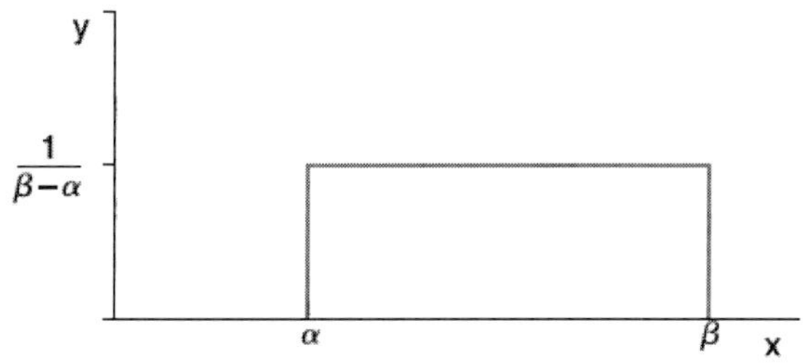

직사각형의 밑변의 길이는 $\beta - \alpha$이고 직사각형의 높이는 $1/(\beta - \alpha)$이므로 사각형의 면적은 1이다. 이와 같이 이 직사각형을 확률밀도곡선의 일부로 생각할 수 있다. x가 α와 β사이에 있어야 한다고 가정했기 때문에, 간격 $[\alpha, \beta]$ 외부에서 발생하는 점의 확률은 0이다.

기하학적 관점에서, α에서 β까지 무작위로 선택된 x는 α에서 β까지 구간으로 똑같이 선택될 가능성이 있음을 의미한다. 이러한 이유 때문에 직사각형 밀도곡선의 상단은 평평하거나 균일하다. 이제 a와 b를 $\alpha \le a < b \le \beta$와 같은 숫자라고 가정한다.

α에서 β까지 무작위로 선택된 x가 구간 $[a, b]$안에 있을 확률은 얼마인가? 그래프를 생각해보자.

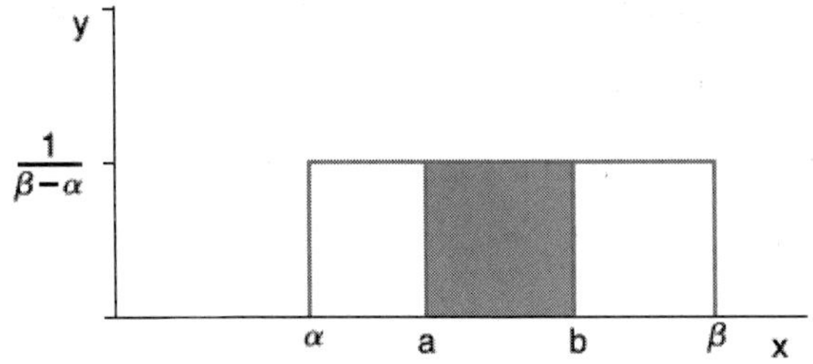

x는 $[\alpha, \beta]$에서 무작위로 선택되기 때문에, 사각형 $[\alpha, \beta]$영역 위의 x가 $[a, b]$에 있을 확률이다.

$$P(a < X < b) = \frac{b-a}{\beta-\alpha}$$

➲ x의 평균과 표준편차

$$\mu = \frac{\alpha+\beta}{2}, \ \sigma = \frac{\beta-\alpha}{\sqrt{12}}$$

침전 실험은 생물학, 의학, 유체 역학, 석유 공학, 토목 공학 등 연구에서 매우 중요하다. 구형 입자의 크기(직경)는 큰 입자가 방해를 받고 때로는 더 작은 입자의 움직임을 차단하기 때문에 중요하다. 보통 퇴적물 입자의 크기는 균등분포를 따른다.

(참고 문헌: Y. Zimmels, ‘Polydisperse의 유치된 퇴적 이론 혼합물’, AIChE Journal, Vol. 29, No. 4, pp.669-676).

수의과학실험에서 매우 작고 구형인 동물의 혈류로 낮은 레벨의 방사능실험의 목적은 재발 암의 한 형태를 치료하려고 하는 것이다. 알약은 결국 용해되어 동물의 시스템을 통과한다. 알약의 직경은 $0.015mm$에서 $0.065mm$까지 균등분포를 따른다. 알약이 동맥에 들어가면 다음과 같은 크기가 될 확률은 얼마인가?

(a) $0.050mm$ 이상. 힌트: 모든 입자는 $0.015mm$에서 $0.065mm$사이 이다. $0.050mm$보다 크면 $0.050 \le x \le 0.065$를 의미한다.

(b) $0.040mm$ 이하.

(c) $0.035mm$와 $0.055mm$ 사이.

(d) 입자의 평균 크기를 계산하시오.

(e) 입자 크기의 표준편차를 계산하시오.

9. **균등분포: 측정 오차**. 계측기의 측정 오차는 종종 균등분포를 사용하여 모형화 된다.(문제8 참조) 대규모 공공 주소시스템의 범위를 결정하기 위해 음향 엔지니어는 삼각측량 방법을 사용하여 스피커에서 보낸 충격파를 측정한다. 파동이 센서에 도달하는 시간을 정확하게 측정해야 한다. 부정적인 오류는 신호가 너무 일찍 도착했다는 것을 의미한다. 긍정적인 오류는 신호가 너무 늦게 도달했음을 의미한다. 이 시간을 읽는 측정 오류는 -0.05 마이크로초에서 $+0.05$ 마이크로초 사이에서 균등분포 한다.
   (참고 문헌: J. Perruzzi and E. Hilliard, '모델링 시간지연 측정 오류', 미국 학회지 Vol. 75, No. 1, pp. 197-201.)
   이러한 측정 결과가 잘못 될 확률은 얼마인가?
   (a) $+0.03$ 마이크로초 이하. (즉, $-0.05 \leq X < 0.03$)
   (b) -0.02 마이크로초 이상.
   (c) -0.04와 $+0.01$ 마이크로초 사이.
   (d) 측정 오차의 평균 및 표준편차를 구하시오.

7.2 표준단위와 표준정규분포의 면적

초점

- μ와 σ가 주어졌을 때, 원점수를 Z점수로 변환하시오.
- μ와 σ가 주어졌을 때, Z점수를 원점수로 변환하시오.
- 표준정규분포를 그래프로 나타내고, 표준정규곡선 아래의 면적을 구하시오.

z점수와 원점수

정규분포는 평균 μ와 표준편차 σ 두 가지에 따라 달라진다. 정규분포 간의 차이는 x값의 특정 구간안의 곡선의 면적 즉, 관측값이 그 구간에 속할 확률을 계산할 때 어려움을 가져온다.

서로 다른 μ와 σ를 갖는 정규분포에 대하여 면적에 대한 표를 만들려는 노력은 쓸데 없는 일이다. 따라서 모든 정규분포의 면적에 대하여 사용할 수 있는 표를 만들기 위하여 분포를 표준화 할 필요가 있다. 표준화는 하나의 관측값이 평균으로부터 표준편차의 몇 배 만큼 떨어져 있는지를 고려하면 된다. 이런 방법으로 어떤 정규분포를 하는 하나의 값을 다른 정규분포를 하는 값과 비교할 수 있다. 다음 상황은 이 방법의 예이다.

티나와 잭은 같은 강좌지만 서로 다른 반에서 수강하고 있다고 한다. 각 반은 대단위 강좌로 각 반의 중간고사 성적은 정규분포를 한다. 티나가 속한 반은 평균이 64이고 그의 성적은 74점이나. 잭이 속한 반은 평균이 72이고 그의 성적은 82점이다. 두 사람은 자신이 반 평균보다 10점이 높아서 기뻤다. 그러나 평균보다 10점 높다는 사실은 반에 있는 다른 학생들의 성적이 어떤지를 이야기하는 것은 아니다. 그림 7.11에 각 반 성적이 정규분포를 보였다.

티나의 74점은 반의 다른 대부분의 성적보다 높은 반면에 잭의 82점은 반에서 중상 정도이다. 티나가 잭보다 반에서 성적이 더 좋은 것이다.

[그림 7.11] 중간고사 성적의 분포

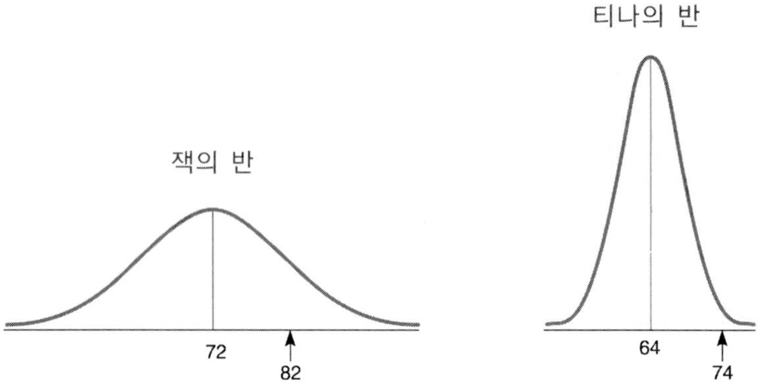

전 상황은 측정값과 분포의 평균과의 차이를 아는 것으로 충분하지 않다는 것이다. 곡선의 산포 혹은 표준편차를 고려할 필요가 있는 것이다. 알고 싶은 것은 측정값과 평균사이의 표준편차 수이다. 이 **거리**(distance)는 μ와 σ 둘 다 고려한다.

표준편차 σ를 갖는 정규분포의 평균 μ와 측정값 x사이의 표준편차 수 z을 구하는 간단한 공식이 있다.

$$\text{평균 } \mu\text{와 측정값 } x\text{사이의 표준편차 수} = \left(\frac{\text{측정값과 평균의 차}}{\text{표준편차}}\right)$$

> z **값**(z value) 또는 z **점수**(z score)는 측정값 x와 X분포의 평균 μ사이의 표준편차 수이다.
>
> $$z = \frac{x-\mu}{\sigma}$$

평균은 한 분포의 특별한 값이다. $x=\mu$를 z값으로 변환하면

$$z = \frac{x-\mu}{\sigma} = \frac{\mu-\mu}{\sigma} = 0$$

이다. 원 분포의 평균은 표준단위로는 항상 0이다.

평균 μ보다 큰 원분포의 x값은 양의 z값을 갖고, 평균보다 작은 x값은 음의 z값을 갖는다. 표 7.1을 참조하시오.

[표 7.1] x값과 대응하는 z값

원분포의 x값	대응하는 z값
$x=\mu$	$z=0$
$x>\mu$	$z>0$
$x<\mu$	$z<0$

> **➲ 표준점수는 우리에게 무엇을 말해주는가?**
>
> 표준점수 또는 z점수는 측정값과 평균값과의 차이를 표준편차로 나눈 수로 나타낸다.
> - 표준점수가 0에 가까운 것은 측정값이 분포의 평균에 가까이 있다.
> - 표준점수가 양의 값이면 측정값이 평균 이상이다.
> - 표준점수가 음의 값이면 측정값이 평균 이하이다.

예제 2 표준점수

한 피자 체인점의 라지 피자의 치즈함량은 평균이 8온스이고 표준편차가 0.5온스 이어야만 한다. 한 검사관이 임의로 라지 피자 한판을 골랐더니 치즈함량이 6.9온스였다. 치즈함량은 정규분포를 따른다고 가정한다. 만약 치즈함량이 평균보다 3표준편차 이상 작다면 점포는 체인점 권리를 박탈당할 처지에 놓일 것이다. 평균에서 몇 표준편차가 6.9인가?

풀이 6.9를 z값으로 변화하면

$$z = \frac{x-\mu}{\sigma} = \frac{6.9-8}{0.5} = -2.20$$

이다. 즉 평균보다 아래쪽으로 2.20표준편차이다. 점포는 체인점 권리를 박탈당하지 않을 것이다. ■

원점수(raw score) x 를 표준점수 z 로 변화하는 법을 알아보았다. 만약 표준점수 z 를 안다면 대응하는 원점수 x 도 구할 수 있다.

> X 의 분포가 평균 μ 와 표준편차 σ 라면 z 점수에 대응하는 **원점수**(raw score) x 는
>
> $$x = z\sigma + \mu$$
>
> 이다.

유도된 연습문제 3 표준점수와 원점수

집에서 출발하여 주차를 하고 강의실까지 가는데 평균 17분이고 표준편차 3분이 걸린다고 한다.

(a) 어느 날 강의실까지 가는데 21분이 걸렸다. 평균에서 몇 표준편차인가? z 값은 양수인가 음수인가? 왜 양수인지 음수인지를 설명하시오.

⇒ 몇 표준편차인지는 z 값을 구하면 된다.

$$z = \frac{x-\mu}{\sigma} = \frac{21-17}{3} = 1.33$$

z 값은 양수이다. 21이 평균 17보다 크므로 양수인 것이다.

(b) 표준점수 $z = -2.5$ 에 대응하는 통학시간은 얼마인가? 이 시간 안에 강의실에 갈 수 있을까?

⇒ $x = z\sigma + \mu = (-2.5)(3) + 17$

$= 9.5$

이므로 9.5분이다. 매우 드문 일이므로 이 시간 안에 강의실에 가기는 어렵다.

기대

분포의 표준점수에 대한 공식의 기본구조는 매우 일반적이다.
수식을 말할 때

$$z = \frac{\text{측정값} - \text{분포의 평균}}{\text{분포의 표준편차}}$$

이다.
이 일반 공식이 반복적으로 사용되는 것을 보게 될 것이다. 특히 평균에 대한 표집분포(7.4절)와 이항분포의 정규근사에 이용할 때(7.6절) 이 수식을 볼 것이다. 비율에 대한 표집분포를 논의 할 때도 보게 될 것이다(7.6절). 신뢰구간(8장)에 대한 계산과 가설검정(9장,10장)에서 더 많이 사용할 것이다.

표준정규분포(Standard Normal Distribution)

만약 X값의 분포가 정규분포라면 대응하는 Z값의 분포도 역시 정규분포를 한다. Z의 분포는 평균이 0이고 표준편차가 1이다. 이런 성질을 갖는 정규분포는 고유 이름이 있다.

> **표준정규분포**(standard normal distribution)는 평균 $\mu = 0$, 표준편차 $\sigma = 1$을 갖는다.(그림 7.12)

[그림 7.12] 표준정규분포($\mu = 0$, $\sigma = 1$)

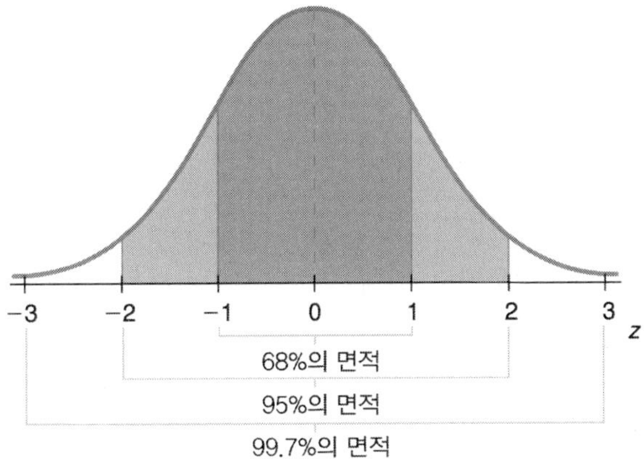

임의의 정규분포는 x값을 z값으로 변환하여 표준정규분포로 바꿀 수 있다. 얻어지는 표준정규분포는 항상 평균 $\mu = 0$, 표준편차 $\sigma = 1$을 갖는다.

> **➲ 표준정규분포는 우리에게 무엇을 말해주는가?**
>
> 자료가 표준정규분포를 따를 때
>
> • 평균은 0이다.
>
> • 표준편차는 1이다.
>
> • 임의의 정규분포는 표준정규분포로 변환할 수 있고, 모든 자료값은 표준점수(z)로 변환할 수 있다.

표준정규곡선의 면적

임의의 정규분포를 표준정규분포로 변환하는 방법을 살펴보았다. 그러면 이런 과정의 이점은 무엇인가? 이점은 z축을 따라 거의 모든 구간에 대한 표준정규곡선의 면적을 나타내는 광대한 표가 있다는 것이다. 면적은 임의로 추출된 각 개체가 주어진 구간에 속할 확률과 같기 때문에 중요하다. 이와 같이 표준정규분포는 매우 도움이 되는 도구이다.

표준정규분포표의 사용

표준정규분포와 관련된 면적이나 확률을 구하기 위하여 표를 사용하는 일은 매우 간단한 작업이다. 그러나 먼저 면적이 주어진 z값의 범위를 살피는 것이 중요하다. 이 범위는 일반적으로 표에 수반되는 그림에 설명이 된다.

이 책에서는 왼쪽꼬리 표를 사용한다. 이 표는 특정 z값 왼쪽에 대한 누적확률을 나타낸다. 다른 면적을 구하는 경우에는 전체 면적이 1이라는 사실을 이용한다. 정규분포의 대칭성을 이용하는 것도 또한 유용하다.

예제 3 표준정규분포표

표준정규분포의 면적을 구하기 위하여 부록 표 3을 사용하시오.

(a) 표준정규분포에서 $z=-1.00$ 왼쪽 면적을 구하시오.

풀이 우선 그림 7.13과 같이 구할 면적에 색칠을 하시오. 표 7.2는 부록 표 3의 일부분이다. 표로 부터 $z=-1.00$ 왼쪽 면적을 구하기 위하여 맨 왼쪽의 z값을 나타내는 행의 -1.0으로 시작되는 행과 0.00에 해당하는 열이 만나는 곳의 값을 읽는다. 값은 0.1587이다.

[표 7.2] 음의 z값을 나타내는 부록 표 3의 일부분

z	.00	.01	⋯	.07	.08	.09
-3.4	.003	.0003	⋯	.0003	.0003	.0002
⋮						
-1.1	.1357	.1355	⋯	.1210	.1190	.1170
-1.0	**.1587**	.1562	⋯	.1423	.1401	.1379
-0.9	.1841	.1814	⋯	.1660	.1635	.1611
⋮						
-0.0	.5000	.4960	⋯	.4721	.4681	.4641

[그림 7.13] $z = -1.00$ 왼쪽 면적

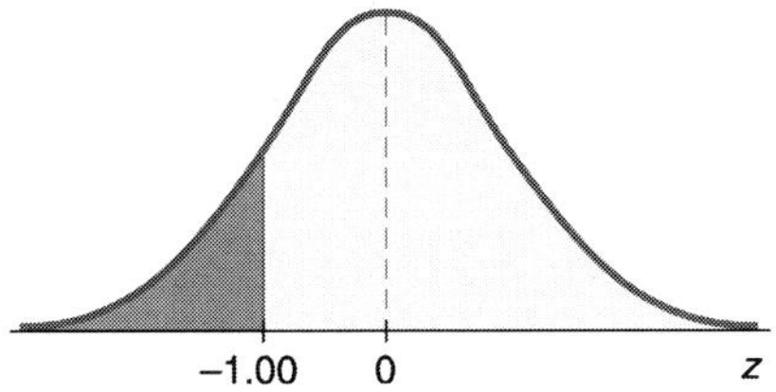

(b) 그림 7.14에 주어진 $z = 1.18$ 왼쪽 면적을 구하시오.

풀이 표 7.3으로부터 $z = 1.18$ 왼쪽 면적을 구하기 위하여 맨 왼쪽의 z값을 나타내는 행의 1.1로 시작되는 행과 0.08에 해당하는 열이 만나는 곳의 값을 읽는다. 값은 0.8810이다.

[표 7.3] 양의 z값을 나타내는 부록 표 3의 일부분

z	.00	.01	.02	⋯	.08	.09
0.0	.5000	.5040	.5080	⋯	.5319	.5359
⋮						
0.9	.8159	.8186	.8212	⋯	.8365	.8359
1.0	.8413	.8438	.8461	⋯	.8599	.8621
1.1	.8643	.8665	.8686	⋯	**.8810**	.8830
⋮						
3.4	.9997	.9997	.9997	⋯	.9997	.9998

[그림 7.14] $z = 1.18$ 왼쪽 면적

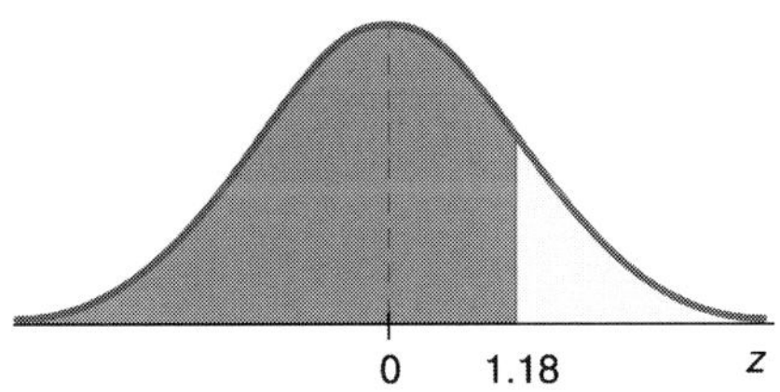

■

유도된 연습문제 4 표준정규분포표의 사용

부록 표 3을 이용하여 다음 문제에 답하시오.

(a) z값이 증가하면 z의 왼쪽 면적도 증가하는가? ⇒ 증가한다. z값이 증가하면 정규곡선의 오른쪽으로 움직이기 때문에 면적도 증가한다.

(b) z값이 음수라면 z의 왼쪽 면적은 0.5보다 작은가? ⇒ 작다. 정규분포의 왼쪽 반의 면적은 0.5이다. 따라서 z값이 음수라면 면적은 0.5보다 작다.

(c) z 값이 양수라면 z 의 왼쪽 면적은 0.5보다 큰가? ⇒ 크다. z 값이 양수라면 z 의 왼쪽 면적은 정규분포의 왼쪽 절반을 항상 포함하므로 0.5보다 크다.

표 7-3은 표준정규분포에서 z값의 왼쪽면적을 나타냅니다. 표준정규곡선에서 다른 면적은 어떻게 찾을 수 있는가?

절차 왼쪽꼬리형식 표준정규분포를 사용하는 방법

1. 지정된 z값의 왼쪽인 경우 표를 사용한다.
2. 지정된 z값의 오른쪽인 경우 1에서 왼쪽 면적을 뺀다.
   참고: 동일한 면적을 찾는 또 다른 방법은 정규곡선의 대칭성을 이용한다.
3. 두 개의 z값 사이의 면적, z_1과 z_2 $(z_2 > z_1)$, z_2의 면적에서 z_1의 면적을 뺀다.

그림 7.15는 표준정규분포의 임의의 면적을 구하는데 부록 표 3을 이용하는 절차에 예를 든다. 표를 보기 전에 구할 면적을 그림으로 그려보면 도움이 된다.

[그림 7.15]

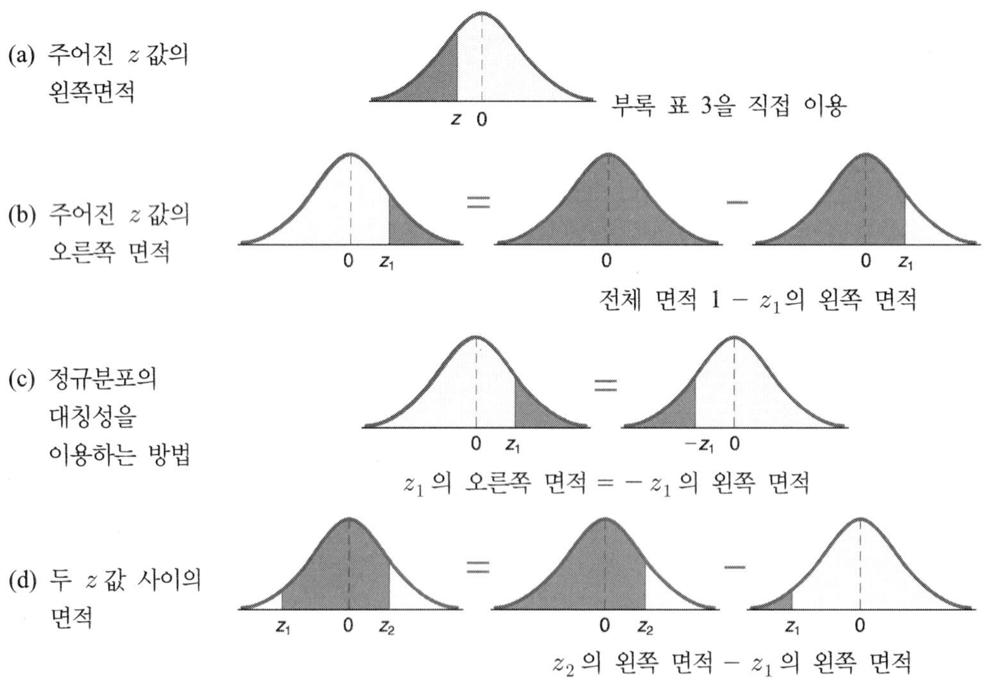

➲ 부록 표 3을 이용한 관례

1. -3.49보다 작은 z값의 왼쪽 면적은 0.000으로 처리한다.
2. 3.49보다 큰 z값의 왼쪽 면적은 1.000으로 처리한다.

예제 4 표를 이용하여 면적 구하기

부록의 표 3을 이용하여 다음 면적을 구하시오.

(a) $z = 1.00$ 과 $z = 2.70$ 사이의 면적을 구하시오.

풀이 먼저 그림 7.16과 같이 그림을 그린다. 두 z값 사이의 면적을 구하는 것이므로 대응하는 값을 빼준다.

$$
\begin{aligned}
(1.00\text{과 } 2.70 \text{ 사이의 면적}) &= (2.70 \text{ 왼쪽 면적}) - (1.00 \text{ 왼쪽 면적}) \\
&= 0.9965 - 0.8413 \\
&= 0.1552
\end{aligned}
$$

[그림 7.16] $z = 1.00$ 과 $z = 2.70$ 사이의 면적

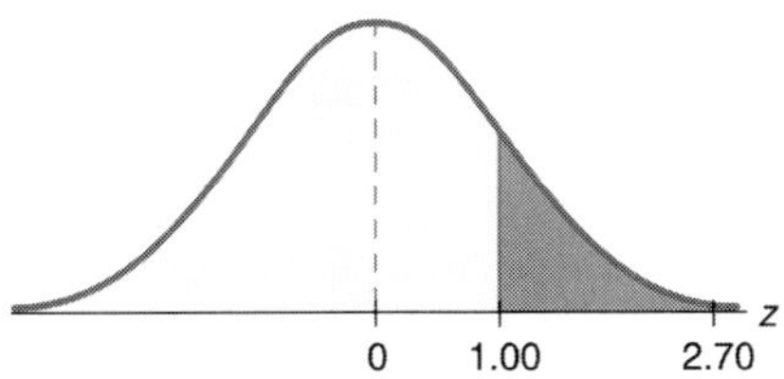

(b) $z = 0.94$ 오른쪽 면적을 구하시오.

풀이 먼저 그림 7.17과 같이 그림을 그린다.

$$
\begin{aligned}
(0.94 \text{ 오른쪽 면적}) &= (\text{전체 면적}) - (0.94 \text{ 왼쪽 면적}) \\
&= 1.000 - 0.8264 \\
&= 0.1736
\end{aligned}
$$

[그림 7.17] $z = 0.94$ 오른쪽 면적

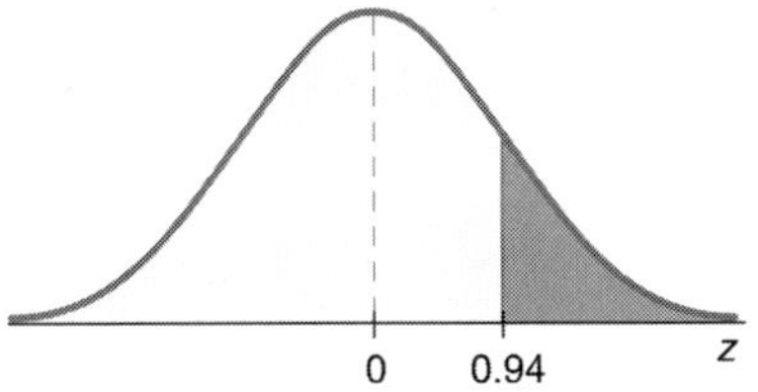

■

표준정규곡선의 면적을 구하는 방법을 알아보았다. Z값이 어느 구간에 놓일 확률이 구간에서 곡선의 면적과 같으므로 이 기술은 중요하다.

정규분포는 연속이므로 특정 z값에 대한 면적은 0이다. 따라서 $P(Z \geq z_1)$과 $P(Z > z_1)$은 같다.

유도된 연습문제 5 표준정규분포와 연관된 확률

Z는 표준정규분포를 하는 확률변수라 한다.

(a) $P(Z \geq 1.15)$는 z이 1.15의 오른쪽에 올 확률을 나타낸다. 대응하는 면적을 그림으로 나타내고 $P(Z \geq 1.15)$를 구하시오. ⇒

[그림 7.18] 구할 면적

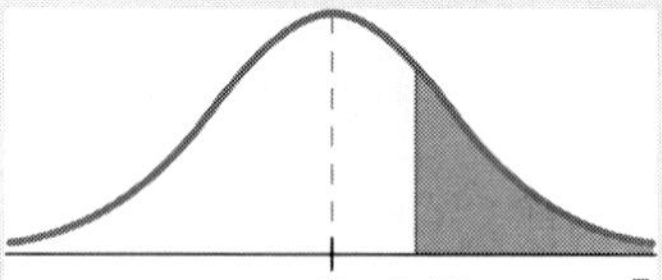

$$P(Z \geq 1.15) = 1.000 - P(Z < 1.15)$$
$$= 1.000 - 0.8749$$
$$= 0.1251$$

또는

$$P(Z \geq 1.15) = P(Z \leq -1.15) = 0.1251$$

(b) $P(-1.78 \leq Z \leq 0.35)$를 구하시오. 먼저 그림으로 나타내시오. ⇒

[그림 7.19] 구할 면적

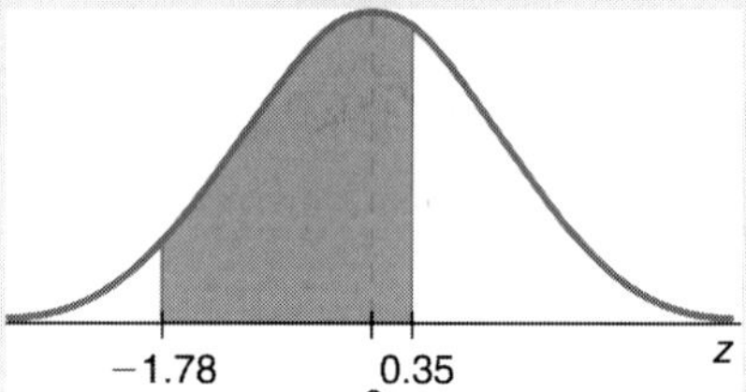

$$P(-1.78 \leq Z \leq 0.35)$$
$$= P(Z \leq 0.35) - P(Z \leq -1.78)$$
$$= 0.6368 - 0.0375$$
$$= 0.5993$$

▸▸ 7.2 연습문제

1. **통계적 지식**. 표준점수는 어떻게 구하는가?

2. **통계적 지식**. 표준점수분포의 평균은 얼마인가?

3. **기본 계산**: z**점수, 원점수**. $\mu = 30, \sigma = 5$인 정규분포.
   (a) $x = 25$에 대한 z값을 구하시오.
   (b) $x = 42$에 대한 z값을 구하시오.
   (c) $z = -2$에 대한 원점수를 구하시오.
   (d) $z = 1.3$에 대한 원점수를 구하시오.

4. **비판적 사고**. 다음에서 z값을 구하시오.
   (i) 평균 50이고 표준편차가 10인 정규분포에서 40.
   (ii) 평균 50이고 표준편차가 5인 정규분포에서 45.

5. z**점수: 통계학 시험**. 통계학 기말고사 성적은 정규분포를 따른다고 한다. 다음 6명의 통계학 수강생의 z 점수이다.

A : 1.10	B : 1.70	C : -2.00
D : 0.00	E : -0.80	F : 1.60

   (a) 평균보다 높은 점수의 학생은 누구인가?
   (b) 평균과 같은 학생은 누구인가?
   (c) 평균보다 낮은 점수의 학생은 누구인가?
   (d) 평균점수 $\mu = 150$이고 표준편차 $\sigma = 20$인 경우 각 학생의 원점수를 구하시오.

6. z**점수**. 확률변수 X가 평균 $\mu = 4.8$이고 표준편차 $\sigma = 0.3$인 정규분포를 한다. 다음 X구간은 Z구간으로, Z구간은 X구간으로 변환하시오.
   (a) $4.5 < X$　　(b) $X < 4.2$　　(c) $4.0 < X < 5.5$
   (d) $Z < -1.44$　　(e) $1.28 < Z$　　(f) $-2.25 < Z < -1.00$

7. **기본계산**. 표준정규분포에서 다음 문제에 해당하는 그림을 그리고 면적을 구하시오.
   (a) $z = 0$의 오른쪽
   (b) $z = -1.32$의 왼쪽
   (c) $z = 1.52$의 오른쪽
   (d) $z = 0$과 $z = 3.18$ 사이
   (e) $z = -2.18$과 $z = 1.34$ 사이
   (f) $z = 0.32$와 $z = 1.92$ 사이
   (g) $z = -2.42$와 $z = -1.77$ 사이

8. **기본계산**. Z이 표준정규분포를 따르는 확률변수라 할 때, 다음 확률을 구하시오.
   (a) $P(Z \leq 0)$
   (b) $P(Z \leq -0.13)$
   (c) $P(Z \leq 1.20)$
   (d) $P(Z \geq 1.35)$
   (e) $P(Z \leq -1.20)$
   (f) $P(-1.20 \leq Z \leq 2.64)$
   (g) $P(-2.18 \leq Z \leq -0.42)$
   (h) $P(0 \leq Z \leq 1.62)$
   (i) $P(-0.82 \leq Z \leq 0)$
   (j) $P(-0.45 \leq Z \leq 2.73)$

7.3 정규분포의 면적

초점

- '표준화된 사건'의 확률을 구하시오.
- 정규분포의 면적에서 z값을 찾으시오.(역정규)
- 보증문제를 풀려면 역정규를 이용하시오.

정규분포 면적

많은 응용에서 원자료의 정규곡선은 표준정규곡선이 아니다. 일반적으로 임의의 정규곡선에 대하여 이용할 수 있는 면적표가 없다. 그렇다고 자료값 x가 구간 (a, b)에 속할 확률을 구할 수 없다는 것을 의미하지는 않는다. 할 일은 원자료값 x, a와 b를 z값으로 변환하는 것이다.

➲ 정규분포를 다루는 방법

평균 μ와 표준편차 σ인 정규분포를 따르는 확률변수 X에 대한 면적이나 확률을 구하려면 공식

$$z = \frac{x-\mu}{\sigma}$$

을 사용하여 x 값을 z 값으로 변환한다. 그 다음에 부록 표 3을 이용한다.

예제 5 정규분포 확률

X가 $\mu = 10$이고 $\sigma = 2$인 정규분포를 한다고 하자. $P(11 \le X \le 14)$를 구하시오.

풀이 구하고자 하는 확률은 $x=11$과 $x=14$ 사이의 곡선의 면적과 같으므로 먼저 x 값을 z 값으로 변환한다. 공식

$$z = \frac{x-\mu}{\sigma}$$

을 사용한다.

$$z_1 = \frac{11-10}{2} = 0.50,\ z_2 = \frac{14-10}{2} = 2.00$$

따라서 그림 7.20을 참고하면

$$\begin{aligned} P(11 \le X \le 14) &= P(0.50 \le Z \le 2.00) \\ &= P(Z \le 2.00) - P(Z \le 0.50) \\ &= 0.9772 - 0.6915 = 0.2857 \end{aligned}$$

[그림 7.20] X곡선과 Z곡선의 대응하는 면적

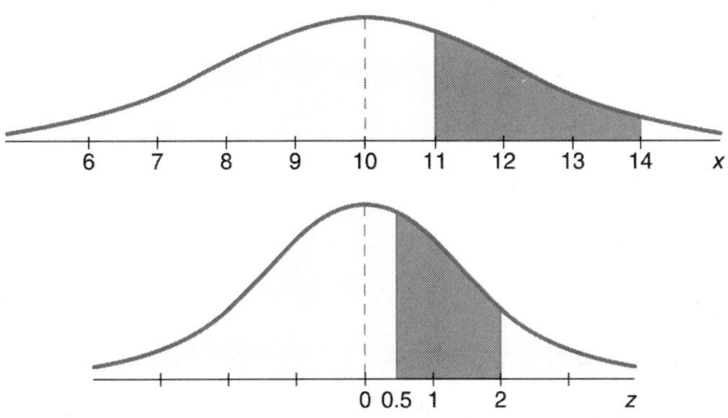

■

유도된 연습문제 6 정규분포 확률

어느 전자제품의 수명이 평균 2.3년과 표준편차 0.4년의 정규분포를 한다고 한다. 해당 제품이 2년 보증기간 안에 고장 날 확률은 얼마인가?

(a) X를 제품의 수명이라 하자. 2년 보증기간 안에 고장 난다는 것은 $X \le 2$를 의미한다. 이것을 Z에 관한 표현으로 변환하시오. ⇒ $z = \dfrac{x-\mu}{\sigma} = \dfrac{2-2.3}{0.4} = -0.75$ 이므로 $X \le 2$는 $Z \le -0.75$를 의미한다.

(b) 그림 7.21에 구할 면적을 표시하시오. 이 면적은 $Z \le -0.75$ 일 확률에 대응하는가? ⇒ 그림 7.22를 보시오. 면적은 $Z \le -0.75$ 일 확률에 대응한다.

[그림 7.21]

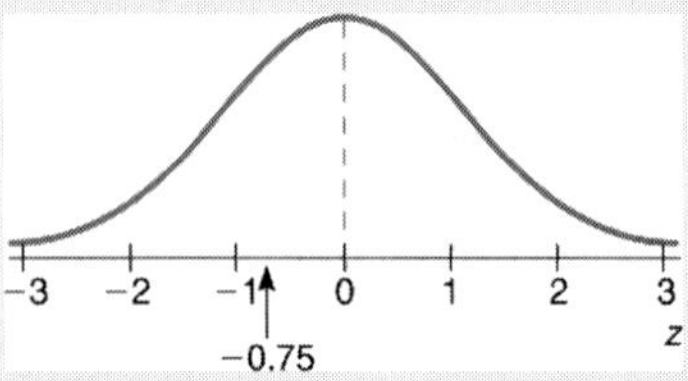

[그림 7.22] $Z \le -0.75$

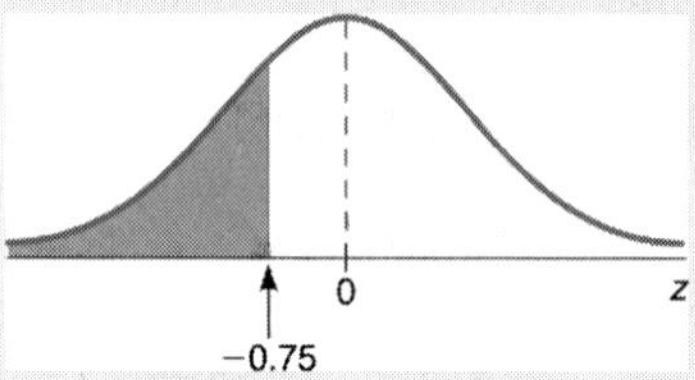

(c) $P(Z \le -0.75)$를 구하시오. ⇒ 0.2266

(d) 제품이 2년 보증기간 안에 고장 날 확률은 얼마인가? ⇒ $P(X \le 2) = P(Z \le -0.75)$
$= 0.2266$

역정규분포(inverse normal distribution)

경우에 따라서는 정규곡선의 주어진 면적에 대응하는 x값을 구할 필요도 있다. 한 회사에서 생산된 전체제품 중 일정비율은 적어도 보증기간 동안에는 유지되도록 보증기간을 정하는 경우가 이러한 상황의 예이다. 이런 경우에는 표준정규분포표를 역으로 이용한다. 면적을 보고 z값을 찾을 때 **역정규확률분포**(inverse normal probability distribution)를 사용한다.

예제 6 주어진 확률에 대하여 x 구하기

한 전자제품 회사는 제품의 기대수명에 대한 강력한 보장을 광고하려 한다. 보장정책은 보증기간 안에 고장이 나면 전액 환불해 주는 것이다. 연구부서에서는 테스트를 통하여 평균수명이 30개월이고 표준편차가 4개월이라는 것을 알았다. 수명은 정규분포를 가정한다. 경영진이 제품의 7% 이상은 환불해 주기를 바라지 않는다면 보증기간은 얼마로 하여야 할까?

풀이 그림 7.23과 같이 수명분포를 그리고 보증기간을 유지하지 못할 비율을 표시한다.

[그림 7.23] 보증기간보다 적은 수명을 갖는 비율 7%

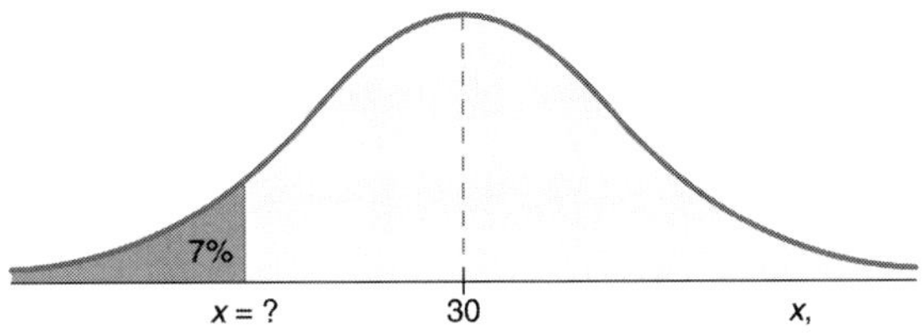

[표 7.4] 부록 표 3의 일부분

z	.00	⋯	.07		0.08	0.09
:						
-1.4	.0808		.0708	↑	.0694	.0681
				0.0700		

환불을 요구할 수명은 그림 7.23의 빗금 친 영역에 해당한다. 이 영역이 전체의 7%를 나타낸다. 왼쪽 면적이 7%에 해당하는 z값을 찾기 위하여 부록의 표 3을 사용한다. 보증기간을 구하려면 이 z값을 x값으로 변환하면 된다.

그러나 표 3에는 0.0700이 없으므로 가장 가까운 0.0694를 찾아 이에 대응하는 z값을 읽으면 $z=-1.48$이 된다. x값으로 변환하기 위하여 다음 식으로부터

$$\begin{aligned} x &= z\sigma + \mu \\ &= -1.48(4) + 30 \\ &= 24.08\text{개월} \end{aligned}$$

을 얻는다. 따라서 회사는 보증기간을 24개월로 정하면 된다. ■

그림 7.24는 z의 오른쪽이나 $-z$과 z사이의 면적에 해당하는 z값을 찾는 방법을 보여준다.

[그림 7.24] 역정규 : 부록 표 3에서 주어진 면적 $A(0<A<1)$에 대응하는 z찾기

(a) 왼쪽꼬리인 경우 : 표에서 A를 찾아 대응하는 z값을 사용한다.

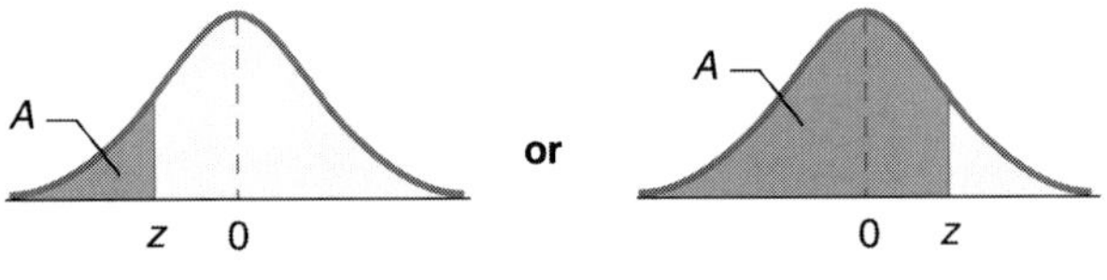

(b) 오른쪽꼬리인 경우 : 표에서 $1-A$를 찾아 대응하는 z값을 사용한다.

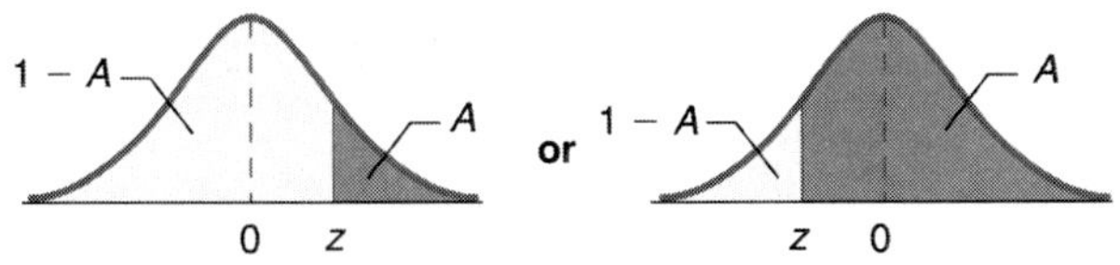

(c) 주어진 면적이 $z=0$을 중심으로 대치인 경우 : 표에서 $\frac{1-A}{2}$를 찾아 대응하는 z값을 사용한다.

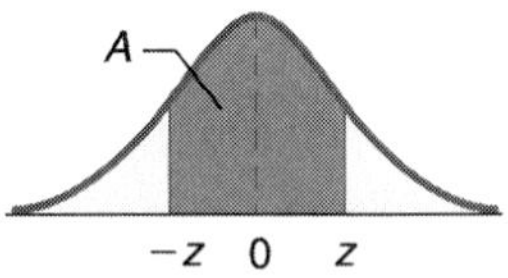

부록 표 3을 이용하여 주어진 영역에 대응하는 z값을 찾을 때 보간법보다는 가장 가까운 값을 사용한다. 그러나 주어진 영역이 표에 있는 두 개 값의 정확하게 가운데인 경우에는 대응하는 z값들의 가운데 값을 사용한다. 영역에 대응하는 z값이 -2보다 작은 경우에는 작은 면적에 대응하는 z값을 사용하고, z값이 2 보다 큰 경우에는 큰 면적에 대응하는 z값을 사용한다.

예제 7 z **구하기**

표준정규곡선 면적의 90%가 $-z$과 z사이에 놓이도록 z값을 구하시오.

풀이 그림 7.25과 같이 구하고자 하는 면적을 그림으로 나타내시오.

[그림 7.25] $-z$과 z 사이의 면적이 90%

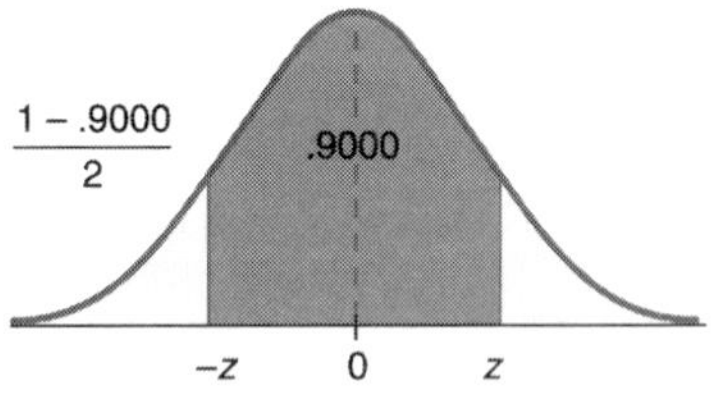

왼쪽꼬리 면적을 구하면

$$-z\text{의 왼쪽 면적} = \frac{1-0.9000}{2}$$

$$= 0.0500$$

이다. 표 7.5를 보면 0.0500은 정확하게 0.0495와 0.0505 사이에 놓인다. $z=-1.65$ 와 $z=-1.64$ 의 가운데가 $z=-1.645$ 이다. 따라서 표준정규곡선 면적의 90%가 $z=-1.645$ 와 $z=1.645$ 사이에 놓인다.

[표 7.5] 부록 표 3의 일부분

z	…	.04		0.05
:				
-1.6		.0505	↑	.0495
			0.0500	

■

유도된 연습문제 7 z 구하기

표준정규곡선 면적의 3%가 z 의 오른쪽에 놓이도록 z 값을 구하시오.

(a) 구하고자 하는 면적을 그림으로 그리시오. (그림 7.26) ⇒ [그림 7.26] 전체면적의 3%가 z 의 오른쪽에 놓인다.

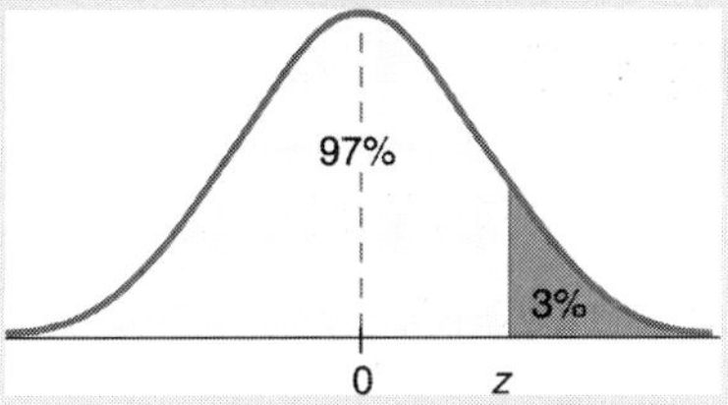

(b) z 의 왼쪽 면적을 구하시오. ⇒ z 의 왼쪽 면적 = 1 − 0.0300 = 0.9700

(c) 표 7.6의 면적을 보고 대응하는 z 을 구하시오. ⇒ 가장 가까운 면적이 0.9699이다. 이 면적은 $z=1.88$ 의 왼쪽 면적이다.

[표 7.6] 부록 표 3의 일부분

z	.00	.01	.02	.03	.04	.05	.06	.07	.08	.09
1.8	.9641	.9649	.9656	.9664	.9671	.9678	.9686	.9693	.9699	.9706
1.9	.9713	.9719	.9726	.9732	.9738	.9744	.9750	.9756	.9761	.9767

(d) 시험을 치르는 시간이 평균 $\mu=40$ 이고 표준편차 $\sigma=5$ 분인 정규분포라 가정하자. 약 3%는 시험을 치르는 시간이 얼마나 걸리겠는가? ⇒ 정규분포의 3%가 x 의 오른쪽에 놓일 x 값을 찾는다. (c)에서 $z=1.88$ 이므로

$$x = z\sigma + \mu$$
$$= 1.88(5) + 40 = 49.4\text{분}$$

이다.

(e) 표 7.7을 사용하여 표준정규곡선에서 면적의 3%가 z 의 왼쪽에 놓일 z 값을 구하시오. ⇒ 가장 근접한 면적이 0.0301로 $z = -1.88$ 이다.

[표 7.7] 부록 표 3의 일부분

z	.00	.01	.02	.03	.04	.05	.06	.07	.08	.09
-1.8	.0287	.0281	.0274	.0268	.0262	.0256	.0250	.0244	.0239	.0233
-1.9	.0359	.0351	.0344	.0336	.0329	.0322	.0314	.0307	.0301	.0294

(f) (c)의 z 값과 (e)의 z 값을 비교하시오. 어떤 관계가 있는가? ⇒ 서로 부호만 다르다. 정규분포의 대칭성에서 이 결과를 알 수 있다.

기대

신뢰구간(8장)을 구할 때는 정규분포와 t분포의 역확률분포를 이용한다. 예제 7에서 처럼 역확률분포를 이용하여, 90%, 95%, 99%에 해당하는 값을 구한다.

정규성 평가

데이터가 정규분포를 따르는지 어떻게 알 수 있는가? 우리가 할 수 있는 몇 가지 리스트를 통한 정규성 평가 절차를 알아보자.

절차 데이터가 정규분포를 따르는지 확인하는 방법

1. **히스토그램**(Histogram): 히스토그램을 그리시오. 정규분포의 경우 히스토그램은 종모양을 한다.
2. **이상점**(Outliers): 정규분포의 경우, 하나 이상의 이상점이 없어야 한다. 특히 이상점을 확인하는 한 가지 방법은 상자수염그림(box-and-whisker plot)을 이용하는 것이다. 이상점은 다음과 같은 자료이다.

   윗사분위수$(Q_3) + (1.5) \cdot$(사분위수 범위) 보다 큰 값

   아랫사분위수$(Q_1) - (1.5) \cdot$(사분위수 범위) 보다 작은 값
3. **왜도**(Skewness): 정규분포는 좌우 대칭이다. 표본자료의 왜도에 대한 하나의 척도는 피어슨(Pearson)의 지수;

$$\text{피어슨 지수} = \frac{3(\bar{x} - \text{중앙값})}{s}$$

   지수 값이 1보다 크거나, -1보다 작으면 비대칭을 나타낸다. 비대칭 분포는 정규분포가 아니다.

4. **정규 분위수 그림**(normal quantile plot), (**또는 정규 확률 그림**): 이 그림은 컴퓨터 또는 그래프 계산기의 통계 소프트웨어를 통해 제공된다. 자료의 정규 분위수 그림을 그려보면, 분포로부터 나온 자료가 직선에 가까운 경우 정규분포 한다. 직선에 가깝지 않은 경우 정규분포가 아니다.

예제 8 정규성 평가

가장 가까운 정수로 반올림한 다음의 자료를 참고하시오.

19	19	19	16	21	14	23	17	19	20	18	24	20	13	16
17	19	18	19	17	21	24	18	23	19	21	22	20	20	20
24	17	20	22	19	22	21	18	20	22	16	15	21	23	21
18	18	20	15	25										

(a) 그림 7.27의 히스토그램과 상자그림의 지표를 가지고 정규성에 대해 말하시오.

풀이 히스토그램은 정규분포에 근사한다. 상자수염그림은 하나의 이상점이 있다. 이 두 그래프는 모두 정규분포임을 나타낸다.

[그림 7.27] 히스토그램, 상자수염그림

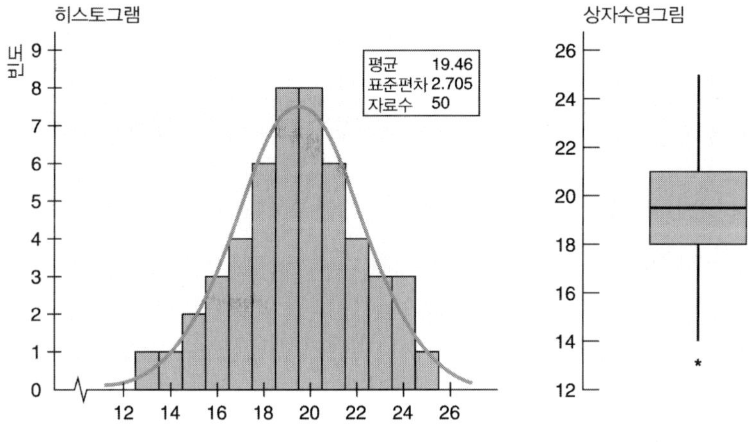

(b) 왜도를 알기 위한 피어슨 지수

풀이 $\bar{x}$ = 19.46, 중앙값 = 19.5, s = 2.705

$$\text{피어슨지수} = \frac{3(19.46 - 19.5)}{2.705} \approx -0.04$$

지수가 -1과 1 사이에 있으므로 비대칭은 발견되지 않았다. 자료가 대칭으로 나타납니다.

(c) 그림 7.28의 정규 분위수 그림을 보고 정규성에 대해 말하시오.

[그림 7.28] 정규 분위수 그림

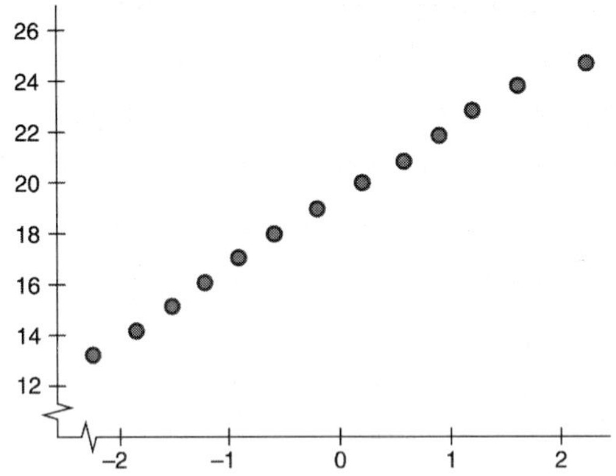

풀이 자료가 직선에 가깝기 때문에 자료가 정규분포에서 나온 것처럼 보인다.

(d) 결과를 해석하시오.

풀이 히스토그램은 대략 종모양이고, 단하나의 이상점이 있다. 피어슨의 지수는 왜도를 나타내지 않으며, 정규 분위수 그림은 직선에 가깝다. 이 자료의 분포는 정규분포에 근사하다.

▸▸ 7.3 연습문제

1. **통계적 지식**. 평균이 30이고, 표준편차가 2인 정규분포를 고려하자. 확률변수가 30보다 클 확률은 얼마인가?

2. **통계적 지식**. 표준정규분포 곡선의 왼쪽 5% 면적에 해당하는 z은 양수 또는 음수인가?

※ **기본계산: 확률 구하기**. 문제 3~7에서 X는 주어진 평균과 표준편차를 갖는 정규분포를 한다고 가정한다. 각 확률을 구하시오.

3. $P(3 \le X \le 6)$: $\mu = 4,\ \sigma = 2$

4. $P(50 \leq X \leq 70)$: $\mu = 40$, $\sigma = 15$

5. $P(8 \leq X \leq 12)$: $\mu = 15$, $\sigma = 3.2$

6. $P(X \geq 30)$: $\mu = 20$, $\sigma = 3.4$

7. $P(X \geq 90)$: $\mu = 100$, $\sigma = 15$

※ **기본계산: z값 구하기**. 문제 8~12에서 설명된 z값을 구하고 면적을 그리시오.

8. 표준정규곡선의 6%가 z의 왼쪽에 놓일 z을 구하시오.

9. 표준정규곡선의 55%가 z의 왼쪽에 놓일 z을 구하시오.

10. 표준정규곡선의 8%가 z의 오른쪽에 놓일 z을 구하시오.

11. 표준정규곡선의 82%가 z의 오른쪽에 놓일 z을 구하시오.

12. 표준정규곡선의 98%가 $-z$과 z의 사이에 놓일 z을 구하시오.

13. **의료: 혈액 포도당**. 사람의 혈액의 포도당 수준과 당뇨병은 서로 밀접한 관계에 있다. X를 혈액속의 포도당량(g/dℓ)을 나타내는 확률변수라 하자. 12시간 금식 후에 확률변수 X는 평균 $\mu = 85$이고 표준편차 $\sigma = 25$인 정규분포를 따른다고 한다. 50세 이후에는 평균과 표준편차가 증가한다. 12시간 금식 후에 50세 이하의 한 성인에 대하여 다음 확률을 구하시오.
   (a) X가 60보다 크다.
   (b) X가 110보다 작다.
   (c) X가 60과 110 사이이다.
   (d) X가 140보다 크다.

14. **고고학: 호피 마을**. 호피(Hopi)마을에서 발견된 선사시대 미국 원주민의 항아리 조각의 두께 측정값이 평균 5.1㎜이고 표준편차가 0.9㎜인 정규분포를 한다. 임의로 발견된 조각에 대하여 두께가 다음과 같을 확률을 구하시오.
   (a) 3.0㎜ 보다 작다.

(b) 7.0㎜ 보다 크다.

(c) 3.0㎜와 7.0㎜ 사이이다.

15. **보증: 배터리**. 자동차용 12볼트 배터리를 제조하는 회사가 있다. 여러 해에 걸친 제품시험을 통하여 회사는 자사 제품 배터리의 수명이 평균 45개월이고 표준편차가 8개월인 정규분포를 한다는 것을 알고 있다.

(a) 이 회사가 구입 후 36개월 안에 수명이 다하는 경우 전액 환불을 해준다면 회사가 환불해 줄 배터리는 몇 %인가?

(b) 만약 회사가 10% 이상은 환불해 주길 원하지 않는다면 보증기간은 얼마로 하여야 할까?

16. **지식확장: 표준편차 추정**. 소비자 보고서에 따르면 TV는 구입 후 평균 8년 만에 교체를 하고, 자료의 95% 범위가 5에서 11년 사이라 한다. 즉 범위가 $11-5=6$ 년이다. X를 TV가 교체되는 년 수로 근사적으로 정규분포를 한다고 가정한다.

(a) 경험법칙으로 부터 자료의 약 95%가 $\mu-2\sigma$ 와 $\mu+2\sigma$ 사이에 놓인다는 것을 안다. 이 구간의 길이가 4σ 이다. 이를 이용하여 자료값의 95% 범위로 부터 표준편차를 추정할 수 있다.

> **➲ 표준편차의 추정**
>
> 대칭이고 종모양의 분포에 대하여
>
> $$\text{표준편차} = \frac{\text{범위}}{4} \approx \frac{\text{최대값} - \text{최소값}}{4}$$
>
> 라 추정할 수 있다.

근사법칙을 사용하여 X의 표준편차를 추정하시오.

(b) 한 사람이 TV를 교체하기 전까지 5년 이상 보유할 확률을 구하시오.

(c) 한 사람이 TV를 10년 안에 교체할 확률을 구하시오.

(d) TV 수명이 평균 8년이고 표준편차 1.5년이라 가정하자. 한 회사가 TV가 보증기간 안에 고장이 나면 새것으로 교체해 준다고 가정하자. 그러나 회사는 10% 이상은 교체해 주기를 원하지 않는다고 한다. 보증기간을 얼마로 하여야 할까?

17. **표준편차 추정: 수의 과학**. 성장한 말의 휴식기 심박동수는 자료의 95%가 22에서 70사이로 분당 평균 46 이어야 한다. X를 성장한 말의 휴식기 심박동수를 나타내는 확률변수로 근사적으로 정규분포를 한다고 가정한다.
   (a) X의 표준편차를 추정하시오.
   (b) 심박동수가 분당 25미만일 확률을 구하시오.
   (c) 심박동수가 분당 60보다 많을 확률을 구하시오.
   (d) 심박동수가 분당 25에서 60사이일 확률을 구하시오.
   (e) 심박동수가 상위 10%에 들어가는 말은 치료를 받아야 할 질병에 감염되었을지 모른다. 상위 10%에 대응하는 심박동수는 얼마인가?

7.4 표집분포

초점

- 랜덤표본, 상대도수, 모수, 통계량, 표집분포, 용어의 이해
- 원자료에서 $\bar{x}$값에 대한 상대도수분포를 구하고 이론적인 표집분포의 결과와 비교하시오.

통계적 관점에서 하나의 **모집단**(population)은 존재하거나 개념적인 관측값의 집합으로 생각할 수 있다. **표본**(sample)은 모집단으로부터의 관측값의 부분집합이다. 가장 중요한 표본은 1.2절에서 다룬 **랜덤표본**(random sample)이다.

평균과 같은 기술측도를 계산할 때, 모집단인 경우와 표본인 경우에 차이가 있다.

- **통계량**(statistic)은 표본의 수치적 기술측도이다.
- **모수**(parameter)는 모집단의 수치적 기술측도이다.

주어진 모집단에 대하여 모수는 고정된 값이라는 것을 알아야 한다. 반면에 통계량의 값은 추출된 표본에 따라 변한다.

➲ 통계량과 대응하는 모수

척도	통계량	모수
평균	$\overline{x}$	μ
분산	s^2	σ^2
표준편차	s	σ
비율	$\hat{p}$	p

일반적으로 시간이나 돈 등의 제한으로 전체 모집단의 모든 측정값을 이용하지 않는다. 대신에 표본으로부터의 측정값을 사용하여야만 한다. 그 경우 대응하는 모집단 모수에 관한 추론을 하기 위하여 통계량을 사용할 것이다. 다음과 같은 추론을 할 것이다.

➲ 추론의 형태

1. **추정**(estimation) : 모수의 값을 추정한다.
2. **검정**(testing) : 모수의 값에 대한 결정을 공식화한다.
3. **회귀**(regression) : 통계적 변수 값에 대한 예측 혹은 예상을 한다.

추론의 신뢰성을 평가하기 위하여 사용하는 통계량의 확률분포를 알 필요가 있다. 그와 같은 확률분포를 **표집분포**(sampling distribution)라 한다.

표집분포(sampling distribution)는 같은 모집단의 가능한 모든 단순랜덤표본에 의한 표본통계량의 확률분포이다.

예제 9 $\overline{X}$의 표집분포

미국 위스콘신의 한 마을에는 어린이 낚시용 연못이 있다. 6인치 미만인 모든 물고기는 방류하고, 12세 미만의 어린이만 할 수 있고 하루에 5마리까지만 잡을 수 있다는 규정이 있다. 연못에는 무지개 송어만 있고 여러 해 동안 잘 관리해 왔다. 생물 측정학 수업과제로서 지난 여름 낚시를 한 어린이 중 100명을 임의로 뽑아 잡은 송어의 크기를 기록한 결과가 표 7.8이다. 지난 여름 연못에서 잡은 송어의 평균길이는 얼마인가?

풀이 표 7.8의 표본평균 열을 보면 평균길이를 알 수 있다. 그러나 100개의 $\overline{x}$를 본다고 많은 것을 알 수는 없다. 우선 도수분포표를 만들자. 표 7.9를 만들기 위하여 구간의 넓이는 0.38로 한다.

[표 7.8] 잡힌 송어의 길이 측정값

표본	길이					$\bar{x}$	표본	길이					$\bar{x}$
1	11	10	10	12	11	10.8	41	11	10	9	11	12	10.6
2	11	11	9	9	9	9.8	42	11	13	10	12	9	11.0
3	12	9	10	11	10	10.4	43	10	9	11	10	11	10.2
4	11	10	13	11	8	10.6	44	10	9	11	10	9	9.8
5	10	10	13	11	12	11.2	45	12	11	9	11	12	11.0
6	12	7	10	9	11	9.8	46	13	9	11	8	8	9.8
7	7	10	13	10	10	10.0	47	10	11	11	11	10	10.6
8	10	9	9	9	10	9.4	48	9	9	10	11	11	10.0
9	10	10	11	12	8	10.2	49	10	9	9	10	10	9.6
10	10	11	10	7	9	9.4	50	10	10	6	9	10	9.0
11	12	11	11	11	13	11.6	51	9	10	12	10	9	10.0
12	10	11	10	12	13	11.2	52	7	11	10	11	10	9.8
13	11	10	10	9	11	10.2	53	9	11	9	11	12	10.4
14	10	10	13	8	11	10.4	54	12	9	8	10	11	10.0
15	9	11	9	10	10	9.8	55	8	11	10	9	10	9.6
16	13	9	11	12	10	11.0	56	10	10	9	9	13	10.2
17	8	9	7	10	11	9.0	57	9	8	10	10	12	9.8
18	12	12	8	12	12	11.2	58	10	11	9	8	9	9.4
19	10	8	9	10	10	9.4	59	10	8	9	10	12	9.8
20	10	11	10	10	10	10.2	60	11	9	9	11	11	10.2
21	11	10	11	9	12	10.6	61	11	10	11	10	11	10.6
22	9	12	9	10	9	9.8	62	12	10	10	9	11	10.4
23	8	11	10	11	10	10.0	63	10	10	9	11	7	9.4
24	9	12	10	9	11	10.2	64	11	11	12	10	11	11.0
25	9	9	8	9	10	9.0	65	10	10	11	10	9	10.0
26	11	11	12	11	11	11.2	66	8	9	10	11	11	9.8
27	10	10	10	11	13	10.8	67	9	11	11	9	9	9.6
28	8	7	9	10	8	8.4	68	10	9	10	9	11	9.8
29	11	11	8	10	11	10.2	69	9	9	11	11	11	10.2
30	8	11	11	9	12	10.2	70	13	11	11	9	11	11.0
31	11	9	12	10	10	10.4	71	12	10	8	8	9	9.4
32	10	11	10	11	12	10.8	72	13	7	12	9	10	10.2
33	12	11	8	8	11	10.0	73	9	10	9	8	9	9.0
34	8	10	10	9	10	9.4	74	11	11	10	9	10	10.2
35	10	10	10	10	11	10.2	75	9	11	14	9	11	10.8
36	10	8	10	11	13	10.4	76	14	10	11	12	12	11.8
37	11	10	11	11	10	10.6	77	8	12	10	10	9	9.8
38	7	13	9	12	11	10.4	78	8	10	13	9	8	9.6
39	11	11	8	11	11	10.4	79	11	11	11	13	10	11.2
40	11	10	11	12	9	10.6	80	12	10	11	12	9	10.8

81	10 9 10 10 13	10.4	91	10 10 8 6 11	9.0
82	11 10 9 9 12	10.2	92	8 9 11 9 10	9.4
83	11 11 10 10 10	10.4	93	8 10 9 9 11	9.4
84	11 10 11 9 9	10.0	94	12 11 12 13 10	11.6
85	10 11 10 9 7	9.4	95	11 11 9 9 9	9.8
86	7 11 10 9 11	9.6	96	8 12 8 11 10	9.8
87	10 11 10 10 10	10.2	97	13 11 11 12 8	11.0
88	9 8 11 10 12	10.0	98	10 11 8 10 11	10.0
89	14 9 12 10 9	10.8	99	13 10 7 11 9	10.0
90	9 12 9 10 10	10.0	100	9 9 10 12 12	10.4

표 7.9의 맨 오른쪽 행에 상대도수 $f/100$이 있다. 상대도수는 확률로 간주할 수 있으므로 쉽게 확률분포를 구할 수 있다. $\overline{x}$는 송어의 평균길이를 나타내므로 상대도수를 사용하여 $\overline{x}$가 각 계급에 속할 확률을 추정한다. 그림 7.29은 $\overline{x}$ 값의 상대도수 또는 확률분포이다.

그림 7.29의 막대는 표 7.8에 근거한 $\overline{x}$ 값의 추정 확률을 나타낸다. 만약 어린아이들의 수가 더 크다면 종모양 곡선이 이론적 확률분포를 나타낸다.

그림 7.29은 표본크기 5에 근거한 송어길이의 표본평균 $\overline{x}$에 대한 **확률표집분포**(probability sampling distribution)를 나타낸다. 분포가 고분모양 또는 종모양이라는 것을 안다. 불규칙성은 사용된 작은 표본 수(100개의 표본평균)와 작은 표본크기(5개)에 기인한다. 이 불규칙성은 어린아이들의 수가 더 커지고 그림 7.29에서 더 많은 계급의 수를 사용하면 줄어들거나 사라진다. 사실 곡선은 궁극적으로는 완벽한 종모양이 될 것이다. 이 성질을 다음 절에서 **중심극한 정리**(central limit theorem)로 다룰 것이다.

[표 7.9] 100개 $\overline{x}$ 값의 도수표

계급	계급한계		도수(f)	상대도수($f/100$)
	하한	상한		
1	8.39	8.76	1	0.01
2	8.77	9.14	5	0.05
3	9.15	9.52	10	0.10
4	9.53	9.90	19	0.19
5	9.91	10.28	27	0.27
6	10.29	10.66	18	0.18
7	10.67	11.04	12	0.12
8	11.05	11.42	5	0.05
9	11.43	11.80	3	0.03

[그림 7.29] $\bar{x}$ 값의 확률 추정값

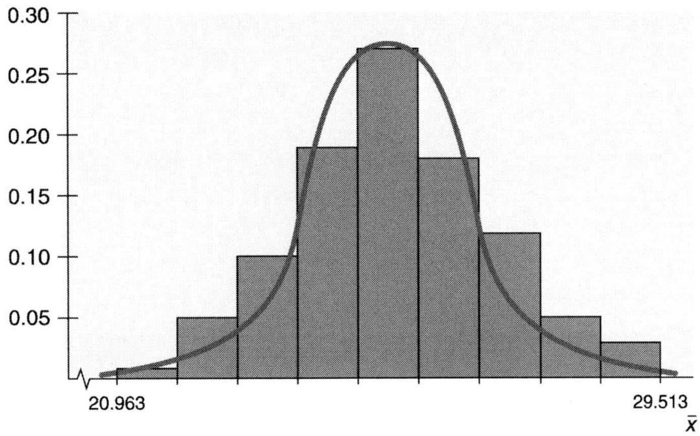

■

$\bar{x}$ 분포 외에 다른 표집분포가 있다. 7.6절은 $\hat{p}$에 대한 표집분포를 보여준다. 앞장에서는 다른 표집분포가 있음을 알 수 있다. 하지만 $\bar{x}$의 분포는 매우 중요하다. 이것은 8-10장의 추정과 검정에 유용하게 사용될 것이다.

➲ 표집분포는 우리에게 무엇을 말해주는가?

표집분포는 $\bar{x}$ 또는 $\hat{p}$과 같은 표본통계량에 관한 정보를 제공한다.

- 표집분포의 표본통계량은 표본의 크기 n에 영향을 받는다.
- 표집분포는 모집단의 모수에 대한 정보를 얻는데 사용된다. 다음 절과 장에서는 $\bar{x}$의 표집분포로부터 모수 μ에 대한 정보를 얻는 방법을 제시하고, 이항실험의 표본 성공확률 $\hat{p}$의 표집분포에 대해 공부할 것이다.

유도된 연습문제 8 전문용어

(a) 모수란 무엇인가? 예를 드시오. ⇒ 모수는 모집단의 수치적 기술측도이다. μ, σ, p를 들 수 있다.

(b) 표본통계량이란 무엇인가? 예를 드시오. ⇒ 표본통계량 또는 통계량은 표본의 수치적 기술측도이다. $\bar{x}$, s, $\hat{p}$을 들 수 있다.

(c) 표집분포란 무엇인가? ⇒ 표집분포는 우리가 사용하는 통계량의 확률분포이다.

(d) 표 7.8에서 무엇이 표본의 수인가? 각 표본에 대응하는 표본통계량은 무엇인가? 표집분포는 무엇인가? 이 표집분포는 어느 모수에 대응하는가?	⇒	각각 5마리의 송어 길이를 나타내는 100개의 표본이 있다. 표본통계량은 각 표본의 표본평균이다. 표집분포는 그림 7.29이고, 이 분포는 모평균과 관계있다.
(e) 표집분포는 통계학에서 어느 곳에서 사용될 것인가?	⇒	표집분포는 통계적 추론에서 사용될 것이다.(제 8-11장)

▶▶ 7.4 연습문제

1. **통계적 지식**. 모집단이란 무엇인가? 세 가지 예를 드시오.

2. **통계적 지식**. 모집단에서의 확률표본이란 무엇인가? 세 가지 예를 드시오.

3. **통계적 지식**. 모수란 무엇인가? 세 가지 예를 드시오.

4. **통계적 지식**. 통계량이란 무엇인가? 세 가지 예를 드시오.

5. **통계적 지식**. 통계적 추론의 의미는 무엇인가?

6. **통계적 지식**. 표집분포란 무엇인가?

7. **비판적 사고**. 상대도수를 보여주는 도수분포표, 히스토그램은 표집분포를 어떻게 해석하는가?

8. **비판적사고**. 이 절에서 연구한 특정 표집분포의 예제를 만드시오. 경제, 금융, 심리학, 정치학, 사회학, 생물학, 의학, 스포츠, 공학, 화학, 언어학 등의 영역에서 표집분포의 다른 가능한 예제를 만드시오.

7.5 중심극한정리

초점

- 정규분포의 경우, μ과 σ를 사용하여 $\overline{X}$의 이론적인 표집분포를 구하시오.
- 대표본에 대하여 표본 추정값을 사용하여 $\overline{X}$의 근사적인 표집분포를 구하시오.
- 중심극한정리와 그 의미를 이해하시오.

X가 정규분포인 경우의 $\overline{X}$의 분포

7.4절에서 $\overline{x}$가 어린이들이 잡은 송어 다섯 마리의 평균일 때 $\overline{x}$의 분포에 대한 공부를 시작하였다. 수리 통계학의 매우 중요한 정리로 이 예제를 다시 고려한다.

> **정리 7.1 ▌** X를 평균 μ, 표준편차 σ인 정규분포를 따르는 확률변수라 하자. $\overline{X}$를 크기 n인 확률표본에 대응하는 표본평균이라면
>
> (a) $\overline{X}$는 정규분포를 따른다.
> (b) $\overline{X}$ 분포의 평균은 μ이다.
> (c) $\overline{X}$ 분포의 표준편차는 $\sigma/\sqrt{n}$이다.

정리 7.1로부터 x가 정규분포일 때, $\overline{X}$의 분포는 임의의 표본크기 n에 대하여 정규분포라는 것을 알 수 있다. 또한 다음 공식을 사용하여 $\overline{X}$의 분포를 표준정규분포로 바꿀 수 있다.

> n이 표본크기이고, $\mu_{\overline{x}}$와 $\sigma_{\overline{x}}$가 $\overline{X}$의 평균과 표준편차라면,
>
> $$\mu_{\overline{x}} = \mu$$
> $$\sigma_{\overline{x}} = \frac{\sigma}{\sqrt{n}}$$
> $$z = \frac{\overline{x} - \mu_{\overline{x}}}{\sigma_{\overline{x}}} = \frac{\overline{x} - \mu}{\sigma/\sqrt{n}}$$

정리7.1은 좋은 정리입니다! X가 정규분포 한다면 $\overline{X}$의 분포는 표본의 크기 n에 관계 없이 평균은 μ(X의 분포와 동일), 표준편차는 $\dfrac{\sigma}{\sqrt{n}}$(X의 분포와 다름)입니다.

예제 10 x와 $\overline{x}$에 관한 확률

X를 연못에서 임의로 잡은 송어의 길이라 하자. X는 평균 $\mu = 22.5$㎝와 표준편차 $\sigma = 3.5$㎝를 갖는 정규분포라 한다.

(a) 임의로 잡은 송어의 길이가 20㎝ 에서 30㎝ 사이에 놓일 확률은 얼마인가?

풀이 7.3절의 방법을 사용하여 $\mu = 22.5$와 $\sigma = 3.5$이므로

$$z = \frac{x-\mu}{\sigma} = \frac{x-22.5}{3.5}$$

이다. 따라서

$$\begin{aligned} P(20 < X < 30) &= P\left(\frac{20-25.5}{3.5} < Z < \frac{30-25.5}{3.5}\right) \\ &= P(-1.57 < Z < 1.29) \\ &= 0.9015 - 0.0582 = 0.8433 \end{aligned}$$

(b) 임의로 잡은 5마리의 송어 길이의 평균이 20㎝에서 30㎝ 사이에 놓일 확률은 얼마인가?

풀이 $\mu_{\overline{x}} = \mu = 25.5$와 $\sigma_{\overline{x}} = \sigma/\sqrt{n} = 3.5/\sqrt{5} \approx 1.57$ 이므로

$$z = \frac{\overline{x}-\mu_{\overline{x}}}{\sigma_{\overline{x}}} = \frac{\overline{x}-25.5}{1.57}$$

이다. 따라서

$$\begin{aligned} P(20 < \overline{X} < 30) &= P\left(\frac{20-25.5}{1.57} < Z < \frac{30-25.5}{1.57}\right) \\ &= P(-3.49 < Z < 2.86) \\ &= 0.9979 - 0.0002 = 0.9977 \end{aligned}$$

(c) (a)과 (b)의 결과를 보면 확률(0.8433, 0.9977)이 정말 다르다. 이 이유는 무엇인가?

풀이 정리 7.1에 따르면 X와 $\overline{X}$ 둘 다 평균이 25.5인 정규분포를 갖는다. 차이는 표준편차에 있다. $\overline{X}$의 표준편차가 X의 표준편차보다 작다. 그림 7.30은 두 분포를 나타낸다.

[그림 7.30] X와 $\overline{X}$ 분포의 일반 모양

(a) $\mu = 25.5,\ \sigma = 3.5$ 인 X분포 (b) $\mu_{\bar{x}} = 25.5,\ \sigma_{\bar{x}} = 1.57$ 인 $\overline{X}$분포

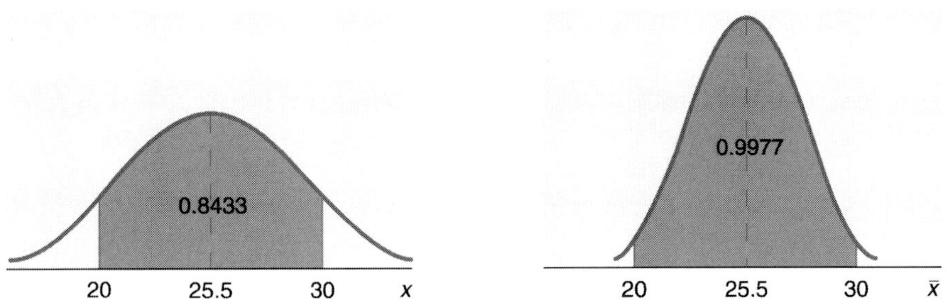

그림으로부터 표준편차가 작은 $\overline{X}$분포가 20과 30사이의 영역이 더 큰 확률을 갖는다는 것을 알 수 있다. ■

정리 7.1은 특별한 통계량의 분포 즉, 표본평균의 분포를 설명한다. 통계량의 표준편차를 통계량의 **표준오차**(standard error)라 한다.

> **표준오차**(standard error)는 표집분포의 표준편차이다. $\overline{X}$의 표집분포에 대하여
>
> $$\text{표준오차} = \sigma_{\bar{x}} = \sigma/\sqrt{n}$$

X가 임의의 분포인 경우의 $\overline{X}$의 분포

정리 7.1은 X가 정규분포인 경우의 $\overline{X}$분포에 대하여 완벽한 정보를 주고 있다. 만약 원 분포의 모양에 대한 정보가 없다면 어떤 일이 생길까? **중심극한정리**(central limit theorem)가 그 대답이다.

> **정리** 7.2 ▌ X가 평균 μ, 표준편차 σ인 임의의 분포를 따른다면 크기 n인 확률표본에 대응하는 표본평균 $\overline{X}$는 n이 증가함에 따라 평균 μ, 표준편차 $\sigma/\sqrt{n}$ 인 정규분포에 접근한다.

중심극한정리는 참으로 놀랍습니다! x가 어떤 분포를 하든 관계없이 표본의 크기가 커지면 $\bar{x}$의 분포는 정규분포로 근사할 수 있다는 것이다. 중심극한정리에서 x의 분포와 표

본의 수 n에 따라 $\bar{x}$의 분포는 달라진다. 만약 중심극한정리를 적용하고 싶다면, 표본의 크기는 얼마나 커야 합니까? 많은 통계학자들은 표본의 수가 30이상이면 $\bar{x}$의 분포에 중심극한정리를 적용한다. 하지만 이 규칙은 무조건 적용하면 안 된다. x의 분포가 평균으로부터 비대칭인 경우, $\bar{x}$의 분포 또한 비대칭으로 나타날 것이다. 이러한 경우 30보다 더 많은 표본이 필요할 수 있다. 실제로 x값의 히스토그램을 만드는 것이 좋다. 히스토그램이 언덕모양이고 대칭이며, 표본의 수가 30이상이라면 중심극한정리에 의해 $\bar{x}$의 분포는 정규분포로 근사할 것이라고 확신할 수 있다. 실제의 경우에서는 안정적인 결과를 얻기 위해 30보다 훨씬 더 많은 표본이 필요할 수 있다.

➲ 중심 극한 정리는 우리에게 무엇을 말해주는가?

중심극한 정리는 다음과 같은 정보를 제공한다.

- $\overline{X}$의 분포는 정규분포에 근사한다.
- $\overline{X}$의 분포의 평균은 μ이다.
- $\overline{X}$의 분포의 표준편차(표준오차)는 $\dfrac{\sigma}{\sqrt{n}}$이다.

정리의 의미는 모든 분포에 대하여 30개 이상의 확률표본을 사용한다면 $\overline{X}$는 근사적으로 정규분포를 따른다는 것이다. n이 크면 클수록 $\overline{X}$분포는 정규분포에 더 가까워진다. 또한 $\overline{X}$분포는 다음 식을 사용하여 표준정규분포로 바꿀 수 있다는 것이다.

중심극한정리를 사용하여 $\overline{X}$분포를 표준정규분포로 변환 : $n \geq 30$에 대하여,

$$\mu_{\bar{x}} = \mu,\ \ \sigma_{\bar{x}} = \frac{\sigma}{\sqrt{n}}$$

$$z = \frac{\overline{X} - \mu_{\bar{x}}}{\sigma_{\bar{x}}} = \frac{\overline{X} - \mu}{\sigma / \sqrt{n}}$$

유도된 연습문제 9 중심극한정리

(a) X가 평균 $\mu = 18$, 표준편차 $\sigma = 3$를 갖는 정규분포를 따른다. 5개의 표본을 뽑는다면 $\overline{X}$의 분포는 어떻게 되는가? 어떻게 표준화하는가?

⇒ X가 정규분포이므로 표본크기가 30보다 작지만 $\overline{X}$의 분포는 정규분포이다. 평균은 $\mu_{\overline{x}} = \mu = 18$이고 표준편차는

$$\sigma_{\overline{x}} = \sigma / \sqrt{n} = 3 / \sqrt{5} \approx 1.3$$

표준화는

$$z = \frac{\overline{X} - \mu}{\sigma / \sqrt{n}} \approx \frac{\overline{X} - 18}{1.3}$$

와 같이 한다.

(b) X가 평균 $\mu = 75$, 표준편차 $\sigma = 12$인 분포를 하지만 정규분포를 하는지는 모른다고 하자. 30개의 표본을 뽑는다면 $\overline{X}$의 분포는 어떻게 되는가? 어떻게 표준화하는가?

⇒ 표본크기가 크므로 $\overline{X}$의 분포는 근사적으로 정규분포이다. 평균은 $\mu_{\overline{x}} = \mu = 75$이고 표준편차는

$$\sigma_{\overline{x}} = \sigma / \sqrt{n} = 12 / \sqrt{30} \approx 2.2$$

표준화는

$$z = \frac{\overline{X} - \mu}{\sigma / \sqrt{n}} \approx \frac{\overline{X} - 75}{2.2}$$

와 같이 한다.

(c) X가 정규분포를 하는지 알 수 없다고 하자. 표본크기가 8인 경우 $\overline{X}$의 분포가 정규분포라 할 수 있는가?

⇒ 할 수 없다. X의 분포를 모르므로 표본크기가 30보다 커야한다.

예제 11 중심극한정리

어떤 계통의 박테리아는 모든 미살균 우유에서 발견된다. X를 우유 ㎖ 당 박테리아 수라 하자. 검사부에서는 우유가 오염되지 않았다면 X는 다소 고분모양의 대칭인 분포를 갖는다는 것을 알고 있다. X분포의 평균은 $\mu = 2{,}500$이고 표준편차는 $\sigma = 300$이다. 대형 유제품 회사에서 검사관은 그날 생산된 우유 중에서 42개의 확률표본을 뽑아 42개 표본의 박테리아 수의 평균 $\overline{X}$를 구한다.

(a) 우유가 오염되지 않았다면 $\overline{X}$의 분포는 무엇인가?

풀이 표본크기는 $n = 42$로 30보다 크므로 중심극한정리를 적용하여 $\overline{X}$는 근사적으로 평균과 표준편차

$$\mu_{\overline{x}} = \mu = 2{,}500$$

$$\sigma_{\bar{x}} = \sigma/\sqrt{n} = 300/\sqrt{42} \approx 46.3$$

를 갖는 정규분포를 따른다.

(b) 우유가 오염되지 않았다면 mℓ당 평균 박테리아 수 $\overline{X}$가 2,350에서 2,650 사이에 있을 확률은 얼마인가?

풀이 구간

$$2{,}350 \le \overline{X} \le 2{,}650$$

을 대응하는 표준 Z축으로 변환한다.

$$z = \frac{\bar{x}-\mu}{\sigma/\sqrt{n}} = \frac{\bar{x}-2{,}500}{46.3}$$

$\bar{x} = 2{,}350$은 $z = \dfrac{2{,}350-2{,}500}{46.3} \approx -3.24$로

$\bar{x} = 2{,}650$은 $z = \dfrac{2{,}650-2{,}500}{46.3} \approx 3.24$로 변환한다. 따라서

$$\begin{aligned} P(2{,}350 \le \overline{X} \le 2{,}650) &= P(-3.24 \le Z \le 3.24) \\ &= 0.9994 - 0.0006 \\ &= 0.9988 \end{aligned}$$

(c) 검사관은 냉장 보관한 우유를 받아드릴 것인지 반품할 것인지를 결정하여야만 한다. 검사관에 의하여 뽑혀진 42개 표본의 평균이 2,350과 2,650 사이에 있지 않다고 가정하자. 여러분이 검사관이라면 이 상황에 대하여 무엇이라 하겠는가?

풀이 $\overline{X}$가 2,350과 2,650사이에 있을 확률은 매우 크다. 평균 박테리아 수가 이 구간에 속하지 않는다면 우유에 문제가 있다고 결론을 내리는 것이 합리적이다. $\overline{X}$가 2,350보다 작다면 박테리아 수를 줄이기 위하여 누군가 화학처리를 하지 않았는지를 의심해야만 한다. $\overline{X}$가 2,650보다 크다면 다른 생물학적 오염을 의심하여야만 한다. ■

절차 $\overline{X}$에 관한 확률을 찾는 방법

- $n=$ 표본 크기
- $\mu=$ x분포의 평균
- $\sigma=$ x분포의 표준편차

1. x의 분포가 정규분포 한다면, $\bar{x}$의 분포는 정규분포 한다.

2. x의 분포가 정규분포를 하지 않는다면, 표본의 크기를 $n \geq 30$하여 중심극한정리를 이용하면, $\bar{x}$의 분포는 정규분포에 근사한다.
3. $\bar{x}$를 z축으로 변환한다. $z = \dfrac{\bar{x} - \mu_{\bar{x}}}{\sigma_{\bar{x}}} = \dfrac{\bar{x} - \mu}{\sigma / \sqrt{n}}$
4. $\bar{x}$에 관한 사건들에 대하여 표준정규분포를 이용하여 확률을 찾는다.

유도된 연습문제 10 $\overline{X}$에 관한 확률

X를 자동차가 터널을 통과하는데 걸리는 시간이라 한다면 X의 분포는 일상 교통조건에서 평균 $\mu = 12.1$ 분, 표준편차 $\sigma = 3.8$ 분을 갖는다고 알려졌다. X값의 히스토그램으로부터 X의 분포는 평균에 관하여 대칭인 고분모양이라는 것을 알았다.
공학자들은 터널을 통과하는데 평균적으로 11에서 13분을 소요하여야 한다고 한다. 11분보다 적다면 교통이 너무 빨라 안전에 문제가 생기고, 13분보다 더 걸리면 공기의 질에 문제가 생긴다고 한다. 일상조건에서 한 번에 50대의 차가 터널에 있다. 터널에서의 평균 시간이 11에서 13사이에 있을 확률은 얼마인가?

(a) $\overline{X}$를 표본 크기 50인 표본평균이라 하자. $\overline{X}$의 분포를 설명하시오.

⇒ 중심극한정리로부터 $\overline{X}$는 근사적으로 평균과 표준편차

$$\mu_{\bar{x}} = \mu = 12.1$$

$$\sigma_{\bar{x}} = \frac{\sigma}{\sqrt{n}} = \frac{3.8}{\sqrt{50}} \approx 0.54$$

(b) $P(11 < \overline{X} < 13)$을 구하시오.

⇒ 구간 $11 < \overline{X} < 13$ 을 대응하는 표준 Z축으로 변환한다.

$$z = \frac{\bar{x} - \mu}{\sigma / \sqrt{n}} = \frac{\bar{x} - 12.1}{0.54}$$

$\bar{x} = 11$은 $z = \dfrac{11 - 12.1}{0.54} \approx -2.04$

$\bar{x} = 13$은 $z = \dfrac{13 - 12.1}{0.54} \approx 1.67$

따라서

$$\begin{aligned} P(11 < \overline{X} < 13) &= P(-2.04 < Z < 1.67) \\ &= 0.9525 - 0.0207 \\ &= 0.9318 \end{aligned}$$

(c) (b)의 결과를 설명하시오.

⇒ 시간의 약 93%가 평균 교통흐름에서 안전에 위험이 없다는 것을 알 수 있다.

편향과 변동

모수의 추정값으로 통계량을 사용할 때에는 통계량의 **편향**(bias)와 **변동**(variability)을 고려하여야 한다.

> 한 통계량이 **비편향**(unbiased)이라는 것은 통계량의 표집분포의 평균이 추정할 모수와 같다는 것이다.
> 표집분포의 산포는 **통계량의 변동**(variability of the statistic)을 나타낸다. 산포는 표본추출방법과 표본크기에 영향을 받는다. 표본크기가 클수록 통계량은 더 작은 산포를 갖는다.

중심극한정리로부터 표본평균 $\overline{X}$의 분포는 평균 μ의 비편향추정량이고 표본크기가 증가함에 따라 $\overline{X}$의 변동은 감소한다는 것을 알았다.

7.6절에서 표본비율 $\hat{p}$이 모비율 p의 비편향추정량이라는 것을 보일 것이다. 또한 시행횟수가 증가함에 따라 $\hat{p}$의 변동이 감소한다는 것도 보인다.

표본분산 s^2은 모분산 σ^2의 비편향추정량이다.

▶▶ 7.5 연습문제

1. **통계적 지식**. 표집분포의 표준오차는 무엇인가?

2. **통계적 지식**. 모수에 대한 두 가지 비편향추정량은 무엇인가?

3. **기본 계산: 중심극한정리**. X는 평균이 8이고 표준편차가 16인 분포를 한다. 이 분포에서 임의로 표본을 $n = 64$를 추출하였다.
   (a) $\overline{X}$분포의 평균과 표준편차를 구하시오.
   (b) $\overline{x} = 9$일 때 z값을 구하시오.
   (c) $P(\overline{X} > 9)$을 구하시오.

4. **통계적 지식**.
   (a) X의 분포가 종모양이 아니고 비대칭이라면, $\overline{X}$의 분포가 정규분포로 근사하기 위한

최소표본은 얼마인가?

(b) X의 분포가 정규분포 한다면, $\overline{X}$의 분포는 표본의 수가 커야 정규분포로 근사하는가?

5. **비판적 사고**. 같은 X분포에 대응하는 두 개의 $\overline{X}$분포가 있다. 하나는 표본크기 $n = 100$이고 다른 하나는 표본크기 $n = 225$이다. 어느 $\overline{X}$분포가 더 작은 표준오차를 가지고 있는지를 설명하시오.

6. **비판적 사고**. X는 $\mu = 15$, $\sigma = 14$인 분포를 따른다.
   (a) 표본크기 $n = 49$인 경우에 $\mu_{\overline{x}}$, $\sigma_{\overline{x}}$와 $P(15 \le \overline{X} \le 17)$을 구하시오.
   (b) 표본크기 $n = 64$인 경우에 $\mu_{\overline{x}}$, $\sigma_{\overline{x}}$와 $P(15 \le \overline{X} \le 17)$을 구하시오.

7. **석탄: 자동운반차**. 석탄자동운반차는 한 차에 75톤을 싣도록 되어있다. 각 차에 실은 실제 석탄의 무게는 평균 $\mu = 75$톤과 표준편차 $\sigma = 0.8$톤인 정규분포를 따른다고 한다.
   (a) 임의로 선택된 한 차에 74.5톤 보다 적게 실려 있을 확률을 구하시오.
   (b) 임의로 선택된 20대 차의 평균이 74.5톤 보다 적을 확률을 구하시오.

8. **의료: 혈액 포도당**. X를 혈액속의 포도당 수준을 나타내는 확률변수라 한다. 50세 미만인 사람들에 대하여 X는 평균 $\mu = 85$와 추정표준편차 $\sigma = 25$를 갖는 근사적인 정규분포를 따른다고 한다. $X < 40$이라는 검사결과는 심각한 초과 인슐린을 의미하므로 일반적으로 투약을 하여야 한다.
   (a) 한 번의 검사에서 $X < 40$일 확률을 구하시오.
   (b) 의사가 일주일 간격으로 두 번의 검사결과의 평균 $\overline{X}$를 사용한다고 한다. $\overline{X}$의 확률분포에 대하여 설명하시오. $\overline{X} < 40$일 확률은 얼마인가?
   (c) $n = 3$인 경우에는 어떠한가?
   (d) $n = 5$인 경우에는 어떠한가?

9. **야생: 사슴**. X는 국립공원 메사 베르데 (Mesa Verde)에서 사슴의 kg단위 무게를 나타내는 확률변수라고 하자. X의 분포는 평균이 $\mu = 63.0$이고 표준편차 $\sigma = 7.1$인 정규분포를 따른다.

(a) 포획된 한 마리의 사슴의 무게가 54kg 미만일 확률을 구하시오.

(b) 공원에 약 2,200마리가 있다면, 몇 마리가 54kg 미만인가?

(c) 무작위 표본 50마리의 표본평균이 60kg 미만일 확률을 구하시오.

(d) 무작위 표본 50마리의 표본평균이 64.2kg 미만일 확률을 구하시오.

10. **재정: 템플턴 펀드**. 확률변수 X는 템플턴 월드(Templeton World) 펀드의 월별 수익률을 나타내며, 평균이 $\mu = 1.6\%$이고 표준편차가 $\sigma = 0.9\%$이다.

(a) 템플턴 월드 펀드는 250개 이상의 주식을 보유하고 있다. 수익률의 분포는 정규분포로 근사하는가?

(b) 6개월 동안의 평균수익률 $\overline{X}$가 1%에서 2%사이일 확률을 구하시오.

(c) 2년 동안의 평균수익률 $\overline{X}$가 1%에서 2%사이일 확률을 구하시오.

(d) (b)와(c)의 답을 비교하고, 설명하시오.

7.6 이항분포의 정규근사, $\hat{p}$의 분포

초점

- 이항분포의 정규근사를 하는데 필요한 가정을 기술하시오.
- 정규근사를 하기 위하여 μ와 σ를 계산하시오.
- 연속성수정을 사용하여 r값의 범위를 대응하는 정규분포의 x값의 범위로 변환하시오.
- x값을 표준화된 z값 범위로 변환하여 요구된 확률을 구하시오.
- $\hat{p}$의 표집분포를 설명하시오.

새로운 백신이 콜레라로부터 성인들을 보호할 확률이 0.85라 알려졌다. 질병이 퍼져 있는 지역에 들어가야만 하는 300명의 성인에게 주사되었다. 이들 중 280 이상이 백신 덕에 콜레라로부터 안전할 확률은 얼마인가?

이 질문은 시행횟수 $n = 300$, 성공확률 $p = 0.85$이고 성공횟수 $R \geq 280$인 이항실험이다. 따라서 이항분포의 공식을 사용하여 확률을 구할 수 있다. 그러나 이 방법은 지루하고 긴 계산을 하여야 한다. 쉽게 계산하는 방법은 아래 언급된 조건하에서 이항분포를 근사하기 위하여 정규분포를 사용하는 것이다.

> **➲ 이항분포의 정규근사**
>
> 시행횟수 n, 성공횟수 R, 성공확률 p인 이항분포를 고려한다. 만약 $np > 5$, $nq > 5$라면 R은 $\mu = np$, $\sigma = \sqrt{npq}$를 갖는 정규분포로 근사할 수 있는 이항분포를 따른다.

예제 12 이항분포 그림

$p = 0.25$, $q = 0.75$이고 시행횟수 $n = 3$, $n = 10$, $n = 25$와 $n = 50$인 경우의 이항분포를 그리시오.

풀이 컴퓨터 프로그램을 이용하여 그림을 그리면 그림 7.31~7.34와 같다.

[그림 7.31]

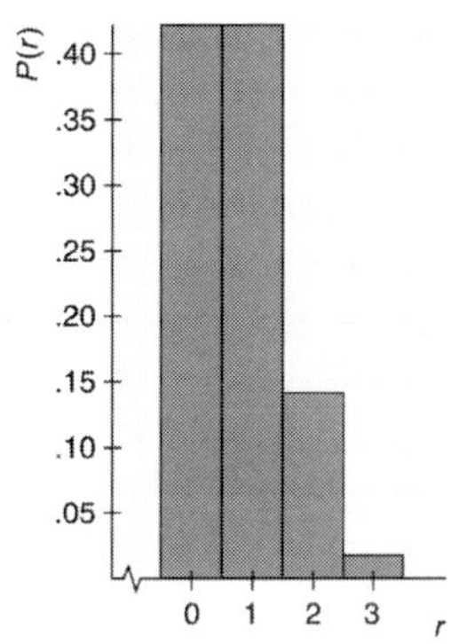

[그림 7.32]

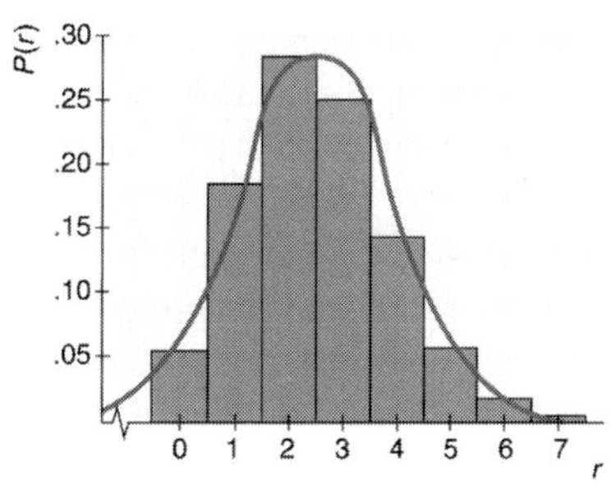

[그림 7.33]

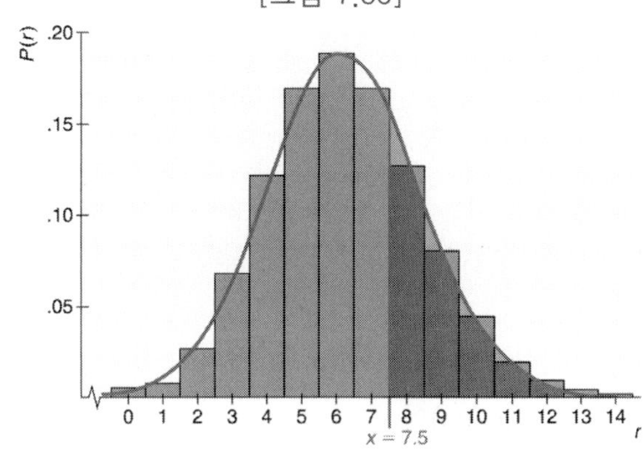

[그림 7.34]

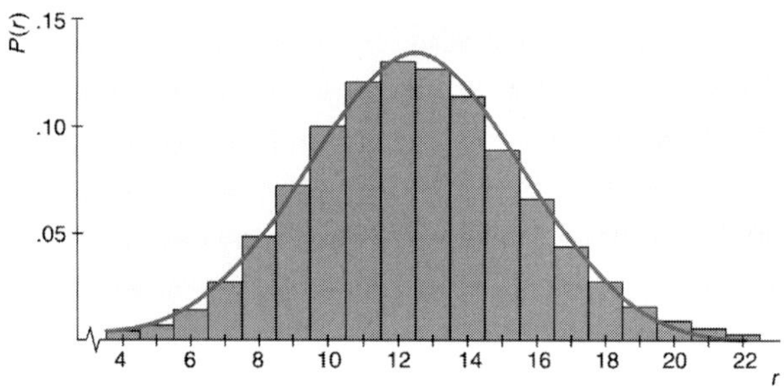

■

예제 13 정규근사

원룸 소유주는 25개의 온수기를 설치하여야 한다. 설치하고자 하는 온수기는 5년간은 보장이 되지만 과거 경험으로 볼 때 10년 동안 사용할 확률은 0.25라는 것을 알고 있다.

(a) 25대 중에서 8대 이상을 10년간 사용할 확률은 얼마인가?

풀이 $n=25,\ p=0.25$ 이다. 그림 7.33이 사용할 확률분포이다. R을 성공횟수를 나타내는 확률변수라면 정규근사를 하여 $P(R \geq 8)$ 을 구하면 된다. 이 확률은 그림 7.33에서 $R=8$ 이상의 막대의 면적에 해당한다.

X를 $\mu=np=25(0.25)=6.25$ 이고 $\sigma=\sqrt{npq}=\sqrt{25(0.25)(0.75)}\approx 2.17$ 인 정규분포를 하는 확률변수라 하자. 이 정규곡선은 그림 7.33에서 짙은색으로 표시하였다. 그림으로 부터 $P(R \geq 8)$ 에 해당하는 면적은 $P(X \geq 7.5)$ 에 해당하는 면적과 근사적으로 같다. 따라서

$$\begin{aligned} P(X \geq 7.5) &= P\left(Z \geq \frac{7.5-6.25}{2.17}\right) = P(Z \geq 0.58) \\ &= 1 - P(Z < 0.58) = 1 - 0.7190 = 0.2810 \end{aligned}$$

(b) $n=25,\ p=0.25$ 인 이항확률분포 공식을 사용하여 확률을 구하시오.

풀이 컴퓨터 프로그램을 이용하면 $P(R \geq 8) \approx 0.2735$ 이다.

(c) (a)과 (b)의 결과를 비교하시오.

풀이 근사 오차는 $0.2810-0.2735=0.0075$ 로 실제적으로 무시할 수 있을 것이다. ■

이항분포를 정규분포로 근사하는 경우 X의 범위를 $R-0.5,\ R+0.5$ 로 확장하는 것을 **연속성의 수정**(continuity correction)이라 한다.

절차 연속성의 수정을 하는 방법

이산확률변수 r(성공횟수)을 정규분포의 연속확률변수 x로 전환하려면

1. R이 범위의 왼쪽 점이라면 -0.5를 한다. 즉 $X = R - 0.5$
2. R이 범위에 오른쪽 점이라면 $+0.5$를 한다. 즉 $X = R + 0.5$

예를 들면 이항확률변수의 확률, $P(6 \le r \le 10)$에 대한 연속성의 수정을 이용한 정규확률변수의 확률은 $P(5.5 \le x \le 10.5)$이다. (그림 7-35 참조)

[그림 7-35]

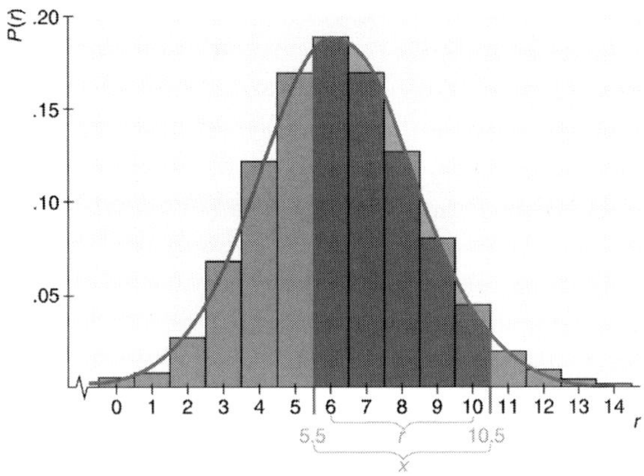

➲ 이항분포의 정규근사는 우리에게 무엇을 말하는가?

n번의 이항실험에서 r번 성공할 확률을 근사하기 위하여 정규분포를 사용할 수 있다.
정규근사를 사용하려면

- n이 시행횟수, 성공할 확률이 p일 때, $np > 5$, $nq > 5$이어야 한다. $(q = 1 - p)$
- n이 상당히 큰 경우가 아니면 근사를 개선시키기 위하여 연속성의 수정이 필요할 수 있다.

유도된 연습문제 11 연속성의 수정

북극제비갈매기가 여름 둥지에서 겨울 먹이 먹는 곳으로 이동 중 생존할 확률은 0.65로 알려져 있다. 여름 둥지에서 임의로 500마리를 잡아 식별밴드를 달았다. 정규근사를 사용하여 310마리에서 340마리가 이동에 성공할 확률을 구하시오. R은 생존한 갈매기 수라고 한다.

(a) $P(310 \le R \le 340)$을 구하기 위하여 $\mu =$ ___이고 $\sigma =$ ___인 정규분포를 사용한다.

⇒ $\mu = np = 500(0.65) = 325$,
$\sigma = \sqrt{npq} = \sqrt{500(0.65)(0.35)} \approx 10.67$

(b) X를 (a)에서 설명한 정규분포라면 $P(310 \leq R \leq 340)$는 $P(\quad \leq X \leq \quad)$와 근사적으로 같다.	$\Rightarrow$ $P(310 \leq R \leq 340)$ $\approx P(309.5 \leq X \leq 340.5)$
(c) $309.5 \leq X \leq 340.5$를 표준화 단위로 변환하시오.	$\Rightarrow$ $\mu = 325,\ \sigma = 10.67$이므로 $\frac{309.5-325}{10.67} \leq Z \leq \frac{340.5-325}{10.67}$ 혹은 $-1.45 \leq Z \leq 1.45$
(d) $P(310 \leq R \leq 340) \approx P(309.5 \leq X \leq 340.5)$ $= P(-1.45 \leq Z \leq 1.45)$ $=$	$\Rightarrow$ $P(-1.45 \leq Z \leq 1.45)$ $= P(Z \leq 1.45) - P(Z \leq -1.45)$ $= 0.9265 - 0.0735$ $= 0.8530$
(e) 이 문제에서 정규근사가 적당한가?	$\Rightarrow$ $np = 325 > 5,\ nq = 175 > 5$이므로 적당하다.

비율에 대한 표집분포

7.4절과 7.5절은 평균의 표집분포를 알아보았고. 이제 비율에 대한 표집분포를 알아보자.

➲ 비율에 대한 표집분포

n번 반복시행하는 이항실험을 가정하고, 각각의 n번 시행에 따른 표본성공률 $\hat{p} = \frac{R}{n}$이다.

n=시행횟수, r=성공횟수, p=성공확률, $q = 1 - p$=실패확률일 때,

만약 $np > 5$, $nq > 5$이면 표본비율($\hat{p}$)은 정규분포로 근사한다.

$$\mu_{\hat{p}} = p\ ,\ \sigma_{\hat{p}} = \sqrt{\frac{pq}{n}}$$

➲ $\hat{p}$ 의 표집분포는 우리에게 무엇을 말해주는가?

n번의 이항실험에서 성공횟수 r일 때, 성공확률 p에 대한 추정량은 $\hat{p}$이다. $\hat{p}$의 분포를 구하려면 표본비율을 결정하기 위한 n번의 이항실험을 반복하여야만 한다..

- $np > 5$, $nq > 5$이면 $\hat{p}$의 분포는 근사적으로 정규분포를 한다.
- $\hat{p}$의 분포의 평균은 p이다.
- 표준편차(표준오차)는 $\sqrt{pq/n}$ 이다.

기대

비율에 대한 표집분포를 이용하여 추정(8장)과 가설 검정(8장, 9장)을 할 것이다.

예제 14 $\hat{p}$의 표집분포

덴버의 연간범죄율은 주민 1,000명당 111명이다. 이것을 모비율이라고 하자.
n을 50이라고 할 때 r을 범죄횟수라고 하면

(a) 덴버에서의 범죄율 p와 q를 구하시오.

풀이 $p = 111/1{,}000 = 0.111$, $q = 1 - p = 1 - 0.111 = 0.889$

(b) $\hat{p} = \dfrac{r}{n} = \dfrac{r}{50}$ 은 정규근사 할 수 있는지 설명하시오.

풀이 $np = 50(0.111) = 5.55$, $nq = 50(0.889) = 44.45$ 이다. 모두 5보다 큼으로 정규근사 할 수 있다.

(c) $\hat{p}$분포의 평균과 표준편차를 구하시오.

풀이 $\mu_{\hat{p}} = p = 0.111$, $\sigma_{\hat{p}} = \sqrt{\dfrac{pq}{n}} = \sqrt{\dfrac{(0.111)(0.889)}{50}} \approx 0.044$ ■

▶▶ 7.6 연습문제

1. **통계적 지식**. 시행횟수가 n이고 성공률이 p인 이항분포가 정규분포로 근사하기 위한 조건은 무엇인가?

2. **기본 계산: 이항분포의 정규근사**. 시행횟수 $n = 40$이고 성공률 $p = 0.50$인 이항실험을 가정한다.
   (a) 정규분포로 근사할 수 있는가?
   (b) 정규분포로 근사한다면, 평균과 표준편차를 구하시오.
   (c) R을 성공횟수라고 할 때, $P(R \geq 23)$을 구하시오.

3. **비판적 사고**. 시행횟수가 $n = 10$이고 성공률이 $p = 0.43$일 때, 정규근사가 적절한가?

4. **건강: 납 오염**. 10년 전에는 혈액 속에 높은 수준의 납 위험에 처한 어린이가 88%를 차지했다. 최근에 환경으로부터 납을 제거하기 위해 질병예방센터에서 실시한 조사결과 어린이의 9%가 고위험군으로 나타났다.
   (a) 10년 전에 200명의 랜덤표본 중에 50명 이상이 고위험군일 확률을 구하시오.
   (b) 현재 200명의 랜덤표본 중에 50명 이상이 고위험군일 확률을 구하시오.

5. **장수: 90번째 생일**. 전체 미국 국민의 3.5%가 90번째 생일을 맞이한다고 한다. 753명인 고등학교 졸업반에 대하여 다음 확률을 구하시오.
   (a) 15명 이상이 90세 이상 생존할 확률
   (b) 30명 이상이 90세 이상 생존할 확률
   (c) 25명에서 35명사이가 90세 이상 생존할 확률
   (d) 40명 초과가 90세 이상 생존할 확률

6. **식료품점: 신제품**. 식료품 가게에 선보인 모든 신제품 중 80%가 2년 안에 없어진다고 한다. 만약 한 식료품점이 66가지의 신제품을 선보였다면 다음 확률을 구하시오.
   (a) 2년 안에 47가지 이상이 사라질 확률
   (b) 2년 안에 58가지 이하가 사라질 확률

(c) 2년 안에 15가지 이상 성공할 확률

(d) 2년 안에 10개 미만 성공할 확률

7. **슈퍼마켓: 무료시식**. 마트 고객의 60%는 무료 시식코너에서 시식을 한다고 한다. 또한 시식한 고객의 37%는 해당 제품을 구매한다고 한다. 어느 날 317명의 고객이 시식판매대를 통과하였다고 한다.

   (a) 180명 초과가 시식을 할 확률은 얼마인가?

   (b) 200명 미만이 시식을 할 확률은 얼마인가?

   (c) 시식을 하고 그 제품을 구매할 확률은 얼마인가?

   (d) 60명에서 80명 사이가 시식을 하고 그 제품을 구매할 확률은 얼마인가?

8. **항공사: 취소**. 한 항공사는 오랜 경험으로부터 예약을 한 고객의 6%가 비행기를 타지 않는다는 것을 알았다. 항공사가 255석인 비행기에 대하여 267석을 판매하였다고 가정하자.

   (a) 예약을 한 사람이 비행기를 탈 확률은 얼마인가?

   (b) $n=267$을 예약자 수라 하고 R을 비행기를 탄 사람의 수라 하자. 예약을 한 모든 사람들이 좌석을 받을 확률을 나타내는 식은 어느 것인가?

   $$P(R \geq 255),\ P(R \leq 255),\ P(R \leq 267),\ P(R=255)$$

   (c) 정규근사를 이용하여 예약을 한 모든 사람들이 좌석을 받을 확률을 구하시오.

9. **통계적 지식**. $\hat{p}$의 분포가 정규근사하기 위한 조건은 무엇인가?

10. **통계적 지식**. $\hat{p}$의 분포가 정규근사한다면, 평균 $\mu_{\hat{p}}$은 무엇인가?

11. **기본계산**: $\hat{p}$의 분포. 시행횟수가 n이고 성공률 p인 이항실험을 했다고 가정하자.

   (a) $n=100, p=0.23$일 때, 정규근사가 가능한가? $\mu_{\hat{p}}, \sigma_{\hat{p}}$을 구하시오.

   (b) $n=20, p=0.23$일 때, 정규근사가 가능한지 설명하시오.

복습

요약

이 장에서는 정규확률분포의 특성과 적용에 대하여 연구했다.

- 정규확률분포는 연속확률분포이다. 정규분포는 평균으로부터 대칭이며, 종모양을 하고 있다. 평균과 최빈값, 중앙값이 같으며 평균으로부터 3표준편차의 범위에 거의 모든 자료가 속한다.
- 정규분포의 경험법칙에 따르면 자료의 68%가 $\mu \pm \sigma$, 자료의 95%가 $\mu \pm 2\sigma$, 자료의 99.7%가 $\mu \pm 3\sigma$ 안에 속한다.
- 대칭이며, 종모양의 분포의 표준편차 $\approx$ 자료의 범위 / 4 이다.

$$z = \frac{x-\mu}{\sigma}\ ,\ x = z\sigma + \mu$$

- 표준정규분포의 $\mu = 0$이고 $\sigma = 1$이다.
- 표 3은 표준정규분포의 z값에 대한 곡선 **왼쪽 면적**을 나타낸다.
- 원 점수 x가 z값으로 변환하여 표준정규분포 표를 이용하여 x값의 확률을 찾을 수 있다.
- 역 정규분포는 왼쪽의 면적을 이용하여 z값을 찾는데 이용된다.
- 데이터가 정규분포를 따르는지 평가하는 것은, 히스토그램이 종모양인지, 이상치의 수, 피어슨의 지수가 -1과 1사이인지, 정규 분위수 그림이 직선인지 보는 것이다.
- 표집분포는 통계적 추론에 기초를 제공한다. 통계량의 분포는 해당 모집단의 모수에 대하여 정보를 제공한다.
- 모집단이 정규분포 하면 표본평균은 정규분포 한다. 모집단이 정규분포를 하지 않고, 표본의 크기가 충분히 크면($n \geq 30$) 중심극한정리에 의해 표본평균은 정규분포 한다.

$$\mu_{\bar{x}} = \mu,\ \sigma_{\bar{x}} = \frac{\sigma}{\sqrt{n}}$$

- 성공확률이 p이고 시행횟수가 n인 이항실험에서, $np \geq 5, nq \geq 5$일 때 $\hat{p}$의 분포는 정규근사한다.

$$\mu_{\hat{p}} = p\,,\ \sigma_{\hat{p}} = \sqrt{\frac{pq}{n}}$$

- 이항분포에서 $np \geq 5\,, nq \geq 5$이면, $\mu = np$, $\sigma = \sqrt{npq}$인 정규분포로 근사한다.
- 많은 응용프로그램의 데이터는 정규분포를 따릅니다. 다음 장에서는 광범위하게 사용되는 정규분포를 공부할 것입니다.

복습문제

1. **통계적 지식**. 정규확률분포에 대해 서술하시오.

2. **통계적 지식**. 평균이 10이고, 표준편차가 3인 정규분포에서 표본을 9개 하였을 때, $\overline{X}$의 표집분포의 평균과 표준편차를 구하시오.

3. **통계적 지식**. 정규분포는 정규 분위수 그림이 어떤 모양인가?

4. **통계적 지식**. 표준편차가 σ, 표본의 수가 n일 때, $\overline{X}$ 분포의 표준오차를 구하시오.

5. **비판적 사고**. X는 뉴욕시 성인의 수면시간을 나타내는 양적변수이다. 표본평균 $\overline{X}$의 표집분포는
   (a) 표본의 크기가 커지면 어떤 분포로 근사하는가?
   (b) 표본의 크기가 커지면 평균은 어떻게 되는가?
   (c) 표집분포에 표준편차는 어떤 값에 근사하는가?
   (d) 표본크기가 50과 100일 때 표집분포를 비교하시오.

6. **기본 계산: 확률**. X가 평균이 47 표준편차가 6.2인 정규분포를 따른다.
   (a) $P(X \leq 60)$ (b) $P(X \geq 50)$ (c) $P(50 \leq X \leq 60)$

7. **기본 계산: 역정규**. 표준정규분포 곡선에서 5%의 면적에 따른 z값을 구하시오.

8. **의료: 혈액형**. AB혈액형은 전체 인구의 3%라고 합니다. 250명 중에 무작위로 추출하였을 때,

   (a) 5명 이상일 확률을 구하시오.

   (b) 5명에서 10명 사이일 확률을 구하시오.

9. **재활용: 알루미늄 캔**. 캘리포니아에서 판매된 캔의 재활용은 70%이다.

   (a) 오늘 400개의 캔을 판매한다면, 300개 이상이 재활용될 확률을 구하시오.

   (b) 400개의 캔을 판매한다면, 260개에서 300개가 재활용될 확률을 구하시오.

10. **보증: 택배**. 익스프레스 택배 서비스는 배달시간이 평균 14시간이며, 표준편차는 2시간이다.

    (a) 무작위로 선택하였을 때 18시간 이내에 배달될 확률을 구하시오.

    (b) 모든 택배가 평균시간 안에 95%가 배달되려면 배달시간을 몇 시로 하여야 하는가?

11. **심리학: IQ점수**. IQ점수가 평균이 100, 표준편차가 15인 정규분포를 한다고 가정합니다. 100명의 사람들을 무작위 추출한 경우, 표본평균이 평균과 2점 차이 안에 있을 확률을 구하시오.

12. **기본 계산: $\hat{p}$의 분포**. $n = 24$이고 $p = 0.4$인 이항분포를 가정한다. 성공의 표본비율 $\hat{p} = \frac{r}{n}$이다.

    (a) $\hat{p}$의 분포를 정규분포로 근사시키는 것이 적합한가?

    (b) $\mu_{\hat{p}}$과 $\sigma_{\hat{p}}$의 값은 얼마인가?

CHAPTER

08 추정

1장에서 통계학은 수치적 자료를 수집, 정리, 분석 및 해석하는 방법에 대한 연구라고 했다. 분석, 해석과 자료의 원천에 관한 결론을 이끌어 내는 통계적 과정을 통계적 추론이라 한다. 통계적 추론은 큰 모집단에서 관측의 랜덤표본을 뽑아야 한다. 표본에는 일반적으로 불완전한 정보가 포함되어 있으므로, 어떤 의미에서는 유명한 미국시인 로버트 리프로스트(1874-1963)의 글귀를 인용하여 "dance round in a ring and suppose"하여야만 한다. 그럼에도 불구하고 모집단에 관한 결론은 통계적 추정값을 이용하여 표본자료로부터 얻을 수 있다. 이 장에서는 광범위하게 사용되는 추정 방법을 소개한다.

사전질문

- 확률변수의 기댓값을 어떻게 추정하는가? 어떤 가정이 필요한가? 추정값을 얼마나 신뢰할 수 있는가? (8.1절)
- 통계 프로젝트에서 표본의 크기는 얼마로 할 계획인가? (8.1절)
- 유명한 통계학자가 아일랜드의 기네스 양조 회사에서 근무한 이유는 무엇인가? 왜 표본자료로부터 추정값을 구하였는가? (8.2절)
- 이항실험에서 성공비율 p를 어떻게 추정하는가? 정규근사는 이 과정에 얼마나 적합한가? (8.3절)

초점문제 속임수

미국가정의 약 28%가 불을 끄고 할로윈에 집에 없는 척한다.(출처: Bernice Kanner, Bloomberg Press) 앨리스는 덴버 인근의 부유한 동네인 체리크리크를 연구하는 사회학 학생이다. 앨리스는 35가구의 랜덤표본을 조사했다. 그녀의 질문 중 하나는 거주자가 불을 끄고 할로윈에 집에 없는 것처럼 가장했는지 여부이다. 35명의 주민 중 11명이 실제로 이러한 행위를 한 것으로 나타났다.

(a) 집에 없는 것처럼 가장한 가구의 모비율 p에 대한 90% 신뢰구간을 구하시오.
(b) 신뢰구간을 구하는데 필요한 가정은 무엇인가?
(c) 미국 전체의 모비율이 0.28일 때, 이 값이 신뢰구간에 포함되어 있는가?

8.1 σ를 알고 있을 때 μ의 추정

초점

- 신뢰수준, 추정오차 및 임계값을 설명하시오.
- 주어진 신뢰수준에 대응하는 임계값을 찾으시오.
- σ를 알고 있는 경우 μ에 대한 신뢰구간을 구하고 결과를 설명하시오.
- 평균 μ를 추정하는데 사용될 표본크기를 계산하시오.

일반적으로 시간이나 돈의 제약, 모집단 개체를 찾는 어려움 등의 이유로 전체 모집단의 모든 측정값을 얻지 못한다. 대신에 표본으로부터의 정보에 의존한다.

이 절에서 표본자료를 이용하여 모평균 μ를 추정하는 방법을 설명한다. 모표준편차 σ는 알고 있다고 가정한다.

σ을 알고 있을 때, μ를 추정하는 공식을 만드는데 사용된 기본 가정을 알아본다.

> **➲ 확률변수 X에 관한 가정**
>
> 1. 모집단으로부터 크기 n의 확률표본을 가지고 있다.
> 2. 모표준편차 σ값을 알고 있다.
> 3. X가 정규분포라면 설명된 방법은 임의의 표본크기 n에 적용된다.
> 4. X가 미지의 분포라면 표본크기는 $n \geq 30$이어야 한다. 그러나 X가 명확하게 기울어지거나 고분 모양이 아니라면 50, 100 혹은 그 이상의 표본크기가 필요할 것이다.

하나의 값으로 주어진 모수의 추정값을 그 모수의 **점추정값**(point estimate)이라 한다.

> 모수의 **점추정값**(point estimate)은 하나의 값을 사용한 모수의 추정값이다.
> $\bar{x}$는 μ의 점추정값이다.

많은 확률표본을 사용하여도 일반적으로 $\bar{x}$의 값은 모평균μ와 정확히 같지는 않다. 표본 점추정값과 참의 모수값과의 차를 **오차한계**(margin of error)라 한다.

> μ에 대한 점추정값으로 $\bar{x}$를 사용할 때, 오차한계는 $\bar{x}-\mu$의 크기 또는 $|\bar{x}-\mu|$이다.

μ를 모를 때 $\bar{x}$가 μ에 정확하게 어느 정도 가까운지는 알 수 없다. 그러므로 모수를 모르면 정확한 오차한계도 모른다. 이 절에서 μ의 추정값으로 $\bar{x}$를 사용할 때 오차한계의 크기를 알 수 있도록 확률이란 말을 사용할 것이다.

먼저 **신뢰수준**(confidence levels)을 알아야 한다. 추정값의 신뢰성이 신뢰수준으로 측정된다.

신뢰수준 c를 원한다고 하자(그림 8.1참조). 이론적으로 c는 0 과 1 사이의 임의의 값이지만 일반적으로 0.90, 0.95 혹은 0.99를 사용한다. z_c는 $-z_c$와 z_c사이의 표준정규곡선 면적이 c가 되도록 하는 수이다.

[그림 8.1] 신뢰수준 c와 대응하는 임계값

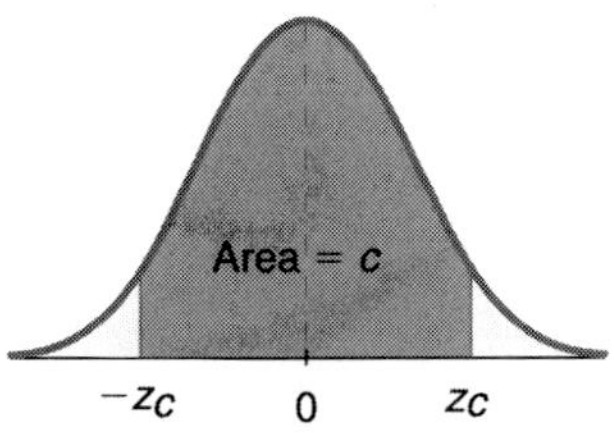

> 신뢰수준 c에 대하여 **임계값**(critical value) z_c는 $-z_c$와 z_c사이의 표준정규곡선의 면적이 c가 되도록 하는 수이다.

식으로는

$$P(-z_c < Z < z_c) = c$$

를 의미한다.

예제 1 임계값 찾기(정규분포)

부록 표 3을 사용하여 $P(-z_{0.99} < Z < z_{0.99}) = 0.99$가 되는 $z_{0.99}$를 찾으시오.

풀이 7.3절에서 처럼 $-z$과 z사이의 면적이 0.99이다. 왼쪽꼬리에 대응하는 면적은 $(1-0.99)/2 = 0.005$ 이다(그림 8.2 참조). 부록 표 3에서 왼쪽꼬리 면적이 0.005가 되는 z값을 찾는다. 표 8.1은 부록 표 3의 일부분이다.

[표 8.1] 부록 표 3의 일부분

z	.00	…	.07		.08	.09
-3.4	.0003		.0003		.0003	.0002
⋮						
-2.5	.0062		.0051		.0049	.0048
				↑ .0050		

표 8.1에서 0.005에 해당하는 값은 $z=-2.58$과 $z=-2.57$의 정확히 가운데이다. 두 값이 차이가 적으므로 $z=-2.58$을 사용한다. 즉, 신뢰수준 c의 임계값으로 $z_{0.99}=2.58$을 사용한다.

[그림 8.2] $-z$과 z 사이의 면적이 0.99

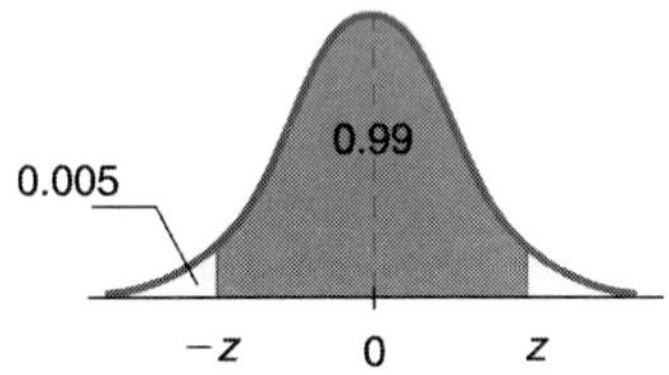

■

예제 1의 결과는 앞으로 많이 사용된다. 표 8.2는 몇 가지 신뢰수준과 대응하는 임계값 z_c를 나타낸다.

[표 8.2] 신뢰수준과 대응하는 임계값

신뢰수준 c	임계값 z_c
0.70 혹은 70%	1.04
0.75 혹은 75%	1.15
0.80 혹은 80%	1.28
0.85 혹은 85%	1.44
0.90 혹은 90%	1.645
0.95 혹은 95%	1.96
0.98 혹은 98%	2.33
0.99 혹은 99%	2.58

추정값은 얼마만큼 좋은지에 대한 측도 없이는 아무 쓸모가 없다. 확률은 모평균의 추정값으로 표본평균 $\bar{x}$를 사용하여 생기는 오차한계의 크기를 알 수 있게 해준다.

$\overline{X}$는 확률변수로 크기 n의 표본을 뽑을 때마다 다른 값을 얻는다. 중심극한정리에 따라 표본크기가 크다면 $\overline{X}$는 평균이 $\mu_{\overline{x}} = \mu$ 즉, 추정하고자 하는 모평균과 같은 근사적인 정규분포를 한다. 표준편차는 $\sigma_{\overline{x}} = \sigma / \sqrt{n}$ 이다. X가 정규분포라면 임의의 표본크기에 대하여도 이 결과는 성립한다.

신뢰수준과 함께 이러한 사실은 확률식

$$P\left(-z_c \frac{\sigma}{\sqrt{n}} < \overline{X} - \mu < z_c \frac{\sigma}{\sqrt{n}}\right) = c \tag{1}$$

을 준다.

식 (1)은 대응하는 신뢰수준 c에 대한 오차한계의 크기를 알 수 있도록 확률을 사용한다. 즉, 식 (1)은 점추정값 $\overline{x}$가 모평균 μ의 $\pm z_c(\sigma / \sqrt{n})$ 안에 놓일 확률이 c라는 것이다. 이 관계를 그림 8.3에 나타내었다.

[그림 8.3] 표본평균 $\overline{X}$의 분포

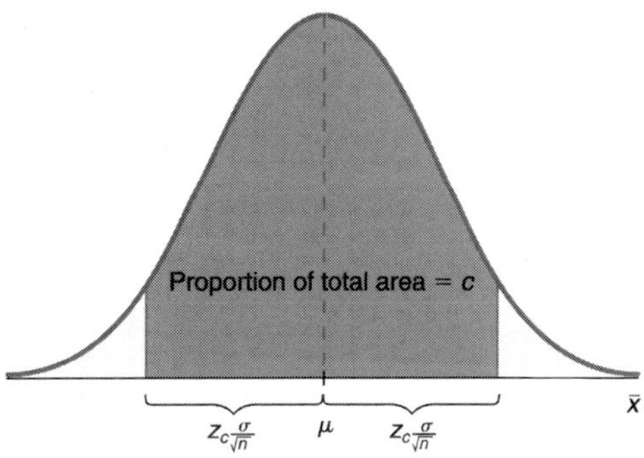

μ에 대한 점추정값으로 $\overline{x}$를 사용할 때, 오차한계는 $|\overline{x} - \mu|$이다. 대부분의 실제문제에서는 μ를 모르므로 오차한계 또한 모른다. 그러나 식 (1)을 이용하여 오차한계의 범위를 제공하는 **허용오차**(error tolerance) E를 구할 수 있다. 신뢰수준 $c\%$ 라면 μ에 대한 $\overline{x}$의 최대 오차한계는

$$E = z_c \frac{\sigma}{\sqrt{n}} \tag{2}$$

이다. 식 (1)과 (2)를 사용하면

$$P(-E < \overline{X} - \mu < E) = c \tag{3}$$

이다. 식 (3)을 변형을 하면

$$P(\overline{X}-E<\mu<\overline{X}+E)=c \tag{4}$$

이다. (4)식은 구간 $(\overline{X}-E,\ \overline{X}+E)$가 μ를 포함할 확률이 c라는 것을 의미한다. 이 구간을 μ에 대한 c **신뢰구간**(confidence interval)이라 한다.

> μ에 대한 c **신뢰구간**(confidence interval)은 실제 μ의 값을 포함할 구간을 만들 확률이 c가 되도록 하는 방법으로 표본자료로부터 계산된 구간이다. 즉, c는 실제로 μ를 포함하는 크기 n의 확률표본에 근거한 신뢰구간의 비율이다.

표본이 다르면 신뢰구간 또한 다르다. 어떤 구간은 μ를 포함할 것이고 어떤 것은 포함하지 않을 것이다. 그러나 결국은 μ를 포함하는 신뢰구간의 비율은 c가 된다.

예제 2 σ를 알고 있는 경우, μ에 대한 신뢰구간

주리아는 수년간 매일 3Km의 조깅으로 한결같은 건강상태를 유지하고 있다. 매일 매일 시간을 기록해 보았더니 표준편차는 $\sigma=1.80$ 분이었다. 기록 중에서 90개를 임의로 뽑았더니 $\overline{x}=15.60$ 분이었다. μ를 조깅시간의 평균이라 할 경우 μ의 0.95신뢰구간을 구하시오.

풀이 $n=90$ 이므로 중심극한정리에 의하여 $\overline{X}$는 평균 μ, 표준편차 $\sigma/\sqrt{n}$ 인 정규분포를 따른다. $c=0.95$, $z_{0.95}=1.96$ 이므로

$$E=z_c\frac{\sigma}{\sqrt{n}}=1.96\left(\frac{1.80}{\sqrt{90}}\right)\approx 0.37$$

따라서 신뢰구간은

$$\overline{x}-E<\mu<\overline{x}+E \rightarrow 15.60-0.37<\mu<15.60+0.37$$

$$15.23<\mu<15.97$$

구간 $(15.23, 15.97)$은 모평균 μ를 포함하고 있다고 95% 확신을 가지고 결론을 내린다. ■

비판적 사고 **신뢰구간의 해석**

신뢰구간의 일반적인 의미에 관하여 몇 가지 열거한다.

- $\overline{X}$가 확률변수이므로 구간 $\overline{X}\pm E$ 또한 확률변수이다. 식(4)는 계산된 구간이 모수 μ

를 포함할 표본을 얻을 확률이 c라는 것이다.

- 한 표본에 대하여 신뢰구간이 고정되면 그 구간이 μ를 포함하거나 포함하지 않거나이다. 따라서 μ를 포함할 확률은 1이거나 0이다.
- $P(\overline{X}-E<\mu<\overline{X}+E)=c$ 는 크기 n의 확률표본을 많이 뽑아 신뢰구간을 구하면 μ를 포함할 신뢰구간의 비율이 c라는 것을 의미한다.

예를 들면 그림 8.4는 같은 분포에서 같은 크기의 표본으로 구한 0.90신뢰구간을 나타낸다. 0.90신뢰구간이므로 모든 구간의 약 90%는 μ를 포함하여야 한다.

[그림 8.4] 같은 크기의 표본에 대한 0.90신뢰구간

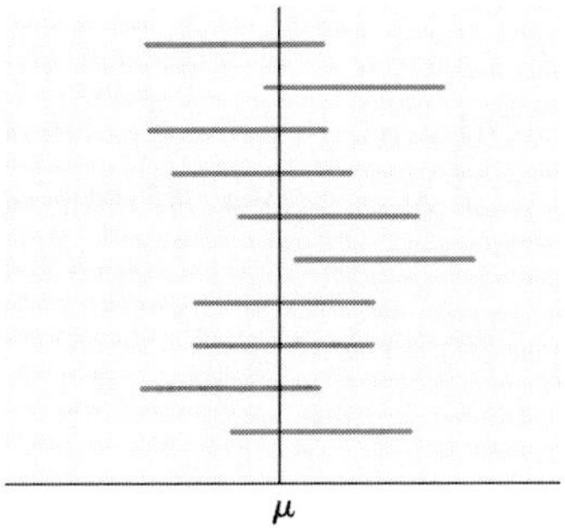

- $3<\mu<5$와 같은 특정 신뢰구간이 얻어지면 구간이 실제로 μ를 포함한다고 $c\%$ 확신한다고 할 수 있다.

➲ 신뢰구간은 무엇을 말해주는가?

신뢰구간은 모수의 일정 범위값을 제공한다.

- 모수의 신뢰구간은 n개의 무작위 표본에서 구한 통계량을 기반으로 한다.
- 신뢰구간은 신뢰수준 c에 달려있다. c는 일반적으로 0.90과 0.95를 사용한다.
- 실제 모집단의 모수를 계산하면 모든 신뢰구간의 $c\%$에 모수가 포함된다.

유도된 연습문제 1 σ를 아는 경우 μ에 대한 신뢰구간

월터는 수년간 매일 5Km의 조깅으로 한결같은 건강상태를 유지하고 있다. 오랜 경험으로부터 조깅시간의 표준편차는 $\sigma=2.40$ 분이었다. 기록 중에서 90개를 임의로 뽑았더니 $\overline{x}=22.50$ 분이었다. μ를 조깅시간의 평균이라 할 경우 μ의 0.99신뢰구간을 구하시오.

(a) $z_{0.99}$는 얼마인가? ⇒ $z_{0.99}=2.58$

(b) $\overline{X}$는 근사적으로 정규분포인가? ⇒ 중심극한정리로 부터 정규분포이다.

(c) E는 얼마인가? ⇒ $E = z_c \frac{\sigma}{\sqrt{n}} = 2.58\left(\frac{2.40}{\sqrt{90}}\right) \approx 0.65$

(d) μ의 0.99신뢰구간의 끝점은 얼마인가? ⇒ $\bar{x} - E = 22.50 - 0.65 = 21.85$

$\bar{x} + E = 22.50 + 0.65 = 23.15$

(e) 신뢰구간을 설명하시오. ⇒ 구간(21.85, 23.15)이 모평균시간 μ를 포함하고 있는 구간이라고 99% 확신한다.

기대

모수에 대한 신뢰구간의 기본구조는 다음과 같다.

$$\text{표본통계량} - E < \text{모수} < \text{표본통계량} + E$$

여기서 E는 표본통계량 분포와 신뢰수준 c에 의존하는 최대오차한계이다.

σ를 모르는 경우 평균의 신뢰구간(8.2절), 비율(8.3절), 독립표본의 평균차이(10.2절), 비율의 차이(10.3절), 선형회귀직선의 모수(11.4절)에 대하여도 같은 형식을 사용하는 것을 볼 수 있다.

평균 μ 추정을 위한 표본크기

통계적 연구의 설계단계에서 신뢰수준과 최대오차한계 E를 미리 정하는 것은 좋은 생각이다. 어떻게 결정하는지는 연구의 성격에 의존한다.

다음 단계는 표본크기를 결정하는 것이다. 최대오차한계 E를 n에 관하여 풀어 최소표본크기를 결정할 수 있다.

➲ σ를 알고 있는 경우 표본크기의 결정

$\overline{X}$의 분포가 정규분포라 가정하면

$$n \geq \left(\frac{z_c \sigma}{E}\right)^2$$

이다.

30개 이상의 표본크기인 선행연구가 있다면 실제는 s를 이용하여 σ를 추정하는 것이 안전하다.

예제 3 μ추정을 위한 표본크기

알래스카의 한 회사에 의하여 포획된 송어의 평균 무게를 구하고자 한다, 50마리의 선행 연구에서 $s = 0.98$ kg이였다. 표본평균 $\overline{X}$가 모평균 μ의 0.1kg안에 있다는 것을 99% 확신하려면 얼마나 많은 표본을 뽑아야만 하는가?

풀이 $z_{0.99} = 2.58$, $E = 0.1$ 이고 선행연구로 부터 $s = 0.98$ 이다. 따라서

$$n \geq \left(\frac{z_c \sigma}{E}\right)^2 \approx \left(\frac{(2.58)(0.98)}{0.1}\right)^2 = 639.3$$

그러므로 640마리가 필요하다. ■

▶▶ 8.1 연습문제

1. **통계적 지식**. z_c값은 표준정규분포를 이용한 $P(-z_c < X < z_c) = c$ 인가?

2. **통계적 지식**. X분포에서 n개의 랜덤표본을 이용하여, μ를 추정하기 위한 오차의 한계는 $\overline{X}$와 μ의 차이의 크기인가?

3. **통계적 지식**. 표본의 크기가 클수록 신뢰구간이 넓어지는가?

4. **통계적 지식**. $\overline{x}$가 상대적으로 작다면, μ에 대한 신뢰구간은 작아지는가?

5. **비판적 사고**. 샘은 랜덤표본으로 μ에 대한 95% 신뢰구간을 구했다. μ가 그 구간 안에 있을 확률을 0.95라고 주장한다. 이 주장은 타당한가?

6. **기본계산: 신뢰구간**. $\sigma = 6$인 정규분포에서 16개의 표본을 이용한 표본평균은 50이다.
   (a) 신뢰구간을 구하기 위하여 정규분포를 이용하는 것이 타당한가?
   (b) 모평균의 90% 신뢰구간을 구하시오.
   (c) 얻어진 결과를 설명하시오.

7. **기본계산: 표본크기.** X가 $\sigma = 3$인 고분모양의 분포를 한다.
   (a) 95%신뢰구간에 대하여 최대오차한계가 $E = 0.4$이기 위하여 필요한 최소표본크기를 구하시오.
   (b) 이 표본크기에 대하여 $\bar{x}$가 근사적으로 정규분포를 한다고 가정할 수 있는가? 설명하시오.

8. **동물학: 벌새.** 15마리 벌새의 평균 무게가 $\bar{x} = 3.15\,g$이다. 선행연구로부터 벌새 무게는 표준편차 $\sigma = 0.33$인 정규분포를 따른다고 한다.
   (a) 평균무게의 80% 신뢰구간을 구하시오. 오차한계는 얼마인가?
   (b) 최대허용한계 $E = 0.08$인 80% 신뢰구간을 구하려면 필요한 표본크기는 얼마인가?

9. **진단 테스트: 혈장의 양.** 혈장(plasma)의 양은 개인의 전반적인 건강과 신체활동에 영향을 받는다. 45명의 남자 소방관을 대상으로 조사하였더니 평균이 $\bar{x} = 37.5\,ml/kg$이었다. $\sigma = 7.50\,ml/kg$이라고 가정한다.
   (a) 남자 소방관의 모평균 혈장양의 99% 신뢰구간을 구하시오. 오차한계는 얼마인가?
   (b) 계산을 하는데 필요한 조건은 무엇인가?
   (c) 얻어진 결과를 설명하시오.
   (d) 최대허용한계 $E = 2.50$인 99% 신뢰구간을 구하는 경우 필요한 표본크기를 구하시오.

10. FBI **보고서: 절도.** 미국 어느 주 30개 마을의 연간 절도 건수의 평균이 $\bar{x} = 138.5$건이라 한다. $\sigma = 42.6$으로 알려져 있다고 가정한다.
   (a) 평균절도건수의 90% 신뢰구간을 구하시오. 오차한계는 얼마인가?
   (b) 평균절도건수의 95% 신뢰구간을 구하시오. 오차한계는 얼마인가?
   (c) 평균절도건수의 99% 신뢰구간을 구하시오. 오차한계는 얼마인가?
   (d) 신뢰수준과 오차한계의 관계를 설명하시오.
   (e) 신뢰수준과 신뢰구간 길이와의 관계를 설명하시오.

11. **신뢰구간: 표본크기.** $\sigma = 12$인 모집단에서 임의로 추출한 평균 $\bar{x} = 30$ 이다.
   (a) $n = 49$ 인 95% 신뢰구간을 구하시오. 오차한계는 얼마인가?
   (b) $n = 100$ 인 95% 신뢰구간을 구하시오. 오차한계는 얼마인가?
   (c) $n = 225$ 인 95% 신뢰구간을 구하시오. 오차한계는 얼마인가?
   (d) 표본크기와 오차한계의 관계를 설명하시오.
   (e) 표본크기와 신뢰구간 길이와의 관계를 설명하시오.

12. **이익: 은행.** 다음은 미국의 대표적인 금융회사 42곳을 임의로 추출하여 직원 당 연간 이익을 조사한 자료(단위 ; 천 달러)이다. $\sigma = 10.2$ (천 달러)라 가정한다.

42.9	43.8	48.2	60.6	54.9	55.1	52.9	54.9	42.5	33.0	33.6
36.9	27.0	47.1	33.8	28.1	28.5	29.1	36.5	36.1	26.9	27.8
28.8	29.3	31.5	31.7	31.1	38.0	32.0	31.7	32.9	23.1	54.9
43.8	36.9	31.9	25.5	23.2	29.8	22.3	26.5	26.7		

   (a) 표본평균을 구하시오.
   (b) 대표적인 금융회사의 직원 당 평균 이익 μ의 75% 신뢰구간을 구하시오.
   (c) 연간 직원 당 이익이 3만 달러라면 다른 대표적 금융회사의 이익보다 적다고 생각하는가? 75% 신뢰구간과 연계하여 설명하시오.
   (d) 연간 직원 당 이익이 4만 달러라면 다른 대표적 금융회사의 이익보다 많다고 생각하는가? 75% 신뢰구간과 연계하여 설명하시오.
   (e) 90% 신뢰구간에 대하여 (b), (c)와 (d)를 답하시오.

13. **열기구: 공기온도.** 열기구의 평형상태를 유지하기 위한 공기의 평균온도는 100℃이다. 하지만 정확히 100℃일 필요는 없다. 합리적이고 안전한 온도의 범위는 무엇인가? 이 범위는 열기구의 크기와 모양에 따라 다를 수 있다. 56개 열기구의 $\bar{x} = 97$℃이고, $\sigma \approx$ 17℃이다.
   (a) 평균온도의 95% 신뢰구간을 구하시오.
   (b) 열기구의 온도가 신뢰구간의 상한을 넘을 경우 어떻게 되는가?

8.2 σ를 모르고 있을 때 μ의 추정

초점

- 스튜던트 t분포와 자유도(degrees of freedom)에 대해 학습하시오.
- 신뢰수준과 자유도를 이용하여 임계값을 구하시오.
- σ를 모르고 있을 때 μ에 대한 신뢰구간을 구하시오.

모평균 μ의 신뢰구간을 구하려면 모표준편차 σ를 알아야 하였다. 그러나 μ를 모르는데 σ를 아는 경우는 거의 없다. 이와 같은 경우에는 σ를 근사하기 위하여 표본표준편차 s를 사용한다. s를 사용하는 경우 $\overline{X}$의 표집분포는 **스튜던트 t 분포**(student's t distribution)를 따른다.

스튜던트 t 분포

스튜던트 분포는 1908년 W. S. 고셋(Gosset)에 의하여 발견되었다. 기네스(Guinnes) 양조회사의 통계전문가였는데 회사는 연구결과의 출판을 좋아하지 않았다. 고셋(Gosset)은 스튜던트(Student)라는 가명으로 출판을 하게 되었다. 분포를 소개할 때 변수 T를 사용하였다. 결과적으로 그의 명예를 기려 이 분포를 **스튜던트 t 분포**(student's t distribution)라 부르고 있다.

변수 T는 다음과 같이 정의한다. 스튜던트 t분포는 표본크기 n에 의존한다.

> X가 평균 μ인 정규분포를 갖는다고 가정하자. 표본평균 $\overline{X}$와 표본표준편차 s를 갖는 크기 n인 표본에 대하여 **T변수**
>
> $$T = \frac{\overline{X} - \mu}{s/\sqrt{n}}$$
>
> 는 **자유도**(degrees of freedom) $d.f. = n-1$ 인 **스튜던트 t 분포**(Student's t distribution)를 갖는다.

t분포를 사용할 때에는 X분포는 정규분포라고 가정한다. 부록 표 4는 자유도에 대응하는 분위수 값을 나타낸다. 그림 8.5는 표준정규분포와 자유도 3과 5인 t분포를 나타낸다.

[그림 8.5] 표준정규분포와 자유도 3과 5인 t분포

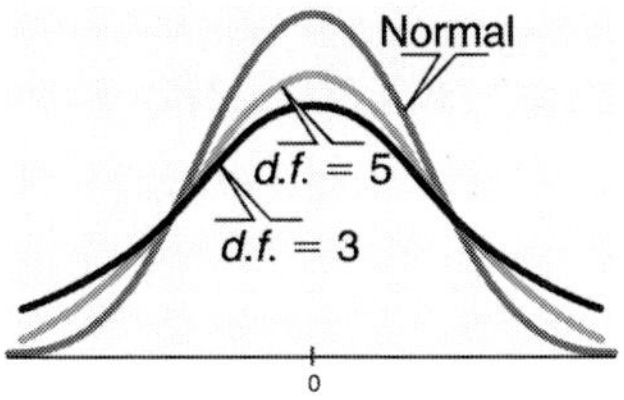

t 분포의 일반적인 성질은 다음과 같다.

➲ 스튜던트 t분포의 성질

1. 분포는 평균 0에 관하여 대칭이다.
2. 분포는 자유도에 의존한다.
3. 분포는 종모양이지만 표준정규분포보다 두꺼운 꼬리를 갖는다.
4. 자유도가 증가함에 따라 t 분포는 표준정규분포에 가까워진다.
5. 곡선아래의 면적은 1이다.

표 4를 사용하여 신뢰구간을 위한 임계값 구하기

부록 표 4는 서로 다른 자유도에 대한 다양한 t값을 준다. 표를 사용하여 신뢰수준 c에 대한 임계값 t_c를 찾을 수 있다. t_c는 주어진 자유도의 t분포가 $-t_c$와 t_c사이의 면적이 c가 되도록 하는 수이다. 식으로는

$$P(-t_c < T < t_c) = c$$

를 의미한다.

[그림 8.6] $-t_c$와 t_c 사이의 t곡선의 면적

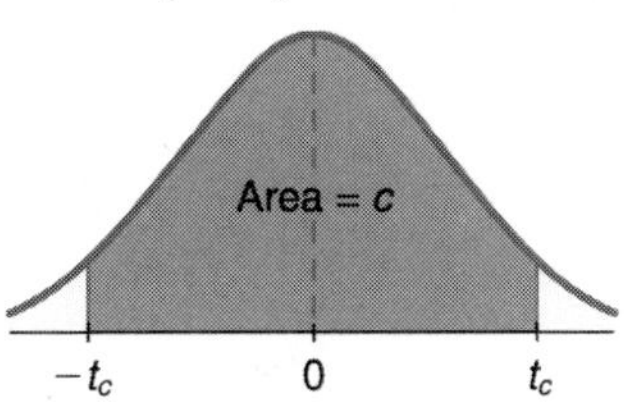

주어진 c에 대하여 t_c를 구하려면 c에 대응하는 행과 자유도에 해당하는 열이 만나는 곳의 값을 읽으면 된다.

➲ t분포표 사용의 관례

필요한 자유도가 표에 없는 경우에는 표에 있는 가장 가까운 작은 쪽 자유도를 사용한다. 이 절차는 크다라는 의미에서 보수적인 임계값 t_c를 얻게 된다.

예제 4 스튜던트 t분포

표 8.3을 사용하여 표본크기 $n=5$ 인 t분포에 대하여 0.99신뢰수준의 임계값 t_c를 구하시오.

풀이

(a) 0.99에 해당하는 행을 찾는다.

(b) 자유도 $d.f.=n-1=5-1=4$를 계산한다.

(c) $c=0.990$ 행과 자유도 4가 만나는 곳을 읽는다. $t_{0.99}=4.604$ ■

[표 8.3] 스튜던트 t분포 임계값

한쪽꼬리면적			–	–	–	–	
양쪽꼬리면적			–	–	–	–	
df	c	⋯	**0.900**	**0.950**	**0.980**	**0.990**	⋯
⋮							
3		⋯	2.353	3.182	4.541	5.841	⋯
4		⋯	2.132	2.776	3.747	4.604	⋯
⋮							
7		⋯	1.985	2.365	2.998	3.449	⋯
8		⋯	1.860	2.306	2.896	3.355	⋯

유도된 연습문제 2 스튜던트 t 분포표

부록 표 4를 사용하여 표본크기 $n=9$ 인 t분포에 대하여 0.90신뢰수준의 임계값 t_c를 구하시오.

(a) $c=$ _____에 해당하는 행을 찾는다. ⇒ $c=0.900$

(b) 자유도 $d.f.=n-1=$______이다. ⇒ $d.f.=n-1=9-1=8$

(c) (a)에서 구한 행과 $d.f.=8$ 로 시작되는 열과 만나는 점을 찾는다. 자유도 8에 대응하는 $t_{0.90}$의 값은 ________이다. ⇒ 표본크기 $n=9$에 대하여 $t_{0.90}=1.860$

(d) 표본크기 $n=9$ 인 t 분포에 대하여 0.95신뢰수준의 t_c 를 구하시오. ⇒ 표본크기 $n=9$ 에 대하여 $t_{0.95}=2.306$

기대

t 분포는 9장에서 μ에 대한 검정과 평균차에 대한 검정에서 사용된다. 11장에서는 선형회귀직선의 모수에 대한 신뢰구간과 검정에 사용된다.

σ를 모를 때 μ에 대한 신뢰구간 구하기

8.1절에서 c 신뢰수준의 오차한계에 대한 한계 $\pm E$를 구하였다. 같은 접근법을 사용하여 σ를 모를 때, c 신뢰수준의 최대오차한계가

$$E = t_c \frac{s}{\sqrt{n}} \tag{8}$$

이라 할 수 있다. 식(1)과 유사하게

$$P\left(-t_c \frac{s}{\sqrt{n}} < \overline{X} - \mu < t_c \frac{s}{\sqrt{n}}\right) = c \tag{9}$$

이다. 식 (9)를 변형을 하면

$$P(\overline{X} - E < \mu < \overline{X} + E) = c \tag{10}$$

이다. (10)식은 구간 $(\overline{X} - E,\ \overline{X} + E)$가 μ를 포함할 확률이 c라는 것을 의미한다. 이 구간을 μ에 대한 c **신뢰구간**(confidence interval)이라 한다.

예제 5 μ, σ를 모르는 경우의 신뢰구간

다음 자료는 7개의 화석 골격을 가지고 복원한 소형 말의 어깨높이를 나타낸다.

45.3 47.1 44.2 46.8 46.5 45.5 47.6

표본자료로부터 평균 $\overline{x} = 46.14$ 이고 표준편차 $s = 1.19$ 이다. μ를 전체 소형 말의 어깨높이라 하고, 어깨 높이는 근사적으로 정규분포를 따른다.
평균어깨높이 μ의 99% 신뢰구간을 구하시오.

풀이 $n=7$, $d.f.=n-1=7-1=6$ 이다. $c=0.99$ 에 대하여 부록 표 4로부터 $t_{0.99}=3.707$ 이다.

$$E=t_c\frac{s}{\sqrt{n}}=(3.707)\frac{1.19}{\sqrt{7}}=1.67$$

99% 신뢰구간은

$$\overline{x}-E<\mu<\overline{x}+E$$
$$46.14-1.67<\mu<46.14+1.67$$
$$44.47<\mu<47.81$$

■

유도된 연습문제 3 μ, σ를 모르는 경우의 신뢰구간

한 회사가 인공 사파이어를 제조하는 공정을 개발하였다. 시제품 37개를 제조하였다. 시제품 37개의 평균 무게는 $\overline{x}=6.75$ 캐럿이고 표본표준편차는 $s=0.33$ 캐럿이었다. μ를 새로운 공정으로 제조한 모든 사파이어의 평균 무게라 한다.

(a) 자유도는 얼마인가? ⇒ $n=37$, $d.f.=n-1=37-1=36$

(b) 부록 표 4를 사용하여 $t_{0.95}$를 구하시오. $d.f.=36$ 이 표에 없으므로 36보다 작은 값 중에서 36에 가장 가까운 자유도를 사용하시오. ⇒ $d.f.=35$ 가 36보다 작은 값 중에서 36에 가장 가까운 값이다. $d.f.=35$ 와 $c=0.95$ 를 사용하면 $t_{0.95}=2.030$ 이다.

(c) E를 구하시오. ⇒

$$E=t_{0.95}\frac{s}{\sqrt{n}}$$
$$\approx 2.030\frac{0.33}{\sqrt{37}}\approx 0.11$$

(d) μ에 대한 95% 신뢰구간을 구하시오. ⇒

$$\overline{x}-E<\mu<\overline{x}+E$$
$$6.75-0.11<\mu<6.75+0.11$$
$$6.64<\mu<6.86$$

(e) 신뢰구간을 설명하시오. ⇒ 회사는 구간 $(6.64, 6.86)$ 이 새로운 공정으로 제조한 모든 사파이어의 평균 무게를 포함하는 구간이라고 95% 확신할 수 있다.

▶▶ 8.2 연습문제

1. 부록 표 4를 이용하여 신뢰수준 95%, 표본크기 18에 대한 t_c를 찾으시오.

2. 부록 표 4를 이용하여 신뢰수준 90%, 표본크기 22에 대한 t_c를 찾으시오.

3. **통계적 지식**. 스튜던트 t분포는 대칭이다. 평균은 얼마인가?

4. **비판적 사고**. σ를 모르고 있을 때, μ에 대한 90% 신뢰구간을 고려하자. $n=10$일 때, $n=20$일 때 어느 것이 임계치 t_c가 더 큰가?

5. **비판적 사고**. 표본의 크기가 41인 μ에 대한 신뢰구간을 구하기 위하여, σ를 대신하여 s를 사용하였고, z분포를 이용하였다. t분포를 이용한 경우와 비교하시오.

6. **기본 계산: 신뢰구간**. 16개의 표본을 이용하여 평균 10, 표준편차 2를 구하였다. 모집단은 정규분포 한다고 가정하자.
   (a) μ에 대한 90% 신뢰구간을 구하시오.
   (b) 얻어진 결과를 설명하시오.

7. **고고학: 나이테**. 다음은 고고학 발굴지역에서 나이테를 세는 방법으로 측정한 나무의 나이 자료이다. 나무의 나이는 정규분포를 따른다고 가정한다. 단위는 년 수이다.

   1189　1271　1267　1272　1268　1316　1275　1317　1275

   (a) 평균과 표준편차를 구하시오.
   (b) 이 발굴지역의 모든 나무의 나이 평균에 대한 90% 신뢰구간을 구하시오.

8. **야생: 산 사자**. 다음은 특정 지역에서 18개월 이상의 야생 산 사자를 포획하여 체중을 측정한 자료이다. 사자의 체중은 정규분포를 따른다고 가정한다. 단위는 kg이다.

   30.9　47.3　58.2　55.5　27.3　29.1

   (a) 평균과 표준편차를 구하시오.

(b) 특정 지역에 있는 모든 18개월 이상의 사자의 평균 체중 μ의 75% 신뢰구간을 구하시오.

9. **진단 검사: 총 칼슘**. 과거 여러 달에 걸쳐 한 성인 환자가 테타니(근육강직성경련)치료를 받아 왔다. 이 상태는 평균 전체 칼슘 수준이 6mg/dl보다 낮은 것과 관련이 있다. 최근 환자의 전체 칼슘검사를 시행하여 다음 자료를 얻었다. 전체 칼슘은 정규분포를 따른다고 가정한다.

9.3	8.8	10.1	8.9	9.4	9.8	10.0	9.9	11.2	12.1

(a) 평균과 표준편차를 구하시오.
(b) 이 환자의 혈액 안에 있는 전체 칼슘의 평균에 대한 99.9% 신뢰구간을 구하시오.
(c) (b)의 결과로부터 이 환자는 아직 칼슘 결핍이라고 생각할 수 있는지를 설명하시오.

10. **금융**: P/E**비율**. 주식가격을 회사의 주당 미래수익으로 나눈 값을 P/E비율이라 한다. 높은 P/E비율은 일반적으로 성장주 혹은 과대평가된 주식을 나타낸다. 낮은 P/E비율은 가치주 혹은 싼 주식을 나타낸다. 다음은 미국의 대기업 51곳의 P/E 비율이다.

11	35	19	13	15	21	40	18	60	72	9	20	29	53	16
26	21	14	21	27	10	12	47	14	33	14	18	17	20	19
13	25	23	27	5	16	8	49	44	20	27	8	19	12	31
67	51	26	19	18	32									

(a) 평균과 표준편차를 구하시오.
(b) 미국의 모든 대기업의 P/E 모평균 μ의 90% 신뢰구간을 구하시오.
(c) 미국의 모든 대기업의 P/E 모평균 μ의 99% 신뢰구간을 구하시오.
(d) 뱅크 원(Bank One)은 P/E가 12, AT&T는 72이고 디즈니(Disney)는 24이다. (b)와 (c)에서 구한 신뢰구간을 검토하시오. 표본이 뽑아진 시점에서 이 주식들을 어떻게 설명하겠는가?
(e) 이 문제에서 정규분포를 가정하였다. 이와 같은 가정이 필요하다고 생각하는가? 이유를 설명하시오.

11. **지식 확장: 신뢰구간을 위한 선택 방법.** σ를 모르고 표본크기가 $n \geq 30$일 때, μ에 대한 신뢰구간을 구하는 방법이 두 가지 있다.

방법 1 : $d.f. = n-1$인 t분포를 이용

방법 2 : $n \geq 30$일 때, σ에 대한 추정값으로 s를 사용하여 표준정규분포를 이용

$\bar{x} = 45.2,\ s = 5.3$인 $n = 31$개의 확률표본을 고려하자.

(a) 방법 1을 사용하여 μ에 대한 90%, 95% 와 99% 신뢰구간을 구하시오.

(b) 방법 2를 사용하여 μ에 대한 90%, 95% 와 99% 신뢰구간을 구하시오.

(c) 두 방법의 신뢰구간을 비교하시오. 어느 방법의 경우가 신뢰구간이 더 긴가?

(d) 표본크기 $n = 81$를 사용하여 (a), (b) 와 (c)를 반복하시오.

8.3 이항분포에 있어서 p의 추정

초점

- 주어진 신뢰수준을 이용하여 비율의 최대오차한계를 계산하시오.
- p에 대한 신뢰구간을 구하고, 결과를 설명하시오.
- 여론조사 결과를 설명하시오.
- p에 대한 추정값이 있을 때, p를 추정하기 위한 표본크기를 계산하시오.
- p에 대한 추정값이 없을 때, p를 추정하기 위한 표본크기를 계산하시오.

이 절에서는 시행횟수 n이 정해졌다는 가정하에서 모비율 p를 추정하는 문제를 고려한다. 대표본 이론을 적용하여 이항분포에 대한 근사로서 정규분포를 사용한다. 경험적으로 $np > 5$와 $nq > 5$인 경우에 잘 근사된다.

R을 n번의 이항실험에서의 성공횟수라 하자. 성공에 대한 모비율 p의 점추정량으로 표본비율 $\hat{p} = R/n$을 사용한다.

p와 q에 대한 점추정값으로

$$\hat{p} = \frac{r}{n}, \quad \hat{q} = 1 - \hat{p}$$

을 사용한다.

예를 들어 전체 20,000명인 대학교에서 800명을 임의로 추출하여 독감예방주사를 접종하였다. 이 800명이 독감에 노출되었고 그 중 600명은 독감에 걸리지 않았다. 20,000명 중에서 임의로 추출한 한 학생에 대하여 주사가 성공적일 확률 p는 얼마인가? 이 경우 800명의 표본으로부터 r/n을 계산하여 p를 추정한다. $\hat{p} = \frac{r}{n} = \frac{600}{800} = 0.75$이다. $\hat{p} = 0.75$가 p에 대한 점추정값이다.

p에 대한 점추정값으로 $\hat{p}$를 사용할 때, 오차한계는 $|\hat{p} - p|$이다. 오차한계의 범위를 계산하기 위하여 $\hat{p} = r/n$의 분포를 알 필요가 있다. 대표본에 대하여 $\hat{p}$은

$$\text{평균 } \mu = p \text{ 와 표준오차 } \sigma = \sqrt{pq/n}$$

인 근사적 정규분포를 따른다고 알려졌다.

$\hat{p}$이 정규분포를 따르므로 $\hat{p} - p$의 범위를 구하기 위하여 표준정규분포를 사용한다. 확률로 표현하면

$$P\left(-z_c\sqrt{\frac{pq}{n}} < \hat{p} - p < z_c\sqrt{\frac{pq}{n}}\right) = c \tag{11}$$

이다. 식 (11)은 $\hat{p} - p$이 $-z_c\sqrt{\frac{pq}{n}}$와 $z_c\sqrt{\frac{pq}{n}}$ 사이에 있을 확률이 c라는 것이다. c신뢰수준을 가지고 $\hat{p}$는 최대오차한계

$$E = z_c\sqrt{pq/n}$$

보다 더 많이 p와 차이가 나는 것은 아니다.

p에 대한 c신뢰구간을 구하기 위하여 (11)식에서 E를 사용하면

$$P(-E < \hat{p} - p < E) = c \tag{12}$$

이다. 식 (12)을 변형을 하면

$$P(\hat{p} - E < p < \hat{p} + E) = c \tag{13}$$

이다. (13)식은 구간 $(\hat{p} - E,\ \hat{p} + E)$가 p를 포함할 확률이 c라는 것을 의미한다. 이 구간을 p에 대한 c신뢰구간이라 한다.

p에 대한 c신뢰구간을 계산하는데 하나의 기술적 어려움이 있다. $E = z_c\sqrt{pq/n}$는 p와 q의 값을 알아야 한다. 일반적으로 p와 q의 값은 알 수 없으므로 E를 추정하기 위하여

$$p \approx \hat{p}, \quad q \approx 1 - \hat{p}$$

로 추정한다. 즉 p에 대한 c신뢰구간은

$$(\hat{p} - E,\ \hat{p} + E) = \left(\hat{p} - z_c\sqrt{\frac{\hat{p}\hat{q}}{n}},\ \hat{p} + z_c\sqrt{\frac{\hat{p}\hat{q}}{n}}\right)$$

이다.

예제 6 p에 대한 신뢰구간

전체 20,000명인 대학교에서 800명을 임의로 추출하여 독감예방주사를 접종하였다. 이 800명이 독감에 노출되었고 그 중 600명은 독감에 걸리지 않았다. 20,000명 중에서 임의로 추출한 한 학생에 대하여 주사가 성공적일 확률 p라 하고 실패할 확률을 q라 한다.

(a) 시행횟수 n은 얼마인가? r의 값은 얼마인가?

풀이 $n = 800,\ r = 600$ 이다.

(b) p와 q의 점추정값은 얼마인가?

풀이 $\hat{p} = \dfrac{r}{n} = \dfrac{600}{800} = 0.75,\ \hat{q} = 1 - \hat{p} = 1 - 0.75 = 0.25$

(c) 시행횟수가 이항분포의 정규근사를 할 만큼 충분히 큰가?

풀이 $n = 800,\ n\hat{p} = (800)(0.75) = 600 > 5,\ n\hat{q} = (800)(0.25) = 200 > 5$ 이므로 정규근사를 할 수 있다.

(d) p에 대한 99% 신뢰구간을 구하시오.

풀이 $z_{0.99} = 2.58$ 이므로

$$E \approx z_c\sqrt{\frac{\hat{p}\hat{q}}{n}} = 2.58\sqrt{\frac{0.75 \times 0.25}{800}} = 0.0395$$

99% 신뢰구간은

$$\hat{p} - E < p < \hat{p} + E$$
$$0.75 - 0.0395 < p < 0.75 + 0.0395$$
$$0.71 < p < 0.79$$

■

유도된 연습문제 4 p에 대한 신뢰구간

한 지역 서점에서 임의로 구입한 188권의 소설 책 중에서 추리 소설이 66권이었다. p를 그 서점에서 팔린 추리 소설책의 비율이라 하자.

(a) p의 점추정값은 얼마인가? ⇒ $\hat{p} = \frac{r}{n} = \frac{66}{188} = 0.35$

(b) p에 대한 90% 신뢰구간을 구하시오. ⇒ $E \approx z_c\sqrt{\frac{\hat{p}\hat{q}}{n}}$

$= 1.645\sqrt{\frac{0.35 \times 0.65}{188}} = 0.0572$

신뢰구간은

$\hat{p} - E < p < \hat{p} + E$

$0.35 - 0.0572 < p < 0.35 + 0.0572$

$0.29 < p < 0.41$

(c) 구한 신뢰구간을 설명하시오. ⇒ 구한 구간이 미지의 값 p를 포함하는 구간 중의 하나라고 90% 확신할 수 있다.

(d) 신뢰구간을 구하기 위하여 정규근사를 사용하였다. 문제가 없는가? ⇒ $n = 188$, $\hat{p} = 0.35$, $\hat{q} = 0.65$로 $n\hat{p} = 65.8$, $n\hat{q} = 122.2$이므로 문제없다.

여론조사 결과의 해설

흔히 신문들은 여론조사 결과를 보도한다. 더 많은 정보를 제공해주는 기사는 오차한계에 관한 언급을 조사결과와 함께 한다. 대부분의 여론조사에서는 오차한계는 95% 신뢰수준에서 주어진다.

➲ 여론조사 결과의 일반적인 해석

1. 조사결과를 발표할 때, 설계된 방식에 반응한다고 보고된 비율은 표본비율 $\hat{p}$ 이다.
2. 오차한계는 p 에 대한 95% 신뢰구간의 최대오차한계 E 이다.
3. 모비율 p 에 대한 95% 신뢰구간은

$$\text{보고된 } \hat{p} - \text{오차한계 } E < p < \text{보고된 } \hat{p} + \text{오차한계 } E$$

이다.

➲ 설문조사 방법

월스트리트 저널/ NBC뉴스 여론조사는 피터 하트(Peter Hart)와 로버트 티에터(Robert Teeter)의 여론조사기관에 의해 지난 화요일에서 금요일까지 성인 1,508명에 대한 전국적인 전화조사를 하였다. 이 표본은 미국대륙에서 무작위로 선택된 315개의 각 지역의 모집단 크기에 비례하여 추출하였고, 모든 전화번호를 이용하여 추출확률을 동등하게 하였다. 18세 이상의 성인 남성과 여성의 정확한 응답자 수를 제공하는 절차에 따라 각 가정에서 선발되었다. 이 조사 결과는 신뢰수준 95%에서 오차의 한계가 ±2.6% 포인트이다.

유도된 연습문제 5 여론조사 읽기

기사의 마지막 부분을 읽고 조사가 어떻게 수행되었는지 답하시오.

(a) 다음 문장 '---에 관한 확률은 20번 중에 19번이다'에 대응하는 신뢰수준은 얼마인가?

⇒ $\frac{19}{20} = 0.95$. 95% 신뢰수준을 이야기하고 있다.

(b) 완전한 기사는 모든 표본에 질문을 하였다는 것을 나타낸다. '어느 정당이 더 나은 직업과 교육 등등을 다룰 것이라고 생각하는가? 가능한 대답은 민주당, 공화당, 둘 다 아니다, 둘 다다.'이었다. 조사결과 거주자의 32%가 '민주당'이라고 답하였다. 32%는 표본비율 $\hat{p}$ 인가 혹은 성인들의 민주당에 반응한 모비율 p 인가?

⇒ 표본에서 '민주당'이라 답한 사람들의 비율을 나타내므로 32%는 표본비율 $\hat{p}$ 을 나타낸다.

(c) 기사의 마지막 부분이다. '미국 내에서 전화를 소지한 모든 성인들을 조사한다면 조사결과의 차이는 양방향으로 2.6% 포인트 차이가 날 것이다.' 이 정보와 (a)과 (b)의 결과를 사용하여 95% 신뢰구간을 구하시오.

⇒ 2.6% 포인트는 오차한계를 나타낸다. 따라서 신뢰구간은

$$32\% - 2.6\% < p < 32\% + 2.6\%$$

$$29.4\% < p < 34.6\%.$$

조사시점에서 민주당이 직업이나 교육 등의 문제를 더 잘 다룰 것이라고 생각한 사람들의 비율이 29.4%에서 34.6%라는 것을 나타낸다.

p 추정을 위한 표본크기

주어진 신뢰수준 c에서 p에 대한 신뢰구간의 최대오차한계를 정하고 싶다고 하자. 표본크기를 얼마로 하여야 할까? 대답은 이항분포의 성공확률 p를 알고 있느냐 없느냐에 따라 다르다.

절차 p 추정에서 표본크기의 결정방법

1. p에 대한 사전 추정값이 있다면 $n = \hat{p}(1-\hat{p})\left(\frac{z_c}{E}\right)^2$ (14)

2. p에 대한 사전 추정값이 없다면 $n = \frac{1}{4}\left(\frac{z_c}{E}\right)^2$ (15)

만약 n이 정수가 아니라면 바로 다음 정수를 사용하면 된다. 또한 필요하다면 $np > 5$와 $nq > 5$가 되도록 표본크기 n을 증가시킨다. n은 주어진 신뢰구간과 최대오차한계에 대한 최소표본크기라는 점을 주의하시오.

예제 7 p 추정을 위한 표본크기

한 회사에서 식료품점에 도매로 팝콘 판매사업을 하고 있다. 회사는 농장에서 직접구매를 한다. 구매 담당자는 구매하기 전에 낟알이 튀겨질 확률 p를 추정하기를 원한다. n개의 낟알을 임의로 골랐더니 r개가 튀겨졌다고 한다. 구매담당자는 p에 대한 점추정값 $\hat{p} = r/n$이 0.01이하의 오차를 갖기를 95% 확신하고 싶다.

(a) p에 대한 사전 추정값이 없다면 얼마나 많은 표본을 사용하여야 하는가?

풀이 식(15)를 사용한다. $z_{0.95} = 1.96$, $E = 0.01$이므로

$$n = \frac{1}{4}\left(\frac{z_c}{E}\right)^2 = \frac{1}{4}\left(\frac{1.96}{0.01}\right)^2 = 0.25(38,416) = 9,604$$

$n = 9,604$ 개의 표본이 필요하다.

(b) 사전연구로부터 $p \approx 0.86$ 이라면 얼마나 많은 표본을 사용하여야 하는가?

풀이 식(14)를 사용한다. $p \approx 0.86$, $z_{0.95} = 1.96$, $E = 0.01$ 이므로

$$n = p(1-p)\left(\frac{z_c}{E}\right)^2 = (0.86)(0.14)\left(\frac{1.96}{0.01}\right)^2 = 4,625.29$$

적어도 $n = 4,626$ 개의 표본이 필요하다. 사전연구가 없는 경우보다 표본수가 적다.

■

▶▶ 8.3 연습문제

1. **통계적 지식**. n번의 이항실험에서 r번을 성공한 경우, p의 점추정값을 구하시오.

2. **비판적 사고**. 3,003명의 미국인에 대한 표본추출 결과 성인은 카페인이 탈수증에 영향을 준다는 것을 20%가 알지 못한다고 답하였다. 오차한계는 $\pm 1.4\%$ 이다.
   (a) 오차한계는 조사문구, 면접자 오류, 질문에 편향 등을 고려하는가?
   (b) 오차한계는 무엇을 반영하는가?

3. **비판적 사고**. 준석이는 컴퓨터과학 수업을 듣는 학생 30명의 노트북을 조사한 결과 22명의 노트북이 바이러스에 감염된 것을 알게 되었다. 이러한 결과를 이용한 p에 대한 추정이 적절한가?

4. **기본 계산: p에 대한 신뢰구간**. $n = 100$인 이항실험에서 $r = 30$번 성공한 경우.
   (a) $\hat{p}$의 분포가 정규분포로 근사하기 위한 조건은 무엇인가?
   (b) p에 대한 90% 신뢰구간을 구하시오.
   (c) 90% 신뢰수준에 대하여 설명하시오.

5. **기본 계산: 표본의 크기**. 최대오차한계가 0.1일 때, 95% 신뢰구간에 구하는데 필요한 최소표본은 얼마인가?
   (a) p에 대한 추정값 0.25를 알고 있는 경우.
   (b) p에 대한 추정값을 모르고 있는 경우.

6. **마이어스 - 브릭스: 배우**. 62명의 전문배우의 랜덤표본에서 39명이 외향적이었다.
   (a) 외향적인 모든 배우들의 비율을 p라 할 때, p에 대한 점추정값을 구하시오.
   (b) p에 대한 95% 신뢰구간을 구하시오. 구한 신뢰구간의 의미를 간단히 설명하시오.
   (c) $np > 5$, $nq > 5$의 조건을 만족하는가? 이 조건이 중요한 이유를 설명하시오.

7. **나바호 생활양식: 전통 호간**. 전체 나바호(Navajo)인디언 보호지역에서 5,222곳의 주거 랜덤표본에서 1,619곳이 전통적인 호건(엮은 나뭇가지 위에 진흙을 덮음)이었다.
   (a) 전체 나바호 인디언 보호지역에서 전통적인 호건의 비율 p의 점추정값을 구하시오.
   (b) p에 대한 99% 신뢰구간을 구하시오. 구한 신뢰구간의 의미를 간단히 설명하시오.
   (c) $np > 5$, $nq > 5$의 조건을 만족하는가? 이 조건이 중요한 이유를 설명하시오.

8. **건강관리: 콜로라도 의사**. 콜로라도에 있는 의사 5,792명을 임의로 추출하였더니 3,139명이 진료봉사를 하였다.
   (a) 콜로라도의 모든 의사 중에서 진료봉사를 하는 의사의 비율 p의 점추정값을 구하시오.
   (b) p에 대한 99% 신뢰구간을 구하시오. 구한 신뢰구간의 의미를 간단히 설명하시오.
   (c) 이 문제에서 이항분포의 정규근사에 문제가 없는가?

9. **낚시: 미늘없는 낚싯바늘**. 낚시에서 855마리의 물고기 중에 26마리가 미늘없는 낚싯바늘에 걸렸다.
   (a) 미늘없는 낚싯바늘에 걸린 물고기의 비율 p에 대한 점추정값을 구하시오.
   (b) p에 대한 99% 신뢰구간을 구하시오. 구한 신뢰구간의 의미를 간단히 설명하시오.
   (c) 이 문제에서 이항분포의 정규근사에 문제가 없는가?

10. **마케팅: 고객 충성도**. 시장조사에서 730명의 주부를 임의로 추출하여 조사하였더니 628명이 지난 해 선호하던 마켓을 그대로 선호하고 있었다.
   (a) 모든 주부들 중에서 지난 해 선호하던 마켓을 그대로 선호하고 있는 주부의 비율 p의 점추정값을 구하시오.
   (b) p에 대한 95% 신뢰구간을 구하시오. 구한 신뢰구간의 의미를 간단히 설명하시오.

11. **생활양식: 흡연**. 1,000개 대기업 조사에서 250개 회사가 같은 자질을 가졌다면 흡연자보다는 비흡연자를 선호한다고 하였다.
   (a) 비흡연 지원자를 선호할 기업의 비율 p의 점추정값을 구하시오.
   (b) p에 대한 95% 신뢰구간을 구하시오.
   (c) 이 조사결과를 어떻게 표현하여 기사화 하겠는가? 95% 신뢰수준에 의한 오차한계는 얼마인가?

12. **의료: 혈액형**. 진료차트를 이용하여 혈액형이 B형인 사람의 비율 p를 추정하려고 한다.
   (a) p에 대한 사전 추정값이 없다면 점추정값 $\hat{p}$이 p로부터 신뢰수준 85% 오차한계가 0.05이내가 되도록 하려면 얼마나 많은 차트를 임의로 추출하여야 하는가?
   (b) 90명 중에서 8명이 B형이라는 사전 점추정값을 사용하여 (a)의 질문에 대답하시오.

13. **캠퍼스 라이프: 여학생의 대학생활**. 남여공학 대학의 여대생의 비율을 p라 한다.
   (a) 사전 지식이 없다면 $\hat{p}$이 p로부터 99% 신뢰수준에서 오차한계가 0.05이내가 되도록 하려면 얼마나 많은 표본이 필요한가?
   (b) 대학생 중 54%가 여학생이라는 정보를 이용하여 (a)의 질문에 대답하시오.

14. **두뇌 골칫거리: 대수학**. p에 대한 사전 추정값이 없다면, $n=\frac{1}{4}\left(\frac{z_c}{E}\right)^2$ 이 수식에서 $p(1-p)$를 대신하여 $1/4$을 사용하는 이유는 무엇인가?
   (a) $p(1-p)=1/4-(p-1/2)^2$ 을 증명하시오.
   (b) $p(1-p)$는 1/4 보다 클 수 없는가?

복습

요약

무작위 표본을 보고 모집단에 관한 정보를 어떻게 얻는가? 방법은 점추정값과 신뢰구간을 구하는 것이다.

- μ에 대한 점추정값은 $\overline{x}$이고, p에 대한 점추정값은 $\hat{p}$이다.
- 신뢰구간은 점추정값 $-E <$ 모수 $<$ 점추정값$+E$ 이다.
- 오차한계 E는, 모수, 신뢰수준, 모표준편차, 표본크기, 모집단의 분포에 따라 다르다.
  - μ: σ를 알고 있을 때, $E = z_c \dfrac{\sigma}{\sqrt{n}}$
  - μ: σ를 모르고 있을 때, $E = t_c \dfrac{s}{\sqrt{n}}$
  - p: $n\hat{p} > 5$, $n\hat{q} > 5$일 때, $E = z_c \sqrt{\dfrac{\hat{p}\hat{q}}{n}}$
- 신뢰구간에는 신뢰수준 c가 있다. 주어진 표본 크기에 대한 모수를 포함하는 신뢰구간의 비율은 c이다.

복습문제

1. **통계적 지식**. 다음용어를 간단히 서술하시오: 점추정값, 임계값, 최대오차한계, 신뢰수준, 신뢰구간.

2. **비판적 사고**. 단순임의추출을 이용한 99% 신뢰구간을 가정하자.
   (a) 99%는 μ가 신뢰구간 안에 있을 확률인가?
   (b) 지속적으로 신뢰구간을 구한다면, 많은 신뢰구간의 99%가 μ를 포함하는가?

3. **심리학: 폐쇄**. 심리학에서 폐쇄척도 필요성에 대한 연구를 진행하였고, 무작위 추출한 73명의 학생평균 점수는 $\overline{x}=178.70$이고, 모표준편차는 $\sigma = 7.81$이다. 모평균에 대한 95% 신뢰구간을 구하시오.

4. **고고학: 발굴**. 윈드 마운틴 고고학 발굴지(The Wind Mountain archaeological site)는 뉴멕시코 남서부에 위치하고 있다. 다음 자료는 윈드 마운틴에서 랜덤으로 발굴된 고고학 유물까지의 깊이(단위: cm)를 나타낸다.

85 45 120 80 75 55 65 60 65 95 90 70 75 65 68

(a) 평균과 표준편차를 구하시오.

(b) 평균깊이 μ에 대한 95% 신뢰구간을 구하시오.

5. **전화조사: 설문조사**. 변화하는 노동력에 관한 국가연구(National Study of Change Work Force)는 상사와의 관계에서 가사노동에 이르기까지 2,958명의 임금 및 봉급근로자에 대한 광범위한 전화조사를 실시했다. "당신에게 성공이란 무엇입니까?"라는 질문에 대한 1,538명이 "좋은 직장에서 일하는 것"이라고 대답했다. 비율 p에 대한 90% 신뢰구간을 구하시오.

6. **고고학: 도자기**. 윈드 마운틴 고고학 발굴지에서 발굴한 도자기 167개 중에 68개가 세 줄 원무늬의 적색에 흰색패턴이었다.

(a) 세 줄 원무늬의 적색에 흰색패턴 도자기 비율에 대한 점추정값을 구하시오.

(b) 세 줄 원무늬의 적색에 흰색패턴 도자기 비율에 대한 95% 신뢰구간을 구하시오.

CHAPTER

09 가설검정

찰스 루트위지 닷슨(Charles Lutwidge Dodgson, 1832-1898)은 한가한 시간에 동화쓰기를 좋아한 영국수학자였다. 필명 루이스 캐럴(Lewis Carroll)로 쓴 대표작 "이상한 나라의 앨리스(*Alice's Adventure on wonderland*)"에 앨리스와 체셔 고양이와의 대화가 있다.

"여기서 어느 길로 가야하는지 알려줄래?"
"그건 네가 어디를 가고 싶은지에 달려 있지"라고 고양이가 말하였다.
"별로 신경쓰지 않는데~"라고 앨리스는 말하였다.
"그럼 네가 어느 길을 가든 중요하지 않아"라고 고양이는 말하였다.

이 구절은 가설검정 연구와 관계된다. 통계적 검정은 삶의 모든 문제에 답을 할 수는 없다. 통계적 검정은 "갈 곳"을 말해주지는 않지만 다른 근거로 결정을 하면 최선의 길을 찾도록 해준다.

사전질문

- 삶의 많은 질문은 "네" 혹은 "아니오"를 요구한다. 불완전한(표본) 정보에 의존하여 행동을 하여야할 때 어떤 제안을 채택할지 혹은 기각할지를 어떻게 결정하겠는가? (9.1절)
- 통계적 검정의 P-값은 무엇인가? 이 측정이 수행신뢰도와 어떤 관계가 있는가? (9.1절)
- μ에 대한 가설검정을 어떻게 하겠는가? σ를 알 때와 모를 때에 차이가 나는가? (9.2절)
- 이항실험의 성공비율 p에 대한 통계적 검정은 어떻게 하는가? (9.3절)

초점문제 **벤포드(Benford)의 법칙: 숫자 1의 중요성**

벤포드의 법칙은 다양한 환경에서 불균형으로 발생하는 첫 번째 0이 아닌 숫자가 1이라는 것을 말한다. 벤포드의 법칙은 강의 유역, 화합물의 성질, 마을의 인구, 신문속의 그림, 잡지, 정부 보고서와 방사능입자의 반감기 같은 다양한 주제에 적용한다.

특히 다양한 측정에서 약 30%는 "1"로 시작하고, 약 18%가 "2", 12.5%가 "3"으로 시작한다. 숫자가 커질수록 적게 일어난다. 예를 들어 이와 같은 환경에서 5%보다 적게 "9"로 시작한다. 이것은 1부터 9까지가 나타날 가능성이 같다는 임의표집상황과 극적인 대조를 이룬다.
소득신고, 인구연구, 정부보고서 등등의 대규모 수치기록에서 뽑은 첫 번째 0이 아닌 숫자의 발생확률을 다음 표에 나타내었다.

첫째 숫자	1	2	3	4	5	6	7	8	9
확률	0.301	0.176	0.125	0.097	0.079	0.067	0.058	0.051	0.046

100년 이상 전에 천문학자인 사이먼 뉴컴은 로그표가 담긴 책이 앞쪽이 더 닳아 있다는 것을 목격하였다. 이는 사람들이 작은 수로 시작하는 숫자를 더 자주 찾아봤음을 의미한다. 이것은 이상한 현상으로 묘한 호기심을 생겼다. 이 현상은 1938년에 물리학자 프랭크 벤포드에 의해 재발견되었다(벤포드의 법칙).

더 최근에 조지아 공과대학의 수학자 테드 힐은 벤포드의 법칙을 증명할 수 있는 상황을 연구하였다. 힐 교수는 그와 같은 확률분포가 "분포의 분포"를 다룰 때 발생할 수 있다는 것을 보였다. 다른 말로 랜덤표본의 큰 임의 집합은 벤포드의 법칙을 따르는 경향이 있다. 특히 대규모 정부 자료로부터의 표본, 대기업의 회계자료, 대규모 천체관측집합 등등에 대하여 사실인 것 같다.

벤포드의 법칙을 실제문제를 해결하는데 적용할 수 있을까? 하나의 응용이 회계사기이다. 대기업의 회계기록항목의 첫째자리 숫자가 벤포드의 법칙을 따르지 않는다고 가정하시오. FBI나 주주에게 회계경보를 울려야 하느냐? 이것은 얼마나 "유의"할까? 그와 같은 문제가 통계학의 주제이다.

9.3절에서 대규모 회계기록에 속하는 항목의 0이 아닌 첫째 숫자의 비율이 벤포드의 법칙을 따르는지를 표본정보를 사용하여 어떻게 검정하는지를 보일 것이다. 9.3절의 문제 4가 벤포드의 법칙과 관련이 있다.

9.1 통계적 검정

초점

- 통계적 검정의 논리를 이해하시오.
- 통계적 검정에서 귀무가설과 대립가설을 확인하시오.
- 오른쪽꼬리, 왼쪽꼬리와 양쪽꼬리 검정을 확인하시오.
- 검정통계량을 사용하여 P-값을 계산하시오.
- 오류의 종류, 유의수준과 검정력을 인식하시오.
- 귀무가설의 기각 혹은 기각하지 않음의 의미와 위험을 이해하시오.

제1장에서 통계학자들의 가장 중요한 일 중의 하나가 모집단에서 추출된 표본을 가지고 모집단에 관하여 추론을 하는 일이라고 강조하였다. 많은 통계적 추론은 모수에 중심을 둔다. 모수에 관한 추론은 두 가지 종류가 있다. 하나는 모수의 값에 관하여 결정을 하는 것이고 다른 하나는 실제로 모수의 값을 추정하는 것이다. 모수에 대한 추정은 제8장에서 다루었다. 모수의 값에 대한 결정이 **가설 검정**(hypothesis testing)으로 이 장에서 다룰 것이다.

가설 설정

첫 단계는 문제가 되는 모수에 관한 기존의 가설을 설정하는 일이다. 이 가설을 **귀무가설**(null hypothesis)이라 하고 H_0로 표기한다. 예를 들어 10년 전 남자 프로농구선수들의 평균 신장이 2.2미터였다면 현재 남자 프로농구선수들의 평균 신장 연구에서 귀무가설 $H_0 : \mu = 2.2$를 사용한다.

귀무가설과 다른 가설을 **대립가설**(alternative hypothesis)이라 한다. 대립가설은 귀무가설이 기각될 때 채택되도록 만들어진다. 대립가설은 기호 H_1으로 표기한다. 예를 들어, 남자 프로농구선수들의 평균 신장이 10년 전 보다 크다고 믿는다면 귀무가설 $H_0 : \mu = 2.2$에 대하여 대립가설 $H_1 : \mu > 2.2$를 사용한다.

- **귀무가설 H_0** : 조사 혹은 검증되어야하는 주장이다. 일반적으로 귀무가설은 "아무 효과가 없다", "아무 차이가 없다" 혹은 다른 표현으로 변한 것이 없다"라는 주장을 나타낸다.
- **대립가설 H_1** : 증거가 강하여 H_0를 기각시키는 상황에서 채택할 주장이다. 통계적 검정은 귀무가설에 대한 증거의 강도를 평가하도록 설계되어 있다.

예제 1 귀무가설과 대립가설

자동차 제조회사에서 신형 자동차의 연비가 20㎞/L라 광고를 한다. μ를 해당 자동차의 평균 연비라 한다. 여러분은 회사가 과대평가를 하지 않았는지를 의심한다.

(a) H_0를 어떻게 표현하여야 하는가?

풀이 $\mu = 20$이라는 회사의 주장을 기각할 수 있는지를 알아야한다. 따라서 귀무가설을

$$H_0 : \mu = 20km/L$$

로 설정한다.

(b) H_1 을 어떻게 표현하여야 하는가?

풀이 회사와 관련된 경험으로부터 광고된 연비가 너무 높다고 믿을 만한 이유를 갖고 있다. μ가 20이 아니라면 20보다 적다고 확신할 것이다. 따라서 대립가설은

$$H_1 : \mu < 20\,km/L$$

로 설정한다. ■

유도된 연습문제 1 귀무가설과 대립가설

한 회사에서 정밀기계에 사용되는 볼 베어링을 제조하고 있다. 한 종류의 베어링의 직경은 평균이 6.0mm이어야만 한다. 평균직경이 정확한지를 검사하기 위하여 회사는 통계적 검정을 한다.

(a) H_0 를 어떻게 표현하여야 하는가? ⇒ μ를 평균직경이라 하면 회사는 $\mu = 6.0\,mm$ 인지를 검정하기를 원한다. 따라서 $H_0 : \mu = 6.0\,mm$ 이다.

(b) H_1 를 어떻게 표현하여야 하는가? ⇒ 오차는 양방향을 발생하므로 $H_1 : \mu \neq 6.0\,mm$ 으로 설정한다.

검정의 종류

귀무가설 H_0 는 언제나 관심 있는 모수가 특정한 값과 같다고 주장한다. 대립가설 H_1 은 특정 값보다 작거나, 크거나 혹은 같지 않다고 주장한다. 통계적 검정을 대립가설에 따라 **왼쪽꼬리**(left-tailed), **오른쪽꼬리**(right-tailed) 혹은 **양쪽꼬리**(two-tailed)로 나눈다.

➲ 통계적 검정의 종류

왼쪽꼬리 검정 : H_1 이 모수가 H_0 에서 주장한 값보다 작다고 주장

오른쪽꼬리 검정 : H_1 이 모수가 H_0 에서 주장한 값보다 크고 주장

양쪽꼬리 검정 : H_1 이 모수가 H_0 에서 주장한 값과 다르다고 주장

[표 9-1] 평균 μ에 대한 검정의 귀무가설과 대립가설

귀무가설	대립가설과 검정의 종류		
μ에 관한 주장이나 사전 값	μ가 H_0에서 주장한 값보다 작다고 믿는다.	μ가 H_0에서 주장한 값보다 크다고 믿는다.	μ가 H_0에서 주장한 값과 다르다고 믿는다.
$H_0 : \mu = k$	$H_1 : \mu < k$	$H_1 : \mu > k$	$H_1 : \mu \neq k$
	왼쪽꼬리 검정	오른쪽꼬리 검정	양쪽꼬리 검정

X가 정규분포이고 σ를 아는 경우 μ의 가설검정

귀무가설과 대립가설을 설정하였다면 어떤 가설이 타당할 것이라고 어떻게 결정해야 하는가? 단순랜덤표본으로 부터의 자료와 대응하는 표집분포를 갖는 표본검정통계량이 결정을 하는데 도움이 될 것이다. 예제 2에서 결정과정을 소개한다.

가설검정을 위하여 우리는 단순랜덤표본을 추출하여 H_0 하의 모수에 대응하는 **검정통계량**(test statistic)을 계산한다. 통계량의 표집분포를 가지고 검정통계량이 H_0와 얼마나 잘 맞는지를 평가할 수 있다.

이 절에서는 가설검정의 개념과 용어를 소개하기 위하여 평균에 관한 가설검정을 다룬다. 특히 X는 평균 μ와 표준편차 σ를 갖는 정규분포를 갖는다고 가정한다. 결과적으로 정리 7.1로부터 $\overline{X}$는 평균 μ와 표준편차 $\sigma/\sqrt{n}$ 를 갖는 정규분포를 갖는다.

절차 조건

X는 알려진 표준편차 σ를 갖는 정규분포이다. 그러면 $\overline{X}$는 정규분포를 갖는다. 표준화된 검정통계량은

$$Z = \frac{\overline{X} - \mu}{\sigma/\sqrt{n}}$$

이다.

예제 2 통계적 검정 미리보기

X를 나이가 든 양치기 개 로지의 휴식기 심박동수라 하자. 과거 경험으로부터 수의사는 X가 $\sigma = 12$ 인 정규분포를 따른 다는 것을 알고 있다. 수의사는 같은 종류의 개의 평균

심박동수가 $\mu = 115$ 로 알려져 있다는 것을 알고 있다. 지난 6주 동안 로지의 심박동수는 다음과 같이 측정되었다.

93　　109　　110　　89　　112　　117

표본평균은 $\overline{x} = 105.0$ 이다. 수의사는 로지의 심박동수가 느린 것이 아닌가 하는 의심을 하였다. 자료가 이러한 정황을 나타내는가?

풀이

(a) 귀무가설과 대립가설을 설정하시오.

아무 변화가 없다면 심박동수는 평균에 비슷할 것이다. 따라서 귀무가설은

$$H_0 : \mu = 115$$

로 설정한다. 그러나 수의사는 심박동수가 느린 지에 관심이 있으므로 대립가설은

$$H_1 : \mu < 115$$

로 설정한다.

(b) 관측된 표본자료가 귀무가설에 잘 맞는가?

이 질문에 답하려면 참의 평균 $\mu = 115$ 인 모집단에서 표본평균 105 이하를 얻을 확률을 알아야 한다. 이 확률이 작다면 $H_0 : \mu = 115$ 가 아니라 $H_1 : \mu < 115$ 이라 결론을 내린다.

(c) (b)의 확률은 어떻게 계산하는가?

$\overline{X}$의 표집분포를 사용하여 $P(\overline{X} < 105.0)$ 을 계산한다. 그림 9-1은 요구된 확률을 나타내는 정규분포와 대응하는 표준정규분포의 그림이다.

X가 정규분포이므로 $\overline{X}$도 정규분포이다. 따라서 $\mu = 115$, $\sigma = 12$ 와 $n = 6$ 을 사용하여 $\overline{x} = 105.0$ 를 검정통계량

$$Z = \frac{\overline{X} - \mu}{\sigma / \sqrt{n}} = \frac{105.0 - 115}{12 / \sqrt{6}} = -2.04$$

로 변환한다. 표준정규분포표를 사용하면

$$P(\overline{X} < 105.0) = P(Z < -2.04) = 0.0207$$

이 된다. 이 값을 **유의확률**(P-value)이라 한다.

[그림 9-1] $\overline{X}$의 표집분포와 대응하는 Z분포

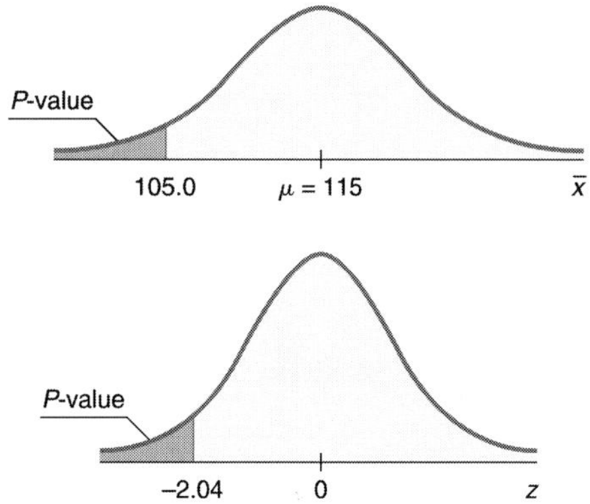

(d) 로지의 평균 심박동수에 대하여 어떤 결론을 내릴 수 있는가?

만약 $H_0 : \mu = 115$ 가 사실이라면 표본평균 $\overline{X} \leq 105.0$ 을 얻을 확률은 겨우 2%이다. 이 확률이 작으므로 $H_0 : \mu = 115$ 를 기각하고 $H_1 : \mu < 115$ 라 결론을 내린다. 로지의 평균 심박동수는 느린 것으로 보인다.

(e) $H_0 : \mu = 115$ 가 거짓이고 $H_1 : \mu < 115$ 가 참이라는 것을 증명한 것인가?

아니다. 표본자료는 H_0 가 거짓이고 H_1 이 참이라는 것을 입증하지 않는다. 유의확률이 0.0207로 작기 때문에 H_0 를 신뢰할 수 없다고 하는 것이다. 따라서 $H_0 : \mu = 115$ 를 포기하고 $H_1 : \mu < 115$ 를 채택하는 것이다. ■

통계적 검정의 $P-$값(유의확률, $P-$value)

➲ 유의확률($P-$value)

H_0 가 참인 경우 검정통계량이 관측된 검정통계량의 값보다 더 극단적인 값을 가질 확률을 **유의확률**($P-$value)이라 한다. 표본자료로부터 계산된 P-값이 작을수록 H_0 가 아니라는 확신이 더 강해진다.

관측된 검정통계량의 $P-$값은 대립가설과 검정의 종류에 따라 다른 값을 갖는다.

➲ $P-$값과 검정의 종류

$Z_{\overline{X}}$ 를 표준정규분포를 사용하여 모평균 μ 를 검정하는 표준화된 검정통계량이라 한다. 즉, $Z_{\overline{X}} = (\overline{X} - \mu)/(\sigma/\sqrt{n})$.

1. 왼쪽꼬리 검정 P-값 : $P(Z < z_{\overline{X}})$

$H_0 : \mu = k$ $H_1 : \mu < k$

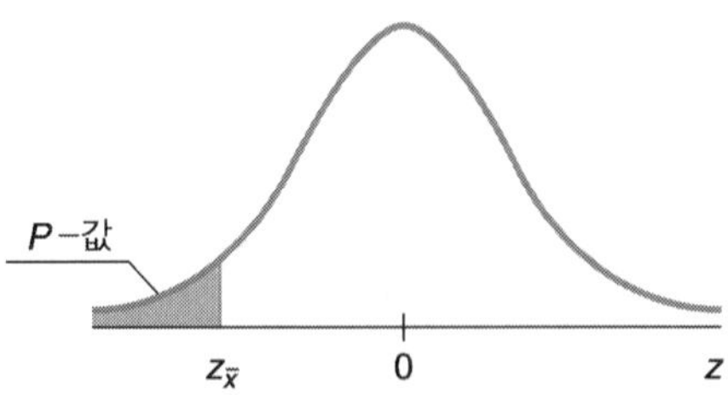

2. 오른쪽꼬리 검정 P−값 : $P(Z > z_{\overline{X}})$

$H_0 : \mu = k$ $H_1 : \mu > k$

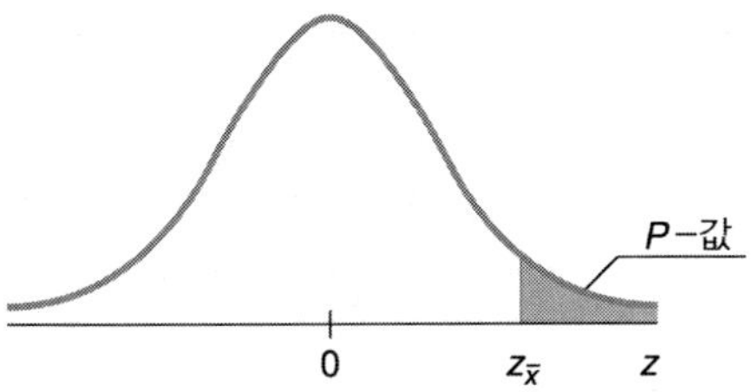

3. 양쪽꼬리 검정 P−값 : $2\,P(Z > |z_{\overline{X}}|)$

$H_0 : \mu = k$ $H_1 : \mu \neq k$

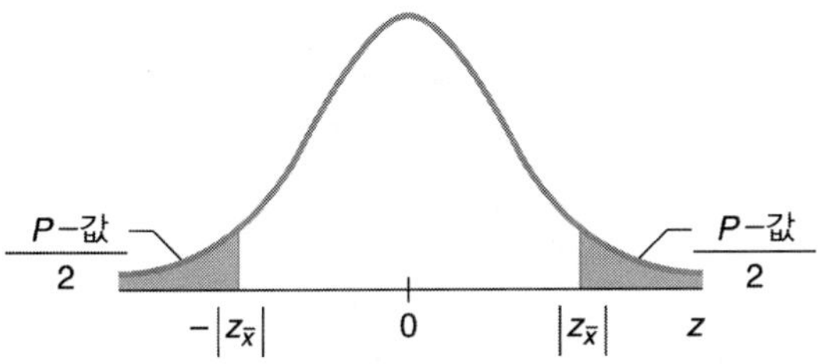

오류의 종류

귀무가설이 참일 때 귀무가설을 기각한다면 **제1종 오류**(type I error)라 부르는 오류를 범한 것이다. 반면에 귀무가설이 거짓일 때 채택하였다면 **제2종 오류**(type II error)라 부르는 오류를 범한 것이다.

잘 구성된 검정은 결정에 대한 오류를 최소화 하도록 설계되어야 한다. 일반적으로 표본크기가 정해졌다면 어느 한 오류를 감소시키면 다른 쪽 오류는 증가하게 된다. 따라서 중요시되는 제1종 오류의 최대허용한계를 정하여 관리를 한다. 이를 **유의수준**(level of significance)이라 하고 α로 표기한다.

유의수준 α는 H_0가 사실일 때 H_0를 기각할 확률이다. 즉 제1종 오류에 대한 확률이다.

[표 9-2] 제1종 오류와 제2종 오류

H_0	결 정	
	H_0를 기각하지 않음	H_0 기각
H_0가 참	옳은 결정	제1종 오류
H_0가 거짓	제2종 오류	옳은 결정

[표 9-3] 통계적 검정과 관련된 확률

H_0	결 정	
	H_0를 기각하지 않음	H_0 기각
H_0가 참	옳은 결정, $1-\alpha$	제1종 오류, α(유의수준)
H_0가 거짓	제2종 오류, β	옳은 결정, $1-\beta$(검정력)

제2종 오류를 범할 확률을 β로 표기한다.

대부분의 가설검정은 α와 β값을 가능한 한 작게 선택할 것을 요구한다. 기초적인 통계적 응용에서는 일반적으로 α를 우선 선택한다.

$1-\beta$를 **검정력**(power of the test)이라 하는데 H_0가 거짓일 때 H_0를 기각할 확률을 나타낸다.

주어진 유의수준에 대하여 어떤 검정에서 얼마나 큰 검정력을 기대할 수 있는가? H_1분포를 알아야하므로 검정력의 실제 값은 구하기 어렵다. 그러나 다음의 일반적인 설명을 할 수 있다.

1. 검정력은 유의수준 α가 증가함에 따라 증가한다. $\alpha = 0.05$에서 수행된 검정이 $\alpha = 0.01$에서 수행된 검정보다 더 큰 검정력을 갖는다. 이것은 유의수준 α를 덜 엄격하게하면 귀무가설이 거짓일 때 기각할 가능성이 더 커진다는 것이다,
2. α가 크면 검정력이 증가하지만 제1종 오류도 증가한다. 그렇지만 대부분의 기업가, 관료, 사회 과학자나 과학자들은 작은 α를 사용한다. 이 선택은 거짓인 H_1을 채택하는 오류를 범하는 것 보다는 H_0 기각 실패의 오류를 범하겠다는 보수적인 특성을 반영한 것이다.

유도된 연습문제 2 오류의 종류

유도된 연습문제 1을 다시 고려한다. 가설은 다음과 같다.

$$H_0 : \mu = 6.0\ mm \qquad H_1 : \mu \neq 6.0\ mm$$

(a) 1% 유의수준을 요구한다고 가정하시오. 제1종 오류, 그 결과와 확률을 구하시오. ⇒ 제1종 오류는 표본 증거를 가지고 생산된 베어링의 평균직경이 6mm임에도 H_0를 기각하여야 할 때 발생한다. 결과적으로 필요없는 생산과정의 조정과 지연의 원인이 될 것이다. $\alpha = 0.01$이므로 확률은 0.01이다.

(b) 제2종 오류와 그 결과를 설명하시오. ⇒ 제2종 오류는 표본 증거를 가지고 생산된 베어링의 평균직경이 규격에 비해 너무 크거나 작더라도 H_0를 기각할 수 없는 경우에 발생한다. 결과적으로 생산과정이 조정되어야 할 때 조정되지 않게 된다. 따라서 많은 규격미달제품을 생산할 수 있게 된다.

통계적 검정의 결론

일반적으로 α는 표본을 뽑기 전에 정하므로 결과가 유의수준의 선택에 영향을 주지 않는다. 통계적 검정의 결론을 내리기 위하여 표본자료와 표집분포를 이용하여 계산된 P-값과 α값을 비교한다.

절차 $P-$값과 유의수준을 사용하여 검정의 결론내기

만약 P-값 $\leq \alpha$이라면 귀무가설을 기각하고 자료가 유의수준 α에서 **통계적으로 유의하다** (statistically significant)라고 한다.
만약 P-값 $> \alpha$라면 귀무가설을 기각하지 않는다.

통계 분석에 있어서 유의성이 반드시 중요성을 의미하지는 않는다. α수준에서 "유의하다"라는 말은 특별한 의미를 갖는다. α수준의 위험을 가지고 H_0에 대립하는 증거가 충분하므로 H_0를 신뢰하지 않고 H_1을 채택한다는 것이다.

어쨌든 H_0를 입증하거나 반증했다고 주장하지 않는다. 제1종 오류를 범할 확률이 α라고 말할 수 있다.

➲ 검정의 기본요소

통계적 검정은 다섯 가지 기본 요소로 구성된다.

1. **귀무가설 H_0, 대립가설 H_1과 유의수준 α의 설정**
   만약 H_0에 대립하는 증거가 충분히 강하다면 H_0를 기각하고 H_1을 채택한다.
2. **검정통계량과 표집분포**
   표본자료와 귀무가설의 양립성을 재는 수학적 도구이다.
3. ***P*-값**
   H_0가 참인 경우 검정통계량이 관측된 검정통계량의 값보다 더 극단적인 값을 가질 확률
4. **검정의 결론**
   만약 P-값$\le \alpha$이라면 귀무가설을 기각하고 자료가 유의수준 α에서 **통계적으로 유의하다**(statistically significant)라고 한다. P-값$> \alpha$라면 귀무가설을 기각하지 않는다.
5. **검정 결과의 해석**
   응용 배경 안에서 결론에 대하여 간단히 설명한다.

유도된 연습문제 3 μ에 대한 통계적 검정

환경보호단체에서 어느 강 하구의 암모니아 질소농도를 연구하고 있다. 여러 해 동안 농도는 2.3mg/L 를 유지하여 왔는데 최근 골프장과 택지개발에 따른 잔디 비료에 의하여 농도가 변했는지에 관심이 있다. 암모니아 질소농도의 변화는 강 근처의 동식물에 영향을 줄 수 있다. X를 암모니아 질소 농도를 나타내는 확률변수라 하자. 그간의 연구로 $\sigma = 0.30$으로 알려져 있다. 최근 8곳의 수질을 측정한 결과가 다음과 같다.

2.1 2.5 2.2 2.8 3.0 2.2 2.4 2.9

표본평균은 $\bar{x}= 2.51$이다. 유의수준 1%에서 농도의 변화가 있는지를 알아보기 위하여 통계적 검정을 하시오.

(a) 귀무가설, 대립가설과 유의수준은? ⇒ $H_0: \mu = 2.3$, $H_1: \mu \neq 2.3$, $\alpha = 0.01$

(b) 이 검정은 어느 쪽 꼬리 검정인가? ⇒ 양쪽꼬리 검정이다.

(c) 사용하는 표집분포는 무엇인가? ⇒ X가 정규분포이고 σ를 알고 있으므로 표준정규분포인

$$Z = \frac{\overline{X}-\mu}{\sigma/\sqrt{n}} = \frac{\overline{X}-2.3}{0.3/\sqrt{8}}$$

을 사용한다.

(d) 표본 검정통계량은 무엇인가? 표본평균 $\bar{x}$ 를 z 값으로 바꾸시오. ⇒ 검정통계량 ; $Z = \dfrac{2.51-2.3}{0.3/\sqrt{8}} = 1.98$.

(e) 표준정규분포에 P-값을 나타내는 영역을 그리고 그 값을 구하시오. ⇒ P−값 $= 2P(Z > 1.98)$

$= 2(0.0239) = 0.0478$

[그림 9-2] P−값

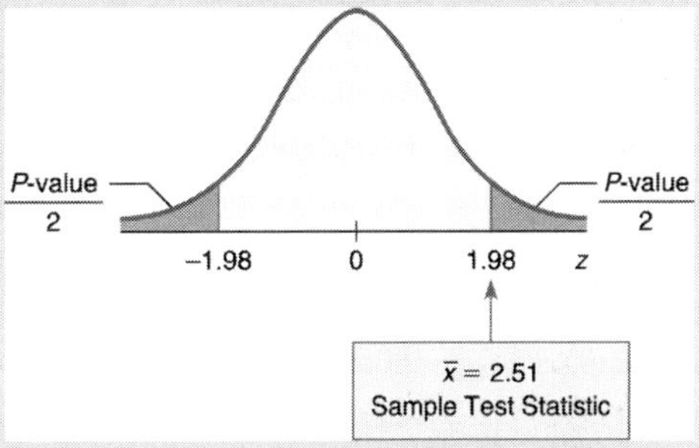

(f) 유의수준 α 와 P-값을 비교하여 검정을 하시오. ⇒ $0.0478 > 0.01$ 이므로 H_0 를 기각할 수 없다.

(g) 결과를 해석하시오. ⇒ 표본 자료는 유의수준 1%에서 유의하지 않다. 이 시점에서 암모니아 질소 농도가 변했다고 결론짓기에는 충분치 못하다.

> 대부분의 통계적 응용에서 유의수준 $\alpha = 0.05$ 혹은 $\alpha = 0.01$ 을 사용한다. $\alpha = 0.05$ 라는 것은 100번의 같은 상황에서 기각하지 않아야 할 때 평균적으로 5번은 기각할 것이라는 의미이다.

귀무가설을 채택(기각실패)할 때, 귀무가설을 입증한 것이 아니라고 이해하여야만 한다. 표본 증거(자료)가 귀무가설을 기각할 만큼 충분하지 않았다고 이야기하는 것이다. 따라서 "H_0 채택" 보다는 "H_0 기각 실패" 라고 표현한다.

[표 9-4] H_0 기각 실패 와 H_0 기각의 의미

용어	의미
H_0 기각 실패	H_0 의 기각을 정당화할 만큼 충분한 증거가 없다. 어떤 의심도 없이 H_0 가 사실이라고 입증한 것은 아니라는 생각으로 H_0 를 유지한다.
H_0 기각	H_0 의 기각을 정당화할 만큼 충분한 증거가 있다. 어떤 의심도 없이 H_1 이 사실이라고 입증한 것은 아니라는 생각으로 H_1 을 선택한다.

P-값은 제1종 오류의 확률로 해석되어서는 안된다. 유의수준은 표본을 뽑기 전에 미리 정해진다. P-값은 랜덤표본에서 결정되므로 미리 정할 수 없다. α와 함께 P-값은 검정의 도구로 간주되어야한다. 만약 P-값$\le \alpha$ 이라면 귀무가설을 기각하고, P-값$> \alpha$ 라면 귀무가설을 기각하지 않는다.

➲ 가설검정의 요소는 무엇을 말해주는가?

- 귀무가설 H_0는 모수의 값을 정한다. 표본증거가 그 주장을 믿지 않을 만큼 충분히 크지 않은 한 정해진 값이 옳다고 가정한다.
- 대립가설 H_1은 표본증거가 귀무가설을 믿지 않을 만큼 충분할 때 모수의 값을 말한다.
- 유의수준 α는 H_0가 사실일 때 H_0를 기각할 확률이다. α값은 미리 정해지고 일반적으로 0.01 혹은 0.05이다.
- 귀무가설을 검정하기 위한 표본증거는 랜덤표본에 기초하고, H_0에서 정해진 모수에 대응하는 표본통계량의 계산된 값이다.
- 표본통계량의 P-값은 H_0를 기각할지 기각하지 않을 지를 결정하는 기초가 된다. 표본검정통계량의 P-값을 계산하기 위하여 H_0가 사실이라고 가정한다. 그리고 표본크기, H_1, 표본통계량 값과 표집분포에 기초하여 P-값을 계산한다. 만약 P-값$\le \alpha$ 이라면 귀무가설을 기각하고 유의하다고 말한다. 그렇지 않으면 증거가 귀무가설을 기각하기에 충분하지 않다고 말한다.
- 만약 표본증거가 H_0를 기각하지 않는다면 아무 의심 없이 H_0가 사실이라는 것을 증명한 것이 아니다. 정해진 유의수준과 계산된 P-값에서 H_0를 기각할 충분한 증거가 없는 것이다.

▶▶ 9.1 연습문제

1. **통계적 지식**. 다음 질문에 간단히 대답하시오.
   (a) 귀무가설 H_0는 무엇인가?
   (b) 대립가설 H_1은 무엇인가?
   (c) 제1종 오류는 무엇인가? 제2종 오류는?
   (d) 검정의 유의수준은 무엇인가? 제2종 오류의 확률은 무엇인가?

2. **통계적 지식**. 만약 귀무가설 기각에 실패한다면 아무 의심 없이 H_0 가 사실이라는 것을 증명했다는 것을 의미하는가?

3. **통계적 지식**. 귀무가설이 사실일 때 귀무가설을 기각할 확률을 무엇이라 하는가? 이 확률을 어떤 기호로 나타내는가? 이것은 제1종 오류의 확률인가 제2종 오류의 확률인가?

4. **통계적 지식**. 통계적 검정에서 P-값이 유의수준보다 크다면 H_0 를 기각하는가?

5. **통계적 지식**. 오른쪽꼬리 검정에서 P-값이 0.0092라 가정한다. 같은 모집단, 표본과 귀무가설에 기초한다면 대응하는 양쪽꼬리 검정에 대한 P-값은 얼마인가?

6. **기본계산: 가설설정**. 모평균이 40이라는 주장을 검정하려고 한다.
   (a) 귀무가설을 말하시오.
   (b) 모평균이 40과 얼마나 다른지에 관한 정보가 없다면 대립가설을 말하시오.
   (c) 모평균이 40보다 크다고 믿는다면 대립가설을 말하시오.
   (d) 모평균이 40보다 작다고 믿는다면 대립가설을 말하시오.

7. **기본계산: 검정통계량, P-값과 결론 찾기**. $\sigma = 4$ 인 정규분포로부터 크기 20의 랜덤표본에서 표본평균 8을 얻었다.
   (a) $\overline{X}$는 정규분포인가?
   (b) $H_0 : \mu = 7$ 하에서 표본검정통계량 z을 계산하시오.
   (c) $H_1 : \mu \neq 7$ 에 대하여 검정통계량의 P-값을 구하시오.
   (d) 유의수준 0.05와 (b)와 (c)의 가설에 대하여 귀무가설을 기각하는가?

8. **수의학: 망아지**. 3개월 된 건강한 망아지의 체중은 $\mu = 60kg$ 이어야만 한다.
   (a) $\mu = 60kg$ 라는 주장에 의심이 가서 통계적 검정을 하려고 한다면 귀무가설 H_0 를 어떻게 설정하여야 하는가?
   (b) 3개월 된 건강한 망아지의 체중이 $60kg$ 보다 작은지를 검정하고자 한다면 대립가설 H_1 을 어떻게 설정하여야 하는가?

(c) 3개월 된 건강한 망아지의 체중이 $60kg$ 보다 더 나가는지를 검정하고자 한다면 대립가설 H_1 을 어떻게 설정하여야 하는가?

(d) 3개월 된 건강한 망아지의 체중이 $60kg$ 과 다른지를 검정하고자 한다면 대립가설 H_1 을 어떻게 설정하여야 하는가?

9. **기상학: 폭풍**. 심각한 폭풍은 해안을 치는 파도의 최고 파고가 5.5미터라고 한다. 북동풍이 심각한 폭풍등급으로 발달중이라 가정하시오.

(a) 파도가 가라앉을지 악화될지를 알아보기 위하여 통계적 검정을 하려고 한다. 평균파고에 관한 귀무가설은 무엇인가?

(b) 만약 폭풍이 악화될 것이라는 가설을 검정하려면 대립가설로 무엇을 사용하겠는가?

(c) 만약 파도가 가라앉을 것이라는 가설을 검정하려면 대립가설로 무엇을 사용하겠는가?

(d) 평균파고가 폭풍등급과 다르다는 가설을 검정하려면 대립가설로 무엇을 사용하겠는가?

(e) (b), (c)와 (d)의 각 가설에 대하여 P-값에 대응하는 면적은 평균의 어느 쪽에 놓이는가?

※ 문제 10에서 문제 12까지의 공통 질문이다.

(a) 유의수준은 얼마인가? 귀무가설과 대립가설을 설정하시오.

(b) 표집분포는 무엇을 사용하는가? 검정통계량의 값을 구하시오.

(c) P-값을 구하시오. 표집분포를 그리고 P-값에 대응하는 면적을 나타내시오.

(d) 앞의 결과를 이용하여 검정을 하시오.

(e) 검정 결과를 설명하시오.

10. **배당이익: 호주 은행주식**. X를 호주 은행주식의 배당이익을 나타내는 확률변수라 하자. X는 $\sigma = 2.4\%$ 를 갖고 정규분포를 따른다고 가정한다. 다음은 임의로 추출한 호주 10개 은행의 이익을 나타낸다.

5.7 4.8 6.0 4.9 4.0 3.4 6.5 7.1 5.3 6.1

표본평균은 $\bar{x} = 5.38\%$ 이다. 전체 호주 주식시장의 평균배당이익은 $\mu = 4.7\%$ 라 한다.

모든 호주 은행주식의 평균 배당이익이 4.7%보다 높다고 할 수 있는가? $\alpha = 0.01$ 을 사용하시오.

11. **생태학: 벌새**. 다음은 그랜드캐년에서 임의로 6마리의 벌새를 잡아 체중을 측정한 자료(단위; 그램)이다.

3.7	2.9	3.8	4.2	4.8	3.1

X를 그랜드캐년에 있는 벌새의 체중을 나타내는 확률변수라 하자. X는 $\sigma = 0.7g$ 를 갖고 정규분포를 따른다고 가정한다. 벌새의 평균 체중은 $\mu = 4.55g$ 으로 알려져 있다. 그랜드캐년 지역의 벌새들의 평균 체중이 4.55g 보다 적다고 할 수 있는가? $\alpha = 0.01$ 을 사용하시오.

12. **보험: 우박 피해**. 미국의 밀 수확의 약 11%가 매년 우박 피해를 입는다고 한다. 다음은 어느 주에서 임의로 뽑은 16곳의 우박 피해를 나타낸 자료(단위 ;%)이다.

15	8	9	11	12	20	14	11
7	10	24	20	13	9	12	5

X를 이 주의 밀 수확의 우박피해를 나타내는 확률변수라 하자. X는 $\sigma = 5.0\%$ 를 갖고 정규분포를 따른다고 가정한다. 이 주의 우박피해비율이 전국 평균 11%와 다르다고 할 수 있는가? $\alpha = 0.01$ 을 사용하시오.

9.2 모평균 μ의 검정

초점

- P-값을 사용하는 검정의 일반적인 절차를 복습하시오.
- 정규분포를 이용하여 σ가 알려졌을 때 μ를 검정하시오.
- t 분포를 이용하여 σ를 모를 때 μ를 검정하시오.
- P-값 대신에 기각역과 임계값을 사용하는 전통적인 검정법을 이해하시오.

이 절에서는 평균 μ의 검정에 대하여 살펴본다. 여기서 사용하는 방법을 P-값 방법이라 하고 가장 많이 사용된다. 절의 마지막 부분에서 전통적인 방법인 **기각역 방법**(critical region method)을 설명한다.

유의수준이 미리 고정되어 있다면 두 방법은 논리적으로 동일하다.

PART Ⅰ : σ를 알고 있을 때 μ의 검정

실제로는 σ를 아는 경우는 흔하지 않다. 그러나 사전연구나 다른 정보로부터 σ의 현실적이고 정확한 값을 알 수 있는 경우도 있다.

절차 σ를 알고 있을 때 평균 μ를 검정하는 방법

[조건]

X를 응용에 맞는 적절한 확률변수라 한다. 랜덤표본을 추출하여 표본평균 $\overline{x}$를 구한다. σ는 알고 있다. 만약 X가 정규분포를 갖는다고 가정한다면 모든 표본크기 n에 적용된다. 만약 정규분포를 가정할 수 없다면 표본크기 $n \geq 30$을 사용하여야 한다.

[절차]

1. 귀무가설과 대립가설을 설정하고 유의수준을 정한다.
2. σ, n과 $\overline{x}$와 귀무가설의 μ를 사용하여 표준화된 검정통계량

$$Z = \frac{\overline{X} - \mu}{\sigma / \sqrt{n}}$$

   을 구한다.
3. 표준정규분포를 사용하여 검정통계량에 대응하는 P-값을 구한다.
4. 결론을 내린다. P-값 $\leq \alpha$이라면 귀무가설을 기각하고, P-값 $> \alpha$라면 귀무가설을 기각하지 않는다.
5. 응용 배경 안에서 결론에 대하여 간단히 설명한다.

예제 3 σ를 알고 있을 때 μ의 검정

X를 4주 동안 관측된 태양흑점수를 나타내는 확률변수라 한다. 다음은 4주 주기로 관측한 40개의 자료이다.

12.5	14.1	37.6	48.3	67.3	70.0	43.8	56.5	59.7	24.0
12.0	27.4	53.5	73.9	104.0	54.6	4.4	177.3	70.1	54.0
28.0	13.0	6.5	134.7	114.0	72.7	81.2	24.1	20.4	13.3
9.4	25.7	47.8	50.0	45.3	61.0	39.0	12.0	7.2	11.3

이 주기 동안의 태양흑점활동의 선행연구로부터 $\sigma = 35$ 이다. 수천 년 동안 4주당 태양흑점수의 평균은 약 $\mu = 41$ 이었다. 흑점수가 이 수준 이상이면 점차적인 기후변화로 이어질지도 모른다. 태양흑점이 41보다 많다고 할 수 있는가? $\alpha = 0.05$ 를 사용하시오.

풀이

(a) 귀무가설과 대립가설을 설정하시오.

$$H_0 : \mu = 41 \qquad H_1 : \mu > 41 .$$

(b) 검정통계량에 대하여 무슨 분포를 사용하는가? 자료로부터 검정통계량을 계산하시오. $n \geq 30$ 이고 σ를 알고 있으므로 표준정규분포를 사용한다. $\bar{x} = 47$, $\mu = 41$ 이므로

$$Z = \frac{\bar{X} - \mu}{\sigma / \sqrt{n}} = \frac{47 - 41}{35 / \sqrt{40}} = 1.08 .$$

(c) 검정통계량의 P-값을 구하시오.

그림 9-3에 P-값에 해당하는 영역을 표시하였다.

P-값 $= P(Z > 1.08) = 0.1401$.

[그림 9-3] P-값 영역

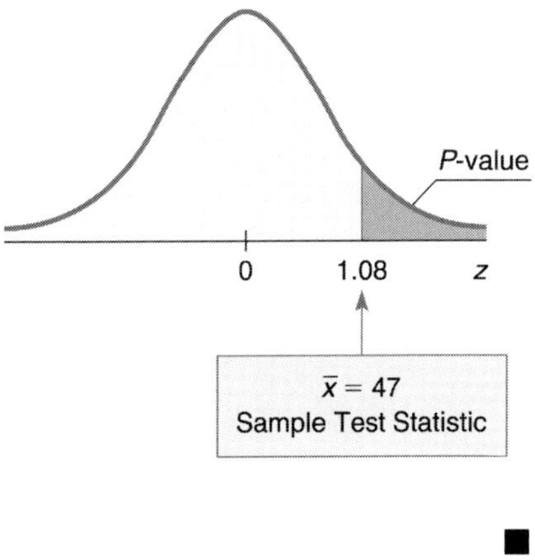

(d) 검정의 결론을 내리시오.

P-값 $= 0.1401 > 0.05$ 이므로 H_0를 기각할 수 없다.

(e) 결과를 설명하시오.

유의수준 5%에서 H_0를 기각하기에는 증거가 충분치 않다. 평균태양흑점활동이 장기적인 평균보다 많다고는 생각하지 않는다.

■

PART Ⅱ : σ를 모르고 있을 때 μ의 검정

많은 실제 상황에서 오직 표본자료와 자료값의 확률분포에 대하여 제한된 정보만 가지고 있을 수 있다. 이런 환경에서도 μ를 검정할 수 있을까? 많은 경우에 있어서 대답은 그렇다 이다.

절차 σ를 모를 때 평균 μ를 검정하는 방법

[조건]

X를 응용에 맞는 적절한 확률변수라 한다. 크기 n의 랜덤표본을 추출하여 표본평균 $\overline{x}$와 표본표준편차 s를 구한다. X가 정규분포 혹은 고분모양의 대칭분포라면 모든 표본크기 n을 사용할 수 있다. 정규분포를 가정할 수 없다면 $n \geq 30$을 사용하시오.

1. 귀무가설과 대립가설을 설정하고 유의수준을 정한다.
2. $\overline{x}$, s, n과 귀무가설의 μ를 사용하여 표본 검정통계량

$$T = \frac{\overline{X} - \mu}{s/\sqrt{n}} \sim t(n-1)$$

을 구한다.

3. t분포를 사용하여 검정통계량에 대응하는 P-값을 구한다.
4. 결론을 내린다. P-값$\leq \alpha$이라면 귀무가설을 기각하고, P-값$> \alpha$라면 귀무가설을 기각하지 않는다.
5. 응용 배경 안에서 결론에 대하여 간단히 설명한다.

예제 4와 유도된 연습문제 4에서 부록의 표 4를 이용하여 검정통계량 t에 대응하는 P-값을 포함하는 구간을 구하는 방법을 설명한다.

[그림 9-4] 한쪽 검정과 양쪽검정의 P–값

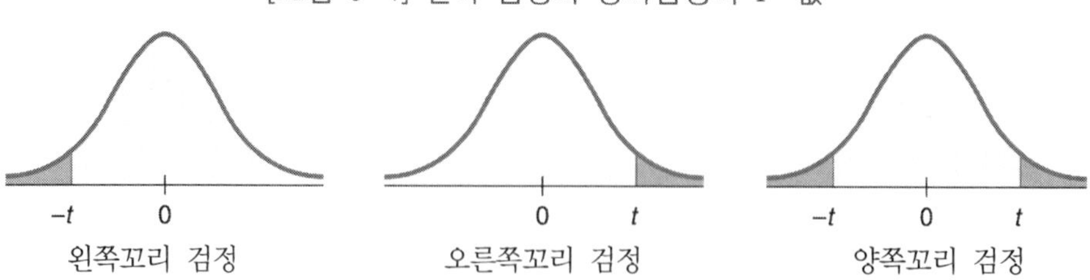

예제 4 σ를 모를 때 μ의 검정

백혈병 치료를 위하여 6-mP를 사용한다. 다음 자료는 6-mP를 사용하는 환자 21명을 임의로 추출하여 차도를 나타낸 시간(단위: 주)이다.

10	7	32	23	22	6	16	34	32	25	11
20	19	6	17	35	6	13	9	6	10	

X를 차도시간을 나타내는 확률변수로 고분 모양의 대칭분포를 따른다고 가정한다. 전에 사용한 약은 평균차도시간이 $\mu = 12.5$ 이다.
자료를 가지고 평균 차도시간이 12.5주와 다르다고 할 수 있는가? $\alpha = 0.01$ 을 사용하시오.

풀이

(a) 귀무가설과 대립가설을 설정하시오.

$$H_0 : \mu = 12.5 \qquad H_1 : \mu \neq 12.5 .$$

(b) 검정통계량에 대하여 무슨 분포를 사용하는가? 자료로부터 검정통계량을 계산하시오.

가정으로부터 t분포를 사용한다. $\bar{x} = 17.1$, $s = 10.0$과 $n = 21$ 이므로

$$t = \frac{\bar{x} - \mu}{s/\sqrt{n}} = \frac{17.1 - 12.5}{10.0/\sqrt{21}} = 2.108 .$$

(c) 검정통계량의 P-값을 구하시오.

그림 9-5에 P-값에 해당하는 영역을 표시하였다. 부록 표 4를 사용하여 P-값을 포함하는 구간을 찾는다. 자유도 20과 양측검정에 해당하는 열로 부터 $t = 2.108$은 2.086과 2.528사이에 놓인다. 대응하는 P-값은

$$0.020 < P-값 < 0.050$$

이다.

[표 9-5] 스튜던트 t분포표

한쪽꼬리면적	–	–	–
양쪽꼬리면적	0.050	–	0.020
$d.f. = 20$	2.086		2.528
		2.108	

[그림 9.5] $P-$값 영역

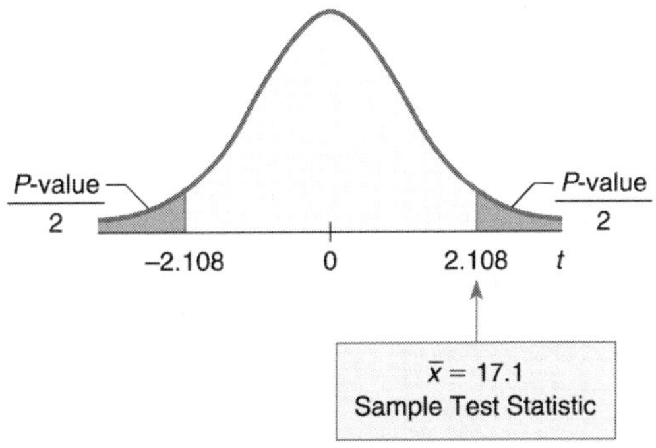

(d) 검정의 결론을 내리시오.

P-값 > 0.01 이므로 H_0를 기각할 수 없다.

(e) 결과를 설명하시오.

유의수준 1%에서 H_0를 기각하기에는 증거가 충분치 않다. 약 6-mP는 과거 사용약과 평균차도 시간이 다르다고 할 수 없다. ■

유도된 연습문제 4 σ를 모를 때 μ의 검정

어떤 고고학 유적지에서 발견된 화살촉의 길이는 평균 $\mu = 2.6cm$ 이었다. 인근 절벽 주거지에서 최근에 발견된 화살촉 61개 확률표본의 길이가 다음과 같다.

3.1	4.1	1.8	2.1	2.2	1.3	1.7	3.0	3.7	2.3	2.6	2.2	2.8	3.0
3.2	3.3	2.4	2.8	2.8	2.9	2.9	2.2	2.4	2.1	3.4	3.1	1.6	3.1
3.5	2.3	3.1	2.7	2.1	2.0	4.8	1.9	3.9	2.0	5.2	2.2	2.6	1.9
4.0	3.0	3.4	4.2	2.4	3.5	3.1	3.7	3.7	2.9	2.6	3.6	3.9	3.5
1.9	4.0	4.0	4.6	1.9									

X를 인근 절벽 주거지에서 최근에 발견된 화살촉의 길이라 한다. 인근 절벽 주거지의 화살촉 평균길이가 2.6cm보다 길다고 할 수 있는가? 유의수준 1%를 사용하시오.

(a) H_0, H_1, α는 어떠한가? ⇒ $H_0 : \mu = 2.6$, $H_1 : \mu > 2.6$, $\alpha = 0.01$.

(b) 어떤 표집분포를 사용하여야 하는가? 표본 검정통계량의 t값은 얼마인가? ⇒ $n \geq 30$, σ를 모르므로 자유도60인 t분포를 사용한다.

$\bar{x} = 2.92$, $s = 0.85$, $\mu = 2.6$ 이므로

$$t = \frac{\bar{x} - \mu}{s/\sqrt{n}} = \frac{2.92 - 2.6}{0.85/\sqrt{61}} = 2.940.$$

(c) P-값을 나타내는 그림을 그리고 P-값에 대한 구간을 구하시오. ⇒

[표 9-6] 스튜던트 t분포표

한쪽꼬리면적	0.005	–	0.0005
양쪽꼬리면적	0.010	–	0.0010
$d.f. = 60$	2.660		3.460
		2.940	

[그림 9-6] P-값

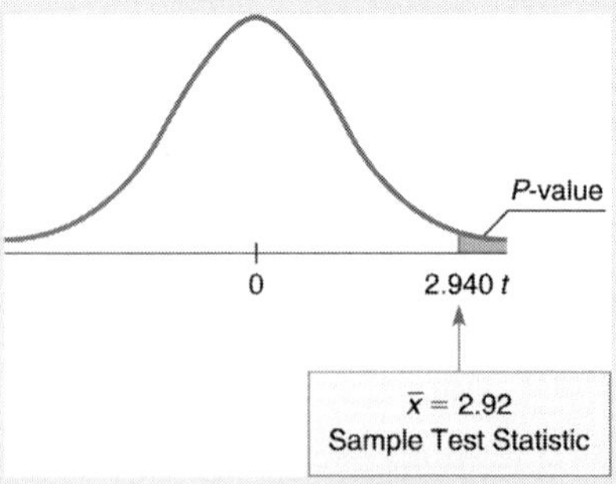

자유도 60과 한쪽검정에 해당하는 열로 부터 $t = 2.940$은 2.660과 3.460사이에 놓인다. 대응

하는 P-값은

$$0.0005 < P-값 < 0.005.$$

(d) 검정의 결론을 내리시오. ⇒ P-값 < 0.01 이므로 H_0를 기각한다.

(e) 결과를 설명하시오. ⇒ 유의수준 1%에서 표본 증거가 H_0를 기각하기에 충분하다. 인근 절벽 주거지의 화살촉 평균길이가 2.6cm보다 길다.

PART Ⅲ : 기각역을 사용한 μ의 검정

$H_0 : \mu = k$를 고려하자. 귀무가설을 기각여부를 결정하기 위하여 $\overline{X}$의 표집분포와 유의수준과 함께 확률표본으로 부터의 정보를 사용한다. 근본적인 질문은 "$H_0 : \mu = k$가 거짓인지를 의심하기에 앞서 $\overline{X}$가 $\mu = k$에서 얼마나 벗어날 수 있을까?" 이다.

$\overline{X}$와 H_0하의 μ와의 상대적 크기에 관한 질문의 대답은 $\overline{X}$의 표집분포, 대립가설 H_1과 유의수준 α에 의존한다. 만약 표본 검정통계량 $\overline{X}$가 H_0하의 μ와 충분히 차이가 난다면 귀무가설을 기각한다.

H_0를 기각하는 $\overline{X}$값을 $\overline{X}$분포의 **기각역**(critical region)이라 한다. 대립가설에 따라 기각역은 $\overline{X}$분포의 왼쪽, 오른쪽 또는 양쪽에 위치한다. 그림 9-7은 대립가설과 유의수준 α에 대한 기각역을 나타낸다.

일반적으로 많이 사용되는 유의수준은 $\alpha = 0.05$와 $\alpha = 0.01$이다. 그림 9-8에 이 유의수준에 대한 표준정규분포의 기각역을 나타내었다. **임계값**(critical value)은 기각역의 경계값이다. 그림 9-8에서 표준정규분포에 대하여 z_0로 나타내었다.

[그림 9-7] $H_0 : \mu = k$에 대한 기각역

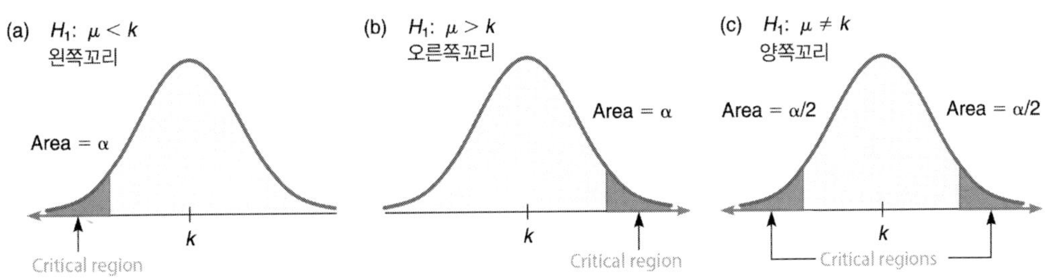

[그림 9-8] 평균 검정을 위한 임계값 z_0

유의수준	$\alpha = 0.05$	$\alpha = 0.01$
$H_1 : \mu < k$ 임계값 : z_0 기각역: $z < z_0$	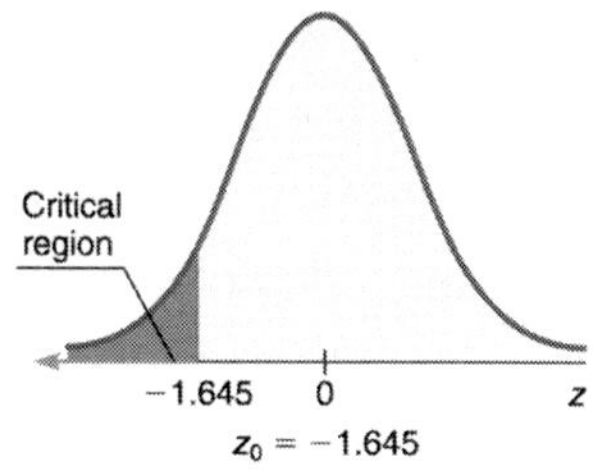	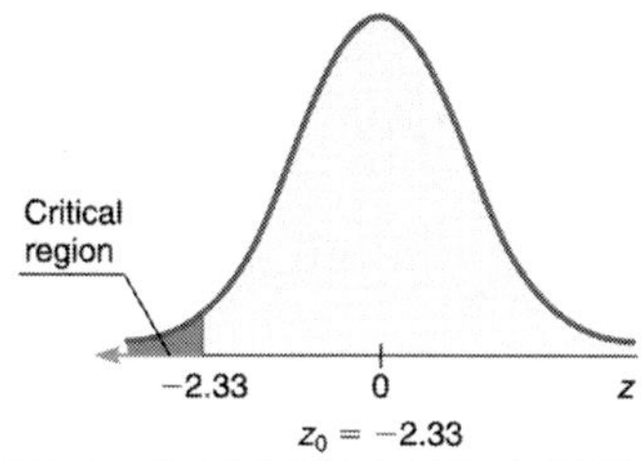
$H_1 : \mu > k$ 임계값 : z_0 기각역: $z > z_0$	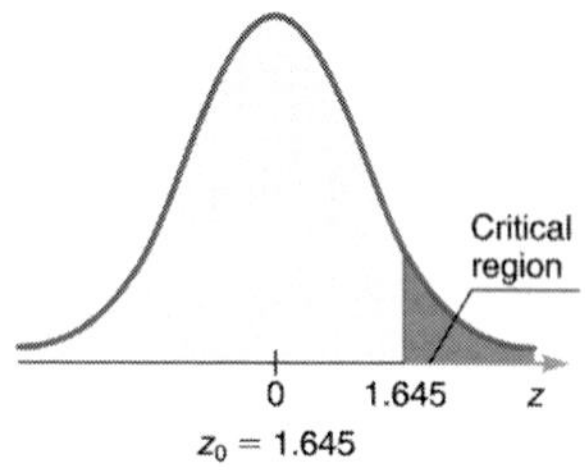	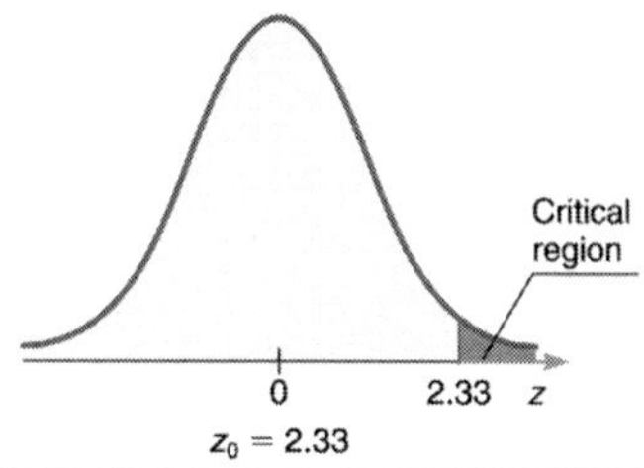
$H_1 : \mu \neq k$ 임계값 : z_0 기각역: $\lvert z \rvert > z_0$	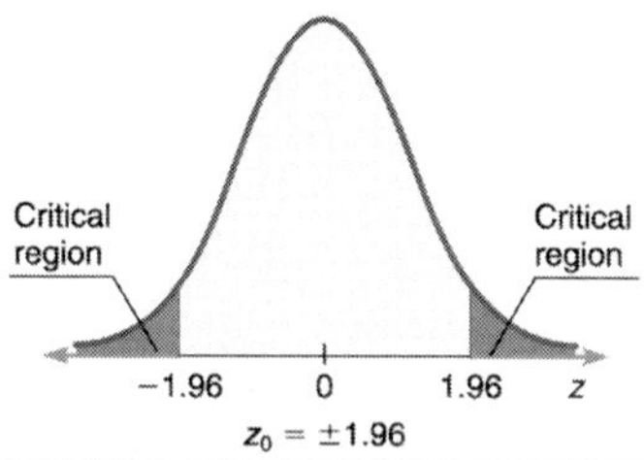	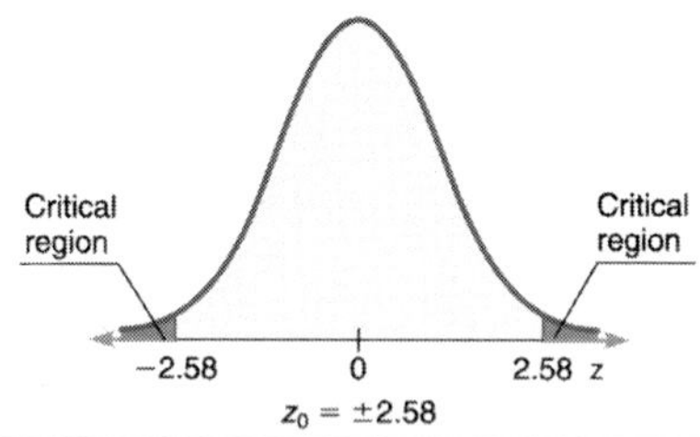

절차 σ를 알고 있을 때 평균 μ를 검정하는 방법(기각역 방법)

X를 응용에 맞는 적절한 확률변수라 한다. 크기 n의 랜덤표본을 추출하여 표본평균 $\overline{X}$를 구한다. σ는 알고 있다. X가 정규분포라면 모든 표본크기 n을 사용할 수 있다. 정규분포를 가정할 수 없다면 $n \geq 30$을 사용하시오.

1. 귀무가설과 대립가설을 설정하고 유의수준을 정한다.
2. σ, n과 $\overline{X}$와 귀무가설의 μ를 사용하여 표준화된 검정통계량

$$Z = \frac{\overline{X} - \mu}{\sigma / \sqrt{n}}$$

을 구한다.

3. 표집분포의 그림에 기각역과 임계값을 나타낸다. 유의수준과 대립가설이 기각역과 임계값을 결정한다.

4. 결론을 내린다. Z값이 기각역에 속하면 귀무가설을 기각하고, 속하지 않으면 귀무가설을 기각하지 않는다.
5. 응용 배경 안에서 결론에 대하여 간단히 설명한다.

예제 5 μ를 검정하는 기각역 방법

태양 흑점에 관한 예제 3을 다시 고려한다. X를 4주 주기로 관측된 태양흑점수를 나타내는 확률변수라 한다. 이 주기 동안의 태양흑점활동의 선행연구로부터 $\sigma = 35$ 이다. 수천 년 동안 4주당 태양흑점수의 평균은 약 $\mu = 41$ 이었다. 태양흑점이 41보다 많다고 할 수 있는가? $\alpha = 0.05$ 를 사용하시오.

풀이

(a) 귀무가설과 대립가설을 설정하시오.

$$H_0 : \mu = 41 \qquad H_1 : \mu > 41 .$$

(b) 자료로부터 검정통계량을 계산하시오.

$n \geq 30$ 이고 σ를 알고 있으므로 표준정규분포를 사용한다. $\bar{x} = 47$, $\mu = 41$ 이므로

$$Z = \frac{\overline{X} - \mu}{\sigma / \sqrt{n}} = \frac{47 - 41}{35 / \sqrt{40}} = 1.08 .$$

(c) H_1 과 $\alpha = 0.05$ 에 따른 기각역과 임계값을 구하시오.

오른쪽꼬리 검정이므로 기각역은 표준정규분포의 가장 오른쪽 5%이다. 그림 9-8에서 임계값은 $z_0 = 1.645$ 이다.

(d) 검정의 결론을 내리시오.

표준정규곡선에 기각역, 임계값과 검정통계량 $z = 1.08$ 을 나타내면 된다. 그림 9-9가 그 결과이다. 검정통계량값이 기각역에 속하지 않으므로 H_0를 기각할 수 없다.

(e) 결과를 설명하시오.

유의수준 5%에서 H_0를 기각하기에는 증거가 충분치 않다. 평균태양흑점활동이 장기적인 평균보다 많다고는 생각하지 않는다.

[그림 9-9] 기각역, $\alpha = 0.05$

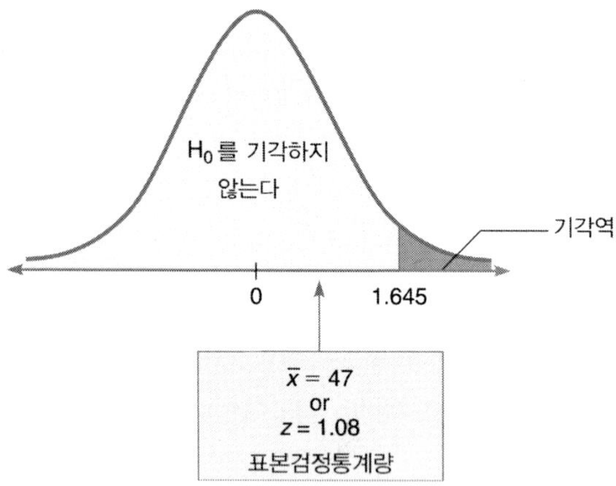

■

설명한 기각역 방법은 다른 모수의 검정에도 적용된다. P-값 방법과 같이 검정통계량의 표집분포를 알아야한다. 다음은 기각역 방법을 사용하여 가설검정을 하는 과정을 정리한 것이다.

절차 기각역 방법을 사용하여 검정하는 방법

1. 적절한 표집분포를 사용하여 검정통계량을 계산한다.
2. 표집분포를 이용하여 유의수준 α 와 검정의 특성에 따라 임계값을 구한다.
3. 검정통계량과 임계값을 비교한다.
   (a) 오른쪽꼬리 검정
   검정통계량 $\geq$ 임계값 이라면 H_0 기각
   검정통계량 $<$ 임계값 이라면 H_0 기각하지 않는다.
   (b) 왼쪽꼬리 검정
   검정통계량 $\leq$ 임계값 이라면 H_0 기각
   검정통계량 $>$ 임계값 이라면 H_0 기각하지 않는다.
   (c) 양쪽꼬리 검정
   검정통계량이 임계값을 벗어나면 H_0 기각
   검정통계량이 임계값 사이에 있으면 H_0 를 기각하지 않는다.

▶▶ 9.2 연습문제

1. **통계적 지식.** 같은 표본자료와 귀무가설에 대하여 μ의 양쪽꼬리 검정의 P-값을 한쪽꼬리 검정의 P-값과 비교하면 어떤가?

2. **통계적 지식.** μ를 검정하기 위하여 t분포를 이용할 때 자유도는 얼마를 사용하는가?

3. **비판적 사고.** μ에 대한 검정을 고려하시오. 만약 $\alpha = 0.01$에 대하여 H_0를 기각하는 P-값이라면 $\alpha = 0.05$에 대하여 언제나 H_0를 기각할 수 있는가?

4. **기본계산: t값에 대응하는 P-값.** $df = 10$과 $t = 2.930$인 t분포에 대하여
   (a) 양쪽꼬리 검정에 대하여 대응하는 P-값을 포함하는 구간을 구하시오.
   (b) 오른쪽꼬리 검정에 대하여 대응하는 P-값을 포함하는 구간을 구하시오.

5. **기본계산: σ를 모를 때 μ검정.** 25개의 랜덤표본을 고분모양이고 대칭인 분포에서 뽑았다. 표본평균은 10이고 표본표준편차는 2이다. 유의수준 0.05를 사용하여 모평균이 9.5라는 주장의 양쪽꼬리 검정을 하시오.
   (a) t분포를 사용하기에 적합한가? 자유도는 얼마인가?
   (b) 가설은 무엇인가?
   (c) 표본검정통계량 t를 계산하시오.
   (d) 검정에 대한 P-값을 구하시오.
   (e) H_0를 기각하는가?
   (f) 결과를 설명하시오.

※ 6번부터 11번까지의 공통 질문이다.

(a) 유의수준은 얼마인가? 귀무가설과 대립가설을 설정하시오.
(b) 어떤 표집분포를 사용하는가? 그 이유는? 자료로부터 검정통계량을 계산하시오.
(c) 검정통계량의 P-값을 구하시오. 표집분포를 그리고 P-값에 해당하는 영역을 표시하시오.
(d) 검정의 결론을 내리시오. 통계적으로 유의한가?

(e) 결과를 설명하시오.

6. **기상학: 폭풍**. 어느 해안을 강타하는 심각한 폭풍은 평균 최고 파고가 $\mu = 5.5$미터라 한다. 심각한 폭풍의 선행연구로부터 $\sigma = 1.17$이라 한다. 폭풍우가 다가오는 어느 날 36번의 파고를 재어 평균을 구하였더니 $\bar{x} = 5.8$미터였다. 이 정보를 가지고 심각한 폭풍 이상으로 커지고 있다고 할 수 있는가? $\alpha = 0.01$을 사용하시오.

7. **야생: 코요테**. 북 미네소타 지역의 성장한 코요테 46마리 표본의 평균 나이가 $\bar{x} = 2.05$년이고 표준편차 $s = 0.82$년이었다. 그러나 전체 코요테 무리의 평균 나이는 $\mu = 1.75$라 한다. 북 미네소타 지역 코요테의 평균수명이 1.75보다 더 오래 산다고 할 수 있는가? $\alpha = 0.01$을 사용하시오.

8. **투자: 주식**. 모든 주요 주식의 S&P 주가지수에 대하여 평균 P/E비율이 $\mu = 19.4$이다. 36개의 사회적 양심기업을 임의로 추출하였더니 평균 P/E비율이 $\bar{x} = 17.9$, 표준편차 $s = 5.2$였다. 사회적 양심기업의 평균 P/E비율이 S&P 지수에 대하여 평균 P/E비율과 다르다고 할 수 있는가? $\alpha = 0.05$를 사용하시오.

9. **의학: 적혈구 수**. X를 혈액 $1mm^3$당 적혈구 수(단위; 백만)를 나타내는 확률변수로 근사적으로 정규분포를 따른다고 하자. 건강한 성인 여성의 경우 X분포의 평균이 약 4.8이다. 한 여성 환자가 과거 여러 달에 걸쳐 6번 혈액검사한 적혈구 수 자료이다.

4.9	4.2	4.5	4.1	4.4	4.3

i. 표본평균과 표본 표준편차를 구하시오.
ii. 이 환자의 평균적혈구 수가 4.8보다 작다고 할 수 있는가? $\alpha = 0.05$를 사용하시오.

10. **스키순찰: 눈사태**. 캐나다에서 연구된 표층 눈사태의 평균 두께가 $\mu = 67cm$이었다. 콜로라도 베일의 스키 순찰대원은 그 지역의 표층 눈사태를 연구하고 있다. 봄에 눈사태의 확률표본으로 부터 다음의 두께를 얻었다.

59	51	76	38	65	54	49	62
68	55	64	67	63	74	65	79

i. 표본평균과 표본 표준편차를 구하시오.

ii. 눈사태의 두께는 근사적으로 정규분포를 따른다고 가정한다. 유의수준 1%를 사용하여 베일지역의 표층눈사태의 평균 두께가 캐나다 지역의 경우와 다르다는 주장을 검정하시오.

11. **낚시: 대서양 연어**. 미국 오리건 주의 홈셔 호수에서 낚시꾼들은 하루에 평균 $\mu = 8.8$ 마리의 대서양 연어를 잡아왔다. 낚시꾼의 수를 제한하는 새로운 할당 시스템이 금년 시즌에 발효되었다고 가정하자. 다음은 14명의 낚시꾼을 임의로 추출하여 잡은 연어 수를 조사한 자료이다.

12	6	11	12	5	0	2
7	8	7	6	3	12	12

i. 표본평균과 표본 표준편차를 구하시오.

ii. 하루에 잡은 연어 수는 근사적으로 정규분포를 따른다고 가정하고 유의수준 5%에서 하루에 잡은 평균 연어 수가 8.8과 다른지를 검정하시오.

12. **비판적 사고: 한쪽꼬리 대 양쪽꼬리**.

(a) 같은 자료와 같은 귀무가설에 대하여 한쪽꼬리 검정의 P-값은 양쪽꼬리 검정의 P-값보다 큰가?

(b) 같은 자료, 같은 귀무가설과 같은 유의수준에 대하여 양쪽꼬리 검정이 H_0를 기각하지 못하는 반면에 한쪽꼬리 검정은 H_0를 기각할 수 있는가?

(c) 같은 자료, 같은 귀무가설과 같은 유의수준에 대하여 양쪽꼬리 검정이 H_0를 기각한다면 한쪽꼬리 검정 또한 H_0를 기각하는가?

(d) 어떤 자료를 사용하여 주어진 가설을 기각하였다는 보고서가 있다면 어떤 형태의 검정을 사용하였는지를 아는 것은 좋은 생각인가?

13. **지식확장: 신뢰구간과 양쪽꼬리 검정**. 신뢰구간과 양쪽가설검정사이에는 관계가 있는가? c를 신뢰구간을 만들기 위하여 사용한 신뢰수준이라 하자. α를 양쪽가설검정의 유의수준이라 하자. 다음 설명은 평균의 가설검정에 적용한다.

> 유의수준 α와 귀무가설 $H_0 : \mu = k$인 양쪽검정에서 k가 μ에 대한 $c = 1 - \alpha$ 신뢰구간밖에 놓이면 H_0를 기각한다. k가 μ에 대한 $c = 1 - \alpha$ 신뢰구간 안에 놓이면 H_0를 기각하지 않는다.

예를 들어 $\alpha = 0.01$이고 $H_0 : \mu = 20 \quad H_1 : \mu \neq 20$인 가설검정을 고려하자. $\sigma = 4$인 모집단에서 36개의 표본을 뽑아 평균을 구하였더니 $\bar{x} = 22$이었다.

(a) $c = 1 - \alpha$의 값은 얼마인가? 제8장에서 설명한 대로 $c = 1 - \alpha$ 신뢰구간을 구하시오. 귀무가설하의 μ의 값은 얼마인가? 이 값은 신뢰구간 안에 놓이는가? 이 정보에 의하면 H_0를 기각하는가 기각하지 않는가?

(b) 제9장에서 설명한 대로 가설검정을 위한 P-값을 구하시오. H_0를 기각하는가 기각하지 않는가? (a)의 결과와 비교하시오.

14. **기각역 방법: 표준정규**. 기각역 방법을 사용하여 문제 6을 다시 해결하시오. P-값 방법과 결론을 비교하시오. 같은가?

15. **기각역 방법: 스튜던트 t**. 기각역 방법을 사용하여 문제 7을 다시 해결하시오. P-값 방법과 결론을 비교하시오. 같은가?

9.3 모비율 p의 검정

초점

- 비율검정에 필요한 요소를 확인하시오.
- 표본검정통계량을 계산하시오.
- P-값을 구하고 결론을 내리시오.

평균보다는 비율이나 퍼센트에 대한 검정을 필요로 하는 경우도 많다. 예를 들면, 대학 교무 담당자는 계절 학기를 원하는 학생의 비율이 증가했는지를 알고 싶을 수 있다.

그와 같은 검정을 어떻게 할 수 있을까? 이 절에서는 비율의 검정을 알아볼 것이다. 검정은 9.1, 9.2절과 유사하다. 주된 차이는 비율의 분포를 가지고 한다는 점이다.

R을 n번의 이항실험에서의 성공횟수라 하자. 각 시행의 성공확률 p의 추정값으로 $\hat{p} = r/n$을 사용할 것이다. q는 각 시행의 실패확률을 나타내고 $q = 1 - p$이다. 여기서는 표본이 크다고 즉, $np > 5$, $nq > 5$라고 가정한다.

대표본에 대하여 $\hat{p} = R/n$의 분포는 근사적으로 평균 $\mu = p$와 표준편차 $\sigma = \sqrt{pq/n}$인 정규분포를 따른다. 비율검정을 위한 귀무가설과 대립가설은 문제에 따라 다음 중의 하나이다. p는 확률이므로 $0 < k < 1$이다.

왼쪽꼬리 검정	오른쪽꼬리 검정	양쪽꼬리 검정
$H_0 : p = k$	$H_0 : p = k$	$H_0 : p = k$
$H_1 : p < k$	$H_1 : p > k$	$H_1 : p \neq k$

비율검정을 위하여 검정통계량 $\hat{p}$을 z값으로 변환할 필요가 있다. 그러면 검정에 적절한 P-값을 구할 수 있다. $\hat{p}$를 z값으로 변환하는 공식은 다음과 같다.

$$z = \frac{\hat{p} - p}{\sqrt{\frac{pq}{n}}}$$

$\hat{p}$; 표본비율, n; 시행횟수, p; H_0에서 정해진 비율; $q = 1 - p$.

$\hat{p}$의 표집분포에 관한 수학적 정보를 이용하면 비율의 검정 절차는 앞에서 다룬 검정과 유사하다.

절차 비율 p를 검정하는 방법

[조건]

성공확률 p를 갖는 n번의 이항실험을 고려한다. R을 n번의 이항실험에서의 성공횟수를 나타내는 확률변수라 한다. 시행횟수 n은 $np > 5$, $nq > 5$을 만족하도록 충분히 커야만 한다. 이 경우에 $\hat{p} = R/n$은 정규분포로 근사될 수 있다.

[절차]

1. 귀무가설과 대립가설을 설정하고 유의수준을 정한다.

2. 표준화된 검정통계량

$$Z=\frac{\hat{p}-p}{\sqrt{\frac{pq}{n}}}$$

을 계산하시오.

3. 표준정규분포를 사용하여 검정통계량에 대응하는 P-값을 구한다.
4. 결론을 내린다. P-값$\le \alpha$ 이라면 귀무가설을 기각하고, P-값$> \alpha$ 라면 귀무가설을 기각하지 않는다.
5. 응용 배경 안에서 결론에 대하여 설명한다.

예제 6 p를 검정

안과 외과의사팀은 어떤 질병으로 인하여 앞이 보이지 않는 사람들의 시력을 회복시켜주는 위험한 눈 수술을 위하여 새로운 기술을 개발하였다. 기존 방법으로는 시술을 받은 환자의 오직 30%가 시력을 회복하였다.

여러 병원에서 외과의들은 전체 225건의 시술을 하였고 그 중 88건이 성공적이었다고 하자. 새로운 방법이 기존 방법보다 우수하다고 할 수 있을까? 유의수준 1%를 사용하시오.

풀이

(a) 귀무가설과 대립가설을 설정하고 유의수준을 구하시오.

유의수준 $\alpha=0.01$ 이고,

$$H_0: p=0.30 \qquad H_1: p>0.30\,.$$

(b) 표본은 충분히 커서 $\hat{p}$ 에 대하여 정규분포를 사용해도 되는가? 검정통계량 $\hat{p}$ 을 구하고 적절하다면 z 값으로 변환하시오.

$np=225(0.30)=67.5$, $nq=225(0.7)=157.5$ 이므로 표본 통계량 $\hat{p}$ 에 대하여 정규분포를 사용할 수 있다. $\hat{p}=\frac{r}{n}=\frac{88}{225}=0.39$ 이므로

$$Z=\frac{\hat{p}-p}{\sqrt{\frac{pq}{n}}}=\frac{0.39-0.30}{\sqrt{\frac{0.30(0.70)}{225}}}=2.95\,.$$

(c) 검정통계량의 P-값을 구하시오.

그림 9-10은 P-값을 보여준다. 오른쪽꼬리 검정이므로 정규분포를 사용하여
P-값 $= P(Z > 2.95) = 0.0016$.

[그림 9-10] P-값 영역

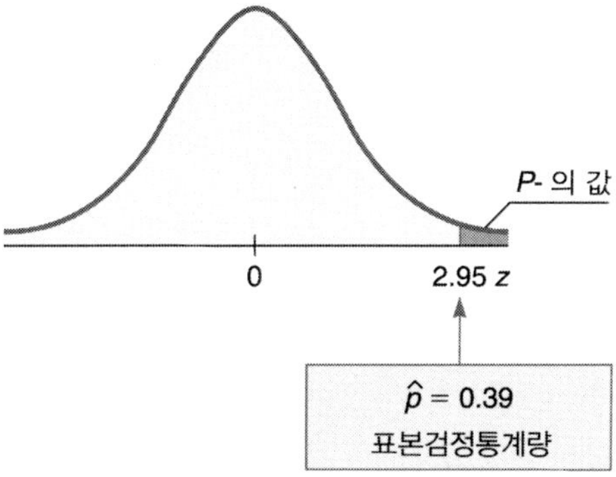

(d) 검정의 결론을 내리시오.

P-값 $0.0016 < 0.01$ 이므로 H_0를 기각한다.

(e) 결과를 설명하시오.

유의수준 1%에서 새로운 수술법의 성공확률이 기존방법보다 높다고 할 수 있다. ■

유도된 연습문제 5 p 검정

식물학자들이 다른 품종보다 가뭄에 더 내성이 강한 새로운 교배종의 밀을 생산하였다. 식물학자들은 모본의 발아율이 80%라는 것을 알고 있다. 교배종의 발아율은 모르지만 학자들은 80%라고 주장한다. 이 주장을 검정하기 위하여 400개의 교배종 씨앗을 심었더니 312개가 발아하였다. 유의수준 5%를 사용하여 교배종의 발아율이 80%라는 주장을 검정하시오.

(a) p를 교배종의 발아율이라 놓는다. H_0 와 H_1을 설정하시오. 요구된 유의수준은 얼마인가?

⇒ $H_0 : p = 0.80 \quad H_1 : p \neq 0.80, \quad \alpha = 0.05$.

(b) 검정통계량 $\hat{p}$을 계산하시오. $\hat{p}$에 대하여 정규분포를 사용할 수 있는가?

⇒ $n = 400, r = 312$ 이므로

$$\hat{p} = \frac{r}{n} = \frac{312}{400} = 0.78.$$

$H_0 : p = 0.80$ 로 부터

$np = 400(0.80) = 320, \ nq = 400(0.20) = 80$

이므로 정규분포를 사용할 수 있다.

(c) 검정통계량을 z값으로 변환하시오. ⇒ $H_0 : p = 0.80$에 따라

$$Z = \frac{\hat{p} - p}{\sqrt{\frac{pq}{n}}} = \frac{0.78 - 0.80}{\sqrt{\frac{0.80(0.20)}{400}}} = -1.00.$$

(d) 검정통계량의 P-값을 구하시오. P-값을 나타내는 표준정규곡선을 그리시오. ⇒ 양쪽 검정이므로

$$P\text{-값} = 2P(Z < -1.00) = 2(0.1587).$$

$$= 0.3174.$$

[그림 9-11] P-값

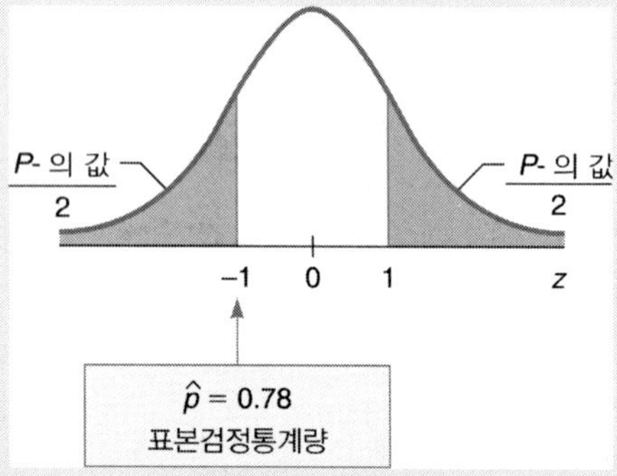

(e) 결론을 내리고 결과를 설명하시오. ⇒ P-값 $0.3174 > 0.05$이므로 H_0를 기각할 수 없다. 유의수준 5%에서 발아율이 80%가 아니라고 결론을 내리기에는 증거가 충분하지 못하다.

비판적 사고 **가설검정과 관련된 주제**

μ와 p의 가설검정을 통하여 그와 같은 검정을 설정하고, 수행하고 결과를 해석하는 경험을 하였다.

같은 모집단에서의 다른 랜덤표본은 대응하는 모수 μ혹은 p와 다른 표본통계량 $\overline{X}$ 혹은 $\hat{p}$을 얻을 것이다. 랜덤표본에서 얻은 통계량의 어떤 값은 대응하는 모수에 매우 가까울 것이다. 다른 것은 극단적인 자료값의 랜덤표본을 뽑았기 때문에 모수와 멀리 떨어질 수 있다.

가설검정의 중심문제는 표본검정통계량의 값이 H_0에서 제시된 모수의 값과 떨어져 있는 정도가 우연에 의한 것인지 아닌지를 고려하는 것이다.

표본검정통계량의 P-값은 H_0에서 제시된 모수의 값과 떨어져 있는 표본 통계량을 얻을 확률을 말한다. 만약 P-값이 너무 작으면 H_0를 기각한다. "너무 작다"라는 의미는 정해

진 유의수준 α 보다 작다 라는 의미이다.

H_0 를 기각할 때 절대적으로 옳은 결정을 한다고 확신하는가? 아니다. 잘못을 할 가능성을 가지고 있는 것이다. 유의수준 α 가 H_0 가 사실일 때 H_0 를 기각하는 실수를 할 확률을 나타내는 것이다.

다음 문제를 생각할 수 있다.

1. P-값이 α 에 매우 가깝다면 H_0 를 가까스로 기각하거나 기각하지 않거나 한다. 이런 경우에 연구자들은 다음과 같은 시도를 하여야 한다.
   - 표본크기를 증가시킨다.
   - 표준편차를 줄이기 위하여 실험을 통제한다.

   두 행동은 표본 검정통계량의 z 혹은 t 값을 증가시켜 결과적으로 대응하는 P-값이 더 작아진다.
2. 연구나 표본 측정을 얼마나 신뢰할 수 있는가?
   - 통계적 연구결과를 읽을 때 자료의 출처와 연구를 수행한 조직의 신뢰성을 확인한다.
   - 연구가 얻어진 결론으로 인해 이익을 얻는 기관에 의하여 지원을 받지는 않았는가? 만약 그렇다면 측정, 추출법과 자료정리가 적절하고 전문적인 기준을 충족하는지를 주의 깊게 살펴보아야 한다.

예제 7 p 검정의 기각역 방법

유도된 연습문제 5를 기각역 방법으로 풀어본다. 이 문제에서 400개의 교배종 씨앗을 심었더니 312개가 발아하였다. 유의수준 5%를 사용하여 교배종의 발아율이 80%라는 주장을 검정하시오.

풀이

(a) 귀무가설과 대립가설을 설정하고 유의수준을 구하시오.

$$H_0 : p = 0.80 \qquad H_1 : p \neq 0.80, \quad \alpha = 0.05 .$$

$\hat{p} = 0.78$ 이고 $z = -1.00$ 이다.

(b) 임계값 z_0 를 구하시오.

$\alpha = 0.05$ 로 양쪽검정이므로 그림 9-8로 부터 $z_0 = 1.96$ 이므로 임계값은 ± 1.96 이다.

(c) 그림 9-12는 기각역과 검정통계량의 위치를 보여준다.

[그림 9-12] 기각역, $\alpha = 0.05$

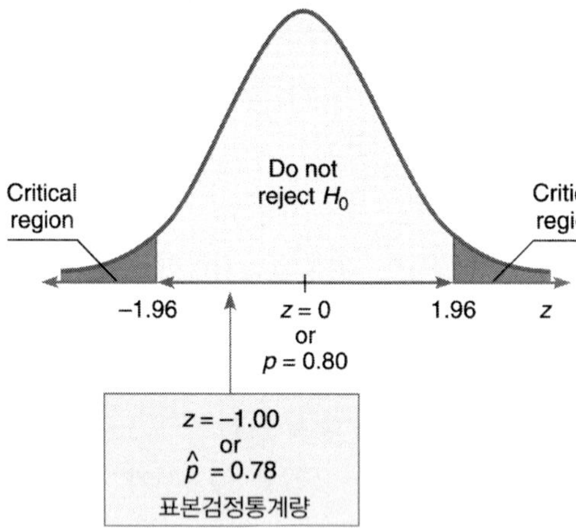

(d) 검정의 결론을 내리시오.

검정통계량이 기각역에 속하지 않으므로 H_0를 기각할 수 없다. 유의수준 5%에서 식물학자들의 주장을 기각하기에는 증거가 충분하지 못하다. ■

▶▶ 9.3 연습문제

1. **통계적 지식**. 정규분포를 사용하여 비율 p를 검정하려면 $np > 5$와 $nq > 5$라는 조건이 필요하다. 이 때 p값은 H_0의 값을 사용하는가 아니면 표본비율 $\hat{p}$를 사용하는가?

2. **비판적 사고**. 만약 유의수준 1%인 양쪽꼬리 검정에서 귀무가설이 기각되는 표본자료라면 유의수준 1%인 한쪽꼬리 검정에서도 또한 귀무가설이 기각되는가?

3. **기본계산: p검정**. 30번의 이항실험에서 12번 성공하였다. 성공의 모비율이 0.50과 다르다고 할 수 있는지를 검정하시오. 유의수준 0.05를 사용하시오.

   (a) $\hat{p}$의 분포에 정규분포를 사용할 수 있는가?

   (b) 가설을 설정하시오.

   (c) $\hat{p}$를 계산하고 검정통계량을 구하시오.

   (d) 검정통계량에 대한 P-값을 찾으시오.

(e) H_0를 기각할 수 있는가?

(f) 결과를 설명하시오.

※ 문제 4부터 11번까지의 공통질문이다.

(a) 유의수준은 얼마인가? 귀무가설과 대립가설을 설정하시오.

(b) 어떤 표집분포를 사용하는가? 그 이유는? 자료로부터 검정통계량을 계산하시오.

(c) 검정통계량의 P-값을 구하시오. 표집분포를 그리고 P-값에 해당하는 영역을 표시하시오.

(d) 검정의 결론을 내리시오. 통계적으로 유의한가?

(e) 결과를 설명하시오.

4. **초점문제: 벤포드 법칙**. 벤포드의 법칙은 매우 큰 자료파일에서 선택된 숫자는 0이 아닌 첫 자리 숫자로 1이 가장 빈번하게 선택된다는 주장이다. 자신이 대기업의 감사역이라 가정한다. 매출 보고서는 대규모 컴퓨터 파일로 수백만 개의 숫자를 포함한다. 파일에서 $n = 215$개의 항목을 추출하였더니 $r = 46$개가 1로 시작되었다고 한다. p를 0이 아닌 첫 자리숫자가 1인 기업파일의 모비율이라 한다.
   i. p가 0.301보다 작다는 주장을 검정하시오. $\alpha = 0.01$을 사용하시오.
   ii. 사실 p가 0.301보다 작다면 1로 시작하는 자료파일 수가 충분하지 않다고 의심할 수 있는가? 이것은 장부의 숫자를 부풀려 꾸며댔다는 것을 나타내는가? 주주의 관점에서 설명하시오.
   iii. 다음 문장을 비평하시오: "만약 유의수준 α에서 귀무가설을 기각한다면 H_0가 거짓이라는 것을 증명한 것은 아니다. H_0기각에 실수를 할 확률이 α라는 것이다." 검정 결과를 가지고 추가 조사를 하여 사기로 회사를 고소할 것을 추천할 것인가?

5. **사회학: 범죄율**. FBI와 법무부에 따르면 체포된 모든 사람들 중 70%가 15에서 34세 사이의 남자라 한다. 여러분이 록 스프링스시의 사회학자라 가정하자. 경찰파일에서 임의로 추출하였더니 이 지역에서 지난달 체포된 34명 중 24명이 15에서 34세 사이의 남자였다. 유의수준 1%를 사용하여 록 스프링스시의 15에서 34세 남자의 체포비율이 70%와 다른 지를 검정하시오.

6. **고속도로 사고**. 미국 교통부에 따르면 중상을 입은 자동차 운전자의 77%가 취중이었다고 한다. 키트 카슨 지역에서 27건의 참사사건을 임의로 추출하였더니 15건이 음주 운전자에 의한 것이었다. 음주와 연관된 사고율이 77%보다 작다고 할 수 있는가? $\alpha = 0.01$ 을 사용하시오.

7. **야생: 늑대**. 1918년 이전 미국 남서부의 늑대 모집단에서 암컷비율은 약 50%였다고 한다. 그러나 1918년 이후 소 목장주들은 대대적인 늑대 소탕을 시작하였다. 최근 34마리를 임의로 포획하였더니 그 중 오직 10마리만이 암컷이었다. 한 이론에 의하면 수컷 늑대가 암컷보다 빨리 선조늑대들이 몰살당한 지역으로 돌아간다고 한다. 이 지역에서 암컷 늑대 비율이 50%보다 작다고 할 수 있는가? $\alpha = 0.01$ 을 사용하시오.

8. **플라톤의 국가론: 음절패턴**. 산문운율은 교재의 긴 구절에서 5음절 배열의 발생이 특징이다. 이 특징은 구절사이의 유사성을 평가하여 저자를 확인하는데 사용될 수도 있다. 다음 정보는 *Computer Studies of the Humanities and Verbal Behavior*(Vol. 3, pp90-99)에 실린 위샤트와 S. V. 리치의 논문에 기초한다. 음절은 길거나 짧은 것으로 분류된다. 플라톤의 국가론 분석에서 위샤트와 리치는 5음절배열의 26.1%가 두 개는 짧고, 세 개는 긴 형태라는 것을 발견하였다. 그리스 고고학자들이 플라톤 시대의 고대 원고를 발견하였다고 가정하시오. 새로 발견된 원고의 317개 5음절 배열 랜덤표본에서 61개가 두 개는 짧고, 세 개는 긴 형태이다. 이런 형태의 5음절 배열이 플라톤의 국가론과 다르다고 할 수 있는가? $\alpha = 0.01$을 사용하시오.

9. **소비자: 상표 충성도**. USA Today는 미국 전체 소비자의 47%가 자동차를 선택할 때 제조사에 대한 충성심에 의한다고 보도하였다. 쉐보레는 1006명의 자사 차 소유자를 임의로 추출하여 조사하였더니 490명이 다시 쉐보레를 구입할 것이라고 대답하였다. 쉐보레에 충성하는 소비자 비율이 47%보다 높다고 할 수 있는가? $\alpha = 0.01$ 을 사용하시오.

10. **의학: 고혈압**. 고혈압은 수축기 혈압이 140mmHg 이상이거나 이완기 혈압이 90mmHg 혹은 그 이상이라고 정의한다. 18-24세의 대학생 중 9.2%가 고혈압이라 한다. 어느 대학 기숙사에서 기말고사 기간에 혈압을 측정하였더니 196명 중 29명이 고혈압이었다.

기말고사 기간에 고혈압인 학생의 비율이 9.2%보다 높다고 할 수 있는가? $\alpha = 0.05$ 을 사용하시오.

11. **마이어-브릭스: 외향적.** 학생회 임원들은 외향적인가? 마이어-브릭스 추정값에 따르면 학생회 임원의 약 82%가 외향적이라 한다. 전국 리더십 대회에 참가하고 있는 학생회 임원 73명을 임의로 추출하여 마이어-브릭스 성격테스트를 하였더니 56명이 외향적이었다고 한다. 외향적인 학생회 임원의 비율이 82%와 다르다고 할 수 있는가? $\alpha = 0.01$ 을 사용하시오.

12. **기각역 방법: 비율검정.** 문제 6을 기각역 방법을 사용하여 검정 하시오.

복 습

요 약

가설검정은 추측 통계학의 중요한 요소이다. 가설검정에서 문제의 모수에 대하여 특정값을 제안한다. 그리고 랜덤표본자료와 확률을 사용하여 모수에 대한 이 특정값을 기각할지를 결정한다.

가설검정의 기본요소는 다음과 같다:

- 귀무가설 H_0는 모수가 특정값과 같다고 하는 것이다.
- 대립가설 H_1은 모수가 H_0에서 정해진 값보다 크거나, 작거나 다르다고 하는 것이다.
- 검정의 유의수준 α는 H_0가 사실일 때 H_0를 기각할 확률이다.
- H_0에 속하는 모수에 대응하는 표본검정통계량은 랜덤표본과 적절한 표집분포로부터 계산된다.
- H_0가 사실이라고 가정할 때, 표본검정통계량이 관측된 표본검정통계량보다 극단적인 값을 가질 확률이 검정의 P-값이다. P-값은 표본검정통계량, 대응하는 표집분포, H_0와 H_1을 사용하여 계산한다.
- 만약 P-값$\leq \alpha$라면 H_0를 기각한다. P-값$> \alpha$라면 H_0를 기각하지 않는다.

• H_0를 기각할 수 있다면 표본자료가 유의하다고 한다.

가설검정을 하는 다른 대안은 대립가설과 α를 갖고 기각역을 사용하는 것이다. 표본검정통계량이 기각역에 속하면 H_0를 기각한다.

표본검정통계량에 대응하는 *P*-값 찾기

각각의 검정에 대하여 설명된 것과 같이 적절한 표집분포를 사용하시오.

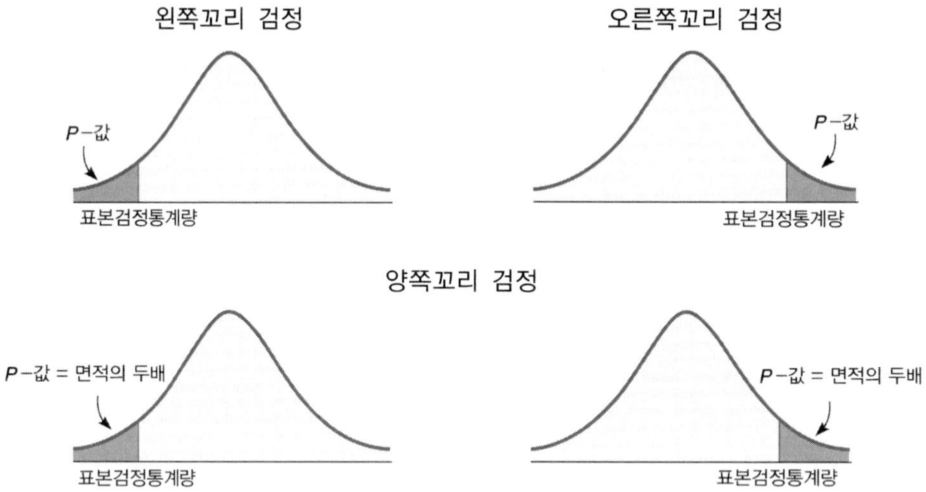

μ 혹은 p에 대한 표집분포

모수	조건	표집분포
μ	σ를 알고 X가 정규분포 혹은 $n \geq 30$	정규분포
μ	σ를 모르고 X가 정규분포 혹은 고분모양대칭분포 혹은 $n \geq 30$	자유도 $n-1$인 t분포
p	$np > 5$와 $nq > 5$	정규분포

복습문제

1. **통계적 지식.** μ의 검정에서 표준정규분포를 사용할지 t분포를 사용할지를 어떻게 결정하는가?

2. **비판적 사고.** 모든 조건이 동일할 때 표본크기가 크면 표본검정통계량의 z값 혹은 t값은 증가하는가?

※ 문제 3부터 6번까지의 공통질문이다.

(a) 유의수준은 얼마인가? 귀무가설과 대립가설을 설정하시오.

(b) 어떤 표집분포를 사용하는가? 그 이유는? 자료로부터 검정통계량을 계산하시오.

(c) 검정통계량의 P-값을 구하시오. 표집분포를 그리고 P-값에 해당하는 영역을 표시하시오.

(d) 검정의 결론을 내리시오. 통계적으로 유의한가?

(e) 결과를 설명하시오.

3. **자동차: 주행거리.** 미국에서 자동차 당 연간 평균주행거리는 17,800㎞이고 $\sigma = 960$㎞라 한다. 시카고 거주자가 소유하는 36대의 자동차 랜덤표본은 평균이 17,320㎞였다고 한다. 시카고에 있는 자동차 당 평균 주행거리가 전국평균과 다르다는 것을 나타내는가? 유의수준 0.05를 사용하시오.

4. **장난감: 전기기차.** 토이로트 회사는 모터가 달린 전기기차를 만드는데 기차는 평균 $0.8A$를 사용한다고 주장한다. 9개의 모터 표본을 검사하였더니 평균전류가 $\overline{x} = 1.4A$였고 표본표준편차가 $s = 0.41A$였다. 자료는 $0.8A$라는 회사의 주장이 너무 낮다는 것을 나타내는가? 유의수준 1%를 사용하시오.

5. **의학: 플라스마 습포.** 한 병원은 새로운 액체 프라스마 습포의 사용으로 광범위화상(피부의 40%이상)환자에 대한 정상적인 사망률을 감소시켜왔다고 발표하였다. 새 치료 전에 광범위 화상환자의 사망률은 약 60%였다. 새 습포를 사용하여 병원은 광범위 화상환자 90명중 오직 40명이 사망하였다는 것을 알았다. 사망률이 떨어졌다는 주장을 유의수준 1%를 사용하여 검정하시오.

6. **자동판매기: 커피.** 학생회관에 있는 커피자동판매기가 있다. 컵 당 210㎖가 담기도록 설정되었다. 이 기계에서 8컵을 뽑아 평균 219㎖와 표준편차 15㎖를 얻었다. 기계가 조정이 안되 컵 당 커피의 양이 210㎖와 다르다고 생각하는가? 유의수준 5%를 사용하시오.

CHAPTER

10 차이의 추론

노먼 록웰(Norman Rockwell)은 매일 사람과 상황을 그렸다. Saturday Evening Post 표지에서 한 젊은 여성이 운동장에서의 싸움에 관하여 교장선생님과 회의를 하려고 한다. 그러면 그렇지!

언어학자들은 "그러면 그렇지!"라는 표현은 "차이가 무엇인가?"라는 것의 짧은 표현이라 한다. 언어학자들은 모든 언어와 문화에서 차이에 관한 유사한 표현이 있다고 한다. 어떤 것이 더 낫거나, 더 나쁘거나, 또는 단순히 다르다는 주장을 하는 것은 인간의 본성이다.

이 장에서는 두 모집단 사이에 차이가 있는지 없는지에 대한 다양한 주제를 연구함으로써 이 인간적인 주제에 초점을 맞출 것이다.

사전질문

- 짝지은 자료값의 통계적 이점은 무엇인가? 통계 검정을 어떻게 하는가? (10.1절)
- 각 모집단의 σ을 알 때, 두 독립 모집단의 평균을 어떻게 비교하는가? (10.2절)
- 두 독립 모집단의 평균을 비교하려고 하지만 각 모집단의 σ을 모른다면? (10.2절)
- 두 독립 모집단의 비율을 비교하기 위하여 표본자료를 어떻게 이용하는가? (10.3절)

초점문제 원앙의 문제

국립야생생물연맹(National Wildlife Federation)은 "원앙의 문제"(National Wildlife, Vol. 31. No. 5)라는 논문을 발표하였다. 이 논문에서는 원앙을 태평양 북서연안과 미국 남동부 산림 지대에 사는 아름다운 새로 묘사한다. 사냥과 서식지 파괴로 인해, 이 새들은 멸종될 위험에 처해 있었다. 1918년 연방정부의 사냥금지령은 원앙의 멸종을 막는데 도움이 되었다. 원앙은 나무구멍에 둥지를 틀고 싶어 하지만 벌목으로 많은 나무들이 사라졌다. 일정기간 동안 인공둥지가 사라지는 나무의 해결책이었던 것 같았다. 처음에는 원앙 개체수가 증가했지만 몇 년 후에 개체수가 급격히 하락했다. 통계학과 결합된 생물학 연구는 이 교란 현상에 대한 해답을 제공했다. 코넬 대학의 생태학 교수인 폴 셔먼(Paul Sherman)과 브래드 세멜(Brad Semel) 교수는 인공둥지가 서로 너무 가깝게 배치되었다는 사실을 발견했다. 암컷 원앙은 다른 둥지와 상당한 거리에 있는 외딴 둥지를 선호한다. 실제로, 둥지가 너무 가까울 때 암컷의 행동이 바뀌었다. 어떤 암컷은 다른 둥지에 알을 낳았고, 결과는 한 둥지에 너무 많은 알이 있었다. 생물학자들은 둥지에 알이 너무 많으면 부화율이 급격히 감소한다는 것을 알았다. 이것은 원앙의 개체수 감소를 의미한다.

이 연구에서 셔먼과 세멜은 두 개의 인공둥지 배치를 사용했다. 그룹 I은 인공둥지가 서로 잘 분리되어 있었고 잘 숨겨져 있었다. 그룹 II는 인공둥지가 매우 잘 보이고 밀집하게 되어 있었다. 그룹 I의 둥지에는 총 474개의 알 중에 270개가 부화하였고, 그룹 II의 둥지에서는 총 805개의 알 중에 270개의 알이 부화하였다.

(a) $p_1 - p_2$에 대한 95% 신뢰구간을 구하시오. 그룹 I과 그룹 II의 알의 부화율이 높거나, 낮거나, 같지 않은가?

(b) 5% 유의수준을 사용하여 그룹 I 비율이, 그룹 II 비율보다 더 크다는 가설을 검정한다. 우리는 H_0를 기각하거나 채택한다. 이 결과는 95% 신뢰구간의 정보와 일치하는가?

(c) 인공둥지의 배치에 관한 어떤 결론을 이끌어 낼 수 있는가? 그룹 I의 인공둥지를 설치하는데 비용이 많이 들고, 효율성에 대한 문제가 제기된다. 이 기사에서는 비용 효율성에 대한 언급은 없었다. 하지만 제시된 두 그룹의 연구는 부화율에 대한 답을 찾을 수 있다.

10.1 대응표본 검정(종속표본)

초점

- 짝지은 자료와 종속표본을 식별하시오.
- 짝지은 자료에 대한 검정의 장점을 설명하시오.
- 차이 및 표본 검정통계량을 계산하시오.
- $P-$값을 추정하고 검정의 결론을 내리시오.

많은 통계적 응용은 두 모집단 평균의 차에 관한 결론을 이끌어 내기 위하여 **짝지은 자료**(paired data; **대응 표본**)를 사용한다. **자료 쌍**(data pairs)은 같은 대상이나 개체가 어떤 처리 전·후에 측정되는 상황에서 자연스럽게 얻어진다. 사회과학, 자연과학 및 경영학에서 적용되는 문제는 종종 대응 쌍(matching pairs)에 대한 연구와 관련이 있다. 일란성 쌍둥이의 심리학 연구; 토양 유형, 습기 및 태양과 조화를 이루는 토지에서 식물 성장에 대한 생물학적 연구; 재고의 판매에 대한 비즈니스 연구는 자료 쌍 연구의 일례이다.

짝지은 자료를 다룰 때는 자연스러운 특성의 조화를 이용하는 자료 쌍을 생성하는 분명하고 일률적인 방법을 사용하여야 한다.

하나의 표본에 있는 자료값이 다른 표본에 있는 대응하는 자료값과 의미가 있는 방법으로 짝지어질 수 있다면 두 표본은 **서로 종속**(dependent)이다.

예제 1 짝지은 자료

한 신발 제조업자는 미국 성인 모집단에 대하여 왼발의 평균길이가 오른발 평균보다 크다고 주장한다. 양발의 평균 길이를 비교하기 위하여 15명의 미국 성인을 임의로 추출하여 양발의 길이를 측정하였다. 측정값들을 짝지을 자연스러운 방법이 있는가? 얼마나 많은 짝이 있는가?

풀이 왼발 측정값과 같은 사람의 오른발 측정값을 짝지을 수 있다. 사람이 두 분포 사이의 연결고리이다. 15개의 관측값의 짝을 얻는다. ■

유도된 연습문제 1 짝지은 자료

한 심리학자가 정신지체아동의 인지능력습득에 유용한 **도구적 심화**(Instrumental Enrichment; IE) 프로그램이라 부르는 일련의 도구를 개발하였다. 프로그램을 검증하기 위하여 포괄적인 통계적 검정을 실시하여 왔다. 한 실험에서 IQ점수가 80이하인 10살 학생 10명을 임의로 추출하였다. IE 프로그램을 실시하기 전에 IQ검사를 하고 2년 동안 프로그램 실시를 하고 다시 IQ검사를 하였다.

(a) 무엇을 근거로 IQ점수를 짝지을 수 있는가? ⇒ 개별 학생의 프로그램 실시 전과 후를 기준으로 한다.

(b) 20명을 표본으로 추출하였다면 몇 개의 짝자료를 얻을 수 있는가? ⇒ 20개, 40개의 IQ자료를 이용.

두 모집단을 비교하기 위하여 항상 대응표본검정을 할 수는 없지만 할 수 있다면 어떤 이점이 있는가? 대응표본을 사용하면 표본측정값에 외생이나 의도하지 않은 요인이 들어오는 위험을 감소시킬 수 있어서 결과적으로 측정값의 변동을 감소시켜 통계적 결론의 정확성을 증가시키는 이론적 효과가 있다.

두 표본의 평균을 비교하려면 우선 결정하여야 할 사항은 두 표본 자료 사이에 어떤 연관이 있는지를 살펴보는 것이다.

짝지은 자료를 검정할 때 짝 자료값의 차 d를 구하여 평균 차 $\bar{d}$를 구한다. 이 $\bar{d}$를 검정통계량으로 사용한다. 정리 10.1이 짝지은 자료를 다루는 근거를 제공한다.

정리 10.1 ▌ n 개의 짝지은 자료 확률표본을 고려하자. 각 짝의 첫째 값과 둘째 값의 차이 d가 평균 μ_d를 갖는 정규분포를 따른다고 가정한다. 그러면 d의 표본표준편차를

$$s_d = \sqrt{\frac{\sum(d-\overline{d})^2}{n-1}}$$

라고 할 때,

$$T = \frac{\overline{d}-\mu_d}{s_d/\sqrt{n}}$$

는 자유도 $d.f. = n-1$ 인 t 분포를 따른다.

짝지은 자료값의 차를 검정할 때, 귀무가설은 짝 사이에는 차이가 없다는 것이다. 즉,

$$H_0 : \mu_d = 0$$

이다. 대립가설은 다음 중의 하나가 된다.

$$H_1 : \mu_d < 0 \qquad H_1 : \mu_d > 0 \qquad H_1 : \mu_d \neq 0$$

대응표본검정에서 표본평균 $\overline{d}$를 가지고 H_0에 관한 결정을 한다. 정리 10.1에 의하여 $\overline{d}$를 다음 공식을 사용하여 t값으로 변환한다.

$$t = \frac{\overline{d}}{s_d/\sqrt{n}}$$

$\overline{d}$로부터 계산된 검정통계량 t값에 대응하는 $P-$값을 구하기 위하여 t분포표를 사용한다. (부록 표 4). 9.2 절에서 $d.f. = n-1$ 에 해당하는 행에서 검정통계량 t(t가 음수이면 $|t|$)를 찾는다. 여기서 n은 자료 쌍의 수이다. 검정통계의 $P-$값은 한쪽꼬리 검정(오른쪽 또는 왼쪽)에 대한 한쪽 꼬리 열에 있는 열 항목이다. 양쪽꼬리 검정의 경우 $P-$값은 양쪽꼬리 영역 행에 있는 열 항목이다. 일반적으로 정확한 검정통계 t는 표에 없으므로 표에서 인접한 항목을 사용하여 $P-$값이 포함된 간격을 얻는다. 표 10-1은 $P-$값과 $P-$값을 포함하는 간격을 찾기 위한 t분포표를 사용하기 위한 기본 구조이다.

[표 10.1] $P-$값을 구하기 위한 t분포표 사용

한쪽꼬리 검정	한쪽꼬리 면적	$P-$값		$P-$값
양쪽꼬리 검정	양쪽꼬리 면적	$P-$값		$P-$값
열 시작	$d.f. = n-1$		↑ t값	

절차 대응표본 검정법

n쌍의 짝지은 자료를 구한다. d를 대응하는 자료값의 차라 한다. 표본평균 $\bar{d}$와 표본표준편차s_d를 구한다.

1. 귀무가설 $H_0 : \mu_d = 0$와 대립가설 $H_1 : \mu_d < 0$, $H_1 : \mu_d > 0$, $H_1 : \mu_d \neq 0$ 을 설정하고 유의수준 α을 정한다.
2. d가 정규분포라면 모든 표본크기 n을 사용할 수 있다. 정규분포를 가정할 수 없다면 $n \geq 30$을 사용한다. $\bar{d}$, s_d와 n과 귀무가설의 $\mu_d = 0$를 사용하여 표본검정통계량

$$t = \frac{\bar{d}-0}{s_d/\sqrt{n}}$$

   을 구한다.
3. t분포와 대립가설을 사용하여 검정통계량에 대응하는 $P-$값을 구한다.
4. 결론을 내린다. $P-$값$\leq \alpha$이라면 귀무가설을 기각하고, $P-$값$> \alpha$라면 귀무가설을 기각하지 않는다.
5. 응용 배경 안에서 결론에 대하여 간단히 설명한다.

예제 2 대응표본검정

세인트 안(Saint Ann's) 병원의 심장수술 팀은 교정심장수술을 받는 많은 환자들이 예정된 수술 전에 위험수준의 근심을 한다는 것을 알고 있다. 정신과 의사는 이러한 근심을 감소시켜주기 위하여 새로운 상담 프로그램을 시작하였다. 심장 수술을 받아야만 한다는 것을 알고 있는 환자들을 대상으로 근심도 검사를 하였다. 그런 다음 각 환자는 정신과 의사와 함께 일련의 상담활동에 참여한다. 상담활동 끝에 각 환자는 다시 근심도 수준을 정하기 위하여 검사를 받는다. 표 10.2는 9명의 환자의 결과를 보여준다.

주어진 자료로부터 상담활동이 근심도를 감소시켜 준다고 할 수 있는가? 유의수준 0.01을 사용하시오.

[표 10.2]

환자	B 상담 전 점수	A 상담 후 점수	$d = B - A$ 차
1	121	76	45
2	93	93	0
3	105	64	41
4	115	117	-2
5	130	82	48
6	98	80	18
7	142	79	63
8	118	67	51
9	125	89	36

풀이 9명의 환자를 대상으로 상담 전후에 관측을 하였으므로 대응표본을 가지고 있는 것이다. 표 10.2에 차 $d = B - A$를 구하였다.

(a) 유의수준과 가설을 설정하시오.

$\alpha = 0.01$ 이다. 상담활동이 근심을 줄여주는지를 검정하는 것이다. 이것은 상담 전 근심도 수준이 상담 후보다 높다는 것을 의미한다. 따라서 가설은

$$H_0 : \mu_d = 0, \ H_1 : \mu_d > 0$$

로 설정한다.

(b) 표본검정통계량 $\bar{d}$ 를 구하고 대응하는 검정통계량 t 로 변환하시오.

표 10.2로부터 $\bar{d} = 33.33$, $s_d = 22.92$ 이므로 $n = 9$ 와 $\mu_d = 0$ 를 사용하여

$$t = \frac{\bar{d} - 0}{s_d / \sqrt{n}} = \frac{33.33}{22.92 / \sqrt{9}} = 4.363$$

(c) 검정통계량에 대한 $P-$값을 구하고 t 분포에 $P-$값을 그리시오.

$P-$값은 그림 10.1에서와 같이 $t = 4.363$ 오른쪽 면적이다.

$d.f. = n - 1 = 9 - 1 = 8$ 이므로 따라서 부록 표 4로부터 $t = 4.363$ 은 3.355와 5.041 사이에 놓이므로 $P-$값은 0.005와 0.0005 사이에 있다.

$$0.0005 < P-\text{값} < 0.005$$

[표 10.3] t분포표

한쪽꼬리 면적	0.005		0.0005
양쪽꼬리 면적	0.010		0.0010
$d.f.=8$	3.355	↑ $t=4.363$	5.041

[그림 10.1] $P-$값

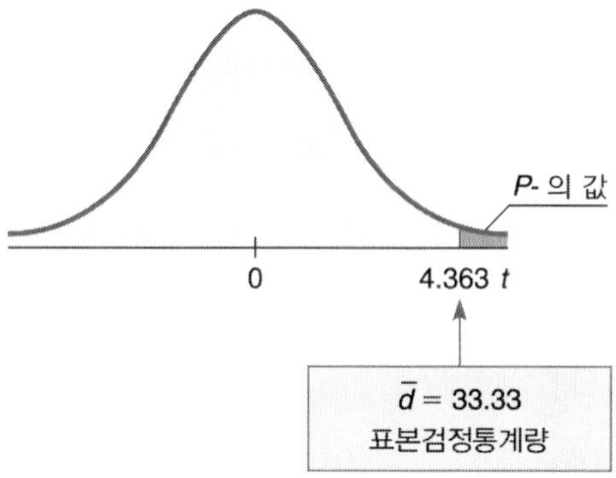

(d) 결론을 내리시오.

$P-$값을 포함하는 구간이 $\alpha=0.01$ 의 오른쪽에 있으므로 H_0를 기각한다.

(e) 결과를 설명하시오.

유의수준 1%에서 상담활동이 교정심장수술을 받는 환자의 평균 근심수준을 감소시킨다고 할 수 있다. ■

유도된 연습문제 2 대응표본검정

교육적인 장난감이 아이들이 글을 배우는 나이에 차이를 만드는가? 이 문제를 연구하기 위하여 연구자들은 취학 전 아이들 한 그룹에게는 알파벳 블록, 퍼즐과 같은 교육적인 장난감이 있는 방에서 매일 2시간씩 보내게 하였고, 다른 그룹 아이들은 보통 장난감이 있는 방에서 매일 2시간씩 보내게 하였다. 쌍둥이가 아닌 한 IQ의 차이나 가정환경은 통제할 수 없는 인자라 생각되어 취학 전인 6쌍의 일란성 쌍둥이를 임의로 추출하였다. 각 쌍에서 한 아이를 임의로 추출하여 실험군에 다른 아이는 대조군에 배치하여 실험을 하였다. 표 10.4에 실험실시 6개월 후에 기초수준의 글을 읽기 시작한 나이(개월)수를 기록하였다.

[표 10.4] 일난성 쌍둥이의 읽기 시작한 나이

쌍둥이	실험군 $B=$ 나이	대조군 $A=$ 나이	차이 $d=B-A$
1	58	60	-2
2	61	64	-3
3	53	52	1
4	60	65	-5
5	71	75	-4
6	62	63	-1

(a) 표 10.4의 $d=B-A$를 계산하고 $\overline{d}$, s_d를 구하시오. ⇒ $\overline{d}=-2.33,\ s_d=2.16$

(b) 귀무가설을 설정하시오. ⇒ $H_0:\mu_d=0$

(c) 읽기 시작한 나이에 차이가 있다는 주장을 검정하기 위하여 대립가설을 설정하시오. ⇒ $H_1:\mu_d\neq 0$

(d) 표본검정통계량 $\overline{d}$를 구하고 대응하는 검정통계량 t로 변환하시오. 자유도는 얼마인가? ⇒ $\overline{d}=-2.33$, $s_d=2.16$이므로 $n=6$과 $\mu_d=0$를 사용하여

$$t=\frac{\overline{d}-0}{s_d/\sqrt{n}}=\frac{-2.33}{2.16/\sqrt{6}}=-2.642$$

$$d.f.=n-1=6-1=5$$

(e) 검정통계량에 대한 $P-$값을 구하고 t 분포에 $P-$값을 그리시오. ⇒ 양쪽 검정이므로 양쪽꼬리 면적을 이용한다.

[표 10.5] t분포표

한쪽꼬리 면적	0.025	0.010
양쪽꼬리 면적	0.050	0.020
$d.f.=5$	2.571	3.365
	↑ $t=2.642$	

[그림 10.2] $P-$값

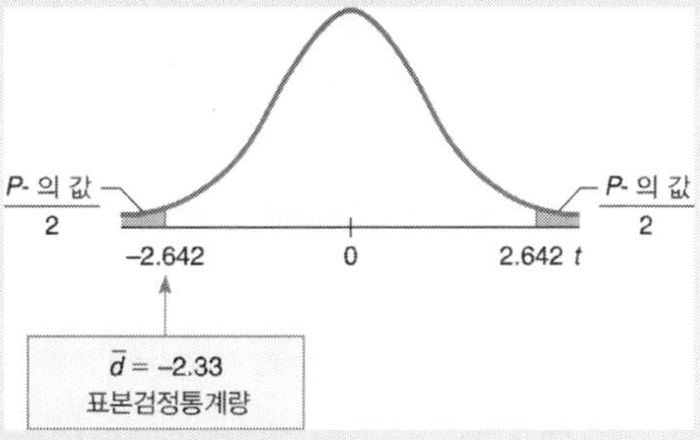

따라서

$0.020 < P-$값 < 0.050

(f) $\alpha = 0.05$ 를 사용한다면 H_0 를 기각할 수 있는가? 결과를 설명하시오. ⇒ $P-$값이 0.05보다 작으므로 H_0를 기각한다. 유의수준 5%에서 실험은 교육적인 장난감이 아이들이 읽기 시작하는 나이에 차이를 가져온다는 것을 나타낸다.

예제 3 기각역 방법

유도된 연습문제 2를 다시 고려한다. 6쌍의 일란성 쌍둥이를 추출하여 각 쌍에서 임의로 한 명에게는 교육적인 장난감을 주었고 다른 한 명에게는 그러지 않았다. 실험 후에 읽기 시작한 나이를 측정하여 차 d를 구하였다. $\alpha = 0.05$ 를 사용한다.

풀이 유도된 연습문제 2로부터

$$H_0 : \mu_d = 0 \qquad H_1 : \mu_d \neq 0$$

검정통계량 $\bar{d} = -2.33$ 으로 $t = -2.642$ 에 대응하였다.

(a) $\alpha = 0.05$ 에 대한 임계값을 구하시오.

$n = 6,\ d.f. = n - 1 = 5$ 이므로 부록 표 4로부터 임계값은 $t_0 = \pm 2.571$ 이다.

(b) 기각역을 그리고 그림에 $\bar{d}$ 의 t 값을 나타내시오. 검정에 대한 결론을 내리고 유도된 연습문제 2의 결과와 비교하시오.

그림 10.3에 기각역과 t 값을 나타내었다. 검정통계량의 값이 기각역에 속하므로 H_0 를 기각하고 유의수준 5%에서 실험은 교육적인 장난감이 아이들이 읽기 시작하는 나이에 차이를 가져온다고 결론을 내린다. $P-$값을 사용한 결과와 일치한다.

[그림 10.3] $\alpha = 0.05$ 와 $d.f. = 5$ 에 대응하는 기각역

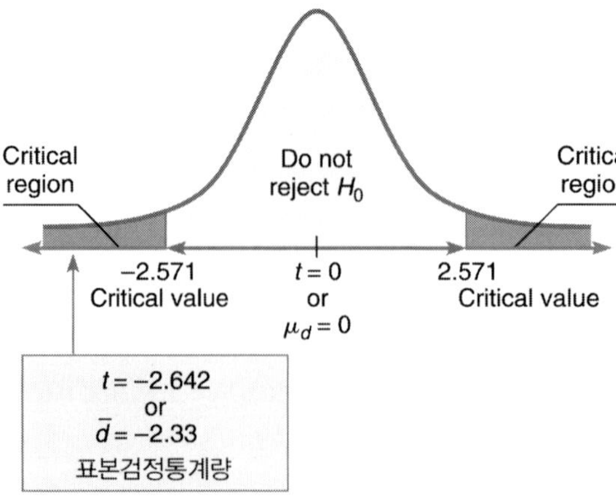

■

▶▶ 10.1 연습문제

1. **통계적 지식**. 짝지은 자료는 독립 또는 종속인가?

2. **통계적 지식**. 짝지은 자료를 검정할 때 귀무가설은?

3. **통계적 지식**. t분포를 이용하여 짝지은 n개의 자료를 검정할 때 자유도($d.f.$)는?

4. **기본계산: 짝지은 자료의 검정**. 36개의 짝지은 표본의 평균 0.8이고, 표준편차는 2였다. 5% 유의수준에서 차이의 모집단평균이 0과 다른지 검정하라.
   (a) t분포의 자유도를 구하시오.
   (b) 가설을 세우시오.
   (c) 검정통계량을 구하시오.
   (d) $P-$값을 구하시오.
   (e) 귀무가설을 기각하거나 채택하시오.
   (f) 결과를 설명하시오.

5. **사업 분야: CEO 올리다**. 다음 자료는 미국의 존 디어(John Deere), 제너럴 엘렉트릭 컴퍼니(Co. General Electric), 유니온 카바이드(Union Carbide), 도우 케미칼(Dow Chemical) 등등에서 임의로 추출한 9개 회사의 회사 수익증가율과 대표이사의 급여 증가율을 조사한 자료이다.

B: 회사 수익증가율	24	23	25	18	6	4	21	37
A: 대표이사 급여증가율	21	25	20	14	-4	19	15	30

회사의 수익증가율과 대표이사의 급여증가율이 다르다고 할 수 있는가? 유의수준 $\alpha = 0.05$를 사용하시오. 단 , 증가율의 차의 분포는 근사적으로 정규분포를 따른다고 가정한다.
   (a) 유의수준은 얼마인가? 귀무가설과 대립가설을 설정하시오.
   (b) 표본분포는 무엇을 사용하는가? 검정통계량의 값을 구하시오.
   (c) $P-$값을 구하시오. 표본분포를 그리고 $P-$값에 대응하는 면적을 나타내시오.

(d) 앞의 결과를 이용하여 검정을 하시오.

(e) 검정 결과를 설명하시오.

6. **생태학: 록키 산 국립공원**. 다음은 록키 산 국립공원의 5개 기상지점의 1월과 4월의 최대풍속(키로미터/시간)을 기록한 자료이다.

기상지점	1	2	3	4	5
1월	222	195	202	102	125
4월	166	181	160	140	98

1월이 4월보다 최대 풍속이 더 높다고 할 수 있는가? $\alpha = 0.01$ 을 사용하시오. 단 , 풍속의 차는 근사적으로 정규분포를 따른다고 가정한다.

(a) 유의수준은 얼마인가? 귀무가설과 대립가설을 설정하시오.

(b) 표본분포는 무엇을 사용하는가? 검정통계량의 값을 구하시오.

(c) $P-$값을 구하시오. 표본분포를 그리고 $P-$값에 대응하는 면적을 나타내시오.

(d) 앞의 결과를 이용하여 검정을 하시오.

(e) 검정 결과를 설명하시오.

7. **야생: 늑대**. 환경연구에서 성비는 대단히 중요하다. 북유럽의 8개 연구지역의 늑대 성비가 다음과 같다.

늑대무리 위치	% 수컷(겨울)	% 수컷(여름)
필란드	72	53
필란드	47	51
필란드	89	72
라플란드	55	48
라플란드	64	55
러시아	50	50
러시아	41	50
러시아	55	45

외로웠던 늑대가 겨울에 생존율을 높이기 위하여 무리에 합류한다고 가정하였다. 유의수준 5%를 사용하여 늑대무리의 수컷비율이 겨울에 더 높다는 가설을 검정하시오. 단

비율의 차는 근사적으로 정규분포를 따른다고 가정한다.
(a) 유의수준은 얼마인가? 귀무가설과 대립가설을 설정하시오.
(b) 표본분포는 무엇을 사용하는가? 검정통계량의 값을 구하시오.
(c) $P-$값을 구하시오. 표본분포를 그리고 $P-$값에 대응하는 면적을 나타내시오.
(d) 앞의 결과를 이용하여 검정을 하시오.
(e) 검정 결과를 설명하시오.

8. **골프: 토너먼트**. 프로 골퍼들은 첫째 날에 성적이 더 좋은가? 다음은 전영오픈 결선에 오른 선수 중에서 임의로 추출한 9명의 스코어이다. B는 마지막 날 스코어이고 A는 첫째 날 스코어이다.

B: 마지막 날	73	68	73	71	71	72	68	68	74
A: 첫째 날	66	70	64	71	65	71	71	71	71

마지막 날 평균 스코어가 첫째 날보다 더 높다고(성적이 좋지 않다) 할 수 있는가? 유의수준 5%를 사용하시오. 단, 스코어의 차는 근사적으로 정규분포를 따른다고 가정한다.
(a) 유의수준은 얼마인가? 귀무가설과 대립가설을 설정하시오.
(b) 표본분포는 무엇을 사용하는가? 검정통계량의 값을 구하시오.
(c) $P-$값을 구하시오. 표본분포를 그리고 $P-$값에 대응하는 면적을 나타내시오.
(d) 앞의 결과를 이용하여 검정을 하시오.
(e) 검정 결과를 설명하시오.

9. **인구 통계: 출생률 및 사망률**. 다음 자료는 미국 주요 도시에서 임의로 추출한 36개의 자료이다. A는 주택 물가지수, B는 식료품 물가지수를 나타낸다. 두 지수의 차는 근사적으로 정규분포를 따른다고 가정한다.

A:	132	109	128	122	100	96	100	131	97
B:	125	118	139	104	103	107	109	117	105

A:	120	115	98	111	93	97	111	110	92
B:	110	115	105	109	104	102	100	106	103

A:	85	109	123	115	107	96	108	104	128
B:	98	102	100	95	93	98	93	90	108
A:	121	85	91	115	114	86	115	90	113
B:	102	96	92	108	117	109	107	100	95

(a) $d = B - A$ 라 놓고 $\bar{d}$ 와 s_d 를 구하시오.

(b) 평균 주택 물가지수가 평균 식료품 물가지수보다 높다고 할 수 있는가? $\alpha = 0.05$ 를 사용하시오.

10. **지식 확장:** μ_d**에 대한 신뢰구간**. 8.2절의 방법을 사용하여 μ_d 의 신뢰구간을 구할 수 있다. 대응 짝 A와 B의 확률표본 n 쌍을 고려한다. 표본 쌍의 차를 나타내는 확률변수를 $d = A - B$ 라 한다. $\bar{d}$ 와 s_d 를 구한다. 만약 d 가 정규분포를 따르거나 혹은 $n \geq 30$ 이라면 μ_d 의 신뢰구간은

$$\bar{d} - E < \mu_d < \bar{d} + E$$

$$E = t_c \frac{s_d}{\sqrt{n}}$$

c : 신뢰수준

t_c : 신뢰수준 c 와 $d.f. = n - 1$ 에 대한 임계값

(a) 문제 5의 자료를 사용하여 평균차의 95% 신뢰구간을 구하시오.

(b) (a)의 결과를 이용하여 회사의 수익 증가율과 대표이사의 급여 증가율이 다르다고 할 수 있는지를 유의수준 5%에서 검정하시오.

11. **기각역 방법:** t**분포**. 문제 4를 기각역 방법을 사용하여 검정하고, $P-$값을 이용한 결과와 비교하시오.

12. **기각역 방법:** t**분포**. 문제 5를 기각역 방법을 사용하여 검정하고, $P-$값을 이용한 결과와 비교하시오.

10.2 두 모평균의 차이 $\mu_1 - \mu_2$의 추론

초점

- 독립표본과 표집분포를 식별하시오.
- $\mu_1 - \mu_2$ 검정을 위한 검정통계량과 $P-$값을 구하시오.
- $\mu_1 - \mu_2$의 신뢰구간을 구하시오.

독립표본

통계학의 많은 실제 응용에서는 두 모집단의 평균이나 비율을 비교한다. 10.1절에서는 종속표본의 평균 차에 대한 검정을 고려하였다. 이 절에서는 독립표본으로부터의 평균 차에 관한 추론을 다룬다.

> 한 모집단으로부터 표본자료의 선택이 다른 모집단으로부터 표본자료의 선택과 전혀 관계가 없다면 두 표본은 서로 독립이다.

독립표본은 첫 번째 모집단에서 하나, 두 번째 모집단에서 하나씩 두 개의 확률표본을 뽑을 때 자연스럽게 생긴다. 그 이유는 두 표본 모두 확률표본(random sample)이기 때문에 두 모집단 간에 측정값의 쌍이 없기 때문이다.

유도된 연습문제 3 독립표본과 종속표본의 구별

각 실험에 대하여 표본추출이 독립인지 종속인지를 설명하시오.

(a) 많은 의학실험에서 개체들의 표본을 임의로 두 그룹으로 나눈다. 한 그룹에는 특별한 처리를 적용하고 다른 그룹에는 위약을 처리한다. 일정 기간 후에 두 그룹은 같은 조건에서 측정된다. 이 두 그룹의 측정값은 독립인가 종속인가? ⇒ 개체가 임의로 두 개의 처리그룹으로 할당되었으므로 결과적인 측정값은 독립표본을 형성한다.

(b) 성적연구에서 영어 작문코스의 학생그룹이 사전 시험을 치른다. 코스 이수 후 같은 학생들이 유사한 주제에 관하여 사후 시험을 치른다. 두 점수 그룹은 독립인가 종속인가? ⇒ 사전 시험점수와 사후 시험점수는 같은 학생들로부터 나온 것이므로 표본은 서로 종속이다. 각 학생의 사전 시험점수와 사후 시험점수가 짝이 된다.

$\mu_1 - \mu_2$의 가설검정과 신뢰구간(σ_1과 σ_2는 알고 있다.)

X_1과 X_2를 각각 자신의 분포를 갖는 확률변수라 하자. X_1 분포로부터 크기 n_1과 X_2 분포로부터 크기 n_2개의 독립확률표본을 추출한다. 각각의 평균 $\bar{x}_1$와 $\bar{x}_2$를 구하여 차 $\bar{x}_1 - \bar{x}_2$를 고려하자. 이 식이 평균의 차를 나타낸다. 만약 이 과정을 무수히 반복한다면 많은 $\bar{x}_1 - \bar{x}_2$를 만들어 낼 것이다. 그림 10.4는 $\bar{x}_1 - \bar{x}_2$의 표집분포를 예를 든 것이다.

[그림 10.4] $\overline{X}_1 - \overline{X}_2$의 표집분포

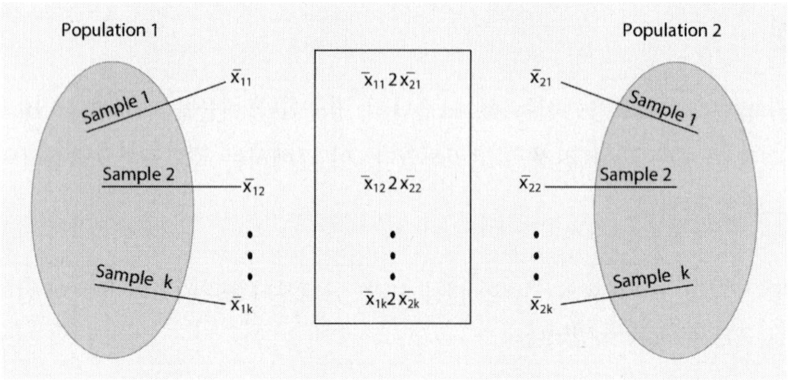

$\bar{x}_1 - \bar{x}_2$값들을 이용하여 상대도수 표나 상대도수 히스토그램을 그릴 수 있다. 이것은 $\overline{X}_1 - \overline{X}_2$의 이론적 확률분포에 대한 실험적 아이디어를 제공해 준다.

다행히 실제 실험을 하지 않고도 수학적으로 결과를 얻을 수 있다. 다음 정리가 주요 결과를 제시한다.

정리 10.2 ▌ X_1과 X_2를 각각 평균 μ_1과 μ_2, 표준편차 σ_1과 σ_2를 갖는 정규분포를 따른다고 하자. X_1 분포로부터 크기 n_1과 X_2 분포로부터 크기 n_2개의 독립확률표본을 추출한다면, 변수 $\overline{X}_1 - \overline{X}_2$는

1. 정규분포
2. 평균 $\mu_1 - \mu_2$
3. 표준편차 $\sqrt{\dfrac{\sigma_1^2}{n_1} + \dfrac{\sigma_2^2}{n_2}}$

를 갖는다.

정리 10.2는 정규분포를 요구한다. 그러나 만약 $n_1 \geq 30$과 $n_2 \geq 30$이라면 중심극한정리를 적용하여 X_1과 X_2의 분포가 정규분포가 아니더라도 정리의 내용이 성립한다.

정리 10.2는 σ_1과 σ_2를 알고 있을 때 $\mu_1 - \mu_2$의 가설검정과 신뢰구간의 기초를 제공해준다.

평균차를 검정할 때 귀무가설

$$H_0 : \mu_1 - \mu_2 = 0 \text{ 혹은 } H_0 : \mu_1 = \mu_2$$

을 사용한다. 9.1절에서 언급했듯이 귀무가설은 거부될 수 있는지를 알아보기 위해 설정된다. 평균의 차를 검정할 때, 차이가 없다는 가설 H_0을 먼저 설정한다. 대립가설(H_1)은 표 10.6에 열거된 것 중의 하나를 사용한다. 사용 된 대립가설과 검정 결과 유형은 특정 문제에 의존한다. μ_1은 항상 맨 앞에 표시된다.

[표 10.6] 대립가설과 검정의 형태 : 두 평균의 차

H_1		검정의 형태
$H_1 : \mu_1 - \mu_2 < 0$	$(H_1 : \mu_1 < \mu_2)$	왼쪽꼬리 검정
$H_1 : \mu_1 - \mu_2 > 0$	$(H_1 : \mu_1 > \mu_2)$	오른쪽꼬리 검정
$H_1 : \mu_1 - \mu_2 \neq 0$	$(H_1 : \mu_1 \neq \mu_2)$	양쪽꼬리 검정

정리 10.2와 중심극한정리를 사용하여 σ_1과 σ_2를 알고 있을 때 $\mu_1 - \mu_2$를 검정하는 절차와 신뢰구간을 구하는 절차를 요약할 수 있다.

절차 σ_1과 σ_2를 알고 있을 때 $\mu_1 - \mu_2$의 검정과 신뢰구간을 구하는 절차

- 모집단 1 : 모평균 μ_1, 모표준편차 σ_1, 표본크기 n_1, 표본평균 $\overline{x}_1$
- 모집단 2 : 모평균 μ_2, 모표준편차 σ_2, 표본크기 n_2, 표본평균 $\overline{x}_2$

두 모집단 분포가 정규분포라면 모든 표본크기 n_1, n_2에 대하여 적용된다. 정규분포라 가정할 수 없다면 표본크기는 $n_1 \geq 30$과 $n_2 \geq 30$이어야 한다.

[$\mu_1 - \mu_2$의 검정]

1. 귀무가설과 대립가설을 설정하고 유의수준을 정한다. $H_0 : \mu_1 - \mu_2 = 0$을 사용한다.

2. $\mu_1 - \mu_2 = 0$와 $\bar{x}_1$, $\bar{x}_2$, σ_1, σ_2, n_1, n_2로부터 검정통계량

$$z = \frac{(\bar{x}_1 - \bar{x}_2) - (\mu_1 - \mu_2)}{\sqrt{\frac{\sigma_1^2}{n_1} + \frac{\sigma_2^2}{n_2}}} = \frac{\bar{x}_1 - \bar{x}_2}{\sqrt{\frac{\sigma_1^2}{n_1} + \frac{\sigma_2^2}{n_2}}}$$

를 구한다.

3. 표준정규분포와 검정의 형태에 따라 표본검정통계량에 대한 $P-$값을 구하시오.
4. 검정의 결론을 내린다. $P-$값$\leq \alpha$이라면 귀무가설을 기각하고, $P-$값$> \alpha$라면 귀무가설을 기각하지 않는다.
5. 응용 배경 안에서 결론에 대하여 간단히 설명한다.

[$\mu_1 - \mu_2$의 신뢰구간]

$$(\bar{x}_1 - \bar{x}_2) - E < \mu_1 - \mu_2 < (\bar{x}_1 - \bar{x}_2) + E$$

$$E = z_c \sqrt{\frac{\sigma_1^2}{n_1} + \frac{\sigma_2^2}{n_2}}$$

예제 4 σ_1과 σ_2를 알고 있을 때 $\mu_1 - \mu_2$의 검정과 신뢰구간

소비자 단체에서 야영난로를 실험하고 있다. 난로의 가열능력을 평가하기 위하여 물 1리터를 끓이는데 걸리는 시간(분)을 측정한다. 두 개의 경쟁 모델을 고려 중이다. 첫째 모델 10개, 둘째 모델 12개를 임의로 추출하여 실험을 실시하여 다음 결과를 얻었다.

모델 1 : $\bar{x}_1 = 11.4$, $\sigma_1 = 2.5$, $n_1 = 10$

모델 2 : $\bar{x}_2 = 9.9$, $\sigma_2 = 3.0$, $n_2 = 12$

물을 끓이는데 걸리는 시간은 두 모델 모두 정규분포를 가정한다.

▌가설검정▐ 두 모델의 능력에 차이가 있는가? 유의수준 5%를 사용하시오.

풀이

(a) 귀무가설과 대립가설을 설정하고 α를 정한다.

$H_0 : \mu_1 - \mu_2 = 0$ 또는 $H_0 : \mu_1 = \mu_2$

$H_1 : \mu_1 - \mu_2 \neq 0$ 또는 $H_1 : \mu_1 \neq \mu_2$

$\alpha = 0.05$

(b) 표본검정통계량 $\overline{x}_1 - \overline{x}_2$를 구하여 z값으로 변환하시오.

$\overline{x}_1 = 11.4,\ \sigma_1 = 2.5,\ n_1 = 10,\ \overline{x}_2 = 9.9,\ \sigma_2 = 3.0,\ n_2 = 12$이고, 귀무가설로부터 $\mu_1 - \mu_2 = 0$이므로

$$z = \frac{(\overline{x}_1 - \overline{x}_2) - (\mu_1 - \mu_2)}{\sqrt{\dfrac{\sigma_1^2}{n_1} + \dfrac{\sigma_2^2}{n_2}}} = \frac{1.5}{\sqrt{\dfrac{2.5^2}{10} + \dfrac{3.0^2}{12}}} = 1.28$$

(c) $P-$값을 구하고 표준정규곡선에 영역을 그리시오.

그림 10.5는 $P-$값을 나타낸다. 표준정규분포와 양쪽꼬리 검정을 고려하면

$P-$값 = 2(0.1003) = 0.2006

[그림 10.5] $P-$값

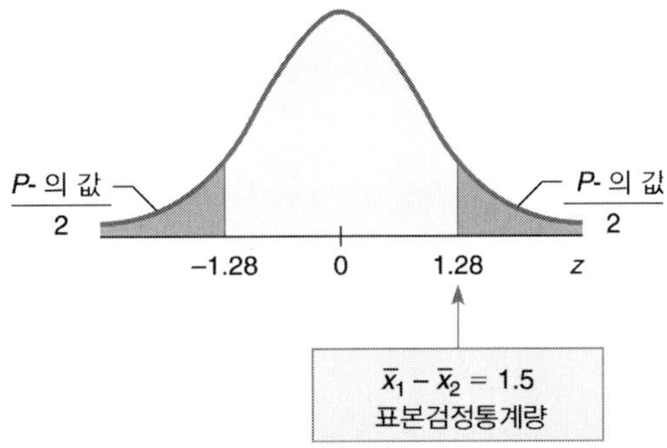

(d) 검정의 결론을 내리시오.

$P-$값이 0.2006이고 $\alpha = 0.05$이다. $P-$값$> \alpha$이므로 H_0를 기각하지 않는다.

(e) 결과를 설명하시오.

유의수준 5%에서 표본자료는 두 난로모델의 물 끓이는데 걸리는 평균시간에 차이를 나타내지 않는다.

❙ 신뢰구간 ❙ 두 난로모델의 물 끓이는데 걸리는 평균시간의 차 $\mu_1 - \mu_2$의 95% 신뢰구간을 구하고 결과를 설명하시오.

풀이 정리 10.2와 $z_{0.95} = 1.96$을 이용하면 신뢰구간은

$$(\bar{x}_1 - \bar{x}_2) - E < \mu_1 - \mu_2 < (\bar{x}_1 - \bar{x}_2) + E$$

이다.

$$E = z_c\sqrt{\frac{\sigma_1^2}{n_1} + \frac{\sigma_2^2}{n_2}} = 1.96\sqrt{\frac{2.5^2}{10} + \frac{3.0^2}{12}} = 2.30$$

이고 $\bar{x}_1 - \bar{x}_2 = 11.4 - 9.9 = 1.5$ 이므로

$$-0.8 < \mu_1 - \mu_2 < 3.8$$

신뢰구간이 음수 값과 양수 값을 포함하고 있는 사실에 주의한다. 95% 신뢰수준에서 μ_1이 μ_2보다 크다거나 작다거나 할 수 없다. 이 결과는 유의수준 5%의 가설검정 결과와 일치한다.

■

예제 4에서 $\mu_1 - \mu_2$의 신뢰구간에는 양수와 음수가 모두 포함되어 있다는 것을 알았다. 95% 신뢰수준에서 μ_1과 μ_2 사이 값에 차이가 있다고 할 수는 없다. 신뢰구간의 모든 값이 양수이거나 모두 음수인 두 경우가 있을 수 있다. 아래에 세 가지 경우에 대해서 요약하였다.

절차 차에 대한 신뢰구간의 해석방법

$\mu_1 - \mu_2$에 대한 c% 신뢰구간을 만들었다고 가정한다. 그러면 세 가지 경우가 생긴다.

1. c% 신뢰구간이 오직 음수 값만 포함한다. 이 경우에는 $\mu_1 - \mu_2 < 0$ 라고 결론을 내리고 $\mu_1 < \mu_2$라고 c% 확신한다.
2. c% 신뢰구간이 오직 양수 값만 포함한다. 이 경우에는 $\mu_1 - \mu_2 > 0$ 라고 결론을 내리고 $\mu_1 > \mu_2$라고 c% 확신한다.
3. c% 신뢰구간이 양수와 음수 값을 포함한다. 이 경우에는 c% 신뢰수준에서 μ_1 혹은 μ_2가 크다고 할 수 없다.

유도된 연습문제 4 신뢰구간의 해석

(a) 한 연구에서 평균 차에 대한 90% 신뢰구간이 $10 < \mu_1 - \mu_2 < 20$이라고 보고 하였다. 이 구간에 대하여 어떻게 결론을 내릴 수 있는가?

⇒ 90% 신뢰수준에서 차 $\mu_1 - \mu_2 > 0$이므로 $\mu_1 > \mu_2$라 할 수 있다.

(b) 한 연구에서 평균 차에 대한 95% 신뢰구간이 $-0.32 < \mu_1 - \mu_2 < 0.16$ 이라고 보고하였다. 이 구간에 대하여 어떻게 결론을 내릴 수 있는가?	⇒	95% 신뢰수준에서 평균 차가 음수 값에서 양수 값에 걸쳐있다. μ_1 이 μ_2 보다 크다거나 작다거나 할 수 없다.

대표본($n_1 \geq 30$, $n_2 \geq 30$)에서 σ_1 과 σ_2 는 흔히 s_1 과 s_2 로 근사한다. 그러면 정리 10.2는 $\mu_1 - \mu_2$ 의 신뢰구간을 근사할 수 있는 근거가 된다. 즉, 표본이 클 때 σ_1 과 σ_2 의 표본 추정치를 표준정규분포와 함께 사용하여 $\mu_1 - \mu_2$ 를 검정하고 신뢰구간을 찾는다. 그러나 여기서는 σ_1 과 σ_2 를 모르는 경우 t 분포를 사용하는 더 보편적인 방법을 따른다.

σ_1 과 σ_2 를 모를 때 $\mu_1 - \mu_2$ 의 가설검정과 신뢰구간

σ_1 과 σ_2 를 모르는 경우 t 분포로 돌아간다. 전과 마찬가지로 n_1 과 n_2 가 30보다 작을 때는 모집단은 정규분포라 가정한다. 또한 σ_1 과 σ_2 를 s_1 과 s_2 로 대치한다. 즉, 웰치(Welch) 근사

$$T = \frac{(\overline{X}_1 - \overline{X}_2) - (\mu_1 - \mu_2)}{\sqrt{\dfrac{s_1^2}{n_1} + \dfrac{s_2^2}{n_2}}}$$

를 고려한다. 불행스럽게 이것은 정확한 t 분포는 아니다. 그러나 다음과 같이 자유도를 조정해 주면 좋은 근사가 된다.

1. 자유도 조정은 표본 자료에서 계산된다. 공식을 새터웨이트 근사(*Satterthwaite's approximation*)라 한다. 조금 복잡하다. 연습문제 12번에서 자세히 설명한다.
2. 더 단순한 대안으로 자유도를 $n_1 - 1$ 과 $n_2 - 1$ 중 작은 값으로 근사하는 방법이다.

가설검정과 신뢰구간을 위하여 자유도를 $n_1 - 1$ 과 $n_2 - 1$ 중 작은 값을 취한다. 자유도에서 일반적으로 사용되는 이러한 선택은 검증을 위해 약간 더 큰 $P-$값과 신뢰구간에 대해 약간 큰 오차 범위를 생성한다는 의미에서 새터웨이트 근사보다 더 보수적이다. σ 를 모르는 경우 μ 에 대한 가설검정과 구간추정에서 사용한 것과 유사한 방법과 t 에 대한 웰치(Welch) 근사를 적용하여 다음 결과를 얻는다.

절차 **σ_1과 σ_2를 모르고 있을 때 $\mu_1 - \mu_2$의 검정과 신뢰구간을 구하는 방법**

- 모집단 1 : 모평균 μ_1, 모표준편차 σ_1, 표본크기 n_1, 표본평균 $\overline{X}_1$, 표본표준편차 s_1
- 모집단 2 : 모평균 μ_2, 모표준편차 σ_2, 표본크기 n_2, 표본평균 $\overline{X}_2$, 표본표준편차 s_2

두 모집단 분포가 정규분포라면 모든 표본크기 n_1, n_2에 대하여 적용된다. 정규분포라 가정할 수 없다면 표본크기는 $n_1 \geq 30$과 $n_2 \geq 30$이어야 한다.

[$\mu_1 - \mu_2$의 검정]

1. 귀무가설과 대립가설을 설정하고 유의수준을 정한다. $H_0 : \mu_1 - \mu_2 = 0$을 사용한다.
2. $\mu_1 - \mu_2 = 0$와 $\overline{x}_1$, $\overline{x}_2$, s_1, s_2, n_1, n_2로부터 검정통계량

$$t = \frac{(\overline{x}_1 - \overline{x}_2) - (\mu_1 - \mu_2)}{\sqrt{\frac{s_1^2}{n_1} + \frac{s_2^2}{n_2}}} = \frac{\overline{x}_1 - \overline{x}_2}{\sqrt{\frac{s_1^2}{n_1} + \frac{s_2^2}{n_2}}}$$

   를 구한다. 이것은 근사적으로 자유도가 $n_1 - 1$과 $n_2 - 1$중 작은 값인 t분포를 한다.
3. t분포와 검정의 형태에 따라 표본검정통계량에 대한 $P-$값을 구하시오.
4. 검정의 결론을 내린다. $P-$값 $\leq \alpha$이라면 귀무가설을 기각하고, $P-$값 $> \alpha$라면 귀무가설을 기각하지 않는다.
5. 응용 배경 안에서 결론에 대하여 간단히 설명한다.

[$\mu_1 - \mu_2$의 신뢰구간]

$$(\overline{x}_1 - \overline{x}_2) - E < \mu_1 - \mu_2 < (\overline{x}_1 - \overline{x}_2) + E$$

$$E = t_c\sqrt{\frac{s_1^2}{n_1} + \frac{s_2^2}{n_2}}$$

$d.f. = n_1 - 1$과 $n_2 - 1$중 작은 값. 통계소프트웨어는 새터웨이트 근사를 사용한다.

예제 5 **σ_1과 σ_2를 모르고 있을 때 $\mu_1 - \mu_2$의 검정과 신뢰구간**

상표 A와 상표 B 두통약의 체내 흡수에 걸리는 시간을 비교하기 위하여 실험을 실시하였다. 12명을 임의로 추출하여 상표 A의 경구용 약을 먹게 하였고. 다른 12명을 임의로 추출하여 같은 용량의 상표 B를 먹게 하였다. 약이 혈액내의 특정 수준에 도달하기까지의 시간(분)을 측정하였다. 두 표본은 다음과 같다.

상표 A : $\overline{x}_1 = 21.8,\ s_1 = 8.7,\ n_1 = 12$

상표 B : $\overline{x}_2 = 18.9,\ s_2 = 7.2,\ n_2 = 12$

과거 경험으로부터 체내 흡수에 걸리는 시간은 모두 정규분포를 가정한다.

▎가설검정▎ 유의수준 5%를 사용하여 체내 흡수에 요구되는 평균 시간에 차이가 있는지를 검정하시오. 표본검정통계량의 $P-$값을 구하거나 추정하시오.

풀이

(a) 귀무가설과 대립가설을 설정하고 α 를 정한다.

$H_0 : \mu_1 - \mu_2 = 0$ 또는 $H_0 : \mu_1 = \mu_2$

$H_1 : \mu_1 - \mu_2 \neq 0$ 또는 $H_1 : \mu_1 \neq \mu_2$

$\alpha = 0.05$ 이다.

(b) 표본검정통계량을 계산하시오.

$\overline{x}_1 = 21.8,\ s_1 = 8.7,\ n_1 = 12,\ \overline{x}_2 = 18.9,\ s_2 = 7.5,\ n_2 = 12$이고, 귀무가설로부터 $\mu_1 - \mu_2 = 0$이므로

$$t = \frac{(\overline{x}_1 - \overline{x}_2) - (\mu_1 - \mu_2)}{\sqrt{\dfrac{s_1^2}{n_1} + \dfrac{s_2^2}{n_2}}} = \frac{2.9}{\sqrt{\dfrac{8.7^2}{12} + \dfrac{7.5^2}{12}}} = 0.875$$

(c) $P-$값을 구하고 t 분포 그래프에 영역을 그리시오.

그림 10.6은 $P-$값을 나타낸다. 표 10.7에서 자유도 11의 t 분포 표와 양쪽꼬리 검정을 고려하면

$$0.250 < P-\text{값} < 0.500$$

[그림 10.6] $P-$값

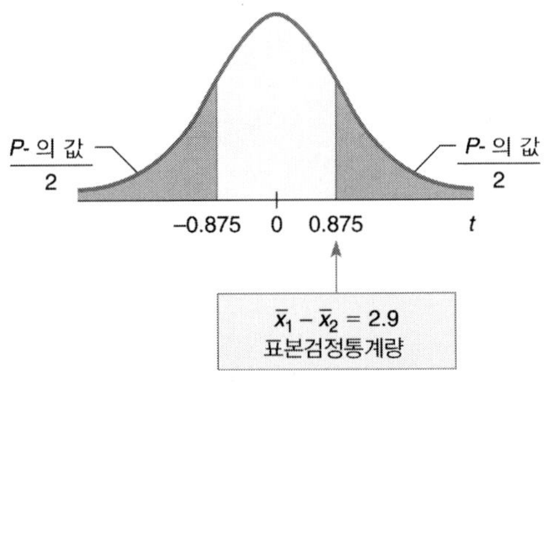

[표 10.7] t 분포표

한쪽꼬리 면적	0.250	0.125
양쪽꼬리 면적	0.500	0.250
$d.f. = 11$	0.697	1.214
	↑ $t = 0.875$	

(d) 검정의 결론을 내리시오.

$P-$값 $>\alpha$ 이므로 H_0를 기각하지 않는다.

(e) 결과를 설명하시오.

유의수준 5%에서 표본자료는 약이 혈액내의 특정 수준에 도달하기까지의 평균시간에 차이를 나타내지 않는다.

❙ 신뢰구간 ❙ 약이 혈액내의 특정 수준에 도달하기까지의 평균시간의 차 $\mu_1-\mu_2$의 95% 신뢰구간을 구하고 결과를 설명하시오.

풀이 근사적으로 자유도가 n_1-1과 n_2-1중 작은 값인 t분포를 사용한다. $n_1=n_2=12$이므로 $d.f.=11$이다, 부록 표 4로부터 $t_{0.95}=2.201$이므로

$$(\bar{x}_1-\bar{x}_2)-E<\mu_1-\mu_2<(\bar{x}_1-\bar{x}_2)+E$$

에서

$$E=t_c\sqrt{\frac{s_1^2}{n_1}+\frac{s_2^2}{n_2}}=2.201\sqrt{\frac{8.7^2}{12}+\frac{7.5^2}{12}}=7.30$$

이고 $\bar{x}_1-\bar{x}_2=21.8-18.9=2.9$이므로

$$-4.4<\mu_1-\mu_2<10.2$$

새터웨이트 근사를 사용하면 $d.f.=21.53$으로 95% 신뢰구간은 -3.99에서 9.79까지이다. 신뢰구간이 음수 값과 양수 값을 포함하고 있는 사실에 주의한다. 95% 신뢰수준에서 약이 혈액내의 특정 수준에 도달하기까지의 평균시간의 차이가 없다. 이 결과는 유의수준 5%의 가설검정 결과와 일치한다. ■

유도된 연습문제 5 σ_1과 σ_2를 모르고 있을 때 $\mu_1-\mu_2$의 검정과 신뢰구간

약이 혈액내의 특정 수준에 도달하기까지의 시간(분)을 측정하였다. 두 표본은 다음과 같다.

- 상표 A : $\bar{x}_1=20.1,\ s_1=8.7,\ n_1=12$
- 상표 B : $\bar{x}_2=11.2,\ s_2=7.5,\ n_2=8$

상표 B가 더 빠르다고 주장한다.

▎가설검정▐ 5% 유의수준에서 주장이 정당한가?

(a) α는 얼마인가? H_0와 H_1을 설정하시오. ⇒ $\alpha = 0.05$

$H_0 : \mu_1 - \mu_2 = 0$ 또는 $H_0 : \mu_1 = \mu_2$

$H_1 : \mu_1 - \mu_2 > 0$ 또는 $H_1 : \mu_1 > \mu_2$

(b) 검정통계량 $\overline{x}_1 - \overline{x}_2$를 계산하고 t값으로 변환하시오. ⇒ $\overline{x}_1 - \overline{x}_2 = 20.1 - 11.2 = 8.9$

$s_1 = 8.7,\ s_2 = 7.5,\ n_1 = 12,\ n_2 = 8$과

H_0로부터 $\mu_1 - \mu_2 = 0$이므로

$$t = \frac{(\overline{x}_1 - \overline{x}_2) - (\mu_1 - \mu_2)}{\sqrt{\dfrac{s_1^2}{n_1} + \dfrac{s_2^2}{n_2}}} = \frac{8.9}{\sqrt{\dfrac{8.7^2}{12} + \dfrac{7.5^2}{8}}} = 2.437$$

(c) 자유도는 얼마인가? $P-$값을 나타내는 t 분포에 영역을 그리시오. $P-$값을 포함하는 구간을 구하시오. ⇒ $n_2 < n_1$이므로 $d.f. = n_2 - 1 = 8 - 1 = 7$

[표 10.8] t분포표

한쪽꼬리 면적	0.250	0.010
양쪽꼬리 면적	0.050	0.020
$d.f. = 7$	2.365	2.998
	↑ $t = 2.437$	

⇒

[그림 10.7] $P-$값

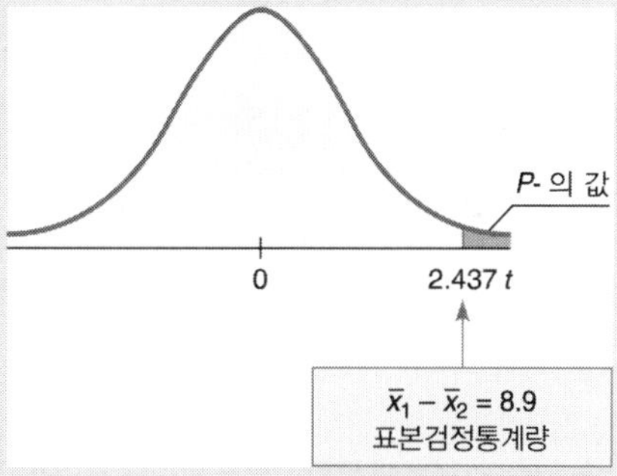

표 10.8로부터

$0.010 < P-$값 < 0.025

(d) H_0를 기각할 수 있는가? ⇒ $P-$값을 포함하는 구간의 값이 0.05보다 작으므로 H_0를 기각한다.

(e) 결과를 설명하시오. ⇒ 유의수준 5%에서 상표 B가 더 빠르다고 주장할 수 있다.

▎신뢰구간▐ 약이 혈액내의 특정 수준에 도달하기까지의 평균시간의 차 $\mu_1 - \mu_2$의 90% 신뢰구간을 구하시오.

(f) 자유도와 임계값 $t_{0.90}$ 을 구하시오. ⇒ $n_2 < n_1$ 이므로 $d.f. = n_2 - 1 = 8 - 1 = 7$

따라서 $t_{0.90} = 1.895$

(g) 90% 신뢰구간을 위한 추정값 E 의 최대오차한계를 구하시오. ⇒ $E = t_c\sqrt{\frac{s_1^2}{n_1} + \frac{s_2^2}{n_2}}$

$= 1.895\sqrt{\frac{8.7^2}{12} + \frac{7.5^2}{8}} = 6.9$

(h) 표본 차 $\overline{x}_1 - \overline{x}_2$ 와 $\mu_1 - \mu_2$ 의 90% 신뢰구간을 구하시오. ⇒ $\overline{x}_1 - \overline{x}_2 = 20.1 - 11.2 = 8.9$

$(\overline{x}_1 - \overline{x}_2) - E < \mu_1 - \mu_2 < (\overline{x}_1 - \overline{x}_2) + E$

$8.9 - 6.9 < \mu_1 - \mu_2 < 8.9 + 6.9$

$2 < \mu_1 - \mu_2 < 15.8$

새터웨이트 근사를 사용하면 $d.f. = 16.66$ 으로 90% 신뢰구간은 2.54에서 15.26까지이다.

(i) 결과를 설명하시오. ⇒ 신뢰구간이 양수만 포함한다. 90% 신뢰수준에서 $\mu_1 > \mu_2$ 라는 것이다.

유도된 연습문제 5에서 5% 유의수준과 90% 신뢰구간에서 오른쪽꼬리 검정을 사용했다. 두 방법 모두에서 브랜드 A가 혈류에 들어가는 시간이 브랜드 B의 시간보다 길다는 결론을 내렸다. 이 결과는 우연이 아니다. 일반적으로 평균의 차(그리고 다음 절에서 설명할 비율의 차)를 다룰 때 다음 두 가지 조항 중 하나를 사용하여 동일한 결론에 도달하게 된다.

1. 유의수준 α 와 $(1-\alpha)$ 신뢰구간에서 양측(two-tailed) 가설검정
2. 유의수준 α 와 $(1-2\alpha)$ 신뢰구간에서 단측(one-tailed) 가설검정

σ_1 과 σ_2 를 모르는 경우 $\mu_1 - \mu_2$ 의 검정과 추정의 다른 방법이 있다. 표본 표준편차 s_1 과 s_2 가 충분히 가까워 $\sigma_1 = \sigma_2$ 라 할 수 있다고 하자. 이러한 상황은 프로세스나 생산 방법을 약간 변경하면 발생할 수 있다. 표준편차의 변화는 크지 않을 수 있지만 결과나 평균은 크게 다를 수 있다. $\sigma_1 = \sigma_2$ 라 할 수 있다면 **합동표준편차**(pooled standard deviation)를 사용하는 것이 최선이다. 이 경우 표본검정통계량 $\overline{X}_1 - \overline{X}_2$ 에 대응하는 T 변수는 정확하게 $d.f. = n_1 + n_2 - 2$ 인 t 분포를 따른다. 이 절의 마지막 부분에 있는 문제 13에서 $\mu_1 - \mu_2$ 에 대한 가설 검정과 신뢰구간에서 합동표준편차를 사용하는 방법을 다룰 것이다.

기대

두 모집단의 분포에 관한 정보가 없고 표본크기도 작다고 가정한다. 모평균이 같은지를 결정하는 다른 방법이 있을까? 대답은 그렇다 이다. 비모수 통계학이 방법을 제공한다. 미지분포를 갖는 두 모집단이 같은 평균을 갖는지를 결정하는 검정방법이 하나가 순위합 또는 만-위트니 검정이다.

기각역을 이용한 $\mu_1 - \mu_2$의 가설검정

주어진 유의수준에서 전통적인 기각역 방법은 가설검정의 $P-$값 방법과 동일한 결과를 가져온다.

표준정규분포와 t 분포를 사용하여 임계값을 구하면 된다.

예제 6 기각역 방법

예제 5에서 다루었던 문제를 기각역 방법으로 검정하시오.

풀이 예제 5에서 유의수준 $\alpha = 0.05$ 이다. $\bar{x}_1 = 21.8$, $s_1 = 8.7$, $n_1 = 12$, $\bar{x}_2 = 18.9$, $s_2 = 7.5$, $n_2 = 12$ 이다.

(a) 평균 시간에 차이가 없는지를 검정하기 위하여 기각역을 사용한다. 같은 가설과 검정통계량을 사용한다.

$$H_0 : \mu_1 - \mu_2 = 0 \ , \ H_1 : \mu_1 - \mu_2 \neq 0 .$$

검정통계량 : $\bar{x}_1 - \bar{x}_2 = 2.9$, $t = 0.875$ 이다.

(b) 표본검정통계량의 $P-$값 대신에 임계값을 사용한다. $\alpha = 0.05$ 이고 양쪽꼬리 검정이므로 $d.f. = 11$ 에 대응하는 임계값은 $\pm t_0 = \pm 2.201$ 이다. 그림 10.8에 기각역과 검정통계량값을 나타낸다. $t = 0.875$ 이 임계값 $t_0 = 2.201$ 보다 작으므로 H_0를 기각하지 않는다. 유의수준 5%에서 표본자료는 약이 혈액내의 특정 수준에 도달하기까지의 평균시간에 차이를 나타내지 않는다. ■

[그림 10.8] 기각역 : $\alpha = 0.05$, $d.f. = 11$

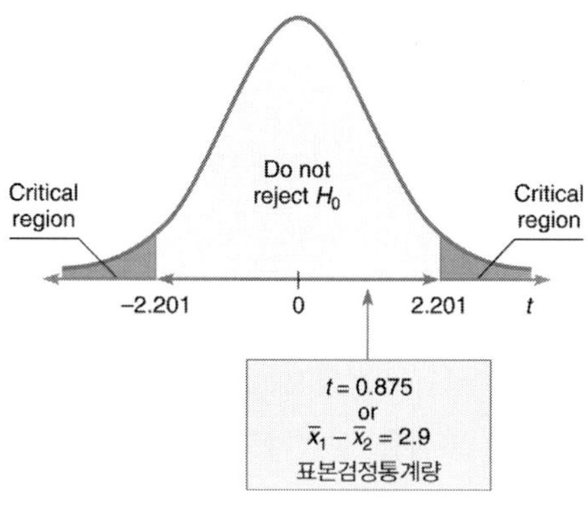

▶▶ 10.2 연습문제

1. **통계적 지식**. 두 독립된 모집단 x_1, x_2의 평균차에 대한 가설검정의 표본검정통계량은 무엇인가?

2. **통계적 지식**. 두 독립된 모집단 x_1, x_2의 평균차에 대한 가설검정의 귀무가설은 무엇인가?

3. **비판적 사고**. 조시와 켄드라는 각각 표본크기 $n_1 = 20$, $n_2 = 31$ 대해 t 분포를 사용하는 평균의 차이에 대한 90% 신뢰구간을 계산했다. 켄드라는 더 작은 표본을 사용하여 $df = 19$ 계산하는 관례를 따랐다. 조시는 계산기와 새터웨이트의 근사값을 사용하여 $df \approx 36.3$ 구했다. 어떤 신뢰구간이 더 짧은가?

4. **기본 계산**. $\mu_1 - \mu_2$ **검정**. 첫 번째 표본은 $n_1 = 49$이고, 평균이 $\bar{x}_1 = 10$, 표준편차가 $s_1 = 3$이다. 두 번째 표본은 $n_2 = 64$, 평균이 $\bar{x}_2 = 12$, 표준편차가 $s_2 = 4$이다. 모집단의 평균이 다르다는 주장에 대해 유의수준 $\alpha = 0.01$에서 가설 검정하시오.
   (a) 표본검정통계는 어떤 분포인가?
   (b) 가설을 설정하시오.
   (c) $\bar{x}_1 - \bar{x}_2$에 대한 표본검정통계량을 구하시오.
   (d) $P-$값을 구하시오.
   (e) 결과를 설명하시오.
   (f) $\mu_1 - \mu_2$에 대한 95% 신뢰구간을 구하시오.

5. **기본 계산**. $\mu_1 - \mu_2$ **검정**. 첫 번째 표본은 $n_1 = 49$이고, 평균이 $\bar{x}_1 = 10$, 모집단의 표준편차가 $\sigma_1 = 3$이다. 두 번째 표본은 $n_2 = 64$, 평균이 $\bar{x}_2 = 12$, 모집단의 표준편차가 $\sigma_2 = 4$이다. 모집단의 평균이 다르다는 주장에 대해 유의수준 $\alpha = 0.01$에서 가설 검정하시오.
   (a) 표본검정통계는 어떤 분포인가?
   (b) 가설을 설정하시오.

(c) $\bar{x}_1 - \bar{x}_2$에 대한 표본검정통계량을 구하시오.

(d) $P-$값을 구하시오.

(e) 결과를 설명하시오.

(f) $\mu_1 - \mu_2$에 대한 99% 신뢰구간을 구하시오.

6. **의료: 램(REM) 수면**. 성인보다 어린아이들이 더 많은 램 수면을 한다고 알려져 있다. 램 수면 시간은 성인과 아이들 모두 정규분포를 한다고 가정한다. $n_1 = 10$ 명의 9살 어린아이들을 추출하였더니 매일 밤 평균 $\bar{x}_1 = 2.8$ 시간이었다. 사전 연구로부터 $\sigma_1 = 0.5$ 로 알려져 있다. 마찬가지로 $n_2 = 10$ 명의 성인을 추출하였더니 매일 밤 평균 $\bar{x}_2 = 2.1$ 시간이었다. 사전 연구로부터 $\sigma_1 = 0.7$ 로 알려져 있다.

(a) 어린이들이 성인보다 더 많은 평균 램 수면 시간을 갖는다고 할 수 있는가? 유의수준 1%를 사용하시오.

(b) $\mu_1 - \mu_2$ 의 98% 신뢰구간을 구하시오. 신뢰구간의 의미를 설명하시오.

7. **설문조사: 야외활동**. 6점 리커트 척도를 갖는 설문조사를 실시하였다. '1'은 '중요하지 않다' 이고, '6'은 '매우 중요하다' 이다. $n_1 = 46$ 명의 성인을 임의로 추출하여 야외활동으로 낚시에 관하여 질문을 하였다. 평균 반응이 $\bar{x}_1 = 4.9$ 이었다. 다른 성인 $n_2 = 51$ 명을 임의로 추출하여 야외활동으로 캠핑에 관하여 질문을 하였다. 평균 반응이 $\bar{x}_2 = 4.3$ 이었다. 사전 연구로부터 $\sigma_1 = 1.5,\ \sigma_2 = 1.2$ 로 알려져 있다.

(a) 야외활동으로서 낚시와 캠핑의 평균 선호도에 차이가 있는가? 유의수준 5%를 사용하시오.

(b) $\mu_1 - \mu_2$ 의 95% 신뢰구간을 구하시오. 신뢰구간의 의미를 설명하시오.

8. **범죄율**: FBI. 뉴잉글랜드 주 $n_1 = 10$ 개 지역과 로키 마운틴 주 $n_2 = 12$ 개 지역의 랜덤 표본에서 인구 100만 명당 강력범죄율이 다음과 같다. 단 두 지역에서 범죄율은 근사적으로 정규분포를 따른다.

X_1 :	3.5	3.7	4.0	3.9	3.3	4.1	1.8	4.8	2.9	3.1		
X_2 :	3.7	4.3	4.5	5.3	3.3	4.8	3.5	2.4	3.1	3.5	5.2	2.8

(a) 로키 마운틴 주의 평균범죄율이 뉴잉글랜드 주의 평균범죄율보다 높다고 할 수 있는가? $\alpha = 0.01$을 사용하시오.

(b) $\mu_1 - \mu_2$의 98% 신뢰구간을 구하시오. 신뢰구간의 의미를 설명하시오.

9. **교육: 개인지도.** 경기도의 지체아이들을 두 그룹으로 나누었다. 실험 그룹은 정규교육과 함께 또래지도(peer tutoring)를 받았고 통제 그룹은 정규교육만 받았다. 각 그룹은 $n_1 = n_2 = 30$이었다. 어떤 교육을 시작하기 전에 각 그룹에 대하여 Gates-MacGintie Reading Test를 실시하였다. 실험그룹에 대하여 검사의 어휘부분 점수가 $\bar{x}_1 = 344.5$, $s_1 = 49.1$이었고, 통제 그룹은 $\bar{x}_2 = 354.2$, $s_2 = 50.9$이었다.

(a) 교육 시작 전에 두 그룹의 평균 어휘점수에는 차이가 없다고 할 수 있는지를 유의수준 5%를 사용하여 검정하시오.

(b) $\mu_1 - \mu_2$의 95% 신뢰구간을 구하시오. 신뢰구간의 의미를 설명하시오.

10. **야생: 여우 광견병.** 다음 자료는 남부 독일의 두 지역에서 여우 광견병 연구에서 얻은 광견병 발생 건수에 관한 자료이다.

X_1 :	1	8	8	8	7	8	8	1	3	3	3	2	5	1	4	6
X_2 :	1	1	3	1	4	8	5	4	4	4	2	2	5	6	9	

두 지역의 광견병 발생건수는 근사적으로 정규분포를 따른다고 가정한다.

(a) 두 지역의 여우 광견병 평균 발생건수에 차이가 없다고 할 수 있는지를 유의수준 5%를 사용하여 검정하시오.

(b) $\mu_1 - \mu_2$의 95% 신뢰구간을 구하시오. 신뢰구간의 의미를 설명하시오.

11. **관리: 시간손실.** 다음의 두 독립확률변수를 고려하자. X_1은 급한 성미, 과장된 이메일과 일반적인 비생산적 흥분으로 인하여 경영자가 손실을 보는 주당 시간을 측정한 자료이다. X_2는 동료들이 말도 못하고 없어도 된다는 식의 기술자의 우월감에 대한 논쟁으로 경영자가 손실을 보는 주당 시간을 측정한 자료이다.

X_1 :	1	5	8	4	2	4	10	
X_2 :	10	5	4	7	9	4	10	3

두 손실 시간은 정규분포를 따른다고 가정한다.

(a) 급한 성미로 인하여 경영자가 손실을 보는 주당 평균시간과 기술자의 우월감에 대한 논쟁으로 경영자가 손실을 보는 주당 평균시간에 차이가 있는가? $\alpha = 0.05$ 를 사용하시오.

(b) $\mu_1 - \mu_2$ 의 95% 신뢰구간을 구하시오. 신뢰구간의 의미를 설명하시오.

12. **지식확장: 소프트웨어 근사 자유도.** X_1 과 X_2 가 각각 미지의 σ_1 과 σ_2 를 갖는 독립인 정규분포를 하는 경우 $\overline{X}_1 - \overline{X}_2$ 에 대응하는 T는 t 분포에 의하여 근사되는 분포를 갖는다. 편의상 자유도를 $n_1 - 1$ 과 $n_2 - 1$ 중에서 작은 값으로 근사한다. 그러나 자유도에 대한 정확한 추정값은 새터웨이트 공식

$$d.f. = \frac{\left(\dfrac{s_1^2}{n_1} + \dfrac{s_2^2}{n_2}\right)^2}{\dfrac{1}{n_1 - 1}\left(\dfrac{s_1^2}{n_1}\right)^2 + \dfrac{1}{n_2 - 1}\left(\dfrac{s_2^2}{n_2}\right)^2}$$

에 의하여 주어진다. s_1, s_2, n_1 과 n_2 는 X_1 과 X_2 분포로부터의 독립확률표본의 표본표준편차와 표본크기를 나타낸다. 많은 통계 프로그램에서 이 근사를 사용한다. n_1 과 n_2 가 5이상이라면 정확하다. 문제 3의 자료에 대하여 새터웨이트 공식을 사용하여 자유도를 구하시오.

13. **지식확장: 합동된 두 표본** . 각각 정규분포를 따르는 두 모집단으로부터의 확률표본이거나, 각 표본크기가 적어도 30인 경우를 고려하자. 만약 σ_1 과 σ_2 를 모르지만 $\sigma_1 = \sigma_2$ 라 할 수 있다면 표준편차를 합동할 수 있다. 표본크기를 n_1 과 n_2 라 하면 표본검정통계량 $\overline{X}_1 - \overline{X}_2$ 에 대응하는

$$T = \frac{\overline{X}_1 - \overline{X}_2}{s\sqrt{\dfrac{1}{n_1} + \dfrac{1}{n_2}}}$$

는 자유도 $d.f. = n_1 + n_2 - 2$ 인 t 분포를 따른다. 여기서 **합동표준편차** s 는

$$s = \sqrt{\frac{(n_1 - 1)s_1^2 + (n_2 - 1)s_2^2}{n_1 + n_2 - 2}}$$

이다.

▍가설검정▍ $H_0 : \mu_1 = \mu_2$ 와 적당한 H_1 을 사용하시오. 검정통계량은

$$T = \frac{\overline{X}_1 - \overline{X}_2}{s\sqrt{\frac{1}{n_1} + \frac{1}{n_2}}}, df = n_1 + n_2 - 2$$

▍c 신뢰구간▍ $(\overline{x}_1 - \overline{x}_2) - E < \mu_1 - \mu_2 < (\overline{x}_1 - \overline{x}_2) + E$

$$E = t_c\, s\sqrt{\frac{1}{n_1} + \frac{1}{n_2}}$$

t_c : 신뢰수준 c 와 자유도 $d.f. = n_1 + n_2 - 2$ 에 대한 임계값.

이 방법은 표준편차가 근사적으로 같은 경우에만 적용한다. 문제 10자료에서 $s_1 = 2.82$ 이고 $s_2 = 2.43$ 이었다. 두 표본 표준편차가 충분히 가까우므로 $\sigma_1 = \sigma_2$ 라 가정할 수 있다.

(a) 두 지역의 여우 광견병 평균발생건수에 차이가 없다고 할 수 있는지를 유의수준 5%를 사용하여 검정하시오.

(b) $\mu_1 - \mu_2$ 의 95% 신뢰구간을 구하시오. 신뢰구간의 의미를 설명하시오.

14. **기각역 방법: 검정**. 문제 6의 자료를 가지고 기각역 방법을 사용하여 어린이들이 성인보다 더 많은 평균 램 수면 시간을 갖는다고 할 수 있는지를 유의수준 1%에서 검정하시오.

15. **기각역 방법: 검정**. 문제 8의 자료를 가지고 기각역 방법을 사용하여 로키 마운틴 주의 평균범죄율이 뉴-잉글랜드 주의 평균범죄율보다 높다고 할 수 있는지를 유의수준 1%에서 검정하시오.

10.3 두 모비율의 차이 $p_1 - p_2$의 추론

초점

- $p_1 - p_2$ 검정을 위한 표본검정통계량 및 $P-$값을 계산하시오.
- $p_1 - p_2$에 대한 신뢰구간을 구하시오.

모비율의 차이 $p_1 - p_2$의 검정

더 많은 환경보전지역설정을 지지하는 비율이 남자와 여자 혹은 젊은이와 노인들 사이에 차이가 있는가? 이와 같은 질문에 대답하기 위하여 독립인 두 개의 이항실험으로부터 $\hat{p_1} - \hat{p_2}$의 표집분포를 살펴본다.

정리 10.3 ▌ 두 개의 독립인 이항실험을 하였다고 하자. 다음 기호를 사용한다.

- **이항실험** 1 : $n_1 =$ 시행횟수, $R_1 =$ 성공횟수, $p_1 =$ 각 시행의 성공확률
- **이항실험** 2 : $n_2 =$ 시행횟수, $R_2 =$ 성공횟수, $p_2 =$ 각 시행의 성공확률

n_1과 n_2의 큰 값에 대하여 표본 비율의 차

$$\hat{p_1} - \hat{p_2} = \frac{R_1}{n_1} - \frac{R_2}{n_2}$$

의 분포는 평균 μ와 표준편차 σ가 $q_1 = 1 - p_1$, $q_2 = 1 - p_2$라면

$$\mu = p_1 - p_2, \quad \sigma = \sqrt{\frac{p_1 q_1}{n_1} + \frac{p_2 q_2}{n_2}}$$

인 근사적인 정규분포를 따른다.

두 이항 모집단의 비교를 포함하는 많은 실제 문제에서 실험자는 귀무가설 $p_1 = p_2$의 검정을 원한다. p_1과 p_2의 값도 모르고 $H_0 : p_1 = p_2$ 하에서 어떤 값도 가정되지 않으므로 이 공통값의 최량 추정값은 전체 성공횟수 $R_1 + R_2$를 전체 시행횟수 $n_1 + n_2$로 나눈다. 이 **합동비율 추정값**(pooled estimate of proportion)을 $\bar{p}$라 하면

$$\bar{p} = \frac{R_1 + R_2}{n_1 + n_2}$$

이다.

이 식이 가정 $p_1 = p_2$ 하에서 p_1과 p_2에 대한 최량 표본추정값 공식이다. $\bar{q} = 1 - \bar{p}$ 이다. 실제 $n_1\bar{p}$, $n_1\bar{q}$, $n_2\bar{p}$, $n_2\bar{q}$가 5보다 크면 대표본으로 간주한다.

정리 10.3에 따라 다음과 같이 $p_1 - p_2$의 검정을 한다.

절차 모비율의 차이 $p_1 - p_2$의 검정 방법

두 개의 독립 이항실험을 고려한다.

- **이항실험** 1 : n_1= 시행횟수, R_1=성공횟수, p_1=각 시행의 성공확률, $\hat{p}_1 = \frac{R_1}{n_1}$
- **이항실험** 2 : n_2= 시행횟수, R_2=성공횟수, p_2=각 시행의 성공확률, $\hat{p}_2 = \frac{R_2}{n_2}$

1. 차이가 없다는 귀무가설 $H_0 : p_1 - p_2 = 0$을 사용한다. 목적에 맞게 대립가설과 유의수준을 설정한다.
2. 합동비율 추정값

$$\bar{p} = \frac{R_1 + R_2}{n_1 + n_2}, \quad \bar{q} = 1 - \bar{p}$$

   을 구한다. $n_1\bar{p}$, $n_1\bar{q}$, $n_2\bar{p}$, $n_2\bar{q}$가 5보다 커야한다. 그런 다음 표본검정통계량

$$z = \frac{\hat{p}_1 - \hat{p}_2}{\sqrt{\frac{\bar{p}\bar{q}}{n_1} + \frac{\bar{p}\bar{q}}{n_2}}}$$

   을 계산한다.
3. 표준정규분포를 사용하여 검정통계량에 대한 $P-$값을 구한다.
4. 검정의 결론을 내린다. $P-$값 $\le \alpha$이라면 귀무가설을 기각하고, $P-$값$> \alpha$ 라면 귀무가설을 기각하지 않는다.
5. 응용 배경 안에서 결론에 대하여 간단히 설명한다.

예제 7 비율의 차의 검정

선거인 등록률을 높이기 위하여 시에 거주하는 모든 유권자들에게 독촉우편을 보내는 방법을 고려하고 있다. 이 방법이 효과가 있는지를 결정하기 위한 시범연구로 1,250명의 유권자를 임의로 추출하여 두 그룹으로 나누었다.

- **그룹** 1 : $n_1 = 625$ 명에게는 독촉우편을 보내지 않았다. 등록한 잠재적인 유권자 수는 $r_1 = 295$ 명이었다.
- **그룹** 2 : $n_2 = 625$ 명에게는 독촉우편을 보냈다. 등록한 잠재적인 유권자 수는 $r_2 = 350$ 명이었다.

이 결과를 가지고 독촉우편을 받은 그룹 2의 등록률이 더 높다고 할 수 있는지를 유의수준 5%에서 검정하시오.

풀이

(a) 귀무가설과 대립가설을 설정하고 α를 정한다. p_1을 그룹 1의 등록률, p_2를 그룹 2의 등록률이라 하면,

$H_0 : p_1 - p_2 = 0 \ \ (H_0 : p_1 = p_2)$

$H_1 : p_1 - p_2 < 0 \ \ (H_1 : p_1 < p_2)$

$\alpha = 0.05$

(b) 표본검정통계량 $\hat{p}_1 - \hat{p}_2$을 계산하고 z값으로 변환하시오.

자료로부터 그룹 1은 $n_1 = 625$, $r_1 = 295$, 그룹 2는 $n_2 = 625$, $r_2 = 350$ 이므로

$\hat{p}_1 = \dfrac{r_1}{n_1} = \dfrac{295}{625} = 0.472$, $\hat{p}_2 = \dfrac{r_2}{n_2} = \dfrac{350}{625} = 0.560$ 따라서

$$\hat{p}_1 - \hat{p}_2 = 0.472 - 0.560 = -0.088$$

$\hat{p}_1 - \hat{p}_2$값을 z값으로 변환하기 위하여 합동비율 추정값을 구하면

$$\bar{p} = \frac{r_1 + r_2}{n_1 + n_2} = \frac{295+350}{625+625} = 0.516, \ \bar{q} = 1 - \bar{p} = 0.484$$

따라서

$$z = \frac{\hat{p}_1 - \hat{p}_2}{\sqrt{\dfrac{\bar{p}\bar{q}}{n_1} + \dfrac{\bar{p}\bar{q}}{n_2}}} = \frac{-0.088}{\sqrt{(0.516)(0.484)\left(\dfrac{1}{625} + \dfrac{1}{625}\right)}} = -3.11$$

(c) $P-$값을 구하고 표준정규곡선에 영역을 그리시오.

그림 10.9는 $P-$값을 나타낸다. 표준정규분포표로부터

$P-$값 $=P(Z< -3.11)=0.0009$

[그림 10.9] $P-$값

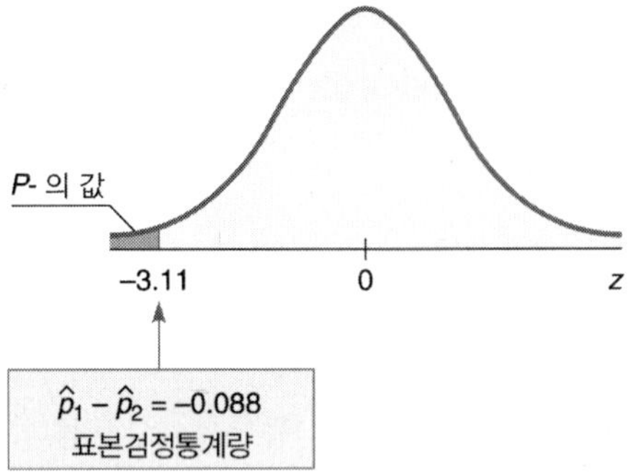

(d) 검정의 결론을 내리시오.

$P-$값 $=0.0009<0.05$ 이므로 H_0를 기각한다.

(e) 결과를 설명하시오.

유의수준 5%에서 표본자료는 독촉장을 받은 유권자의 등록률이 더 높다는 것을 나타낸다.

(f) **기각역 방법** : 기각역을 사용하여 같은 검정을 하시오.

그림 10.10이 기각역을 나타낸다. $\alpha=0.05$ 에 대한 임계값이 $z_0=-1.645$ 이고 검정통계량이 $z=-3.11$ 이므로 임계값보다 작다. 따라서 기각역 안에 놓이므로 H_0를 기각한다. $P-$값을 이용한 결과와 동일한 결과를 얻는다.

[그림 10.10] $\alpha=0.05$ 에 대한 기각역

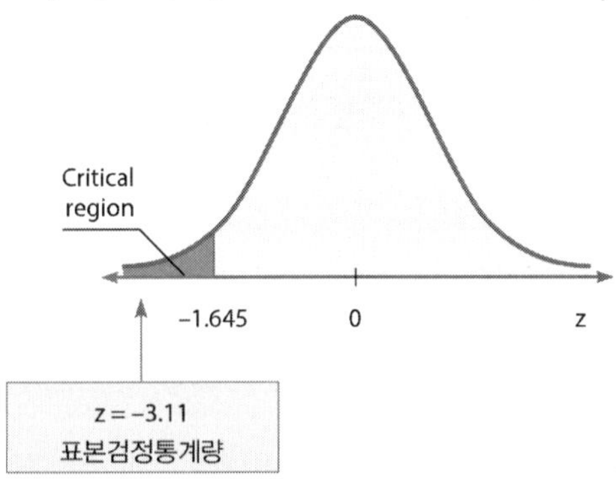

■

유도된 연습문제 6 비율의 차의 검정

예제 7에서 1,100명을 임의로 두 그룹으로 나누었다고 하자.

- **그룹** 1 : $n_1 = 500$; 독촉우편을 보내지 않음 ; $r_1 = 248$
- **그룹** 2 : $n_2 = 600$; 독촉우편을 보냄 ; $r_2 = 332$

이 결과를 가지고 독촉우편을 받은 그룹 2의 등록률이 더 높다고 할 수 있는지를 유의수준 1%에서 검정하시오.

(a) α는 얼마인가? H_0와 H_1을 설정하시오. ⇒ $\alpha = 0.01$

$H_0 : p_1 = p_2 \qquad H_1 : p_1 < p_2$

(b) $H_0 : p_1 = p_2$ 하에서 $\bar{p}$와 $\bar{q}$를 구하시오. ⇒ $n_1 = 500,\ r_1 = 248,\ n_2 = 600,\ r_2 = 332$

$$\bar{p} = \frac{r_1 + r_2}{n_1 + n_2} = \frac{248+332}{500+600} = 0.527$$

$$\bar{q} = 1 - \bar{p} = 0.473$$

(c) 표본검정통계량 $\hat{p}_1 - \hat{p}_2$을 구하시오. ⇒

$$\hat{p}_1 = \frac{r_1}{n_1} = \frac{248}{500} = 0.496$$

$$\hat{p}_2 = \frac{r_2}{n_2} = \frac{332}{600} = 0.553$$

따라서 $\hat{p}_1 - \hat{p}_2 = -0.057$

(d) $\hat{p}_1 - \hat{p}_2 = -0.057$를 z값으로 변환하시오. ⇒

$$z = \frac{\hat{p}_1 - \hat{p}_2}{\sqrt{\frac{\bar{p}\bar{q}}{n_1} + \frac{\bar{p}\bar{q}}{n_2}}}$$

$$= \frac{-0.057}{\sqrt{(0.527)(0.473)\left(\frac{1}{500}+\frac{1}{600}\right)}}$$

$$= -1.89$$

(e) $P-$값을 구하고 표준정규곡선에 영역을 그리시오. ⇒ 그림 10.11은 $P-$값을 나타낸다.

$P-$값$=P(Z < -1.89) = 0.0294$

[그림 10.11] $P-$값

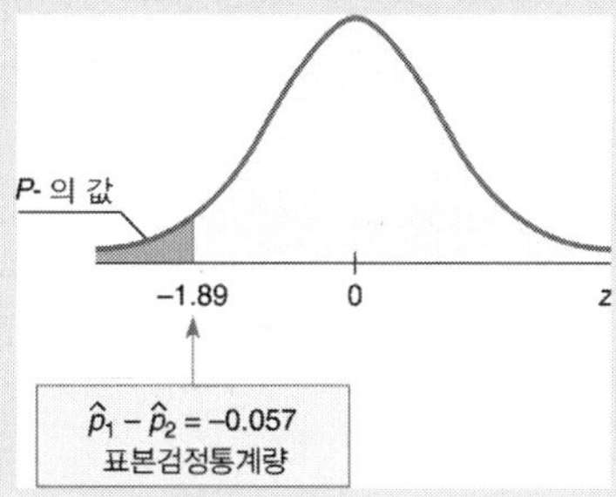

(f) 검정의 결론을 내리고 결과를 설명하시오. ⇒ P-값 $0.0294 > 0.01$ 이므로 H_0를 기각할 수 없다. 유의수준 1%에서 독촉장이 등록률을 높인다고 할 수 없다.

모비율의 차이 $p_1 - p_2$의 추정

이 절에서는 두 독립 이항분포로부터의 모비율의 차이 $p_1 - p_2$의 구간추정을 다룬다. 정리 10.3으로부터 표본비율의 차이 $\hat{p_1} - \hat{p_2}$는 평균과 표준편차 $\mu = p_1 - p_2$, $\sigma = \sqrt{\frac{p_1 q_1}{n_1} + \frac{p_2 q_2}{n_2}}$ 를 갖는 근사적인 정규분포를 따른다.

$\hat{p_1} - \hat{p_2}$ 분포의 표준편차 σ를 계산하는데 어려움이 있다. p_1과 p_2의 값을 모르기 때문이다. 그러나 $n_1\hat{p_1}$, $n_1\hat{q_1}$, $n_2\hat{p_2}$, $n_2\hat{q_2}$가 5보다 크면

$$\sigma \approx \hat{\sigma} = \sqrt{\frac{\hat{p_1}\hat{q_1}}{n_1} + \frac{\hat{p_2}\hat{q_2}}{n_2}}$$

를 사용하면 된다. 다음은 신뢰구간을 구하는 절차이다.

절차 $p_1 - p_2$의 신뢰구간을 구하는 방법

두 개의 독립 이항실험을 고려한다.

- **이항실험** 1 : n_1 = 시행횟수, R_1 = 성공횟수, $\hat{p_1} = \frac{R_1}{n_1}$; $\hat{q_1} = 1 - \hat{p_1}$, p_1 = 성공확률
- **이항실험** 2 : n_2 = 시행횟수, R_2 = 성공횟수, $\hat{p_2} = \frac{R_2}{n_2}$; $\hat{q_2} = 1 - \hat{p_2}$, p_2 = 성공확률

시행횟수는 다음의 부등식이 만족하도록 충분히 커야한다;

$$n_1\hat{p_1} > 5,\ n_1\hat{q_1} > 5,\ n_2\hat{p_2} > 5,\ n_2\hat{q_2} > 5$$

[$p_1 - p_2$의 신뢰구간]

$$(\hat{p_1} - \hat{p_2}) - E \le p_1 - p_2 \le (\hat{p_1} - \hat{p_2}) + E$$

$$E = z_c\hat{\sigma} = z_c\sqrt{\frac{\hat{p_1}\hat{q_1}}{n_1} + \frac{\hat{p_2}\hat{q_2}}{n_2}}$$, c= 신뢰수준, z_c = 표준정규분포의 신뢰수준 c의 임계값

예제 8 $p_1 - p_2$의 신뢰구간

정상적인 수면 중에는 램(rapid eye movement)으로 알려진 단계가 있다. 대부분의 사람들은 약 90분 간격으로 램 수면이 발생하고, 램 단계 동안이나 전에 꿈을 꾸게 된다. 전자장비를 사용하여 사람의 램 수면단계를 찾아 낼 수 있다. 사람이 램 단계 후에 바로 일어나면 꾼 꿈을 설명할 수 있다. 쥬리히 수면 실험실에서 650명을 대상으로 한 연구에서 꿈의 약 1/3이 공포, 걱정과 분노의 감정에 관한 것이었다. 사람이 좋은 기분에서 잠자리에 들면 나쁜 꿈의 비율이 감소하지 않을까 하는 유추를 할 수 있다.

수면연구에서 대상을 임의로 두 그룹으로 나누었다. 그룹 1은 자러 가기 전에 한 시간 동안 코믹 영화를 시청하였다. $n_1 = 175$ 건의 꿈 중에서 $r_1 = 49$ 건이 공포, 걱정과 분노에 관한 꿈이었다. 그룹 2는 영화를 보지 않고 단순하게 잠자리에 들었다. $n_2 = 180$ 건의 꿈 중에서 $r_2 = 63$ 건이 공포, 걱정과 분노에 관한 꿈이었다.

(a) 왜 그룹 1과 2는 서로 독립 이항실험인가? 대표본인가?

풀이 두 그룹이 임의로 선택되었으므로 서로의 반응이 영향을 받지 않으므로 독립이다. 또한 기록된 꿈의 수를 시행으로 생각할 수 있다.

$$\hat{p_1} = \frac{r_1}{n_1} = \frac{49}{175} = 0.28,\ \hat{q_1} = 1 - \hat{p_1} = 0.72$$

$$\hat{p_2} = \frac{r_2}{n_2} = \frac{63}{180} = 0.35,\ \hat{q_2} = 1 - \hat{p_2} = 0.65$$

이고

$$n_1\hat{p_1} = 49 > 5,\ n_1\hat{q_1} = 126 > 5$$

$$n_2\hat{p_2} = 63 > 5,\ n_2\hat{q_2} = 117 > 5$$

이므로 대표본이다.

(b) $p_1 - p_2$는 무엇인가? $p_1 - p_2$의 95% 신뢰구간을 구하시오.

풀이 $p_1 - p_2$는 두 이항실험의 모비율의 차이이다. 즉, 코믹영화를 보고 잔 사람과 바로 잔 사람들의 나쁜 꿈을 꾼 비율의 차이다.

$p_1 - p_2$의 신뢰구간을 구하기 위하여 필요한 값을 구한다. 부록 표 3으로부터 $z_{0.95} = 1.96$이므로

$$E = z_c\sqrt{\frac{\hat{p}_1\hat{q}_1}{n_1} + \frac{\hat{p}_2\hat{q}_2}{n_2}} = 1.96\sqrt{\frac{(0.28)(0.72)}{175} + \frac{(0.35)(0.65)}{180}}$$

$$= 1.96\sqrt{0.0024} = 0.096$$

따라서

$$(\hat{p}_1 - \hat{p}_2) - E \le p_1 - p_2 \le (\hat{p}_1 - \hat{p}_2) + E$$

$$(0.28 - 0.35) - 0.096 < p_1 - p_2 < (0.28 - 0.35) + 0.096$$

$$-0.166 < p_1 - p_2 < 0.026$$

(c) 구한 신뢰구간의 의미를 설명하시오.

풀이 나쁜 꿈을 꾸는 모비율의 차가 -16.6%와 2.6% 사이에 속한다고 95% 확신한다. 하지만 구간이 0을 포함하고 있으므로 $p_1 - p_2 < 0$(혹은 $p_1 - p_2 > 0$) 라 할 수 없다. 자러 가기 전에 코믹영화를 보는 것이 몇 명에게는 나쁜 꿈의 비율을 감소시키지만 신뢰수준 95%에서 모비율이 감소한다고는 할 수 없다. ■

▸▸ 10.3 연습문제

1. **통계적 지식**: 비율 차에 대한 가설 검정을 고려해 보자. 두 모집단의 첫 번째 독립표본은 시행 횟수 n_1, 성공 횟수 r_1 이고, 두 번째 표본은 n_2시행에서 r_2성공을 가정합니다. 검정을 위한 통계량은 무엇인가?

2. **비판적 사고**: 첫 번째 모집단의 성공비율은 p_1이고, 두 번째 모집단의 성공비율은 p_2인 두 독립적인 모집단을 고려하자. p_1이 p_2보다 크다는 대립가설을 세우시오.

3. **기본 계산: $p_1 - p_2$ 검정**. 첫 번째 75번의 이항실험에서 45번 성공, 두 번째 100번의 이항실험에서 70번 성공하였다. 두 성공비율이 다른지 유의수준 5%에서 검정하시오.
   (a) 유의수준은 얼마인가? 귀무가설과 대립가설을 설정하시오.
   (b) 표집분포는 무엇을 사용하는가? 검정통계량의 값을 구하시오.
   (c) $P-$값을 구하시오. 표집분포를 그리고 $P-$값에 대응하는 면적을 나타내시오.
   (d) 앞의 결과를 이용하여 검정을 하시오.
   (e) 검정 결과를 설명하시오.

4. **연방세금: 예술기금**. 예술에 더 많은 세금을 사용하는데 찬성하는지를 질문하였다. $n_1 = 220$ 명의 여성에게 물었더니 $r_1 = 59$ 명이 찬성한다고 대답하였다. 같은 질문을 $n_2 = 175$ 명의 남자에게 하였더니 $r_2 = 56$ 명이 찬성하였다. 남자와 여자 간에 찬성률에 차이가 있는지를 유의수준 5%에서 검정하시오.
   (a) 유의수준은 얼마인가? 귀무가설과 대립가설을 설정하시오.
   (b) 표집분포는 무엇을 사용하는가? 검정통계량의 값을 구하시오.
   (c) $P-$값을 구하시오. 표집분포를 그리고 $P-$값에 대응하는 면적을 나타내시오.
   (d) 앞의 결과를 이용하여 검정을 하시오.
   (e) 검정 결과를 설명하시오.

5. **사회학: 신뢰하는 사람**. 다른 사람을 신뢰하는지에 관하여 질문을 하였다. 미국 시카고에 거주하는 18-25세 사이의 $n_1 = 250$ 명에게 질문을 하였더니 $r_1 = 45$ 명이 신뢰한다고 대답하였다. 35-45세 사이의 $n_2 = 280$ 명에게도 같은 질문을 하였더니 $r_2 = 71$ 명이 신뢰한다고 대답하였다. 이 결과를 가지고 나이가 많은 그룹이 사람들을 신뢰하는 비율이 더 높다고 할 수 있는가? $\alpha = 0.05$ 를 사용하시오.
   (a) 유의수준은 얼마인가? 귀무가설과 대립가설을 설정하시오.
   (b) 표집분포는 무엇을 사용하는가? 검정통계량의 값을 구하시오.
   (c) $P-$값을 구하시오. 표집분포를 그리고 $P-$값에 대응하는 면적을 나타내시오.
   (d) 앞의 결과를 이용하여 검정을 하시오.
   (e) 검정 결과를 설명하시오.

6. **외계인: 그것을 믿으세요?** 대학에 다니지 않은 $n_1 = 100$ 명의 미국 성인 중 $r_1 = 37$ 명이 지구 밖의 생물 존재를 믿는다고 대답하였다. 대학을 다닌 $n_2 = 100$ 명의 미국 성인 중 $r_2 = 47$ 명이 지구 밖의 생물 존재를 믿는다고 대답하였다. 대학에 다닌 사람들이 지구 밖 생물 존재를 믿을 비율이 더 높다고 할 수 있는가? $\alpha = 0.01$ 을 사용하시오.

7. **기각역 방법: $p_1 - p_2$ 검정.** 문제 4을 기각역 방법을 이용하여 검정하고 $P-$값을 이용한 결과와 비교하시오.

8. **기본계산: $p_1 - p_2$의 신뢰구간.** 두 독립표본에 $n_1 = 40, r_1 = 10$이고, $n_2 = 50, r_2 = 15$일 때
   (a) $\hat{p_1} - \hat{p_2}$의 분포에 대해 설명하시오.
   (b) $p_1 - p_2$의 90% 신뢰구간을 구하시오.

9. **마이어스-브릭스: 결혼 상담.** MBTI(Myers-Briggs Type Indicator)검사는 네 가지 선호지표인 ▲에너지 방향 외향(E)-내향(I) ▲인식기능 감각(S)-직관(N) ▲판단기능 사고(T)-감정(F) ▲생활양식 판단(J)-인식(P)을 통해 16가지의 성격유형을 분류하는 검사방법이다. 결혼 상담가는 네 가지 선호지표 중 공통적인 것이 하나도 없는 커플은 위태로운 결혼을 할 지 모른다고 생각한다. 마이어스는 결혼한 375커플을 임의로 뽑았더니 289커플이 2개 이상을 공통으로 갖고 있었다. 결혼한 571커플의 다른 표본을 뽑았더니 23커플이 공통적인 것이 없었다. p_1 을 2개 이상을 공통으로 갖고 있는 결혼한 커플 비율이라 하고, p_2 를 공통적인 것이 없는 결혼한 커플 비율이라 하자.
   (a) $p_1 - p_2$ 의 99% 신뢰구간을 구하시오.
   (b) 신뢰구간의 의미를 설명하시오.

10. **나바호 문화: 전통적인 호간.** 포트 디파이언스(Fort Defiance) 지역의 나바호(Navajo)인디언 보호지역에서 210개의 주거 랜덤표본에서 65개가 전통적인 호건이었다. 인디언 웰스(Indian Wells) 지역에서 152개의 주거 랜덤표본에서 18개가 전통적인 호건이었다. p_1과 p_2를 각 지역의 전통적인 호건 비율이라 하자.

(a) $p_1 - p_2$의 99% 신뢰구간을 구하시오.

(b) 신뢰구간의 의미를 설명하시오.

11. **비판적 사고: 다른 신뢰수준.**

(a) 비율의 차에 대한 95% 신뢰구간이 양수와 음수 값을 포함하고 있다. 같은 자료에 대한 99% 신뢰구간도 반드시 양수와 음수 값을 포함하는가? 90% 신뢰구간의 경우는 어떠한가?

(b) 비율의 차에 대한 95% 신뢰구간이 모두 양수 값만 포함하고 있다. 같은 자료에 대한 99% 신뢰구간도 반드시 양수 값만 포함하는가? 90% 신뢰구간의 경우는 어떠한가?

복습

요약

이 장에서는 가설 검정과 신뢰구간에 대하여 계속 논의했고, 특히 짝의 차이, 평균의 차이, 비율의 차이에 대한 추론을 하였다.

- 첫 번째는 두 표본이 독립인지, 종속인지 구분한다. 자료가 짝지은 표본이면 종속이고, 다른 모집단에서 가져온 자료가 서로 관련이 없는 경우는 독립이다.
- 10.1절은 종속표본의 차의 평균 $\bar{d}$에 대하여, t분포를 이용한 검정을 하였다.
- 10.2절은 두 독립된 모집단의 $\mu_1 - \mu_2$에 관한 추론을 하였고, 모집단의 표준편차에 대한 정보에 따라 정규분포와 t분포를 사용하였다.
- 10.3절은 큰 독립된 모집단에서 $p_1 - p_2$에 관한 추론을 하였고, 시행횟수가 많은 경우 정규분포를 사용하였다.

복습문제

1. **통계적 지식**. 두 개의 랜덤 표본은 언제 독립인가?

2. **농업: 피망**. 다음 자료는 토양수분 함량을 나타냅니다. 피망을 재배하는 두 개의 실험토양에서 랜덤 표본을 한 물의 비율자료입니다.

현장 I 토양수분: $x_1; n_1 = 72$

15.1	11.2	10.3	10.8	16.6	8.3	9.1	12.3	9.1	14.3
10.7	16.1	10.2	15.2	8.9	9.5	9.6	11.3	14.0	11.3
15.6	11.2	13.8	9.0	8.4	8.2	12.0	13.9	11.6	16.0
9.6	11.4	8.4	8.0	14.1	10.9	13.2	13.8	14.6	10.2
11.5	13.1	14.7	12.5	10.2	11.8	11.0	12.7	10.3	10.8
11.0	12.6	10.8	9.6	11.5	10.6	11.7	10.1	9.7	9.7
11.2	9.8	10.3	11.9	9.7	11.3	10.4	12.0	11.0	10.7
8.8	11.1								

현장 II 토양수분: $x_2; n_2 = 80$

12.1	10.2	13.6	8.1	13.5	7.8	11.6	7.7	8.1	9.2
14.1	8.9	13.9	7.5	12.6	7.3	14.9	12.2	7.6	8.9
13.9	8.4	13.4	7.1	12.4	7.6	9.9	26.0	7.3	7.4
14.3	8.4	13.2	7.3	11..3	7.5	9.7	12.3	6.9	7.6
13.8	7.5	13.3	8.0	11.3	6.8	7.4	11.7	11.8	7.7
12.6	7.7	13.2	13.9	10.4	12.8	7.6	10.7	10.7	10.9
12.5	11.3	10.7	13.2	8.9	12.9	7.7	9.7	9.7	11.4
11.9	13.4	9.2	13.4	8.8	11.9	7.1	8.5	14.0	14.2

(a) 평균과 표준편차를 구하시오.

(b) $\mu_1 - \mu_2$에 대한 95% 신뢰구간을 구하시오.

(c) 첫 번째 토양의 평균수분 함량이 두 번째 토양의 평균수분 함량보다 많은지 신뢰구간을 이용하여 설명하시오.

(d) 어떤 분포를 사용했습니까?

(e) 첫 번째 토양의 모평균이, 두 번째 토양의 모평균보다 크다는 주장에 대하여 유의수준 1%에서 가설 검정하시오.

3. **야생: 늑대**. 캐나다 노스웨스트에서 18마리의 수컷 늑대 무게의 평균이 $\overline{x}_1 = 44.5\text{kg}$이며, 추정된 표준편차 $s_1 = 2.9\text{kg}$이고, 알래스카에서 24마리의 수컷 늑대 무게의 평균은 $\overline{x}_2 = 40.8\text{kg}$이고, 추정된 표준편차 $s_2 = 3.3\text{kg}$ 이였다.(출처 : The Wolf, L. D. Mech, University of Minnesota Press).
   (a) $\mu_1 - \mu_2$에 대한 75% 신뢰구간을 구하시오.
   (b) 신뢰구간을 보았을 때, 노스웨스트의 늑대 평균무게가 더 큽니까?
   (c) 유의수준 1%에서 두 지역의 늑대 평균무게가 다른지 검정하시오.

4. **설문 응답: 유효성**. 설문조사 응답 : E. J. 웬틀랜드(Wentland)와 K. 스미스(Smith)의 아카데미 프레스(Academic Press) 설문조사 질문에 대한 답변의 정확성을 보고하는 조사에서 로캔더(Locander)와 공동 연구자들은 "등록 된 유권자입니까?"라는 질문을 고려했다. 응답의 정확성은 도시 투표기록을 확인함으로써 확인되었다. 설문조사는 두 가지 방법, 즉 대면조사와 전화조사가 사용되었다. 93명의 무작위 표본은 대면조사를 하여, 79명의 응답자가 정확한 답변을 했다. 또 다른 무작위 표본 83명은 전화조사를 하여, 74명의 응답자가 정확한 답을 제공했다.
   (a) $p_1 - p_2$에 대한 95% 신뢰구간을 구하라.
   (b) 신뢰구간을 설명하시오.
   (c) 두 비율에 차이가 있는지, 유의수준 5%에서 검정하시오.

5. **심리학: 창조적 사고**. 일란성 쌍둥이 6쌍을 무작위 추출하여, 쌍둥이 중에 한 명은 창의적인 사고를 촉진하는 프로그램을 진행했고, 다른 한 명은 진행하지 않았다. 프로그램 종료 후 조사된 자료는 다음과 같다. 점수가 높을수록 창의적 해결 능력이 향상된다고 한다. 프로그램의 효과가 있는지, 유의수준 1%에서 검정하시오.

쌍둥이	1	2	3	4	5	6
실험군	53	35	12	25	33	47
대조군	39	21	5	18	21	42

CHAPTER

11 그 밖의 통계적 추론

오늘날 아인슈타인 교수의 이론은 현대 물리학의 일부로 잘 받아들여지고 있다. 그러나 이것이 항상 그런 것은 아니다. 아인슈타인이 상대성과 중력장에서 빛의 굴절을 처음 발견했을 때, 그의 이론은 의심을 받았다. 물리학자들은 별빛이 태양 (큰 중력장) 부근을 지날 때 현상을 연구했다. 그들은 별빛이 직선으로 움직이지 않고 그 대신에 아인슈타인이 예측한 것처럼 아주 조금 휘어지는 현상을 발견했다.

자연 과학, 의학, 사회 과학, 경제 및 비즈니스에 관한 많은 연구는 새로운 이론에 대응하여 설정된 이론의 검정을 필요로 한다. 이 장에서 배울 통계적 검정은 그와 같은 연구에 매우 가치가 있다.

사전질문

- 확률변수가 종속인지 독립인지를 어떻게 결정하는가? (11.1절)
- 다른 모집단들이 정해진 특성을 같은 비율로 공유하고 있는지를 어떻게 결정하는가? (11.1절)
- 두 분포가 종속일 뿐만 아니라 실제로는 같은 분포인지를 어떻게 결정하는가? (11.2절)
- σ에 대한 검정을 어떻게 하는가? (11.3절)
- 상관계수를 어떻게 검정하는가? (11.4절)
- 추정량의 표준오차는 무엇인가? 어떻게 계산하고, 어디에 사용하는가? (11.4절)
- 최소제곱 예측에 대한 신뢰구간을 어떻게 계산하는가? (11.4절)
- 최소제곱선의 기울기는 증가율을 나타낸다. 증가율이 통계적으로 유의한지를 어떻게 결정할 수 있는가? (11.4절)

초점문제 밴들리에 국립기념물내의 고고학

워싱턴 주립 대학의 고고학자들은 밴들리 국립기념물(Bandelier National Monument)의 번트 메사 푸에블로(Burnt Mesa Pueblo)에서 광범위한 여름 발굴 작업을 수행했다. 그들의 업적은 고고학 서적 “Bandelier Archaeological Excavation Project: Summer 1990 Excavations at Burnt Mesa Pueblo and Casa del Rito, edited by T. A. Kohler”에 발표된다.

고고학자들의 한 가지 질문은 “선사시대의 인디언들이 석기 제조를 위해 사용한 원석은 고고학적 발굴지역과는 관계가 없는가"였다. 번트 메사 푸에블로에 있는 두 개의 다른 발굴 지점이 아래 표에 있는 정보를 제공했다. 유의수준 5%의 카이제곱검정을 사용하여 석기제조에 사용된 원석과 발굴지역은 독립인지를 검정하시오.(11.1절 문제9 참조)

석기제조원석, 번트 메사 푸에블로

원석	유적지 A	유적지 B	열의 합
현무암	731	584	1,315
흑요석	102	93	195
규질암	510	525	1,035
기타	85	94	179
행의 합	1,428	1,296	2,724

Part Ⅰ. 카이제곱분포를 이용한 추론

카이제곱 분포의 개요

지금까지 우리는 가설검정과 신뢰구간에 대하여 가장 빈번하게 사용되는 정규분포와 t 분포를 포함하는 몇 가지 확률분포를 사용했다. 이 장에서는 **카이제곱분포**(chi-square distribution; χ^2)와 응용을 다룬다. 이 장에서는 또 다른 확률 분포인 chi-square 분포를 사용할 것이다(여기서 chi는 kite라는 단어의 처음 두 글자처럼 발음됩니다). Part I에서는 카이제곱분포의 응용에 대해서 알아 볼 것이다. Chi는 기호 χ로 표시되는 그리스 문자로 카이제곱은 기호 χ^2으로 나타낸다. χ^2는 0보다 큰 양수 값을 갖는다.

χ^2 분포는 대칭도 아니고, t 분포와 마찬가지로 자유도에 의존한다. 그림 11.1은 여러 자유도의 χ^2 분포를 나타낸다. 자유도가 증가함에 따라 χ^2 분포의 그래프는 종모양이 되며 점점 대칭이 되어간다. 자유도가 증가함에 따라, 카이제곱분포의 그래프는 더 종같은 모양으로 되고 더욱 더 대칭으로 보이게 된다.

[그림 11.1] χ^2 분포

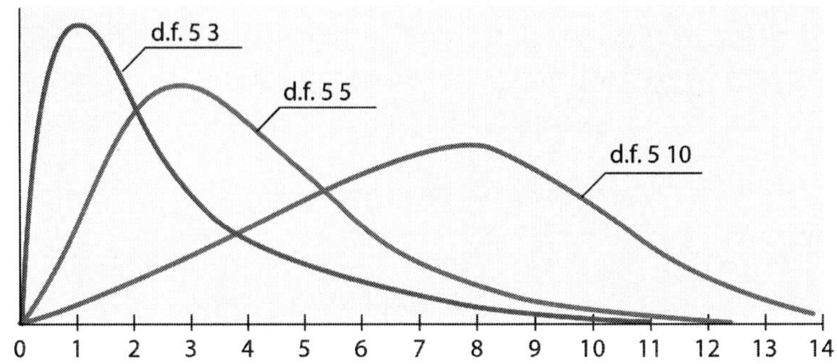

자유도 n 인 χ^2 분포 $\chi^2(n)$ 의 최빈값은 $n-2\,(n \geq 3)$이다.

부록의 표 5는 지정된 면적이 임계값의 오른쪽인 χ^2 분포의 임계값을 나타낸다. 표 11.1은 표 5의 일부분이다. 여기서 행은 자유도이고, 열은 분포의 오른쪽꼬리 부분이다. 표 11.1에서 오른쪽 면적이 0.995인 자유도 3인 χ^2 분포의 임계값은 0.072이다. 또한 오른쪽 면적이 0.010인 자유도 4인 χ^2 분포의 임계값은 13.28이다.

[표 11.1] χ^2 분포

d.f.	오른쪽꼬리 면적					
	0.995	0.990	0.975	•••	0.010	0.005
•	•	•	•		•	•
•	•	•	•		•	•
•	•	•	•		•	•
3	0.072	0.115	0.216		11.34	12.84
4	0.207	0.297	0.484		13.28	14.86

11.1 카이제곱 : 독립성과 동일성 검정

초점

- 확률변수의 독립성을 조사하기 위한 검정을 설정하시오.
- 분할표를 이용하여 χ^2통계량을 계산하시오.
- 표본의 χ^2통계량의 $P-$값을 찾거나 추정하여 검정을 완성하시오.
- 모집단의 동일성 검정을 하시오.

이너베이티브 머신 회사(Innovative machines Inc.)는 컴퓨터 키보드용으로 두 가지 새로운 문자 배열을 개발하였다. 회사는 키보드의 문자 배열과 초보자가 분당 20단어를 타자하게 되는데 까지 걸리는 시간 사이에 관계가 있는지를 알고 싶어한다. 다른 관점으로 보면 학생이 타자를 배우는데 걸리는 시간과 키보드 문자배열이 독립인지를 알고 싶다.

이 질문에 답하려면 다음 가설을 검정하여야 한다.

H_0 : 키보드 배열과 습득시간은 독립이다.
H_1 : 키보드 배열과 습득시간은 독립이 아니다.

이런 문제를 두 요인의 **독립성 검정**(test of independence)이라 한다. 사용하는 확률분포는 카이제곱분포이다.

이너베이티브 머신의 첫 번째 할 일은 자료를 모으는 것이다. 회사는 300명의 타자 초보학생의 확률표본을 추출하여 임의로 세 가지 키보드 중 하나를 선택하여 타자를 배우게 한다. 이 표본들의 습득시간을 표 11.2에 나타내었다. 이러한 습득 시간이 관찰도수 O이다. 표 11.2를 크기 3×3 인 **분할표**(contingency table)라 한다. 관측 도수를 포함하는 음영 처리된 박스를 셀(cell)이라고 부른다. 행 및 열 합계는 셀로 간주되지 않는다. 이 분할표는 크기가 3×3이다('three by three'으로 읽음). 분할표의 크기를 이야기할 때는 열의 수를 먼저 말한다.

분할표의 크기를 결정하기 위해서 관찰값을 포함하고 있는 행과 열의 수를 센다. 그 크기는 행의 수 × 열의 수, 여기서 기호 ×는 by로 읽고 행의 수가 항상 먼저 주어진다.

[표 11.2] 키보드 대 습득시간

키보드	21–40시간	41–60시간	61–80시간	열의 합
A	#1 25	#2 30	#3 25	80
B	#4 30	#5 71	#6 19	120
표준	#7 35	#8 49	#9 16	100
행의 합	90	150	60	300

유도된 연습문제 1 분할표의 크기

그림 11.2의 (a)과 (b)의 분할표의 크기는 얼마인가?

[그림 11.2]

(a) 분할표 (b) 분할표

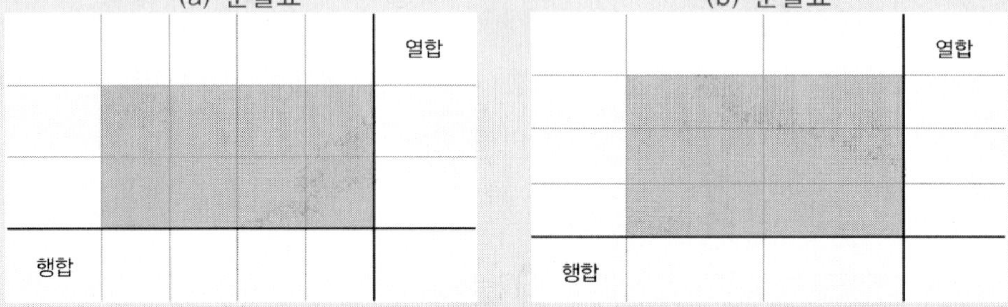

(a) ⇒ 2열 4행이므로 2×4 이다.

(b) ⇒ 3열 2행이므로 3×2 이다.

키보드 배치와 타이핑을 배우는데 학생이 걸리는 시간이 독립적이라는 귀무가설을 검정하고 있다. 우리는 이 가설을 사용하여 각 칸의 기대도수를 결정한다.

독립성 검정을 하기 위하여 우선 귀무가설을 이용하여 각 **셀**(cell)의 **기대도수**(expected frequency)를 구한다. 예를 들어, 표 11.2의 셀 1의 기대도수를 구하기 위하여 키보드 A로 배우기 시작하여 21-40시간 안에 분당 20단어를 칠 수 있게 된 학생의 수를 관측한다. 두 사건은 독립이라는 가설에 의하여 한 학생이 셀 1에 들어갈 확률을 곱셈법칙을 사용하여 구한다. 즉,

$$P(\text{셀}1) = P(\text{키보드}A \cap 21-40\text{시간에 습득})$$

$$= P(\text{키보드}A) \cdot P(21-40\text{시간에 습득})$$

300명 중 80명이 키보드 A를 사용하였으므로

$$P(\text{키보드}A) = \frac{80}{300}$$

300명 주 90명이 21-40시간 안에 습득하였으므로

$$P(21-40\text{시간에 습득}) = \frac{90}{300}$$

이 두 확률을 이용하면

$$P(\text{키보드}A \cap 21-40\text{시간에 습득}) = \frac{80}{300} \cdot \frac{90}{300}$$

따라서 셀 1의 기대도수는

$$E = P(\text{셀 } 1) \cdot (\text{표본 수})$$

$$= \frac{80}{300} \cdot \frac{90}{300} \cdot 300 = \frac{80 \cdot 90}{300} = 24$$

이다. 이 절차를 반복하여 각 셀의 기대도수를 구할 수 있다. 각 셀에 대해 이 과정을 반복한다. 마지막 단계에서 기대도수 E에 대한 보다 간단한 공식이 산출된다.

➲ 기대도수 E의 공식

$$E = \frac{(\text{열의 합})(\text{행의 합})}{\text{표본크기}}$$

예제 1 기대도수

표 11.2의 셀 2의 기대도수를 구하시오.

풀이 열의 합이 80, 행의 합이 150이고 표본크기가 300이므로

$$E = \frac{(\text{열의 합})(\text{행의 합})}{\text{표본크기}} = \frac{80 \cdot 150}{300} = 40$$

■

유도된 연습문제 2 기대도수

표 11.3은 키보드 배열과 습득시간에 대한 분할표에 대하여 관측도수 O와 기대도수 E를 포함하고 있다. 빠져 있는 기대도수를 구하시오.

[표 11.3] 키보드 배열과 습득시간의 분할표

키보드	21–40시간	41–60시간	61–80시간	열의 합
A	#1 $O=25$ $E=24$	#2 $O=30$ $E=40$	#3 $O=25$ $E=$	80
B	#4 $O=30$ $E=36$	#5 $O=71$ $E=$	#6 $O=19$ $E=$	120
표준	#7 $O=35$ $E=$	#8 $O=49$ $E=50$	#9 $O=16$ $E=20$	100
행의 합	90	150	60	300

- 셀 3에 대하여 $E=\dfrac{80 \cdot 60}{300}=16$
- 셀 5에 대하여 $E=\dfrac{120 \cdot 150}{300}=60$
- 셀 6에 대하여 $E=\dfrac{120 \cdot 60}{300}=24$
- 셀 7에 대하여 $E=\dfrac{100 \cdot 90}{300}=30$

이제 검정통계량 χ^2을 계산할 준비가 되었다. χ^2값은 관측도수 O와 기대도수 E의 차의 합의 측도이다. 표 11.4에서 이 차 $O-E$를 구하였다. 그러나 차를 단순하게 더하면 0이 되어 관측도수와 기대도수 사이에 차가 있다는 사실을 반영하지 못한다. 차의 크기를 반영하는 합의 측도를 얻기 위하여 차의 제곱 $(O-E)^2$을 한다. 그러나 $(O-E)^2$ 대신에 $(O-E)^2/E$ 를 사용한다. 관측도수와 기대도수 사이의 차이가 작은 경우 기대도수가 작은 경우를 더 중요하게 고려하기 위하여 이 식을 사용한다. 예를 들어, 셀 1과 셀 8의 $(O-E)^2$가 1이다. 하지만 이 차이는 기대도수가 50인 셀 8보다 기대도수가 24인 셀 1에서 더 의미가 있다. $(O-E)^2/E$ 일 때, 기댓값의 크기에 대한 차이의 크기가 된다. 그러나 기대도수가 작은 셀 1의 차이가 더 의미가 있다는 것이다. 따라서 이 값들을 합하여

표본검정통계량 χ^2

$$\chi^2 = \sum \frac{(O-E)^2}{E}$$

을 구한다.

[표 11.4] 관측도수와 기대도수의 차

셀	관측도수 O	기대도수 E	차이 $(O-E)$
1	25	24	1
2	30	40	-10
3	25	16	9
4	30	36	-6
5	71	60	11
6	19	24	-5
7	35	30	5
8	49	50	-1
9	16	20	-4
			$\sum(O-E)=0$

유도된 연습문제 3 표본 χ^2

(a) 표 11.5를 완성하시오.

[표 11.5] 표 11.4 자료

셀	O	E	$(O-E)$	$(O-E)^2$	$\frac{(O-E)^2}{E}$
1	25	24	1	1	0.04
2	30	40	-10	100	2.50
3	25	16	9	81	5.06
4	30	36	-6	36	1.00
5	71	60	11	121	2.02
6	19	24	-5	25	1.04
7	35	30	5	25	0.83
8	49	50	____	____	____
9	16	20	____	____	____
					____

⇒ 표 11.5의 마지막 두 줄은 다음과 같다.

셀	O	E	$(O-E)$	$(O-E)^2$	$\frac{(O-E)^2}{E}$
8	49	50	-1	1	0.02
9	16	20	-4	16	0.80

$$\sum \frac{(O-E)^2}{E} = 13.31$$

(b) 통계량 χ^2 을 계산하시오. $\Rightarrow \chi^2 = \sum \frac{(O-E)^2}{E} = 13.31$

관측도수와 기대도수의 차이가 작으면 $(O-E)^2$ 도 0에 근접하게 되고, 통계량 χ^2 도 작게 된다. 이 차이가 증가함에 따라 통계량 χ^2 도 증가할 것이다. 귀무가설을 기각하려면 표본통계량이 얼마나 커야 하는지를 결정하기 위하여 부록 표 5의 카이제곱분포표를 사용하여 통계량의 $P-$값을 구하고 유의수준과 비교한다. $P-$값은 자유도에 의존한다. 독립성 검정을 하기 위하여 다음 식을 사용하여 자유도를 결정한다.

➲ 독립성 검정의 자유도

$R=$ 열의 수, $C=$ 행의 수라 할 때,

$$d.f. = (R-1)(C-1)$$

유도된 연습문제 4 자유도

키보드 배열의 예제에서 자유도를 구하시오. $\Rightarrow d.f. = (R-1)(C-1)$

$= (3-1)(3-1) = 4$

유의수준 $\alpha = 0.05$ 에서 키보드의 문자배열과 습득시간과의 독립이라는 가설을 검정하기 위하여 검정통계량 $\chi^2 = 13.31$ 에 대한 $P-$값을 추정한다(그림 11.3). 그런 다음 정해진 유의수준 α 와 $P-$값을 비교한다.

[그림 11.3] $P-$값

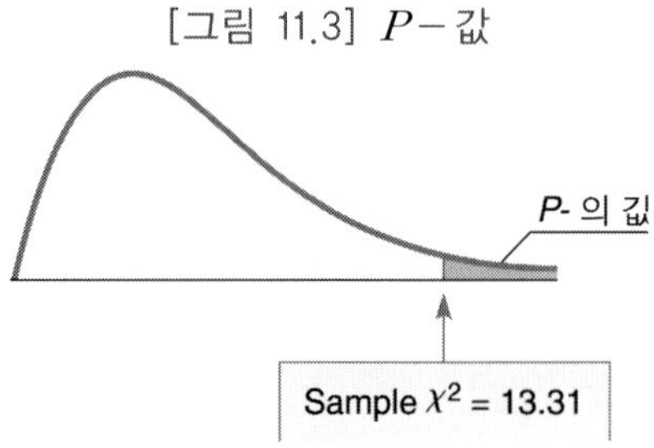

오른쪽꼬리 면적	0.010	0.005
$d.f.=4$	13.28	14.86
	↑ $\chi^2 = 13.31$	

독립성 검정은 언제나 카이제곱분포의 오른쪽꼬리 검정을 사용한다. 이는 관측도수와 기대도수 사이의 차이에 대한 χ^2 측도가 우연에 기인한 것보다 큰지를 검정하고 있기 때문이다.

유도된 연습문제 4에서 자유도가 4라는 것을 알았다. 부록의 표 5로부터 $d.f.=4$ 인 열에서 $\chi^2=13.31$ 은 13.28과 14.86 사이에 놓인다. 따라서 대응하는 $P-$값은 0.005와 0.010사이에 놓인다. $P-$값이 $\alpha=0.05$ 보다 작으므로 귀무가설을 기각하고 키보드 배열과 습득시간과는 독립이 아니라고 결론을 내린다.

절차 두 개의 통계적 변수의 독립성 검정방법

열과 행이 각각 변수를 나타내는 분할표를 고려한다.

1. 유의수준 α 를 정하고 가설
   H_0 : 두 변수는 서로 독립이다.
   H_1 : 두 변수는 서로 독립이 아니다.
   을 사용한다.
2. 각 칸의 기대도수

$$E=\frac{(\text{열의 합})(\text{행의 합})}{\text{표본크기}}$$

   를 계산한다. $E \geq 5$ 가 되도록 표본 수가 충분히 클 필요가 있다. 다음으로 검정통계량

$$\chi^2=\sum\frac{(O-E)^2}{E}$$

   을 계산한다.
3. 카이제곱분포와 오른쪽꼬리 검정으로부터 검정통계량에 대응하는 $P-$값을 구한다.
4. 검정의 결론을 내린다. $P-$값 $\leq \alpha$ 이라면 귀무가설을 기각하고, $P-$값$> \alpha$ 라면 귀무가설을 기각하지 않는다.
5. 응용 배경 안에서 결론에 대하여 간단히 설명한다.

유도된 연습문제 5 독립성 검정

자판기 회사가 두 지역에 음료수 자판기를 설치하려고 한다. 시장 분석가는 음료수 선호도와 지역이 독립인지를 알고 싶어 두 지역에서 임의로 200명을 추출하여 좋아하는 음료수를 조사하여 표 11.6과 같이 정리하였다. 유의수준 $\alpha=0.01$ 에서 독립이라 할 수 있는가?

단계 1: 귀무가설과 대립가설을 설정하시오. ⇒ H_0 : 지역과 음료수 선호는 독립이다.
H_1 : 지역과 음료수 선호는 독립이 아니다.

단계 2:

(a) 기대도수를 구하시오. 표 11.6의 분할표를 완성하시오.

[표 11.6] 지역과 음료수 선호

음료수	A 지역	B지역	열의 합
A	#1 $O=33$ $E=36$	#2 $O=57$ $E=54$	90
B	#3 $O=30$ $E=20$	#4 $O=20$ $E=30$	50
C	#5 $O=\ 5$ $E=$	#6 $O=35$ $E=$	40
D	#7 $O=12$ $E=$	#8 $O=\ 8$ $E=$	20
행의 합	80	120	200

⇒ 기대도수는

셀 5 : $E=\dfrac{40\cdot 80}{200}=16$

셀 6 : $E=\dfrac{40\cdot 120}{200}=24$

셀 7 : $E=\dfrac{20\cdot 80}{200}=8$

셀 8 : $E=\dfrac{20\cdot 120}{200}=12$

(b) 표 11.7을 완성하고 표본통계량 χ^2을 구하시오.

[표 11.7] χ^2의 계산표

셀	O	E	$(O-E)$	$(O-E)^2$	$\dfrac{(O-E)^2}{E}$
1	33	36	-3	9	0.25
2	57	54	3	9	0.17
3	30	20	10	100	5.00
4	20	30	-10	100	3.33
5	5	16	-11	121	7.56
6	35	24	11	____	____
7	12	8	____	____	____
8	8	12	____	____	____

⇒ 표 11.7의 마지막 세 줄은 다음과 같다.

셀	O	E	$(O-E)$	$(O-E)^2$	$\dfrac{(O-E)^2}{E}$
6	35	24	11	121	5.04
7	12	8	4	16	2.00
8	8	12	-4	16	1.33

$$\chi^2=\sum\frac{(O-E)^2}{E}=24.68$$

(c) 분할표의 크기는 얼마인가? 자유도를 구하시오.

⇒ 분할표는 4×2이다.

$d.f.=(4-1)(2-1)=3$

단계 3: 표본통계량 $\chi^2 = 24.68$ 에 대응하는 $P-$값을 추정하시오. ⇒

오른쪽꼬리 면적	0.005
$d.f.=3$	12.84 ↑ $\chi^2 = 24.68$

$P-$값 < 0.005

단계 4: 검정의 결론을 내리시오. ⇒ $P-$값이 α 보다 작으므로 귀무가설을 기각한다.

단계 5: 결과를 설명하시오. ⇒ 유의수준 1%에서 지역과 음료수 선호와는 종속이다.

동일성 검정

두 확률변수의 독립성을 검정하기 위하여 분할표와 카이제곱분포를 사용하는 법을 살펴 보았다. 이 과정 여러 모집단이 같은 비율의 뚜렷한 범주를 갖는지를 결정하기 위하여 사용할 수 있다. 이와 같은 검정을 **동일성 검정**(test of homogeneity)이라 한다.

> **동일성 검정**(test of homogeneity)은 다른 모집단들이 특별한 특성을 같은 비율로 갖는지를 검정한다.

독립성 검정과 동일성 검정의 계산과정은 동일하다. 그러나 표본추출방법과 가설 검정에서 주요한 차이가 있다.

1. **표본 추출방법**
   독립성 검정에서는 하나의 확률표본을 사용하여 표본 개체가 각 범주에 어떻게 분포하는지를 관찰한다. 동일성 검정에서는 각각 다른 모집단에서 확률표본을 뽑아 각 범주에 어떻게 분포하는지를 관찰한다.

2. **가설**
   독립성 검정에서는

   H_0 : 변수들이 서로 독립이다.

   H_1 : 변수들이 서로 독립이 아니다.

동일성 검정에서는

H_0 : 각 모집단은 각 특성을 같은 비율로 갖는다.

H_1 : 각 모집단은 각 특성을 다른 비율로 갖는다.

예제 2 동일성 검정

팀은 같은 대학 학생들의 애완동물에 대한 선호도를 조사하고 있다. 여학생 300명과 남학생 250명을 임의로 뽑았다. 설문조사 결과를 다음 표로 정리하였다.

애완동물 선호도

성별	강아지	고양이	기타	싫어함
여학생	120	132	18	30
남학생	135	70	20	25

각 애완동물에 대하여 여학생의 선호비율과 남학생의 선호비율이 같은가? 유의수준 1%를 사용하시오.

(a) 여학생과 남학생의 각 범주에 대한 선호비율을 나타내는 막대그래프를 그리시오. 남학생과 여학생에 대하여 같은 비율을 나타내는가?

풀이 그림 11.4에 막대그래프를 그렸다. 도표로부터 선호비율에 차이가 있다고 생각할 수 있다.

[그림 11.4] 성별 선호도

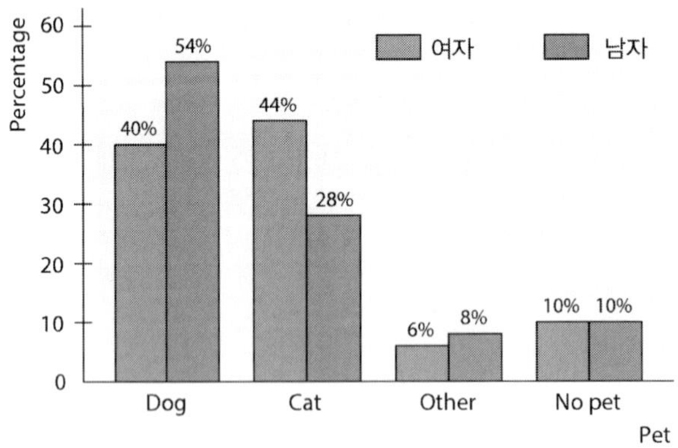

(b) 동일성 검정이 적절한가?

풀이 남학생과 여학생 모집단으로 부터의 확률표본이므로 적절하다. 각 애완동물에 대하여 여학생의 선호비율과 남학생의 선호비율이 같은가에 관심을 가지고 있다.

(c) 가설을 설정하고 다음의 통계처리프로그램에 의하여 처리된 결과를 가지고 결론을 내리시오.

	강아지	고양이	기타	싫어함	계
여학생					
관측도수	120	132	18	30	300
기대도수	139.0909	110.1818	20.7273	30	
남학생					
관측도수	135	70	20	25	250
기대도수	115.9091	91.8182	17.2727	25	
계	255	202	38	55	550

카이제곱 통계량: 16.0591, $df=3$　　　$P-$값: 0.00110

풀이 $P-$값이 0.0011로 $\alpha=0.01$ 보다 작으므로 H_0를 기각한다.

(d) 결과를 설명하시오.

풀이 유의수준 1%에서 여학생과 남학생의 애완동물 선호도에는 차이가 있다.

■

절차 모집단의 동일성 검정방법

각 모집단마다 별개의 특성을 공유하는 구성원의 수를 결정하여 각 모집단으로부터 확률표본을 추출한다. 그리고 행(또는 열)에 서로 다른 모집단과 열(또는 행)에 특성으로 된 분할표로 정리한다. 분할표의 셀에 기록된 값은 샘플로부터 도출된 관측도수 O이다.

1. 유의수준과 가설을 설정한다.
   H_0 : 각 모집단은 각 특성을 같은 비율로 갖는다.
   H_1 : 각 모집단은 각 특성을 다른 비율로 갖는다.
2. 독립성 검정 절차의 단계 2-5를 따른다.

동일성 검정에서 귀무가설을 기각할 때 모집단에서 어느 특성의 비율이 다른지는 모른다. 모집단들이 몇 개의 특성을 나누는 비율이 다르다는 것을 아는 것이다.

▶▶ 11.1 연습문제

1. **통계적 지식**. 일반적으로 카이제곱분포는 대칭인가? 아니면 어느 쪽으로 기운 분포인가?

2. **통계적 지식**. 독립성 검정과 동일성 검정에서 사용되는 검정은 오른쪽꼬리, 왼쪽꼬리, 양쪽꼬리 중 어느 쪽인가?

3. **비판적 사고**. 종섭이는 재활용하는 사람들의 비율에 관심이 있다. 종이, 플라스틱 및 전자 제품의 세 가지 제품이 각각 있다. 그는 각 유형의 제품을 재활용하는 사람들의 비율이 12-18세, 19-30세, 31-40세, 40세 이상이라는 가설을 검정하려고 한다. 재활용 제품 및 연령에 관한 동일성 검정에 적합한 표본추출방법을 설명하시오.

4. **해석: 동일성 검정**. 문제 3의 재활용된 제품과 연령대에 관한 종섭이의 연구를 고려하자. 그가 표본을 찾았고 검정통계량이 $\chi^2 = 16.83$ 이다.
   (a) 자유도는 얼마인가? 유의수준 1%에서 제품을 재활용하는 연령대의 비율이 동일한지 검정하시오.
   (b) 이 연구에서 연령대에 따른 제품을 재활용하는 비율이 다른지 알 수 있는가?

5. **심리학: 마이어-브릭스**. 다음은 406명의 랜덤표본을 직업과 성격에 따라 분류한 자료이다. E는 외향적인 사람을 나타내고 I는 내성적인 사람을 나타낸다.

	성격 유형		
직업	E	I	열의 합
성직자	62	45	107
의사	68	94	162
법률가	56	81	137
행의 합	186	220	406

   열거된 직업과 성격유형은 서로 독립인지를 유의수준 5%에서 검정하시오.

6. **고고학: 도자기**. 다음은 628개의 사기 조각이 발견된 장소와 도자기 형태에 따라 분류한 자료이다.

도자기 형태				
장소	메사 베르데	맥엘모	만코스	열의 합
언덕	75	61	53	189
절벽	81	70	62	213
협곡	92	68	66	226
행의 합	248	199	181	628

장소와 도자기 형태가 독립인지를 유의수준 0.01에서 검정하시오.

7. **생태학: 버팔로**. 다음은 옐로스톤 공원에 있는 166마리의 들소 확률표본의 나이 분포와 지역을 나타낸 자료이다. 나이 분포와 지역이 독립인지를 유의수준 0.05에서 검정하시오.

지역				
나이	라마	네스퍼스	화이어홀	열의 합
송아지	13	13	15	41
만 한살배기	10	11	12	33
성체	34	28	30	92
행의 합	57	52	57	166

8. **사회학: 선호 영화**. 한 사회학자가 청년층의 나이와 좋아하는 영화 종류 사이의 관계를 연구하고 있다. 93명을 임의로 추출하여 다음 자료를 얻었다. 나이와 좋아하는 영화 종류가 독립인지를 유의수준 0.05에서 검정하시오.

나이				
영화	18-23	24-29	30-35	열의 합
드라마	8	15	11	34
과학영화	12	10	8	30
오락	9	8	12	29
행의 합	29	33	31	93

9. **초점 문제: 고고학**. 선사시대 인디언들이 석기를 만든 원석과 유적지 사이에는 어떤 관계가 있는지를 조사한 자료이다. 석기제조에 사용한 원석과 유적지와는 독립인지를 유의수준 5%에서 검정하시오.

유적지			
원석	유적지 A	유적지 B	열의 합
현무암	731	584	1,315
흑요석	102	93	195
규질암	510	525	1,035
기타	85	94	179
행의 합	1,428	1,296	2,724

10. **정치 소속: 지출**. 미국 의회 의원 중에서 두 확률표본을 추출하였다. 한 표본은 민주당 의원들이고, 다른 표본은 공화당 의원들이다. 다음은 각 표본에 대하여 자신들의 지역구에 배정된 연방예산액에 따라 분류한 자료이다.

지역구 연방 예산액				
정당	50억불 미만	50~100억불	100억불 이상	열의 합
민주당	8	15	22	45
공화당	12	19	16	47
행의 합	20	34	38	92

(a) 지역구에 배정된 연방예산액에 따른 정당별 인원을 나타내는 막대그래프를 작성하시오.

(b) 예산액에 다른 정당별 인원이 같은 비율인지를 유의수준 1%에서 검정하시오.

11. **사회학: 연락방법**. 15-24세 와 25-34세 각 100명에게 멀리 있는 친구들과 연락하는 방법으로 어떤 것을 가장 선호하는지를 조사하였다.

선호하는 연락방법					
나이	휴대폰	쪽지	E-메일	기타	열의 합
15-24	48	40	5	7	100
25-34	41	30	15	14	100
행의 합	89	70	20	21	200

(a) 나이 대 별로 각 방법을 택한 비율을 나타내는 막대그래프를 작성하시오.

(b) 두 모집단의 각 연락방법에 대한 선호도가 같은지를 검정하시오. $\alpha = 0.05$를 사용하시오.

11.2 카이제곱 : 적합도 검정

초점

- 표집분포가 주어진 분포에 적합한지 검정하시오.
- 관측도수와 기대도수를 이용하여 χ^2통계량을 구하시오.
- $P-$값을 추정하고 검정을 완성하시오.

지난 해 한 회사의 복지부서에서 사원들에게 5개의 범주를 열거하고 제일 중요하다고 생각되는 것 하나를 선택하게 하였다. 범주와 대응하는 선호비율을 표 11.8에 정리하였다. 복지부서는 반응의 현재 분포가 지난 해 분포와 같은지 다른지를 알아보고자 한다.

[표 11.8] 지난 해 복지 범주분포

범주	반응비율
휴가	4%
급여	65%
안전 규정	13%
건강과 연금	12%
초과 수당	6%

이런 문제는 한 모집단이 특정 분포를 따르는지를 묻고 있는 것이다. 다시 말하면 가설

H_0 : 모집단이 주어진 분포에 적합하다.

H_1 : 모집단이 다른 분포를 갖는다.

을 검정하고 있는 것이다. 이 '적합도(goodness-of-fit)' 가설을 검정하기 위하여 카이제곱 분포를 사용한다. 독립성 검정에서와 같은 표본통계량을 사용한다.

$$\chi^2 = \sum \frac{(O-E)^2}{E} \sim \chi^2(k-1)$$

k는 분포의 범주 수를 나타낸다.

다음으로 카이제곱분포표를 사용하여 표본 χ^2 통계량의 $P-$값을 추정한다. 마지막으로

유의수준과 비교하여 검정의 결론을 내린다. 이것이 어떻게 수행되는지 알아보기 위해 복지 범주 문제를 살펴보자.

적합도 검정(goodness-of-fit test)에서 각 범주의 기대도수를 구하기 위하여 귀무가설을 이용한다.

복지 범주 문제를 다시 고려하면 두 가설은 다음과 같다.

H_0 : 반응의 현재 분포가 지난해와 같다.

H_1 : 반응의 현재 분포가 지난해와 다르다.

귀무가설은 현재 반응분포의 기대도수가 지난 해 조사에서 나타난 비율을 따라야만 한다는 것이다. 이 가설을 검정하기 위하여 500명의 사원을 임의 추출하였다. 가설이 사실이라면 500명 중 4% 즉, 20명이 휴가문제를 선택하여야 한다. 표 11.9에 나머지 기대도수와 표본통계량 χ^2을 계산하는데 필요한 정보를 나타내었다.

[표 11.9] 복지문제의 관측도수와 기대도수

범주	O	E	$(O-E)^2$	$(O-E)^2/E$
휴가	30	$0.04\times500=20$	100	5.00
급여	290	$0.65\times500=325$	1,225	3.77
안전 규정	70	$0.13\times500=65$	25	0.38
건강과 연금	70	$0.12\times500=60$	100	1.67
초과 수당	40	$0.06\times500=30$	100	3.33
	500	500		$\sum\frac{(O-E)^2}{E}=14.15$

표로부터

$$\chi^2=\sum\frac{(O-E)^2}{E}=14.15$$

표본통계량 χ^2의 값이 크다는 것은 제안된 분포와 표본에 의한 분포의 차가 크다는 것을 나타낸다. 통계량 χ^2가 클수록, 모집단 분포가 주어진 분포에 맞는다는 귀무가설 기각이 더욱 명백해진다. 결과적으로 적합도 검정은 언제나 오른쪽꼬리 검정이다.

> 적합도 검정은 언제나 카이제곱분포의 오른쪽꼬리 검정을 사용한다. 이는 관측도수와 기대도수 사이의 차이에 대한 χ^2 측도가 우연에 기인한 것보다 큰 지를 검정하고 있기 때문이다.

복지 문제에 대한 반응의 현재 분포가 지난해와 같다는 귀무가설을 검정하기 위하여 $\chi^2 = 14.15$에 대한 $P-$값을 추정한다. $P-$값을 구하려면 자유도를 알아야 한다. 적합도 검정의 자유도는 다음과 같다.

> **➲ 적합도 검정의 자유도**
>
> k가 범주의 수일 때,
>
> $$d.f. = k - 1$$

자유도는 귀무가설을 사용하여 계산하여야만 하는 E값의 수라고 할 수 있다. 복지문제에서 5개 범주에서 4개만 구하면 나머지는 전체에서 4개 범주의 기대도수의 합을 제하면 되므로 4개만 구하면 된다. 따라서 $d.f. = 5 - 1 = 4$ 이다.

그림 11.5는 $P-$값을 나타낸다. 부록 표 5로부터 $\chi^2 = 14.15$는 자유도 4인 열에서 13.28과 14.86사이에 놓이므로 $P-$값은 0.005와 0.010사이에 있다.

유의수준 $\alpha = 0.01$에서 현재의 반응분포가 지난해와 같다는 귀무가설을 검정하면 $P-$값이 α보다 작으므로 귀무가설을 기각한다. 즉 금년도 반응이 지난해와 다르다고 결론을 내린다.

[그림 11.5] $P-$값

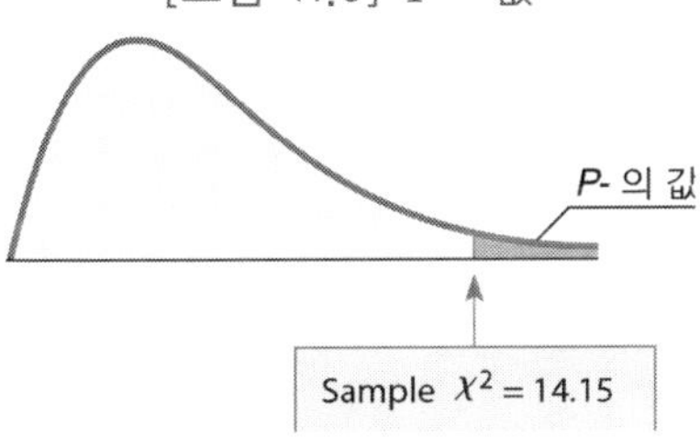

오른쪽꼬리 면적	0.010	0.005
$d.f. = 4$	13.28	14.86
	↑ $\chi^2 = 14.15$	

절차 적합도 검정방법

[설정]

먼저, 모집단의 각 구성원을 여러 가지 범주 중 하나로 정확히 분류한다. 다음에는 모집단 구성원이 여러 카테고리 중 하나에 속하도록 고정된 확률(또는 백분율)로 배분해 주는 특정한(이론적인) 분포가 필요하다. 그런 다음 무작위 표본 크기 n이 필요하다.

O는 각 범주에 속하는 표본으로부터 얻어진 자료에 대한 관측도수를 나타내고, E는 이론적으로 각 범주에 속하는 표본으로부터 얻어진 기대도수를 나타낸다.

$$O = \text{관측도수},\ E = \text{기대도수}.$$

[요구사항]

표본 크기 n은 각 범주에서 $E \geq 5$가 되도록 충분히 커야한다.

[절차]

1. 유의수준 α를 정하고 가설

   H_0 : 모집단이 범주의 특정 분포에 적합하다.

   H_1 : 모집단이 다른 분포를 갖는다.

   를 사용한다.

2. 각 셀의 기대도수

   $$E = n \times (\text{각 범주의 발생확률})$$

   을 계산한다. 다음으로 검정통계량

   $$\chi^2 = \sum_{i=1}^{k} \frac{(O_i - E_i)^2}{E_i}$$

   을 계산한다. $d.f. = k-1$ 이다.

3. 카이제곱분포와 오른쪽꼬리 검정으로부터 검정통계량에 대응하는 $P-$값을 구한다.
4. 검정의 결론을 내린다. $P-$값 $\leq \alpha$ 이라면 귀무가설을 기각하고, $P-$값$> \alpha$ 라면 귀무가설을 기각하지 않는다.
5. 응용 배경 안에서 결론에 대하여 간단히 설명한다.

적합도 검정의 중요한 응용 분야 중 하나는 유전학 이론이며, 이에 대해서는 유도된 연습문제 6을 참조하기 바란다.

유도된 연습문제 6 적합도 검정

유전학 이론에 따르면 적록색맹은 열성반성형질(recessive sex-linked characteristic)이다. 이 경우에 유전자는 X염색체로만 전달된다. 색맹을 X_c, 아닌 것을 X_n으로 나타내자. 여성은 두 개의 X염색체를 가지고 있는데 만약 X_cX_c라면 적록색맹일 것이다. X_cX_n이라면 정상일 수 있지만 색맹 유전자를 지니고 있는 것이다. 남성은 X와 Y염색체를 가지고 있는데 X_cY라면 색맹이다.

유전이론에 따르면 X_nY인 남자와 X_cX_n 인 여자가 자식을 가졌다면 아이가 색맹일 확률, 정상이고 유전자를 갖고 있지 않을 확률과 정상이지만 유전자를 갖고 있을 확률은 다음과 같다고 한다.

[표 11.10] 적록 색맹

어머니	아버지	
	X_n	Y
X_c	X_cX_n	X_cY
X_n	X_nX_n	X_nY

- $P(\text{정상이고 유전자를 갖고 있지 않다}) = P(X_nY) + P(X_nX_n) = \frac{1}{2}$
- $P(\text{정상이지만 보유자}) = P(X_cX_n) = \frac{1}{4}$
- $P(\text{적록색맹}) = P(X_cY) = \frac{1}{4}$

이론을 검정하기 위하여 어머니가 정상이지만 보유자이고 아버지가 정상인 200명의 어린이를 임의 추출하였다. 표 11.11이 결과이다. 모집단이 유전이론을 따른다는 가설을 유의수준 1%에서 검정하시오.

(a) 귀무가설과 대립가설을 설정하시오. 유의수준은 얼마인가? ⇒ H_0 : 유전이론의 분포를 따른다.
H_1 : 유전이론의 분포를 따르지 않는다.
$\alpha = 0.01$

(b) 표 11.11을 완성하고 표본통계량 χ^2 을 구하시오.

[표 11.11] χ^2 의 계산표

사건	O	E	$(O-E)^2$	$\frac{(O-E)^2}{E}$
색맹	35	50	225	4.50
정상, 비보유	105	____	____	____
정상, 보유	60	____	____	____

⇒

[표 11.12] 표 11.11의 완성

사건	O	E	$(O-E)^2$	$\frac{(O-E)^2}{E}$
색맹	35	50	225	4.50
정상, 비보유	105	100	25	0.25
정상, 보유	60	50	100	2.00

$$\chi^2 = \sum \frac{(O-E)^2}{E} = 6.75$$

(c) $k=3$ 의 범주가 있다. 자유도를 구하시오. ⇒ $d.f. = k-1 = 3-1 = 2$

(d) 표본통계량 $\chi^2 = 6.75$ 에 대응하는 $P-$값을 구하시오. ⇒

오른쪽꼬리 면적	0.050	0.025
$d.f. = 2$	5.99	7.38

↑ $\chi^2 = 6.75$

$0.025 < P-$ 값 < 0.050

(e) 검정의 결론을 내리시오. ⇒ $P-$값이 α 보다 크므로 귀무가설을 기각할 수 없다.

(f) 결과를 설명하시오. ⇒ 유의수준 1%에서 모집단이 유전이론을 따르지 않는다고 할 수 없다.

▶▶ 11.2 연습문제

1. **통계적 지식**. 적합도 검정의 자유도는 어떻게 구하는가?

2. **통계적 지식**. 적합도 검정은 어떤 꼬리 검정인가?

3. **조사: 나이**. 캐나다 인구의 나이 분포와 레드 레이크 빌리지(Red Lake Village)의 인디언 사회에 거주하는 455명의 랜덤표본의 나이 분포가 다음과 같다.

나이	캐나다 인구비율	표본의 관측도수
5미만	7.2%	47
5~14	13.6%	75
15~64	67.1%	288
65 이상	12.1%	45

레드 레이크 빌리지 거주자의 나이 분포가 캐나다 인구의 나이 분포와 같은지를 유의수준 5%에서 검정하시오.

4. **고고학: 석재도구**. 유적지 카사 델 리토(Casa del Rito)에서 발견된 석기들을 만들기 위하여 사용한 원석의 비율이 다음 표와 같다. 현 유적지에서 1,486개의 석기를 재료별로 분류하였다.

원석	석기원석 지역비율	표본의 관측도수
현무암	61.3%	906
흑요석	10.6%	162
응회암	11.4%	168
규질암	13.1%	197
기타	3.6%	53

현 유적지의 원석의 비율이 지역의 원석비율과 같은지를 유의수준 1%에서 검정하시오.

5. **기상학: 정규분포**. X를 콜로라도의 키트 카슨(Kit Carson) 지역의 6월의 일별 평균 기온(화씨)을 나타내는 확률변수로 평균 $\mu = 24$℃ 이고 표준편차 $\sigma = 4.4$℃ 를 갖는다고 한다. 20년간(620일) 관측한 자료를 다음 표의 오른쪽 끝에 나타내었다.

I	II	III	Ⅳ
정규곡선영역	x℃	정규곡선의 기대 %	관측도수
$\mu - 3\sigma \le X < \mu - 2\sigma$	$13.4 \le X < 15.6$	2.35%	14
$\mu - 2\sigma \le X < \mu - \sigma$	$15.6 \le X < 17.8$	13.5%	86
$\mu - \sigma \le X < \mu$	$17.8 \le X < 20$	34%	207
$\mu \le X < \mu + \sigma$	$20 \le X < 22.2$	34%	215
$\mu + \sigma \le X < \mu + 2\sigma$	$22.2 \le X < 24.4$	13.5%	83
$\mu + 2\sigma \le X < \mu + 3\sigma$	$24.4 \le X < 26.6$	2.35%	15

(a) 표의 행 Ⅰ, Ⅱ, Ⅲ, Ⅳ를 간단히 설명하시오.

(b) 6월의 일별 평균 기온이 $\mu = 24$ 와 $\sigma = 4.4$ 인 정규분포를 따른다는 주장을 유의수준 1%에서 검정하시오.

6. **생태: 물고기**. 수렵감시과에서 루루 호수(Lake Lulu)에 다음과 메기 30%, 베스 15%, 블루길 40% 와 창꼬치 15%의 비율로 물고기를 방류하였다. 5년 후에 물고기의 분포가 변했는지를 알기 위하여 호수에서 표본을 추출하였다. 500마리의 표본은 다음과 같이 분포되었다.

메기	베스	블루길	창꼬치
120	85	220	75

5년 사이에 물고기 분포가 변하였는지를 유의수준 5%에서 검정하시오.

7. **조사: 캘리포니아.** 남캘리포니아 한 도시의 인구 조사의 정확성을 조사하기 위하여 해당 도시에 거주하는 1,215명을 임의 추출하여 정리하였다.

종족	인구조사비율	표본결과
흑인	10%	127
아시아인	3%	40
앵글로	38%	480
라틴계	41%	502
미국 원주민	6%	56
기타	2%	10

유의수준 1%를 사용하여 인구조사 분포가 표집분포와 일치한다는 주장을 검정하시오.

11.3 모분산의 검정

초점

- 단일 분산 σ^2에 대한 검정을 설정하시오.
- 표본 χ^2통계량을 구하시오.
- χ^2분포를 이용하여 $P-$값을 추정하고 검정을 완성하시오.

σ^2의 검정

변동에 관하여 결정을 요구하는 문제도 많이 있다. 이 절에서는 모집단의 분산에 대한 검정과 모집단의 분산 (또는 표준편차)에 대한 가설을 검정한다. 우리가 사용하는 기법은 표준편차가 아닌 표본분산을 사용하기 때문에 표준편차 대신 분산에 대해 말하는 것이 일반적이다. 표준편차는 분산의 제곱근에 불과하므로 분산에 대한 모든 논의는 표준편차에 대한 유사한 토론으로 쉽게 전환된다.

분산에 관한 가설검정 예제를 고려하자. 식료품점, 은행, 우체국 또는 등록 센터 그리고, 대개 몇 가지 체크아웃 또는 서비스 지역에서 모든 사람들은 줄을 서서 기다려야 한다. 종종 각 서비스 지역에는 자체 독립라인이 있다. 이러한 공공장소에서는 한 줄 서기를 장려하고 있다.

한 줄 서기에서는 모든 사람이 한 줄로 대기하여 자신의 차례를 기다린다. 여러 줄 서기는 창구마다 하나의 줄이 있어 들어오는 사람은 가장 짧은 줄을 골라 빨리 움직이기를 기대한다. 두 절차 모두 창구의 수나 일을 처리하는 비율이 같아 평균 대기시간은 같다. 한 줄 서기의 장점이 무엇일까? 차이점은 대기하는 사람들의 마음가짐에 있다. 비록 평균 대기시간은 같더라도 대기시간의 변동이 작다면 긴 대기 줄을 택할 것이다. 변동이 작을 때 기다리는 불편함은 다 알고 있는 것이다. 조바심이 감소하여 사람들이 더 행복해 진다는 것이다.

한 줄 서기가 변동이 작다는 가설을 검정하기 위하여 카이제곱분포를 사용한다. 다음 정리를 활용하여 χ^2 값을 계산하기 위해 표본 및 모집단 분산을 활용하는 방법을 알아본다.

정리 11.1 ▌ 분산 σ^2 인 정규모집단으로부터 n 개의 관측값을 얻어 표본분산 s^2 을 구하였다면,

$$\chi^2 = \frac{(n-1)s^2}{\sigma^2}$$

은 자유도 $d.f.=n-1$ 인 χ^2 분포를 갖는다.

카이제곱분포는 대칭이 아니고 다른 자유도에 대해 다른 카이제곱분포가 있음을 상기하자. 부록 표 5는 영역 α가 주어진 카이제곱 값의 오른쪽에 있을 때의 카이제곱 값이다. 표 11-13에 오른쪽꼬리 검정, 왼쪽꼬리 검정 및 양쪽꼬리 검정에 대해서 $P-$값을 찾기 위한 카이제곱분포(부록 표 5) 사용방법을 요약하였다. 왼쪽꼬리 검정과 양쪽꼬리 검정에 대해서 $P-$값을 찾는 방법은 예제 3과 예제 4에, 그리고 오른쪽꼬리 검정에 대해서 $P-$값을 찾는 방법은 유도된 연습문제 7에 예시하였다.

[표 11.13] 카이제곱분포표에 대한 $P-$값(부록 표 5)

(a) 양쪽꼬리 검정

$P-$값은 표본으로부터 계산된 검정통계를 얻을 확률이다. 양쪽꼬리 검정의 경우 상단 및 하단꼬리 모두에 해당하는 동일한 영역에 대해서 고려해야 한다. 즉, 각 꼬리는 $P-$값/2 영역임을 의미한다. 총 $P-$값은

$$P-\text{값} = 2\left(\frac{P-\text{값}}{2}\right)$$

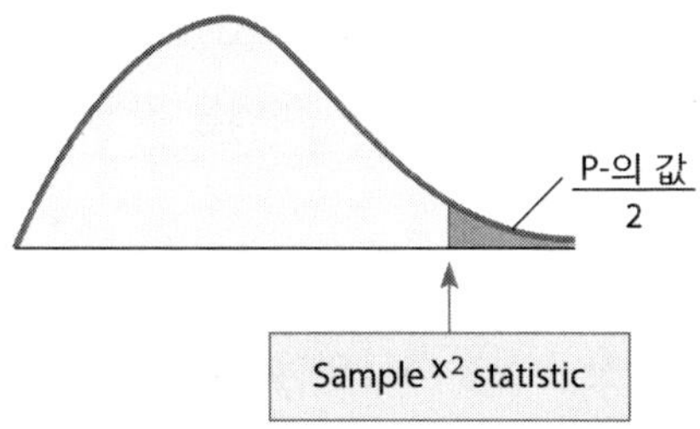

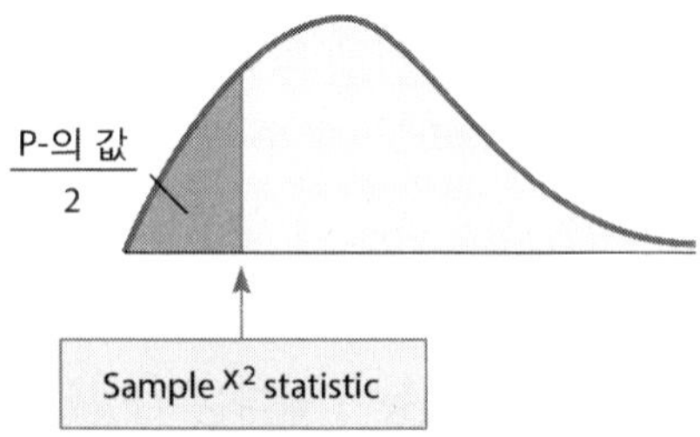

(b) 오른쪽꼬리 검정

카이제곱표는 오른쪽꼬리 확률을 나타내므로 이 표를 $P-$값을 추정하는데 직접 사용할 수 있다.

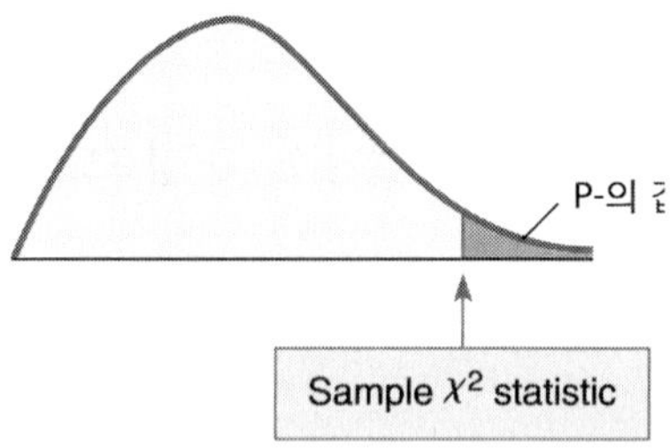

(c) 왼쪽꼬리 검정

카이제곱표는 오른쪽꼬리 확률을 나타내므로 먼저 오른쪽꼬리의 1-($P-$값)을 추정한다. 그런 다음 왼쪽꼬리의 $P-$값을 구하기 위해 1에서 뺀다.

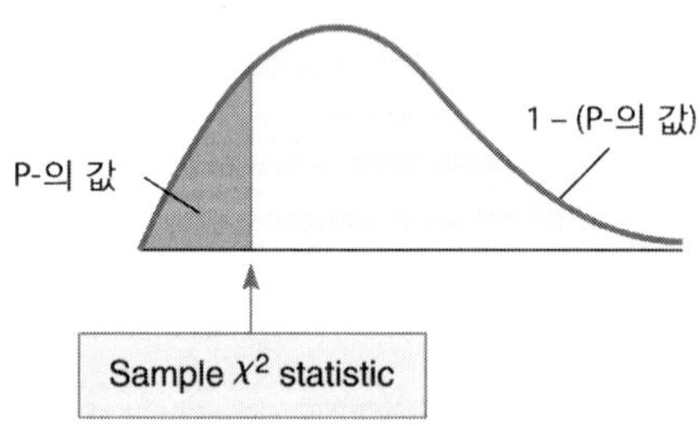

정리 11.1과 카이제곱분포를 사용하여 한 줄 서기의 대기시간의 분산이 작은지를 검정해보자.

예제 3 **분산의 검정**(왼쪽꼬리 검정)

예전에는 공공장소 등에서 서비스를 받기 위하여 여러 줄 서기를 하고 있었다. 어느 공공장소의 여러 줄 서기의 대기시간의 표준편차는 7분이라 한다. 한 줄 서기를 도입하여 25명을 임의로 추출하여 보았더니 대기시간의 표준편차가 $s=5$ 이었다. $\alpha=0.05$ 를 사용하여 대기시간의 분산이 한 줄 서기에서 줄어들었다는 주장을 검정하시오.

풀이 우선 가설을 설정한다. 귀무가설은 여러 줄 서기와 한 줄 서기의 분산이 같다고 가정한다. 대립가설은 한 줄 서기의 분산이 여러 줄 서기보다 작다는 것이다. 즉,

$$H_0:\sigma^2=49 \qquad H_1:\sigma^2<49$$

대기시간이 정규분포를 따른다고 가정하고 정리 11.1의 χ^2 검정통계량을 구한다.
$n=25,\ s=5,\ s^2=25,\ \sigma^2=49$ 이고 $d.f.=n-1=24$ 이므로

$$\chi^2=\frac{(n-1)s^2}{\sigma^2}=\frac{(25-1)25}{49}=12.24$$

왼쪽꼬리 검정이므로 검정통계량에 대응하는 $P-$값은 그림 11.6에서와 같이 $\chi^2=12.24$ 왼쪽에 놓이는 χ^2 분포의 면적이다.

[그림 11.6] $P-$값

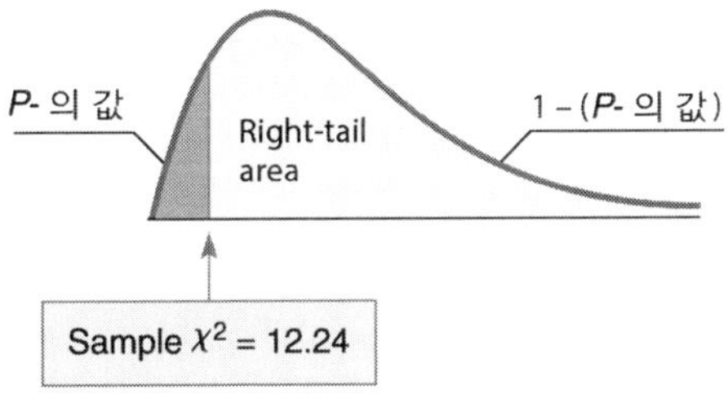

오른쪽꼬리 면적	0.990	0.975
$d.f.=24$	10.86	12.40
	↑ $\chi^2=12.24$	

따라서 $P-$값은

$$1-0.990<P-\text{값}<1-0.975$$

$$0.010<P-\text{값}<0.025$$

$P-$값이 α 보다 작으므로 H_0를 기각한다. 유의수준 5%에서 한 줄 서기의 대기시간의 분산이 여러 줄 서기의 대기시간의 분산보다 작다고 결론을 내린다. ■

예제 3에서 사용한 절차를 다음과 같이 요약한다.

절차 σ^2의 검정방법

모집단은 정규분포를 가정하여야만 한다.

1. 귀무가설과 대립가설을 설정하고 유의수준을 정한다.
2. H_0 하의 σ^2 값과 표본분산 s^2을 사용하여 검정통계량

$$\chi^2 = \frac{(n-1)s^2}{\sigma^2}$$

   을 계산한다.
3. 카이제곱분포와 대립가설을 사용하여 검정통계량에 대응하는 $P-$값을 구한다.
4. 검정의 결론을 내린다. $P-$값$\le \alpha$ 이라면 귀무가설을 기각하고, $P-$값$> \alpha$ 라면 귀무가설을 기각하지 않는다.
5. 응용 배경 안에서 결론에 대하여 간단히 설명한다.

예제 4 **분산의 검정**(양쪽꼬리 검정)

X가 6개월간의 한 다이어트 프로그램 실시 후의 체중감소(kg)를 나타낸다. 포괄적 연구로부터 X는 $\sigma = 2.6$ kg 정규분포를 따른다고 한다. 프로그램에 수정을 하여 21명을 임의추출하여 6개월간 다이어트를 하게 하였다. 이 사람들에 대한 체중감소의 표준편차가 $s = 1.9$ 이었다. 수정된 다이어트의 체중감소의 분산이 기존 다이어트의 체중감소의 분산과 다르다고 할 수 있는가? $\alpha = 0.01$를 사용하시오.

(a) 유의수준은 얼마인가? 귀무가설과 대립가설을 설정하시오.

풀이 $\alpha = 0.01$ 이고

$$H_0 : \sigma^2 = 6.76 \qquad H_1 : \sigma^2 \neq 6.76$$

(b) 검정통계량 χ^2과 자유도를 계산하시오.

풀이 $n = 21,\ s = 1.9\ \sigma^2 = 6.76$ 이고 $df = n-1 = 20$ 이므로

$$\chi^2 = \frac{(n-1)s^2}{\sigma^2} = \frac{(21-1)1.9^2}{6.76} = 10.68$$

(c) 카이제곱분포를 사용하여 $P-$값을 추정하시오.

풀이 양쪽꼬리 검정이므로 검정통계량에 대응하는 $P-$값은 그림 11.7의 $\chi^2 = 10.68$ 왼쪽에 놓

이는 χ^2 분포의 면적의 두 배이다.

[그림 11.7] $P-$값

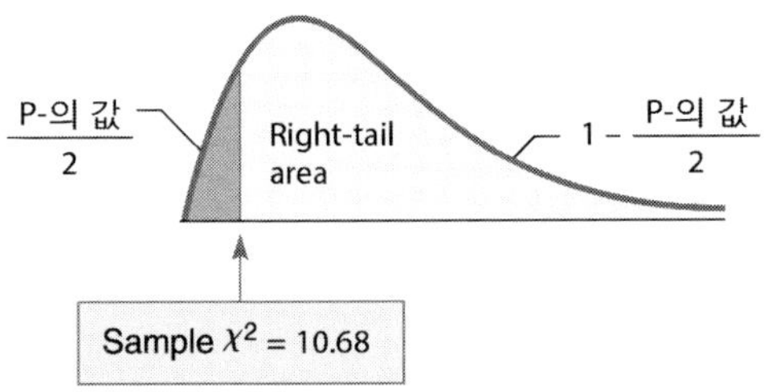

오른쪽꼬리 면적	0.975	0.950
$d.f.=20$	8.59	10.58
	↑ $\chi^2=10.68$	

따라서 $P-$값은

$$1-0.975<\frac{P-\text{값}}{2}<1-0.950$$

$$0.025<\frac{P-\text{값}}{2}<0.050$$

$$0.05<P-\text{값}<0.10$$

(d) 검정의 결론을 내린다.

풀이 $P-$값이 α 보다 크므로 H_0를 기각할 수 없다.

(e) 결론에 대하여 설명하시오.

풀이 유의수준 1%에서 수정된 다이어트의 체중감소의 분산이 기존 다이어트의 체중감소의 분산과 다르다고 하기에는 증거가 불충분하다. ■

유도된 연습문제 7 분산의 검정(오른쪽꼬리 검정)

치과에서 사용하는 X-레이 기계에 대한 정부 규정은 평균 60mrad, 표준편차 $\sigma=12$ mrad로 정하고 있다. 한 기계를 검사한 후에 조사관은 평균 방출량에는 만족을 하였다. 그러나 한 부품의 마모가 있었다. 변동을 검사하기 위하여 30개의 X-레이 방출을 하였더니 표준편차가 $s=15$ 이었다. 분산이 너무 높다고 할 수 있을까? 유의수준 1%를 사용하시오.

(a) α 는 얼마인가? 귀무가설과 대립가설을 설정하시오. ⇒ $\alpha=0.01$

$H_0:\sigma^2=144$ $\quad H_1:\sigma^2>144$

(b) 검정통계량 χ^2과 자유도를 계산하시오. ⇒ $n=30,\ s=15,\ \sigma^2=144$ 이므로

$$\chi^2 = \frac{(n-1)s^2}{\sigma^2} = \frac{(30-1)15^2}{144} = 45.3$$

$d.f.=n-1=29$

(c) $d.f.=29,\ \chi^2=45.3$ 에 대응하는 $P-$값을 추정하시오. ⇒

오른쪽꼬리 면적	0.050	0.025
$d.f.=29$	42.56	45.72
	↑ $\chi^2=45.3$	

$0.025 < P-\text{값} < 0.050$

[그림 11.8] $P-$값

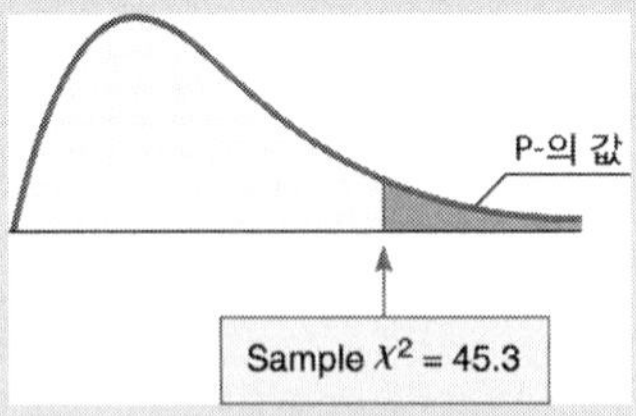

(d) 검정의 결론을 내리시오. ⇒ $P-$값이 α 보다 크므로 귀무가설을 기각할 수 없다.

(e) 결과를 설명하시오. ⇒ 유의수준 1%에서 방출량의 분산이 규정보다 크다고 할 수 없다.

▶▶ 11.3 연습문제

1. **통계적 지식**. 분산에 대한 χ^2검정을 하기 위해서 X의 분포가 정규분포여야 하는가?

2. **고고학: 차코 캐년**(Chaco Canyon). 한 'transect'는 고고학연구에서 폭 0.32㎞, 길이 1.6㎞의 영역을 의미한다. 한 'site'는 하나의 transect에서 의미 있는 고고학 유물이 발견된 위치이다. X를 transect 당 site의 수라 하자. 차코 캐년의 한 지역에서 많은 transect를 조사하였더니 X는 모분산 $\sigma^2=42.3$ 이었다. 차코 캐년의 다른 지역에서 23곳의 transect를 조사하였더니 표본분산 $s^2=46.1$ 이었다. 유의수준 5%를 사용하여 새 지역의 분산이 42.3보다 크다는 주장을 검정하시오.

3. **등산: 사고**. X는 매년 산에서 사고로 죽는 등산객의 수로 분산은 근사적으로 $\sigma^2=136.2$ 이라 한다. 지난 8년 동안의 분산이 $s^2=115.1$ 이라 가정하자. 유의수준 1%를 사용하여 사고로 죽는 등산객 수의 최근 분산이 136.2보다 작은 지를 검정하시오.

4. **의학: 임상 시험**. 기존의 장티푸스 주사는 평균 36개월, 표준편차 3개월 동안 효과가 있다고 한다. 연구진에서 새로운 장티푸스 주사를 개발하여 지속시간의 변동을 검정하기 위하여 23명을 임의 추출하여 새로운 주사를 하였다. 정규 혈액검사에서 지속시간의 표본표준편차가 1.9개월이었다. 유의수준 0.05를 사용하여 새로운 장티푸스 주사의 지속시간의 분산이 더 작다고 할 수 있는지를 검정하시오.

5. **엔지니어링: 제트 엔진**. 상업용 제트엔진의 부품은 변동성이 심할 때 교체해야 한다. 모든 부품은 $\sigma = 0.18mm^2$을 초과하지 않아야 한다. 부품 61개를 임의 추출하여 조사한 결과 $s = 0.27mm^2$이였다. 유의수준 0.01을 사용하여 부품을 교체해야 하는지 검정하시오.

6. **엔지니어링: 태양열 전지**. 공학자들은 위성에 사용되는 태양열 전지 수명의 분산은 $\sigma^2 = 23$ 개월(제곱)이 가장 바람직하다고 한다. 22개의 전지를 표본으로 뽑아 실험을 하였더니 표본분산이 14.3개월(제곱)이었다. 유의수준 0.05를 사용하여 σ^2 이 23과 다르다는 주장을 검정하시오.

Part Ⅱ. 선형회귀에 관한 추론

11.4 상관과 회귀에 대한 추론

초점

- 상관계수 ρ를 검정하시오.
- 표본자료를 이용하여 추정값의 표준오차 S_e를 계산하시오.
- 최소제곱직선 기울기 β를 검정하시오.
- x의 특정값에서 예측된 y값에 대한 신뢰구간을 구하시오.

'더 자세히 배우고 더 많은 것을 얻자!' 아마도 이 진부한 명언을 모두들 알고 있을 것이다. 문제는 이 명언에 진실이 있는가 없는가 하는 것이다. 대학생들이 졸업 후 소득이 나아질까? '더 배우고 더 많은 것을 얻자'라는 명언을 사람들이 지지하는 추세인가?

x를 4년제 대졸 이상의 25세 이상의 인구비율이라 하고, y를 지난 7년에 걸친 소득 증가율이라 하자. 표 11.14는 오하이오 주의 6개 지역의 랜덤표본으로 부터 얻은 자료이다.

[표 11.14] 교육과 소득 증가율

x	9.9	11.4	8.1	14.7	8.5	12.6
y	37.1	43.0	33.4	47.1	26.5	40.2

4.1절과 4.2절에서 배웠듯이 표 11.14의 자료를 가지고 상관계수 r과 최소제곱직선 $\hat{y}=a+bx$를 구할 수 있다. r은 표본상관계수이고, $\hat{y}=a+bx$는 표본에 의거한 최소제곱직선이다. 전체 모집단에 대하여 조사를 한다면 모집단 자료로부터 **모상관계수**(population correlation coefficient; ρ)를 구할 수 있다. 또한 전체 모집단에 대한 최소제곱직선 $y=\alpha+\beta x$도 구할 수 있다.

표본 통계량		모집단 모수
r	$\rightarrow$	ρ
a	$\rightarrow$	α
b	$\rightarrow$	β
$\hat{y}=a+bx$	$\rightarrow$	$y=\alpha+\beta x$

ρ와 β에 관한 추론을 하기 위하여 다음 사항을 만족하여야 한다.

(a) 순서 짝의 집합 (x, y)는 모든 가능한 (x, y)짝의 모집단으로부터의 확률표본이다.

(b) x의 각 고정값에 대하여 y값은 정규분포를 갖는다. 모든 y값의 분포는 같은 분산을 갖고, 주어진 x에 대하여 최소제곱직선상에 놓이는 평균을 갖는다. 또한 고정된 y값에 대하여 x도 정규분포를 갖는다고 가정한다.

이 절에서는 이러한 조건을 만족한다고 가정한다.

상관계수의 검정

먼저 표본상관계수 r의 통계적 유의성을 다룬다. 이를 위해 모상관계수 ρ에 대한 통계적 검정을 한다. 검정은 다음의 정리에 기초를 둔다.

정리 11.2 ▌ r을 표본상관계수라 하자. 귀무가설은 $H_0 : \rho = 0$을 사용한다. 대립가설은

$$H_1 : \rho > 0 \qquad H_1 : \rho < 0 \qquad H_1 : \rho \neq 0$$

중 하나이다. 그러면 통계량

$$T = \frac{r\sqrt{n-2}}{\sqrt{1-r^2}}$$

은 자유도 $d.f. = n-2$인 t분포를 한다. 단 $n \geq 3$이다.

절차 모상관계수 ρ의 검정방법

1. 귀무가설과 대립가설을 설정하고 유의수준을 정한다.

$$H_0 : \rho = 0\,,\ H_1 : \rho > 0 \qquad H_1 : \rho < 0 \qquad H_1 : \rho \neq 0$$

2. 검정통계량

$$T = \frac{r\sqrt{n-2}}{\sqrt{1-r^2}}$$

을 계산한다.

3. t분포와 대립가설을 사용하여 검정통계량에 대응하는 $P-$값을 구한다.
4. 검정의 결론을 내린다. $P-$값$\leq \alpha$이라면 귀무가설을 기각하고, $P-$값$> \alpha$라면 귀무가설을 기각하지 않는다.
5. 응용 배경 안에서 결론을 설명한다.

예제 5 ρ의 검정

표 11.14 자료를 가지고 모상관계수 ρ의 검정을 한다.

풀이 자료로부터 표본상관계수를 구하면 $r = 0.887$이다. 먼저 가설을 설정한다.

$$H_0 : \rho = 0 \qquad H_1 : \rho > 0$$

$\alpha = 0.01$ 을 사용한다. $n=6$, $r=0.887$ 이므로 검정통계량은

$$T = \frac{r\sqrt{n-2}}{\sqrt{1-r^2}} = \frac{0.887\sqrt{6-2}}{\sqrt{1-0.887^2}} = 3.84$$

이다. 검정통계량에 대응하는 $P-$값을 그림 11.9에 나타내었다. 오른쪽꼬리 검정이고 $d.f. = n-2 = 6-2 = 4$ 이므로 표 11.15로 부터

$$0.005 < P-\text{값} < 0.010$$

이다.

[표 11.15] t분포표

한쪽꼬리 면적	0.010	0.005
양쪽꼬리 면적	0.020	0.010
$d.f.=4$	3.747	4.604
	↑ $t=3.84$	

[그림 11.9] $P-$값

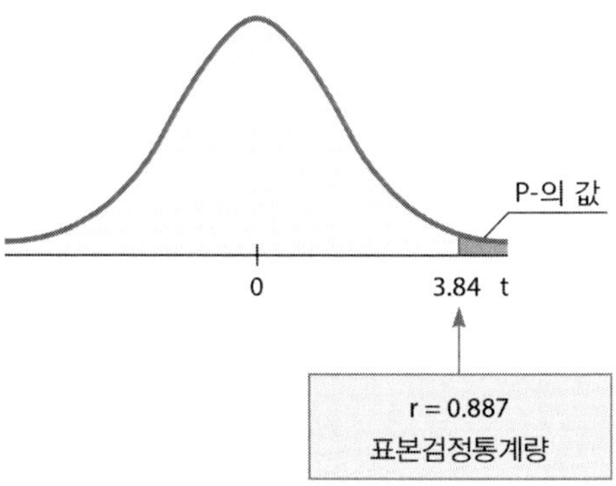

$P-$값이 α 보다 작으므로 H_0 를 기각한다. 유의수준 1%에서 x 와 y 가 양의 상관관계에 있다고 결론을 내린다. ■

추정값의 표준오차

산점도상에서는 뚜렷하게 x 와 y 의 직선관계가 보이지만 점들이 직선에서 넓게 흩어져 있는 경우도 있으므로 직선에 대한 점들의 산포를 재는 방법이 필요하게 된다. 첫째 방법은 **추정값의 표준오차**(standard error of estimate)를 사용하는 것이고, 다른 방법은 **상관계수**(coefficient of correlation)와 **결정계수**(coefficient of determination)를 사용한다.

$$\hat{y} = a + bx$$

를 최소제곱직선에 의한 y 의 예측값이라 하자. 그러면 $y - \hat{y}$ 는 그림 11.10에서와 같이 자료점 $(x,\ y)$ 의 y 값과 같은 x 값에 의한 최소제곱직선상의 점 $\hat{y}$ 과의 차이이다. 이

$y - \hat{y}$를 **잔차**(residual)라고 한다. 양의 값과 음의 값을 갖지 않도록 $y - \hat{y}$의 값을 제곱한다. 그런 다음 제곱의 합을 구하고, 이 합을 $n-2$로 나누어 준다. 최종적으로 이 잔차를 이용하여 추정값의 표준오차를 얻는다.

추정값의 표준오차 : $S_e = \sqrt{\dfrac{\sum(y-\hat{y})^2}{n-2}}$ (1)

$\hat{y} = a + bx$, $n \geq 3$

[그림 11.10] 점 $(x,\ y)$와 $(x,\ \hat{y})$의 거리

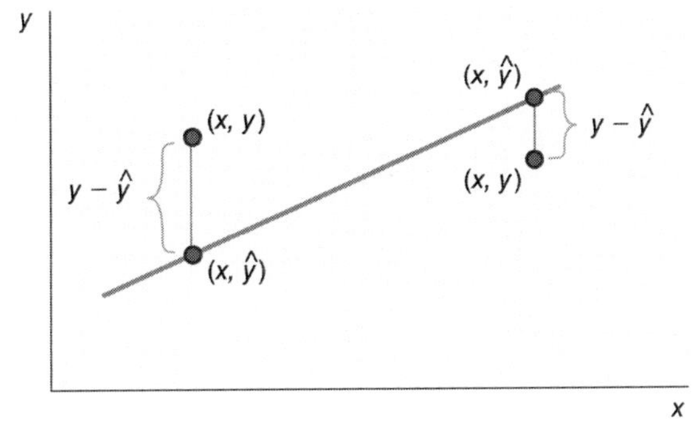

절차 추정값의 표준오차 S_e 구하는 방법

1. $n \geq 3$개의 짝자료$(x,\ y)$를 얻는다.
2. 4.2절의 절차를 이용하여 a, b를 구하여 최소제곱직선 $\hat{y} = a + bx$를 구한다.
3. $S_e = \sqrt{\dfrac{\sum y^2 - a\sum y - b\sum xy}{n-2}}$ (2)

많은 양의 대수를 사용하면 수식 (1)과 수식 (2)를 수학적으로 동등하게 나타날 수 있다. 식 (1)은 추정값의 표준오차와 표준편차 사이의 강한 유사성을 보여준다. 식 (2)는 뺄셈이 거의 필요 없으므로 간략화된 계산 공식이다. $\sum x$, $\sum y$, $\sum x^2$, $\sum y^2$ 및 $\sum xy$는 두 변수 통계를 지원하는 대부분의 계산기에서 제공된다.

다음 예제에서 계산식을 사용하여 추정값의 표준오차가 어떻게 계산되는지 확인해 보자.

예제 6 **최소제곱직선과 S_e**

다음의 표 11.14 자료를 가지고 최소제곱직선과 S_e를 구한다.

x	9.9	11.4	8.1	14.7	8.5	12.6
y	37.1	43.0	33.4	47.1	26.5	40.2

풀이 $n=6$개의 자료로부터

$$\sum x = 65.2,\ \sum y = 227.3,\ \sum x^2 = 740.68,\ \sum y^2 = 8{,}877.67,\ \sum xy = 2{,}552.17$$

제4장의 식(3) 과 (4)로 부터

$$b = \frac{n\sum xy - \sum x \sum y}{n\sum x^2 - (\sum x)^2} = \frac{6(2{,}552.17) - (65.2)(227.3)}{6(740.68) - (65.2)^2} = 2.554$$

$$\bar{x} = \sum \frac{x}{n} = \frac{65.2}{6} \approx 10.87,\ \bar{y} = \sum \frac{y}{n} = \frac{227.3}{6} \approx 37.88$$

$$a = \bar{y} - b\bar{x} = 37.88 - 2.554(10.87) = 10.12$$

따라서 최소제곱직선의 방정식은

$$\hat{y} = 10.12 + 2.554x$$

$$S_e = \sqrt{\frac{\sum y^2 - a\sum y - b\sum xy}{n-2}}$$

$$= \sqrt{\frac{8{,}877.67 - 10.12(227.3) - 2.554(2{,}552.17)}{6-2}} = 3.8$$

■

기울기 β에 관한 추론

$\hat{y} = a + bx$를 표본에서 구한 최소제곱직선, $y = \alpha + \beta x$를 모회귀직선이라 하자. 실제 응용에서 기울기 β는 x의 단위 변화에 대한 y의 변화율을 측정하므로 매우 중요하다. 다음 이론에 의거하여 추론을 한다.

정리 11.3 ▎ b를 표본 최소제곱회귀직선 $\hat{y} = a + bx$의 기울기이고, β를 모회귀직선 $y = \alpha + \beta x$의 기울기라하면,

$$t = \frac{b - \beta}{S_e / \sqrt{\sum x^2 - \frac{1}{n}(\sum x)^2}}$$

는 자유도 $d.f. = n - 2$ 인 t 분포를 따른다.

절차 β를 검정하는 방법

1. 귀무가설 $H_0 : \beta = 0$ 와 적당한 대립가설 $H_1(\beta > 0,\ \beta < 0,\ \beta \neq 0)$을 사용한다. 유의수준을 정한다.
2. 귀무가설 $H_0 : \beta = 0$ 와 S_e, n, $\sum x$, $\sum x^2$, b를 사용하여

$$t = \frac{b}{S_e / \sqrt{\sum x^2 - \frac{1}{n}(\sum x)^2}} = \frac{b}{S_e}\sqrt{\sum x^2 - \frac{1}{n}(\sum x)^2}$$

   를 계산한다.
3. t 분포와 대립가설을 사용하여 검정통계량에 대응하는 $P-$값을 구한다.
4. 검정의 결론을 내린다. $P-$값$\leq \alpha$ 이라면 귀무가설을 기각하고, $P-$값$> \alpha$ 라면 귀무가설을 기각하지 않는다.
5. 응용 배경 안에서 결론을 설명한다.

예제 7 β의 검정

표 11.14 자료를 가지고 $\beta > 0$ 이라는 주장을 검정하시오. $\alpha = 0.01$ 을 사용하시오.

풀이 예제 6에서

$$\hat{y} = 10.12 + 2.554x, \quad S_e = 3.8$$

$n = 6$, $\sum x^2 = 740.68$, $\sum x = 65.2$ 이었다. 가설은

$$H_0 : \beta = 0 \qquad H_1 : \beta > 0$$

로 설정한다. 검정통계량 $b = 2.554$ 를 t 로 변환하면, $d.f. = n - 2 = 6 - 2 = 4$

$$t = \frac{b}{S_e}\sqrt{\sum x^2 - \frac{1}{n}(\sum x)^2} = \frac{2.554}{3.8}\sqrt{740.68 - \frac{1}{6}(65.2)^2} = 3.81$$

표 4로부터 $P-$값을 구하면 3.81은 자유도 4인 열에서 3.747과 4.604 사이에 놓인다. 대응하

는 $P-$값은

$$0.005 < P-\text{값} < 0.010$$

이다. $P-$값$\leq \alpha$ 이므로 H_0를 기각한다. 유의수준 1%에서 4년제 대졸 이상인 25세 이상의 인구비율이 증가하면 소득 증가율도 증가한다. ■

예제 5와 7에서의 두 t값은 실은 서로 같다. 이유는 4.2절의 식(6)으로부터 $b = r\left(\frac{s_y}{s_x}\right)$ 이기 때문이다. 여기서 s_y와 s_x는 각각 데이터 쌍의 y와 x의 표준편차이다.

> 상관계수 ρ와 기울기 β의 검정에서 r과 b를 t값으로 변환하다. $df = n-2$

유도된 연습문제 8 ρ와 β의 추론

다음은 $n=7$ 마리의 새끼 늑대를 임의로 추출하여 나이 x(단위; 주)와 몸무게 y(단위; kg)를 측정한 자료이다.

x	8	10	14	20	28	40	45
y	7	13	17	23	30	34	35

(a) r과 b를 구하시오. ⇒ $\sum x = 165,\ \sum y = 159,\ \sum x^2 = 5{,}169,$ $\sum y^2 = 4{,}317,\ \sum xy = 4{,}659$ 이므로 $r = 0.959,\ b = 0.712$

(b) 유의수준 1%에서 $\rho > 0$ 라는 주장을 검정하시오. ⇒ $r = 0.959$를 t값으로 변환하면

$$t = \frac{r\sqrt{n-2}}{\sqrt{1-r^2}} = \frac{0.959\sqrt{5}}{\sqrt{1-0.959^2}} = 7.57$$

$H_0: \rho = 0 \quad H_1: \rho > 0,\ d.f. = 5$ 이므로 표 4에서 $P-$값을 구하면 0.0005보다 작으므로 H_0를 기각하고 나이와 체중과는 양의 상관이 있다고 결론을 내린다.

(c) 유의수준 1%에서 $\beta > 0$ 라는 주장을 검정하시오. ⇒ $b = 0.712$를 t값으로 변환하면 (b)에서와 같이 $t = 7.57$이 된다.

$H_0: \beta = 0 \quad H_1: \beta > 0,\ d.f. = 5$ 이므로 $P-$값을 구하면 0.0005보다 작으므로 H_0를 기각하고 최소제곱직선의 기울기는 양수라고 결론을 내린다.

y에 대한 신뢰구간

최소제곱직선을 사용하여 하나의 x에 대한 예측값 $\hat{y}$를 얻는다. 하지만 직선의 방정식은 표본자료를 사용하여 얻는다. 모든 데이터 쌍의 모집단에서 파생된 직선은 모집단의 기울기인 β에 의해 지정되는 기울기와 모집단의 절편에 의해 지정되는 y절편을 갖는다. 또한 랜덤오차(random error) ϵ가 있으므로 실제 y값은

$$y = \alpha + \beta x + \epsilon$$

이다. 일반적으로 오차항 ϵ은 서로 독립이고 평균이 0이고 분산이 σ^2인 정규분포라 가정한다. 따라서 y의 분포도 같은 표준편차 σ를 갖는다. σ는 추정값의 표준오차 S_e로 추정한다. 이러한 가정 하에 주어진 x값에 대한 y의 c신뢰구간은 다음과 같은 절차로 구한다.

절차 최소제곱직선으로 예측한 y의 신뢰구간을 구하는 방법

1. $n \geq 3$의 짝자료 (x, y)의 확률표본을 얻는다.
2. $\hat{y} = a + bx$와 S_e를 구한다.
3. 주어진 x값에 대한 y의 c신뢰구간은

$$\hat{y} - E < y < \hat{y} + E$$

$$E = t_c S_e \sqrt{1 + \frac{1}{n} + \frac{n(x-\overline{x})^2}{n\sum x^2 - (\sum x)^2}}$$

t_c; 자유도 $n-2$의 t분포의 c신뢰수준 임계값

c신뢰구간 계산에 포함된 수식은 복잡해 보이지만, 이미 계산된 값과 표에서 쉽게 찾을 수 있는 값을 사용하며 다음 예제는 이 점을 보여준다.

예제 8 예측값에 대한 신뢰구간

다음 자료는 온도 x℃에서 물 100g에 용해되는 황산구리의 무게(g)이다.

x	10	20	30	40	50	60	70
y	17	21	25	28	33	40	49

최소제곱직선을 구하고 45℃에서 물 100g에 용해되는 황산구리의 양에 대한 95% 신뢰구간을 구하시오.

풀이 자료로부터

$$\sum x = 280,\ \sum y = 213,\ \sum x^2 = 14{,}000,\ \sum y^2 = 7{,}229,\ \sum xy = 9{,}940$$

$$\overline{x} = 40,\ \overline{y} = 30.249,\ b = 0.50714,\ a = 10.143,\ S_e = 2.35$$

따라서

$$\hat{y} = 10.14 + 0.51x$$

$x = 45$℃에서

$$\hat{y} = 10.14 + 0.51(45) = 33$$

그러면 95% 신뢰구간은

$$\hat{y} - E < y < \hat{y} + E$$

$$33 - E < y < 33 + E$$

$$E = t_c S_e \sqrt{1 + \frac{1}{n} + \frac{n(x-\overline{x})^2}{n\sum x^2 - (\sum x)^2}}$$

$$= (2.571)(2.35)\sqrt{1 + \frac{1}{7} + \frac{7(45-40)^2}{7(14{,}000) - (280)^2}} = 6.5$$

이다. 결과적으로 95% 신뢰구간은

$$33 - 6.5 < y < 33 + 6.5,\ 26.5 < y < 39.5$$

■

유도된 연습문제 9 예측값에 대한 신뢰구간

예제 8 자료를 이용하여 $x = 15$℃에서 물 100g에 용해되는 황산구리의 양 y에 대한 95% 신뢰구간을 구하시오.

(a) 예제 8에서 $\hat{y} = 10.14 + 0.51x$ 이었다. $x = 15$에서 y를 예측하시오. $\Rightarrow$ $\hat{y} = 10.14 + 0.51(15) = 17.8$

(b) $t_{0.95}$와 E를 구하시오. ⇒ $d.f. = n-2 = 5$ 이므로 $t_{0.95} = 2.571$

$$E = (2.571)(2.35)\sqrt{1+\frac{1}{7}+\frac{7(15-40)^2}{7(14{,}000)-(280)^2}}$$

$$= 7.1$$

(c) y에 대한 95% 신뢰구간을 구하시오. ⇒ $17.8 - 7.1 < y < 17.8 + 7.1$

$10.7 < y < 24.9$

유도된 연습문제 9와 예제 8을 비교해 보면 y에 대한 95% 신뢰구간이 17.8 ± 7.1과 33 ± 6.5 이었다. 결과로부터 유추할 수 있듯이 y에 대한 신뢰구간은 x값의 평균 $\overline{x}$에 가까울 수록 좁아지고 멀어질 수록 넓어진다. 이런 이유로 x 분포의 극단값을 벗어난 범위에서는 y의 예측을 자제하여야 한다. 그림 11.11은 예측값 $\hat{y}$의 95% 신뢰대를 나타낸다.

[그림 11.11] 예측값 $\hat{y}$의 95% 신뢰대

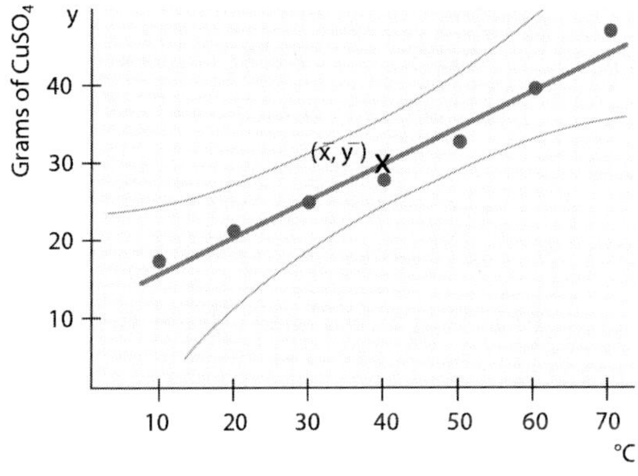

기대

실제, 한 변수를 사용한 예측은 두 개이상의 변수를 사용하면 개선된다. 중회귀기법은 다른 변수를 예측하기 위하여 여러 변수의 가장 잘 적합하는 중회귀식을 사용할 수 있게 해준다. 중회귀분석에서 필요한 수학 때문에 컴퓨터가 매우 유용하다.

▶▶ 11.4 연습문제

1. **통계적 지식**. 모상관계수의 기호는 무엇인가?

2. **통계적 지식**. 모집단 최소제곱직선 기울기의 기호는 무엇인가?

3. **비판적사고: 컴퓨터를 이용한 결과 해석**. 선사시대의 도자기 선박은 일반적으로 충분한 토기조각이 발견되면 조심스럽게 복원된다.
A. I. 우슬리(Woosley)와 A. J. 맥킨타이어(McIntyre), 뉴멕시코 프레스 대학의 밈브레스 모골론(Mimbres Mogollon) 고고학에서 가져온 정보는 선사시대 현장에서 발견된 토기조각에서 복원된 선사시대 선박의 x=선체 직경(㎝), y=선체 높이(㎝)에 관한 데이터를 제공한다. 다음은 컴퓨터를 사용한 분석결과이다.

Predictor	Coef	SE Coef	T	P
Constant	-0.223	2.429	-0.09	0.929
Diameter	0.7848	0.1471	5.33	0.001
S=4.07980	R-Sq=80.3%			

(a) 선체의 직경 또는 높이 중에 어느 것이 예측변수인가?
(b) 최소제곱직선 $\hat{y}=a+bx$에 대해 상수 a와 기울기 b의 값은 얼마인가? 최소제곱직선 방정식을 구하시오.
(c) $\beta=0$에 대하여 유의수준 1%에서 양측 검정하시오.
(d) 기울기 b의 t값, $P-$값은, 상관계수 r에 대한 t값, $P-$값과 같다. 표본상관계수 r의 값은 R-Sq값의 제곱근이다. r은 얼마인가? 모상관계수에 대하여 유의수준 1%에서 검정하시오.

4. **농구: 자유투 및 필드골**. x를 프로 농구선수가 한 시즌에서의 자유투 성공률이라 하고, y를 필드골 성공률이라 한다. 6명을 임의로 추출하여 다음 자료를 얻었다.

x	67	65	75	86	73	73
y	44	42	48	51	44	51

(a) 표본상관계수 r을 구하시오.

(b) 유의수준 5%를 사용하여 $\rho > 0$ 라는 주장을 검정하시오.

(c) $\hat{y} = a + bx$ 를 구하고 S_e 를 구하시오.

(d) $x = 70$ 인 경우에 $\hat{y}$ 를 구하시오.

(e) $x = 70$ 인 경우에 y 의 90% 신뢰구간을 구하시오.

(f) 유의수준 5%를 사용하여 $\beta > 0$ 라는 주장을 검정하시오.

5. **스쿠버 다이빙: 깊이**. 스쿠버 다이버가 바다 바닥에 머무르는 최적 시간은 얼마인가? 그것은 잠수 깊이에 의존한다. x 를 잠수의 깊이(미터)라 하고, y 를 최적시간(시간)이라 하자. 다이버를 임의로 추출하여 다음 자료를 얻었다.

x	14.1	24.3	30.2	38.3	51.3	20.5	22.7
y	2.58	2.08	1.58	1.03	0.75	2.38	2.20

(a) 표본상관계수 r을 구하시오.

(b) 유의수준 1%를 사용하여 $\rho < 0$ 라는 주장을 검정하시오.

(c) $\hat{y} = a + bx$ 를 구하고 S_e 를 구하시오.

(d) $x = 18$ 인 경우에 $\hat{y}$ 를 구하시오.

(e) $x = 18$ 인 경우에 y 의 80% 신뢰구간을 구하시오.

(f) 유의수준 1%를 사용하여 $\beta < 0$ 라는 주장을 검정하시오.

6. **새 차: 협상 가격**. x 를 어느 회사 자동차의 모델과 옵션이 다른 가격이라 하고, y 를 판매원이 제안한 가격이라 하자. 단위는 천 달러이다.

x	12.6	13.0	12.8	13.6	13.4	14.2
y	11.6	12.0	11.5	12.2	12.0	12.8

(a) 표본상관계수 r을 구하시오.

(b) 유의수준 1%를 사용하여 $\rho > 0$ 라는 주장을 검정하시오.

(c) $\hat{y} = a + bx$ 를 구하고 S_e 를 구하시오.

(d) $x = 14$ 인 경우에 $\hat{y}$ 를 구하시오.

(e) $x=14$인 경우에 y의 85% 신뢰구간을 구하시오.

(f) 유의수준 1%를 사용하여 $\beta>0$라는 주장을 검정하시오.

7. **지식 확장: 표본 크기와 r의 의미.**

(a) $n=6, r=0.90$일 때, 유의수준 1%에서 $\rho=0$에 대해 검정하시오.

(b) $n=10, r=0.90$일 때, 유의수준 1%에서 $\rho=0$에 대해 검정하시오.

(c) (a)과 (b)의 결과를 보고 설명하시오.

8. **지식 확장: 시계열 및 시계열 상관.** 자기상관(autocorrelation)이라고도 하는 시계열 상관은 시계열의 한 기간에 대한 결과가 다음 기간의 결과와 관련되는 정도를 나타낸다. 높은 일련의 상관관계를 갖는 시계열은 한 기간으로 부터 다음 기간을 예측 가능하다고 한다. 시계열 상관이 낮은 경우(거의 0), 시계열은 예측 불가능한 것으로 간주된다. 시계열 상관에 대한 자세한 내용은 모닝스타(Morningstar)가 출간한 책 Ibbotson SBBI를 참조하시오.

메이저 대학의 연구 수의사가 웨스트 나일 바이러스로부터 말들을 보호하기 위해 새로운 백신을 개발했다. 중요한 연구는 예방접종을 받은 후 말의 혈액에 항체가 얼마나 축적되는가에 대한 예측이 가능하냐는 것이다. 와이오밍의 말들을 무작위로 추출하였다. 평균 항체 축적인자(혈액 샘플로부터 조사)를 8주간 접종 후 매주 측정하였고. 결과는 다음과 같은 시계열 자료이다.

주	1	2	3	4	5	6	7	8
축적인자	2.4	4.7	6.2	7.5	8.0	9.1	10.7	12.3

시계열 상관을 구성하기 위해 데이터 쌍 (x, y)을 사용합니다. 여기서 $x=$ 원 축적인자, $y=$ 원 축적인자 자료가 일주일 앞으로 이동한다. 이렇게 하면 다음과 같은 자료가 된다. 자료가 일주일 앞으로 갔기 때문에, 이제 7개의 데이터 쌍(8개가 아님)을 가진다.

x	2.4	4.7	6.2	7.5	8.0	9.1	10.7
y	4.7	6.2	7.5	8.0	9.1	10.7	12.3

$$\sum x=48.6, \sum y=58.5, \sum x^2=383.84, \sum y^2=529.37, \sum xy=448.7$$

(a) 제공된 자료를 사용하여 표본 최소제곱직선 $\hat{y} = a + bx$을 구하시오.

이번 주 축적요인이 $x = 5.8$이면, 다음 주($\hat{y}$)은 얼마인가?

(b) 표본상관계수 r과 결정계수 r^2을 구하고, $\rho > 0$에 대한 유의수준 1%에서 검정하시오.

9. **지식확장: 시계열, 시계열 상관**. 비디오 게임을 제작하고 판매하는 회사는 미국에서 비디오 게임에 대한 1인당 소비자 지출에 대하여 추정하려고 한다. 최근의 7년 동안, 1인당 연간 지출 금액은 다음과 같다.

년	1	2	3	4	5	6	7
지출	32.33	34.03	37.84	43.34	44.64	49.61	51.89

(a) 시계열 상관을 구성하기 위해 $x =$ 원본 데이터와 $y =$ 원본 데이터가 일 년 씩 앞선 데이터 쌍$(x,\ y)$을 사용한다. 시계열 상관에 대한 자료는 다음과 같다.(토론용 시계열 상관에 대해서는 문제 8을 참조하시오.)

x	32.23	34.03	37.84	43.34	44.64	49.61
y	34.03	37.84	43.34	44.64	49.61	51.89

(b) 데이터 쌍$(x,\ y)$을 사용하여 표본 최소제곱직선 $\hat{y} = a + bx$을 구하시오.

올해에 1인당 지출 $x = 42$달러라면, 내년 지출을 추정하시오.

(c) 표본상관계수 r과 결정계수 r^2을 구하고, $\rho > 0$에 대한 유의수준 1%에서 검정하시오.

10. **지식 확장: β의 신뢰구간; 스쿠버 다이빙**. 문제 5의 자료를 이용하여 β에 대한 90% 신뢰구간을 구하시오.

복습

요약

이 장에서는 카이제곱 확률분포, 상관, 선형회귀에 대해 소개했습니다.

Part I

- 카이제곱분포의 성질.
- 독립성 검정, 동일성 검정.
- 적합도 검정.
- σ^2 검정.

Part II

4장에서 소개된 선형회귀모형과 선형상관 관계로 돌아가서 논의된 추론

- 모상관계수 ρ검정.
- 최소제곱직선의 기울기 β검정.
- 최소제곱직선에서 특정 값에 대한 예측된 값의 신뢰구간.
- 최소제곱직선의 기울기β에 대한 신뢰구간.

복습문제

[Part Ⅰ : 카이제곱분포를 이용한 추론]

1. **통계적 지식**. 다음의 변수 중에 음의 값이 아닌 것은? z, t, χ^2.

2. **통계적 지식**. 다음의 확률분포 중에 대칭인 것은? z, t, χ^2.

3. **비판적 사고**. 3개의 다른 연령대에서 랜덤으로 표집을 했다고 가정한다.
   뉴스를 TV, 신문, 인터넷 또는 다른 출처에서 얻으려는 그룹(응답자는 단 하나만 선택할

수 있음)에 대한 설문조사를 통해 각 연령대의 응답자 수를 결정했다. 뉴스를 얻는 다른 방식을 선호하는 각 연령층의 비율이 같지 않다고 주장할 수 있는 충분한 통계적 증거가 있는지 판단하기에 적합한 유형의 검정은 무엇인가? 독립성, 동일성 및 적합도 검정에서 선택하시오.

4. **교육: 시험**. 훼어 교수는 충분한 시간이 시험성적을 향상시키지 않는다고 생각한다. 그는 무작위로 300명의 학생을 두 그룹으로 나눠서 같은 테스트를 했다. 한 그룹은 테스트를 끝내는데 정확히 1시간이 걸렸고 다른 그룹은 원하는 만큼 오래 머무르게 하였다. 결과는 다음 표에 나와 있다. 테스트를 완료하는 데 걸리는 시간과 테스트 결과가 독립적이라는 것을 유의수준 0.01에서 검정하시오.

시간	A	B	C	D	열 합
1	23	42	65	12	142
제한 없음	17	48	85	8	158
행 합	40	90	150	20	300

5. **교사 평가: 성적**. 스톤 교수는 교사등급이 학생이 받는 성적에 달려 있다고 불평한다. 즉, 스톤교수에 따르면, 좋은 성적을 주는 교사는 좋은 평점을 얻고, 나쁜 성적을 주는 교사는 나쁜 평점을 받았다. 이 주장을 시험하기 위해 학생회는 무작위로 300명의 교사 평가를 실시하여 그 과정의 학생 성적을 표시했습니다. 결과는 다음 표에 나와 있습니다. 교사 등급 및 학생 성적에 대한 유의수준 1%에서 독립성 검정을 하시오.

평가	A	B	C	F	열합
고	14	18	15	3	50
중	25	35	75	15	150
저	21	27	40	12	100
행합	60	80	130	30	300

[Part II : 선형회귀에 관한 추론]

6. **통계적 지식**. 표본상관계수 r이 유의하다는 의미는 무엇인가?

7. **야구: 타율 및 홈런**. 야구에서는 타율과 홈런 비율의 선형관계가 있는가? x는 타율, y는 홈런비율(100타석 당 홈런 수)을 나타낸다. 프로야구 선수 랜덤표본 $n=7$에 대한 자료이다.

x	0.243	0.259	0.286	0.263	0.267	0.339	0.299
y	1.4	3.6	5.5	3.8	3.5	7.3	5.0

$$\sum x = 1.957;\ \sum y = 30.1;\ \sum x^2 \approx 0.553;\ \sum y^2 = 150.15;\ \sum xy \approx 8.753$$

(a) S_e 를 구하시오.

(b) $r=0.948$임을 보이고 모상관계수 ρ가 양수인지를 검정하시오.$(\alpha=0.01)$

(c) $b=55.166$임을 보이고 기울기 β가 양수인지를 검정하시오. $(\alpha=0.01)$

(d) $\hat{y} \approx -11.123 + 55.166x$이라면, 타율이 0.310인 선수의 예상 홈런 수에 대한 90% 신뢰구간을 구하시오.

통계분포표

1. 난수
2. 이항확률분포 ${}_nC_r p^r q^{n-r}$
3. 표준정규분포의 면적
4. 스튜던트 t 분포의 임계값
5. χ^2 분포

표 1 난수

92630	78240	19267	95457	53497	23894	37708	79862	76471	66418
79445	78735	71549	44843	26104	67318	00701	34986	66751	99723
59654	71966	27386	50004	05358	94031	29281	18544	52429	06080
31524	49587	76612	39789	13537	48086	59483	60680	84675	53014
06348	76938	90379	51392	55887	71015	09209	79157	24440	30244
28703	51709	94456	48396	73780	06436	86641	69239	57662	80181
68108	89266	94730	95761	75023	48464	65544	96583	18911	16391
99938	90704	93621	66330	33393	95261	95349	51769	91616	33238
91543	73196	34449	63513	83834	99411	58826	40456	69268	48562
42103	02781	73920	56297	72678	12249	25270	36678	21313	75767
17138	27584	25296	28387	51350	61664	37893	05363	44143	42677
28297	14280	54524	21618	95320	38174	60579	08089	94999	78460
09331	56712	51333	06289	75345	08811	82711	57392	25252	30333
31295	04204	93712	51287	05754	79396	87399	51773	33075	97061
36146	15560	27592	42089	99281	59640	15221	96079	09961	05371
29553	18432	13630	05529	02791	81017	49027	79031	50912	09399
23501	22642	63081	08191	89420	67800	55137	54707	32945	64522
57888	85846	67967	07835	11314	01545	48535	17142	08552	67457
55336	71264	88472	04334	63919	36394	11196	92470	70543	29776
10087	10072	55980	64688	68239	20461	89381	93809	00796	95945
34101	81277	66090	88872	37818	72142	67140	50785	21380	16703
53362	44940	60430	22834	14130	96593	23298	56203	92671	15925
82975	66158	84731	19436	55790	69229	28661	13675	99318	76873
54827	84673	22898	08094	14326	87038	42892	21127	30712	48489
25464	59098	27436	89421	80754	89924	19097	67737	80368	08795
67609	60214	41475	84950	40133	02546	09570	45682	50165	15609
44921	70924	61295	51137	47596	86735	35561	76649	18217	63446
33170	30972	98130	95828	49786	13301	36081	80761	33985	68621
84687	85445	06208	17654	51333	02878	35010	67578	61574	20749
71886	56450	36567	09395	96951	35507	17555	35212	69106	01679
00475	02224	74722	14721	40215	21351	08596	45625	83981	63748
25993	38881	68361	59560	41274	69742	40703	37993	03435	18873
92882	53178	99195	93803	56985	53089	15305	50522	55900	43026

(계속)

표 1 (계속)

25138	26810	07093	15677	60688	04410	24505	37890	67186	62829
84631	71882	12991	83028	82484	90339	91950	74579	03539	90122
34003	92326	12793	61453	48121	74271	28363	66561	75220	35908
53775	45749	05734	86169	42762	70175	97310	73894	88606	19994
59316	97885	72807	54966	60859	11932	35265	71601	55577	67715
20479	66557	50705	26999	09854	52591	14063	30214	19890	19292
86180	84931	25455	26044	02227	52015	21820	50599	51671	65411
21451	68001	72710	40261	61281	13172	63819	48970	51732	54113
98062	68375	80089	24135	72355	95428	11808	29740	81644	86610
01788	64429	14430	94575	75153	94576	61393	96192	03227	32258
62465	04841	43272	68702	01274	05437	22953	18946	99053	41690
94324	31089	84159	92933	99989	89500	91586	02802	69471	68274
05797	43984	21575	09908	70221	19791	51578	36432	33494	79888
10395	14289	52185	09721	25789	38562	54794	04897	59012	89251
35177	56986	25549	59730	64718	52630	31100	62384	49483	11409
25633	89619	75882	98256	02126	72099	57183	55887	09320	73463
16464	48280	94254	45777	45150	68865	11382	11782	22695	41988

표 2 **이항확률분포** $_nC_r p^r q^{n-r}$

이 표는 각각의 성공확률 p에서 n번의 독립시행에서 r번 성공할 확률을 나타낸다.

		p																			
n	r	.01	.05	.10	.15	.20	.25	.30	.35	.40	.45	.50	.55	.60	.65	.70	.75	.80	.85	.90	.95
2	0	.980	.902	.810	.723	.640	.563	.490	.423	.360	.303	.250	.203	.160	.123	.090	.063	.040	.023	.010	.002
	1	.020	.095	.180	.255	.320	.375	.420	.455	.480	.495	.500	.495	.480	.455	.420	.375	.320	.255	.180	.095
	2	.000	.002	.010	.023	.040	.063	.090	.123	.160	.203	.250	.303	.360	.423	.490	.563	.640	.723	.810	.902
3	0	.970	.857	.729	.614	.512	.422	.343	.275	.216	.166	.125	.091	.064	.043	.027	.016	.008	.003	.001	.000
	1	.029	.135	.243	.325	.384	.422	.441	.444	.432	.408	.375	.334	.288	.239	.189	.141	.096	.057	.027	.007
	2	.000	.007	.027	.057	.096	.141	.189	.239	.288	.334	.375	.408	.432	.444	.441	.422	.384	.325	.243	.135
	3	.000	.000	.001	.003	.008	.016	.027	.043	.064	.091	.125	.166	.216	.275	.343	.422	.512	.614	.729	.857
4	0	.961	.815	.656	.522	.410	.316	.240	.179	.130	.092	.062	.041	.026	.015	.008	.004	.002	.001	.000	.000
	1	.039	.171	.292	.368	.410	.422	.412	.384	.346	.300	.250	.200	.154	.112	.076	.047	.026	.011	.004	.000
	2	.001	.014	.049	.098	.154	.211	.265	.311	.346	.368	.375	.368	.346	.311	.265	.211	.154	.098	.049	.014
	3	.000	.000	.004	.011	.026	.047	.076	.112	.154	.200	.250	.300	.346	.384	.412	.422	.410	.368	.292	.171
	4	.000	.000	.000	.001	.002	.004	.008	.015	.026	.041	.062	.092	.130	.179	.240	.316	.410	.522	.656	.815
5	0	.951	.774	.590	.444	.328	.237	.168	.116	.078	.050	.031	.019	.010	.005	.002	.001	.000	.000	.000	.000
	1	.048	.204	.328	.392	.410	.396	.360	.312	.259	.206	.156	.113	.077	.049	.028	.015	.006	.002	.000	.000
	2	.001	.021	.073	.138	.205	.264	.309	.336	.346	.337	.312	.276	.230	.181	.132	.088	.051	.024	.008	.001
	3	.000	.001	.008	.024	.051	.088	.132	.181	.230	.276	.312	.337	.346	.336	.309	.264	.205	.138	.073	.021
	4	.000	.000	.000	.002	.006	.015	.028	.049	.077	.113	.156	.206	.259	.312	.360	.396	.410	.392	.328	.204
	5	.000	.000	.000	.000	.000	.001	.002	.005	.010	.019	.031	.050	.078	.116	.168	.237	.328	.444	.590	.774
6	0	.941	.735	.531	.377	.262	.178	.118	.075	.047	.028	.016	.008	.004	.002	.001	.000	.000	.000	.000	.000
	1	.057	.232	.354	.399	.393	.356	.303	.244	.187	.136	.094	.061	.037	.020	.010	.004	.002	.000	.000	.000
	2	.001	.031	.098	.176	.246	.297	.324	.328	.311	.278	.234	.186	.138	.095	.060	.033	.015	.006	.001	.000
	3	.000	.002	.015	.042	.082	.132	.185	.236	.276	.303	.312	.303	.276	.236	.185	.132	.082	.042	.015	.002
	4	.000	.000	.001	.006	.015	.033	.060	.095	.138	.186	.234	.278	.311	.328	.324	.297	.246	.176	.098	.031
	5	.000	.000	.000	.000	.002	.004	.010	.020	.037	.061	.094	.136	.187	.244	.303	.356	.393	.399	.354	.232
	6	.000	.000	.000	.000	.000	.000	.001	.002	.004	.008	.016	.028	.047	.075	.118	.178	.262	.377	.531	.735
7	0	.932	.698	.478	.321	.210	.133	.082	.049	.028	.015	.008	.004	.002	.001	.000	.000	.000	.000	.000	.000
	1	.066	.257	.372	.396	.367	.311	.247	.185	.131	.087	.055	.032	.017	.008	.004	.001	.000	.000	.000	.000
	2	.002	.041	.124	.210	.275	.311	.318	.299	.261	.214	.164	.117	.077	.047	.025	.012	.004	.001	.000	.000
	3	.000	.004	.023	.062	.115	.173	.227	.268	.290	.292	.273	.239	.194	.144	.097	.058	.029	.011	.003	.000
	4	.000	.000	.003	.011	.029	.058	.097	.144	.194	.239	.273	.292	.290	.268	.227	.173	.115	.062	.023	.004

(계속)

표 2 (계속)

n	r	p .01	.05	.10	.15	.20	.25	.30	.35	.40	.45	.50	.55	.60	.65	.70	.75	.80	.85	.90	.95
7	5	.000	.000	.000	.001	.004	.012	.025	.047	.077	.117	.164	.214	.261	.299	.318	.311	.275	.210	.124	.041
	6	.000	.000	.000	.000	.000	.001	.004	.008	.017	.032	.055	.087	.131	.185	.247	.311	.367	.396	.372	.257
	7	.000	.000	.000	.000	.000	.000	.000	.001	.002	.004	.008	.015	.028	.049	.082	.133	.210	.321	.478	.698
8	0	.923	.663	.430	.272	.168	.100	.058	.032	.017	.008	.004	.002	.001	.000	.000	.000	.000	.000	.000	.000
	1	.075	.279	.383	.385	.336	.267	.198	.137	.090	.055	.031	.016	.008	.003	.001	.000	.000	.000	.000	.000
	2	.003	.051	.149	.238	.294	.311	.296	.259	.209	.157	.109	.070	.041	.022	.010	.004	.001	.000	.000	.000
	3	.000	.005	.033	.084	.147	.208	.254	.279	.279	.257	.219	.172	.124	.081	.047	.023	.009	.003	.000	.000
	4	.000	.000	.005	.018	.046	.087	.136	.188	.232	.263	.273	.263	.232	.188	.136	.087	.046	.018	.005	.000
	5	.000	.000	.000	.003	.009	.023	.047	.081	.124	.172	.219	.257	.279	.279	.254	.208	.147	.084	.033	.005
	6	.000	.000	.000	.000	.001	.004	.010	.022	.041	.070	.109	.157	.209	.259	.296	.311	.294	.238	.149	.051
	7	.000	.000	.000	.000	.000	.000	.001	.003	.008	.016	.031	.055	.090	.137	.198	.267	.336	.385	.383	.279
	8	.000	.000	.000	.000	.000	.000	.000	.000	.001	.002	.004	.008	.017	.032	.058	.100	.168	.272	.430	.663
9	0	.914	.630	.387	.232	.134	.075	.040	.021	.010	.005	.002	.001	.000	.000	.000	.000	.000	.000	.000	.000
	1	.083	.299	.387	.368	.302	.225	.156	.100	.060	.034	.018	.008	.004	.001	.000	.000	.000	.000	.000	.000
	2	.003	.063	.172	.260	.302	.300	.267	.216	.161	.111	.070	.041	.021	.010	.004	.001	.000	.000	.000	.000
	3	.000	.008	.045	.107	.176	.234	.267	.272	.251	.212	.164	.116	.074	.042	.021	.009	.003	.001	.000	.000
	4	.000	.001	.007	.028	.066	.117	.172	.219	.251	.260	.246	.213	.167	.118	.074	.039	.017	.005	.001	.000
	5	.000	.000	.001	.005	.017	.039	.074	.118	.167	.213	.246	.260	.251	.219	.172	.117	.066	.028	.007	.001
	6	.000	.000	.000	.001	.003	.009	.021	.042	.074	.116	.164	.212	.251	.272	.267	.234	.176	.107	.045	.008
	7	.000	.000	.000	.000	.000	.001	.004	.010	.021	.041	.070	.111	.161	.216	.267	.300	.302	.260	.172	.063
	8	.000	.000	.000	.000	.000	.000	.000	.001	.004	.008	.018	.034	.060	.100	.156	.225	.302	.368	.387	.299
	9	.000	.000	.000	.000	.000	.000	.000	.000	.000	.001	.002	.005	.010	.021	.040	.075	.134	.232	.387	.630
10	0	.904	.599	.349	.197	.107	.056	.028	.014	.006	.003	.001	.000	.000	.000	.000	.000	.000	.000	.000	.000
	1	.091	.315	.387	.347	.268	.188	.121	.072	.040	.021	.010	.004	.002	.000	.000	.000	.000	.000	.000	.000
	2	.004	.075	.194	.276	.302	.282	.233	.176	.121	.076	.044	.023	.011	.004	.001	.000	.000	.000	.000	.000
	3	.000	.010	.057	.130	.201	.250	.267	.252	.215	.166	.117	.075	.042	.021	.009	.003	.001	.000	.000	.000
	4	.000	.001	.011	.040	.088	.146	.200	.238	.251	.238	.205	.160	.111	.069	.037	.016	.006	.001	.000	.000
	5	.000	.000	.001	.008	.026	.058	.103	.154	.201	.234	.246	.234	.201	.154	.103	.058	.026	.008	.001	.000
	6	.000	.000	.000	.001	.006	.016	.037	.069	.111	.160	.205	.238	.251	.238	.200	.146	.088	.040	.011	.001
	7	.000	.000	.000	.000	.001	.003	.009	.021	.042	.075	.117	.166	.215	.252	.267	.250	.201	.130	.057	.010

표 2 (계속)

n	r	p .01	.05	.10	.15	.20	.25	.30	.35	.40	.45	.50	.55	.60	.65	.70	.75	.80	.85	.90	.95
10	8	.000	.000	.000	.000	.000	.000	.001	.004	.011	.023	.044	.076	.121	.176	.233	.282	.302	.276	.194	.075
	9	.000	.000	.000	.000	.000	.000	.000	.000	.002	.004	.010	.021	.040	.072	.121	.188	.268	.347	.387	.315
	10	.000	.000	.000	.000	.000	.000	.000	.000	.000	.000	.001	.003	.006	.014	.028	.056	.107	.197	.349	.599
11	0	.895	.569	.314	.167	.086	.042	.020	.009	.004	.001	.000	.000	.000	.000	.000	.000	.000	.000	.000	.000
	1	.099	.329	.384	.325	.236	.155	.093	.052	.027	.013	.005	.002	.001	.000	.000	.000	.000	.000	.000	.000
	2	.005	.087	.213	.287	.295	.258	.200	.140	.089	.051	.027	.013	.005	.002	.001	.000	.000	.000	.000	.000
	3	.000	.014	.071	.152	.221	.258	.257	.225	.177	.126	.081	.046	.023	.010	.004	.001	.000	.000	.000	.000
	4	.000	.001	.016	.054	.111	.172	.220	.243	.236	.206	.161	.113	.070	.038	.017	.006	.002	.000	.000	.000
	5	.000	.000	.002	.013	.039	.080	.132	.183	.221	.236	.226	.193	.147	.099	.057	.027	.010	.002	.000	.000
	6	.000	.000	.000	.002	.010	.027	.057	.099	.147	.193	.226	.236	.221	.183	.132	.080	.039	.013	.002	.000
	7	.000	.000	.000	.000	.002	.006	.017	.038	.070	.113	.161	.206	.236	.243	.220	.172	.111	.054	.016	.001
	8	.000	.000	.000	.000	.000	.001	.004	.010	.023	.046	.081	.126	.177	.225	.257	.258	.221	.152	.071	.014
	9	.000	.000	.000	.000	.000	.000	.001	.002	.005	.013	.027	.051	.089	.140	.200	.258	.295	.287	.213	.087
	10	.000	.000	.000	.000	.000	.000	.000	.000	.001	.002	.005	.013	.027	.052	.093	.155	.236	.325	.384	.329
	11	.000	.000	.000	.000	.000	.000	.000	.000	.000	.000	.000	.001	.004	.009	.020	.042	.086	.167	.314	.569
12	0	.886	.540	.282	.142	.069	.032	.014	.006	.002	.001	.000	.000	.000	.000	.000	.000	.000	.000	.000	.000
	1	.107	.341	.377	.301	.206	.127	.071	.037	.017	.008	.003	.001	.000	.000	.000	.000	.000	.000	.000	.000
	2	.006	.099	.230	.292	.283	.232	.168	.109	.064	.034	.016	.007	.002	.001	.000	.000	.000	.000	.000	.000
	3	.000	.017	.085	.172	.236	.258	.240	.195	.142	.092	.054	.028	.012	.005	.001	.000	.000	.000	.000	.000
	4	.000	.002	.021	.068	.133	.194	.231	.237	.213	.170	.121	.076	.042	.020	.008	.002	.001	.000	.000	.000
	5	.000	.000	.004	.019	.053	.103	.158	.204	.227	.223	.193	.149	.101	.059	.029	.011	.003	.001	.000	.000
	6	.000	.000	.000	.004	.016	.040	.079	.128	.177	.212	.226	.212	.177	.128	.079	.040	.016	.004	.000	.000
	7	.000	.000	.000	.001	.003	.011	.029	.059	.101	.149	.193	.223	.227	.204	.158	.103	.053	.019	.004	.000
	8	.000	.000	.000	.000	.001	.002	.008	.020	.042	.076	.121	.170	.213	.237	.231	.194	.133	.068	.021	.002
	9	.000	.000	.000	.000	.000	.000	.001	.005	.012	.028	.054	.092	.142	.195	.240	.258	.236	.172	.085	.017
	10	.000	.000	.000	.000	.000	.000	.000	.001	.002	.007	.016	.034	.064	.109	.168	.232	.283	.292	.230	.099
	11	.000	.000	.000	.000	.000	.000	.000	.000	.000	.001	.003	.008	.017	.037	.071	.127	.206	.301	.377	.341
	12	.000	.000	.000	.000	.000	.000	.000	.000	.000	.000	.000	.001	.002	.006	.014	.032	.069	.142	.282	.540
15	0	.860	.463	.206	.087	.035	.013	.005	.002	.000	.000	.000	.000	.000	.000	.000	.000	.000	.000	.000	.000
	1	.130	.366	.343	.231	.132	.067	.031	.013	.005	.002	.000	.000	.000	.000	.000	.000	.000	.000	.000	.000
	2	.009	.135	.267	.286	.231	.156	.092	.048	.022	.009	.003	.001	.000	.000	.000	.000	.000	.000	.000	.000

(계속)

표 2 (계속)

n	r	p .01	.05	.10	.15	.20	.25	.30	.35	.40	.45	.50	.55	.60	.65	.70	.75	.80	.85	.90	.95
15	3	.000	.031	.129	.218	.250	.225	.170	.111	.063	.032	.014	.005	.002	.000	.000	.000	.000	.000	.000	.000
	4	.000	.005	.043	.116	.188	.225	.219	.179	.127	.078	.042	.019	.007	.002	.001	.000	.000	.000	.000	.000
	5	.000	.001	.010	.045	.103	.165	.206	.212	.186	.140	.092	.051	.024	.010	.003	.001	.000	.000	.000	.000
	6	.000	.000	.002	.013	.043	.092	.147	.191	.207	.191	.153	.105	.061	.030	.012	.003	.001	.000	.000	.000
	7	.000	.000	.000	.003	.014	.039	.081	.132	.177	.201	.196	.165	.118	.071	.035	.013	.003	.001	.000	.000
	8	.000	.000	.000	.001	.003	.013	.035	.071	.118	.165	.196	.201	.177	.132	.081	.039	.014	.003	.000	.000
	9	.000	.000	.000	.000	.001	.003	.012	.030	.061	.105	.153	.191	.207	.191	.147	.092	.043	.013	.002	.000
	10	.000	.000	.000	.000	.000	.001	.003	.010	.024	.051	.092	.140	.186	.212	.206	.165	.103	.045	.010	.001
	11	.000	.000	.000	.000	.000	.000	.001	.002	.007	.019	.042	.078	.127	.179	.219	.225	.188	.116	.043	.005
	12	.000	.000	.000	.000	.000	.000	.000	.000	.002	.005	.014	.032	.063	.111	.170	.225	.250	.218	.129	.031
	13	.000	.000	.000	.000	.000	.000	.000	.000	.000	.001	.003	.009	.022	.048	.092	.156	.231	.286	.267	.135
	14	.000	.000	.000	.000	.000	.000	.000	.000	.000	.000	.000	.002	.005	.013	.031	.067	.132	.231	.343	.366
	15	.000	.000	.000	.000	.000	.000	.000	.000	.000	.000	.000	.000	.000	.002	.005	.013	.035	.087	.206	.463
16	0	.851	.440	.185	.074	.028	.010	.003	.001	.000	.000	.000	.000	.000	.000	.000	.000	.000	.000	.000	.000
	1	.138	.371	.329	.210	.113	.053	.023	.009	.003	.001	.000	.000	.000	.000	.000	.000	.000	.000	.000	.000
	2	.010	.146	.275	.277	.211	.134	.073	.035	.015	.006	.002	.001	.000	.000	.000	.000	.000	.000	.000	.000
	3	.000	.036	.142	.229	.246	.208	.146	.089	.047	.022	.009	.003	.001	.000	.000	.000	.000	.000	.000	.000
	4	.000	.006	.051	.131	.200	.225	.204	.155	.101	.057	.028	.011	.004	.001	.000	.000	.000	.000	.000	.000
	5	.000	.001	.014	.056	.120	.180	.210	.201	.162	.112	.067	.034	.014	.005	.001	.000	.000	.000	.000	.000
	6	.000	.000	.003	.018	.055	.110	.165	.198	.198	.168	.122	.075	.039	.017	.006	.001	.000	.000	.000	.000
	7	.000	.000	.000	.005	.020	.052	.101	.152	.189	.197	.175	.132	.084	.044	.019	.006	.001	.000	.000	.000
	8	.000	.000	.000	.001	.006	.020	.049	.092	.142	.181	.196	.181	.142	.092	.049	.020	.006	.001	.000	.000
	9	.000	.000	.000	.000	.001	.006	.019	.044	.084	.132	.175	.197	.189	.152	.101	.052	.020	.005	.000	.000
	10	.000	.000	.000	.000	.000	.001	.006	.017	.039	.075	.122	.168	.198	.198	.165	.110	.055	.018	.003	.000
	11	.000	.000	.000	.000	.000	.000	.001	.005	.014	.034	.067	.112	.162	.201	.210	.180	.120	.056	.014	.001
	12	.000	.000	.000	.000	.000	.000	.000	.001	.004	.011	.028	.057	.101	.155	.204	.225	.200	.131	.051	.006
	13	.000	.000	.000	.000	.000	.000	.000	.000	.001	.003	.009	.022	.047	.089	.146	.208	.246	.229	.142	.036
	14	.000	.000	.000	.000	.000	.000	.000	.000	.000	.001	.002	.006	.015	.035	.073	.134	.211	.277	.275	.146
	15	.000	.000	.000	.000	.000	.000	.000	.000	.000	.000	.000	.001	.003	.009	.023	.053	.113	.210	.329	.371
	16	.000	.000	.000	.000	.000	.000	.000	.000	.000	.000	.000	.000	.000	.001	.003	.010	.028	.074	.185	.440

표 2 (계속)

n	r	p .01	.05	.10	.15	.20	.25	.30	.35	.40	.45	.50	.55	.60	.65	.70	.75	.80	.85	.90	.95
20	0	.818	.358	.122	.039	.012	.003	.001	.000	.000	.000	.000	.000	.000	.000	.000	.000	.000	.000	.000	.000
	1	.165	.377	.270	.137	.058	.021	.007	.002	.000	.000	.000	.000	.000	.000	.000	.000	.000	.000	.000	.000
	2	.016	.189	.285	.229	.137	.067	.028	.010	.003	.001	.000	.000	.000	.000	.000	.000	.000	.000	.000	.000
	3	.001	.060	.190	.243	.205	.134	.072	.032	.012	.004	.001	.000	.000	.000	.000	.000	.000	.000	.000	.000
	4	.000	.013	.090	.182	.218	.190	.130	.074	.035	.014	.005	.001	.000	.000	.000	.000	.000	.000	.000	.000
	5	.000	.002	.032	.103	.175	.202	.179	.127	.075	.036	.015	.005	.001	.000	.000	.000	.000	.000	.000	.000
	6	.000	.000	.009	.045	.109	.169	.192	.171	.124	.075	.036	.015	.005	.001	.000	.000	.000	.000	.000	.000
	7	.000	.000	.002	.016	.055	.112	.164	.184	.166	.122	.074	.037	.015	.005	.001	.000	.000	.000	.000	.000
	8	.000	.000	.000	.005	.022	.061	.114	.161	.180	.162	.120	.073	.035	.014	.004	.001	.000	.000	.000	.000
	9	.000	.000	.000	.001	.007	.027	.065	.116	.160	.177	.160	.119	.071	.034	.012	.003	.000	.000	.000	.000
	10	.000	.000	.000	.000	.002	.010	.031	.069	.117	.159	.176	.159	.117	.069	.031	.010	.002	.000	.000	.000
	11	.000	.000	.000	.000	.000	.003	.012	.034	.071	.119	.160	.177	.160	.116	.065	.027	.007	.001	.000	.000
	12	.000	.000	.000	.000	.000	.001	.004	.014	.035	.073	.120	.162	.180	.161	.114	.061	.022	.005	.000	.000
	13	.000	.000	.000	.000	.000	.000	.001	.005	.015	.037	.074	.122	.166	.184	.164	.112	.055	.016	.002	.000
	14	.000	.000	.000	.000	.000	.000	.000	.001	.005	.015	.037	.075	.124	.171	.192	.169	.109	.045	.009	.000
	15	.000	.000	.000	.000	.000	.000	.000	.000	.001	.005	.015	.036	.075	.127	.179	.202	.175	.103	.032	.002
	16	.000	.000	.000	.000	.000	.000	.000	.000	.000	.001	.005	.014	.035	.074	.130	.190	.218	.182	.090	.013
	17	.000	.000	.000	.000	.000	.000	.000	.000	.000	.000	.001	.004	.012	.032	.072	.134	.205	.243	.190	.060
	18	.000	.000	.000	.000	.000	.000	.000	.000	.000	.000	.000	.001	.003	.010	.028	.067	.137	.229	.285	.189
	19	.000	.000	.000	.000	.000	.000	.000	.000	.000	.000	.000	.000	.000	.002	.007	.021	.058	.137	.270	.377
	20	.000	.000	.000	.000	.000	.000	.000	.000	.000	.000	.000	.000	.000	.000	.001	.003	.012	.039	.122	.358

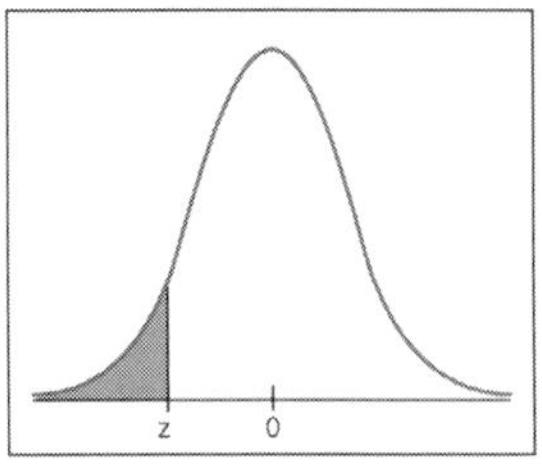

z에 대한 표 내용은 z의 왼쪽 면적이다.

표 3 표준정규분포의 면적

(a) z의 왼쪽 면적표

z	.00	.01	.02	.03	.04	.05	.06	.07	.08	.09
−3.4	.0003	.0003	.0003	.0003	.0003	.0003	.0003	.0003	.0003	.0002
−3.3	.0005	.0005	.0005	.0004	.0004	.0004	.0004	.0004	.0004	.0003
−3.2	.0007	.0007	.0006	.0006	.0006	.0006	.0006	.0005	.0005	.0005
−3.1	.0010	.0009	.0009	.0009	.0008	.0008	.0008	.0008	.0007	.0007
−3.0	.0013	.0013	.0013	.0012	.0012	.0011	.0011	.0011	.0010	.0010
−2.9	.0019	.0018	.0018	.0017	.0016	.0016	.0015	.0015	.0014	.0014
−2.8	.0026	.0025	.0024	.0023	.0023	.0022	.0021	.0021	.0020	.0019
−2.7	.0035	.0034	.0033	.0032	.0031	.0030	.0029	.0028	.0027	.0026
−2.6	.0047	.0045	.0044	.0043	.0041	.0040	.0039	.0038	.0037	.0036
−2.5	.0062	.0060	.0059	.0057	.0055	.0054	.0052	.0051	.0049	.0048
−2.4	.0082	.0080	.0078	.0075	.0073	.0071	.0069	.0068	.0066	.0064
−2.3	.0107	.0104	.0102	.0099	.0096	.0094	.0091	.0089	.0087	.0084
−2.2	.0139	.0136	.0132	.0129	.0125	.0122	.0119	.0116	.0113	.0110
−2.1	.0179	.0174	.0170	.0166	.0162	.0158	.0154	.0150	.0146	.0143
−2.0	.0228	.0222	.0217	.0212	.0207	.0202	.0197	.0192	.0188	.0183
−1.9	.0287	.0281	.0274	.0268	.0262	.0256	.0250	.0244	.0239	.0233
−1.8	.0359	.0351	.0344	.0336	.0329	.0322	.0314	.0307	.0301	.0294
−1.7	.0446	.0436	.0427	.0418	.0409	.0401	.0392	.0384	.0375	.0367
−1.6	.0548	.0537	.0526	.0516	.0505	.0495	.0485	.0475	.0465	.0455
−1.5	.0668	.0655	.0643	.0630	.0618	.0606	.0594	.0582	.0571	.0559
−1.4	.0808	.0793	.0778	.0764	.0749	.0735	.0721	.0708	.0694	.0681
−1.3	.0968	.0951	.0934	.0918	.0901	.0885	.0869	.0853	.0838	.0823
−1.2	.1151	.1131	.1112	.1093	.1075	.1056	.1038	.1020	.1003	.0985
−1.1	.1357	.1335	.1314	.1292	.1271	.1251	.1230	.1210	.1190	.1170
−1.0	.1587	.1562	.1539	.1515	.1492	.1469	.1446	.1423	.1401	.1379
−0.9	.1841	.1814	.1788	.1762	.1736	.1711	.1685	.1660	.1635	.1611
−0.8	.2119	.2090	.2061	.2033	.2005	.1977	.1949	.1922	.1894	.1867
−0.7	.2420	.2389	.2358	.2327	.2296	.2266	.2236	.2206	.2177	.2148
−0.6	.2743	.2709	.2676	.2643	.2611	.2578	.2546	.2514	.2483	.2451
−0.5	.3085	.3050	.3015	.2981	.2946	.2912	.2877	.2843	.2810	.2776
−0.4	.3446	.3409	.3372	.3336	.3300	.3264	.3228	.3192	.3156	.3121
−0.3	.3821	.3783	.3745	.3707	.3669	.3632	.3594	.3557	.3520	.3483
−0.2	.4207	.4168	.4129	.4090	.4052	.4013	.3974	.3936	.3897	.3859
−0.1	.4602	.4562	.4522	.4483	.4443	.4404	.4364	.4325	.4286	.4247
−0.0	.5000	.4960	.4920	.4880	.4840	.4801	.4761	.4721	.4681	.4641

−3.49보다 작은 z값에 대하여 면적은 근사적으로 0이다.

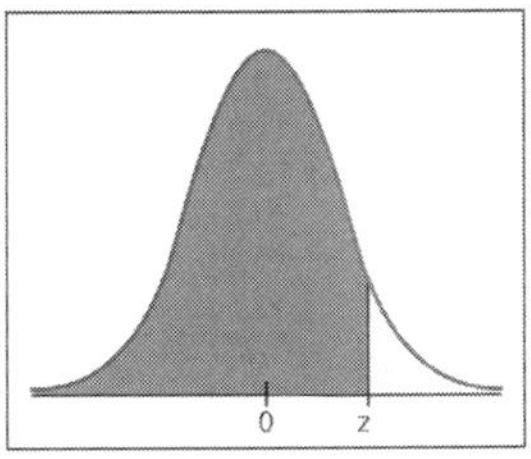

z에 대한 표 내용은 z의 왼쪽 면적이다.

표 3a (계속)

z	.00	.01	.02	.03	.04	.05	.06	.07	.08	.09
0.0	.5000	.5040	.5080	.5120	.5160	.5199	.5239	.5279	.5319	.5359
0.1	.5398	.5438	.5478	.5517	.5557	.5596	.5636	.5675	.5714	.5753
0.2	.5793	.5832	.5871	.5910	.5948	.5987	.6026	.6064	.6103	.6141
0.3	.6179	.6217	.6255	.6293	.6331	.6368	.6406	.6443	.6480	.6517
0.4	.6554	.6591	.6628	.6664	.6700	.6736	.6772	.6808	.6844	.6879
0.5	.6915	.6950	.6985	.7019	.7054	.7088	.7123	.7157	.7190	.7224
0.6	.7257	.7291	.7324	.7357	.7389	.7422	.7454	.7486	.7517	.7549
0.7	.7580	.7611	.7642	.7673	.7704	.7734	.7764	.7794	.7823	.7852
0.8	.7881	.7910	.7939	.7967	.7995	.8023	.8051	.8078	.8106	.8133
0.9	.8159	.8186	.8212	.8238	.8264	.8289	.8315	.8340	.8365	.8389
1.0	.8413	.8438	.8461	.8485	.8508	.8531	.8554	.8577	.8599	.8621
1.1	.8643	.8665	.8686	.8708	.8729	.8749	.8770	.8790	.8810	.8830
1.2	.8849	.8869	.8888	.8907	.8925	.8944	.8962	.8980	.8997	.9015
1.3	.9032	.9049	.9066	.9082	.9099	.9115	.9131	.9147	.9162	.9177
1.4	.9192	.9207	.9222	.9236	.9251	.9265	.9279	.9292	.9306	.9319
1.5	.9332	.9345	.9357	.9370	.9382	.9394	.9406	.9418	.9429	.9441
1.6	.9452	.9463	.9474	.9484	.9495	.9505	.9515	.9525	.9535	.9545
1.7	.9554	.9564	.9573	.9582	.9591	.9599	.9608	.9616	.9625	.9633
1.8	.9641	.9649	.9656	.9664	.9671	.9678	.9686	.9693	.9699	.9706
1.9	.9713	.9719	.9726	.9732	.9738	.9744	.9750	.9756	.9761	.9767
2.0	.9772	.9778	.9783	.9788	.9793	.9798	.9803	.9808	.9812	.9817
2.1	.9821	.9826	.9830	.9834	.9838	.9842	.9846	.9850	.9854	.9857
2.2	.9861	.9864	.9868	.9871	.9875	.9878	.9881	.9884	.9887	.9890
2.3	.9893	.9896	.9898	.9901	.9904	.9906	.9909	.9911	.9913	.9916
2.4	.9918	.9920	.9922	.9925	.9927	.9929	.9931	.9932	.9934	.9936
2.5	.9938	.9940	.9941	.9943	.9945	.9946	.9948	.9949	.9951	.9952
2.6	.9953	.9955	.9956	.9957	.9959	.9960	.9961	.9962	.9963	.9964
2.7	.9965	.9966	.9967	.9968	.9969	.9970	.9971	.9972	.9973	.9974
2.8	.9974	.9975	.9976	.9977	.9977	.9978	.9979	.9979	.9980	.9981
2.9	.9981	.9982	.9982	.9983	.9984	.9984	.9985	.9985	.9986	.9986
3.0	.9987	.9987	.9987	.9988	.9988	.9989	.9989	.9989	.9990	.9990
3.1	.9990	.9991	.9991	.9991	.9992	.9992	.9992	.9992	.9993	.9993
3.2	.9993	.9993	.9994	.9994	.9994	.9994	.9994	.9995	.9995	.9995
3.3	.9995	.9995	.9995	.9996	.9996	.9996	.9996	.9996	.9996	.9997
3.4	.9997	.9997	.9997	.9997	.9997	.9997	.9997	.9997	.9997	.9998

3.49보다 큰 z값에 대하여 면적은 근사적으로 1이다.

표 3 (계속)

(b) 신뢰구간 임계값 z_c	
신뢰수준 c	임계값 z_c
0.70, or 70%	1.04
0.75, or 75%	1.15
0.80, or 80%	1.28
0.85, or 85%	1.44
0.90, or 90%	1.645
0.95, or 95%	1.96
0.98, or 98%	2.33
0.99, or 99%	2.58

표 3 (계속)

(c) 가설검정, 임계값 z_0		
유의수준	A 5 **0.05**	A 5 **0.01**
왼쪽꼬리 검정의 임계값	−1.645	−2.33
오른쪽꼬리 검정의 임계값	1.645	2.33
양쪽꼬리 검정의 임계값	±1.96	±2.58

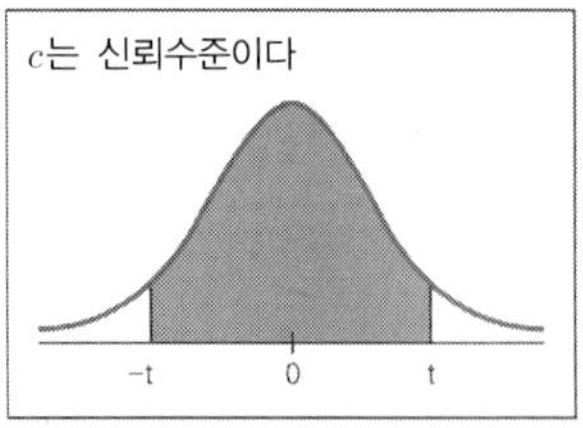

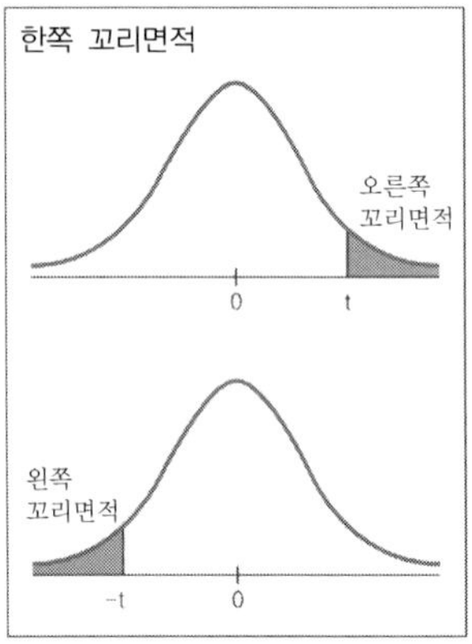

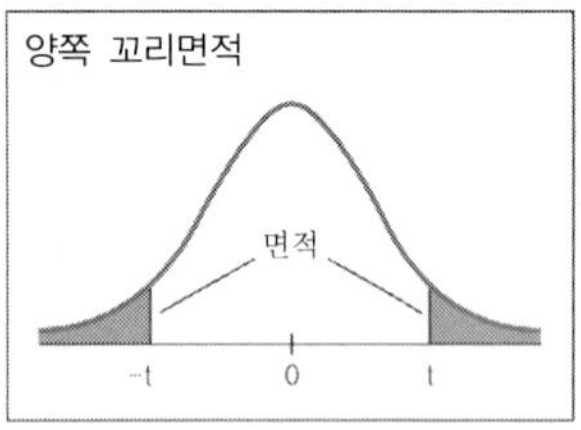

표 4 스튜던트 t 분포의 임계값

한쪽 꼬리면적	0.250	0.125	0.100	0.075	0.050	0.025	0.010	0.005	0.0005
양쪽 꼬리면적	0.500	0.250	0.200	0.150	0.100	0.050	0.020	0.010	0.0010
d.f. \ c	0.500	0.750	0.800	0.850	0.900	0.950	0.980	0.990	0.999
1	1.000	2.414	3.078	4.165	6.314	12.706	31.821	63.657	636.619
2	0.816	1.604	1.886	2.282	2.920	4.303	6.965	9.925	31.599
3	0.765	1.423	1.638	1.924	2.353	3.182	4.541	5.841	12.924
4	0.741	1.344	1.533	1.778	2.132	2.776	3.747	4.604	8.610
5	0.727	1.301	1.476	1.699	2.015	2.571	3.365	4.032	6.869
6	0.718	1.273	1.440	1.650	1.943	2.447	3.143	3.707	5.959
7	0.711	1.254	1.415	1.617	1.895	2.365	2.998	3.499	5.408
8	0.706	1.240	1.397	1.592	1.860	2.306	2.896	3.355	5.041
9	0.703	1.230	1.383	1.574	1.833	2.262	2.821	3.250	4.781
10	0.700	1.221	1.372	1.559	1.812	2.228	2.764	3.169	4.587
11	0.697	1.214	1.363	1.548	1.796	2.201	2.718	3.106	4.437
12	0.695	1.209	1.356	1.538	1.782	2.179	2.681	3.055	4.318
13	0.694	1.204	1.350	1.530	1.771	2.160	2.650	3.012	4.221
14	0.692	1.200	1.345	1.523	1.761	2.145	2.624	2.977	4.140
15	0.691	1.197	1.341	1.517	1.753	2.131	2.602	2.947	4.073
16	0.690	1.194	1.337	1.512	1.746	2.120	2.583	2.921	4.015
17	0.689	1.191	1.333	1.508	1.740	2.110	2.567	2.898	3.965
18	0.688	1.189	1.330	1.504	1.734	2.101	2.552	2.878	3.922
19	0.688	1.187	1.328	1.500	1.729	2.093	2.539	2.861	3.883
20	0.687	1.185	1.325	1.497	1.725	2.086	2.528	2.845	3.850
21	0.686	1.183	1.323	1.494	1.721	2.080	2.518	2.831	3.819
22	0.686	1.182	1.321	1.492	1.717	2.074	2.508	2.819	3.792
23	0.685	1.180	1.319	1.489	1.714	2.069	2.500	2.807	3.768
24	0.685	1.179	1.318	1.487	1.711	2.064	2.492	2.797	3.745
25	0.684	1.178	1.316	1.485	1.708	2.060	2.485	2.787	3.725
26	0.684	1.177	1.315	1.483	1.706	2.056	2.479	2.779	3.707
27	0.684	1.176	1.314	1.482	1.703	2.052	2.473	2.771	3.690
28	0.683	1.175	1.313	1.480	1.701	2.048	2.467	2.763	3.674
29	0.683	1.174	1.311	1.479	1.699	2.045	2.462	2.756	3.659
30	0.683	1.173	1.310	1.477	1.697	2.042	2.457	2.750	3.646
35	0.682	1.170	1.306	1.472	1.690	2.030	2.438	2.724	3.591
40	0.681	1.167	1.303	1.468	1.684	2.021	2.423	2.704	3.551
45	0.680	1.165	1.301	1.465	1.679	2.014	2.412	2.690	3.520
50	0.679	1.164	1.299	1.462	1.676	2.009	2.403	2.678	3.496
60	0.679	1.162	1.296	1.458	1.671	2.000	2.390	2.660	3.460
70	0.678	1.160	1.294	1.456	1.667	1.994	2.381	2.648	3.435
80	0.678	1.159	1.292	1.453	1.664	1.990	2.374	2.639	3.416
100	0.677	1.157	1.290	1.451	1.660	1.984	2.364	2.626	3.390
500	0.675	1.152	1.283	1.442	1.648	1.965	2.334	2.586	3.310
1000	0.675	1.151	1.282	1.441	1.646	1.962	2.330	2.581	3.300
∞	0.674	1.150	1.282	1.440	1.645	1.960	2.326	2.576	3.291

표에 없는 $d.f.$에 대하여 작으면서 가장 가까운 $d.f.$를 사용하시오.

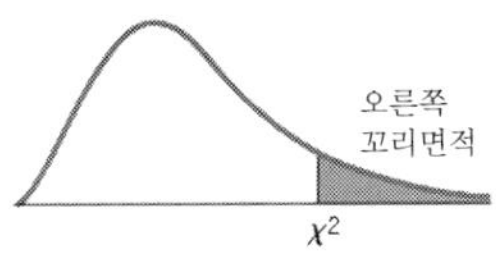

$d.f. \geq 3$에 대하여

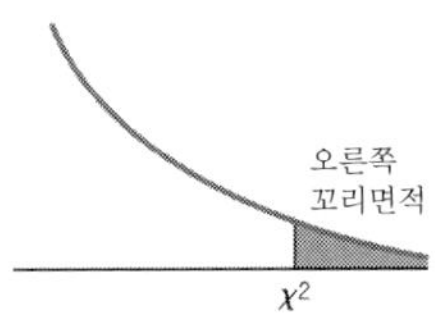

$d.f. = 1, 2$에 대하여

표 5 χ^2 분포

	오른쪽꼬리 면적									
d.f.	.995	.990	.975	.950	.900	.100	.050	.025	.010	.005
1	0.0^4393	0.0^3157	0.0^3982	0.0^2393	0.0158	2.71	3.84	5.02	6.63	7.88
2	0.0100	0.0201	0.0506	0.103	0.211	4.61	5.99	7.38	9.21	10.60
3	0.072	0.115	0.216	0.352	0.584	6.25	7.81	9.35	11.34	12.84
4	0.207	0.297	0.484	0.711	1.064	7.78	9.49	11.14	13.28	14.86
5	0.412	0.554	0.831	1.145	1.61	9.24	11.07	12.83	15.09	16.75
6	0.676	0.872	1.24	1.64	2.20	10.64	12.59	14.45	16.81	18.55
7	0.989	1.24	1.69	2.17	2.83	12.02	14.07	16.01	18.48	20.28
8	1.34	1.65	2.18	2.73	3.49	13.36	15.51	17.53	20.09	21.96
9	1.73	2.09	2.70	3.33	4.17	14.68	16.92	19.02	21.67	23.59
10	2.16	2.56	3.25	3.94	4.87	15.99	18.31	20.48	23.21	25.19
11	2.60	3.05	3.82	4.57	5.58	17.28	19.68	21.92	24.72	26.76
12	3.07	3.57	4.40	5.23	6.30	18.55	21.03	23.34	26.22	28.30
13	3.57	4.11	5.01	5.89	7.04	19.81	22.36	24.74	27.69	29.82
14	4.07	4.66	5.63	6.57	7.79	21.06	23.68	26.12	29.14	31.32
15	4.60	5.23	6.26	7.26	8.55	22.31	25.00	27.49	30.58	32.80
16	5.14	5.81	6.91	7.96	9.31	23.54	26.30	28.85	32.00	34.27
17	5.70	6.41	7.56	8.67	10.09	24.77	27.59	30.19	33.41	35.72
18	6.26	7.01	8.23	9.39	10.86	25.99	28.87	31.53	34.81	37.16
19	6.84	7.63	8.91	10.12	11.65	27.20	30.14	32.85	36.19	38.58
20	7.43	8.26	9.59	10.85	12.44	28.41	31.41	34.17	37.57	40.00
21	8.03	8.90	10.28	11.59	13.24	29.62	32.67	35.48	38.93	41.40
22	8.64	9.54	10.98	12.34	14.04	30.81	33.92	36.78	40.29	42.80
23	9.26	10.20	11.69	13.09	14.85	32.01	35.17	38.08	41.64	44.18
24	9.89	10.86	12.40	13.85	15.66	33.20	36.42	39.36	42.98	45.56
25	10.52	11.52	13.12	14.61	16.47	34.38	37.65	40.65	44.31	46.93
26	11.16	12.20	13.84	15.38	17.29	35.56	38.89	41.92	45.64	48.29
27	11.81	12.88	14.57	16.15	18.11	36.74	40.11	43.19	46.96	49.64
28	12.46	13.56	15.31	16.93	18.94	37.92	41.34	44.46	48.28	50.99
29	13.21	14.26	16.05	17.71	19.77	39.09	42.56	45.72	49.59	52.34
30	13.79	14.95	16.79	18.49	20.60	40.26	43.77	46.98	50.89	53.67
40	20.71	22.16	24.43	26.51	29.05	51.80	55.76	59.34	63.69	66.77
50	27.99	29.71	32.36	34.76	37.69	63.17	67.50	71.42	76.15	79.49
60	35.53	37.48	40.48	43.19	46.46	74.40	79.08	83.30	88.38	91.95
70	43.28	45.44	48.76	51.74	55.33	85.53	90.53	95.02	100.4	104.2
80	51.17	53.54	57.15	60.39	64.28	96.58	101.9	106.6	112.3	116.3
90	59.20	61.75	65.65	69.13	73.29	107.6	113.1	118.1	124.1	128.3
100	67.33	70.06	74.22	77.93	82.36	118.5	124.3	129.6	135.8	140.2

해답집

제 1 장 서론

1.1

1. 개체는 관심있는 모집단에 속하는 사람이나 대상을 말하고, 변수는 측정되거나 관측해야 할 개체의 특성이다.
2. 질적자료.
3. 모수는 모집단의 특성을 설명하는 수치적 측도이고 통계량은 표본의 양상을 설명하는 수치적 측도이다.
4. 모수는 변하지 않는다. 서로 다른 표본은 같은 통계량에 대하여 다른 값을 가질 수 있다.
5. (a) 명목 (b) 순서
6. (a) 패스트 후드식당에서 주문된 식사에 대한 반응 (b) 질적변수 (c) 모든 패스트후드 식당을 이용하는 성인들의 반응
7. (a) 질소농도 (b) 양적변수 (c) 전체 호수의 질소농도
8. (a) 비율 (b) 구간 (c) 명목 (d) 순서 (e) 비율 (f) 비율
9. (a) 명목 (b) 비율 (c) 구간 (d) 순서 (e) 비율 (f) 구간
10. 답은 다양할 것이다.

1.2

1. 층화표본은 각 층에서 임의로 추출한 표본이고, 집락표본은 임의로 추출된 집락의 모든 개체이다.
2. 단순랜덤표본은 모집단으로부터 크기 n 의 모든 표본이 표본으로 선택될 확률이 같도록 하는 방법으로 추출된 표본이다. 계통표본은 임의로 출발점을 뽑아 매 k 번째를 뽑은 표본을 말한다.
3. 충고가 잘못되었다. 표집오차는 모집단이 아니고 표본의 사용으로 발생되는 차이를 고려한다.
4. 아니다. 18세 미만이나 20세 이상의 학생이 표집되지 않았을 수 있다.
5. (a) 층화 (b) 아니다. 남자농구 시즌권을 가지고 있는 사람이 120명, 여자농구 시즌권을 갖고 있는 사람이 80명 뽑힐 수 없기 때문이다.
6. 난수표 등을 이용하여 수강하고 있는 학생의 번호에 대응하는 서로 다른 4개의 숫자를 선택한다. 1~4에 대하여 여러 가지 이유를 생각할 수 있다.
7. 생략
8. 생략

9. (a) 적절하다. (b) 아니다. 결과는 임의이기 때문이다.
10. 생략
11. (1) 단순랜덤표본 (2) 집락표본 (3) 편의표본 (4) 계통표본 (5) 층화표본

1.3

1. 소득수준이 높을수록 초고속 인터넷을 설치하여 인터넷 사용시간도 더 많을 수 있다. 인터넷을 많이 사용하면 TV시청시간은 줄을 수 있다. 소득이 높은 사람들은 TV나 인터넷 보다는 다른 여가활동을 하느라 TV 시청시간이 적을 수 있다. 등등
2. 아니다. 농부시장에서 조사를 하였기 때문이다. 또한 티셔츠가 응답자에게 영향을 줄 수도 있다.
3. (a) 아니다. (b) 1977~1988
4. (a) 관찰연구 (b) 실험 (c) 실험 (d) 관찰연구
5. (a) 백신을 주사하기 위하여 10마리를 임의로 추출한다. 혈액검사는 모든 송아지에 대하여 한다. 위약은 사용하지 않는다.
   (b) 9개 학교를 임의로 추출한다. 조사는 모든 학교를 대상으로 실시한다. 위약은 사용하지 않는다.
   (c) 참여자 중 40명을 임의로 추출하여 패치를 사용한다. 모든 참여자를 조사한다. 위약을 사용한다.
6. 강을 경계로 하는 지역과 하지 않는 지역으로 블록화 하였으므로 계획 A 가 더 좋다.

복습문제

1. 각 행과 열이 조건을 만족하여야 하므로 적절하지 않다.
2. (a) 층화 (b) 취학생 (c) 일하는 시간, 양적, 비율 (d) 직업경험은 장래 취업목표에 도움, 질적, 순서 (e) 통계량 (f) 60%, 편향이 생길 수 있다. (g) 아니다. 조사된 캠퍼스에 한정해야한다.
3. 생략
4. (a) 관찰 (b) 실험
5. 생략
6. (a) 실험 (b) 대조집단; 정상적인 일광/어둠에 노출, 처리집단; 연속인 빛에 노출
   (c) 72시간 후에 각 군생에서 살아있는 반딧불 숫자 (d) 비율

제2장 자료의 정리

2.1

1. 계급한계는 한 계급에 속하는 자료값의 범위를 나타낸다. 자료값과 같을 수 있다. 계급경계는 자료값과 같을 수 없고 한 계급의 상한과 다음 계급의 하한의 중간값이다.
2. 계급이 중복되어 한 자료값이 두 개의 계급에 속할 수 있다.
3. 계급 폭; 9, 20-28, 29-37, 38-46, 47-55, 56-64, 65-73, 74-82
4. (a) 오른쪽으로 기운 분포

   (b) 고객의 수가 많은 경우와 적은 경우
5. (a) 이봉

   (b)

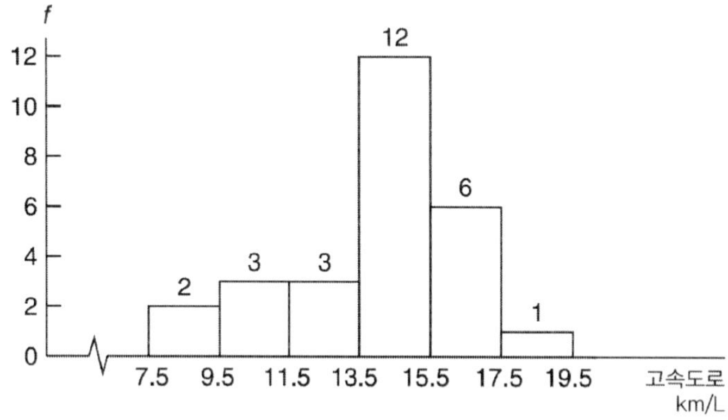

6. (a) 7에서 13. 많은 자료는 8과 12사이에 속한다.

   (b) 잘 반영하고 있다.
7. (a) 누적도수를 50으로 나누어 백분율로 변환하였다.

   (b) 35 (c) 6 (d) 2%
8. (a) 계급 폭 = 25

   (b)

계급한계	계급경계				
하한-상한	하한-상한	중간점	도수	상대도수	누적도수
236-260	235.5-260.5	248	4	0.07	4
261-285	260.5-285.5	273	9	0.16	13
286-310	285.5-310.5	298	25	0.44	38
311-335	310.5-335.5	323	16	0.28	54
336-360	335.5-360.5	348	3	0.05	57

(c), (d) 히스토그램

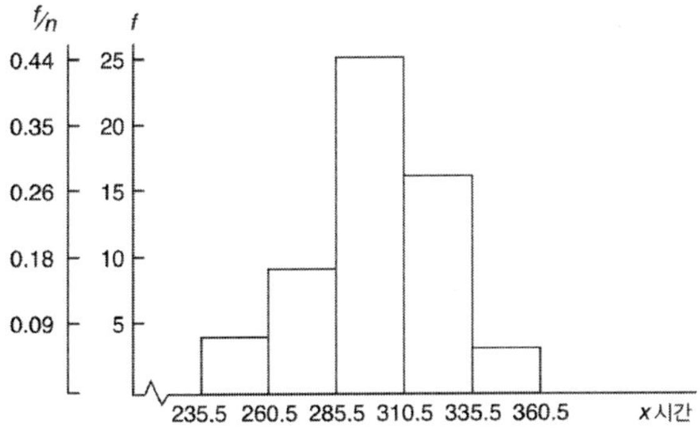

(e) 근사적으로 고분 모양의 대칭이다.

(f)

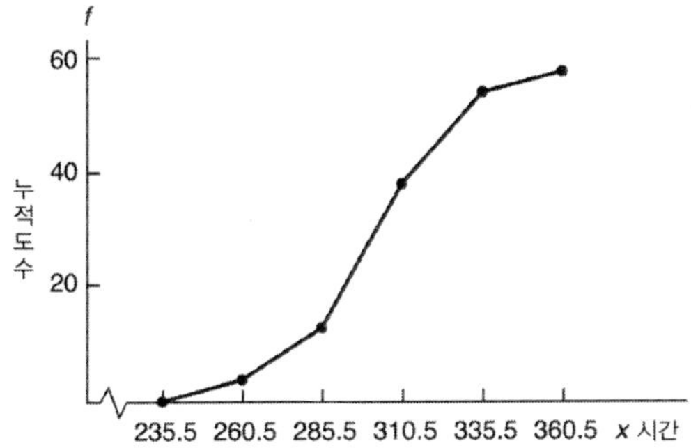

9. (a) 계급 폭 = 12.

(b)

계급한계	계급경계				
하한-상한	하한-상한	중간점	도수	상대도수	누적도수
1-12	0.5-12.5	6.5	6	0.14	6
13-24	12.5-24.5	18.5	10	0.24	16
25-36	24.5-36.5	30.5	5	0.12	21
37-48	36.5-48.5	42.5	13	0.31	34
49-60	48.5-60.5	54.5	8	0.19	42

(c), (d) 히스토그램

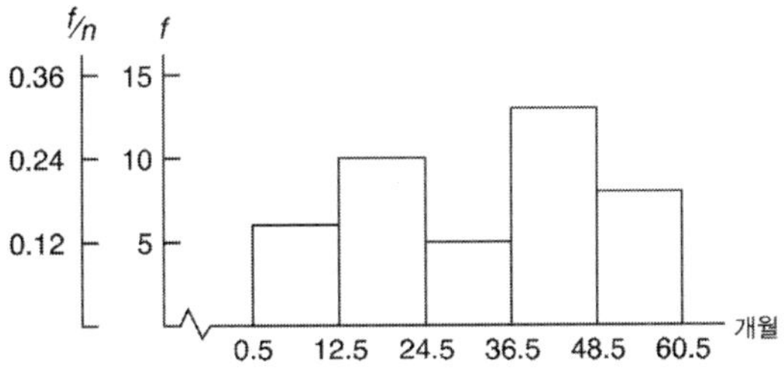

(e) 이봉

(f)

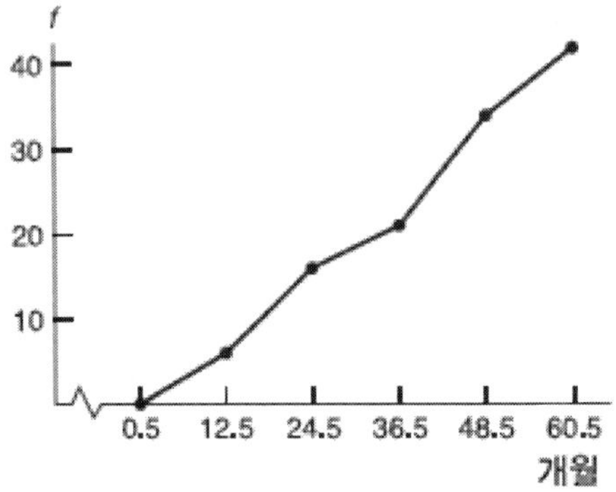

10. (a) 계급 폭=4

(b)

계급한계	계급경계				
하한-상한	하한-상한	중간점	도수	상대도수	누적도수
4-7	3.5-7.5	5.5	4	0.07	4
8-11	7.5-11.5	9.5	28	0.51	32
12-15	11.5-15.5	13.5	20	0.36	52
16-19	15.5-19.5	17.5	1	0.02	53
20-23	19.5-23.5	21.5	2	0.04	55

(c), (d)

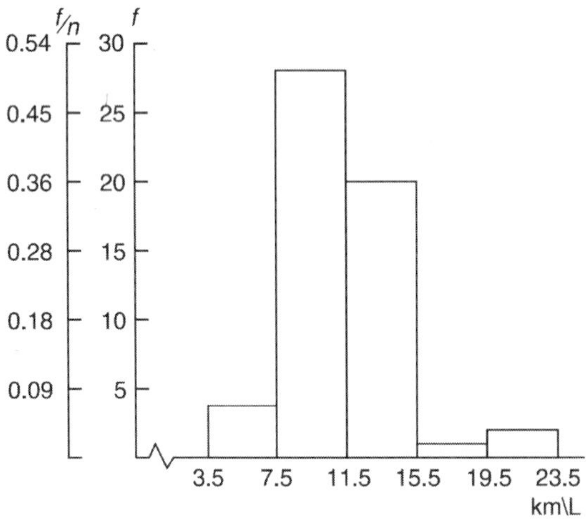

(e) 조금 오른쪽으로 기운분포

(f)

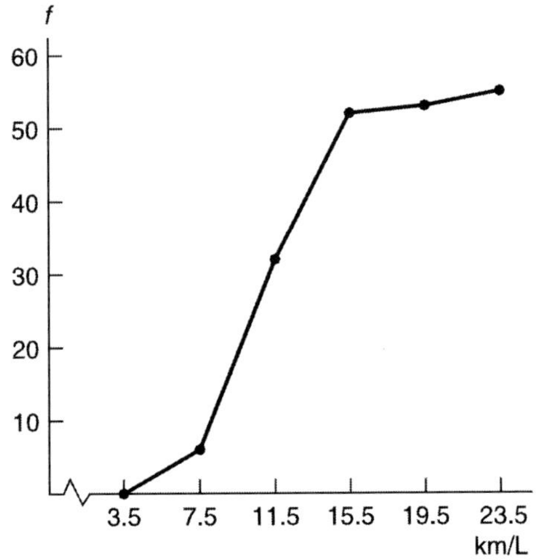

11. (a) 생략

(b), (c)

계급한계	계급경계		
하한–상한	하한–상한	중간점	도수
0.46-0.85	0.455-0.855	0.655	4
0.86-1.25	0.855-1.255	1.055	5
1.26-1.65	1.255-1.655	1.455	10
1.66-2.05	1.655-2.055	1.855	5
2.06-2.45	2.055-2.455	2.255	5
2.46-2.85	2.455-2.855	2.655	3

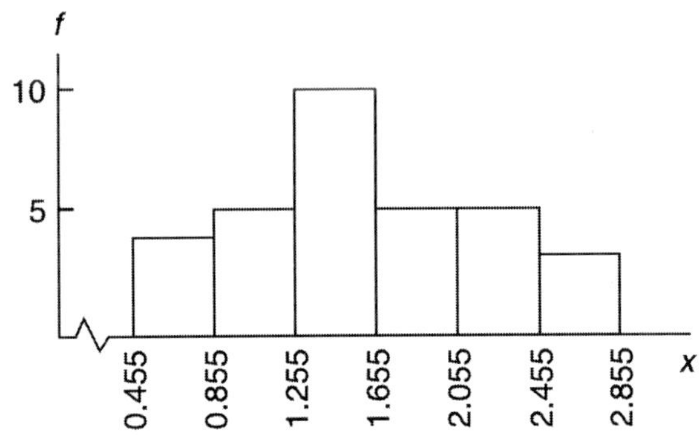

12. (a) 1 (b) 5/51, 9.8% (c) 650-750

13.

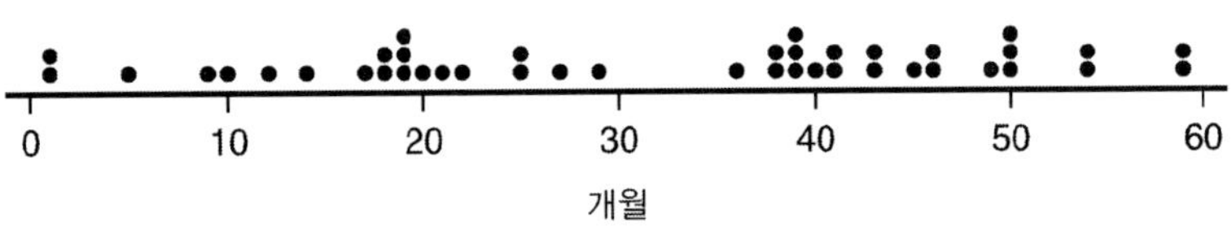

2.2

1. (a) 예, 전체비율의 합이 100%를 넘는다. (b) 표현할 수 없다. (c) 파레토 도표
2. 파레토 도표. 왜냐하면 항목을 고용원들이 선택한 중요도 순으로 볼 수 있기 때문이다.
3.

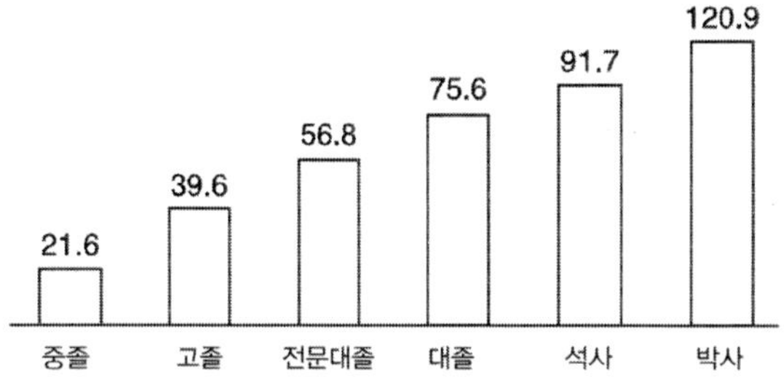

4.

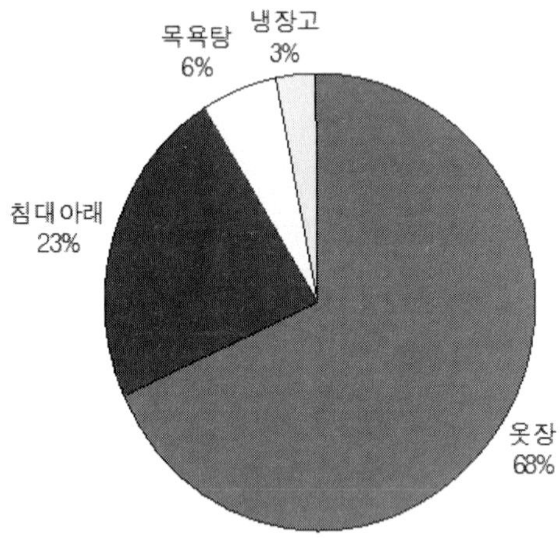

5. (a)

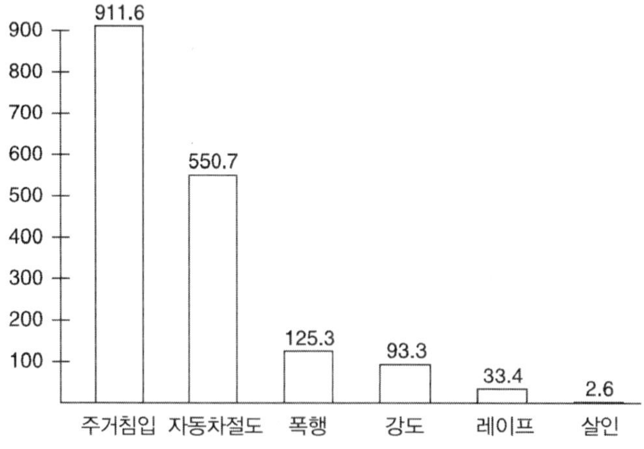

(b) 적절하지 않다. 다른 형태의 범죄는 이 정보에 포함 되지 않았고 어떤 범죄는 중복될 수도 있기 때문이다.

6.

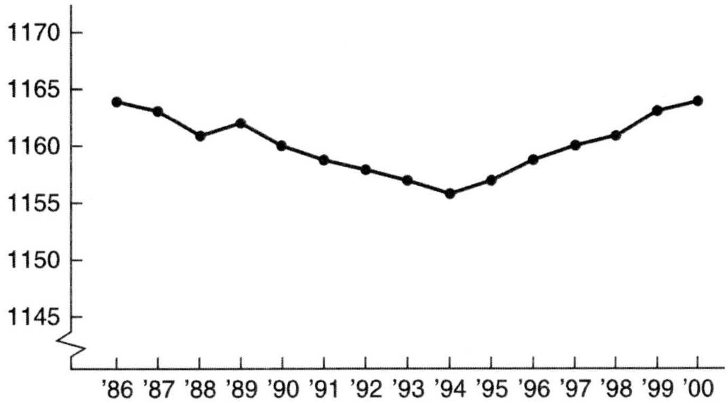

7. (a) 도넛구멍의 크기가 다르다. (b) 대졸

2.3

1.

4	7
5	2 7 8 8
6	1 6 6 8 8
7	0 2 2 3 3 5 6 7
8	4 4 4 5 6 6 7 9
9	0 1 1 2 3 7

2.

5	2 3 5 5 6 7
6	0 2 4 6 6 7 7 8 8 8 8 9 9
7	0 0 0 0 0 0 1 1 1 2 2 2 3 3 3 3 4 4 5 5 6 6 8
8	4 5 7
9	4 6 9
10	0 3
11	1

분포가 오른쪽으로 기울어져 있다.

3. (a)

0	9 9
1	0 0 2 3 3 4
1	5 5 6 6 7 8 8 9
2	0 2 3 3

(b)

0	7 7 7 8 8 8 8 9 9 9 9 9 9 9
1	0 0 1 1 4

(c) 최근 우승 기록이 두 시간에 더 가깝다. 전부 2시간 7분에서 14분 사이에 있다. 초기 기록에서는 절반 이상이 2시간 14분 보다 더 걸렸다.

4. 29.8은 이상점일 수 있다.

1	0	11	4
2		12	0 4 8
3		13	7
4	1 5	14	1 5 9
5		15	0 1 2 8
6		16	0 6
7	3 8	17	0
8	0 6 8		
9	0		
10		29	8

5.

0	1 4 4
0	5 6 6 7 7 7 8 8 9 9 9
1	0 0 0 0 0 0 0 1 2
1	
2	0

복습문제

1. (a) 막대그래프, 파레토도표, 원그래프 (b) 모두

2. 막대나 줄기 사이에 간격이 생긴다.

3. (a) 막대그래프, 막대의 길이가 연비를 나타내지 않는다.

(b) 시계열 그래프, 척도가 변하지 않는다.

4.

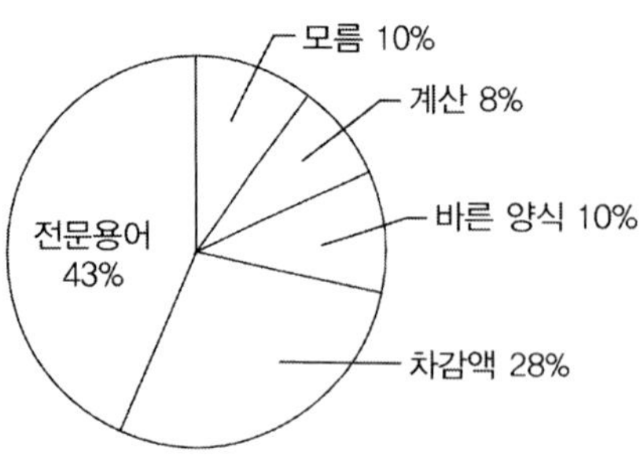

5. (a)

계급한계	계급경계				
하한-상한	하한-상한	중간점	도수	상대도수	누적도수
69-79	68.5-79.5	74	2	0.03	2
80-90	79.5-90.5	85	3	0.05	5
91-101	90.5-101.5	96	8	0.13	13
102-112	101.5-112.5	107	19	0.32	32
113-123	112.5-123.5	118	22	0.37	54
124-134	123.5-134.5	129	3	0.05	57
135-145	134.5-145.5	140	3	0.05	60

(b), (c)

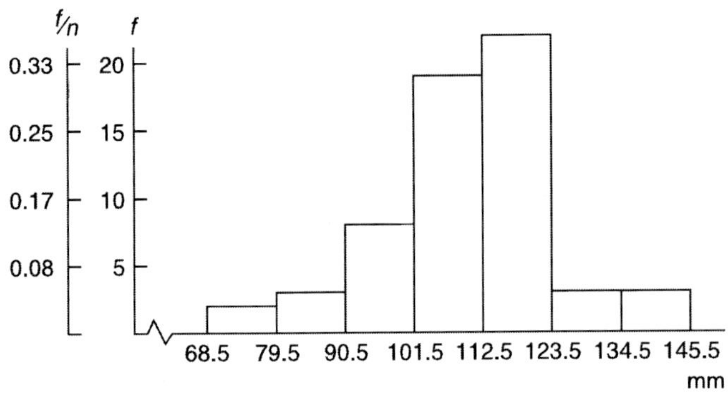

(d) 왼쪽으로 조금 기운 분포

(e)

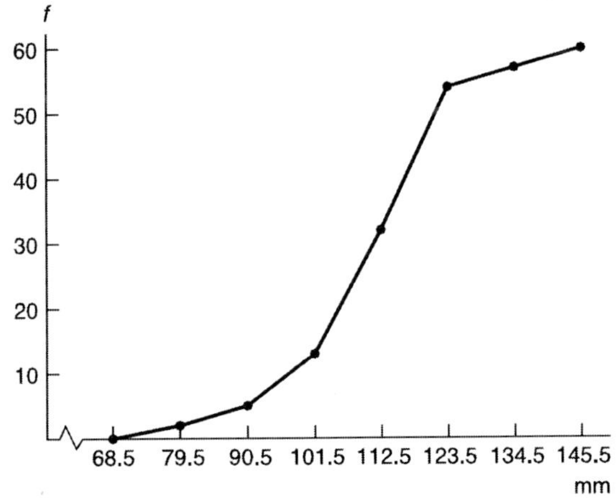

6. (a) 1240년대 (b) 75 (c) 1203~1212

제3장 평균과 변동

3.1

1. 중앙값, 최빈값, 평균
2. 모든 자료를 더하고 자료의 개수로 나눈다.
3. 5, 6, 2
4. 5, 5.5, 2
5. (a) 변하지 않는다. (b) 변하지 않는다. (c) 변할 수 있다
6. 근사적으로 같다.
7. (a) 최빈값=5, 중앙값=4, 평균=3.8. (b) 최빈값 (c) 최빈값, 중앙값과 평균
   (d) 최빈값, 중앙값
8. 적어도 의뢰인의 절반은 직원을 부족하거나 채택불가로 평가하여야하기 때문에 직원은 일관성이 없는 것 같다.
9. (a) 2, 3, 4.6 (b) 10, 15, 23 (c) 5배 (d) 177.8, 172.72, 180.34
10. 167.3, 171, 178
11. (a) 3.27, 3, 3, (b) 4.21, 2, 1 (c) 하류지역이 평균은 크지만 중앙값과 최빈값은 작다.
    (d) 절사평균 = 3.75로 상류지역의 평균에 가깝다.
12. (a) 136.15, 66.50, 60
    (b) 5% 절사평균 = 121.28로 더 정확히 반영하지만 중앙값보다는 크다.
    (c) 중앙값. 낮은 가격과 높은 가격도 도움이 될 것이다.
13. 23
14. $\sum wx = 85, \sum w = 10$ 이므로 가중평균=8.5.
15. 106.67
16. 1.092

3.2

1. 평균
2. 표본인 경우; $\sum(x_i - \overline{x})^2/n-1$, 모집단인 경우; $\sum(x_i - \mu)^2/n$
3. (a) 4 (b) 1.58 (c) 1.41
4. σ

5. (a) ⅰ, ⅱ, ⅲ

   (b) ⅰ의 편차의 총합 ; $\sum(x_i-\overline{x})^2=10$, ⅱ의 편차의 총합 ; $\sum(x_i-\overline{x})^2=20$,
   ⅲ의 편차의 총합 ; $\sum(x_i-\overline{x})^2=26$

6. (a) 3.6 (b) 18 (c) $|c|s$ (d) $1.6\times 3.1=4.96$

7. (a) 15 (c) 37, 6.08, (d) 37, 6.08 (e) 29.59, 5.0044

8. (a) 10% (b) 14~26

9. (a) 7.87 (c) $\overline{x}=1.24, s^2=1.78, s=1.33$

   (d) $CV=107\%$ 끊어질 때까지 경과된 시간의 표준편차가 평균보다 조금 크다.

10. (a) $\overline{x}=49, s^2=687.49, s=26.22$ (b) $\overline{y}=44.8, s^2=508.70, s=22.55$

    (c) $CV_x=53.5\%, CV_y=50.3\%$

11. 중간점; 25.5, 35.5, 45.5; $\overline{x}=35.80, s^2=61.1, s=7.82$.

12. 중간점; 10.55, 14.55, 18.55, 22.55, 26.55; $\overline{x}=15.6, s^2=23.4, s=4.8$.

3.3

1. 82%, 18%

2. 아니다. 82점이 70백부위수보다 낮을 수 있다.

3. (a) 최솟값 $=2$, $Q_1=5$, $Q_2=7$, $Q_3=8.5$, 최댓값 $=10$ (b) $IQR=3.5$

4. 최솟값 $=2$, $Q_1=9.5$, $Q_2=23$, $Q_3=28.5$, 최댓값 $=42$, $IQR=19$.

5. (a) 최솟값 $=17$, $Q_1=22$, $Q_2=24$, $Q_3=27$, 최댓값 $=38$, $IQR=5$.

   (b) 중앙값과 Q_3 사이에 놓이므로 약 75%.

6. (a) 최솟값 $=10$, $Q_1=153.75$, $Q_2=163.75$, $Q_3=178.75$, 최댓값 $=200$

   (b) $IQR=25$ (c) 하한; 116.25, 상한; 216.25 (d) 있다. 10

복습문제

1. (a) 분산, 표준편차 (b) 상자수염도

2. (a) 20, 24 (b) C1 (c) C1;10, C2; 2

3. (a) 최솟값 $=31$, $Q_1=40$, $Q_2=45$, $Q_3=52.5$, 최댓값 $=68$, $IQR=12.5$

   (b) $\overline{x}=46.1, s=8.64$, $28.82-3.38$

계급	중간값	도수
31-38	34.5	11
39-46	42.5	24

47-54	50.5	15
55-62	58.5	7
63-70	66.5	3

(c) $\bar{x} = 46.15, s = 8.63$

4. 71kg

5. (a) 아니다. (b) 37,091-71,091 (c) 공립; 5,105-8,689, 사립; 19,854-34,417; 15% ; 50%

제4장 상관과 회귀

4.1

1. 설명변수는 x축, 종속변수는 y축

2. 감소

3. (a) 적당 (b) 없음 (c) 높음

4. (a) 안된다. (b) 인구증가

5. (a) 아니다.

(b) 평균 년 수입의 잠복변수로 인플레이션을 생각할 수 있고, 1000m 달리기 기록의 단축에는 더 좋은 훈련법을 생각할 수 있다.

6. 휘발유 가격이 상승하면 휘발유 소비가 감소한다. 그러나 1.39보다 높은 가격에 적용하는 것은 위험하다. 가격이 높아져도 더 이상 소비를 줄일 수 없을 수도 있다.

7. (a)

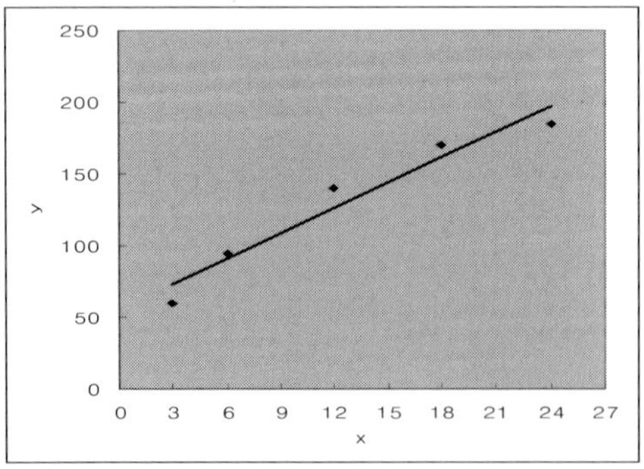

(b) 강한 양의 상관 (c) $r = 0.972$.

8. (a)

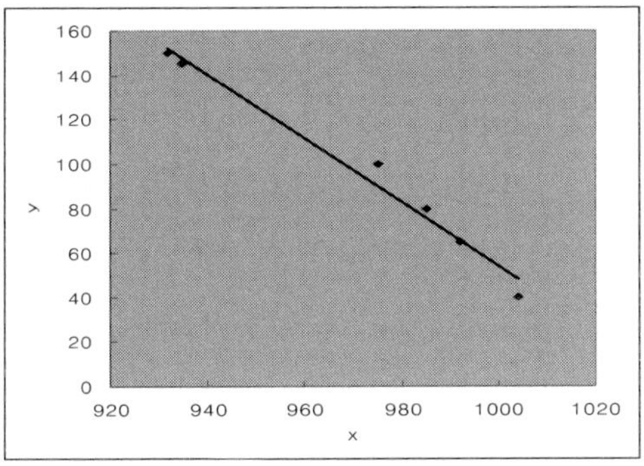

(b) 강한 음의 상관 (c) $r = -0.990$.

9. (a)

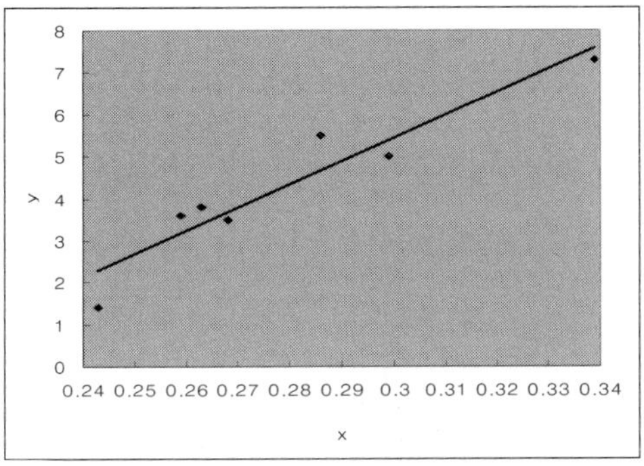

(b) 양의 상관관계 (c) $r = 0.948$.

10. (a)

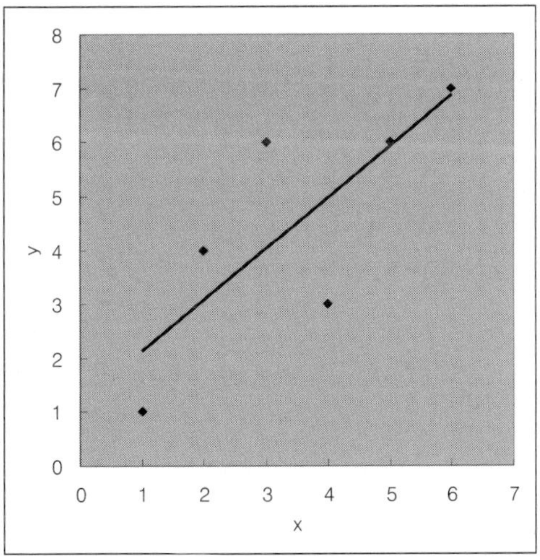

(b)

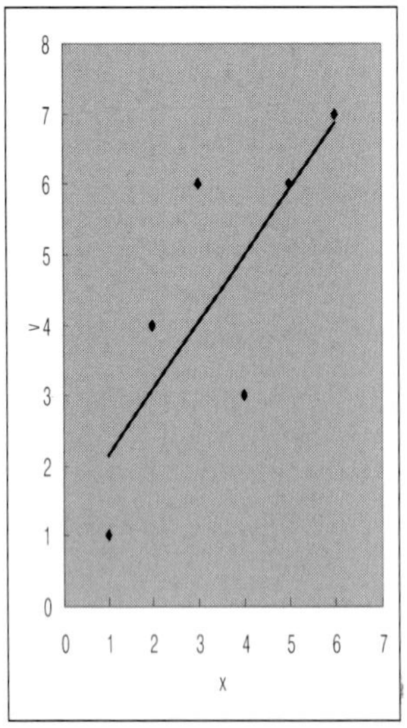

(c)

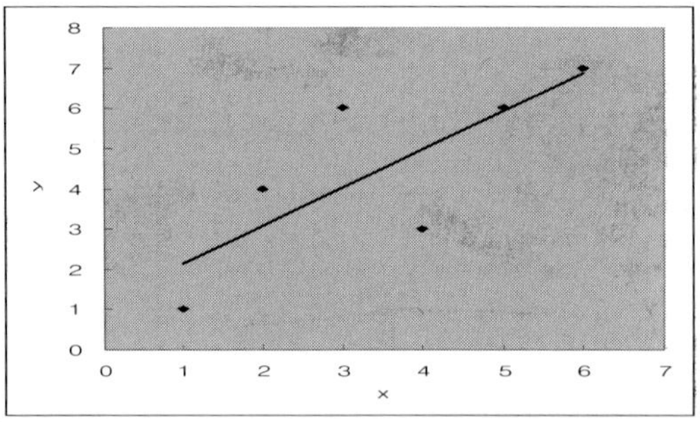

(d) (b)의 직선의 기울기가 (a)의 직선보다 더 급한 것처럼 보이는 반면에 (c)의 직선은 (a)의 직선보다 기울기가 완만하게 보인다. 하지만 세 직선의 기울기는 모두 같지만 x축과 y축의 단위 길이의 변화에 따라 다르게 보인다.

11. (a) $n=5,\ \alpha=0.05,\ r=0.972>0.88$; 상관이 있다.

(b) $n=6,\ \alpha=0.01,\ |r|=0.990>0.92$; 상관이 있다.

12. (a) $r=0.991$

(b) $\bar{x}=19.25, s_x=10.33,\ \bar{y}=117.98,\ s_y=67.32,\ \bar{x}=20.13,\ s_x=13.84,\ \bar{y}=120.79,$ $s_y=95.43$

(c) $r=0.794$

(d) 평균이 더 작은 표준편차를 갖는다.

4.2

1. -2, 2감소
2. 외삽, 관계가 변할 수 있다.
3. (a)

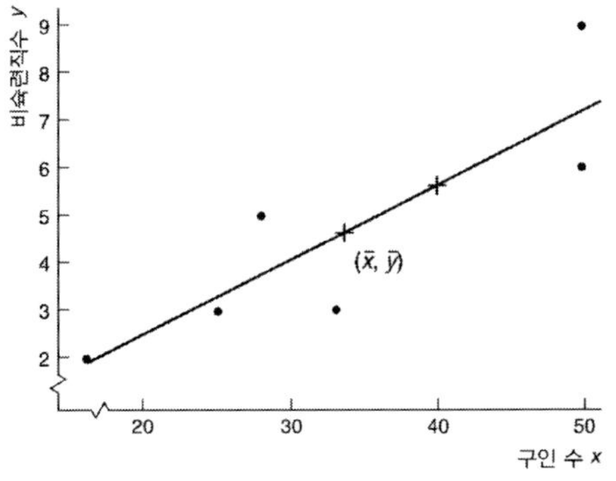

(b) $\sum x = 202,\ \sum y = 28,\ \sum x^2 = 7754,\ \sum y^2 = 164,\ \sum xy = 1096,\ r = 0.860$

(c) $\bar{x} = 33.67,\ \bar{y} = 4.67,\ a = -0.748,\ b = 0.161,\ \hat{y} = a + bx = -0.748 + 0.161x$

(e) 결정계수=0.74, 74%, 26% (f) 5.69

4. (a)

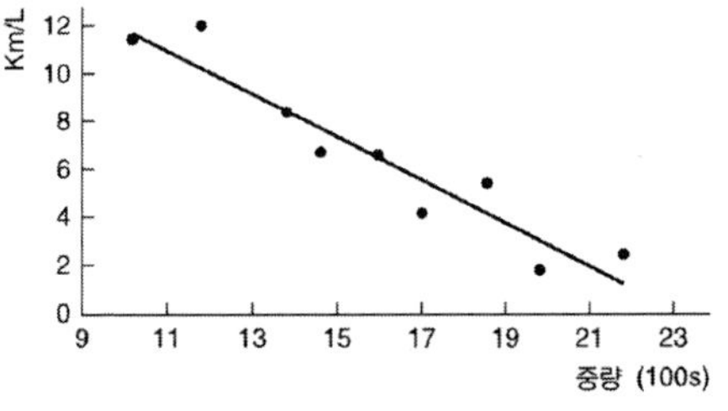

(b) $\sum x = 136,\ \sum y = 71,\ \sum x^2 = 1901.24, \sum y^2 = 682.08,\ \sum xy = 983.18,\ r = -0.946$

(c) $\bar{x} = 17,\ \bar{y} = 8.875,\ a = 11.869,\ b = -0.1761,\ \hat{y} = 11.869 - 0.1761x$

(e) 결정계수=0.895, 89.5%, 10.5%

(f) 8.82

5. (a)

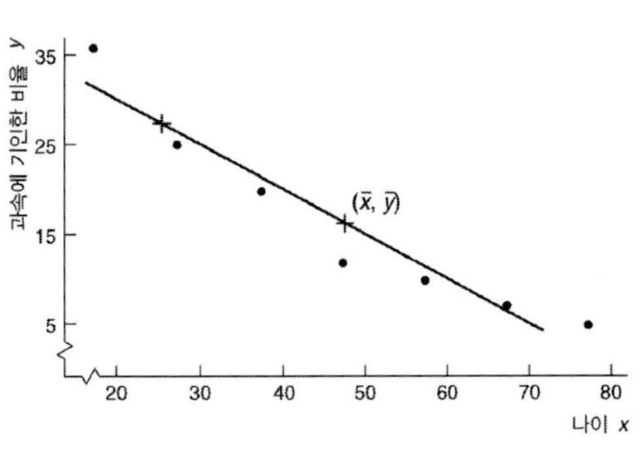

(b) $r = -0.959$ (c) $\overline{x} = 47$, $\overline{y} = 16.43$, $a = 39.761$, $b = -0.496$, $\hat{y} = 39.761 - 0.496x$

(e) $r^2 = 0.920$, 92%, 8% (f) 27.36

6. (a)

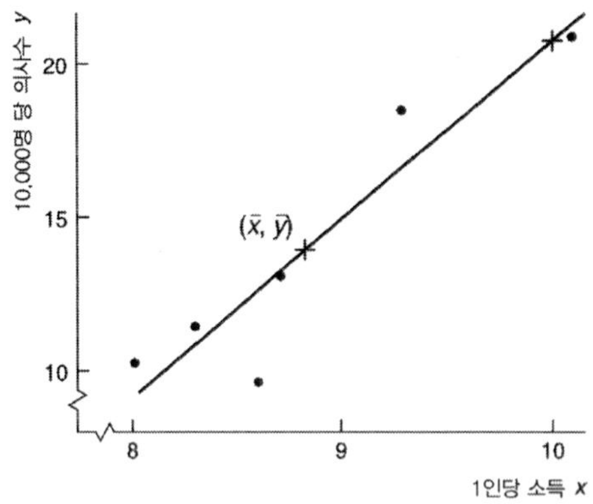

(b) $r = 0.934$ (c) $\overline{x} = 8.83$, $\overline{y} = 13.95$, $a = -36.898$, $b = 5.756$, $\hat{y} = -36.898 + 5.756x$

(e) $r^2 = 0.872$, 87.2%, 12.8% (f) 20.7

7. (a)

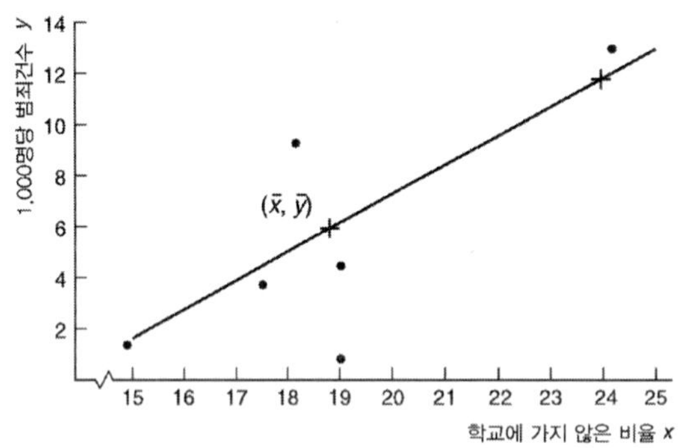

(b) $r = 0.764$ (c) $\overline{x} = 18.8$, $\overline{y} = 5.4$, $a = -17.204$, $b = 1.202$, $\hat{y} = -17.204 + 1.202x$

(e) $r^2 = 0.584$, 58.4%, 41.6% (f) 11.6

8. (a)

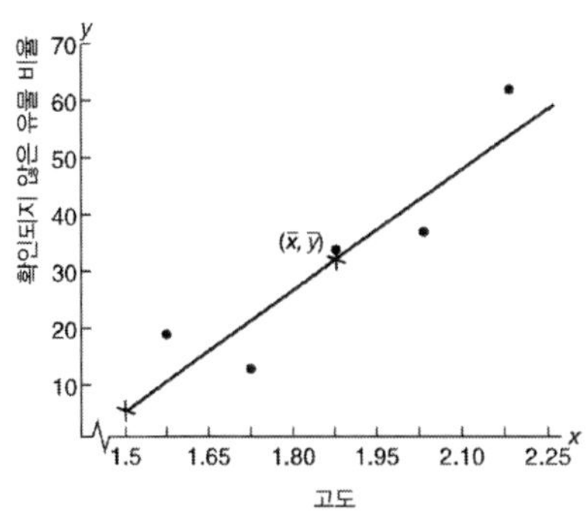

(b) $r = 0.913$ (c) $\overline{x} = 1.906$, $\overline{y} = 32.8$, $a = -104.4$, $b = 72$, $\hat{y} = -104.4 + 72x$

(e) $r^2 = 0.833$, 83.3%, 16.7% (f) 38.2

9. (a) 잔차의 패턴이 점 0의 수평선에 대하여 임의로 나타난다. (b) 이상점이 없다.

10. (c) 그렇다. (d) $x = 0.718y - 0.047$ (e) 아니다.

11. (a)

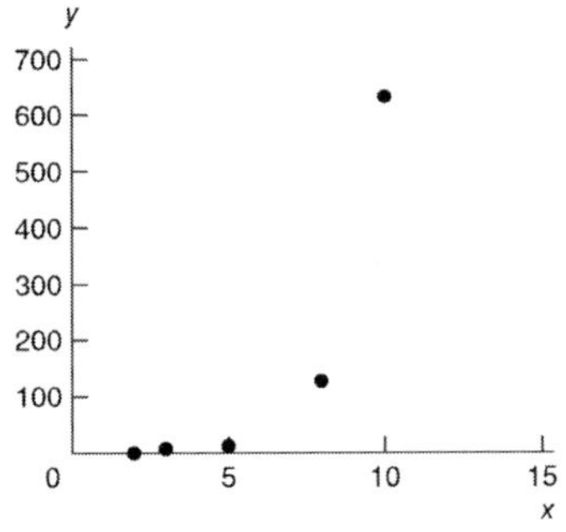

(b)

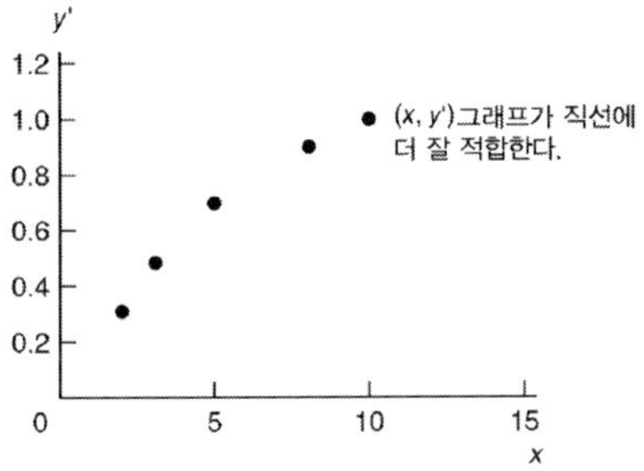

(c) $y' = -0.421 + 0.318x$, $r = 0.998$

(d) $\hat{\alpha} = 0.371, \hat{\beta} = 2.080$, $y = 0.371(2.080)^x$

12. (a)

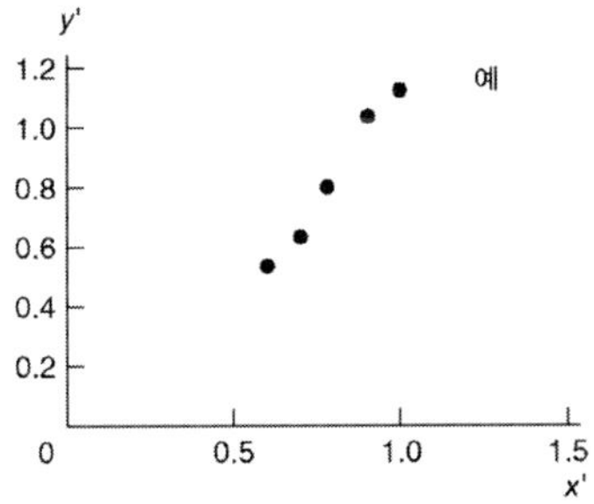

(b) $y' = -0.451 + 1.6x'$, $r = 0.991$

(c) $\hat{\alpha} = 0.354, \hat{\beta} = 1.6$, $y = 0.354x^{1.6}$

복습문제

1. 0

2. 내삽

3. (a)

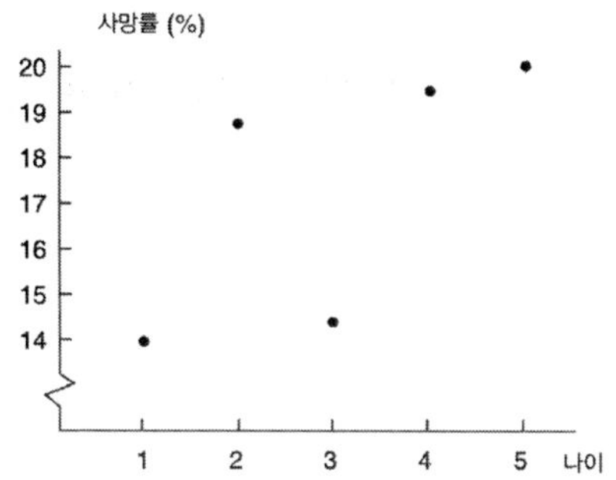

(b) $\bar{x}=3, \bar{y}=17.38,\ b=1.27,\ \hat{y}=13.57+1.27x$

(c) $r=0.685,\ r^2=0.469$, 46.9%

4. (a)

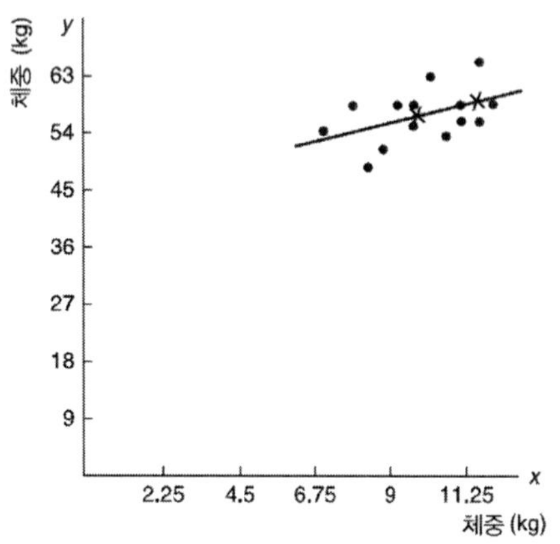

(b) $\bar{x}=9.74, \bar{y}=57.62,\ b=1.27,\ \hat{y}=45.25+1.27x$

(c) $r=0.467,\ r^2=0.218$, 21.8% (d) 56.81

5. (a)

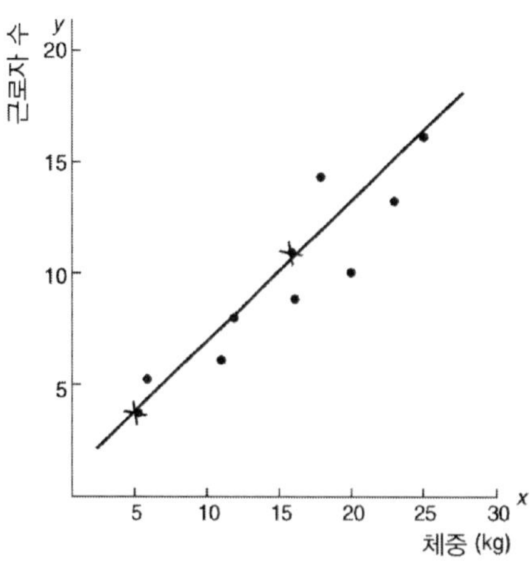

(b) $\bar{x}=16.38, \bar{y}=10.13$, $b=0.554$, $\hat{y}=1.051+0.554x$

(c) $r=0.467$, $r^2=0.218$, 21.8% (d) 9.36

6. (a)

제5장 확률

5.1

1. 직관, 상대도수, 등확률

2. (a) 1 (b) 0

3. 할 수 없다.

4. $627/1010=0.62$

5. 위험이 있다.

6. (a) $\{MMM, MMF, MFM, FMM, FFM, FMF, MFF, FFF\}$ (b) 1/8, 7/8

7. 아니다. 두 번째에는 뒷면이 나올 확률은 첫 번째 결과에 관계없이 0.5이다.

8. (a) $P(0)=15/375$, $P(1)=71/375$, $P(2)=124/375$, $P(3)=131/375$, $P(4)=34/375$.

(b) 1이 된다. 표본공간은 유사한 성격유형의 수이다.

9. (a) 위로부터 0.30, 0.14, 0.33, 0.23.

(b) 1이 된다. 표본 공간은 4개 시간구간의 집합이다.

10. (b) 2/17 (c) 3/8

11. (a) $\frac{58}{127}=0.46$. (b) $\frac{25}{58}=0.43$. (c) $\frac{58}{127}\cdot\frac{25}{58}=\frac{25}{127}=0.20$. (d) $1-0.43=0.57$.

5.2

1. 없다.

2. (a) 0.7 (b) 0.6

3. (a) 0.08 (b) 0.04

4. (a) 0.15 (b) 0.55

5. $P(A\cap B)$가 $P(A)$나 $P(B)$ 보다 클 수 없다. $P(A \mid B)>1$.

6. (a) $P(A \mid B)=0$ (b) $P(A \mid B)\neq P(A)$

7. (a) $P(A\cap B)$ (b) $P(B \mid A)$ (c) $P(A^c \mid B)$ (d) $P(A\cup B)$ (e) $P(B^c\cup A)$

8. (a) 0.2, 배반이다. (b) 0.4, 배반이다. (c) 0.8.

9. (a) 독립이다. (b) $\frac{1}{6}\cdot\frac{1}{6}=\frac{1}{36}$ (c) $\frac{1}{6}\cdot\frac{1}{6}=\frac{1}{36}$ (d) $\frac{1}{36}+\frac{1}{36}=\frac{2}{36}$

10. (a) $\frac{5}{36}$ (b) $\frac{3}{36}$ (c) $\frac{5}{36}+\frac{3}{36}=\frac{8}{36}$, 배반이다.

11. (a) 아니다. 첫 번째 카드가 뽑힌 후에는 표본공간이 작아진다. 따라서 두 번째 카드의 결과에 대한 확률은 달라진다.

(b) $\frac{4}{52}\cdot\frac{4}{51}=\frac{4}{663}$. (c) $\frac{4}{52}\cdot\frac{4}{51}=\frac{4}{663}$ (d) $\frac{4}{663}+\frac{4}{663}=\frac{8}{663}$.

12. (a) 독립이다. 표본공간이 변하지 않으므로 두 번째 카드의 각 결과에 대한 확률은 첫 번째 결과에 영향을 받지 않는다.

(b) $\frac{4}{52}\cdot\frac{4}{52}=\frac{1}{169}$ (c) $\frac{4}{52}\cdot\frac{4}{52}=\frac{1}{169}$ (d) $\frac{1}{169}+\frac{1}{169}=\frac{2}{169}$.

13. (a) $0.27+0.14+0.22=0.63$. (b) $0.15+0.22+0.27+0.14=0.78$

(c) $0.27+0.14=0.41$ (d) $0.22+0.27=0.49$

14. A; 거짓말을 하는 사건, B ; 거짓말 탐지기가 거짓말을 한다고 판정하는 사건이라 하면 문제로부터 $P(B \mid A)=0.72$ 이고 $P(B \mid A^c)=0.07$ 이다.

(a) $P(A^c)=0.90$, $P(A^c\cap B)=P(A^c)P(B \mid A^c)=0.90\cdot 0.07=0.063$. 6.3%.

(b) $P(A)=0.10$, $P(A\cap B)=P(A)P(B \mid A)=0.10\cdot 0.72=0.072$. 7.2%.

(c) $P(A^c)=0.50$, $P(A^c\cap B)=P(A^c)P(B \mid A^c)=0.50\cdot 0.07=0.035$, 3.5%,

$P(A)=0.50$, $P(A\cap B)=P(A)P(B \mid A)=0.50\cdot 0.72=0.36$, 36%.

(d) $P(A^c)=0.15$, $P(A^c\cap B)=P(A^c)P(B \mid A^c)=0.15\cdot 0.07=0.0105$, 1.05%,

$P(A)=0.85$, $P(A\cap B)=P(A)P(B \mid A)=0.85\cdot 0.72=0.612$, 61.2%.

15. (a) 72/154 (b) 82/154 (c) 79/116 (d) 37/116 (e) 72/270 (f) 82/270

16. (a) $\frac{686}{1160}$, $\frac{270}{580}$, $\frac{416}{580}$ (b) 아니다. (c) $\frac{270}{1160}$, $\frac{416}{1160}$ (d) $\frac{474}{1160}$, $\frac{310}{580}$

(e) 아니다. (f) $\frac{580}{1160}+\frac{686}{1160}-\frac{270}{1160}=\frac{996}{1160}$

5.3

연습문제

1. 순열은 순서대로 배열, 조합은 순서는 고려하지 않음.

2. (a) 조합 (b) 순열

3. (a) 수형도 생략 (b) 3개 (c) 3/8
4. (b) $P(R_1 \cap R_2) = 2/6 \cdot 1/5 = 1/15$, $P(R_1 \cap B_2) = 2/6 \cdot 3/5 = 1/5$
$P(R_1 \cap Y_2) = 2/6 \cdot 1/5 = 1/15$, $P(B_1 \cap R_2) = 3/6 \cdot 2/5 = 1/5$
$P(B_1 \cap B_2) = 3/6 \cdot 2/5 = 1/5$, $P(B_1 \cap Y_2) = 3/6 \cdot 1/5 = 1/10$
$P(Y_1 \cap R_2) = 1/6 \cdot 2/5 = 1/15$, $P(Y_1 \cap B_2) = 1/6 \cdot 3/5 = 1/10$
5. $4 \cdot 3 \cdot 2 \cdot 1 = 24$.
6. $4 \cdot 3 \cdot 3 = 36$
7. $P_{5,2} = 20$
8. $P_{7,7} = 5040$
9. $C_{5,2} = 10$
10. $C_{7,7} = 1$
11. $P_{15,3} = 2730$
12. $5 \cdot 4 \cdot 3 = 60$
13. $C_{15,5} = 3003$
14. (a) $C_{12,6} = 924$ (b) $C_{7,6} = 7$ (c) $7/924 = 0.008$

복습문제

1. (a) 스마트폰을 소유하고 있지 않다 (b) 스마트폰과 컴퓨터를 모두 소유 (c) 스마트폰 또는 컴퓨터를 소유 (d) 스마트폰을 갖고 있다는 조건하에 컴퓨터를 소유 (e) 컴퓨터를 갖고 있다는 조건하에 스마트폰 소유
2. $P(A) = P(A|B)$
3. (a) 0.56, 작아진다. (b) 0.94, 커진다. 가치가 있다.
4. (a) 아니다. (b) 그렇다.
5. (a) 0.24 (b) 0.45 (c) 0.108
6. (b) $S = \{up, down\}$ (c) 340/500
7. (a) 2, 3, 4, 5, 6, 7, 8, 9, 10, 11, 12

(b)

x	2	3	4	5	6	7	8	9	10	11	12
$P(x)$	$\frac{1}{36}$	$\frac{2}{36}$	$\frac{3}{36}$	$\frac{4}{36}$	$\frac{5}{36}$	$\frac{6}{36}$	$\frac{5}{36}$	$\frac{4}{36}$	$\frac{3}{36}$	$\frac{2}{36}$	$\frac{1}{36}$

8. $C_{8,2} = 28$
9. $4^5 = 1024$, $1/1024$
10. $10^3 = 1000$

제6장 이항확률분포

6.1

1. (a) 이산 (b) 연속 (c) 연속 (d) 이산 (e) 연속
2. (a) 확률분포. (b) 확률분포가 아니다.
3. 표본공간이 같고 평균이 같아도 표준편차는 다를 수 있다.
4. $\mu = 0.9$, $\sigma = 0.6245$
5. (a) 그렇다 (b) 5번;79445 78735 (c) 10번
6. (a) 확률분포이다. (b) 생략 (c) $\mu = 32.3$ (d) $\sigma = 16.12$
7. (a) 생략 (b) 0.56 (c) 0.20 (d) $\mu = 0.82$ (e) $\sigma = 0.899$
8. (a) 15/719, 704/719 (b) 0.73, 14.27
9. (a) 0.01191, 595.5$
   (b) 0.01292, 646$, 0.01396, 698$, 0.01503, 751.5$, 0.01613, 806.5$, 총 3497.50$
   (c) 4197.50$
   (d) 1502.50$
10. (a) 1.5, 2.8, 14.4 (b) 107.5, 52, 7.2 (c) 90, 92.16, 9.6 (d) 90, 57.76, 7.6
11. (a) 50.2, 66.125, 8.13 (b) 평균은 같다. (c) W의 표준편차가 작다.
    (d) 50.2, $11.5^2/n$, $11.5/\sqrt{n}$

6.2

1. 성공횟수
2. 두 가지 결과, 성공, 실패
3. 적어도 한 대가 고장 날 확률
4. (a) 사용할 수 없다. (b) 이항실험모형을 사용할 수 있다.
5. (a) 1학년, 1학년이 아님. $P(S) = 0.4$ (b) 종속, 초기하분포
6. (a) 0.082 (b) 0.918
7. (a) 0.000 (b) 발생하기 어려운 사건이 발생했다.
8. (a) 0.125 (b) 0.375 (c) 0.500 (d) 0.125
9. (a) 0.740, 0.473, 0.135 (b) 0.961, 0.117, 0.493
10. (a) 0.531 (b) 0.00 (c) 0.983 (d) 0.017

11. (a) 0.232 (b) 0.995 (c) 0.005 (d) 0.000

12. (a) 0.851, 0.999, 0.013 (b) 0.010, 0.683, 0.078

13. (a) 같다. (b) 같다. (c) 1 (d) $p=0.80$

6.3

1. 평균성공횟수
2. (a) $\mu=1.6$, $\sigma=1.13$ (b) $P(R \geq 5)=0.010$
3. (a) 드문 일이다. 120은 기댓값에서 2.5표준편차 보다 더 크다.
   (b) 드문 일이다. 40은 기댓값에서 2.5표준편차보다 더 작다.
   (c) 아니다. 70번에서 90번은 기댓값의 2.5표준편차사이에 속한다.
4. (a) $n=5$, $p=0.5$ 대칭이다.

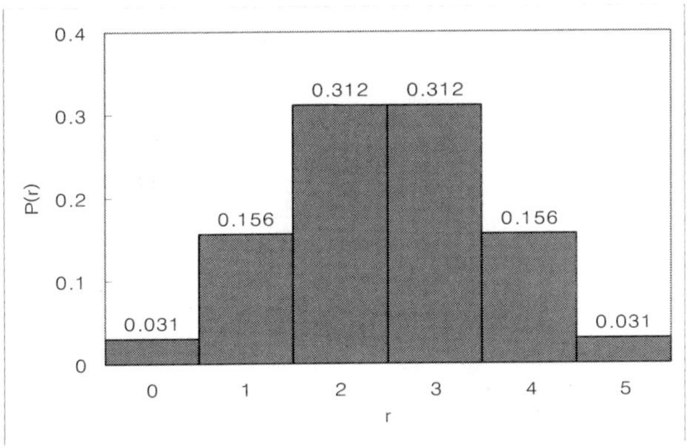

(b) $n=5$, $p=0.25$ 오른쪽으로 기울어진 분포이다.

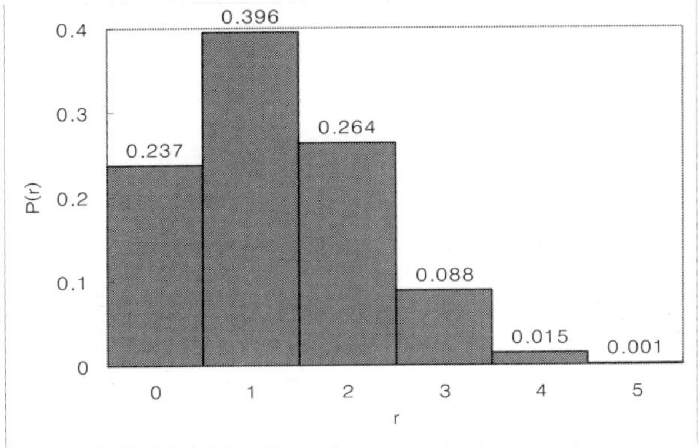

(c) $n=5,\ p=0.75$ 왼쪽으로 기울어진 분포이다.

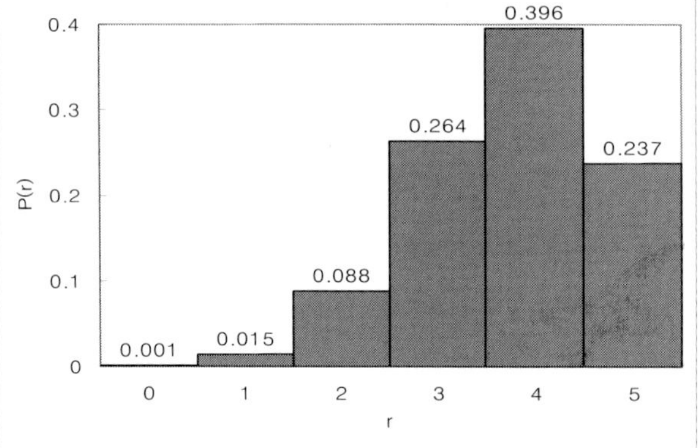

(d) 좌우대칭이다.

(e) 왼쪽으로 기울어진 분포이다.

5. (a) 왼쪽으로 기울어진 분포 (b) 8.5 (c) 매우 작다 (d) 매우 크다

6. (a)

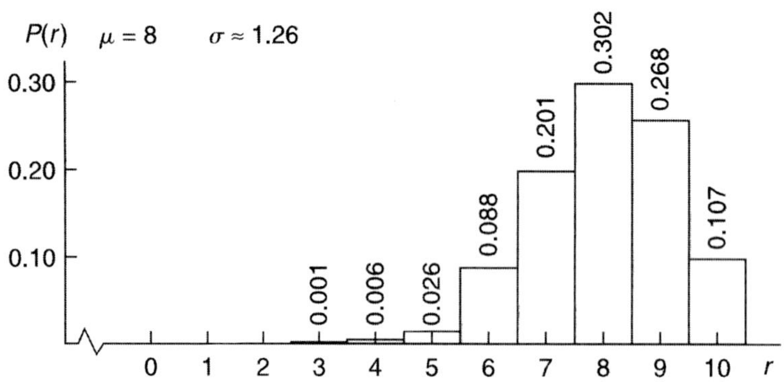

(b)

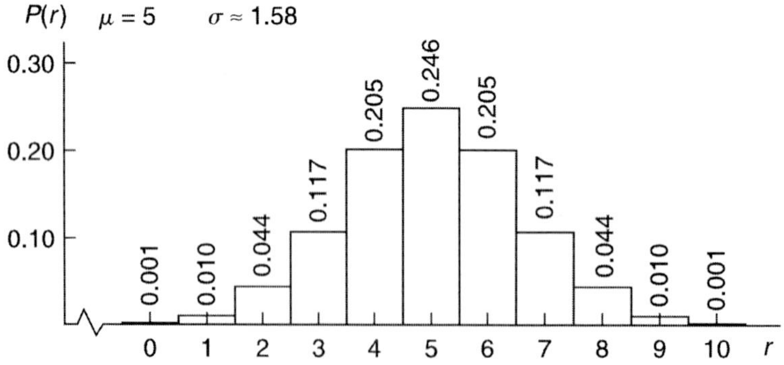

(c) 효과가 있다.

7. (a)

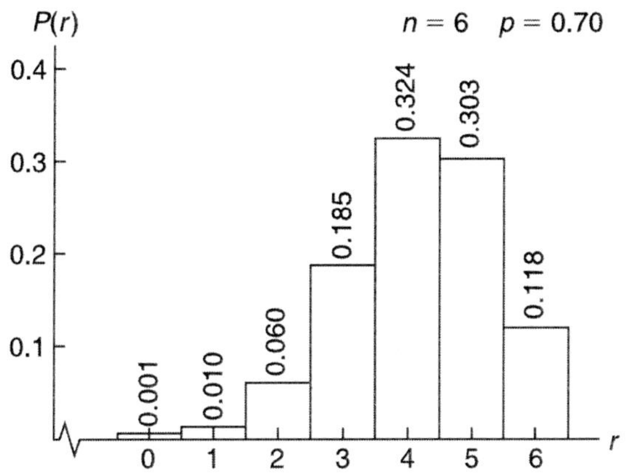

(b) $\mu = 4.2$, $\sigma = 1.122$

8. $n = 7$, $p = 0.20$ 인 이항분포이다.

(a)

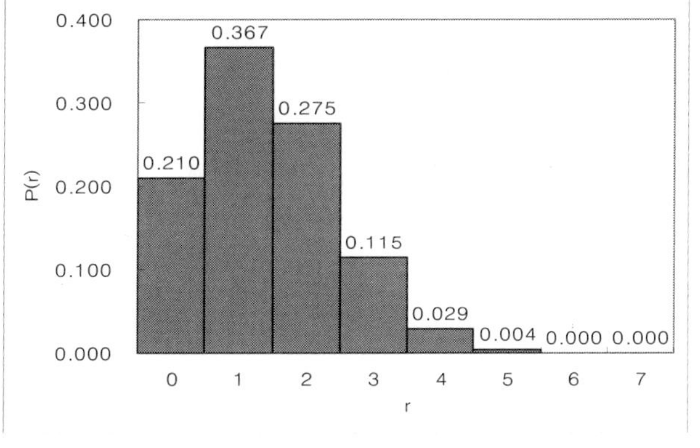

(b) $\mu = 1.4$, $\sigma = 1.058$.

9. (a) $n = 4$, $p = 0.25$ 인 이항분포이다.

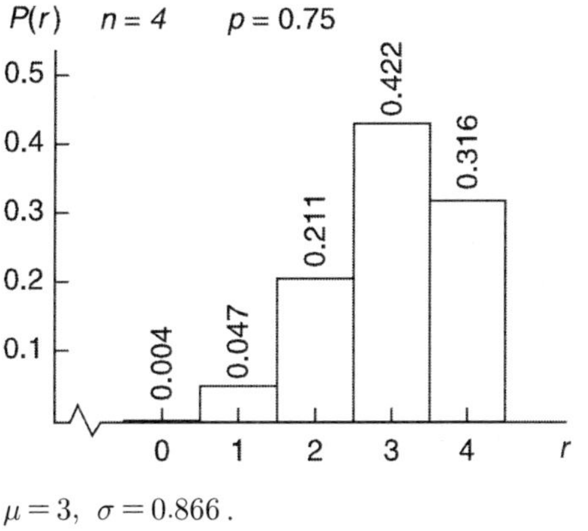

(b) $\mu = 3$, $\sigma = 0.866$.

10. (a) 0.262 (b) 0.738 (c) $\mu = 1.2$, $\sigma = 0.98$

11. (a) 일본 : $P(R=7)=0.698$, 미국 : $P(R=7)=0.028$

(b) 일본 : $\mu=6.65$, $\sigma=0.58$ 미국 : $\mu=4.2$, $\sigma=1.30$.

12. (a) $P(n)=0.8 \cdot 0.2^{n-1}$ (b) 0.8, 0.16, 0.032 (c) 0.008 (d) 1.25명

13. (a) $P(n)=0.3 \cdot 0.7^{n-1}$ (b) 0.147 (c) 0.343 (d) 3.33

복습문제

1. $0 \le P(x) \le 1$, $\sum P(x)=1$

2. (a) $\mu=2$, $\sigma=1.3$, 5.25번 보다 많이 성공하면 특이. (b) 아니다.

3. (a) 38, 11.6

(b)

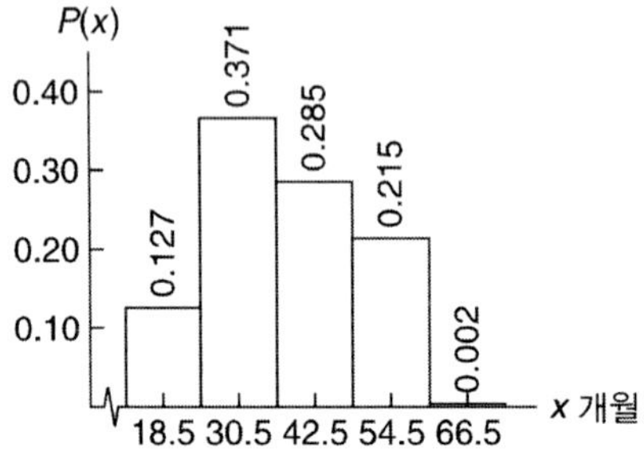

4. (a)

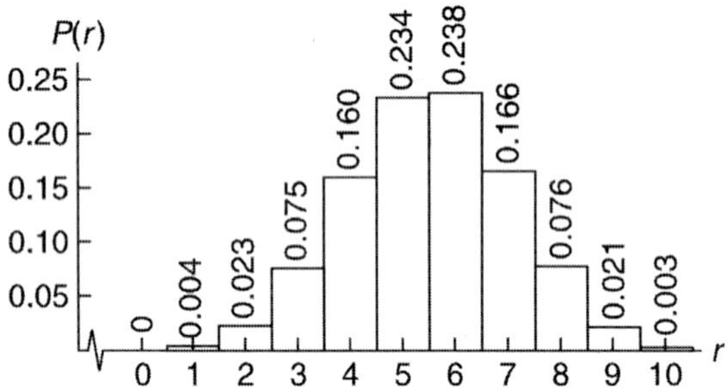

(b) 0.504 (c) $\mu=5.5$, $\sigma=1.57$

5. (a) 0.039 (b) 0.403 (c) 8

6. (a)

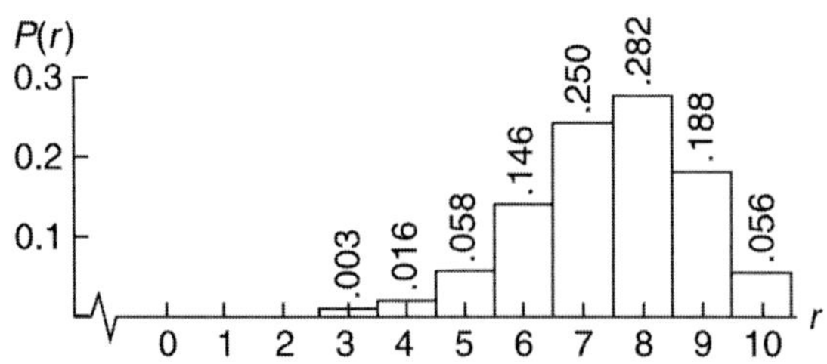

(b) 0.244, 0.999 (c) 7.5 (d) 1.37

7. $P(R \le 2)=0.000$ 찬성률이 85%보다 적은 것으로 보인다.

제7장 정규곡선과 표집분포

7.1

1. (a), (b), (c), (d)
2. 16, 18, 2
3. 그림 7.9, 10, 4
4. (a) 50% (b) 68% (c) 99.7%
5. (a) 50% (b) 50% (c) 68% (d) 95%
6. (a) (1207, 1279) (b) (1171, 1315) (c) (1135, 1351)
7. (a) (1.70, 4.60) (b) (0.25, 6.05)
8. (a) 0.3000 (b) 0.5000 (c) 0.4000 (d) 0.0400 (e) 0.0144
9. (a) 0.8000 (b) 0.7000 (c) 0.5000 (d) $\mu = 0, \sigma \approx 0.0289$

7.2

1. 편차를 표준편차로 나눈 값
2. 0
3. (a) -1 (b) 2.4 (c) 20 (d) 36.5
4. 두 점수 모두 평균에서 1 표준편차만큼 아래에 있으므로 상대적으로는 같다.
5. (a) A, B, F (b) D (c) C, E (d) A; 172, B; 184, C; 110, D; 150, E; 134, F; 182
6. (a) $-1 < Z$ (b) $Z < -2$ (c) $-2.67 < Z < 2.33$ (d) $X < 4.4$ (e) $5.2 < X$
   (f) $4.1 < X < 4.5$
7. (a) 0.5000 (b) 0.0934 (c) 0.0643 (d) 0.4993 (e) 0.8953 (f) 0.3471 (g) 0.0306
8. (a) 0.5000 (b) 0.4483 (c) 0.8849 (d) 0.0885 (e) 0.1151 (f) 0.8808 (g) 0.3226
   (h) 0.4474 (i) 0.2939 (j) 0.6704

7.3

1. 0.5
2. 음수
3. $P(3 \le X \le 6) = P(-0.50 \le Z \le 1.00) = 0.5328$
4. $P(50 \le X \le 70) = P(0.67 \le Z \le 2.00) = 0.2286$

5. $P(8 \leq X \leq 12) = P(-2.19 \leq Z \leq -0.94) = 0.1593$

6. $P(X \geq 30) = P(Z \geq 2.94) = 0.0016$

7. $P(X \geq 90) = P(Z \geq -0.67) = 0.7486$

8. -1.55 **9.** 0.13 **10.** 1.41 **11.** -0.92 **12.** ± 2.33

13. (a) $P(X > 60) = P(Z > -1) = 0.8413$

(b) $P(X < 110) = P(Z < 1) = 0.8413$

(c) $P(60 < X < 110) = P(-1 < Z < 1) = 0.6826$

(d) $P(X > 140) = P(Z > 2.20) = 0.0139$

14. (a) $P(X < 3) = P(Z < -2.33) = 0.0099$

(b) $P(X > 7) = P(Z > 2.11) = 0.0174$

(c) $P(3 < X < 7) = P(-2.33 < Z < 2.11) = 0.9727$

15. (a) $P(X < 36) = P(Z < -1.13) = 0.1292$, 13%

(b) $P(Z < z_0) = 0.10$, $z_0 = -1.28$ 이므로 $x = -1.28 \times 8 + 45 = 34.76$, 35개월

16. (a) $4\sigma = 6$, $\sigma = 1.5$

(b) $P(X \geq 5) = P(Z \geq -2.00) = 0.9772$

(c) $P(X < 10) = P(Z < 1.33) = 0.9082$

(d) $P(Z < z_0) = 0.10$, $z_0 = -1.28$ 이므로 $x = -1.28 \times 1.5 + 8 = 6.08$, 6.1년

17. (a) $\sigma = 12$

(b) $P(X < 25) = P(Z < -1.75) = 0.0401$

(c) $P(X > 60) = P(Z > 1.17) = 0.1210$

(d) $P(25 < X < 60) = P(-1.75 < Z < 1.17) = 0.8389$

(e) $P(Z < z_0) = 0.90$, $z_0 = 1.28$ 이므로 $x = 1.28 \times 12 + 46 = 61.36$, 61

7.4

1. 본문 참조 **2.** 본문 참조 **3.** 본문 참조 **4.** 본문 참조 **5.** 본문 참조 **6.** 본문 참조 **7.** 표본분포를 나타내는 표와 그래프는 표본분포의 정보를 알 수 있다. 자료가 좌우 대칭인지, 종모양을 하는지 알 수 있다. **8.** 본문참조

7.5

1. 표본분포의 표준편차.

2. $\bar{x}, \hat{p}$

3. (a) $\mu_{\bar{x}} = 8, \sigma_{\bar{x}} = 16/\sqrt{64} = 2$ (b) 0.50 (c) 0.3085

4. (a) 30 (b) 아니오

5. $n = 100 \rightarrow \sigma_{\bar{x}} = \frac{\sigma}{10}$, $n = 225 \rightarrow \sigma_{\bar{x}} = \frac{\sigma}{15}$

6. (a) $\mu_{\bar{x}} = 15,\ \sigma_{\bar{x}} = 2.0\ \ P(15 \le \overline{X} \le 17) = P(0 \le Z \le 1.00) = 0.3413$

   (b) $\mu_{\bar{x}} = 15,\ \sigma_{\bar{x}} = 1.75\ \ P(15 \le \overline{X} \le 17) = P(0 \le Z \le 1.14) = 0.3729$

7. (a) $P(X < 74.5) = P(Z < -0.63) = 0.2643$ (b) $P(X < 74.5) = P(Z < -2.79) = 0.0026$

8. (a) $P(X < 40) = P(Z < -1.80) = 0.0359$ (b) $P(\overline{X} < 40) = P(Z < -2.25) = 0.0054$

   (c) $P(\overline{X} < 40) = P(Z < -3.12) = 0.0009$ (d) $P(\overline{X} < 40) = P(Z < -4.02) = 0.0002$

9. (a) 0.1020 (b) 224 (c) 0.0014 (d) 0.8849

10. (a) $n = 250$이므로 중심극한정리에 의해 정규근사한다.

    (b) 0.8105 (c) 0.9849 (d) (c)의 확률이 큰 이유는 표본크기의 차이에 의해 발생한 것이다.

7.6

1. $np > 5,\ nq > 5$

2. (a) $np = (40 \times 0.5) > 5,\ nq = (40 \times 0.5) > 5$ 이므로 정규근사한다.

   (b) $\mu = 20, \sigma \approx 3.162$ (c) 0.2148

3. $np < 5$ 이므로 적절하지 않다.

4. (a) 1 (b) 0

5. $np > 5,\ nq > 5$

   (a) $P(R \ge 15) \approx P(X \ge 14.5) = P(Z \ge -2.35) = 0.9906$

   (b) $P(R \ge 30) \approx P(X \ge 29.5) = P(Z \ge 0.62) = 0.2676$

   (c) $P(25 \le R \le 35) \approx P(24.5 \le X \le 35.5) = P(-0.37 \le Z \le 1.81) = 0.6092$

   (d) $P(R > 40) = P(R \ge 41) \approx P(X \ge 40.5) = P(Z \ge 2.80) = 0.0026$.

6. $np > 5,\ nq > 5$

   (a) $P(R \ge 47) \approx P(X \ge 46.5) = P(Z \ge -1.94) = 0.9738$

   (b) $P(R \le 58) \approx P(X \le 58.5) = P(Z \le 1.75) = 0.9599$

   (c) R을 성공횟수라 하면 $p = 0.20$ 이다.

   $P(R \ge 15) \approx P(X \ge 14.5) = P(Z \ge 0.40) = 0.3446$

   (d) $P(R < 10) = P(R \le 9) \approx P(X \le 9.5) = P(Z \le -1.14) = 0.1271$

7. $np > 5,\ nq > 5$

   (a) $P(R > 180) \approx P(X \ge 180.5) = P(Z \ge -1.11) = 0.8665$

(b) $P(R < 200) \approx P(X \le 199.5) = P(Z \le 1.07) = 0.8577$

(c) $0.60 \times 0.37 = 0.222$

(d) $P(60 \le R \le 80) \approx P(59.5 \le X \le 80.5) = P(-1.47 \le Z \le 1.37) = 0.8439$

8. (a) 0.94 (b) $P(R \le 255)$ (c) $P(R \le 255) \approx P(X \le 255.5) = P(Z \le 1.16) = 0.8770$

9. $np > 5,\ nq > 5$

10. $\mu_{\hat{p}} = \sqrt{\dfrac{pq}{n}}$

11. (a) $np > 5,\ nq > 5$, $\mu_{\hat{p}} = 0.23, \sigma_{\hat{p}} \approx 0.042$ (b) 아니오, $np = 4.6 < 5$

복습문제

1. 본문참조

2. $\mu_{\bar{x}} = 10, \sigma_{\bar{x}} = 1$

3. 직선이다.

4. $\sigma_{\bar{x}} = \sigma / \sqrt{n}$

5. (a) 정규분포 (b) 변함없다 (c) $\sigma / \sqrt{n}$ (d) $\sigma / \sqrt{50}, \sigma / \sqrt{100}$

6. (a) 0.9821 (b) 0.3156 (c) 0.2977

7. 1.645

8. (a) 0.8665 (b) 0.7330

9. (a) 0.0166 (b) 0.9750

10. (a) 0.9772 (b) 17.3시간

11. 0.8164

12. (a) 예, $np > 5,\ nq > 5$ (b) $\mu_{\hat{p}} = 0.4, \sigma_{\hat{p}} = 0.1$

제8장 추정

8.1

1. 예

2. 예

3. 아니오

4. 아니오

5. 아니오. 구간에 μ가 있을 확률은 0.95가 아니라 0 또는 1입니다.
6. (a) 모집단이 정규분포 하므로, 표본평균은 정규분포 한다. (b) (47.53, 52.47)
   (c) 신뢰구간이 μ을 포함한다고 90% 확신합니다.
7. (a) 217 (b) 중심극한정리
8. (a) (3.04, 3.26), 0.11 (b) $n = 28$
9. (a) (34.62, 40.38), 2.88 (b) 중심극한정리($n \geqq 30$, σ 기지)
   (c) 모평균을 포함한다고 99% 확신한다. (d) $n = 60$
10. (a) (125.7, 151.3), 12.8 (b) (123.3, 153.7), 15.2 (c) (118.4, 158.6), 20.1
    (d) 신뢰수준이 증가하면 오차한계도 증가한다.
    (e) 신뢰수준이 증가하면 신뢰구간의 길이도 늘어난다.
11. (a) (26.64, 33.36), 3.36 (b) (27.65, 32.35), 2.35 (c) (28.43, 31.57), 1.57
    (d) 표본크기가 증가하면 오차한계는 감소한다.
    (e) 표본크기가 증가하면 신뢰구간의 길이는 줄어든다.
12. (a) $\bar{x} = 36.0$ (b) (34.19, 37.81) (c) 적다고 생각한다. 신뢰구간의 하한보다 작다.
    (d) 많다고 생각한다. 신뢰구간의 상한보다 크다.
    (e) (33.41, 38.59), 적다고 생각한다. 신뢰구간 하한보다 작다. 많다고 생각한다. 신뢰구간의 상한보다 크다.
13. (a) (92.5, 101.5) (b) 위로 올라간다.

8.2

1. 2.110
2. 1.721
3. 0
4. $n = 10$, $df = 9$
5. t분포에 비해 z분포 임계치가 작다.
6. (a) (9.12, 10.88) (b) 신뢰구간이 μ을 포함한다고 90% 확신합니다.
7. (a) $\bar{x} = 1272.22$, $s = 36.93$ (b) (1249.33, 1295.11)
8. (a) $\bar{x} = 41.4$, $s = 14.0$ (b) (34.0, 48.8)
9. (a) $\bar{x} = 9.95$, $s = 1.0212$ (b) (8.4061, 11.4939) (c) 칼슘결핍이라고 생각할 수 없다.
10. (a) $\bar{x} = 25.2$, $s = 15.5$ (b) (21.6, 28.8) (c) (19.4, 31.0)
    (d) Bank One 은 P/E가 모평균보다 작고, AT&T는 모평균보다 크다. Disney는 모평균과 비슷하다고 할 수 있다.

(e) $n \geq 30$ 이므로 중심극한정리를 적용하여 $\overline{X}$의 분포는 근사적으로 정규분포를 따른다.

11. $\overline{x} = 45.2$, $s = 5.3$ 인 $n = 31$

(a) (43.59, 46.82), (43.26, 47.14), (42.58, 47.81)

(b) (43.63, 46.77), (43.33, 47.07), (42.74, 47.66)

(c) t 분포를 사용한 경우가 더 길다.

(d) t 분포 : (44.22, 46.18), (44.03, 46.37), (43.65, 46.75)
표준정규분포 : (44.23, 46.17) (44.05, 46.35) (43.68, 46.72)
아직 t 분포를 사용한 경우가 더 길지만 두 방법의 차는 현저하게 작아졌다.

8.3

연습문제

1. $\hat{p} = r/n$

2. (a) 아니오 (b) p와 $\hat{p}$의 차이. 즉, 오차한계는 무작위 표본을 기반으로 한 결과와 모집단을 기반으로 한 결과 간의 차이입니다.

3. 아니오, 무작위 표본이 아니다.

4. (a) $np > 5$, $nq > 5$ (b) (0.225, 0.375) (c) 신뢰구간이 p을 포함한다고 90% 확신합니다.

5. (a) 73 (b) 97

6. (a) $\hat{p} = 39/62 = 0.6290$ (b) (0.51, 0.75), 신뢰구간이 p을 포함한다고 95% 확신합니다.
(c) 만족한다. 만약 이 조건이 만족되지 않으면 이항분포의 정규근사 정도가 나쁘게 된다.

7. (a) $\hat{p} = 1619/5222 = 0.3100$ (b) (0.29, 0.33)
(c) 만족한다. 만약 이 조건이 만족되지 않으면 이항분포의 정규근사 정도가 나쁘게 된다.

8. (a) $\hat{p} = 3139/5792 = 0.5420$ (b) (0.525, 0.558) (c) 문제없다. np, nq 모두 5보다 크다.

9. (a) $\hat{p} = 0.0304$ (b) (0.02, 0.05) (c) 예, $np > 5$, $nq > 5$

10. (a) $\hat{p} = 628/730 = 0.8603$ (b) (0.835, 0.885)

11. (a) $\hat{p} = 250/1000 = 0.25$ (b) (0.223, 0.277) (c) 95% 오차한계는 2.7%

12. (a) 208 (b) 68

13. (a) 666 (b) 662

14. (a) $1/4 - (p - 1/2)^2 = 1/4 - (p^2 - p + 1/4) = -p^2 + p = p(1-p)$
(b) $(p - 1/2)^2 \geq 0, 1/4 - (p - 1/2)^2 \leq 1/4$

복습문제

1. 본문참조
2. (a) 아니오. 구간에 μ가 있을 확률은 0.99가 아니라 0 또는 1입니다. (b) 그렇다.
3. (176.91, 180.49)
4. (a) $\overline{x}=74.2, s=18.3$ (b) (64.1, 84.3)
5. (0.50, 0.54)
6. (a) $\hat{p}=0.4072$ (b) (0.333, 0.482)

제9장 가설검정

9.1

1. 생략
2. 귀무가설을 기각할 충분한 증거가 없다는 것이다.
3. 유의수준, α, 제1종
4. 기각하지 못한다.
5. 0.0184
6. (a) $H_0 : \mu=40$ (b) $H_1 : \mu \neq 40$ (c) $H_1 : \mu > 40$ (d) $H_1 : \mu < 40$
7. (a) 정규분포 (b) $z=1.12$ (c) 0.2628 (d) 기각할 수 없다.
8. (a) $H_0 : \mu=60kg$ (b) $H_1 : \mu < 60kg$ (c) $H_1 : \mu > 60kg$ (d) $H_1 : \mu \neq 60kg$
9. (a) $H_0 : \mu=5.5m$ (b) $H_1 : \mu > 5.5m$ (c) $H_1 : \mu < 5.5m$ (d) $H_1 : \mu \neq 5.5m$
10. (a) $\alpha=0.01$, $H_0 : \mu=4.7\%$, $H_1 : \mu > 4.7\%$

    (b) 정규분포, $\overline{X}=5.38$, $Z=0.90$

    (c) P-값=0.1841 (d) $0.1841 > 0.01$ 이므로 H_0를 기각할 수 없다.

    (e) 유의수준 0.01에서 모든 호주 은행 주식의 평균 배당이익이 4.7%과 같다는 주장을 기각할 수 없다.
11. (a) $\alpha=0.01$, $H_0 : \mu=4.55g$, $H_1 : \mu < 4.55g$

    (b) 정규분포, $\overline{X}=3.75$, $Z=-2.80$

    (c) P-값=0.0026 (d) $0.0026 < 0.01$이므로 H_0를 기각한다.

    (e) 표본 증거가 유의수준에서 0.01에서 H_0를 기각하기에 충분하다. 그랜드 캐니언 지역의

벌새들이 평균 체중이 4.55g보다 적다고 할 수 있다.

12. (a) $\alpha = 0.01$, $H_0 : \mu = 11\%$, $H_1 : \mu \neq 11\%$

(b) 정규분포, $\overline{X} = 11.5\%$, $Z = 1.20$

(c) P-값$=2(0.1151) = 0.2302$ (d) $0.2302 > 0.01$이므로 H_0를 기각할 수 없다.

(e) 표본 증거가 유의수준에서 0.01에서 H_0를 기각하기에 충분하지 못하다. 우박피해비율이 전국 평균 11%와 다르다고 할 수 없다.

9.2

1. 양쪽꼬리 검정의 P-값은 한쪽꼬리 검정의 두 배.

2. $n-1$

3. 언제나 기각.

4. (a) $0.010 < P-$값 < 0.020 (b) $0.005 < P-$값 < 0.010

5. (a) 적합, 24 (b) $H_0 : \mu = 9.5$, $H_1 : \mu \neq 9.5$ (c) $t = 1.25$ (d) $0.200 < P-$값 < 0.250

(e) H_0를 기각할 수 없다.

6. (a) $\alpha = 0.01$, $H_0 : \mu = 5.5$, $H_1 : \mu > 5.5$ (b) 정규분포, $Z = 1.54$ (c) P-값$=0.0618$

(d) $0.0618 > 0.01$이므로 H_0를 기각할 수 없다.

(e) 유의수준 1%에서 심각한 폭풍 이상으로 커지고 있다고 할 수 없다.

7. (a) $\alpha = 0.01$, $H_0 : \mu = 1.75$, $H_1 : \mu > 1.75$ (b) t분포, $T = 2.481$

(c) $0.005 < P-$값 < 0.010 (d) H_0를 기각. (e) 코요테의 평균수명이 1.75보다 더 오래 산다.

8. (a) $\alpha = 0.05$, $H_0 : \mu = 19.4$, $H_1 : \mu \neq 19.4$ (b) t분포, $T = -1.731$

(c) $0.05 < P-$값 < 0.100 (d) H_0를 기각할 수 없다.

(e) 사회적 양심기업의 평균 P/E비율이 S&P 지수에 대하여 평균 P/E비율과 다르다고 할 수 없다.

9. i. $\overline{x} = 4.40$, $s = 0.28$

ii. (a) $\alpha = 0.05$, $H_0 : \mu = 4.8$, $H_1 : \mu < 4.8$ (b) t분포, $T = -3.499$

(c) $0.005 < P-$값 < 0.010 (d) H_0를 기각.

(e) 평균적혈구 수가 4.8보다 작다고 할 수 있다.

10. i. $\overline{x} = 61.8$, $s = 10.6$

ii. (a) $\alpha = 0.01$, $H_0 : \mu = 67$, $H_1 : \mu \neq 67$ (b) t분포, $T = -1.962$

(c) $0.050 < P-$값 < 0.100 (d) $P-$값 > 0.01이므로 H_0를 기각할 수 없다.

(e) 유의수준 1%에서 베일지역의 표층눈사태의 평균 두께가 캐나다 지역의 경우와 다르다고 할 수 없다.

11. i. $\overline{x}=7.36$, $s=4.03$

ii. (a) $\alpha=0.05$, $H_0:\mu=8.8$, $H_1:\mu\neq 8.8$ (b) t분포, $T=-1.337$

(c) $0.200 < P-$값 < 0.250 (d) $P-$값 > 0.05이므로 H_0를 기각할 수 없다.

(e) 유의수준 5%에서 하루에 잡은 평균 연어 수가 8.8과 다르다고 할 수 없다.

12. (a) 작다. (b) 기각할 수 있다. (c) 기각. (d) 그렇다.

13. (a) $c=1-\alpha=1-0.01=0.99$, 99%신뢰구간; (20.28, 23.72), 귀무가설하의 $\mu=20$은 신뢰구간 안에 놓이지 않는다. H_0를 기각.

(b) $Z=3.000$, P-값=0.0026, $0.0026 \leq 0.01$이므로 H_0를 기각. (a)의 결과와 같다.

14. $z=1.54 < z_0=2.33$이므로 H_0를 기각할 수 없다.

15. $t=2.481 > t_0=2.412$이므로 H_0를 기각.

9.3

1. H_0

2. 기각

3. (a) $np>5$, $nq>5$이므로 사용 (b) $H_0:p=0.5$, $H_1:p\neq 0.5$ (c) $\hat{p}=0.40$, $z=-1.10$

(d) 0.2714 (e) H_0를 기각할 수 없다. (f) 모비율이 0.50과 다르다고 할 수 없다.

4. i. (a) $\alpha=0.01$, $H_0:p=0.301$, $H_1:p<0.301$ (b) 표준정규분포, $\hat{p}=0.214$, $z=-2.78$

(c) 0.0027 (d) H_0기각. (e) “1”로 시작되는 숫자의 비율이 0.301보다 작다.

ii. 의심할 수 있다. iii. H_0가 거짓이라는 것을 증명한 것이 아니라 ‘1“로 시작되는 파일이 적다는 것을 나타낸다. 추가적인 조사가 가치가 있다.

5. (a) $\alpha=0.01$, $H_0:p=0.70$, $H_1:p\neq 0.70$ (b) 정규분포, $\hat{p}=0.75$, $Z=0.62$

(c) $P-$값=2(0.2676)=0.5352 (d) $P-$값>0.01이므로 H_0를 기각할 수 없다.

(e) 유의수준 1%에서 남자의 체포비율이 70%와 다르다고 할 수 없다.

6. (a) $\alpha=0.01$, $H_0:p=0.77$, $H_1:p<0.77$ (b) 정규분포, $\hat{p}=0.5556$, $Z=-2.65$

(c) $P-$값=0.004 (d) $P-$값<0.01이므로 H_0를 기각한다.

(e) 유의수준 1%에서 음주와 연관된 사고율이 77%보다 작다고 할 수 있다.

7. (a) $\alpha=0.01$, $H_0:p=0.50$, $H_1:p<0.50$ (b) 정규분포, $\hat{p}=0.2941$, $Z=-2.40$

(c) $P-$값=0.0082 (d) $P-$값<0.01이므로 H_0를 기각한다.

(e) 유의수준 1%에서 암컷늑대 비율이 50%보다 작다고 할 수 있다.

8. (a) $\alpha = 0.01$, $H_0 : p = 0.261$, $H_1 : p \neq 0.261$ (b) 정규분포, $\hat{p} = 0.1924$, $Z = -2.78$

(c) $P-$값=0.0054 (d) $P-$값<0.01이므로 H_0를 기각.

(e) 유의수준 1%에서 5음절 배열이 플라톤의 국가론과 다르다고 할 수 있다.

9. (a) $\alpha = 0.01$, $H_0 : p = 0.47$, $H_1 : p > 0.47$ (b) 정규분포, $\hat{p} = 0.4871$, $Z = 1.09$

(c) $P-$값=0.1379 (d) $P-$값>0.01이므로 H_0를 기각할 수 없다.

(e) 유의수준 1%에서 Chevrolet에 충성하는 소비자 비율이 47%보다 높다고 할 수 없다.

10. (a) $\alpha = 0.05$, $H_0 : p = 0.092$, $H_1 : p > 0.092$ (b) 정규분포, $\hat{p} = 0.14870$, $Z = 2.71$

(c) $P-$값=0.0034 (d) $P-$값<0.05이므로 H_0를 기각한다.

(e) 유의수준 5%에서 기말고사기간에 고혈압인 학생의 비율이 9.2%보다 높다고 할 수 있다.

11. (a) $\alpha = 0.01$, $H_0 : p = 0.82$, $H_1 : p \neq 0.82$ (b) 정규분포, $\hat{p} = 0.7671$, $Z = -1.18$

(c) $P-$값=2(0.1190)=0.2380 (d) $P-$값>0.01이므로 H_0를 기각할 수 없다.

(e) 유의수준 1%에서 외향적인 학생회 임원의 비율이 82%와 다르다고 할 수 있다.

12. $z_0 = -2.33$ 이고 $Z = -2.65 < -2.33$ 이므로 H_0를 기각한다.

복습문제

1. 원 분포가 정규분포 혹은 $n \geq 30$이고 σ를 안다면 표준정규분포 사용.

원 분포가 고분모양대칭 혹은 $n \geq 30$이고 σ를 모른면 t분포 사용.

2. 증가

3. (a) $\alpha = 0.05$, $H_0 : \mu = 17800$, $H_1 : \mu \neq 17800$ (b) 정규분포, $Z = -3.00$

(c) $P-$값=0.0026 (d) $P-$값<0.05이므로 H_0를 기각한다.

(e) 유의수준 5%에서 시카고에 있는 자동차 당 평균 주행거리가 전국평균과 다르다.

4. (a) $\alpha = 0.01$, $H_0 : \mu = 0.8$, $H_1 : \mu > 0.8$ (b) t분포, $t = 4.390$ (c) $0.0005 < P-$값< 0.005

(d) $P-$값<0.01이므로 H_0를 기각.

(e) 유의수준 1%에서 $0.8A$라는 회사의 주장이 너무 낮다.

5. (a) $\alpha = 0.01$, $H_0 : p = 0.60$, $H_1 : p < 0.60$ (b) 정규분포, $Z = -3.01$ (c) $P-$값=0.0013

(d) $P-$값<0.01이므로 H_0를 기각. (e) 유의수준 1%에서 사망률이 떨어졌다고 할 수 있다.

6. (a) $\alpha = 0.05$, $H_0 : \mu = 210$, $H_1 : \mu \neq 210$ (b) t분포, $t = 1.697$

(c) $0.100 < P-$값< 0.150 (d) $P-$값>0.05이므로 H_0를 기각할 수 없다.

(e) 유의수준 5%에서 기계가 조정이 안되 컵 당 커피의 양이 210㎖와 다르다고 할 수 없다.

제10장 차이의 추론

10.1

1. 종속이다.
2. $\mu_d = 0$
3. $df = n-1$
4. (a) $df = 35$ (b) $H_0 : \mu_d = 0$ $H_1 : \mu_d \neq 0$ (c) $T = 2.400$ (d) 0.02 < P=값 < 0.05, $P-$값 =0.0218 (e) H_0 기각한다. (f) $\mu_d \neq 0$이다. 즉 차이의 평균은 0이 아니다.
5. (a) $\alpha = 0.05$, $H_0 : \mu_d = 0$ $H_1 : \mu_d \neq 0$ (b) t분포, $d.f. = 7$, $\bar{d} = 2.25$, $T = 0.818$
   (c) $0.250 < P-$값< 0.500, $P-$값=0.4402 (d) $P-$값>0.05이므로 H_0를 기각할 수 없다.
   (e) 유의수준 5%에서 회사수익증가율과 대표이사 급여증가율이 차이가 있다고 할 수 없다.
6. (a) $\alpha = 0.01$, $H_0 : \mu_d = 0$ $H_1 : \mu_d > 0$ (b) t분포, $d.f. = 4$, $\bar{d} = 20.2$, $T = 1.249$
   (c) $0.125 < P-$값< 0.250, $P-$값=0.1408 (d) $P-$값>0.05이므로 H_0를 기각할 수 없다.
   (e) 유의수준 1%에서 1월이 4월보다 최대 풍속이 더 높다고 할 수 없다.
7. (a) $\alpha = 0.05$, $H_0 : \mu_d = 0$ $H_1 : \mu_d > 0$ (b) t분포, $d.f. = 7$, $\bar{d} = 6.125$, $T = 1.762$
   (c) $0.05 < P-$값< 0.075, $P-$값=0.0607 (d) $P-$값>0.05이므로 H_0를 기각할 수 없다.
   (e) 유의수준 5%에서 늑대무리의 수컷 비율이 겨울에 더 높다는 가설을 입증할 수 없다.
8. (a) $\alpha = 0.05$, $H_0 : \mu_d = 0$ $H_1 : \mu_d > 0$ (b) t분포, $d.f. = 8$, $\bar{d} = 2.0$, $T = 1.333$
   (c) $0.100 < P-$값< 0.125, $P-$값=0.1096 (d) $P-$값>0.05이므로 H_0를 기각할 수 없다.
   (e) 유의수준 5%에서 마지막 날 평균 스코어가 첫째 날보다 더 높다고 할 수 없다.
9. (a) $\bar{d} = 2.472$, $s_d = 12.124$
   (b) ① $\alpha = 0.05$, $H_0 : \mu_d = 0$ $H_1 : \mu_d > 0$ ② t분포, $d.f. = 35$, $\bar{d} = 2.472$, $T = 1.223$
   ③ $0.100 < P-$값< 0.125, $P-$값=0.1147
   ④ $P-$값>0.05이므로 H_0를 기각할 수 없다.
   ⑤ 유의수준 5%에서 평균 주택 물가지수가 평균 식료품 물가지수보다 높다고 할 수 없다.
10. (a) (-4.253, 8.753) (b) $\mu_d = 0$가 95% 신뢰구간 안에 포함되므로 회사의 수익증가율과 대표이사의 급여증가율이 다르다고 할 수 없다.
11. $\pm t_0 = \pm 2.365$로 $T = 0.818 < 2.365$이므로 H_0를 기각할 수 없다.
12. $\pm t_0 = \pm 3.747$로 $T = 1.243 < 3.747$이므로 H_0를 기각할 수 없다.

10.2

1. $\overline{X_1} - \overline{X_2}$
2. $H_0 : \mu_1 = \mu_2, H_0 : \mu_1 - \mu_2 = 0$
3. 조시, 조시의 임계값이 더 작다.
4. (a) t분포, $df = 48$ (b) $H_0 : \mu_1 = \mu_2$ $H_1 : \mu_1 \neq \mu_2$ (c) $\overline{X_1} - \overline{X_2} = -2, T = -3.037$
   (d) $0.001 < P-$값<0.01, $P-$값$=0.0030$ (e) $P-$값<0.01이므로 H_0기각 (f) (-3.33, -0.67)
5. (a) 정규분포 (b) $H_0 : \mu_1 = \mu_2$ $H_1 : \mu_1 \neq \mu_2$ (c) $\overline{X_1} - \overline{X_2} = -2, Z = -3.04$
   (d) $P-$값$=0.0024$ (e) $P-$값<0.01 이므로 H_0기각 (f) (-3.70, -0.30)
6. (a) ① $\alpha = 0.01$, $H_0 : \mu_1 = \mu_2$, $H_1 : \mu_1 > \mu_2$ ② $\overline{X_1} - \overline{X_2} = 0.7$, $Z = 2.57$
   ③ $P-$값$=0.0051$ ④ $P-$값<0.0이므로 H_0를 기각한다. 유의수준 1%에서 어린이들이 성인보다 더 많은 평균 REM 수면 시간을 갖는다고 할 수 있다.
   (f) (0.07, 1.33)
7. (a) ① $\alpha = 0.05$, $H_0 : \mu_1 = \mu_2$ $H_1 : \mu_1 \neq \mu_2$ ② 정규분포, $\overline{X_1} - \overline{X_2} = 0.6$, $Z = 2.16$
   ③ $P-$값$=0.0308$ ④ $P-$값<0.05이므로 H_0를 기각한다. ⑤ 유의수준 5%에서 야외활동으로서 낚시와 캠핑의 평균 선호도에 차이가 있다.
   (b) (0.06, 1.14)
8. (a) ① $\alpha = 0.01$, $H_0 : \mu_1 = \mu_2$ $H_1 : \mu_1 < \mu_2$ ② t분포, $d.f. = 9$, $\overline{X_1} - \overline{X_2} = -0.36$, $T = -0.965$ ③ $0.125 < P-$값<0.250, $d.f. = 19.96$, $P-$값$=0.1731$ ④ $P-$값>0.01이므로 H_0를 기각할 수 없다. ⑤ 유의수준 1%에서 로키 마운틴 주의 평균범죄율이 뉴잉글랜드 주의 평균범죄율보다 높다고 할 수 없다.
   (b) $d.f. = 9$, $E = 1.05$, $(-1.41, 0.69)$
9. (a) ① $\alpha = 0.05$, $H_0 : \mu_1 = \mu_2$ $H_1 : \mu_1 \neq \mu_2$ ② t분포, $d.f. = 29$, $\overline{X_1} - \overline{X_2} = -9.7$, $T = -0.751$ ③ $0.250 < P-$값<0.500, $d.f. = 57.92$, $P-$값$=0.4556$ ④ $P-$값>0.05이므로 H_0를 기각할 수 없다. ⑤ 유의수준 5%에서 두 그룹의 평균어휘점수에는 차이가 있다고 할 수 없다.
   (b) $d.f. = 29$, $E = 26.4$, (-36.1, 16.7)
10. (a) ① $\alpha = 0.05$, $H_0 : \mu_1 = \mu_2$ $H_1 : \mu_1 \neq \mu_2$ ② t분포, $d.f. = 14$, $\overline{X_1} - \overline{X_2} = 0.82$, $T = 0.869$ ③ $0.250 < P-$값<0.500, $d.f. = 28.81$, $P-$값$=0.394$ ④ $P-$값>0.05이므로 H_0를 기각할 수 없다. ⑤ 유의수준 5%에서 두 지역의 여우 광견병 평균발생건수에 차이가 있다고 할 수 없다.
    (b) $d.f. = 14$, $E = 2.02$, (-1.2, 2.84)

11. (a) ① $\alpha=0.05$, $H_0:\mu_1=\mu_2$ $H_1:\mu_1\neq\mu_2$ ② t분포, $d.f.=6$, $\overline{X_1}-\overline{X_2}=-1.64$, $T=-1.041$ ③ $0.250<P-$값<0.500, $d.f.=12.28$, $P-$값$=0.3179$ ④ $P-$값>0.05이므로 H_0를 기각할 수 없다. ⑤ 유의수준 5%에서 급한 성미로 인하여 경영자가 손실을 보는 주당 평균시간과 기술자의 우월감에 대한 논쟁으로 경영자가 손실을 보는 주당 평균시간에 차이가 있다고 할 수 없다.

(b) $d.f.=6$, $E=3.85$, (-5.49, 2.21)

12. $d.f.=19.96$

13. (a) ① $\alpha=0.05$, $H_0:\mu_1=\mu_2$ $H_1:\mu_1\neq\mu_2$ ② t분포, $d.f.=29$, $\overline{X_1}-\overline{X_2}=0.82$, $s\approx2.639$, $T=0.8611$ ③ $0.250<P-$값<0.500, $P-$값$=0.3962$ ④ $P-$값>0.05이므로 H_0를 기각할 수 없다. ⑤ 유의수준 5%에서 두 지역의 여우 광견병 평균발생건수에 차이가 있다고 할 수 없다.

(b) (-1.12, 2.76)

14. ① $\alpha=0.01$, $H_0:\mu_1=\mu_2$ $H_1:\mu_1>\mu_2$ ② 정규분포, $\overline{X_1}-\overline{X_2}=0.7$, $Z=2.57$ ③ $z_0=2.33$ ④ $Z>z_0$이므로 H_0를 기각한다. ⑤ 유의수준 1%에서 어린이들이 성인보다 더 많은 평균 REM 수면 시간을 갖는다고 할 수 있다.

15. ① $\alpha=0.01$, $H_0:\mu_1=\mu_2$ $H_1:\mu_1<\mu_2$ ② t분포, $d.f.=9$, $\overline{X_1}-\overline{X_2}=-0.36$, $T=-0.965$ ③ $t_0=-2.821$ ④ $T<|t_0|$이므로 H_0를 기각할 수 없다. ⑤ 유의수준 1%에서 로키 마운틴 주의 평균범죄율이 뉴잉글랜드 주의 평균범죄율보다 높다고 할 수 없다.

10.3

1. $\widehat{p_1}-\widehat{p_2}$

2. $H_1:p_1>p_2, H_1:p_1-p_2>0$

3. (a) $\alpha=0.05$, $H_0:p_1=p_2$ $H_1:p_1\neq p_2$ (b) 정규분포, $\widehat{p_1}-\widehat{p_2}=-0.1, Z=-1.38$

(c) $P-$값 $=0.1676$ (d) $0.1676>0.05$이므로 H_0를 채택한다.

(e) 유의수준 5%에서 두 성공비율은 다르지 않다.

4. (a) $\alpha=0.05$, $H_0:p_1=p_2$ $H_1:p_1\neq p_2$ (b) 정규분포(표준), $\overline{p}=0.2911$, $\widehat{p_1}-\widehat{p_2}=-0.052$ $Z=-1.13$ (c) $P-$값$=2P(Z<-1.13)=2(0.1292)=0.2584$ (d) $0.2584>0.05$이므로 H_0를 기각할 수 없다. (e) 유의수준 5%에서 남자와 여자 간에 찬성률에 차이가 있다고 할 수 없다.

5. (a) $\alpha=0.05$, $H_0:p_1=p_2$ $H_1:p_1<p_2$ (b) 정규분포(표준), $\overline{p}=0.2189$, $\widehat{p_1}-\widehat{p_2}=-0.074$ $Z=-2.06$ (c) $P-$값$=P(Z<-2.06)=0.0197$ (d) $0.0197<0.05$이므로 H_0를 기각한다. (e) 유의수준 5%에서 나이가 많은 그룹이 사람들을 신뢰하는 비율이 더 높다고 할 수 있다.

6. (1) $\alpha=0.01$, $H_0: p_1 = p_2$ $H_1: p_1 < p_2$ (2) 정규분포(표준), $\bar{p}=0.42$, $\hat{p_1}-\hat{p_2}=-0.10$ $Z=-1.43$ (3) $P-$값$=P(Z<-1.43)=0.0764$ (4) $0.0764>0.01$이므로 H_0를 기각할 수 없다. (5) 유의수준 5%에서 대학에 다닌 사람들이 지구 밖 생물 존재를 믿을 비율이 더 높다고 할 수 없다.

7. $\pm z_0 = \pm 1.96$이고 $Z=-1.13>-1.96$이므로 H_0를 기각할 수 없다. 문제4의 결과와 같다.

8. (a) 정규분포, $n_1\hat{p_1}, n_1\hat{q_1}, n_2\hat{p_2}, n_2\hat{q_2}$가 모두 5보다 크다.

   (b) $\hat{\sigma}=0.0943$, $E=0.155$, (-0.205, 0.105)

9. (a) $\hat{\sigma}=0.0232$, $E=0.0599$, (0.67, 0.79)

   (b) 신뢰구간이 양수만 포함하므로 99% 신뢰수준에서 $p_1 > p_2$라 할 수 있다.

10. (a) $\hat{p_1}=0.3095$, $\hat{p_2}=0.1184$, $\hat{\sigma}=0.0413$, (0.085, 0.297)

    (b) 신뢰구간이 양수만 포함하므로 99% 신뢰수준에서 $p_1 > p_2$라 할 수 있다.

11. (a) 같은 자료에 대한 95% 신뢰구간이 양수와 음수 값을 포함한다면 99% 신뢰구간이 더 길기 때문에 반드시 양수와 음수 값을 포함한다. 그러나 90% 신뢰구간의 경우는 포함할 수도 있고 포함하지 않을 수도 있다.

    (b) 95% 신뢰구간이 모두 양수 값만 포함하고 있다면 같은 자료에 대한 99% 신뢰구간은 양수 값만 포함할 수도 있고 음수 값도 포함할 수 있다. 90% 신뢰구간의 경우는 모두 양수 값만 포함한다.

복습문제

1. 한 모집단의 표본자료의 추출이 다른 모집단의 표본자료의 추출과 완전히 관련이 없는 경우.

2. (a) $\overline{x_1}\approx 11.42, s_1 \approx 2.08, \overline{x_2}\approx 10.65, s_2 \approx 3.03$ (b) (-0.06, 1.6) (c) 신뢰구간이 0을 포함하므로, 두 번째 토양의 수분함량이 많다고 할 수 없다. (d) t분포

   (e) ① $\alpha=0.01$, $H_0: \mu_1 = \mu_2$ $H_1: \mu_1 < \mu_2$ ② t분포, $df=71$, $T=1.841$, $P-$값=0.034 ③ $P-$값=0.034 ④ $P-$값>0.01이므로 H_0를 채택한다. ⑤ 유의수준 1%에서 두 번째 토양의 수분함량이 많다고 할 수 없다.

3. (a) $df=17, E=1.1, (2.6, 4.8)$

   (b) 신뢰구간이 양수만 포함하므로 노스웨스트 늑대의 평균무게가 더 많다.

   (c) ① $\alpha=0.01$, $H_0: \mu_1 = \mu_2$ $H_1: \mu_1 \neq \mu_2$ ② t분포, $df=17$, $T=3.86$ ③ $0.001<P-$값<0.01 ④ $P-$값<0.01이므로 H_0를 기각한다. ⑤ 유의수준 1%에서 두 지역의 늑대 평균무게는 다르다.

4. (a) (-0.1409, 0.0567)

   (b) 신뢰구간이 0을 포함하므로, 비율의 차이가 나지 않는다.

(c) ① $\alpha = 0.05$, $H_0: p_1 = p_2$ $H_1: p_1 \neq p_2$ ② 정규분포(표준), $Z=-0.83$
③ $P-$값=0.4066 ④ $P-$값=0.4066 > 0.05이므로 H_0를 기각할 수 없다. ⑤ 유의수준 5%에서 비율의 차이가 나지 않는다.

5. ① $\alpha = 0.01$, $H_0: \mu_d = 0$ $H_1: \mu_d > 0$ ② t분포, $d.f. = 5$, $\bar{d}= 9.833$, $T = 6.066$
③ $0.0005 < P-$값< 0.005, $P-$값=0.0009 ④ $P-$값< 0.01이므로 H_0를 기각한다.
⑤ 유의수준 1%에서 프로그램의 효과가 있다고 할 수 있다.

제11장 그 밖의 통계적 추론

11.1

1. 오른쪽으로 기운 분포이다.

2. 오른쪽꼬리 검정

3. 4개 연령 그룹의 무작위 표본을 채취하고 번호를 기록하십시오. 3가지 제품 유형 각각을 재활용하는 각 연령대의 사람들 행(또는 열)의 수준 테이블을 만듭니다. 제품을 열(또는 행)의 수준으로 사용할 수 있습니다.

4. (a) ① $\alpha = 0.01$ ② H_0 : 각 모집단은 각 특성을 같은 비율로 갖는다. H_1 : 각 모집단은 각 특성을 다른 비율로 갖는다. ③ $\chi^2 = 16.83$, $df = 6$, $0.005 < P-$값< 0.01 ④ $P-$값< 0.01이므로 H_0를 기각한다. ⑤ 유의수준 1%에서 각 모집단은 각 특성을 다른 비율로 갖는다.

(b) 이 연구에서 목록에 있는 제품을 재활용하는 사람들의 비율과 관련하여 연령대가 어떻게 다른지 결정할 수 없습니다.

5. ① $\alpha = 0.05$, H_0 : 서로 독립이다 H_1 : 독립이 아니다 ② $\chi^2 = 8.649$, $d.f. = 2$
③ $0.010 < P-$값< 0.025, $P-$값=0.0132 ④ $P-$값< 0.05이므로 H_0를 기각한다.
⑤ 유의수준 5%에서 열거된 직업과 성격유형은 서로 독립이 아니다.

6. ① $\alpha = 0.01$, H_0 : 서로 독립이다 H_1 : 독립이 아니다 ② $\chi^2 = 0.5552$, $d.f. = 4$
③ $0.950 < P-$값< 0.975, $P-$값=0.9679 ④ $P-$값> 0.01이므로 H_0를 기각할 수 없다.
⑤ 유의수준 1%에서 장소와 도자기형태가 독립이라고 할 수 있다.

7. ① $\alpha = 0.05$, H_0 : 서로 독립이다 H_1 : 독립이 아니다 ② $\chi^2 = 0.6704$, $d.f. = 4$
③ $0.950 < P-$값< 0.975, $P-$값=0.9549 ④ $P-$값> 0.05이므로 H_0를 채택한다.
⑤ 유의수준 5%에서 나이와 지역은 서로 독립이다.

8. ① $\alpha = 0.05$, H_0 : 서로 독립이다 H_1 : 독립이 아니다 ② $\chi^2 = 3.623$, $d.f. = 4$
③ $0.100 < P-$값< 0.900, $P-$값=0.4594 ④ $P-$값> 0.05이므로 H_0를 기각할 수 없다.

⑤ 유의수준 5%에서 나이와 좋아하는 영화 종류가 독립이 아니라고 할 수 없다.

9. ① $\alpha=0.05$, H_0 : 서로 독립이다 H_1 : 독립이 아니다 ② $\chi^2=11.15$, $d.f.=3$
③ $0.010<P-$값<0.025, $P-$값$=0.0110$ ④ $P-$값<0.05이므로 H_0를 기각한다.
⑤ 유의수준 5%에서 사용한 원석과 유적지와는 독립이 아니라고 할 수 있다.

10. (a)

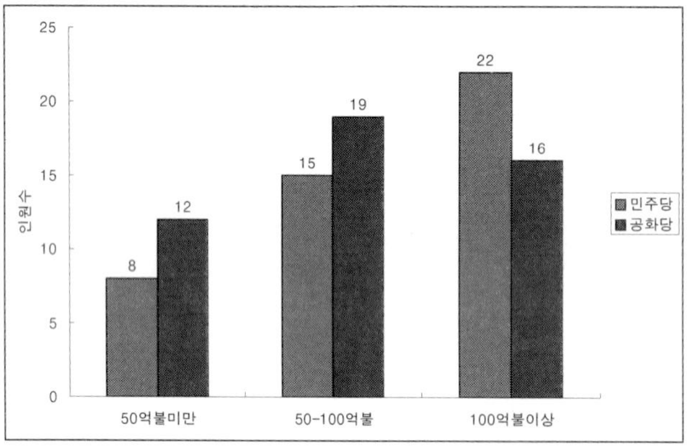

(b) ① $\alpha=0.01$, H_0 : 비율이 같다 H_1 : 비율이 다르다 ② $\chi^2=2.1755$, $d.f.=2$
③ $0.100<P-$값<0.900, $P-$값$=0.3370$ ④ $P-$값>0.01이므로 H_0를 기각할 수 없다.
⑤ 유의수준 1%에서 예산액에 다른 정당별 인원 비율이 다르다고 할 수 없다.

11. (a)

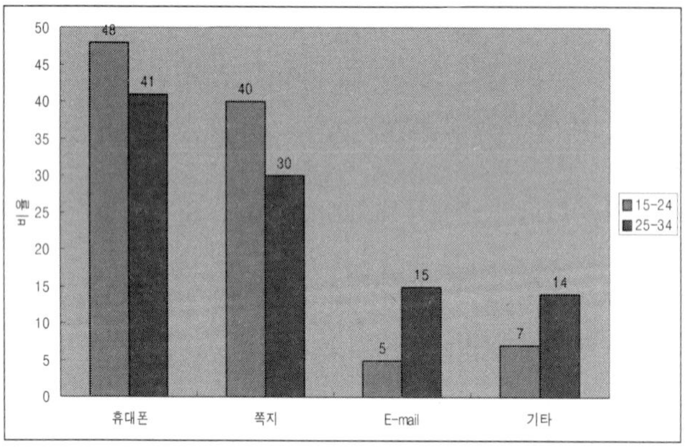

(b) ① $\alpha=0.05$, H_0 : 선호도가 같다 H_1 : 선호도가 다르다 ② $\chi^2=9.312$, $d.f.=3$
③ $0.025<P-$값<0.050, $P-$값$=0.0254$ ④ $P-$값<0.05이므로 H_0를 기각한다.
⑤ 유의수준 5%에서 각 나이에 따른 연락방법에 대한 선호도가 다르다.

11.2

1. $df=$ 범주의 수 -1

2. 오른쪽꼬리 검정

3. ① $\alpha = 0.05$, H_0 : 분포가 같다 H_1 : 분포가 다르다 ② $\chi^2 = 11.788$, $d.f. = 3$ ③ $0.005 <$ $P-$값< 0.010 ④ $P-$값< 0.05이므로 H_0를 기각한다. ⑤ 유의수준 5%에서 Red Lake Village 거주자의 나이 분포가 캐나다 인구의 나이 분포와 다르다고 할 수 있다.

4. ① $\alpha = 0.01$, H_0 : 분포가 같다 H_1 : 분포가 다르다 ② $\chi^2 = 0.1984$, $d.f. = 4$ ③ $P-$값> 0.995 ④ $P-$값> 0.05이므로 H_0를 기각할 수 없다 ⑤ 유의수준 1%에서 현 유적지의 원석의 비율이 지역의 원석비율과 다르다고 할 수 없다.

5. (a) 생략

   (b) ① $\alpha = 0.01$, H_0 : 정규분포를 따른다 H_1 : 정규분포를 따르지 않는다 ② $\chi^2 = 1.5693$, $d.f. = 5$ ③ $0.900 <$ $P-$값< 0.950 ④ $P-$값> 0.01이므로 H_0를 기각할 수 없다. ⑤ 유의수준 1%에서 $\mu = 75$와 $\sigma = 8$인 정규분포를 따른다는 주장을 기각할 수 없다.

6. ① $\alpha = 0.05$, H_0 : 분포가 같다 H_1 : 분포가 다르다 ② $\chi^2 = 9.333$, $d.f. = 3$ ③ $0.025 <$ $P-$값< 0.050 ④ $P-$값< 0.05이므로 H_0를 기각한다 ⑤ 유의수준 5%에서 5년 사이에 물고기 분포가 변하였다고 할 수 있다.

7. ① $\alpha = 0.01$, H_0 : 분포가 같다 H_1 : 분포가 다르다 ② $\chi^2 = 13.70$, $d.f. = 5$ ③ $0.010 <$ $P-$값< 0.025 ④ $P-$값> 0.01이므로 H_0를 기각할 수 없다 ⑤ 유의수준 1%에서 인구조사 분포가 표집분포와 일치하지 않는다고 할 수 없다.

11.3

1. 예, X의 분포는 정규분포이여야 한다.

2. ① $\alpha = 0.05$, $H_0 : \sigma^2 = 42.3$ $H_1 : \sigma^2 > 42.3$ ② $\chi^2 = 23.98$, $d.f. = 22$ ③ $0.100 <$ $P-$값< 0.900 ④ $P-$값> 0.05이므로 H_0를 기각할 수 없다 ⑤ 유의수준 5%에서 새 지역의 분산이 42.3보다 크다고 할 수 없다.

3. ① $\alpha = 0.01$, $H_0 : \sigma^2 = 136.2$ $H_1 : \sigma^2 < 136.2$ ② $\chi^2 = 5.92$, $d.f. = 7$ ③ $0.100 <$ $P-$값 < 0.900 ④ $P-$값> 0.01이므로 H_0를 기각할 수 없다 ⑤ 유의수준 1%에서 사고로 죽는 등산객의 수의 최근 분산이 136.2보다 작다고 할 수 없다.

4. ① $\alpha = 0.05$, $H_0 : \sigma^2 = 9$ $H_1 : \sigma^2 < 9$ ② $\chi^2 = 8.82$, $d.f. = 22$ ③ $0.005 <$ $P-$값< 0.010 ④ $P-$값< 0.05이므로 H_0를 기각한다 ⑤ 유의수준 5%에서 새로운 장티프스 주사의 지속시간의 분산이 더 작다고 할 수 있다.

5. ① $\alpha = 0.01$, $H_0 : \sigma^2 = 0.18$ $H_1 : \sigma^2 > 0.18$ ② $\chi^2 = 90$, $d.f. = 60$ ③ $0.005 <$ $P-$값< 0.010 ④ $P-$값< 0.01이므로 H_0를 기각한다 ⑤ 유의수준 1%에서 $\sigma^2 > 0.18$이므로 부품을 교체하여야 한다.

6. ① $\alpha = 0.05$, $H_0 : \sigma^2 = 23$ $H_1 : \sigma^2 \neq 23$ ② $\chi^2 = 13.06$, $d.f. = 21$ ③ $0.100 <$ $P-$값

<0.200

④ $P-$값>0.05이므로 H_0를 기각할 수 없다 ⑤ 유의수준 5%에서 σ^2이 23과 다르다고 할 수 없다.

11.4

1. ρ
2. β
3. (a) 선체의 직경 (b) $\hat{y}=-0.223+0.7848x$

   (c) $\alpha=0.01$, $H_0:\beta=0$ $H_1:\beta\neq 0$, $P-$값$=0.001<0.01$이므로 H_0를 기각한다. 유의수준 1%에서 $\beta\neq 0$라고 할 수 있다.

   (d) $\alpha=0.01$, $H_0:\rho=0$ $H_1:\rho\neq 0$, $r^2=0.803, T=5.33$, $P-$값<0.01이므로 H_0를 기각한다. 유의수준 1%에서 $\rho\neq 0$라고 할 수 있다.
4. (a) $r=0.784$

   (b) $\alpha=0.05$, $H_0:\rho=0$ $H_1:\rho>0$, $T=2.522$, $d.f.=4$, $0.025<P-$값<0.05이므로 H_0를 기각한다. 유의수준 5%에서 $\rho>0$라고 할 수 있다.

   (c) $\hat{y}=a+bx=16.542+0.4117x$, $S_e=2.6964$. (d) 45.36 (e) (39.05, 51.67)

   (f) $\alpha=0.05$, $H_0:\beta=0$ $H_1:\beta>0$, $T=2.522$, $d.f.=4$, $0.025<P-$값<0.05이므로 H_0를 기각한다. 유의수준 5%에서 $\beta>0$라고 할 수 있다.
5. (a) $r=-0.976$

   (b) $\alpha=0.01$, $H_0:\rho=0$ $H_1:\rho<0$, $T=-10.06, d.f.=5$, $P-$값<0.01이므로 H_0를 기각한다. 유의수준 1%에서 $\rho<0$라고 할 수 있다.

   (c) $\hat{y}=a+bx=3.366-0.0544x$, $S_e=0.1660$. (d) 2.39 (e) (2.12, 2.66)

   (f) $\alpha=0.01$, $H_0:\beta=0$ $H_1:\beta<0$, $T=-10.06, d.f.=5$, $P-$값<0.01이므로 H_0를 기각한다. 유의수준 1%에서 $\beta<0$라고 할 수 있다.
6. (a) $r=0.956$

   (b) $\alpha=0.01$, $H_0:\rho=0$ $H_1:\rho>0$, $T=6.534$, $d.f.=4$, $0.0005<P-$값<0.005이므로 H_0를 기각한다. 유의수준 1%에서 $\rho>0$라고 할 수 있다.

   (c) $\hat{y}=a+bx=1.965+0.758x$, $S_e=0.1527$. (d) 12.577 (e) (12.247, 12.907)

   (f) $\alpha=0.01$, $H_0:\beta=0$ $H_1:\beta>0$, $T=6.534$, $d.f.=4$, $0.0005<P-$값<0.005이므로 H_0를 기각한다. 유의수준 1%에서 $\beta>0$라고 할 수 있다.
7. (a) $\alpha=0.01$, $H_0:\rho=0$ $H_1:\rho\neq 0$, $T=4.129$, $d.f.=4$, $0.01<P-$값<0.02이므로 H_0를 채택한다. 유의수준 1%에서 $\rho=0$라고 할 수 있다.

(b) $\alpha=0.01$, $H_0:\rho=0$ $H_1:\rho\neq 0$, $T=5.840$, $d.f.=8$, $P-$값<0.001이므로 H_0를 기각한다. 유의수준 1%에서 $\rho\neq 0$라고 할 수 있다.

(c) 표본의 크기가 커지면 자유도가 증가하며, 검정통계량에 따른 $P-$값은 작아진다.

8. (a) $\hat{y}=1.9938+0.9165x, \hat{y}=7.3095$

(b) $r=0.9815, r^2=0.9633$, $\alpha=0.01$, $H_0:\rho=0$ $H_1:\rho>0$, $P-$값$=0.000044<0.01$이므로 H_0를 기각한다. 유의수준 1%에서 $\rho>0$이다.

9. (b) $\hat{y}=4.1415+0.9785x$, $\hat{y}=45.24$

(c) $r=0.9668, r^2=0.9347$, $\alpha=0.01$, $H_0:\rho=0$ $H_1:\rho>0$, $P-$값$=0.00008<0.01$이므로 H_0를 기각한다. 유의수준 1%에서 $\rho>0$이다.

10. (-0.065, -0.044)

복습문제

[Part Ⅰ: **카이제곱분포를 이용한 추론**]

1. χ^2

2. z, t

3. 동일성 검정

4. ① $\alpha=0.01$, H_0: 서로 독립이다 H_1: 독립이 아니다

② $\chi^2=3.92$, $d.f.=3$

③ $0.100<P-$값<0.900, $P-$값$=0.2697$

④ $P-$값>0.01이므로 H_0를 기각할 수 없다.

⑤ 유의수준 1%에서 시간과 테스트 결과는 독립이다.

5. ① $\alpha=0.01$, H_0: 서로 독립이다 H_1: 독립이 아니다

② $\chi^2=9.80$, $d.f.=6$

③ $0.100<P-$값<0.900, $P-$값$=0.1337$

④ $P-$값>0.01이므로 H_0를 기각할 수 없다.

⑤ 유의수준 1%에서 학생평가와 교수평가는 서로 독립이다.

[Part Ⅱ : **선형회귀에 관한 추론**]

6. 모상관계수에 대한 검정에서 ρ 0이라는 귀무가설을 기각할 수 있다.

7. (a) $S_e=0.647$

(b) ① $\alpha=0.01$, $H_0:\rho=0$ $H_1:\rho>0$ ② $T=6.665$, $d.f.=5$ ③ $0.0005<P-$값<0.005,

$P-$값=0.0006 ④ $P-$값<0.01이므로 H_0를 기각한다. ⑤유의수준 1%에서 $\rho > 0$ 라고 할 수 있다.

(c) ① $\alpha = 0.01$, $H_0 : \beta = 0$ $H_1 : \beta > 0$

② $T = 6.665$, $d.f. = 5$ ③ $0.0005 < P-$값< 0.005, $P-$값=0.0006 ④ $P-$값< 0.01 이므로 H_0를 기각한다. ⑤ 유의수준 1%에서 $\beta > 0$ 라고 할 수 있다.

(d) $\hat{y} = 5.98, E = 1.48, (4.498, 7.458)$

찾아보기

역자소개

이 승 수

강원대학교 자연과학대학 통계학과 이학사
강원대학교 대학원 통계학과 이학석사
일본 쓰쿠바 대학 사회공학연구과 경영공학전공 Ph. D.
현 강원대학교 경영대학 경제 · 정보통계학부 정보통계 전공 교수

이 병 학

강원대학교 자연과학대학 통계학과 이학사
강원대학교 경영행정대학원 경영학전공 경영학석사
강원대학교 대학원 통계학과 이학박사
현 강원대학교 경영대학 경제 · 정보통계학부 시간강사

서 의 훈

서울대학교 자연과학대학 계산통계학과 이학사
서울대학교 대학원 계산통계학과 이학석사
미국 뉴욕주립대학교(버팔로 소재) 대학원 통계학과 이학박사
현 경상대학교 정보통계학과 교수

이 경 준

부산대학교 수학통계학부 통계학과 이학사
부산대학교 대학원 통계학과 이학석사
부산대학교 대학원 통계학과 이학박사
현 대구대학교 수리빅데이터학부 통계 · 빅데이터전공 교수

기초 통계학의 이해 제7판

1판 3쇄 발행 2023년 9월 5일

옮긴이 이승수 · 이병학 · 서의훈 · 이경준
펴낸이 오판근
펴낸곳 (주) 교 우
주 소 서울시 동대문구 약령시로 8 교우빌딩 2층 (주)교우
전 화 02-925-2861 / **팩 스** 02-925-2860. **편집부** 02-925-2825
홈페이지&북스토어 www.kyowoo.co.kr / 이메일 kyowoo@kyowoo.co.kr

등 록 1994년 3월 24일 제1994-000013호
ISBN 979-11-251-0251-9 (93310)

Published by Kyowoo Co., Ltd. Printed in Korea

(주) 교우는 보다 혁신적이고 참신한 도서를 다양하게 기획하고 있습니다.
책으로 펴내고자 하는 아이디어나 원고는 메일로 보내주세요.
(주) 교우는 전과정을 책임지고 최선을 다하겠습니다.

값 39,000원

교우미디어는 (주) 교우의 Imprint 사입니다.
수학정원·과학정원은 (주) 교우의 새로운 브랜드명입니다.

잘못된 책은 구입하신 서점에서 교환해 드립니다.